特种焊接技术

主　编　张应立
副主编　周玉华

金盾出版社

内 容 提 要

本书在介绍特种焊接方法的分类、选择等基本知识的基础上，较系统地阐述了各种焊接方法的应用特点、设备使用、焊接参数和操作要点。主要内容包括：等离子弧焊，电子束焊，激光焊，电渣焊，电阻焊，高频焊，超声波焊，扩散焊，摩擦焊，爆炸焊，螺柱焊，冷压焊，热压焊，铝热剂焊，水下焊接和特殊条件下的焊接等。每章后面均附有焊接工程应用实例。

本书的特点是突出先进性，立足实用性。适合焊接操作人员和相关的工程技术人员使用，也可供相关专业的职业院校师生、科研院所的研究人员阅读参考。

图书在版编目(CIP)数据

特种焊接技术/张应立主编. -- 北京：金盾出版社，2012.12
ISBN 978-7-5082-7914-5

Ⅰ.①特… Ⅱ.①张… Ⅲ.①焊接—技术 Ⅳ.①TG456

中国版本图书馆 CIP 数据核字(2012)第 230833 号

金盾出版社出版、总发行
北京太平路 5 号（地铁万寿路站往南）
邮政编码：100036 电话：68214039 83219215
传真：68276683 网址：www.jdcbs.cn
封面印刷：北京精美彩色印刷有限公司
正文印刷：北京万友印刷有限公司
装订：北京万友印刷有限公司
各地新华书店经销

开本：705×1000 1/16 印张：24.25 字数：590 千字
2013 年 5 月第 1 版第 2 次印刷
印数：4 001～9 000 册 定价：58.00 元

前　言

特种焊接技术是在科学技术不断进步的推动下，为满足对焊接技术越来越高的要求而发展起来的。在通常情况下，把焊条电弧焊、气焊、埋弧焊、气体保护焊等之外的焊接方法称为特种焊接。例如，等离子弧焊、电子束焊、激光焊等高能量密度焊接，于20世纪中期相继问世，其功率密度达$10^5 \sim 10^{13}$ W/cm^2，比电弧高出好几个数量级，可以焊接许多原先非常难焊的材料，填补了常规方法无法进行焊接的空白。

随着科学技术的不断进步，许多新产品、新结构的不断出现，以及各种新材料、新工艺的应用，对焊接质量、接头性能和生产率不断提出新的更高要求。在许多情况下，任何一种常规焊接方法都不可能完全满足机械结构的使用要求，因此，寻求采用特种焊接方法，越来越受到企业和焊接技术人员的高度重视。

实践证明，特种焊接技术的应用，产生了明显的经济效益和社会效益，符合优质、高效、低耗、无污染生产的发展方向，是值得大力推广的先进焊接技术，鉴于此，我们在焊接专家的指导和帮助下，编写了《特种焊接技术》一书。本书全部采用焊接现行标准和国家统一法定计量单位。本书的特点是理论联系实际，突出新颖性、先进性和实用性，对各种特种焊接技术的工作原理、工艺特点、应用范围、焊接参数、操作要点及劳动安全作了较系统的阐述，并附有特种焊接方法的工程应用实例，可供特殊场合的焊接生产和开发新产品借鉴。

本书由张应立任主编、周玉华任副主编，参加编写的还有张莉、耿敏、唐猛、周玉良、钱璐、薛安梅、徐婷、李守银、王海、梁润琴、周琳、李家祥、王丹、张峥、周玥、刘军、程世明、吴兴莉、吴兴惠、王正常、杨再书、谢美、车宣雨、陈洁等。本书由高级工程师张梅审定。在编写过程中曾得到贵州路桥工程有限公司的领导、焊接专家的支持与帮助，特向各位领导、专家、审定者和参考文献的编著者表示感谢。

由于作者水平有限，书中不妥之处在所难免，诚望使用本书的读者和专家批评指正。

作　者

目　　录

第一章　概　述

焊接技术是指通过适当的手段，使两个分离的物体（同种材料或异种材料）产生原子或分子间结合，而连接成一体的连接方法。特种焊接是指除了焊条电弧焊、埋弧焊、气体保护焊、气焊等常规焊接方法之外的一些先进的焊接方法，如激光焊、电子束焊、等离子弧焊、扩散焊等，用于一些特殊材料及结构的焊接。特种焊接在航空航天、电子、计算机、核动力等高新技术领域中得到广泛应用，并日益受到人们的关注。

第一节　焊接方法的分类和焊接能源

一、焊接方法的分类

科学技术的发展和焊接技术的不断进步，使新的焊接方法不断产生。具国内外文献使用最多的焊接分类法划分，焊接方法可分为熔化焊、压焊和钎焊三大类，再根据不同的加热方式、工艺特点，将每一大类焊接方法再细分为若干小类。焊接方法的分类见表 1-1。

表 1-1　焊接方法的分类

第一层次（根据母材是否熔化）	第二层次	第三层次	第四层次	是否易于实现自动化
熔化焊：利用一定的热源，使构件的被连接部位局部熔化成液体，然后再冷却结晶成一体的方法称为熔化焊	电弧焊	熔化极电弧焊	手工电弧焊	△
			埋弧焊	○
			熔化极氩弧焊（MIG）	○
			CO_2 气体保护焊	○
			螺柱焊	△
		非熔化极电弧焊	钨极氩弧焊（TIG）	○
			等离子弧焊	○
			氢原子焊	△
	气焊	氧-氢火焰		△
		氧-乙炔火焰		△
		空气-乙炔火焰		△
		氧-丙烷火焰		△
		空气-丙烷火焰		△
	铝热剂焊			△
	电渣焊	丝极、板极		○
	电子束焊	高真空电子束焊		○
		低真空电子束焊		○

续表 1-1

第一层次 (根据母材是否熔化)	第二层次	第三层次	第四层次	是否易于实 现自动化
熔化焊:利用一定的热源,使构件的被连接部位局部熔化成液体,然后再冷却结晶成一体的方法称为熔化焊	电子束焊	非真空电子束焊		○
	激光焊	YAG 激光焊		○
		CO_2 激光焊		○
	电阻焊	点焊、缝焊		○
压焊:利用摩擦、扩散和加压等物理作用,克服两个连接表面的不平度,除去氧化膜及其他污染物,使两个连接表面上的原子相互接近到晶格距离,从而在固态条件下实现连接的方法	电阻对焊			○
	冷压焊			△
	热压焊			○
	扩散焊			○
	摩擦焊			○
	超声波焊			○
	爆炸焊			△
钎焊:采用熔点比母材低的材料作为钎料,将工件和钎料加热至高于钎料熔点、但低于母材熔点的温度,利用毛细作用使液态钎料充满接头间隙,熔化的钎料润湿母材表面,冷却后结晶形成冶金结合	火焰钎焊			△
	感应钎焊			△
	炉中钎焊	空气炉钎焊		△
		气体保护炉钎焊		△
		真空炉钎焊		△
	盐浴钎焊			△
	超声波钎焊			△
	电阻钎焊			△
	摩擦钎焊			△
	放热反应钎焊			△
	红外线钎焊			△
	电子束钎焊			△

注:○易于实现自动化,△难以实现自动化。

二、焊接能源

焊接过程需要能源,焊接工艺对能源的要求是能量密度大、加热速度快,以减小热影响区,避免接头过热。焊接用的能源主要有电能、机械能、化学能、光能和超声波能等。

1. 电能

(1)电弧　电弧是一种气体放电现象。电弧空间的气体介质在电场和电弧热作用下电离为带电粒子,传导焊接电流。当焊接电流流过电弧时,电弧两端产生电压降。电压降与电弧电流的乘积即为电弧的功率。电弧实际上是一种气体电阻,与金属电阻不同的是,电弧电阻呈非线性特征,不符合欧姆定律。电弧具有能量密度高、电压小、电流大的特点。

电弧是应用最广的一种焊接能源,主要用于电弧焊,还可用于钎焊(电弧钎焊)、堆焊等。

(2)电阻热　电渣焊或电阻焊利用电阻热进行焊接。焊剂熔化后形成的熔融熔渣具有一定的电离度,可传导焊接电流,同时产生电阻热,电渣焊正是利用这种电阻热来熔化电极和母材。电阻焊利用电流流过被焊金属本身时产生的电阻热实现金属连接。

(3)辐射热　电流流过电阻丝时产生的热量,通过热辐射可加热工件。辐射热是炉中钎焊的能源。

(4)感应加热　这是利用电磁感应原理进行加热的一种方法。该方法利用高频感应线圈作为加热元件,当高频电流流过感应线圈时,在其周围产生频率与电流相同的交变电磁场,高频电磁场又在工件中产生感应电流,感应电流产生加热并熔化工件的电阻热。感应的高频电流具有集肤效应和邻近效应。高频电阻焊时,集肤效应和邻近效应使电流沿接缝的结合面流动,加热接触表面,并通过挤压实现焊接。而高频钎焊时,集肤效应则不利于钎焊接头均匀加热,应设法克服其影响。

(5)电子束　阴极发射出来的电子被高电压加速,将电场能转变为动能,然后通过静透镜和电磁透镜聚焦成细小而密集的高速电子束流。当电子束轰击被焊金属时,电子的动能变成热能,熔化工件,实现工件间的连接。

2. 机械能

锻焊、摩擦焊、冷压焊和扩散焊等利用机械能进行焊接。通过顶压、锤击、摩擦等手段,使工件的结合部位发生塑性形变,破坏结合面上的金属氧化膜,并在外力作用下将氧化物挤出,实现金属的连接。焊前一般要求工件间装配紧密,要求较高时还要采用惰性气体保护或在真空条件下进行焊接。

3. 化学能

铝热焊、气焊和爆炸焊利用化学能进行焊接。化学能是通过两种或两种以上物质发生化学反应而放出的能量。

(1)气焊　依靠可燃气体(如乙炔、氢、天然气、丙烷、丁烷等)与氧的混合燃烧产生焊接所需的热量。

(2)热剂焊　利用金属与其他金属氧化物间的化学反应所产生的热量作为能源,并利用反应生成的金属作为填充材料进行焊接。应用较多的是铝热焊。

(3)爆炸焊　利用炸药爆炸释放的化学能及机械冲击能量实现金属的连接。炸药引爆时发生剧烈化学反应,生成大量气体物质,并释放大量热量。反应区温度可达几千度,局部压力可达 2.7×10^4MPa。生成的高温、高压气体在周围介质中迅速膨胀,压缩周围的介质,形成冲击波。

4. 光能

激光焊或太阳能焊中可用作焊接能源的光能有激光、红外光、白炽光等。

(1)激光　激光是通过原子受激辐射而发出的相干光。用作激光焊的激光束通常需要聚焦,聚焦后的光斑直径可小到 0.01mm,能量密度高达 $10^5\sim10^9$ W/cm^2,因此,具有焊缝窄、热影响区小、残余应力及工件变形小的特点。激光束借助透镜和反射镜聚焦和反射,可在任意方向上弯曲、偏转,并可在空间做中长距离传播而衰减很小,因此,可进行远距离焊接以及对难以接近的部位进行焊接。

(2)红外光 红外光具有较强的穿透能力，且容易被物体吸收，因此，可用做焊接热源，主要用做钎焊热源。钎焊时，通常需要根据工件形状及结构特点，设置多台石英灯，并利用抛物面反射镜对这些石英灯发出的红外线进行聚光，使其功率密度提高到60～100kW/m²，然后将红外线束投向工件的钎焊面。

5. 超声波能

超声波是由电能通过换能器(磁致伸缩型和压电型)转换而来的。在静压力及超声波的作用下，使两金属间以超声频率进行摩擦，消除金属接触面的表面氧化膜，并使连接表面发生塑性变形，摩擦作用还使接触界面上产生一定的热量。在外压力及有限的热量作用下，使工件在固体状态下实现连接。

常用热源的主要特性见表1-2。

表1-2 常用热源的主要特性

热 源	最小加热面积/cm²	最大功率密度/(W/cm²)	温度/K
氧乙炔火焰	10^{-2}	2×10^{3}	3470
手工电弧焊电弧	10^{-3}	10^{4}	6000
钨极氩弧	10^{-3}	1.5×10^{4}	8000
埋弧自动焊电弧	10^{-3}	2×10^{4}	6400
电渣热	10^{-3}	10^{4}	2000
熔化极氩弧	10^{-4}	$10^{4}\sim10^{5}$	
CO_2焊电弧	10^{-4}	$10^{4}\sim10^{5}$	
等离子弧	10^{-5}	1.5×10^{5}	18000～24000
电子束	10^{-7}	$10^{7}\sim10^{9}$	
激光束	10^{-8}		

第二节 常用焊接方法的选用

一、常用焊接方法的特点及其应用范围

常用焊接方法的特点及其应用范围见表1-3。

表1-3 常用焊接方法的特点及其应用范围

类别	方 法	主要特点	应 用 范 围
熔化焊	气 焊	利用可燃气体与氧混合燃烧的火焰，加热工件。设备简单，移动方便。但加热区较宽，工件变形较大，生产效率较低	适用于焊接各种钢铁材料和非铁金属，特别是薄件焊接、管子的全位置焊接，以及堆焊、钎焊等

续表 1-3

类别	方法		主要特点		应用范围
熔化焊	电弧焊	焊条电弧焊	利用电弧产生的热量,加热并熔化工件和焊接材料	手工操作,设备简单,操作方便,适应性较强。但劳动强度大,生产率比气电焊和埋弧焊低	适用于焊接各种钢铁材料,也用于某些非铁金属的焊接。对短焊缝、不规则焊缝较适宜
		埋弧焊		电弧在焊剂层下燃烧,焊丝的送进由专门机构完成,电弧沿焊接方向的移动靠手工操作或机械完成,分别称为半自动埋弧焊和自动埋弧焊	适用于碳钢、低合金钢、不锈钢和铜等材料中厚板直缝或规则曲线焊缝的焊接
		气体保护焊(简称气电焊)		用保护气体隔离空气,防止空气侵入焊接区。明弧,无渣或少渣,生产率较高,质量较好。有半自动焊和自动焊之分。保护气体常用Ar、He、H_2、CO_2 及混合气体	惰性气体保护焊适用于焊接碳钢、合金钢及铝、铜、钛等金属。二氧化碳气体保护焊适用于焊接碳钢,一般用途的低合金钢及耐热耐磨材料的堆焊。容易实现全位置焊接
	电渣焊		利用电流通过熔渣产生的热来熔化金属。热影响区宽,晶粒易长大,焊后要热处理		适用于碳钢、低合金钢厚壁结构和容器的纵缝以及厚的大型钢件、铸件及锻件的拼焊
	等离子弧焊		利用等离子弧加热工件,热量集中,热影响区小,熔深大。按特点不同可分为大电流等离子弧焊接、微束等离子弧焊接和脉冲等离子弧焊接		适用于碳钢、低合金钢、不锈钢及钛、铜、镍等材料的焊接。微束等离子弧焊可以焊接金属箔及细丝
	电子束焊		利用高能量密度的电子束轰击工件,产生热能加热工件。焊缝深而窄,工件变形小,热影响区小。可分为真空、低真空、局部真空和非真空电子束焊		适用于焊接大部分金属,特别是活性金属与难熔金属,也可以焊接某些非金属
	热剂焊		利用铝热剂或镁热剂氧化时放出的热熔化工件。不需要电源,设备简单。但由于是铸造组织,质量较差,生产效率较低		适用于钢轨、钢筋的对接焊
	激光焊		利用经聚焦后具有高能量密度的激光束熔化金属。焊接精度高,热影响区小,焊接变形小;按工作方式分为脉冲激光点焊和连续激光焊两种		除适用于焊接一般金属外,还能焊接钨、钼、钽、锆等难熔金属及异种金属,特别适用于焊接导线、微薄材料。在微电子学元件中已有广泛应用

续表 1-3

类别	方法	主要特点	应用范围
压焊	电阻焊	利用电流通过工件产生的电阻热加热工件至塑性状态或局部熔化状态，而后施加压力，使工件连接在一起。按工作方式分为点焊、缝焊、对焊、凸焊、T形焊；机械化、自动化程度较高，生产效率高	适用于焊接钢、铝、铜等材料
	储能焊	利用电容储存的电能瞬间向工件放电所产生的热能，施加一定压力而形成焊接接头	一般适用于小型金属工件的点焊，大功率储能焊机适用于焊接铝件
	摩擦焊	利用工件间相互接触端面旋转摩擦产生的热能，施加一定的压力而形成焊接接头	适用于铝、铜、钢及异种金属材料的焊接
	高频焊	利用高频感应电流所产生的热能，施加一定压力而形成焊接接头	适用于各种钢管的焊接，也能焊接某些非铁金属及异种金属材料
	扩散焊	在真空或惰性气体保护下，利用一定温度和压力，使工件接触面进行原子互相扩散，从而使工件焊接在一起	适用于各种金属的焊接。某些焊接性相差较大的异种金属，也可采用此种焊接方法
	冷压焊	不需外加热源，利用压力使金属产生塑性变形，从而使工件焊接在一起	适用于塑性较好的金属，如铝、铜、钛、铅等材料的焊接
	超声波焊	利用超声波使工件接触面之间产生相互高速摩擦，而产生热能，施加一定压力达到原子间结合，从而使工件焊接在一起	适用于焊接铝、铜、镍、金、银等同种或异种金属丝、金属箔及厚度相差悬殊的工件，也可以焊接塑料、云母等非金属材料
	爆炸焊	利用炸药爆炸时产生的高温和高压，使工件在瞬间形成焊接接头；分点焊、线焊、面焊、管材焊接等	适用于焊接铝、铜、钢、钛等同种或异种材料
	气压焊	利用火焰加热工件至半熔化状态，施加一定压力，从而使工件连接在一起	适用于钢筋、管子、钢轨的对接焊
钎焊	烙铁钎焊	利用电烙铁或火焰加热烙铁的热能，局部加热工件	适用于使用熔点低于 300℃ 的钎料。一般钎焊导线、线路板及一般薄件
	火焰钎焊	利用气体火焰加热工件。设备简单，通用性好	适用于钎焊钢、不锈钢、硬质合金、铸铁、铜、银、铝等及其合金
	碳弧钎焊	利用碳弧加热工件	适用于一般金属结构的钎焊

续表 1-3

类别	方　法	主要特点	应用范围
钎焊	电阻钎焊	利用电阻热加热工件，可用低电压电流直接通过工件，也可用碳电极间接加热工件；加热快，生产效率高	适用于钎焊铜及其合金、银及其合金、钢、硬质合金材料；常用于钎焊刀具、电器元件等
	高频感应钎焊	利用高频感应电流产生的热能，加热工件；加热快，生产效率高，变形小	适用于除铝、镁外的各种材料及异种材料的钎焊；特别是钎焊形状对称的管接头、法兰接头等
	炉中钎焊	常用电阻加热炉及火焰加热炉进行加热，可在空气或保护气氛条件下进行钎焊	适用于钎焊结构较复杂的工件
	浸钻钎焊	先固定工件，然后浸入熔融状态下的钎料槽内加热，进行钎焊	适用于钎焊结构较复杂并且多钎缝的工件
	真空钎焊	在真空钎焊炉中加热进行钎焊	适用于钎焊质量要求高及难钎焊的活性金属材料

二、选用焊接方法应考虑的因素

实际生产中选用焊接方法时，不但要了解各种焊接方法的特点及其应用范围，还要考虑产品的要求，根据所焊产品的材料、结构和生产工艺等作出选择。选择焊接方法应在保证焊接质量优良、可靠的前提下，有良好的经济效益，即生产率高、成本低、劳动条件好、综合经济指标好。为此选择焊接方法应考虑下列因素：

1. 母材性能因素

被焊母材的物理、力学、冶金性能，将直接影响焊接方法的选用。对热传导快的金属，如铜、铝及其合金等，应选择热输入强度大、焊透能力强的焊接方法。对电阻率大的金属宜选用电阻焊。对热敏感材料则宜选用激光焊、超声波焊等热输入较少的焊接方法。对难熔材料，如钼、钽等，宜选用电子束等高能量密度焊接方法。对物理性能差异较大的异种材料的连接，宜选用不易形成中间脆性相的固态焊接和激光焊接。对塑性区间宽的材料，如低碳钢，宜选用电阻焊。对强度和伸长率足够大的材料，可选用爆炸焊。对活泼金属宜选用惰性气体保护焊、等离子弧焊、真空电子束焊等焊接方法。对普通碳钢、低合金钢可选用 CO_2 或混合气体保护焊及其他电弧焊方法。钛和锆因对气体溶解度大，焊后易变脆，对它们宜选用高真空电子束焊和真空扩散焊。对沉淀硬化不锈钢，用电子束焊可以获得力学性能优良的接头。对于冶金相容性差的异种材料宜选用扩散焊、钎焊、爆炸焊等非液态结合的焊接方法。不同金属材料适用的特种焊接方法见表 1-4。

2. 焊接产品结构类型因素

(1)结构件类　如桥梁、建筑、锅炉压力容器、造船、金属结构件等。结构件类焊缝一般较长，可选用自动埋弧焊、气体保护焊，其中短焊缝、打底焊缝宜选用焊条电弧焊、氩弧焊。

表 1-4 不同金属材料适用的特种焊接方法

材料	厚度/mm	激光焊	电子束焊	等离子弧焊	扩散焊	冷压焊	热压焊	摩擦焊	超声波焊	闪光焊	热剂焊	爆炸焊
碳钢	≤3	△	△				△		△	△	△	△
	3～6	△	△				△	△	△	△	△	△
	6～19	△	△				△	△	△	△	△	△
	≥19		△				△	△	△	△	△	△
低合金钢	≤3	△	△		△	△	△		△	△	△	△
	3～6	△	△		△	△	△	△	△	△	△	△
	6～19	△	△		△	△	△	△	△	△	△	△
	≥19		△		△	△	△	△	△	△	△	△
不锈钢	≤3	△	△	△	△	△	△			△		
	3～6	△	△	△	△	△	△	△		△		
	6～19	△	△	△	△	△	△	△		△		
	≥19		△		△	△	△	△				
铸铁	3～6										△	
	6～19				△						△	
	≥19				△						△	
镍及其合金	≤3	△	△	△		△	△			△		
	3～6	△	△	△		△	△	△		△		
	6～19	△	△	△		△	△	△		△		
	≥19		△			△	△	△		△		
铝及其合金	≤3	△	△	△	△	△		△		△		
	3～6	△	△		△	△		△		△		
	6～19		△			△		△		△		
	≥19		△			△				△		
钛及其合金	≤3	△	△	△	△	△				△		
	3～6	△	△	△	△	△		△		△		
	6～19	△	△	△	△	△		△		△		
	≥19		△		△	△				△		
铜及其合金	≤3		△	△						△		
	3～6		△	△				△		△		
	6～19		△					△		△		
	≥19		△							△		

续表 1-4

材料	厚度/mm	激光焊	电子束焊	等离子弧焊	扩散焊	冷压焊	热压焊	摩擦焊	超声波焊	闪光焊	热剂焊	爆炸焊
镁及其合金	≤3	△	△			△						
	3～6	△	△			△		△		△		
	6～19		△			△		△		△		
	≥19		△			△				△		
难熔金属	≤3		△	△						△		
	3～6		△	△						△		
	6～19				△					△		
	≥19				△							

注:△表示被推荐。

(2)机械零部件类 如各种类型的机器零部件。一般焊缝不会太长,可根据对焊接精度的不同要求,选用不同的焊接方法。一般精度和厚度的零件多用气体保护焊,重型件用电渣焊、气体保护焊,薄件用电阻焊,圆断面件可选用摩擦焊,精度高的工件可选用电子束焊。

(3)半成品类 如工字钢、螺旋钢管、有缝钢管等。半成品件的焊缝是规则的、大批量的,可选用易于机械化、自动化的埋弧焊、气体保护焊、高频焊等。

(4)微电子器件类 如电路板、半导体元器件等。微电子器件接头一般要求密封、导电、定位精确,常选用电子束焊、激光焊、超声波焊、扩散焊,钎焊等。

不同类型的产品有数种焊接方法可供选用,采用哪种方法更为适宜,除了根据产品类型之外,还应考虑工件厚度、接头形式、位置、产品质量要求、生产条件等因素。

3. 工件厚度因素

不同焊接方法的热源各异,因而各有最适宜的焊接厚度范围。在指定的范围内,容易保证焊缝质量,并获得较高的生产效率。常用焊接方法推荐的适用工件厚度如图 1-1 所示。

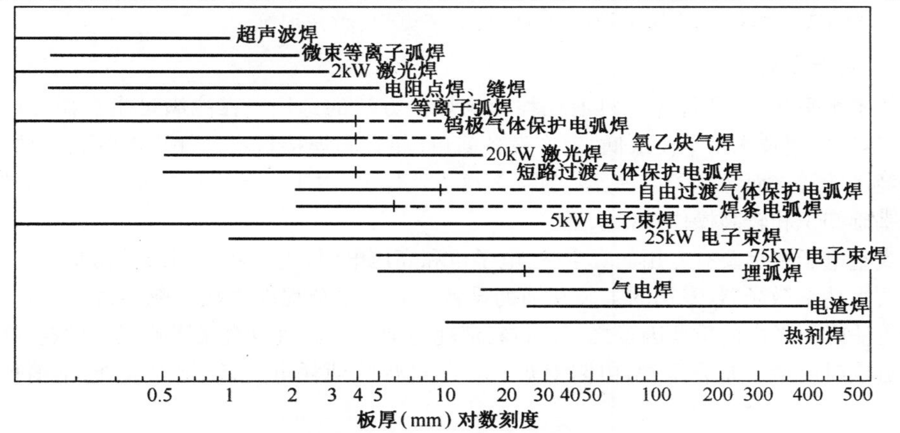

图 1-1 常用焊接方法推荐的适用工件厚度

(图中虚线表示采用多道焊)

4. 接头形式、位置

接头形式、位置是根据产品使用要求和母材厚度、形状、性能等因素设计的，有搭接、角接、对接等形式。产品结构不同，接头位置可能需要立焊、平焊、仰焊、全位置焊接等。对接适宜于多种焊接方法；平焊位置是最易于焊接的位置，适合于多种焊接方法。生产中应选用生产率高、接头质量好的焊接方法。

常用特种焊接方法所适用的接头形式及焊接位置见表1-5。

表1-5 常用特种焊接方法所适用的接头形式及焊接位置

适用条件		激光焊	电子束焊	等离子弧焊	扩散焊	冷压焊	热压焊	摩擦焊	超声波焊	闪光对焊	热剂焊	爆炸焊
接头类型	对接	A	A	A	A	A	A	A	A	A	A	A
	搭接	A	B	A	A	A	A	C	A	C	C	A
	角接	A	A	A	C	B	B	C	C	C	C	C
焊接位置	平焊	A	A	A	—	A	A	—	A	—	A	A
	立焊	A	C	A	—	B	B	—	—	—	—	—
	仰焊	A	C	A	—	—	—	—	—	—	—	—
	全位置	A	C	A	—	—	—	—	—	—	—	—
设备成本		高	高	高	高	中	中	高	高	高	低	低
焊接成本		中	高	中	高	中	中	低	中	中	低	低

注：A—好；B—可用；C—一般不用。

5. 产品质量要求因素

尽管大多数焊接方法的焊接质量均可满足实用要求，但不同焊接方法的焊接质量，特别是焊缝的外观质量仍有较大的差别。产品质量要求较高时，可选用CO_2实心焊丝气体保护焊(GMAW)、钨极气体保护焊(GTAW)、电子束焊、激光焊等。

6. 生产条件

技术水平、生产设备和材料消耗均影响焊接方法的选用。在能满足生产需要的情况下，应尽量选用技术水平要求低、生产设备简单、便宜和焊接材料消耗少的焊接方法，以便提高经济效益。而像电子束焊、激光焊、等离子弧焊等，由于设备相对较复杂，因此，要求更多的基础知识和较高操作技术水平。

真空电子束焊要有专用的真空室、电子枪和高压电源，还需要X射线的防护设备；激光焊需要大功率激光器、专用的工装和辅助设备。设备复杂程度直接影响经济效益，是选择焊接方法时要考虑的重要因素之一。材料消耗的类型和数量也直接影响经济效益，在选择焊接方法时应给予充分重视，电阻对焊、点焊、缝焊除消耗电力、磨损电极外，不消耗填充材料。

三、特种焊接方法的适用范围

常用特种焊接方法的适用范围见表1-6。

表 1-6　常用特种焊接方法的适用范围

焊接方法	材料		接头形式			板厚			工件种类									
	钢铁	非铁金属	对接	T形接头	搭接	薄板	厚板	超厚板	建筑	机械	车辆	桥梁	船舶	压力容器	核反应堆	汽车	飞机	家用电器
激光焊	A	A	A	C	A	A	B	C	B	B	B	C	C	B	B	A	A	B
电子束焊	A	B	A	B	A	B	A	B	B	A	B	B	B	B	B	A	B	B
等离子弧焊	A	B	A	B	A	A	B	B	B	A	A	B	B	A	A	B	B	C
扩散焊	A	A	B	B	A	B	A	C	B	A	B	B	B	B	B	B	A	B
冷压焊	B	B	C	C	A	A	C	D	D	C	D	D	C	D	C	C	C	B
热压焊	A	D	A	B	C	C	A	C	B	C	C	C	C	C	D	C	C	D
摩擦焊	A	B	A	C	D	C	B	B	B	A	B	C	C	C	C	B	C	C
超声波焊	A	A	D	C	A	A	C	D	D	C	D	D	D	D	C	B	B	B
铝热剂焊	A	D	A	A	B	D	C	A	C	B	C	C	D	C	D	D	D	D
爆炸焊	A	A	A	B	A	B	A	A	B	B	B	B	A	B	B	B	C	C

注：A—最佳；B—佳；C—差；D—最差。

第三节　焊接技术的发展趋势

随着工业的发展、科学的进步，新产品、新材料的不断涌现，工业生产对焊接质量和生产效率提出了新的要求，同时，也促进了焊接技术的不断发展。

一、提高焊接生产效率

有三种提高焊接生产率的途径：一是提高焊接速度；二是提高焊接熔敷率；三是减少坡口断面及熔敷金属量。为了提高焊接生产率，焊接工作者从提高焊接熔敷效率和减少填充金属两方面作了许多努力，如熔化极气体保护焊中，采用电流成形控制或多丝焊，能使焊接速度从 0.5m/min 提高到 1～6m/min；窄间隙焊利用单丝、双丝或三丝进行焊接，所需熔敷金属量成倍地降低；电子束焊、等离子弧能够一次焊透很深的厚度，对接接头可以不开坡口，有着更为广阔的应用前景。

二、提高焊接自动化水平

机械化、自动化是提高生产率、保证产品质量、改善劳动条件的重要手段。电子及计算机技术的发展，尤其是计算机控制系统的发展，为焊接自动化打下了良好基础。只有焊接全过程（包括备料、切割、装配、焊接、检验）自动化，才有可能保证产品质量稳定，生产节奏均衡，进而提高劳动生产率和优越的劳动条件。计算机控制系统一般由被控对象、检测系统、比较控制器、执行机构四部分组成。焊接计算机控制系统的被控对象可能是电弧参数、运动轨迹、焊缝形状、位置参数等。检测系统有各种传感器及信号转换装置，传感器是系统中最具活力的部件，它的优劣影响着整个系统的精度和效率。在电弧自动跟踪系统中，测量电弧与坡口相对位置的传感器有机械式、电磁式、激光式、红外线式以及 CCD 视觉传感器等。传感器测量方式不同，获得的效果也不同。焊接工作者研制了多种类型的焊接用传感器，而且仍在不断推出新产品。比较控制器是将来自检测系统的输入信号与给定信号进行比较，求出偏差值，经控制器运算后，给执行机构发出动作指令。执行机构驱动控制对象纠正偏差。

此外近年来模糊控制在焊接自动控制中也得到了广泛的应用。若系统中传递信息方式是连续的，则称为连续自动控制系统；若传递信息的方式是脉冲、断续、数字化的，则称为离散自动控制系统；离散自动控制系统更便于计算机控制。上述的各种控制方式在焊接自动控制中均有广泛的应用，并在应用中逐步得到完善。

三、扩大计算机的应用

计算机在焊接中的应用极为广泛。在焊接控制系统中，它可作为控制部件、传感器的数据采集和数据处理器、控制器使用；在生产制造中它可作为控制器实现计算机辅助制造(CAM)，组成柔性制造系统(FMS)、计算机综合自动化制造系统(CIMS)等；在焊接设计中，它可以完成计算机辅助设计(CAD)任务；在无损探测和缺陷识别上，它可以完成图像处理的任务。利用计算机发展起来的焊接专家系统得到了迅速的发展和应用。现已推出了焊条选择(WELDS-EC-TOR)、焊接预热及后热方案制定(WELDEAT)、焊接工艺卡制定(WEL-PROSPEC)、残余应力计算(DWELDSTRESS)、焊工档案管理(WELDERTRACK)、预测铁素体(FERRITPREDICT)等专家系统。

四、扩大焊接机器人的应用

工业机器人作为现代制造技术发展的重要标志之一，对现代高科技产业各领域产生了重要影响。由于焊接制造工艺的复杂性，大多焊接技术水平和劳动条件往往较差，因而，焊接过程的自动化、智能化受到特别重视，实现智能机器人焊接，成为几代焊接工作者追求的目标。目前，全世界机器人中有25%～50%用在焊接技术上。焊接机器人最初多应用于汽车工业中的点焊生产流水线上，近年来已经拓展到弧焊领域。

机器人虽然是一个高度自动化的装备，但从自动控制的角度来看，它仍是一个程序控制的开环控制系统，因而它不可能根据焊接时的具体情况而进行实时调节。智能化焊接的第一个发展重点是视觉系统，目前已开发出的视觉系统可使机器人根据焊接过程中的具体情况自动修改焊枪运动轨迹，有的还能根据坡口尺寸实时地调节焊接参数。

目前，国内已有大量的焊接机器人系统应用于各类自动化生产线上，但总的来说，我国的焊接机器人发展与生产总体需求相差甚远。目前的智能化焊接机器人仍处在初级阶段，这方面的研究及发展将是一个长期的任务。

五、开发新热源推动焊接工艺的发展

焊接新热源的开发将推动焊接工艺的发展，促进新的焊接方法的产生，每一种热源的出现，都伴随着新焊接工艺的出现。今后的发展将从改善现有热源和开发新的、更有效的热源两方面着手。

在改善现有热源，提高焊接效率方面，如扩大激光器的能量，有效利用电子束能量，改善焊接设备性能，提高能量利用率等都取得了较好的成绩。在开发焊接新热源方面，为了取得更高的能量密度，采用了叠加热源，如在等离子弧中加激光，在电弧中加激光等；有些预热焊也是出于这种考虑。进行太阳能焊接试验也是为了寻求新的焊接热源。

六、新兴工业的发展不断推动焊接技术进步

焊接技术是一项与新兴学科发展密切相关的先进工艺技术，计算机技术、信息技术、电

子技术、人工智能技术、数控及机器人技术的发展为焊接过程自动化提供了十分有利的技术基础，并已渗透到焊接技术的各个环节中。高新技术、新型材料的不断发展与应用，以及各种特殊环境对产品性能要求的不断提高，对焊接工艺及设备提出了更高的要求。最近20年来，半自动焊、专机设备焊，以及自动焊方面都得到迅速发展。

逆变焊机的出现也是推动焊接技术前进的一个成功例子。逆变焊机体积小、质量轻，具有较高的技术特性，显著的节能、节材等优点，受到国内外焊接界的普遍重视，发展速度很快。目前世界上的主要焊接设备生产厂商都基本上完成了全系列逆变焊机的商品化，使之成为先进与高技术的标志之一。

从20世纪80年代初的晶闸管逆变焊机开始，到场效应晶体管逆变焊机、大功率晶体管逆变焊机、IGBT管逆变焊机等不断推入市场，使焊机制造呈现出一个崭新的景象。但是逆变焊机输入电流产生畸变，存在较大的谐波，一些元器件的稳定性有待提高，焊机的功率因数并不很高。为此人们正在研究谐波控制技术，以便取得更好的效果。

另外，为了扩大焊接技术的应用范围，满足生产发展的需要，专家们开展了以焊代铸、以焊代锻、以焊代机加工等技术的研究，并取得了可喜的成果，解决了设备能力不足和加工困难的问题，节省了贵重材料，降低了成本，提高了零部件的使用寿命。

第二章 等离子弧焊

等离子弧焊是借助水冷喷嘴对电弧的拘束作用，获得较高能量密度的等离子弧进行焊接的方法。它是20世纪60年代在钨极氩弧焊的基础上发展起来的一种电弧焊方法。等离子弧是电弧的一种特殊形式——压缩的钨极氩弧，它由等离子体组成。随着科学技术的发展，等离子弧焊已经成为合金钢及非铁金属的一项常用加工工艺。

第一节 等离子弧焊基础

一、等离子弧的形成

等离子是物质的第四态，固态、液态、气态为物质的其他三种状态。等离子弧是自由电弧压缩而成的，具有很高的能量密度、温度及电弧力。电弧通过三种压缩方式形成等离子弧。

(1)机械压缩 电弧通过水冷喷嘴的通道时，弧柱直径（原为自由电弧）受到孔道的限制，大大提高了弧柱的能量密度及温度，形成等离子弧。

(2)热压缩 喷嘴中的冷却水使喷嘴内壁附近形成一层冷气膜，迫使弧柱的导电断面进一步缩小，电流弧柱的能量密度及温度进一步增大，这就是所谓的热收缩形成等离子弧。

(3)磁压缩 由弧柱电流自身产生的磁场，反过来对弧柱又产生压缩作用，称为磁压缩效应。实验证明，电流密度越大，磁压缩作用越强。磁压缩也可使电弧形成等离子弧。

二、等离子弧的类型

等离子弧按电源供电方式不同，分为非转移型等离子弧、转移型等离子弧和联合型等离子弧。

(1)非转移型等离子弧 简称非转移弧、维弧。电源负极端接电极（钨极），电源正极端接喷嘴，如图2-1a所示，非转移型等离子弧在钨极和喷嘴之间燃烧，在离子气流压送下，弧焰从喷嘴高速喷出，形成等离子焰。等离子焰向工件传送热量，同时为形成转移弧创造条件。非转移型等离子弧主要用于金属材料焊接，也可用于非金属材料的焊接。

(2)转移型等离子弧 简称转移弧、焊弧。电源负极端接电极（钨极），电源正极端接工件，如图2-1b所示，转移型等离子弧在钨极与工件之间燃烧，它可以直接将大量的热量传到工件上。但是转移弧难以直接形成，必须先引燃非转移弧，然后才能过渡到转移弧，一旦形成转移弧，非转移弧就立即自行熄灭。转移型等离子弧多用于金属材料和较厚工件的焊接。

(3)联合型等离子弧 既有非转移弧，也有转移弧的焊接过程，称为联合型等离子弧焊接，如图2-1c所示。它的特点是电弧稳定性好，主要用于微束等离子弧焊和粉末堆焊。

三、等离子弧焊的特点

①等离子弧能量集中，弧柱温度高，穿透能力强（焰流速度可达3 mm/s以上），可单面焊双面成形，一次焊透厚度可达12mm，焊缝质量优于钨极氩弧焊。焊接电流小到0.1A

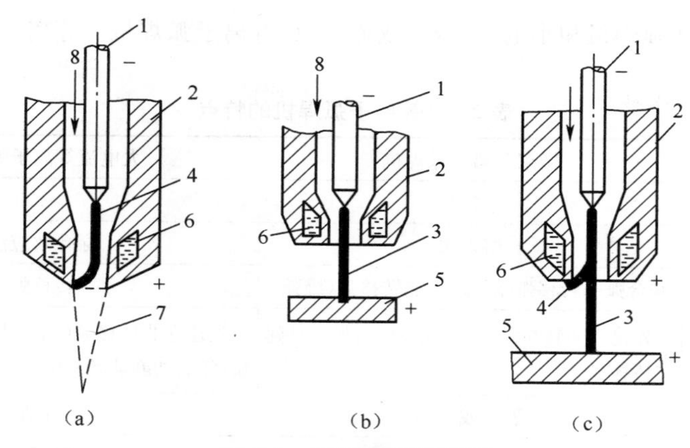

图 2-1　等离子弧的类型

(a)非转移型等离子弧　(b)转移型等离子弧　(c)联合型等离子弧

1. 钨极　2. 喷嘴　3. 转移弧　4. 非转移弧　5. 工件　6. 冷却水　7. 弧焰　8. 离子气

时，电弧仍能稳定燃烧，并保持良好的挺度和方向性。

②焊接速度比钨极氩弧焊快，生产效率高。电弧呈圆弧形，弧长在一定范围内变化，不会影响加热面积和焊接质量。等离子弧焊的电极内缩在喷嘴内，不可能与工件相碰，避免了夹钨现象，电极使用时间长。

③采用微束等离子焊可焊 0.01mm 的薄板和线材。焊缝具有形状狭窄、熔深较大的特点，热影响区小。可焊厚度有限，一般在 25mm 以下。

等离子弧焊与钨极氩弧焊相比，主要缺点是焊枪、电源、控制电路、供气系统比较复杂，费用较高；喷嘴要经常更换；喷嘴结构设计、钨极安装对中要求较高；焊接参数多，匹配较复杂；手工操作不如手工氩弧焊灵活。

四、等离子弧焊的应用范围

等离子弧焊可焊接低碳钢、低合金钢、不锈钢、耐热钢、铜及铜合金、镍及镍合金、钛及钛合金、铝及铝合金等。等离子弧焊还可以在充氩箱内焊接钨、钼、钽、铌、锆及其合金。微束等离子弧焊具有明显的薄、细件焊接优势，如焊接 0.01mm 的薄板或线材。大电流等离子弧焊，不开坡口、不留间隙、不填焊丝、不加衬垫。大电流等离子弧焊一次可焊透厚度见表 2-1。

表 2-1　大电流等离子弧焊一次可焊透厚度

材料	不锈钢	低合金钢	低碳钢	钛及钛合金	铝及铝合金	镍及镍合金	铜合金
厚度/mm	≤8	≤8	≤8	≤12	≤12	≤6	≤2.5

等离子弧焊主要应用于航天、航空、原子能、化工、电子、精密仪器仪表等领域。

第二节　等离子弧焊设备和焊接材料

一、等离子弧焊机的分类

等离子弧焊机按操作方式不同可分为手工焊机和自动焊机；按焊接电流的大小不同可

分为大电流等离子弧焊机和小电流(微弧或称微束)等离子弧焊机。等离子弧焊机的特点见表2-2。

表2-2 等离子弧焊机的特点

特 点	微束等离子弧焊机	大电流等离子弧焊机
焊接电流范围/A	＜15	＞100
焊接方式	熔入法	穿孔效应法
等离子弧类型	联合弧—转移弧(焊弧)—非转移弧(维弧)	转移弧
引弧方法	先建立非转移弧(短路或高频引弧),再建立转移弧	先建立非转移弧(高频引弧),再建立转移弧,随后切断非转移弧
操作方法	手工或自动	自动
适用范围	薄板、超薄板	中厚板

二、等离子弧焊机的组成

典型等离子弧焊系统如图2-2所示,等离子弧焊机由焊接电源、引燃装置、焊枪、电极、供气系统、冷却水路系统、主电路、控制系统等组成。自动焊机还具有焊接小车,或转动夹具的行走机构和控制电路。

1. *焊接电源*

具有下降或恒流特性的电源可作为等离子弧焊电源。若离子气用氩气(Ar)或含少量氢气(H_2)(7%体积分数以下)的混合气体时,空载电压要求为65～80V。若用氦气(He)或氢气含量大于7%(体积分数)的氩气与氢气的混合气体时,为了可靠引弧,空载电压必须提高到110～120V。大电流等离子弧焊接时,先引燃非转移弧,再引燃转移弧。转移弧引燃后,立即熄灭非转移弧,短时间存在的非转移弧电源,可以由同一焊接电源串一电阻R取得,即转移弧和非转移弧可以共用一个电源,如图2-2a所示。微束等离子弧焊时,联合型、转移弧和非转移弧同时存在,所以,转移弧和非转移弧各有自己的独立电源,如图2-2b所示。

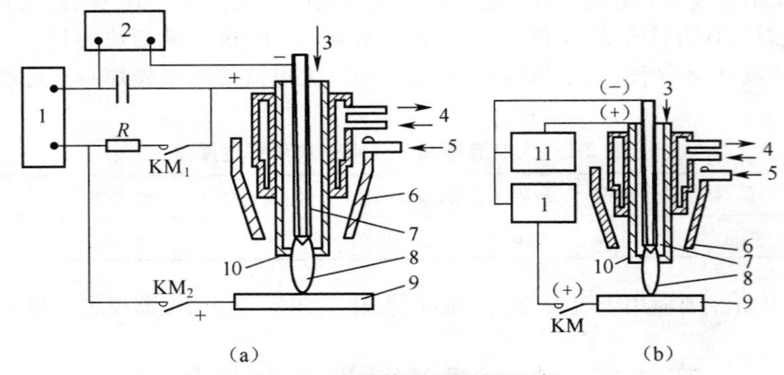

图2-2 典型等离子弧焊系统

(a)大电流等离子弧焊 (b)微束等离子弧焊

1. 焊接电源 2. 高频振荡器 3. 离子气 4. 冷却水 5. 保护气 6. 保护气罩 7. 钨极 8. 等离子弧 9. 工件 10. 喷嘴 11. 维弧电源 KM、KM_1、KM_2—接触器接头

2. 引燃装置

①对于大电流等离子弧焊接系统，可在焊接回路中接入高频振荡器或小功率高压脉冲器。依靠它们产生的高频火花或高压脉冲，在钨极与喷嘴之间引燃非转移弧。

②微束等离子弧焊接系统引燃非转移弧的方法是利用焊枪上的电极移动机构（弹簧或螺钉调节）向前推进电极，当电极与喷嘴接触后回抽电极。

③采用高频振荡器引燃非转移弧。

3. 焊枪

如图 2-3 所示，等离子弧焊焊枪主要由上枪体、下枪体和喷嘴三部分组成。上枪体的作用是固定电极、冷却电极、导电、调节钨极内缩长度等。下枪体的作用是固定喷嘴和保护罩，对下枪体及喷嘴进行冷却，输送离子气与保护气，以及使喷嘴导电等。上、下枪体之间要求绝缘可靠，气密性好，并有较高的同轴度。

图 2-3a 为电流容量 300A，喷嘴采用直接水冷的大电流等离子弧焊焊枪。图 2-3b 是电流容量为 16A，喷嘴采用间接水冷的微束等离子弧焊焊枪。

(1)喷嘴结构　等离子弧焊喷嘴结构如图 2-4 所示，根据喷嘴孔道的数量，等离子弧焊喷嘴可分为单孔型（见图 2-4a、c）和三孔型（见图 2-4b、d、e）两种。根据孔道的形状，喷嘴可分为圆柱型（见图 2-4a、b）及收敛扩散型（见图 2-4c、d、e）两种。大部分焊枪采用圆柱形压缩孔道，而收敛扩散型压缩孔道有利于电弧的稳定。

三孔型喷嘴除了中心主孔外，主孔左右还有两个小孔。从这两个小孔中喷出的等离子气对等离子弧有附加压缩作用，使等离子弧的断面变为椭圆形。当椭圆的长轴平行于焊接方向时，可显著提高焊接速度，减小焊接热影响区的宽度。最重要的是喷嘴形状参数为压缩孔径及压缩孔道长度。

(2)喷嘴的主要参数　喷嘴的主要参数见表 2-3。

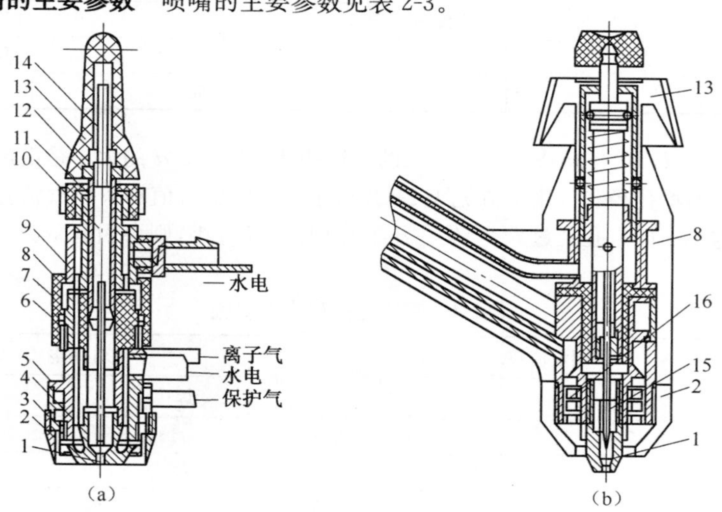

图 2-3　等离子弧焊焊枪

1. 喷嘴　2. 保护套外环　3、4、6. 密封垫圈　5. 下枪体　7. 绝缘柱　8. 绝缘套　9. 上枪体　10. 电极夹头　11. 套管　12. 小螺母　13. 胶木套　14. 钨极　15. 瓷对中块　16. 透气网

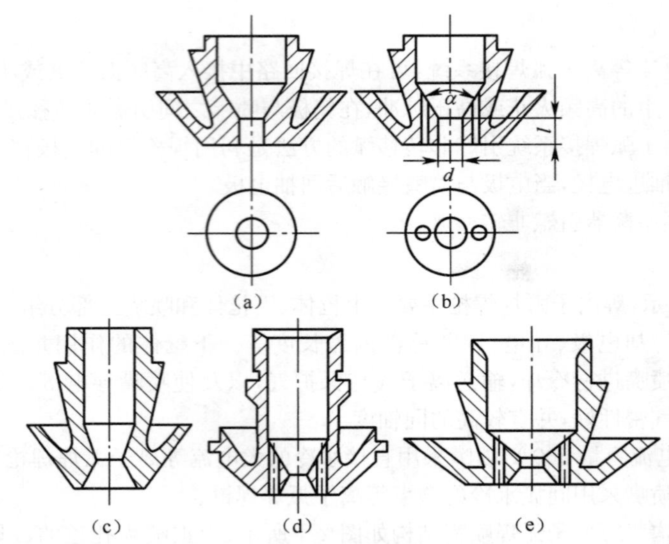

图 2-4 等离子弧焊喷嘴结构

(a)圆柱单孔型 (b)圆柱三孔型 (c)收敛扩散单孔型

(d)收敛扩散三孔型 (e)带压缩段的收敛扩散三孔型

表 2-3 喷嘴的主要参数

喷嘴用途	孔径 d/mm	孔道比 l/d	压缩角 α/(°)	备 注
焊接	1.6～3.5	1.0～1.2	60～90	转移型弧
	0.6～1.2	2.0～6.0	25～45	联合型弧
切割	2.5～5.0	1.5～1.8	—	转移型弧
	0.8～2.0	2.0～2.5	—	转移型弧
堆焊	—	0.60～0.98	60～75	转移型弧
喷涂	—	5～6	30～60	非转移型弧

①喷嘴孔径 d。孔径 d 决定等离子弧的直径和能量密度。d 的大小是由电流及离子气流量决定的。喷嘴孔径和许用电流见表 2-4。对于一定的电流值和离子气流量，孔径越大，其压缩作用越小。如果孔径过大，会失去压缩作用；孔径过小，则会引起双弧现象，破坏等离子弧的稳定性。

表 2-4 喷嘴孔径和许用电流

喷嘴孔径/mm	许用电流/A		喷嘴孔径/mm	许用电流/A	
	焊接	切割		焊接	切割
0.6	≤5	—	2.8	～180	～240
0.8	1～25	～11	3.0	～210	～280
1.2	20～60	～80	3.5	～300	～380
1.4	30～70	～140	4.0	—	>400
2.0	40～100	～140	4.5～5.0	—	>450
2.5	～140	～180			

②喷嘴孔道长度 l。当孔道直径 d 为定值时，孔道长度 l 增大则对等离子弧的压缩作用也增强。常以孔道比 l/d 表示喷嘴孔道的压缩特征。常用的孔道比见表 2-3。当孔道比超过一定值时，也会造成双弧现象。

③压缩角 α。压缩角对于等离子弧的压缩影响不大。考虑到与钨极端部形状的配合，通常选取 α 角为 60°～90°，其中应用较多的是 60°。

(3)压缩孔道形状 一般情况下采用圆柱形压缩孔道，但也可采用圆锥形、台阶圆柱形等扩散型喷嘴。扩散型喷嘴如图 2-5 所示，除了单孔型喷嘴外，还有三孔型喷嘴。例如，在主孔道两侧带有两个辅助小孔的喷嘴(见图 2-4b)，这样可使等离子弧的横断面由圆形变为椭圆形。圆柱三孔型喷嘴比单孔型喷嘴可提高焊接速度 30%～50%。

(4)喷嘴材料及冷却方式 一般选用纯铜为喷嘴材料。对于大功率喷嘴必须采用直接水冷方式。为提高冷却效果，喷嘴壁厚应为 2～2.5mm。

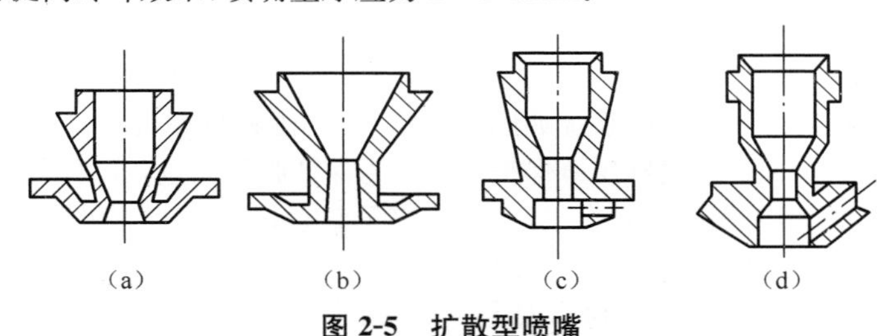

图 2-5 扩散型喷嘴

(a)焊接 (b)切割 (c)喷涂 (d)堆焊

4. 电极

(1)电极材料 等离子弧焊焊枪主要采用铈钨。铈钨放射性弱且耐烧损。钨极直径与许用电流见表 2-5。

表 2-5 钨极直径与许用电流

钨极直径/mm	0.25	0.5	1.0	1.6	2.4	3.2	4.0	5.0～9.0
许用电流(钨极负)/A	<15	5～20	15～48	70～150	150～250	240～400	400～500	500～1000

(2)电极端部形状 常用的电极端部形状如图 2-6 所示。为了便于引弧及保证等离子弧的稳定性，电极端部一般磨成 30°～60°的尖锥角，或者顶端稍微磨平。当钨极直径大、电流大时，电极端部也可磨成其他形状以减小烧损。

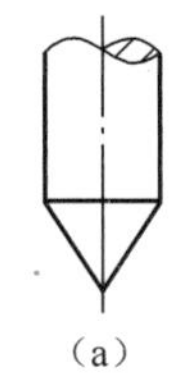

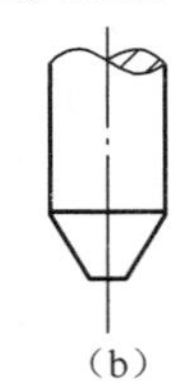

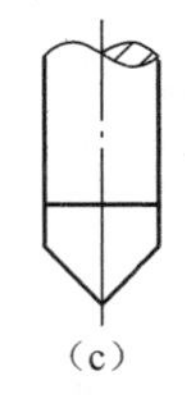

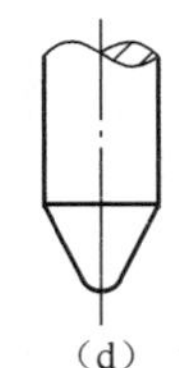

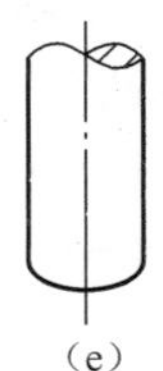

图 2-6 常用的电极端部形状

(a)尖锥形 (b)圆台形 (c)圆台尖锥形 (d)锥球形 (e)球形

(3)电极内缩长度 l_g 如图 2-7a 所示，电极的内缩长度由钨棒安装位置确定，它对于等离子弧的压缩稳定性有很大的影响。一般选取 l_g＝1mm±0.2mm。l_g 增大，则压缩程度提高；l_g 过大，则易产生双弧现象。

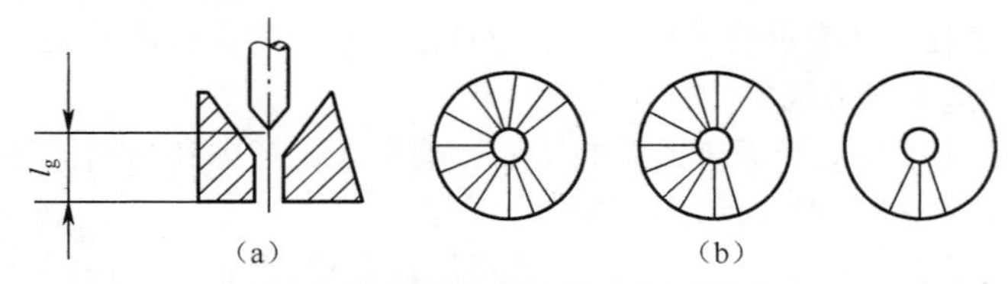

图 2-7 电极的内缩长度和同轴度

(a)电极的内缩长度 (b)电极同轴度与高频火花的分布

(4)电极与喷嘴的同轴度 同轴度对于等离子弧的稳定性及焊缝成形有重要的影响。电极偏心会造成等离子弧偏斜，焊缝成形不良且容易形成双弧。电极的同轴度，可根据电极与喷嘴之间的高频火花分布情况，用一平镜放在喷嘴下方进行检测，如图 2-7b 所示。焊接时一般要求高频火花布满圆周的 75%以上。

5. 供气系统

等离子弧焊机混合气体供气系统如图 2-8 所示，它比氩弧焊机要复杂，通常包括离子气、焊接区保护气、背面保护气和尾罩保护气等。为保证收弧质量，等离子气可分为两路供气，其中一路经贮气罐由气阀放入大气，实现等离子气衰减。离子气和保护气最好由独立气瓶分开供气，以消除保护气对等离子气的干扰，采用氩气的混合气体作为等离子气时，气路中一般设有专门的引弧气路，以降低对电源空载电压的要求。

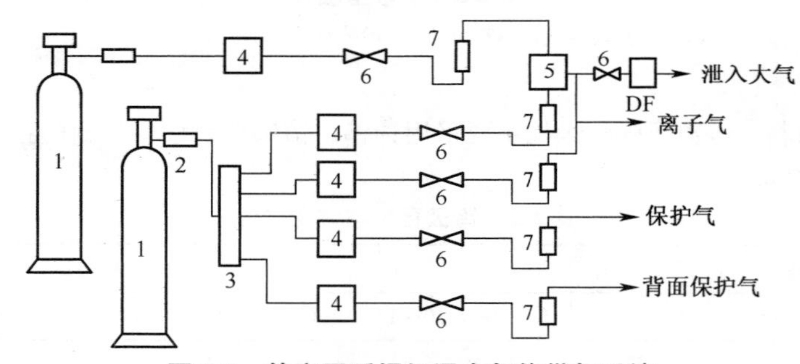

图 2-8 等离子弧焊机混合气体供气系统

1. 气瓶 2. 减压表 3. 气流汇流筒 4. 气阀
5. 储气筒 6. 调节阀 7. 流量计 DF—衰减气阀

6. 冷却水路系统

冷却水路系统与氩弧焊相似。为了保证冷却效果，冷却水从焊枪下部通入，先冷却喷嘴，然后冷却电极，最后由焊枪上部送出，要求进水压力为 0.2～0.4MPa。

7. 主电路

等离子弧焊主电路如图 2-9 所示。焊接电源通常采用具有下降或下垂特性的弧焊整流器或直流弧焊发电机。用纯氩气作为离子气时，要求电源空载电压为 65～80V；用氩-氢混合气体作为等离子气时，要求电源空载电压为 110～120V。引弧一般采用高频振荡器，小电流时常用接触引弧。

微束等离子弧焊机有两组下降特征(或下垂特性)的直流弧焊电源。非转移弧电源的电流一般≤5A，空载电压为 70～140V，工作电压为 18～25V；转移弧电源的空载电压为

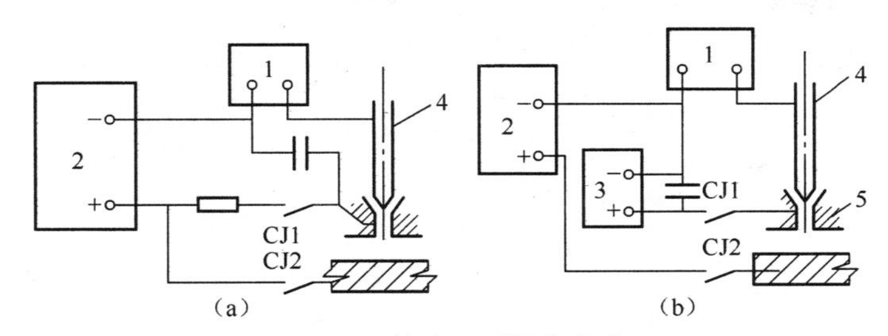

图 2-9　等离子弧焊主电路

(a)转移型弧　(b)联合型弧

1. 高频引弧器　2. 弧焊电源　3. 维护电源　4. 钨极　5. 工件

70～120V,工作电压为 19～30V。

8. 控制系统

等离子弧焊机的控制系统一般由高频引弧器、行走小车和填充焊丝拖动控制电路、衰减控制电路及程序控制电路组成。程序控制电路应包括提前送保护气、高频引弧和转弧、离子气递增、预热(延迟行走)、电流衰减和气流稳弧以及延迟停止送气等环节。如在焊接过程中发生故障,应能紧急停车及自动停止焊接过程。焊接程序控制循环如图 2-10 所示。

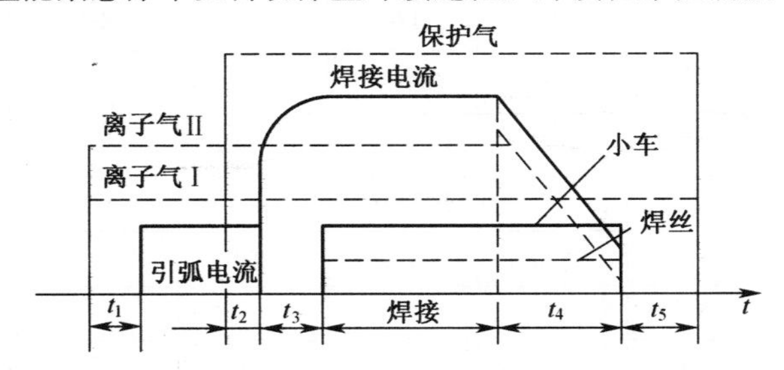

图 2-10　焊接程序控制循环

t_1—预通离子气时间　t_2—预通保护气时间　t_3—预热时间　t_4—电流衰减时间

t_5—滞后关气时间

三、等离子弧焊机的型号及技术参数

①大电流等离子弧焊机的型号及技术参数见表 2-6。

表 2-6　大电流等离子弧焊机的型号及技术参数

焊机型号	LH3-63	LH3-100	LHJ8-160	LH-300	LH-315	LHMZ-315
焊机名称	自动等离子弧焊机	自动等离子弧焊机	手工交流等离子弧焊机	自动等离子弧焊机	自动等离子焊接、切割机	脉冲等离子弧焊机
电流调节范围/A	10～63	10～110	15～200	60～300	40～360	50～600
脉冲电流/A	—	—	—	—	—	30～550
维弧电流/A	3	3	—	—	—	30～330
空载电压/V	135	140,100	150,80,110	70	70	—
脉冲频率/Hz	—	—	—	—	—	0.5～15.0
负载持续率(%)	—	—	60	60	60	—

续表 2-6

焊机型号		LH3-63	LH3-100	LHJ8-160	LH-300	LH-315	LHMZ-315
焊机名称		自动等离子弧焊机	自动等离子弧焊机	手工交流等离子弧焊机	自动等离子弧焊机	自动等离子焊接、切割机	脉冲等离子弧焊机
钍钨电极直径/mm		—	—	—	2.0～4.5	2～5	—
一次焊接厚度/mm		0.2～2.4	0.3～2.5	—	1～8	2.5～8.0	1～8
自动小车速度/(m/h)		—	—	—	7.8～100.0	6～120	—
填充丝直径/mm		—	—	—	0.8～1.2	0.8～1.2	—
填充丝输送速度/(m/h)		—	—	—	20～180	25～200	—
离子气(Ar)耗量/(L/h)		72～120	16～160	100～800	7400	—	—
保护气(Ar)耗量/(L/h)		900～1500	100～1000	100～800	1600	—	—
提前送气时间/s		—	35	0.2～10.0	2～4	—	—
滞后停气时间/s		—	5	2～15	8～16	—	—
冷却水耗量/(L/h)		60	60	180	300	240	—
焊接预热时间/s		—	—	—	0.25～5.00	—	—
离子气衰减时间/s		—	—	—	1～15	—	—
配置焊接电源	型号	—	—	BX_1-160	ZXG-300	ZX-315	—
	电压/V	380	380	380	380	380	380
	相数/N	3	3	1	3	1	—
	控制箱电压/V	—	—	380	220	220	—
备注		用于放射源包壳的不锈钢环缝焊接，其他难熔合金材料的焊接	可焊接不锈钢、高强度钢、耐热合金钢、钛合金及钨、钼等难熔金属	可焊接各种高强度铝合金及各种铝材，单面焊双面成形	可焊接不锈钢、高强度钢、耐热合金钢、钛合金及难熔金属等	用来点固、焊接及切割不锈钢、耐热钢、钛合金、硅钢、铜合金	不开坡口一次焊透1～8mm，单面焊双面成形

②微束等离子弧焊机的型号及技术参数见表2-7。

表 2-7 微束等离子弧焊机的型号及技术参数

型号		LH6	WLH-10	LH-16A	LH-20	LH-30	LH3-16	LH-16
电源输入电压/V		380	220	220	220	380	380	220
空载电压/V	焊接	176	90	60	120	75	50	60
	维弧	176	90(DC) 100(AC)	95	100	135	140	≥80

续表 2-7

型号		LH6	WLH-10	LH-16A	LH-20	LH-30	LH3-16	LH-16
电流调节范围/A	焊接	0.5～6.0	0.5～10.0	0.2～16.0	0.1～20.0	1～30	0.2～18.0A① 0.2～18.0A② 1～20Hz③ 25%～75%④	0.4～16.0
	维弧	1.8	1.5～2.0	1.5	3	2		
额定焊接电流/A		6	10	16	20	30	16	16
电源容量/(kV·A)		1.1	1.5			2.82	1.2	
负载持续率(%)			60	60		60	60	60
焊接厚度/mm		0.08～0.30	0.05～1.10	0.1～1.0	0.1～0.2	0.1～1.0	0.05～5.00	0.1～1.0
工件转速/(r/min)		1.25～6.70	0.3～2.5				0.4～4	
空载电压/V	焊接	176	DC90	60	120	75	120	60
	维弧	176	DC90 AC100	95	100	135	100	
电流衰减时间/s						1～6	0.7	
等离子气流量/(L/min)			0.1～0.5		1	1	1	1
保护气流量/(L/min)			Ar:0.2～4.0 H_2:0.1～0.5		10	10	10	10
冷却水流量/(L/min)		0.25			0.5	0.5		≥1
外形尺寸(长×宽×高)/(mm×mm×mm)	电源						1500×650×1600	
	控制箱		1150×520×1150	600×400×500	940×460×780	390×360×225		670×450×560
	工作台	1100×560×1300			540×340×1060			
质量/kg	电源						33	85
	控制箱		150	85		44		
	工作台	250						

注：LH-30 微束等离子弧焊机可焊厚度 1mm 以下的各种不锈钢、钛及钛合金、蒙乃尔合金、铜合金、可伐合金、镍及其合金等材料做成的工件，如波纹管、筛网、电子管灯丝、半导体器件的引线及封口等。WLH10 微束等离子弧焊机适用于航空工业及仪表工业中的精密和微型零件的焊接，厚度为 0.05～1.10mm 的不锈钢及非铁金属。

①脉冲电流。

②基值电流。

③脉冲频率。

④占空比。

③脉冲等离子弧焊机的型号及技术参数见表 2-8。

表 2-8 脉冲等离子弧焊机的型号及技术参数

型号		MLH-5②	LH-250③	LHM-63④	LHME-315⑤	LHM-100①	LHM-500①
额定电源容量/(kV·A)			21	2	14	3.2	23.1
电源输入电压/V		3 相,380	3 相,380	3 相,380	380	3 相,380	3 相,380
电流调节范围/A			20～300	小挡 0.16～3.20 大挡 3.2～64.0	315	小挡 0.25～5.00 大挡 5～100	10～500
脉冲参数	脉冲电流/A	0～5	20～250	0.16～64.00	5～315	0.25～100.00	10～500
	基底电流/A	0.01～1.00	20～250		30～330		
脉冲周期		0.02～0.14	0.2～0.6	0.07～4.00	0.002～4.000	0.07～4.00	0.002～4.000
调节范围	脉冲频率/Hz	7～50	1.67～5.00	0.25～15.00	0.25～500.00	0.25～15.00	0.25～500.00
	脉冲占空比(%)			50	5～50	50	5～50
	阴极清扫比(%)				5～50		
维弧电流/A				1～5	10～20	3～15	10～20
机头可调节位移/mm	机头升降位移		35				
	焊炬升降位移		30				
	机头水平位移		130				
	垂直旋转角度		±75°				
机动时行走速度/(m·h)		36	10～100				
焊枪距离调节范围/mm		200	30				
填充丝直径/mm			0.8～1.2				
气体消耗量	离子气/(L·h)	4.5～375.0	<400	0.1～2.7		0.1～2.7	0.2～7.0
	保护气/(L·h)	氢:0.3～12.0 氩:12～390	1600	2～17		2～17	4～30
电极材料及直径/mm		0.3	2.5～4.5				
冷却水压力/MPa			≈0.3				
冷却水流量/(L·h)		>0.4	3				
配用电源型号			ZXG1-250,一台				

续表 2-8

型号		MLH-5②	LH-250③	LHM-63④	LHME-315⑤	LHM-100①	LHM-500①
外形尺寸(长×宽×高)/(mm×mm×mm)	电源	1240×650×1280	820×550×1220	240×380×460	560×900×1030		
	控制箱		810×650×1512		550×550×1250		
质量/kg	电源	300	75	33	46	33	53
	控制箱		350				

注:①LHM-100 可焊接不锈钢、低碳钢、铜合金、铝合金,厚度为 0.02～3.00mm;LHM-500 可焊接不锈钢(0.2～8.0mm),铜合金(0.2～3.0mm),低碳钢、铝合金(0.2～7.0mm)。

②适于焊接膜片、膜盒、波纹管、温差电偶丝等微型精密零件,能焊接 0.05～0.20mm 的不锈钢等。

③可焊接厚度为 2.5mm 以上钢板,对厚度 2～8mm 板可不加填丝,不开坡口,一次焊接成形。

④适合直流和脉冲直流手工和自动焊接,可焊接不锈钢,低碳钢,厚度 0.02～2.40mm。

⑤可焊透 1～8mm 厚度的工件,实现单面焊双面成形。

四、等离子弧焊机的正确使用

(1)手工等离子弧焊机的正确使用 接通焊接电源,合上焊机上的电源开关,将气路系统和水路系统接好,不应漏气和漏水。预调各种焊接参数,如等离子气流量、保护气流量,装上合适的钨棒,调节钨极内缩长度、焊接电流等。观测高频火花分布状态,并达到正常要求,然后将有关开关放在焊接位置即可焊接。手工等离子弧焊机一般适用于微束等离子弧焊。

(2)自动等离子弧焊机的正确使用 除了按手工等离子弧焊机的使用方法操作外,还应掌握调试焊接小车的速度及方向,或工件移动速度及方向。自动等离子弧焊机一般适用于大电流等离子弧焊,也适用于微束等离子弧焊。

五、等离子弧焊机常见故障及排除方法

(1)非转移弧引起的故障原因及排除方法 高频不正常,检查并修复;非转移弧电路线断开,接好断开的线路;继电器触头接触不良,整修或更换继电器;无离子气,检查离子气系统,接通离子气。

(2)转移弧引起的故障原因及排除方法 主电路电缆接头与工件接触不良,使电路电缆头与工件接触良好;非转移弧与工件电路不通,检查并修复。

(3)漏气故障原因及排除方法 气瓶阀漏气,送供气部门维修;气路接口及气管漏气,找出漏气部位拧紧,换气管。

(4)漏水故障原因及排除方法 水路接口漏水,拧紧所有的水路接口;水管破裂,换新水管;焊枪烧损,修复或更换。

六、焊接材料

(1)焊丝 焊丝与钨极氩弧焊或熔化极氩弧焊相同。氩弧焊用碳钢、低合金钢焊丝在 GB/T 8110—2008 中有明确规定。氩弧焊焊丝见表 2-9。

表 2-9 氩弧焊焊丝(GB/T 8110—2008)

牌 号	型 号	说明及用途
碳钢焊丝		
MG49-1	ER49-1	该焊丝采用 H08Mn2SiA 盘条钢筋拉拔和表面镀铜防锈处理而成,焊接低碳钢及某些低合金结构钢
MG49-Ni	—	用于焊接耐候钢和某些低合金钢
MG49-G	ER49-G	含有适量的 Ti,可提高熔敷金属的低温冲击韧度
MG50-3	ER50-3	适用于碳素钢和低合金钢的焊接
MG50-4	ER50-4	适用于碳素钢的焊接
MG50-5	ER50-5	适用于碳钢的焊接
MG50-G	ER50-G	焊接时流动性与抗裂性优异,适用于碳钢的焊接
MG50-6	ER50-6	适用于碳钢的焊接
—	ER50-7	适用于碳钢和低合金钢的焊接
TG50Re	ER50-4	具有优良的韧性和抗裂性能,尤其是低温冲击韧度较高
TG50	—	用于焊接 Q235、20g、某些低合金钢(如 09Mn2Si、16Mn、09Mn2V 等)
TGR50M	—	珠光体耐热钢焊丝,预热及道间温度为 90℃～100℃,焊后 605℃～635℃回火处理;用于焊接 510℃以下工作的锅炉受热面管子及 450℃以下的蒸汽管道(如 15Mo3、16Mn、09Mn2V 等)及一般低合金高强度结构钢
TGR50ML	—	珠光体耐热钢焊丝,预热及道间温度为 160℃～200℃,焊后 675℃～705℃回火处理;用于 550℃以下的锅炉受热面管子及 520℃以下的蒸汽管道,高温容器,石油精炼设备的焊接,如 15CrMo、13CrMo44 等
TRG55CM	ER55-B2L	
TGR55V	ER55-B2-MnV	珠光体耐热钢焊丝,预热及道间温度为 250℃～300℃,焊后 715℃～745℃回火处理。用于 580℃以下的锅炉受热面管子及 540℃以下的蒸汽管道,石油裂化设备及高温合成化工机械的焊接,如 12CrlMoV 等
—	ER55-B2-Mn	珠光体耐热钢焊丝,预热及道间温度为 250℃～300℃,焊后 715℃～745℃回火处理。用于 580℃以下的锅炉受热面管子及 540℃以下的蒸汽管道,石油裂化设备及高温合成化工机械的焊接,如 12CrlMoV 等
其他低合金钢焊丝		
—	ER69-1	适用于 HQ70A 低碳调质钢的焊接,采用小直径焊丝,预热或后热防止裂纹的产生
—	ER69-1	适用于 HQ70A 低碳调质钢的焊接,采用小直径焊丝,预热或后热防止裂纹的产生
—	ER76-1	适用于 T-1、T-1A、T-1B 低碳调质钢的焊接
—	ER83-1	
TGR55WB	—	含 CrMoVWB 的耐热钢焊丝。预热及道间温度为 320℃～360℃,焊后745℃～775℃回火处理;用于 620℃以下工作的 12Cr2MoWVB 耐热钢的焊接
TGR55WBL	—	

续表 2-9

牌　号	型　号	说明及用途
其他低合金钢焊丝		
TGR59C2M TGR59C2ML	ER62-B3 ER62-B3L	珠光体耐热钢焊丝，用于焊接 Cr25Mo 类（如 10CrMo 等）珠光体耐热钢结构
镍钢焊丝		
—	ER55-C1	低温用钢焊丝，适用于 16MnDR\09MnTiCuREDR 钢的焊接
—	ER55-C2	
—	ER55-C3	低温用钢焊丝，适用于 3.5Ni 钢的焊接
锰钼钢焊丝		
—	ER55-D2-Ti	低合金耐热钢、低合金钢焊丝，适用于 15MnVN、15MnVTiRE、18MnMoNb、WCF60、62 等钢的焊接
	ER55-D2	

(2)气体　等离子弧焊的气体按其作用不同，分为离子气和保护气两种。大电流等离子弧焊时，离子气和保护气用同一种气体，否则会影响等离子弧的稳定性；小电流（微束）等离子弧焊时，离子气一律用 Ar，保护气可用 Ar，也可用 Ar＋5％H_2 或 Ar＋（5％～20％）CO_2 的混合气体。

①大电流等离子弧焊用气体见表 2-10。

表 2-10　大电流等离子弧焊用气体①

金　属	厚度/mm	焊接方法	
		穿透法	熔透法
碳素钢（铝镇静）	＜3.2	Ar	Ar
	＞3.2	Ar	He75％＋Ar25％
低合金钢	＜3.2	Ar	Ar
	＞3.2	Ar	He75％＋Ar25％
不锈钢	＜3.2	Ar，Ar92.5％＋$H_2$7.5％	Ar
	＞3.2	Ar，Ar95％＋$H_2$5％	He75％＋Ar25％
铜	＜2.4	Ar	He75％＋Ar25％，He
	＞2.4	不推荐②	He
镍合金	＜3.2	Ar，Ar92.5％＋$H_2$7.5％	Ar
	＞3.2	Ar，Ar95％＋$H_2$5％	He75％＋Ar25％
活性金属	＜6.4	Ar	Ar
	＞6.4	Ar＋He（He50％～75％）	He75％＋Ar25％

注：表中气体成分所占百分比均为体积分数。

①气体选择是指等离子气体和保护气体两者。

②由于底部焊道成形不良，大电流等离子弧焊技术只能用于铜锌合金焊接。

②小电流等离子弧焊用气体见表2-11。

表2-11 小电流等离子弧焊用气体

金 属	厚度/mm	焊 接 方 法	
		穿透型	熔透型
铝	<1.6	不推荐	Ar,He
	>1.6	He	He
碳素钢（铝镇静）	<1.6	不推荐	Ar,He25%+Ar75%
	>1.6	Ar,He75%+Ar25%	Ar,He75%+Ar25%
低合金钢	<1.6	不推荐	Ar,He,Ar+H_2($H_2$1%～5%)
	>1.6	He75%+Ar25%	Ar,He,Ar+H_2($H_2$1%～5%)
不锈钢	所有厚度	Ar+H_2($H_2$1%～5%)	Ar,He,Ar+H_2($H_2$1%～5%)
		Ar,He75%+Ar25%	
		Ar+H_2($H_2$1%～5%)	
铜	<1.6	不推荐	He25%+Ar75%
			$H_2$75%+Ar25%,He
	>1.6	He75%+Ar25%,He	He
镍合金	所有厚度	Ar,He75%+Ar25%	Ar,He,Ar+H_2($H_2$1%～5%)
		Ar+H_2($H_2$1%～5%)	
活性金属	<1.6	Ar,He75%+Ar25%,He	Ar
	>1.6	Ar,He75%+Ar25%,He	Ar,He75%+Ar25%

注：①气体选择仅指保护气体，在所有情况下等离子气均为氩气。

②表中气体成分所占百分比均指体积分数。

第三节 等离子弧焊工艺

一、等离子弧焊的基本方法

等离子弧焊的基本方法可分为穿透型、熔透型和微束等离子弧焊三种。

（1）穿透（小孔）型等离子弧焊 电弧在熔池前穿透工件形成小孔，随着热源移动在小孔后形成焊道的方法称为穿透（小孔）型等离子弧焊，如图2-11a所示。它是利用等离子弧的能量密度大、挺直度好、等离子流量大的特点，将工件熔透并产生一个贯穿工件的小孔。被熔化的金属在电弧吹力、液体金属重力和表面张力相互作用下保持平衡。焊枪前进时，小孔在电弧后方锁闭，形成完全熔透的焊缝。

小孔效应只有在足够的能量密度条件下才能形成。当工件厚度增大时所需的能量密度也要增加，然而等离子弧能量密度是有限的，所以穿透型等离子弧焊只能在一定板厚范围内使用（参考表2-1）。

（2）熔透型等离子弧焊 在焊接过程中只熔透工件而不产生小孔效应的焊接方法称为熔透型等离子弧焊，简称熔透法。它是离子气流量较小、弧柱压缩程度较弱时的一种等离子弧焊。此种方法基本上与钨极氩弧焊相似，随着焊枪向前移动，熔池金属凝固成焊缝。它适用于板厚<3mm 的薄板 I 形坡口、不加衬垫、单面焊双面成形、厚板开 V 形坡口多层焊。其优点是焊接速度比钨极氩弧焊快。

(3)微束等离子弧焊 小电流(通常在 30A 以下)的等离子弧焊，通常称为微束等离子弧焊，又称为针状等离子弧焊，如图 2-11b 所示。它采用了 $\phi 0.6 \sim \phi 1.2$mm 的小孔径压缩喷嘴及联合型弧，当焊接电流<1A 时，仍有较好的稳定性。微束等离子弧焊特别适合于薄板和细丝的焊接。焊接不锈钢时，最小厚度可以达到 0.025mm。熔点和沸点低的金属及合金，如铅、锌等不适于等离子弧焊。

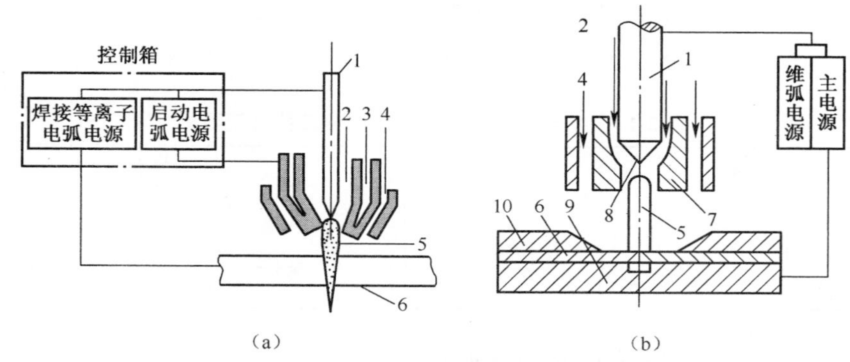

图 2-11 等离子弧焊

(a)穿透型等离子弧焊 (b)微束等离子弧焊

1. 电极 2. 离子气 3. 冷却水 4. 保护气 5. 等离子弧 6. 工件 7. 喷嘴 8. 维弧 9. 垫板 10. 压板

二、等离子弧焊的焊前准备

(1)等离子弧焊的接头形式 等离子弧焊通常采用的接头形式有 I 形、单面 V 形、U 形坡口，及双面 V 形和 U 形坡口。除对接接头外，等离子弧焊也适用于焊接角焊缝及 T 形接头。

①当工件厚度为 0.01～1.60mm 时，通常采用微束等离子弧熔透型焊接，采用的接头形式有 I 形对接、卷边对接、卷边角接和端接。等离子弧焊的薄板接头形式如图 2-12 所示，卷边高度 h 可为 $(2\sim5)\delta$。

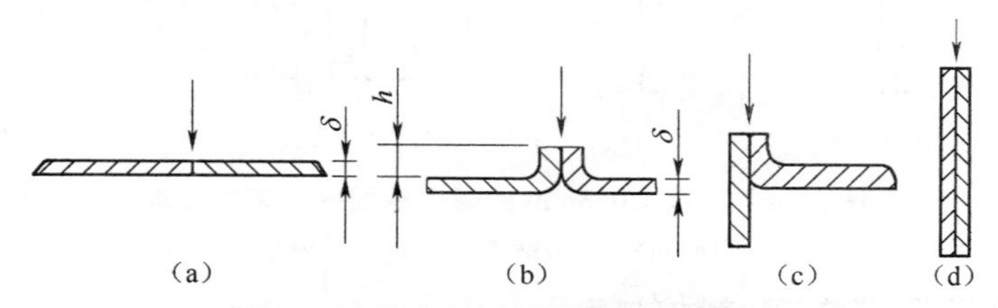

图 2-12 等离子弧焊的薄板接头形式

(a)I 形对接接头 (b)卷边对接接头 (c)卷边角接接头 (d)端接接头

δ—板厚 h—卷边高度 $h=(2\sim5)\delta$

②厚度>1.6mm 时，采用 I 形坡口、不加焊丝、不加衬垫，穿透型单面焊一次双面成形。

③厚度较大的工件，可采用小角度 V 形坡口，钝边可达 5mm 的对接形式，第一道焊缝

为穿透型焊接，填充焊层采用熔透型焊接完成。

(2)等离子弧焊的工件清理 工件越薄、越小，清理越要仔细。如待焊处、焊丝等必须清理干净，以确保焊接质量。

(3)等离子弧焊的工件装配与夹紧 一般与钨极氩弧焊相似，但用微束等离子弧焊焊接薄板时，则应满足以下要求：

①微束等离子弧焊的引弧处(即起焊处)坡口边缘必须紧密接触，间隙应小于工件厚度的 10 %，否则起焊处两侧金属熔化难以结合形成熔池，容易烧穿。如达不到间隙要求时，必须添加焊丝。

②对于厚度<0.8mm 的薄板对接接头装配要求见表 2-12，表中参数，厚度<0.8mm 的薄板对接接头装配要求如图 2-13 所示。厚度<0.8mm 的薄板端面接头装配要求如图 2-14 所示。

表 2-12 厚度<0.8mm 的薄板对接接头装配要求

焊缝形式	间隙 b	错边 E	压板间距 c		垫板凹槽宽[1] B	
	(最大)	(最大)	(最小)	(最大)	(最小)	(最大)
I 形坡口焊缝	0.2δ	0.4δ	10δ	20δ	4δ	16δ
卷边焊缝[2]	0.6δ	1δ	15δ	30δ	4δ	16δ

注：①背面用 Ar 或 He 保护。

②板厚<0.25mm 的对接接头推荐采用卷边焊缝。

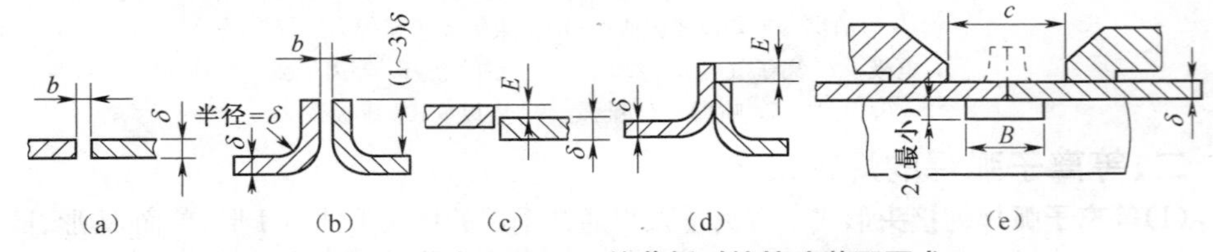

图 2-13 厚度<0.8mm 的薄板对接接头装配要求

③厚度<0.8mm 的薄板端面接头装配要求如图 2-14 所示。

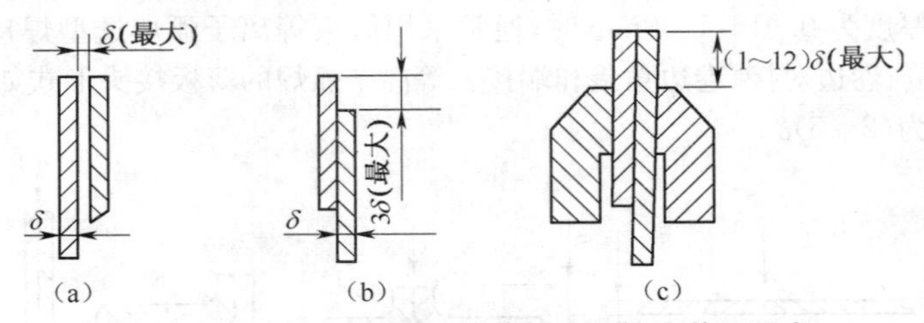

图 2-14 厚度<0.8mm 的薄板端面接头装配要求

(a)间隙 (b)错边 (c)夹紧距离

三、等离子弧焊焊接参数的选择

1. 穿透型等离子弧焊焊接参数的选择

(1)焊接参数的匹配 穿透型等离子弧焊各焊接参数匹配如图 2-15 所示。

(2)喷嘴孔径 喷嘴孔径是选择与匹配其他焊接参数的前提，应首先选定。在焊接生产中总是根据工件厚度初步确定焊接电流的大致范围。等离子弧焊电流与喷嘴孔径的关

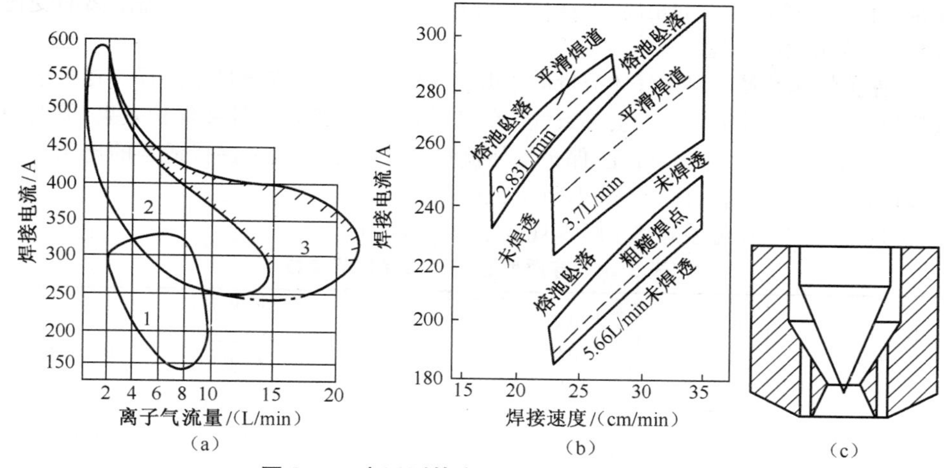

图 2-15　穿透型等离子弧焊焊接参数匹配

(a)焊接电流和离子气流量的匹配　(b)焊接电流、焊接速度和离子气流量的匹配

(c)电极在收敛扩散型喷嘴中的相对位置

1. 圆柱型喷嘴　2. 三孔收敛扩散型喷嘴　3. 加填充金属可消除咬肉的区域

系见表 2-13。

表 2-13　等离子弧焊电流与喷嘴孔径的关系

等离子弧焊接电流/A	1～25	20～75	40～100	100～200	150～300	200～500
喷嘴孔径/mm	0.8	1.6	2.1	2.5	3.2	4.8

(3)离子气流量　离子气流量直接决定了离子流冲力和熔透能力。离子气的流量越大，熔透能力越大。但离子气流量过大会使小孔直径过大，而不能保证焊缝成形。因此，应根据喷嘴直径、离子气的种类、焊接电流及焊接速度，选择适当的离子气流量。

(4)焊接电流　根据板厚和熔透要求确定焊接电流。电流过小，难于形成小孔效应；电流过大，会造成熔池金属坠落，难于形成合格焊缝，甚至出现双弧，烧坏喷嘴，破坏焊接过程。为此，在喷嘴结构确定后，为了获得稳定的焊接过程，焊接电流只能被限定在某一个合适的范围内，而且这个范围与离子气流量有关。喷嘴结构、板厚和其他焊接参数给定时，用实验方法在 8mm 厚不锈钢板上测定的穿透型焊接电流和离子气流量的匹配如图 2-15a 所示，1 为普通圆柱型喷嘴，2 为三孔收敛扩散型喷嘴，后者降低了喷嘴压缩程度，因而扩大了电流范围，即使在较高的电流下也不会出现双弧。由于电流上限的提高，因此，采用这种喷嘴可提高工件厚度和焊接速度。

(5)焊接速度　焊接速度应根据离子气流量及焊接电流来选择。在其他焊接参数条件一定时，焊接速度增加，焊接热输入减小，小孔直径亦随之减小，最后消失，反之，如果焊接速度太低，母材过热，背面焊缝会出现下陷甚至熔池泄漏等缺陷。焊接速度的确定，取决于离子气流量和焊接电流。焊接电流、焊接速度和离子气流量的匹配如图 2-15b 所示。为了获得平滑的穿透型焊接焊缝，随着焊速的提高，必须同时提高焊接电流。如果焊接电流一定，增大离子气流量就要增大焊速；若焊速一定，增加离子气流量应相应减小电流。

(6)喷嘴离工件的距离　距离过大，熔透能力降低；距离过小，则造成喷嘴堵塞，破坏喷嘴正常工作。喷嘴离工件的距离一般取3～8mm。和钨极氩弧焊相比，喷嘴距离的变化对焊接质量的影响不太敏感。

(7)保护气体流量 保护气体流量应根据焊接电流及离子气流量来选择。在一定的离子气流量下，保护气体流量太大会导致气流的紊乱，影响电弧稳定性和保护效果；但保护气流量太小，保护效果也不好。因此，保护气体流量应与离子气流量保持适当的比例。穿透型焊接保护气体流量一般在15～30L/min范围内。

(8)规范参数 穿透型等离子弧焊规范参数见表2-14。

表2-14 穿透型等离子弧焊规范参数

材料	厚度/mm	接头形式及坡口形式	电流(直流正接)/A	电弧电压/V	焊接速度/(cm/min)	气体成分	气体流量/(L/min)		备 注①
							离子气	保护气体	
碳素钢和低合金钢	3.2(1010)	I形对接	185	28	30	Ar	6.1	28	小孔技术
	4.2(4130)	I形对接	200	29	25	Ar	5.7	28	小孔技术
	6.4(D6AC)	I形对接	275	33	36	Ar	7.1	38	小孔技术②
不锈钢③	2.4	I形对接	115	30	61	Ar95%+$H_2$5%	2.8	17	小孔技术
	3.2	I形对接	145	32	76	Ar95%+$H_2$5%	4.7	17	小孔技术
	4.8	I形对接	165	36	41	Ar95%+$H_2$5%	6.1	21	小孔技术
	6.4	I形对接	240	38	36	Ar95%+$H_2$5%	8.5	24	小孔技术
	9.5								
	根部焊道	V形坡口④	230	36	23	Ar95%+$H_2$5%	5.7	21	小孔技术
	填充焊道		220	40	18	He	11.8	8.3	填充丝⑤
钛合金⑥	3.2	I形对接	185	21	51	Ar	3.8	28	小孔技术
	4.8	I形对接	175	25	33	Ar	3.5	28	小孔技术
	9.9	I形对接	225	38	25	He75%+Ar25%	15.1	28	小孔技术
	12.7	I形对接	270	36	25	He50%+Ar50%	12.7	28	小孔技术
	15.1	V形坡口⑦	250	39	18	He50%+Ar50%	14.2	28	小孔技术
铜和黄铜	2.4	I形对接	180	28	25	Ar	4.7	28	小孔技术
	3.2	I形对接	300	33	25	He	3.8	5	一般熔化技术⑧
	6.4	I形对接	670	46	51	He	2.4	28	一般熔化技术
	2.0(Cu70-Zn30)	I形对接	140	25	51	Ar	3.8	28	小孔技术⑨
	3.2(Cu70-Zn30)	I形对接	200	27	41	Ar	4.7	28	小孔技术⑨

注：①碳钢和低合金钢焊接时喷嘴高度为1.2mm，焊接其他金属时为4.8mm，采用多孔喷嘴。

②预热到316℃，焊后加热至399℃，保温1h。

③焊缝背面须用保护气体保护。

④60°V形坡口，钝边高度4.8mm。

⑤直径1.1mm的填充金属丝，送丝速度152cm/min。

⑥要求采用保护焊缝背面的气体保护装置和带后拖的气体保护装置。

⑦30°V形坡口，钝边高度9.5mm。

⑧采用一般常用的熔化技术和石墨支撑衬垫。

⑨此处Cu、Zn含量为质量分数(%)。

2. 熔透型等离子弧焊焊接参数

中、小电流(0.2～100A)(微束)等离子弧焊，一般都采用熔透型焊接技术。其焊接参数与穿透型等离子弧焊相同，在主要参数的选定上，需注意熔透型等离子弧焊的工艺特点。关键是焊接时在熔池上不需要形成穿透小孔，只需考虑保证熔深和熔宽。通常熔透型等离子弧焊采用联合型弧，焊接过程维弧(非转移弧)和主弧(转移弧)同时存在，且焊接电流的大小可分别调节。维弧的作用是引燃和稳定主弧，使主弧在很小的焊接电流(<1A)时也能稳定燃烧。维弧是电弧在钨极末端和喷嘴孔道壁之间燃烧，其阳极斑点位于喷嘴孔道壁上，故维弧电流不能选得过大，一般取3A左右，以避免喷嘴过热烧损。维弧的引燃可采用高频或小功率高压脉冲引弧方式。此外，小电流等离子弧焊焊接不锈钢、高温合金钢时，焊接速度越快，其保护效果越好，因此，在其他焊接参数不变和保证工件熔透要求的条件下，可提高焊接速度。熔透型及微束等离子弧焊焊接参数见表2-15。

表2-15　熔透型及微束等离子弧焊焊接参数

工件材料	板厚/mm	焊接速度/(cm/s)	焊接电流/A	焊接电压/V	离子气流量(Ar)/(L/min)	保护气流量/(L/min)		喷嘴孔径/mm	备注
						种类	流量		
不锈钢	0.025	0.21	0.3	—	0.2	Ar+1%H_2	8		卷边焊
	0.075	0.26	1.6	—	0.2	Ar+1%H_2	8	0.75	
	0.125	0.63	1.6	—	0.28	Ar+0.5%H_2	7	0.75	
	0.175	1.29	3.2	—	0.25	Ar+4%H_2	9.5	0.75	
	0.25	0.53	5	30	0.5	Ar	7	0.6	
	0.2	—	4	26	0.4	Ar	6	0.8	对接焊(铜衬垫)
	0.2	—	4.3	25	0.4	Ar	5	0.8	
	0.1	0.62	3.3	24	0.15	Ar	4	0.6	
	0.25	0.45	6.5	24	0.6	Ar	6	0.8	
	1.0	0.46	2.7	25	0.6	Ar	11	0.2	
	0.25	0.33	6	—	0.28	Ar+1%H_2	9.5	0.75	
	0.75	0.21	10	—	0.28	Ar+1%H_2	9.5	0.75	
	1.2	0.25	13	—	0.42	Ar+8%H_2	7	0.8	
	1.6	0.42	46	—	0.47	Ar+5%H_2	12	1.3	手工对接
	2.4	0.33	90	—	0.7	Ar+5%H_2	12	2.2	
	3.2	0.42	100	—	0.7	Ar+5%H_2	12	2.2	
镍合金	0.15	0.50	5	22	0.4	Ar	5	0.6	对接焊
	0.56	0.25～0.33	4～6	—	0.28	Ar+8%H_2	7	0.8	
	0.71	0.25～0.33	5～7	—	0.28				
	0.91	0.21～0.29	6～8	—	0.33				
	1.2	0.21～0.25	10～12	—	0.38				

续表 2-15

工件材料	板厚/mm	焊接速度/(cm/s)	焊接电流/A	焊接电压/V	离子气流量(Ar)/(L/min)	保护气流量/(L/min)		喷嘴孔径/mm	备注
						种类	流量		
钛	0.15	0.25	3	—	0.2	Ar	8	0.75	手工对接
	0.2	0.25	5	—					
	0.37	0.21	8	—					
	0.55	0.42	12	—		He+25%Ar	2		
哈氏合金	0.125	0.42	4.8	—	0.28	Ar	8	0.75	对接焊
	0.25	0.33	5.8	—					
	0.5	0.42	10	—					
	0.4	0.83	13	—	0.68		4.2	0.9	
康铜丝	φ0.05	—	0.5	—	—	Ar	3	0.6	端头对接
	φ0.1	—		—	—				
不锈钢丝	φ0.75	—	1.7	—	0.28	Ar+15%H_2	7	0.75	搭接时间 1s; 并接时间 0.1s
	φ0.75	—	0.9	—	0.28	Ar+15%H_2	7	0.75	
镍丝	φ0.12	—	0.1	—	0.28	Ar	7	0.75	搭接热电偶
	φ0.37	—	1.1	—	0.28	Ar			
	φ0.37	—	1.0	—	0.28	Ar+3%H_2			定位焊时间 0.2s
钼丝与镍丝	φ0.5	0.2s/焊点	2.5	—	0.2	Ar	9.5	0.75	定位焊
纯铜	0.025	0.21	0.3	—	0.28	Ar+0.5%H_2	9.5	0.75	卷边对接
	0.075	0.25	10	—	0.28	Ar+15%H_2	9.5	0.75	

穿透型、熔透型等离子弧焊也可以采用脉冲电流焊接,借以控制全位置焊接时的焊缝成形,减小热影响区宽度和焊接变形,脉冲频率在 15Hz 以下。脉冲电源结构形式基本上与钨极脉冲氩弧焊相似。

四、等离子弧焊操作要点

(1)基本操作 手工焊时,头戴头盔式面罩,左手拿焊丝,用右手握焊枪,食指和拇指夹住焊枪前身部位,其余三指触及工件支点,也可用食指或中指作为支点。呼吸要均匀,要稍微用力握住焊枪,保持焊枪的稳定,使焊接电弧稳定。关键在于焊接过程中钨极与工件或焊丝不能形成短路。

(2)操作准备

①检查焊机气路并打开气路,检查水路系统并接通电源上的电源开关。

②检查电极和喷嘴的同轴度。接通高频振荡器回路,高频火花应在电极与喷嘴之间均匀分布且达 80%以上。

(3)引弧

①接通电源后提前送气至焊枪,接通高频回路,建立非转移弧。

②焊枪对准工件达适当的高度，建立起转移弧，形成主弧电流，进行等离子弧焊接，随即非转移弧回路、高频回路自动断开，维弧电流被切断。另一种方法是电极与喷嘴接触。当焊接电源、气路、水路都进入开机状态时，按下操作按钮，加上维弧回路空载电压，使电极与喷嘴短路，然后回抽向上，在电极与喷嘴之间产生电弧，形成非转移电弧。焊枪对准工件，等离子弧形成（转移弧），引弧过程结束，维弧回路自动切断，进入施焊阶段。

③穿透型等离子弧焊的引弧。板厚小于 3mm 的纵缝和环缝，可直接在工件上引弧，工件厚度较大的纵缝可采用引弧板引弧。但由于环缝不便加引弧板，所以必须在工件上引弧，为此，应采用焊接电流和离子气流量递增的办法，完成引弧建立小孔的过程。厚板环缝穿透型焊接电流及离子气流量递增的斜率控制曲线如图 2-16 的左半部所示。

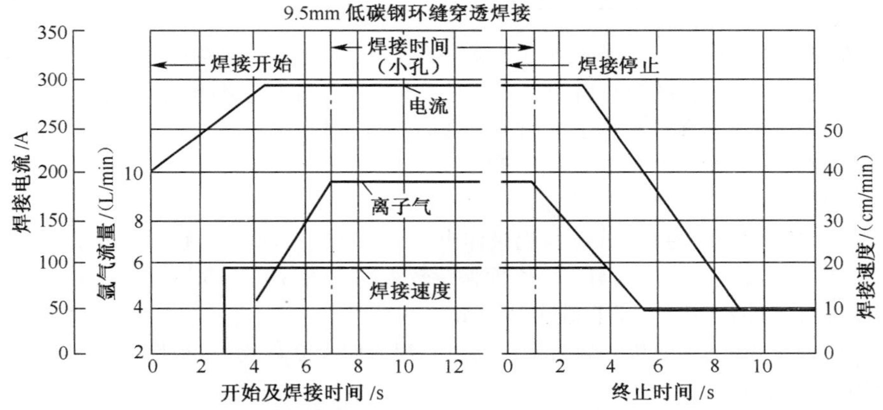

图 2-16 厚板环缝穿透型焊接电流及离子气流量递增的斜率控制曲线

(4)填丝

①必须等坡口两侧熔化后填丝。

②填丝时，焊丝和工件表面夹角 15°左右，敏捷地从熔池前沿点进，随后撤回，如此反复。

③填丝要均匀，快慢适当。送丝速度与焊接速度相适应。坡口间隙大于焊丝直径时，焊丝应随电弧作同步横向摆。填丝基本操作方法见表 2-16。

表 2-16 填丝基本操作方法

填丝方式	操作方法	适用范围
连续填丝	用左手拇指、食指、中指配合动作送丝，无名指和小指夹住焊丝控制方向，要求焊丝比较平直，手臂动作不大，待焊丝快用完时前移	对保护层扰动小，适用于填丝量较大，强焊接参数下的焊接
断续填丝（点滴送丝）	用左手拇指、食指、中指捏紧焊丝，焊丝末端始终处于氩气保护区内；填丝动作要轻，靠手臂和手腕的上下反复动作将焊丝端部熔滴送入熔池	适用于全位置焊

续表 2-16

填丝方式	操作方法	适用范围
焊丝贴紧坡口与钝边一起熔入	将焊丝弯成弧形，紧贴在坡口间隙处，保证电弧熔化坡口钝边的同时也熔化焊丝，要求对口间隙小于焊丝直径	可避免焊丝遮住焊工视线，适用于困难位置的焊接
横向摆动填丝	焊丝随焊枪做横向摆动，两者摆动的幅度应一致	此法适用于焊缝较宽的工件
反面填丝	焊丝在工件的反面送给，它对坡口间隙、焊丝直径和操作技术的要求较高	此法适用于仰焊

(5)左焊法或右焊法 左焊法适用于薄件的焊接，焊枪从右向左移动，电弧指向未焊部分有预热作用，焊速快、焊缝窄、熔池在高温停留时间短，有利于细化金属结晶。焊丝位于电弧前方，操作容易掌握。右焊法适用于厚件的焊接，焊枪从左向右移动，电弧指向已焊部分，有利于氩气保护焊缝表面不受高温氧化。

(6)焊接

①弧长(加填充丝)为 3～6mm。钨极伸出喷嘴端部的长度一般在 5～8mm。

②钨极应尽量垂直工件或与工件表面保持较大的夹角(70°～85°)。

③喷嘴与工件表面的距离不超过 10mm。

④厚度大于 4mm 的薄板立焊时采用向下立焊或向上立焊均可，板厚 4mm 以上的工件一般采用向上立焊。

⑤为使焊缝得到必要的宽度，焊枪除了做直线运动外，还可以做适当的横向摆动，但不宜跳动。

⑥平焊、横焊、仰焊时可采用左焊法或右焊法，一般都采用左焊法。平焊焊枪角度与填丝位置如图 2-17 所示，立焊焊枪角度与填丝位置如图 2-18 所示，横焊焊枪角度与填丝位置如图 2-19 所示。

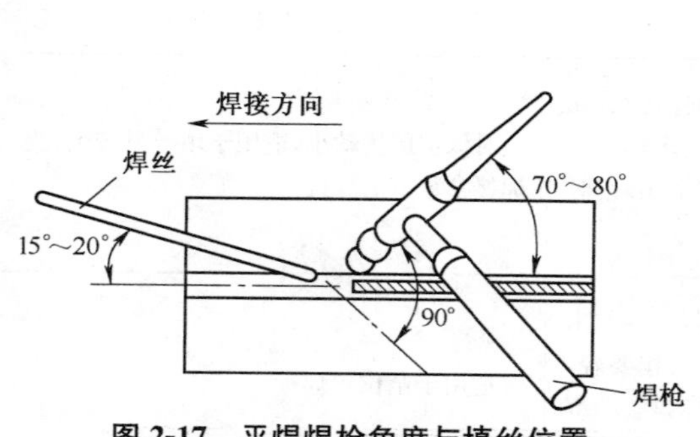

图 2-17 平焊焊枪角度与填丝位置

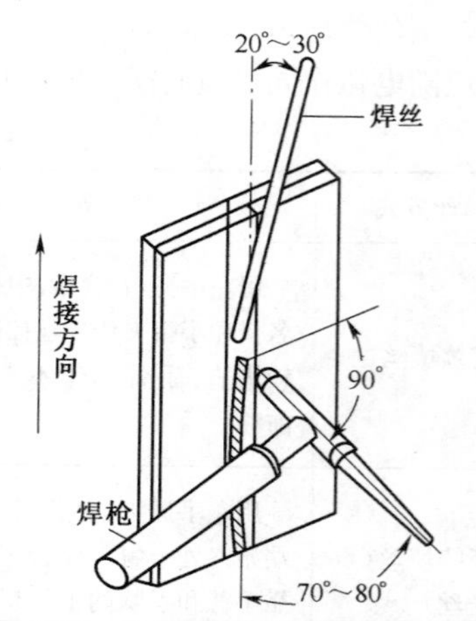

图 2-18 立焊焊枪角度与填丝位置

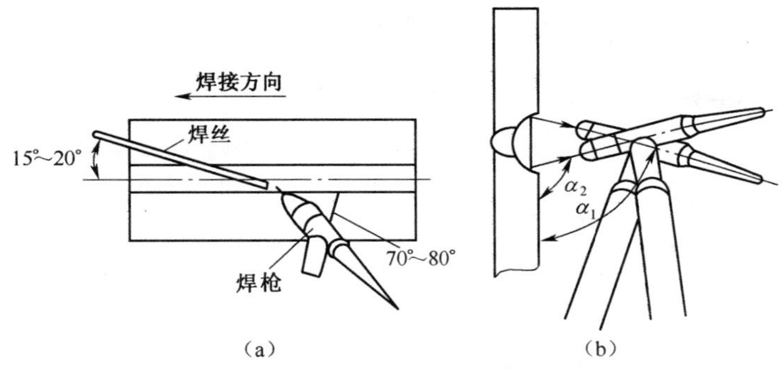

图 2-19　横焊焊枪角度与填丝位置

(a)横焊打底焊枪角度和填丝位置　(b)横焊盖面焊枪角度 $\alpha_1=95°\sim105°$，$\alpha_2=70°\sim80°$

(7)收尾　采用熔透型焊接，收尾可在工件上进行，但要求焊机具有离子气流量和焊接电流递减功能，避免产生弧坑等缺陷。如收尾处可能会产生弧坑，应适当添加与工件相匹配的焊丝来填满弧坑。采用穿透型焊接收尾时，纵缝厚板应在引出板上收尾，环缝只能在工件上收尾，但要采取焊接电流和离子气流量递减的方法来解决小孔问题。厚板环缝穿透型焊接电流及离子气流量递减的斜率控制曲线如图 2-16 的右半部所示。

五、各种位置上的等离子弧焊操作要点

对接焊操作时，焊枪与焊接方向的夹角为 70°～80°，焊枪与两侧平面各为 90°的夹角，采用左焊法，如自动焊，焊枪与工件可成 90°的夹角。等离子弧焊各种焊接位置的操作要点见表 2-17 及图 2-20、图 2-21。

表 2-17　等离子弧焊各种焊接位置的操作要点

焊接位置	焊接要点	注意事项
I 形坡口对接接头的平焊	选择合适的握枪方法，喷嘴高度为 6～7mm，弧长 2～3mm，焊枪前倾，左焊法，焊丝端部放在熔池前沿	焊枪行走角、焊接电流不能太大，为防止焊枪晃动，最好用空冷焊枪
I 形坡口角度平焊	握枪方法同对接平焊，喷嘴高度为 6～7mm，弧长 2～3mm	钨极伸出长度不能太大，电弧对中接缝中心不能偏离过多，焊丝不能填得太多
板搭接平焊	握枪方法同对接平焊，喷嘴高度与弧长同角接平焊，不加丝时，焊缝宽度约等于钨极直径的 2 倍	板较薄时可不加焊丝，但要求搭接面无间隙，两板紧密贴合；弧长等于钨极直径，缝宽约为钨极直径的 2 倍，必须严格控制焊接速度；加丝时，缝宽是钨极直径的 2.5～3 倍，从熔池上部填丝可防止咬边
T 形接头平焊	握枪方法、喷嘴高度与弧长同对接平焊	电弧要对准顶角处；焊枪行走角、弧长不能太大；先预热，待起点处坡口两侧熔化形成熔池后才开始加丝
板对接立焊	握枪方法同平焊	要防止焊缝两侧咬边，中间下坠
T 形接头向上立焊	握枪方法与喷嘴高度同平焊。最佳填丝位置在熔池最前方，同对接立焊	—

续表 2-17

焊接位置	焊接要点	注意事项
对接横焊	最佳填丝位置在熔池前面和上面的边缘处	防止焊缝上侧出现咬边，下侧出现焊瘤；同时要做到焊枪和上、下两垂直面间的工作角不相等，利用电弧向上的吹力支撑液态金属
T形接头横焊	握枪方法：弧长与喷嘴高度同T形接头平焊	—
对接仰焊	最佳添丝位置在熔池正前沿处	—
T形接头仰焊	如条件许可，采用反面填丝	由于熔池容易下坠，因此焊接电流要小，速度要快
兼有平焊、立焊、仰焊	起焊点一般选在时钟“6点”的位置，先逆时针焊至“3点”位置，然后从“6点”位置焊至“9点”位置，再分别从“3点”、“9点”位置起弧，焊至“12点”位置，管子焊接顺序如图2-20所示；管子口径小时，可直接从“6点”位置焊至“12点”，然后再焊完另一半；盖面时为使整圈焊缝的厚薄、成形均匀，可先在平焊位置（“11点”→“1点”）加焊一层，管子转动平对接焊时，焊枪或焊丝与工件的相对位置如图2-21所示	焊接处应先修磨，以保证焊透；焊丝可预先弯成一定形状，以便给送；焊枪与工件的角度要始终不变，焊丝位置以顺手为宜；对小口径管子焊接填丝封底焊时，焊道高度以2～3mm为宜；有时也可采用不加丝封底焊来保证焊透

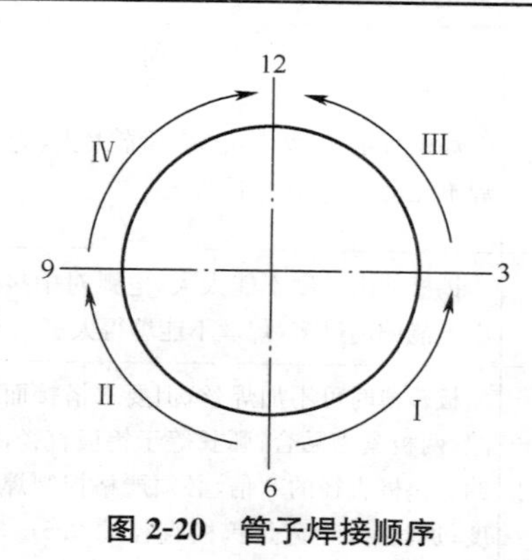

图 2-20 管子焊接顺序

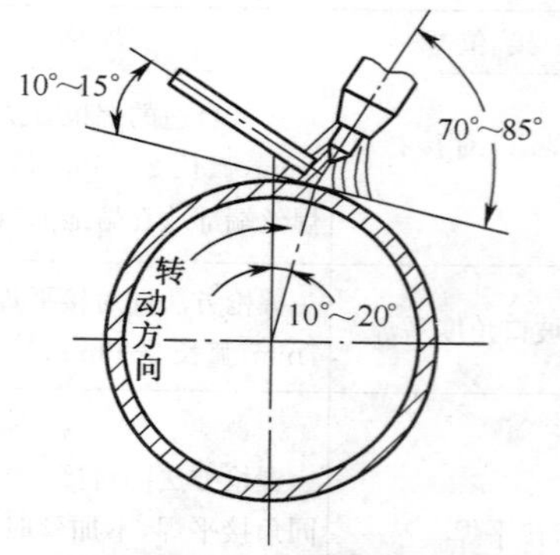

图 2-21 管子转动平对接焊时焊枪或焊丝与工件的相对位置

在引弧后等离子弧加热工件达到一定的熔深时，较高压力的离子气流从熔池反面流出，把熔池内的液体金属推向熔池的后方，形成隆起的金属壁，从而破坏焊缝成形，使熔池金属严重氧化，甚至产生气孔，这就是引弧时的翻弧现象。为了避免这种现象，在焊接刚开始时，应选用较小的焊接电流和较小的离子气流量，使焊缝的熔深逐渐增加，等到焊缝焊到一定的长度后再增加焊接电流并达到一定的工艺定值，同时工件或焊枪暂停移动，增加离子气流量达到规定值。此时工件温度较高，受到等离子弧热量和等离子流冲力的作用，便很快形成穿透型小孔，一旦小孔形成，工件移动（或焊枪移动）进入正常焊接过程。此外，还有一种防止翻弧的方法是先在起焊部位钻一个 $\phi2$ 的小孔。

六、等离子弧焊时的双弧现象及预防措施

燃烧在钨极和工件之间的转移弧称为主弧，燃烧在钨极、喷嘴、工件之间的串联旁弧称为副弧。主弧和副弧同时存在时称双弧现象，等离子弧焊的双弧现象如图 2-22 所示。双弧现象使主弧电流降低，喷嘴过热，导致正常的焊接或切割过程被破坏，严重时将会导致喷嘴烧毁。

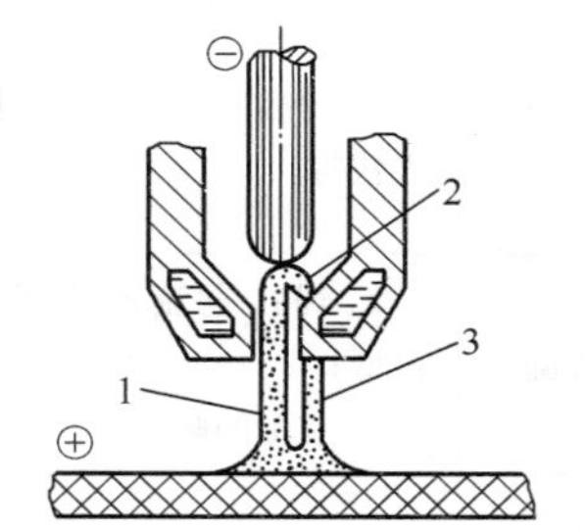

图 2-22　等离子弧焊的双弧现象

1. 主弧　2. 双弧的上半段　3. 双弧的下半段

(1)形成双弧的原因　喷嘴结构参数对双弧形成有着决定性作用。喷嘴孔径 d 减小、孔道长度 l 或内缩长度 l_g 增大时，都容易形成双弧；喷嘴结构确定后，电流增大，会导致双弧的形成；钨极和喷嘴不同轴常常是导致双弧形成的主要因素；喷嘴冷却不良、表面有氧化物玷污，也是导致双弧的原因。

(2)预防双弧现象发生的措施　采用陡降外特性电源可以获得较大的不发生双弧的等离子弧电流；正确选择电流及离子气流量；减少转弧时的冲击电流；喷嘴孔道不要太长；电极和喷嘴应尽可能对中；喷嘴至工件的距离不要太近；采用切向进气的焊枪可防止双弧的形成；电极内缩量不要太大；加强对喷嘴和电极的冷却。

七、等离子弧焊常见缺陷及预防措施

等离子弧焊常见缺陷及预防措施见表 2-18。

表 2-18　等离子弧焊常见缺陷及预防措施

缺陷类型	产生原因	预防措施
单侧咬边	1. 焊枪偏向焊缝一侧； 2. 电极与喷嘴不同轴； 3. 两辅助孔偏斜； 4. 接头错边量太大； 5. 磁偏吹	1. 改正焊枪对中位置； 2. 调整同轴度； 3. 调整辅助孔位置； 4. 加填充丝； 5. 改变地线位置
两侧咬边	1. 焊接速度太快； 2. 焊接电流太小	1. 降低焊接速度； 2. 加大焊接电流
气孔	1. 焊前清理不当； 2. 焊丝不干净； 3. 焊接电流过大； 4. 电弧电压过高； 5. 填充丝送进太快； 6. 焊接速度太快	1. 除净焊接区的油锈及污物； 2. 清扫焊丝； 3. 降低焊接电流； 4. 降低焊接速度； 5. 降低送丝速度； 6. 降低焊接速度
热裂纹	1. 焊材或母材硫含量太高； 2. 焊缝熔深、熔宽较大，熔池太长； 3. 工件刚度太大	1. 选用含硫低的焊丝； 2. 调整焊接参数； 3. 预热、缓冷

续表 2-18

缺陷类型	产生原因	预防措施
未焊透	1. 坡口形式不合理； 2. 焊接参数不当，如电流较小，焊接速度太快等	1. 对于不同的被焊材料，板厚超过一定值时，应开坡口及加填充焊丝； 2. 调整焊接参数并相互匹配至最佳状态
焊漏	1. 焊接电流或离子气流量过大，焊速过低； 2. 装配间隙过大	1. 调整焊接参数，使焊接电流、离子气流量、焊接速度等处于最佳参数状态； 2. 注意装配间隙符合要求

第四节 微束等离子弧焊和脉冲等离子弧焊工艺

一、微束等离子弧焊的特点

人们通常将焊接电流在30A以下的等离子弧焊，称为微束等离子弧焊。微束等离子弧焊的工艺过程及其操作方法具有一系列特殊性。

微束等离子弧是等离子弧的一种。在产生普通等离子弧的基础上采取提高电弧稳定性措施，进一步加强电弧的压缩作用，减小电流和气流，缩小电弧室的尺寸。这样，就使微小的等离子焊枪喷嘴射出小的等离子弧焰流，如同缝纫针一般细小。与钨极氩弧焊相比，微束等离子弧焊的优点是可焊更薄的金属，最小可焊厚度为0.01mm；弧长在很大的范围内变化时，也不会断弧，并能保持柱状特征；焊接速度快、焊缝窄、热影响区小、焊接变形小。

二、获得微束等离子弧的三要素

(1)微束等离子弧发生器 以等离子电弧室为主体组成，是产生微束等离子弧的器件，也称为等离子枪。产生微束等离子弧的第一要素是要有一个良好的等离子枪，要求不漏气、不漏水、不漏电，电极对中且调整更换方便，喷嘴耐用又便于更换。

离子枪由上下两体构成，中间加以绝缘。上枪体的主要功能是夹持钨极并使之接入电源负极，以使钨极尖端能产生电弧放电的阴极斑点；将电弧放电在钨极区产生的热量及时排出；钨极应能始终保持对准下枪体的喷嘴孔径中心，并且应能调整钨极尖的高度和更换新钨极；导入惰性压缩气体。这样，上枪体应有电、气、水三个导入孔道和一个水的出口。下枪体上安装经常更换的喷嘴，要接电源的正极，要有进出冷却水的散热系统。有的微束等离子弧焊枪上设有保护气系统，也设置在下枪体上。

(2)直流电源 作为微束等离子弧的电源，除了普通等离子弧要求的直流电源、下降的伏安特性、电流可以细微调节等外，还有一个重要的特殊要求，即高空载电压。一般直流电源的空载电压是80～100V，微束等离子弧的电源空载电压应是120～160V，有时还要高达200V。因为微束等离子弧的电流小(<30A)，电弧气体介质质点的电离、发射作用弱，为便于引弧和稳弧，就需要提高空载电压来加强场致发射作用，所以微束等离子弧焊的电源需要特制专用。

微束等离子弧焊电源使用时是采用正极性接法，即将焊枪钨极接电源负端，电源的另一端（正极）通过接触器开关接焊枪的喷嘴。同时，电源的正极端还要并联一个电路，即通过接触器并联到工件上。

就微束等离子弧的直流电源的供电连续性来说，可有两种电源：一种是连续直流供电，得到的焊接电流是连续的直流电，这就是通常所说的直流电源；另一种是可以有规律地进行断续供电，即脉冲电源。脉冲电流的主要优越性在于，它除了像连续直流那样能调节电流的大小外，它的通电时间 t_1 和间隔时间 t_2 可以调节。因此，脉冲电源优于普通直流电源 。

(3)惰性气体源　在等离子枪的电弧室里，电弧柱是在三个压缩效应（机械压缩效应、热收缩效应和磁压缩效应）的作用下形成等离子弧的。三个效应中有两个是惰性气体所为。微束等离子弧所使用的惰性气体，一般都是氩气，使用工业用瓶装压缩氩气即可。使用时要接装减压表和流量计，以便能精确地调节压力和流量这两个参数。

三、微束等离子弧焊的焊接参数

微束等离子弧焊的焊接参数，主要有焊接电流、焊接速度、工作气体流量、保护气体流量、电弧长度、喷嘴直径、喷嘴通道比和钨极的内缩量等，它们对焊缝的形成和焊接质量都有影响。

常用的微束等离子弧焊焊接参数见表 2-15，薄板端接微束等离子弧焊焊接参数见表 2-19。

表 2-19　薄板端接微束等离子弧焊焊接参数

金属	板厚/mm	电流/A(直流正接)	焊接速度/(cm/min)	保护气体
不锈钢	0.03	0.3	16	Ar99%+$H_2$1%
	0.13	1.6	36	Ar99%+$H_2$1%
	0.25	4.0	12	Ar99%+$H_2$1%
钛	0.08	1.6	12	Ar
	0.20	3.0	12	Ar
Ni-Cr21%-Fe19%	0.13	1.5	24	Ar99%+$H_2$1%
	0.25	3.0	8	Ar
	0.51	6.5	18	Ar
Fe-Ni28%-Co18%	0.26	9.0	51	Ar99%+$H_2$1%

注：①离子气流量：0.24L/min，纯 Ar，喷嘴直径为 0.80mm。

②保护气体流量：10L/min。

③元素含量为质量分数(%)。

四、微束等离子弧焊的工艺要点

(1)接头形式　接头形式根据板厚来选择，厚度在 0.05～1.60mm 时，通常采用微束等离子弧进行焊接。微束等离子弧的接头不开坡口，对于板厚 0.2mm 的对接接头，通常都采用卷边的接头形式。板厚<0.8mm 的微束等离子弧焊的常用接头形式如图 2-23 所示。

(2)夹具和金属垫板　微束等离子弧焊接，必须使用装配夹具或装配-焊接联合夹具。夹具的尺寸要求精确，装卸要求方便，焊缝周围的夹具零件要用非磁性材料（黄铜、不锈钢）

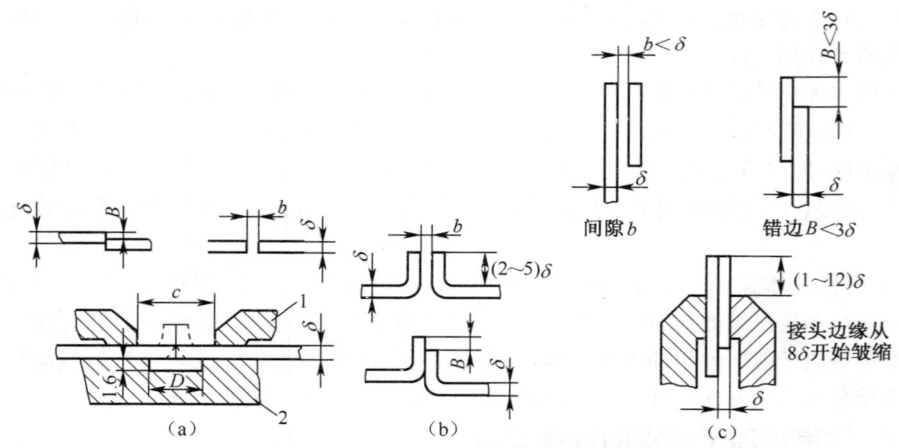

图 2-23 板厚<0.8mm 的微束等离子弧焊的常用接头形式

(a)对接 (b)卷边 (c)端接接头

1. 压板 2. 垫板

δ—板厚 B—错边 b—间隙 c—压板间距 D—垫板凹槽宽

制造,防止焊接时电弧产生偏吹。

焊道背面要放上金属垫板。一般的金属垫板上均有成形槽,形状可以是倒三角形、矩形或半椭圆形,成形槽宽度可为2~3mm,槽深0.2~0.5mm。当工件板厚小于0.3mm时,可以使用无槽的光垫板。金属垫板的材料大多选用纯铜。一般情况下,金属垫板常和装配-焊接夹具结合在一起。

(3)增强保护效果 一般的微束等离子弧焊枪都带有保护气罩装置(喷嘴)。但在有些情况下,受焊缝的形式和位置所限,或工件的结构和尺寸所限,焊枪的保护气罩对焊缝的保护并不完全有效,这时焊接夹具应加设特殊的保护装置,增强保护效果。

保护装置的结构和方式因工件而异,是多种多样的。如装在正面焊缝两侧附近的反射屏(保护气挡板),可将散失的保护气折回,改善保护条件;再如,焊接管状结构件(或小型容器)时,可向管(或容器)内部充保护气,保护背面焊道。对某些工件也可以设计专用保护喷嘴,如保护卷边对接焊缝的专用喷嘴。

通常增强保护的装置都是与焊接夹具制造在一起的,使夹具具有多种功能。

(4)定位焊 不使用焊接夹具的工件焊缝较长时,要每隔3~5mm设置一个定位焊点,使其定位,否则焊接时会发生变形。定位焊使用的焊接参数可与焊接时相同或略小一些。使用夹具的工件焊接时,焊前不用定位焊。

(5)工件焊前清理 工件焊接接头待焊处及端边焊前均要净化处理,除去油污、锈等,其方法(化学的或机械的)与一般焊接的焊前处理相似,只不过因薄件对污物敏感处理要更严一些。

(6)焊机准备 焊接前要将待用的微束等离子弧焊机准备好,并应作以下检查。

①检查微束等离子弧焊机,如焊枪的气、水路要密封并畅通,钨极、喷嘴的调整和更换要方便;能保证电极的同轴度和内缩量并可调,焊枪控制按钮的灵敏度要好,焊枪的手柄应可靠地绝缘。

②检查微束等离子弧焊机的电源，如电源的空载电压能满足要求，极性的接法正确，焊接电流能均匀地调节，则电源合格。

③检查微束等离子弧焊机的控制系统，如气路(分工作气和保护气)应密封和畅通，流量应能精细调节，气阀电路的控制应可靠；水路要保证畅通和密封，有水流开关的设备要检查水流开关的灵敏度；控制系统的电路主要检查高频引弧电路的点火(引弧)可靠性；提前送气和滞后断气的控制可靠性；电流衰减电路应工作可靠和速度可调，完整的焊接过程程序控制应可靠等。有自动行走焊车的微束等离子弧焊机，还应检查焊车的调速系统和控制程序。

④调整电极最好选购铈钨电极，其直径应按焊接参数中的电流选择。电流较大时选直径 1.2mm 的电极，电流较小时可选用直径 0.8mm 的电极。电极尖端磨成 10°～15°的圆锥角。电极的磨尖最好是使用专用的电极磨尖机磨制，这样可以保证度数和不偏心。

⑤调整钨极对中是为了便于观察，可以在焊机电源不接通的情况下只打高频火花，从喷嘴观察火花。若火花在孔内圆周分布达到 1/2～2/3 时，就认为对中符合要求。长时间地使用高频火花对中，也会使钨极少量烧损，可以放少量氩气保护。

⑥检查焊机循环水的冷却效果。焊机在额定状态下正常运行，冷却水的出口水温以 40℃～50℃为宜，或以手感比体温稍高些即可。焊机不通冷却水不可使用。

⑦配有工件放大镜的焊机，焊前要将放大镜焦距调好，这对细小零件的焊接十分必要。若焊机没配放大镜，则可以自选 5～10 倍的放大镜临时固定在距焊缝的适当位置处，以供使用。

⑧按工艺技术文件规定的焊接参数调节好焊机，经试焊确定无误后予以固定，等待使用。

(7)操作要点

①微束等离子弧焊使用的电弧形态是联合型弧，即维弧、焊弧同时存在。

②当焊缝间隙稍大出现焊缝余高不够或呈现下陷时，说明焊缝金属填充不够，应该使用填充焊丝。填充焊丝要选用与母材金属同成分的专用焊丝，也可以使用从母材上剪下来的边条。

③焊接时，产生转移弧后不要立即移动焊枪，要在原处维持一段时间，使母材熔化，形成熔池后再开始填丝并移动焊枪。另外，焊枪在运行中要保持前倾，手工焊时前倾角保持在 60°～80°，自动焊时前倾角为 80°～90°。

④微束等离子弧的焊接是采用熔池无小孔效应的熔透型焊接法，即用微弧将工件焊接处熔化到一定深度或熔透成双面成形的焊缝。

⑤焊接时喷嘴中心孔与待焊焊缝的对中要求高，偏差应尽可能小，否则会焊偏或产生咬边。

⑥焊接过程中的电弧熄灭或焊接结束时的熄弧，焊枪均要在原处停留几秒，使保护气继续保护高温的焊缝，以免氧化。

此外，微束等离子弧焊电源空载电压高，易使操作者触电，应注意防范。由于微束等离子弧焊枪体积小，在换喷嘴、换电极或电极对中时，都极易发生电极与喷嘴的接触，这时若误触动焊枪手把上的微动按钮，便会发生电极与喷嘴的电短路(打弧)，损坏喷嘴和电极。因此，在更换电极、喷嘴或电极对中时，应将电源切断才能保证安全操作。

五、脉冲等离子弧焊的特点

脉冲等离子弧焊机一般采用频率为50Hz以下的脉冲弧焊电源，脉冲电源的形式主要为晶闸管式、晶体管式和逆变式。与一般等离子弧焊相比，脉冲等离子弧焊的优点是：焊接过程更加稳定；焊接热输入易于控制，能够更好地控制熔池，保证良好的焊缝成形；焊接热影响区较小、焊接变形小；脉冲电弧对熔池具有搅拌作用，有利于细化晶粒，降低裂纹的敏感性；特别适于全位置焊接。

六、脉冲等离子弧焊的焊接参数

脉冲等离子弧焊的典型焊接参数见表2-20。

表2-20 脉冲等离子弧焊的典型焊接参数

材料种类	板厚度/mm	I_b/A	I_p/A	f/Hz	脉宽比 $t_p/(t_p+t_b)$	离子气流量/(L/min)	焊接速度/(mm/min)
不锈钢	3	70	100	2.4	12/21	5.5	400
	4	50	120	1.4	21/35	6.0	250
钛	6	90	170	2.9	10/17	6.5	202
	3	40	90	3	10/16	6.0	400
不锈钢波纹管膜片	0.05+0.05(内圆)	0.12	0.5	10	2/5	0.6	45
	0.05+0.15(内圆)	0.12	1.2	10	2/5	0.6	45
	0.05+0.05(外圆)	0.12	0.55	10	2/5	0.6	35

第五节 常用材料的等离子弧焊

一、高温合金的等离子弧焊

用等离子弧焊焊接固溶强化和Al、Ti含量较低的时效强化高温合金时，一般厚板采用穿透型等离子弧焊，薄板采用熔透型等离子弧焊，箔材用微束等离子弧焊。焊接电源采用陡降外特性的直流正极性，高频引弧，焊枪的加工和装配要求精度较高，如同轴度。离子气流和焊接电流均要求能实现递增和衰减控制。

焊接时，可以填充金属丝，也可以不加焊丝。采用氩或氩中加适量氢气的混合气体作为保护气体和等离子气体，加入氢气可以使电弧功率增加，提高焊接速度。氢气加入量一般在5%左右，要求不大于15%。焊接时是否要填充焊丝根据需要确定。常用钢种选用的焊丝牌号见表2-21。

表2-21 常用钢种选用的焊丝牌号

钢材		选用的焊丝牌号
类别	牌号	
碳钢	Q235、Q235F、Q235G	H08Mn2Si
	10、15g、20g、22g、25	H05MnSiAlTiZr
低合金钢	16Mn、16Mng	H10Mn2
	16MnR、25Mn	H08Mn2Si

续表 2-21

钢材		选用的焊丝牌号
类别	牌号	
低合金钢	15MnV、16MnVCu	H08MnMoA
	15MnVN、19Mn5	H08Mn2SiA
	20MnMo	
低合金耐热钢	18MnMoNb、14MnMoV	H08Mn2SiMo
	12CrMo、15CrMo	H08CrMoA、H08CrMo、Mn2Si
	20CrMo、30CrMoA	H05 CrMoVTiRe
	12CrlMoV、15CrlMoV 20CrMoV	H08CrMoV H05CrMoVTiRe
	15CrlMoV、20CrlMoV	H08CrMnSiMoV
	12Cr2MoWVTiB	H10Cr2MnMoWVTiB
	G102	H08Cr2MoWVNbB
	G106 钢	H10Cr5MoVNbB
不锈钢	0Cr18Ni9、1Cr18Ni9	H0Cr18Ni9
	1Cr18Ni9Ti	H0Cr18Ni9Ti
	00Cr17Ni13Mo2	H0Cr18Ni12Mo2Ti
低温钢	09Mn2V	H05Mn2Cu、H05Ni2.5
	06AlCuNbN	H08Mn2WCu
	3.5Ni、06MnNb 06AlCuNbN	H00Ni4.5Mo H05Ni4Ti
	9Ni	H00Ni11Co H06Cr20Ni60Mn3Nb
异种钢	G102+12CrMoV G102+15CrMo	H08CrMoV
	G102+碳钢	H08Mn2Si H08CrMoV H13CrMo
	G102+1Cr18NiTi G102+G106	镍基焊丝
	12Cr1MoV+碳钢	H08Mn2Si、H05MnSiA1TiZr
	12CrMoV+15CrMo	H13CrMo、H08CrMoV

高温合金等离子弧焊的焊接参数与奥氏体不锈钢的焊接参数基本相同，应注意控制焊接热输入。镍基高温合金穿透型自动等离子弧焊的焊接参数见表 2-22。在焊接过程中应控制焊接速度，速度过快会产生气孔，还应注意电极与压缩喷嘴的同轴度。高温合金等离

子弧焊接头力学性能较高,接头强度系数一般大于90%。

表2-22 镍基高温合金穿透型自动等离子弧焊的焊接参数

合金牌号	厚度/mm	离子气流量/(L/min)	焊接电流/A	焊接电压/V	焊接速度/(cm/s)
76Ni-16Cr-8Fe	5.0	6.0	155	31	0.72
	6.6	6.0	210	31	0.72
46Fe-33Ni-1Cr	3.2	4.7	115	30	0.77
	4.8	4.7	185	27	0.68
	5.8	6.0	185	32	0.72

二、铝及铝合金的等离子弧焊

焊接铝合金时,采用直流反接或交流电源。铝及铝合金交流等离子弧焊多采用矩形波交流焊接电源,用氩气作为等离子气和保护气体。对于纯铝、防锈铝,采用等离子弧焊,焊接性良好;硬铝的等离子弧焊焊接性尚可。铝及铝合金等离子弧焊操作注意事项如下。

①焊前要加强对工件、焊丝的清理,防止氢溶入产生气孔,还应加强对焊缝和焊丝的保护。

②交流等离子弧焊的许用离子气流量较小。流量稍大,等离子弧的吹力会过大,铝的液态金属被向上吹起,形成凸凹不平或不连续的凸峰状焊缝。为了加强钨极的冷却效果,可以适当加大喷嘴孔径或选用多孔型喷嘴。

③当板厚>6mm时,要求焊前预热100℃~200℃。板厚较大时用氦作为等离子气或保护气,可增加熔深或提高效率。

④使用的垫板和压板最好用导热性不好的材料制造,如不锈钢。垫板上加工出深度1mm、宽度20~40mm的凹槽,以使待焊铝板坡口近处不与垫板接触,避免散热过快。

⑤板厚≤10mm时,在对接的坡口上每间隔150mm定位焊一点;板厚>10mm时,每间隔300mm定位焊一点。定位焊采用与正常焊接相同的电流。

⑥进行多道焊时,焊完前一道焊道后应用钢丝或铜丝刷清理焊道表面至露出纯净的铝表面为止。

⑦纯铝自动交流等离子弧焊焊接参数见表2-23。

表2-23 纯铝自动交流等离子弧焊焊接参数

板厚/mm	钨极为负极		钨极为正极		气体流量/(L/h)		焊接速度/(cm/s)
	电流/A	时间/ms	电流/A	时间/ms	离子气	保护气	
0.3	10~12	20	8~10	40	9~12	120~180	0.70~0.83
0.5	20~25	30	15~20	30	12~15	120~180	0.70~0.83
1.0	40~50	40	18~20	40	15~18	180~240	0.56~0.70
1.5	70~80	60	25~30	60	18~21	180~240	0.56~0.70
2.0	110~130	80	30~40	80	21~24	240~300	0.42~0.56

⑧铝合金直流等离子弧焊焊接参数见表 2-24。

表 2-24　铝合金直流等离子弧焊焊接参数

板厚/mm	接头形式	非转移弧电流/A	喷嘴与工件间电流/A	离子气流量 Ar/(L/min)	保护气流量 He/(L/min)	喷嘴孔径/mm	电极直径/mm	填充金属	定位焊
0.4	卷边	4	6	0.4	0	0.8	1.0	无	无
0.5	平对接	4	10	0.5	0	1.0	1.0	无	无
0.8	平对接	4	10	0.5	9	1.0	1.0	有	有
1.6	平对接	4	20	0.7	9	1.2	1.0	有	有
2	平对接	4	25	0.7	12	1.2	1.0	有	有
3	平对接	20	30	1.2	15	1.6	1.6	有	有
2	外角接	4	20	1.0	12	1.2	1.0	有	有
2	内角接	4	25	1.6	12	1.2	1.0	有	有
5	内角接	20	80	25	15	1.6	1.6	有	有

三、钛及钛合金的等离子弧焊

等离子弧焊能量密度高、热输入大、效率高。厚度 2.5～15mm 的钛及钛合金板材采用穿透型焊接可一次焊透，并可有效地防止产生气孔。熔透型焊接适用于各种板厚，但一次焊透的厚度较小，3mm 以上一般需开坡口。

用等离子弧焊焊接钛及钛合金时，热影响区较窄，焊接变形也较易控制。目前微束等离子弧焊已经成功地应用于薄板的焊接。采用 3～10A 的焊接电流可以焊接厚度 0.08～0.60mm 的板材。

利用等离子弧的小孔效应可以单道焊接厚度较大的钛和钛合金，保证不至发生熔池坍塌，焊缝成形良好。通常单道钨极氩弧焊时工件的最大厚度不超过 3mm，并且因为钨极距离熔池较近，可能发生钨极熔蚀，使焊缝渗入钨夹杂物。等离子弧焊接时，不开坡口就可焊透厚度达 15mm 的接头，不会出现焊缝渗钨现象。

①钛板等离子弧焊焊接参数见表 2-25。

表 2-25　钛板等离子弧焊焊接参数

板厚/mm	喷嘴孔径/mm	焊接电流/A	焊接电压/V	焊接速度/(cm/s)	送丝速度(m/min)	焊丝直径/mm	氩气流量/(L/min)			
							离子气	保护气	拖罩	背面
0.2	0.8	5	—	1.3	—	—	0.25	10	—	2
0.4	0.8	6	—	1.3	—	—	0.25	10	—	2
1	1.5	35	18	2.0	—	—	0.5	12	15	2
3	3.5	150	24	3.8	60	1.5	4	15	20	6
6	3.5	160	30	3.0	68	1.5	7	20	25	15
8	3.5	172	30	3.0	72	1.5	7	20	25	15
10	3.5	250	25	1.5	46	1.5	7	20	25	15

注：电源极性为直流正接。

②钛合金等离子弧焊和TIG焊接接头的力学性能见表2-26。

表2-26 钛合金等离子弧焊和TIG焊接接头的力学性能

材 料	抗拉强度/MPa	屈服强度/MPa	伸长率(%)	断面收缩率(%)	冷弯角/(°)
TC4钛合金	1072	983	11.2	27.3	16.9
等离子弧焊接头	1005	954	6.9	21.8	53.2
氩弧焊接头	1006	957	5.9	14.6	6.5

注:氩弧焊的填充金属为TC3,等离子弧焊不填丝,拉伸试样均断在热影响区、过热区。

纯钛等离子弧焊的气体保护方式与钨极氩弧焊相似,可采用氩弧焊拖罩,但随着板厚的增加、焊速的提高,拖罩要加长,处于350℃以上的金属才能得到良好保护。背面垫板上的沟槽尺寸,一般宽度和深度为2.0～3.0mm,同时背面保护气体的流量也要增加。厚度15mm以上的钛板焊接时,开6～8mm钝边的V形或U形坡口,用穿透型等离子弧焊封底,然后用熔透型等离子弧焊填满坡口。用等离子弧焊封底可以减少焊道层数,减少填丝量和焊接角变形,提高生产率。熔透型等离子弧焊多用于厚度3mm以下薄件的焊接,比钨极氩弧焊容易保证焊接质量。

四、银和铂的微束等离子弧焊

银和铂都属于贵金属,价格昂贵。银和铂可制成板材、带材、线材等,常用于微电子、仪器仪表、医药等特殊产品或军工产品。银和铂电子器件的微束等离子弧焊接的操作要点是焊前将银与铂的接头处清理干净,将两种金属预热到400℃～500℃。采用微束脉冲等离子弧焊,维弧电流为24A,保护气体流量为6L/min,离子气流量为0.5L/min。银和铂电子器件微束等离子弧焊焊接参数见表2-27。

表2-27 银和铂电子器件微束等离子弧焊焊接参数

母材(Ag,Pt)厚度/mm	接头形式	焊接参数				脉冲时间/s	间歇时间/s
		焊接电流/A	焊接电压/V	焊接速度/(m/h)	铈钨极直径/mm		
0.05+0.05	卷边接头	2.0～2.5	22～24	0.62	1.0	0.02	0.02
0.1+0.1	卷边接头	3～5	24～25	0.33～0.67	1.0	0.03	0.02
0.5+0.5	卷边接头	6～8	25～26	0.50～0.61	1.2	0.05	0.03
1.0+1.0	—	9～10	26～27	0.55～0.61	1.2	0.08	0.05
1.2+1.2	卷边接头	12～14	27～28	0.50～0.55	1.2	0.10	0.08
1.5+1.5	卷边接头	14～15	28～29	0.44～0.50	1.6	0.12	0.10
2.0+2.0	卷边接头	16～20	29～30	0.42～0.44	1.6	0.15	0.12

第六节 等离子弧焊应用实例

一、不锈钢筒体的等离子弧焊

化纤设备S441过滤器结构如图2-24所示。其材质为1Cr18Ni12Mo2。GR-201高温高压染色机部件结构如图 2-25 所示。其材质为 1Cr18Ni9Ti。

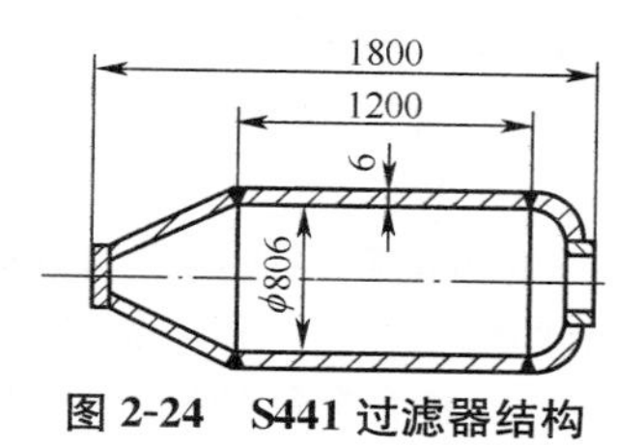

图 2-24　S441 过滤器结构

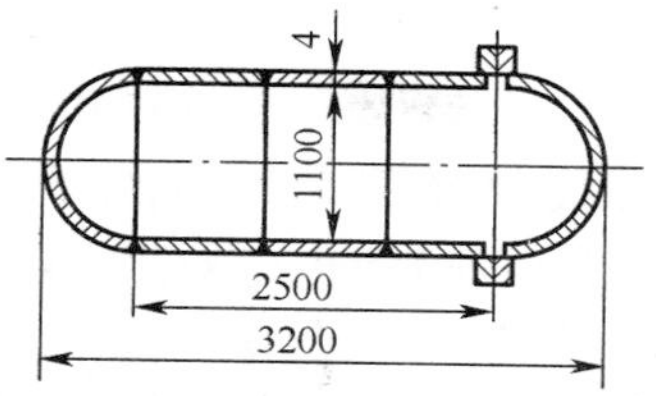

图 2-25　GR-201 高温高压染色机部件结构

(1)焊接设备　采用 LH-300 型等离子弧焊机。焊枪为图 2-3a 所示的大电流等离子弧焊焊枪及对中可调式焊枪。使用的喷嘴为有压缩段的收敛扩散三孔型。

(2)焊接参数　等离子弧焊焊接参数见表 2-28。

表 2-28　等离子弧焊焊接参数

焊接参数 / 板厚/mm	喷嘴直径 /mm	氩气流量/(L/min)			焊接速度 /(mm/min)	焊接电流 /A	电弧电压 /V	焊丝直径 /mm
		离子气	保护气	拖罩				
4	3	6～7	12	15	350～400	200～220	23～24	0.8～1.0
5	3.2	7～8	12	15	350	250	26～28	0.8～1.0
6	3.2	8～9	15	20	280～350	260～280	28～30	0.8～1.0
8	3.2	12～13	15	20	320～350	320	30	1.0
8①	3.2	9～10	15	20	150～160	280	32.5	1.0
10	3.2	15	15	20	250～280	340	32	1.0
10①	3.5	9～10	15	20	150	280～290	32～34	1.0

注:喷嘴后倾 10°～15°。

(3)操作要点

①坡口形式为 I 形。板材经剪床下料,使用丙酮清除污油后即可进行装配、焊接。

②接头装配时不留间隙,使剪口方向一致(剪口向上),进行装配定位。

③直缝及筒体纵缝在焊接卡具中焊接,并装有引弧板及引出板。

④筒体环缝焊接接头处有 30mm 左右的重叠量,熄弧时工件停转,电流、气流同时衰减,并且电流衰减稍慢,焊丝继续送进以填满弧坑。

⑤为保证焊接质量及合理使用保护气体,焊缝的保护形式为:焊缝背面为分段跟踪通气保护;焊接正面附加拖罩保护。直形及弧形拖罩长度均为 150mm,分别用于直缝及环缝焊接,弧形拖罩的半径为工件半径加 5～8mm。

(4)焊接质量分析　接头的抗拉强度为 580～590MPa,冷弯角 $\alpha>120°$接头经检测无裂纹。经腐蚀实验及金相分析,焊缝质量达到产品的技术要求。

二、厚 8mm 的 30CrMnSiA 大电流等离子弧焊

工件厚度为 8mm。接头形式为 I 形对接纵缝,不留间隙。清除待焊处的水分、油及锈等污物。焊缝两端加引弧板和引出板,引出板材料为低碳钢,规格为 60mm×60mm×8mm。焊缝背面采用骑马卡定位,焊条电弧焊进行定位焊,定位焊间距为 150 ～200mm。采用穿透型大电流等离子弧焊,单面焊一次双面成形。

焊接参数：焊接电流为 310A，电弧电压为 30V，焊接速度为 11m/h，离子气流量为 100L/h（衰减气流量为 200L/h），保护气流量 1200L/h，钨极内缩量为 3mm，孔道比为 3.2：3.0，喷嘴为三孔圆柱形，两个小孔相距 6 mm，孔径为 0.8mm。

三、双金属锯条的等离子弧焊

一般机用锯条是由高速钢制成的，但实际上只是锯条的齿部需要选用高速钢材质，采用等离子弧焊焊接双金属的方法可以合理使用高速钢，节约贵重材料。焊接锯条外形如图 2-26 所示，齿部用高速钢，背部用低合金钢。背部的低合金钢具有良好的韧性，不易折断。双金属锯条材质的化学成分及硬度（质量分数）见表 2-29。刃部材料为 W18Cr4V，规格为 490mm×9.5mm×1.8mm 冷轧带钢；背部材料为 65 Mn，规格为 490mm×30mm×1.8mm 冷轧带钢。以上材料均为退火状态。

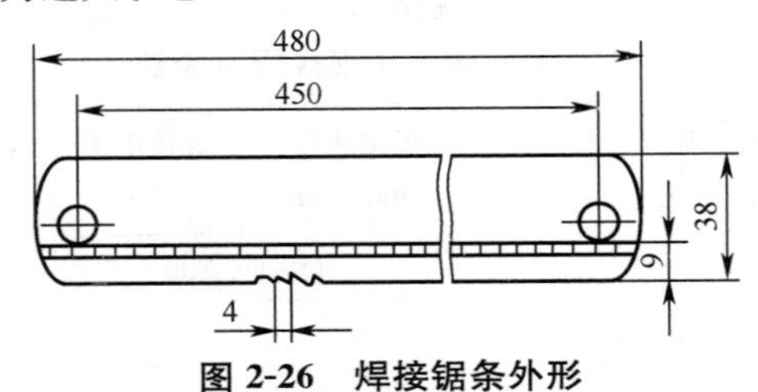

图 2-26 焊接锯条外形

(1)工艺装备 焊接锯条的简易工装夹具如图 2-27 所示。焊枪固定不动，由动夹具带着锯条移动，工件背面通保护气。在施焊工件的下部设有适应控制传感器，可以自动调节焊接参数，如焊接速度，以保证焊接质量均匀稳定。

表 2-29 双金属锯条材质的化学成分及硬度（质量分数） （%）

牌 号	w_C	w_{Mn}	w_{Si}	w_S	w_P
W18Cr4V	0.1～0.8	≤0.4	≤0.4	<0.03	<0.03
65Mn	0.62～0.70	0.9～1.2	0.17～0.57	<0.045	<0.045

牌 号	w_W	w_{Cr}	w_V	w_{Mo}	硬度	用途
W18Cr4V	17.5～19.0	3.5～4.4	1.0～1.4	≤0.3	24HRC	齿部材料
65Mn	—	—	—	—	≤29HRC	背部材料

(2)焊接参数 采用三孔型喷嘴，孔径为 2mm，孔道长为 2.4mm，喷嘴孔两边的小孔直径为 0.8mm，小孔间距为 6mm，保护气与离子气均为氩气。焊接锯条的焊接参数见表 2-30。

(3)硬度测定结果 焊后焊缝的硬度很高，齿部母材及热影响区的硬度也显著增高，而背部母材的硬度较低。

(4)焊接接头组织分析 双金属焊接接头的焊缝及热影响区都出现了淬硬组织。焊缝中有较多的莱氏体，在靠近高速钢的热影响区中也有少量的莱氏体组织。靠背部的热影响区较宽（2.65mm），靠齿部的热影响区较窄（0.81mm）。焊缝宽度为 2.50mm。从金相组织来看，焊缝及近缝区的金相组织性能很差，特别是焊缝很硬、很脆。这种不合格的组织经过焊后的热处理可以改善。

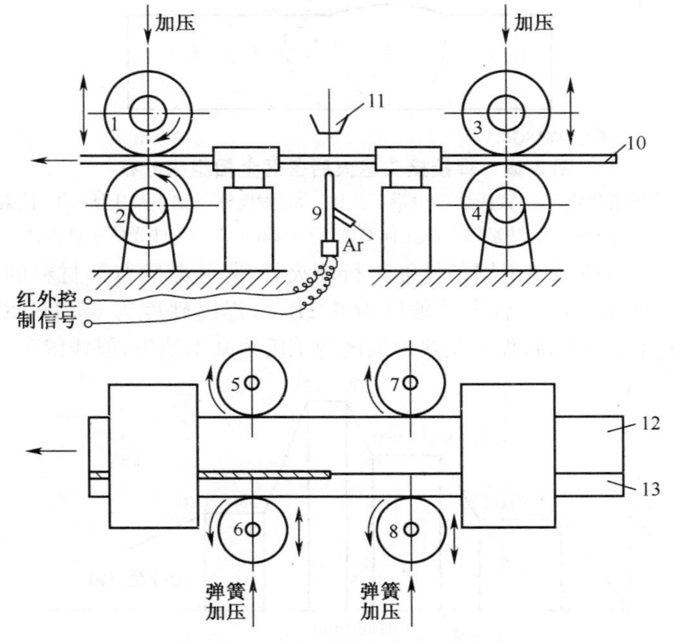

图 2-27　焊接锯条的简易工装夹具

1、2、3、4、5、6、7、8. 动夹具　9. 传感器　10. 工件　11. 焊枪　12. 背材　13. 齿材

表 2-30　焊接锯条的焊接参数

焊接方式 \ 焊接参数		焊接电流/A	电弧电压/V	焊接速度/(mm/min)	离子气流量/(L/h)	保护气流量/(L/h)	背面保护气流量/(L/h)	电极内缩量/mm
不加适应控制	穿透型	105	35	600～690	240～250	600	160～200	2.7
	熔透型	100	32	520	180～190	600	160～200	2.5～2.4
加适应控制	穿透型	108 110	35	750	275～340	600	160～200	2.6
	熔透型	108 110	32	520～690	150～200	600	160～200	2.5～2.4

(5)焊后退火处理　在焊后 24h 内需要进行退火处理，退火工艺曲线如图 2-28 所示。退火后焊缝中莱氏体组织大量消除，齿部、焊缝及背部硬度均小于 24HRC，满足加工要求。总之，退火后基本上达到技术要求，焊接接头退火后各区金相组织分布如图 2-29 所示。

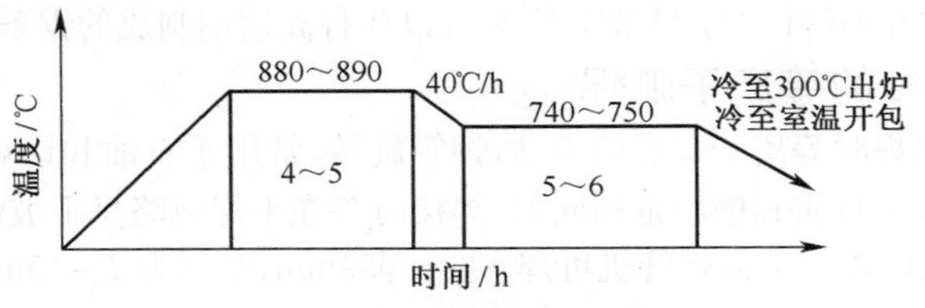

图 2-28　退火工艺曲线

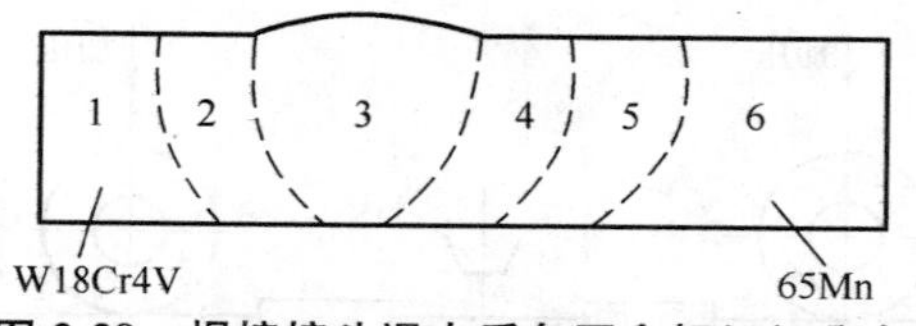

图 2-29 焊接接头退火后各区金相组织分布

1. 索氏体＋残留碳化物 2. 索氏体＋少量莱氏体 3. 索氏体＋细小莱氏体 4. 铁素体全脱碳（0.09mm） 5. 铁素体＋珠光体贫碳区（0.25mm） 6. 珠光体＋铁素体

(6)淬火处理 按照高速钢锯条性能进行淬火处理，并兼顾背部材料的性能。淬火工艺曲线如图 2-30 所示。淬火后齿部硬度为 67HRC，焊缝硬度为 65.1HRC，背部硬度为 52.4HRC。硬度值大大升高，焊缝及热影响区的莱氏体基本消失，但残留莱氏体较多。

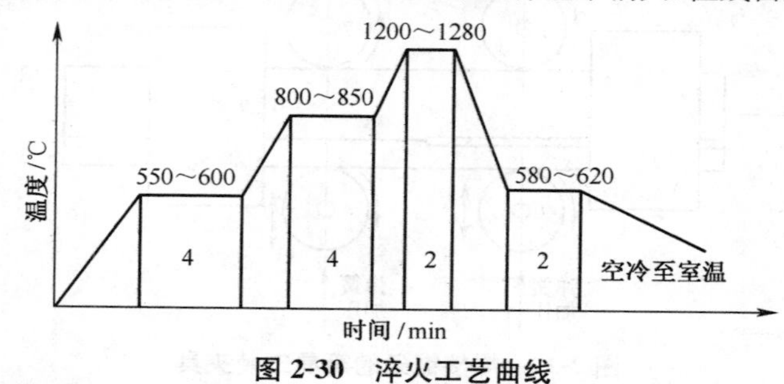

图 2-30 淬火工艺曲线

(7)回火处理 淬火后要进行三次回火处理。回火工艺曲线如图 2-31 所示。淬火后必须及时回火，一般不得超过 24h 。

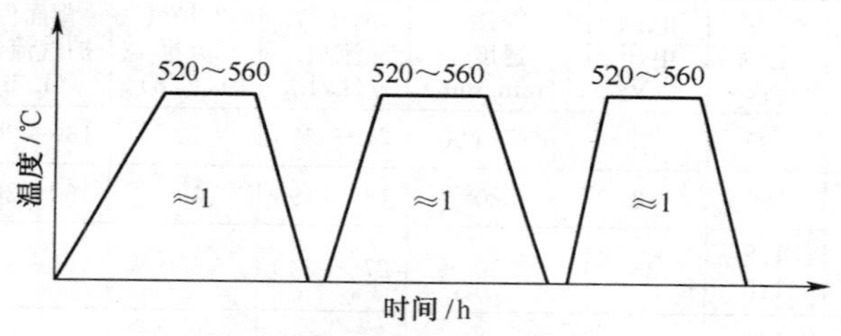

图 2-31 回火工艺曲线

(8)回火后的金相组织 经过回火后的金相组织，齿部为回火马氏体＋少量残留碳化物；焊缝为回火马氏体十残留碳化物细网；背部材料为针状索氏体＋少量羽毛状贝氏体＋托氏体。

(9)双金属锯条的使用性能 经过以上工序加工的锯条，经使用证明可锯ϕ40～ϕ130mm 的圆钢或方钢（材质为 45 钢），完全可以代替高速钢制成的锯条。

四、直管对接的等离子弧焊

一般直管对接焊时等离子弧焊枪不动，钢管旋转，常用于石油和锅炉工业中接长钢管。通常两段被焊钢管的材质和壁厚是相同的，焊接时多在平焊或略呈下坡焊的位置进行。

利用 LH-300-G 等离子弧焊管机可焊ϕ38 ～ϕ59mm、壁厚为 2～15mm、长度为 6000mm＋6000mm 的直管。该机采用可编程控制器控制焊接程序，有气动装卡、电流脉冲、自动记位、电流自动记位衰减，摆动及停摆回中、调高、焊道自动记数等功能。

碳钢直管等离子弧对接焊工艺要点如下：

①切割钢管端头，保证切割面与钢管轴线垂直（误差不超过±10°）。去除管头内外表面20mm长度范围内的锈、污物、毛刺和油脂，直至露出金属光泽。

②把制备好的钢管送到焊管机中定位后卡紧。壁厚＜3.5mm时不留间隙；壁厚＞3.5mm时，两管之间预留1～2mm的间隙，管壁之间错边＜0.5mm；壁厚大于6mm时，加工V形坡口，夹角45°左右，钝边1～3mm。

③选好焊接参数进行焊接。直径＜42mm时，焊接电流应记位分级衰减，以保证钢管圆周焊缝均匀，壁厚＞6mm的坡口焊缝，盖面焊道宜选用摆动程序，以确保焊道表面焊满。

合金钢管、不锈钢管的对接焊工艺要点与碳钢直管相似。沸腾钢管的等离子弧对接焊时应填充适量的H08Mn2SiA焊丝，防止焊缝中产生气孔。

④对有余高要求的钢管及焊前预留间隙或加工坡口的钢管进行对接焊时，可自动填充焊丝，焊丝直径为1.2mm。焊丝的种类视钢管材质而定，一般为与钢管同种材质的焊丝。对于碳钢管，多采用H08A或H08Mn2SiA焊丝。

五、TA2工业纯钛板自动等离子弧焊

金属阳极电解槽底部需设置一块尺寸为1.7mm×1m、厚度2mm的TA2工业纯钛板，由于整张钛板的宽度不够，需要拼接。为满足单面焊双面成形的技术要求及减少焊接变形量，采用小孔效应等离子弧焊工艺。工艺要点如下：

(1)焊前准备 焊前将钛板待焊边缘一侧在龙门刨上进行加工，并用丙酮擦洗。钨棒需在磨床上研磨圆整，以防出现因钨极与喷嘴中心线的同轴度不合要求而烧损喷嘴的现象。为使焊机行走过程中电弧不偏离焊缝中心，焊机上的橡胶轮改用铁轮。

(2)焊接设备与工装 钛板焊接时，采用LH-250型等离子弧焊机的控制系统及焊机行走机构，配以ZX5-160型可控硅式弧焊整流器，并设计制造了专用的气动焊接夹具。压板由两排琴键式小压块组成，夹具底部的纯铜垫板上开有一排ϕ1.0mm的小孔，以实现反面气体防护。为防止焊接过程中发生严重的变形及引起烧穿，除采用焊接夹具焊前定位焊外，还安装了可控硅脉冲断路器，进行脉冲等离子弧焊。

(3)焊接参数 钨极直径3mm，喷嘴孔径2mm，脉冲电流70～80A，维弧电流20～30A，脉冲通电时间0.06～0.08s，休止时间0.12～0.14s，离子气流量1.8L/min，喷嘴保护气流量1.8L/min，反面保护气流量12L/min，拖罩气流量24L/min（拖罩外形尺寸180mm×40mm）。焊后，焊缝表面呈鱼鳞纹，熔宽均匀，表面色泽为金黄色。

(4)注意事项 在焊接操作过程中应随时注意焊接参数及气体流量的变化。当发现焊缝背面的颜色发蓝时，应调节反面的氩气流量及分析反面的气体保护条件，一般反面保护的氩气由单独的氩气瓶供应。此外，最好将纯铜垫板两端用棉花塞住，防止气流散失，使焊缝反面得到充分的保护。氩气瓶中的气体压力降至0.98MPa时，应停止操作，重新更换一瓶气体。

六、超薄壁管子的微束等离子弧焊

超薄壁管子在许多工业领域有着广泛的应用，如制造金属软管、波纹管、扭力管、热交换器的换热管、仪器仪表的谐振筒等，有时还用于在高温、高压、复杂振动和交变载荷下输送各种腐蚀性介质。用焊接工艺制造超薄壁有缝管就是把带材卷成圆管，然后焊接起来。这种方法工艺简单生产率高，成本低（为无缝管的50%左右），受到国内生产厂家的极大

重视。

微束等离子电弧是一种能量高度集中的热源。电弧经过压缩，其稳定性比自由弧（如氩弧）好得多，并且工作弧长可以比自由电弧长。因此，观察焊接过程比较方便，超薄壁管子常用微束等离子弧焊接。

(1)超薄壁管子微束等离子弧焊的优点

①焊接的带材厚度比氩弧焊小，通常厚度为0.1～0.5mm，不需卷边就能焊接，焊接质量好。

②在管子连续自动焊接时，等离子弧长的变化对焊接质量影响不大，这点与氩弧焊不同，氩弧焊弧长变化对焊接质量影响很大。

③在焊接电流很小时（小于3A），微束等离子弧稳定性好，而氩弧有时游动，稳定性较差。

④微束等离子弧由于热量集中，焊接速度高于氩弧焊，生产率高。

⑤能焊接多种金属，包括不锈钢、非铁金属和难熔金属等。超薄壁管子连续自动微束等离子弧焊接类似于封闭压缩弧焊过程。在焊接模套和焊枪之间安装绝缘套，使等离子焊枪与金属零件可靠绝缘，同时把保护氩气封闭在一个小室中，相当于建立了近似可控气氛的焊接条件，提高了保护效果。

(2)焊接参数 超薄壁管子微束等离子弧焊焊接参数较氩弧焊多，除了焊接电流、焊接速度、保护气体流量外，还有工作气体的流量、保护气体的成分、保护气体流量与工作气体流量之比等，这些参数均影响焊接质量。

工作气体流量大，电弧挺度好，电弧很容易引出喷嘴，转移弧建立容易；工作气体流量小，电弧挺度差，转移弧建立较困难。但工作气体流量不能过大，太大会形成切割，焊缝成形不良。保护气体用氢氩混合气体保护效果好，一般用5%的氢气，其余为氩气。有时也加氦气，但氦气价格昂贵，只有对某些非铁金属焊接时才用。经验表明，保护气体流量与工作气体流量有一个最佳比值，这要通过试验确定。12Cr18Ni10Ti不锈钢超薄壁管子自动微束等离子弧焊焊接参数见表2-31。

表2-31 12Cr18Ni10Ti不锈钢超薄壁管子自动微束等离子弧焊焊接参数

管子直径/mm	管子壁厚/mm	焊接电流/A	焊接速度/(m/h)	管子直径/mm	管子壁厚/mm	焊接电流/A	焊接速度/(m/h)
8.8	0.15	5～6	60～65	10.8	0.20	8～9	60～65
8.8	0.20	8～9	70～75	13.0	0.20	8～9	70～75

经验表明，影响超薄壁管子生产率的最主要的焊接参数是焊接电流、工作气体的流量和喷嘴小孔直径等。

(3)工艺要点 铜及其合金超薄壁管子的焊接工艺与不锈钢管子的焊接工艺有许多共同点。但是，由于彼此的物理性能及特点不同，如线胀系数和热导率高，焊缝形成气孔倾向大，合金元素锌（黄铜）、铍（铍青铜）容易烧损等，焊接时必须采取以下附加措施（其他工艺措施同不锈钢）：

①在焊接处必须建立起封闭小室，用氦气作为保护气体，以避免熔池氧化，提高保护效果。

②用钼喷嘴代替铜喷嘴。由于钼喷嘴的热导率相当低，加热到高温时呈炽热的桃红色，阻碍了锌、铍的蒸发和沉积作用，可以减少锌和铍的烧损。

③必须利用软态带材制造超薄壁管子。

在有封闭小室、用氦气作为保护气体的条件下也能够用微束等离子弧焊焊接钛和锆的超薄壁管子。铜及铜合金、钛和锆超薄壁管子微束等离子弧焊焊接参数见表 2-32。

表 2-32　铜及铜合金、钛和锆超薄壁管子微束等离子弧焊焊接参数

材料	管子尺寸/mm		气体流量/(L/min)			焊接电流/A	焊接速度/(m/h)
	直径	壁厚	工作气体(Ar)	保护气体(He)	焊缝背面保护气体(He)		
H63	8.8	0.3	0.4	1.7	0.2	26	140
H68	8.8	0.3	0.4	1.5	0.2	28	135
H90	8.8	0.3	0.4	1.4	0.3	29	110
M1	6.0	0.5	0.5	1.5	0.4	29	60
QBe2	8.8	0.3	0.2	1.5	0.3	26	90
Ti	8.8	0.2	0.2	1.0	0.2	7～8	70～75
Zr100	6.0	0.5	0.2	1.5	0.4	26～27	45～50

第三章 电 子 束 焊

电子束焊是利用加速和聚焦的电子束轰击置于真空或非真空中的工件所产生的热能进行焊接的方法。

第一节 电子束焊基础

一、电子束焊的原理

电子束焊原理如图 3-1 所示。阴极加热后发射电子，电子在加速电压的作用下，被加速到光速的 0.3～0.7 倍，形成高速电子束流，经电子透镜（聚焦线圈）聚焦，偏转线圈导向，高速电子束流导入焊接区。高速电子束流撞击工件，电子动能转变成热能，使金属迅速熔化和蒸发。在高压金属蒸气的作用下，熔化金属被排开，为电子束流继续撞击深层的固体金属创造了条件。在不断的撞击过程中，电子束迅速在工件上钻出一个小孔，小孔周围被液态金属所包围。随着电子束与工件的相对移动，液态金属沿小孔周围流向熔池后部，随后冷却凝固成焊缝。

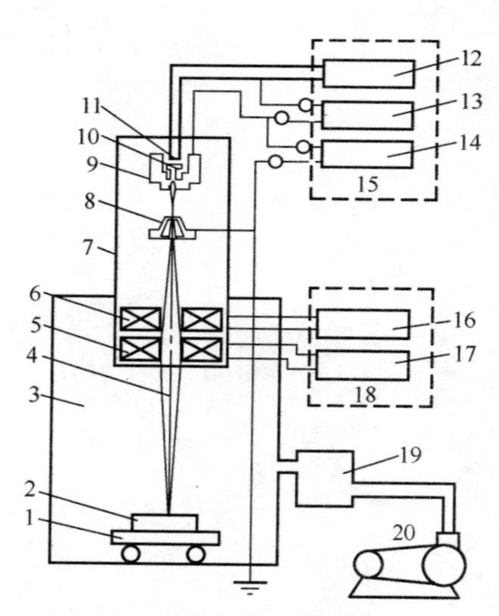

图 3-1 电子束焊接原理

1. 焊接台 2. 工件 3. 真空室 4. 电子束 5. 偏转线圈 6. 聚焦线圈 7. 电子枪 8. 阳极 9. 聚束极 10. 阴极 11. 灯丝 12. 灯丝电源 13. 轰击电源 14. 高压电源 15. 高压电源系统 16. 聚焦电源 17. 偏转电源 18. 控制系统 19. 扩散泵 20. 机械泵

二、电子束焊的特点

电子束经聚焦之后，能量特别集中，功率密度高达 10^6～10^{18} W/cm^2，比电弧功率密度高 100～1000 倍；另外，由于电子的荷质比高达 1.67～10^nC/kg，便于通过电磁场对电子束进行快速而精确的控制。

(1)电子束焊的优点

①电子束穿透能力强,焊接深宽比(即熔深与熔宽之比)大。一般电弧的深宽比小于2∶1,而电子束的深宽比可达50∶1,单道焊缝可穿透100mm以上,可以实现大厚度、不开坡口的单道焊。

②焊接速度快,是氩弧焊的几倍至几十倍,可达每分钟几百毫米至几十米。

③热影响区小,工件变形小,焊后工件收缩量及翘曲角要比弧焊低很多,能保持足够的精度,可作为较精密件的终了工序。

④电子束的工作距离大,可达几百毫米,而电弧的长度仅为几毫米。电子束功率的调节范围宽,可在1kW至几百千瓦之间进行调节。

⑤电子束便于用电磁控制,参数易于调节,工艺适应性强,可达性好,易于实现难于接近部位的焊接和复杂形状焊缝的自动焊。通过电子束扫描熔池,可以消除焊缝缺陷,易获得质量稳定的产品。

⑥可焊接各种难熔金属,还可以对很多异种金属直接焊接,甚至可进行陶瓷和金属的焊接。可将难于整体加工的零件分解为易加工的几个部分,再用电子束焊成一体,从而简化加工工艺,亦可满足特殊结构要求。

⑦真空电子束焊不仅可以防止氧、氮等气体对熔化金属的污染,而且对熔化焊缝金属有净化除气的作用,这就特别适合于活泼金属的焊接。用来焊接真空密封件,焊后能保持真空状态。

(2)电子束焊的缺点　设备复杂,制造和维修有一定难度,设备一次性投资较大;真空电子束焊时,被焊工件尺寸、形状受真空室的限制;接头边缘加工和装配质量要求高;电子束易受杂散电磁场的干扰,影响焊接质量;电子束焊接时产生X射线,需要加强防护,以保证操作人员的健康和安全。

三、电子束焊的应用范围

电子束焊常用于其他焊接方法较难完成的熔化焊接,如高熔点易氧化材料、钛及钛合金、低合金超高强度结构钢、高合金钢和奥氏体型不锈钢等,纯铜及异种金属材料采用电子束焊亦可获得满意的效果。同时,电子束焊可焊接难以施焊的、形状复杂的工件和无法接近位置的工件。可焊接的最薄工件小于0.1mm,最厚可一次焊透300mm的工件。

由于电子束焊接时工件所处环境的真空度不同,电子束散射程度不同,电子束流密度和相应的功率密度也不同。根据束流密度与真空度的关系,将电子束焊按工件所处环境真空度不同分为高真空、低真空、非真空三类。不同类型真空电子束焊的特点及应用范围见表3-1,电子束焊的应用范围见表3-2。

表3-1　不同类型真空电子束焊的特点及应用范围

类　型	真空度/Pa	特点及应用范围
高真空电子束焊	5×10^{-4}	有效地防止熔化金属氧化燃烧。适用于活泼性金属、难熔金属,高要求、大厚度工件的焊接
低真空电子束焊	$10^{-4}\sim10^{-2}$	与高真空电子束焊相比,生产率高。适合于批量生产,焊接变速箱、组合齿轮,取得很好的效果

续表 3-1

类　型	真空度/Pa	特点及应用范围
非真空电子束焊	大气压	散射严重，使束流及功率密度显著降低，使焊缝熔深及深宽比明显降低，一次焊透不超过 30mm
局部真空	根据要求确定	用于移动式真空室，或在工件焊接部位制造局部真空进行焊接，适用于大型工件的焊接

表 3-2　电子束焊的应用范围

工业领域	应　用　范　围
航空	发动机喷管、定子、叶片、双金属发动机、导向翼、翼盒、双螺旋线齿轮、齿轮组、主轴活门、燃料活门、燃料槽、起落架、旋翼桨毂、压气轮子、涡轮盘等
汽车	双金属齿轮、齿轮组、发动机外壳、发动机起动器用飞轮、汽车大梁、微动减振器、扭矩转换器、转向立柱吊架杆、旋转轴、轴承环等
宇航	火箭部件、导弹外壳、钼箔蜂窝结构、宇航站安装（宇航员用手提式电子枪）
原子能	燃料原件、压力容器及管道
电子器件	集成电路、密封包装、电子计算机的磁芯存储器及行式打印机用小锤、微型继电器、微型组件、薄膜电阻、电子管、钽加热器等
电工	电动机整流子片、双金属式整流子、汽轮机定子、电站锅炉联箱与管子的焊接
化工	压力容器、球形油罐、热交换器、环形传动带、管子与法兰焊接等
重型机械	厚板焊接、超厚板压力容器的焊接等
修理	修补、修复各种有缺陷的容器，设计修改后要求返修的工件；裂纹补焊、补强焊、堆焊等
其他	双金属锯条、钼坩埚、波纹管、焊接管道精密加工切割等

第二节　电子束焊设备

一、电子束焊机的分类

电子束焊机一般可按真空状态和电子枪加速电压分类。按真空状态的不同可分为高真空型、低真空型、非真空型；按电子枪加速电压的高低可分为高压型（60～150kV）、中压型（40～60kV）及低压型（<40kV）。各种电子束焊机的类型、技术特点和适用范围见表 3-3。

表 3-3　各种电子束焊机的类型、技术特点和适用范围

焊机类型		技　术　特　点	适　用　范　围
按焊接环境分类	高真空型	工作室真空度为 10^{-4}～10^{-1}Pa，加速电压为 15～175kV，最大工作距离可达 1000mm。电子束功率密度高，焦点尺寸小，焊缝深宽比大、质量高；但真空系统较复杂，抽真空时间长（几十分钟），生产率低，工件尺寸受真空尺寸限制	适用于活泼金属、难熔金属、高纯度金属和异种金属的焊接，以及质量要求高的工作的焊接

续表 3-3

焊机类型		技术特点	适用范围
按焊接环境分类	低真空型	工作室真空度为 10^{-1}～10Pa，加速电压为40～150kV，最大工作距离小于700mm。不需要扩散泵，焦点尺寸小，抽真空时间短（几分钟至十几分钟），生产率较高；可用局部真空室满足大型工件的焊接，工艺和设备得到简化	适用于大批量生产，如电子元件、精密仪器零件、轴承内外圈、汽轮机隔板、齿轮等的焊接
	非真空型	不需要真空工作室，焊接在正常大气压下进行，加速电压为150～200kV，最大工作距离为25mm左右。可焊接大尺寸工件，生产效率高、成本低；但功率密度较低，焊缝深宽比小（最大5∶1），某些材料需用惰性气体保护	适用于大型工件的焊接，如大型容器、导弹壳体、锅炉热交换器等
按加速电压分类	高压型	加速电压为60～150kV，同样功率下焊接所需束流小，易于获得直径小、功率密度大的束斑和深宽比大的焊缝，最小束斑直径<0.4mm；需附加铅板防护X射线，电子枪结构复杂笨重，只能做成定枪式	适用于大厚度板材单道焊以及难熔金属和热敏感性强的材料的焊接
	中压型	加速电压为40～60kV，最小束斑直径约为0.4mm；电子枪可做成定枪式或动枪式；X射线无需采用铅板防护，通过真空室的结构设计（选择适当的壁厚）即可解决	适用于中、厚板焊接，可焊接的钢板最大厚度约为70mm
	低压型	加速电压低于40kV，设备简单，电子枪可做成定枪或小型移动式，无需用铅板防护；电子束流大、汇聚困难，最小束斑直径大于1mm，功率限于10kW以内。X射线防护由真空室结构设计解决	适用于焊缝深宽比要求不高的薄板焊接

二、电子束焊机的组成

电子束焊机的组成如图3-2所示。它由高压电源及其控制系统，电子枪，包括电子发射、聚焦、偏转装置及这些装置的调整与控制系统，真空获得和测量系统，真空室及工件固定和运转机构，焊接过程观察系统和安全保护装置等组成。其中高压电源是电子束焊机的关键设备。

(1)电子枪 电子枪是电子束焊机的核心部件，是发射电子并使其加速和聚集的装置。根据加速电压的高低，电子枪分为高压枪、中低压枪和低压枪。按结构不同分为二级枪和三极枪两类。二极枪又称强流枪，它由阴极、聚束极和阳极组成，聚束极与阴极等电位。在一定的加速电压下，通过调节阴极温度、改变阴极发射电子流数值，可控制电子束流的大小。三极电子枪又称长焦距枪，其结构如图3-3所示，由阴极、偏压极、阳极组成电极系统。

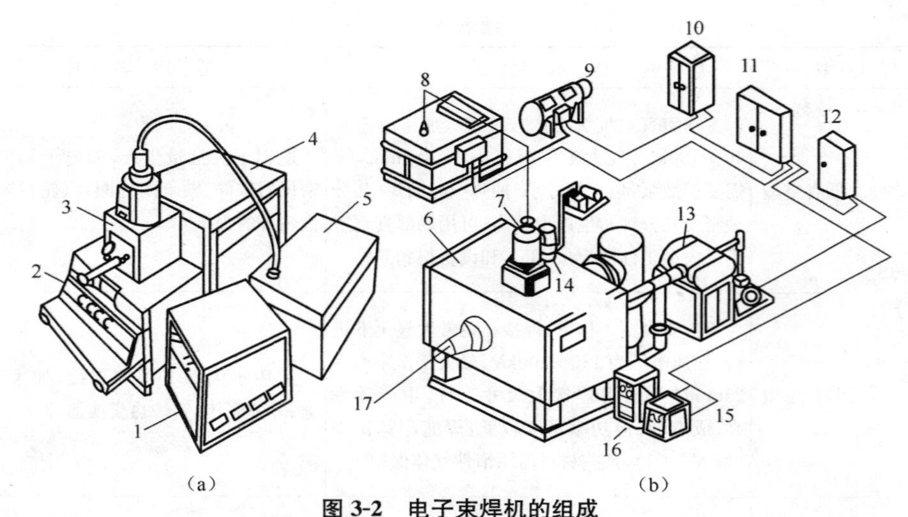

图 3-2　电子束焊机的组成

(a)150kW、40mA 标准机型　(b)大功率机型(可焊厚度 250mm 碳钢)

1. 控制箱　2. 真空室与控制屏　3. 电子枪与光学系统　4. 真空系统　5. 高压电源　6. 焊接真空室　7. 电子枪　8. 高压电源装置　9. 电动发动机　10. 电动发电机控制盘　11. 焊接程序控制盘　12. 真空排气装置控制盘　13. 焊接真空室排气装置　14. 电子枪排气装置　15. 辅助操作盘　16. 操作盘　17. 水平位置电子枪(可拆卸)

阳极和阴极之间的电位差即加速电压 U_b，偏压极相对于阴极呈负电位。改变偏压极的位置、形状及负电位的大小，可以控制电子束流的大小和形状。

(2)高压电源　二极枪的高压电源由主高压直流电源和阴极电源两部分组成。主高压直流电源，用来供给加速电压及电子束流。阴极电源，包括灯丝电源、轰击用电源。阴极电源的电压不高，但都处在负高电位。三极枪还包括偏压电源，控制出阳极孔的电子束电流值。高压电源应密封在油箱内，以防止对人体的伤害及对设备其他控制部分的干扰。

(3)电气控制系统　电气控制系统用来完成电子枪供电，真空系统阀门的程序启闭，传动系统的恒速运动，焊接参数的闭环控制及焊接过程的程序控制等。

(4)工作室及抽真空系统　真空电子束焊机的工作室尺寸由工件大小或应用范围而定。真空室的设计应满足气密性，刚度和防护 X 射线的要求。真空室上通常开一个或几个窗口用以观察内部工件及焊接情况。

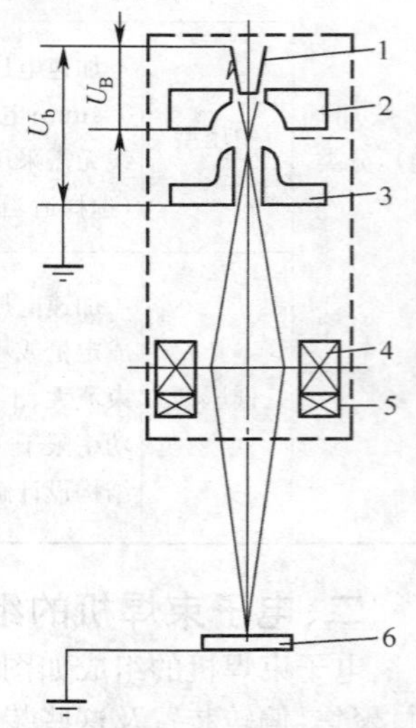

图 3-3　三极电子枪结构

1. 阴极　2. 偏压电极　3. 阳极　4. 聚焦线圈(电磁透镜)　5. 偏移线圈　6. 工件　U_b—加速电压　U_B—偏差

电子束焊机的真空系统一般分为两部分，电子枪抽真空系统和工作室抽真空系统。电子枪的抽真空系统由机械泵、扩散泵、真空阀门、管道和工作室组成。真空电子束焊机的真空系统属于动态系统，其密封性较低，真空度是靠抽气机的连续工作来维持的，因此，抽气机的抽速及管道的导通能力对系统有直接的影响，通常都选用大抽气机和短而粗的管道。

电子束焊机真空系统如图 3-4 所示。

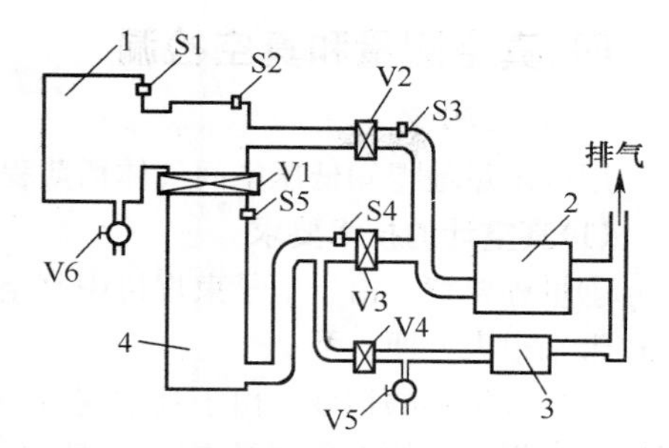

图 3-4 电子束焊机真空系统

1. 真空泵 2. 大机械泵
3. 小机械泵 4. 扩散泵
V1～V6—真空阀门 S1～S5—真空计

(5)传动系统 传动系统的作用是带动电子枪和工件做相对运动并保证恒速，并保证电子束对中。对传动系统的要求是可靠、平衡和耐用，驱动速度的变化率不超过±2%。在低真空系统下，传动系统可装在真空室内，结构较简单，不存在密封问题。在高真空条件下，宜将传动系统安装在真空室外，将传动主轴经旋转密封后延伸到真空室内工作台的运动部分。

(6)工作台和辅助装置 工作台、夹具、转台对于在焊接过程中保持电子束接缝的位置准确，焊接速度稳定及焊缝位置的重复精度都是非常重要的。大多数的电子束焊机采用固定电子枪，让工件作直线移动或旋转运动来实现焊接。对大型真空室，也可采用工件不动，驱动电子枪的方法进行焊接。为了提高生产效率，可采用多工位夹具，抽一次真空室可以焊接多个零件。

三、电子束焊机的型号及主要技术参数

电子束焊机的型号及主要技术参数见表 3-4。

表 3-4 电子束焊机的型号及主要技术参数

型 号	BS1-1	EZ-60×200	EZ-150×75
电源电压/V	三相四线 380	三相 380	三相 380
频率/Hz	50	50	50
电源容量/(kV·A)	40		
加速电压/kV	0～30	60	150
电子束流/mA	0～30	200	75
焊接速度/(r/min)	转运 12～40	移动 0.2～1.2 转动 0.25～8.00	0.2～1.5
真空度/τ	>1×10⁻⁴	5×10⁻⁴	5×10⁻⁴
电子束亮点直径/mm	0.5～1.5	1.0～1.5	1.0～1.5
熔深/mm		50(不锈钢)	50(不锈钢)
焊缝最大深宽比		10∶1	15∶1
束偏转/mm		±5	±10
冷却水耗量/(L/min)	5～7		
工件尺寸/mm	圆管外径 8;壁厚 0.65;总长 1490		
外形尺寸(长×宽×高)/(mm×mm×mm)	3100×3600×2850	1000×600×600	2100×1200×2300
质量/kg	7000	2700	5000

四、真空测量和真空检漏

1. 真空测量

用以定量地得知低压空间气体稀薄程度(即真空度)所用的测量仪器称为真空计。

(1)真空计的技术要求

①量程要宽。由于电子束焊机中真空度范围较宽,如果真空计的量程宽些,则给测量工作带来很大方便。

②要有足够的精度。由于真空测量不可能像其他测量那样有很高的精度,误差较大,对电子束焊机中的真空测量来讲,一般要求真空计的相对误差≤20%就可以了。

③能连续测量,反应迅速,以便实现真空系统的自动控制。

④对外界条件(如温度、振动、电磁场)不敏感。

(2)常用真空计的使用特点

①压缩式真空计。压缩式真空计也称为麦克劳真空计(麦式真空计),一般测量范围为 $1.33\times10^{-2}\sim1.33\times10$Pa,按结构形式不同分为宽量程、双管式和旋转式等。

②热传导真空计。根据气体分子的热传导,在某一压力范围内与气体压力成正比关系的原理制成,因此,根据热传导的变化就能反映出压力的变化。

热传导真空计又分为电阻真空计和热电偶真空计两种。这两种真空计的测量范围一般为 $1.33\times10^{-2}\sim1.33\times10^{2}$Pa,其特点是两种真空计都属于相对真空计,可以连续测量,但受环境影响较大。

③电离真空计。对低于 1.33×10^{-1}Pa 的低压测量时,通常采用电离真空计。由于电离源不同,又可分为热阴极、冷阴极和放射性电离真空计。

热阴极电离真空计的测量范围为 $1.33\times10^{-6}\sim1.33\times10$Pa,可以连续测量,属于相对真空计。该真空计使用时应该注意的是,由于有热阴极存在会产生吸气放气现象,从而影响测量的准确性,而且在压力高于 1.33×10^{-1}Pa 时不能进行测量,否则阴极就要被烧坏。

冷阴极电离真空计也属于相对真空计,测量范围 $1.33\times10^{-4}\sim1.33\times10$Pa,其特点是结构简单、使用寿命长、灵敏度高,但需要强的磁场和高压电源,低压时持续放电有一定不稳定性,误差较大。

2. 真空检漏

当真空系统发现存在漏孔时,需要寻找漏孔的部位,因此,需要进行检漏。

(1)检漏方法的选用原则 检漏灵敏度高,即选用检漏灵敏度值比允许漏气量小 1～2 个数量级的检漏方法;反应时间短,可提高检漏速度;性能稳定;应用范围广,即该方法能检查出漏孔大小的范围较广;结构简单,使用方便。

(2)检漏操作要点

①加压法。在被检容器内充入一定压力的试验气体,当容器壁上有漏孔时,试验气体便从漏孔逸出,只要用适当的指示方法查明有无气体逸出,就能确定哪里有漏孔和漏气量的大小。属于加压法的有气压法、火焰法、氨检漏法以及氦质谱检漏仪加压法等。

②抽空法。将被检容器内部抽空后,再把试验气体喷吹或涂抹于容器外壁可疑处,如有漏气,则试验气体便从漏孔进入容器,同时用相应的指示方法将试验气体查出来,便可判断出漏孔的位置和漏气量的大小。属于抽空法的有静压升压法、火花检漏仪、氦质谱仪、放

电管法、真空计法等。

五、电子束焦点的观察、测量和焊缝对中

在电子束焊接过程中电子束的焦点应能始终准确对准焊缝，这是获得满意焊接质量的前提。

(1)电子束焦点的观察　电子束焦点可以通过真空室的观察窗直接进行观察，也可以借助光学系统精确地测量电子束焦点的位置来实现电子束与焊缝的对中。电子束焊机的光学观察系统如图 3-5 所示，光学系统适用于小功率的电子束焊接时的目测对中。

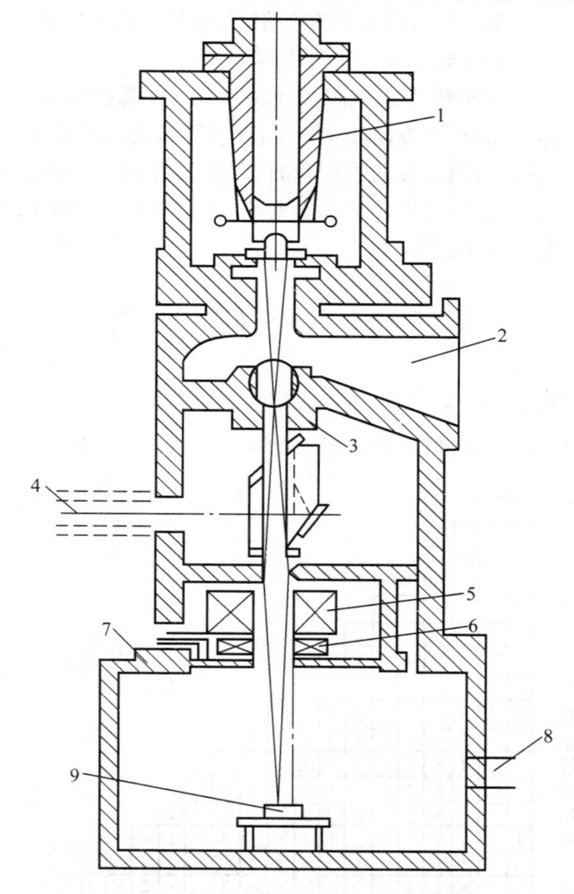

图 3-5　电子束焊机的光学观察系统

1. 电子枪　2. 接真空系统　3. 柱阀　4. 光学观察系统　5. 磁聚焦线圈　6. 偏转线圈　7. 水冷防热屏　8. 接真空系统　9. 工件

在大功率电子束焊时，由于焊接时蒸发的大量金属蒸气会污染光学镜片，所以光学系统只能在焊前用小功率电子束进行调整时使用，而焊接时不能继续使用，应该用挡板遮蔽光学系统。

如果在光学系统中装置了电视摄像系统，可进行电视摄像观察，并能进行远距离监视。

(2)电子束焦点的测量　一般测量小功率电子束焦点的方法有小孔法（或称环形探针法）、细丝法、平板法、缝隙法、倾斜试板焊接法（或称 AB 试验法）。

(3)电子束焦点对中

①反射电子法。当被焊工件接缝紧密接触时(即无间隙装配),难以用光学系统观察,可用电子扫描装置及反射电子法观察电子束焦点与接缝的相对位置,从而进行对中。

反射电子法工作原理是用一个功率很小,但电压与焊接电压相同的小能量电子束流垂直于接缝进行往复扫描。由于金属表面反射电子的能力与接缝不同,可把反射的电子接入示波器上显示出波形。借助脉冲线路,瞬时中断扫描线路,此时扫描轨迹出现一个亮点,根据亮点的位置即可确定电子束焦点的位置。此种方法的精度可达 0.025mm。

②探针法。探针法工作原理是利用装在接缝处的电子枪上的探针,检测位移信息,经变换器传递给控制系统以保证电子枪自动对中焊缝。

探针法对中是利用了一种电气-机械跟踪控制系统。跟踪控制系统有两种类型:当焊接直焊缝时,电子枪沿真空室的长度方向(x 轴)作直线运动,而跟踪系统使工作台根据变换器发出的信号在 y 轴方向移动;当焊接曲线焊缝时,跟踪系统使电子枪旋转,使探针始终位于曲线接缝的切线位置上,电子枪与工件的移动要与 x-y 轴坐标和探针的角位移相配合,使电子枪以匀速精确地跟踪曲线接缝。

第三节 电子束焊工艺

一、电子束焊的焊接性

电子束焊接异种金属的焊接性如图 3-6 所示。

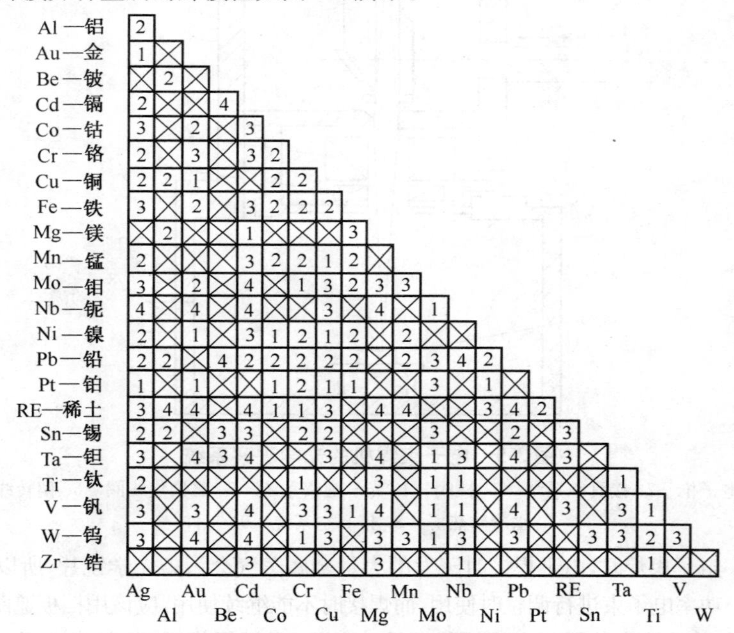

	Ag	Al	Au	Be	Cd	Co	Cr	Cu	Fe	Mg	Mn	Mo	Nb	Ni	Pb	Pt	RE	Sn	Ta	Ti	V	W
Al—铝	2																					
Au—金	1	×																				
Be—铍	×	2	×																			
Cd—镉	2	×	×	4																		
Co—钴	3	×	2	×	3																	
Cr—铬	2	×	3	×	3	2																
Cu—铜	2	2	1	×	×	2	2															
Fe—铁	3	×	2	×	3	2	2	2														
Mg—镁	×	2	×	×	1	×	×	×	3													
Mn—锰	2	×	×	×	3	2	2	1	2	×												
Mo—钼	3	×	2	×	4	×	1	3	2	3	3											
Nb—铌	4	×	4	×	4	×	×	3	×	4	×	1										
Ni—镍	2	×	1	×	3	1	2	1	2	×	2	×	×									
Pb—铅	2	2	×	4	2	2	2	2	2	×	2	3	4	2								
Pt—铂	1	×	1	×	×	1	2	1	1	×	×	3	×	1	×							
RE—稀土	3	4	4	×	4	1	1	3	×	4	4	×	×	3	4	2						
Sn—锡	2	2	×	3	3	×	2	2	×	×	×	3	×	×	2	×	3					
Ta—钽	3	×	4	3	4	×	×	3	×	4	×	1	3	×	4	×	3	×				
Ti—钛	2	×	×	×	×	×	1	×	×	3	×	1	1	×	×	×	×	×	1			
V—钒	3	×	3	×	4	×	3	3	1	4	×	1	1	×	4	×	3	×	3	1		
W—钨	3	×	4	×	4	×	1	3	×	3	3	1	3	×	3	×	×	3	3	2	3	
Zr—锆	×	×	×	×	3	×	×	×	×	3	×	×	1	×	×	×	×	×	×	1	×	×

图 3-6 电子束焊接异种金属的焊接性

1. 在所有合金组合中均形成固溶体的好组合 2. 可能形成复杂结构,或许有好组合
3. 缺乏正确评价的数据应慎用 4. 无可用的参考数据,应特别小心采用
画×线—形成金属间的化合物不宜组合

二、电子束焊的焊前准备

(1)接头设计　电子束焊的接头形式有对接、角接、T形接头、搭接、端接等，并且均可进行无坡口全熔透或给定熔深的单道焊。这些接头原则上都可以用于电子束焊的一次穿透完成。如果电子束的功率不足以穿透接头的全厚度，也可采取正反两面焊的方法来完成。

电子束焊的不同接头有各自特有的结合面设计、接缝准备和施焊的方位。设计原则是便于接头准备、装配和对中，减少收缩应力，保证获得所需熔透度。

①对接接头。如图3-7所示，电子束焊的对接接头是最常用的接头形式，对接接头的准备最简便，适于部分或全部熔透焊，只需装妥、夹紧即可。不等厚度对接或齐平接比台阶接为好，如图3-7b、c所示。焊台阶焊缝时，需采用较宽的电子束施焊，且焊接角度必须精确控制，否则极易焊偏造成脱焊。如图3-7e、f所示的锁底接头，在环焊、周边焊和其他特定焊缝中可以自行紧固。当采用部分母材作为填充金属时，焊缝成形可得到改善。斜对接接头可增大焊缝金属面积，但装夹定位比较困难，只适用于受结构条件或其他原因限制的场合。

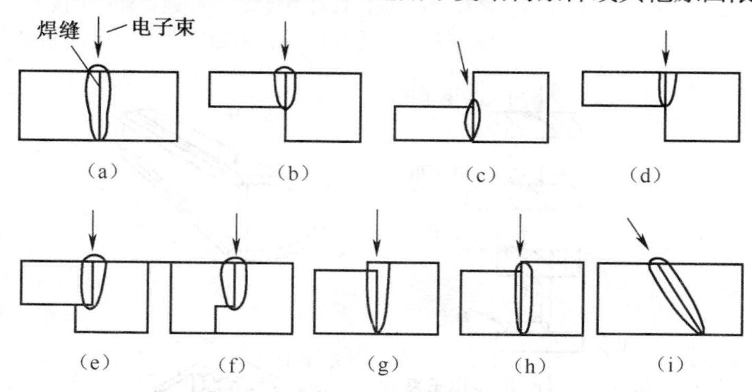

图3-7　电子束焊的对接接头

(a)正常对接　(b)齐平接头　(c)台阶接头　(d)锁口对中接头　(e)锁底接头
(f)双边锁底接头　(g)自填充材料的接头　(h)自填充材料的接头　(i)斜对接接头

②角接头。如图3-8所示，电子束焊角接头也是最常用的接头形式。角接头是仅次于对接接头的常用接头。熔透焊缝的角接头如图3-8a所示，留有未焊合的间隙，接头承载能力差。图3-8h为卷边角接，主要用于薄板焊接，其中一工件准确弯边90°。其他几种接头都易于装配对齐。

③T形接头。如图3-9所示，电子束焊T形接头，可采用单侧焊或双侧焊。当板厚较大时，为了加强焊缝金属，可采用垫块的方法，如图3-9b所示。当T形接头的立板较薄时，可采用钉子焊缝把盖板与立板焊在一起，如图3-9c所示。当T形接头的立板较厚时，也可以多焊几条钉子焊缝，如图3-9d所示。当某些结构的壳体与加强筋焊接时，可将电子束放在壳体外面进行焊接，如图3-9e所示。

④搭接接头。电子束焊搭接接头与焊缝如图3-10所示，多用于板厚在1.5mm以下的场合。熔透焊缝主要用于板厚小于0.2mm的场合，有时需要采用散焦电子束或电子扫描以增加熔合区宽度。厚板搭接接头焊接时需填充焊丝以增加焊角尺寸，有时也采用散焦电子束以加宽焊缝并形成光滑的过渡。

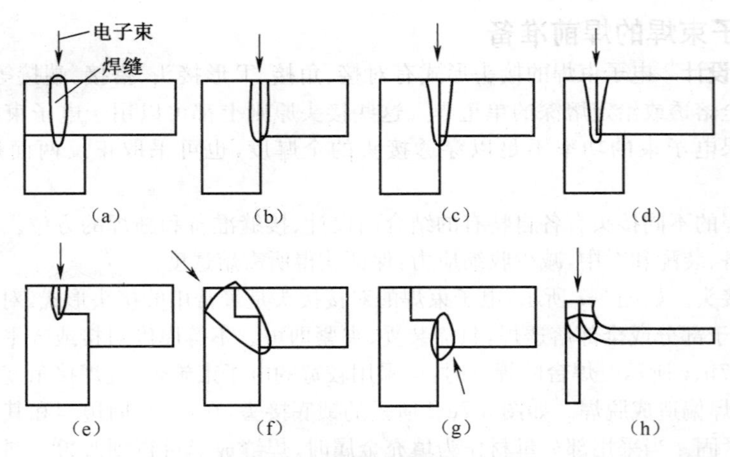

图 3-8 电子束焊角接头

(a)熔透焊缝 (b)正常角接头 (c)锁口自对中接头 (d)锁底自对中接头
(e)双边锁底接头 (f)双边锁底斜向熔透焊缝 (g)双边锁底 (h)卷边角接

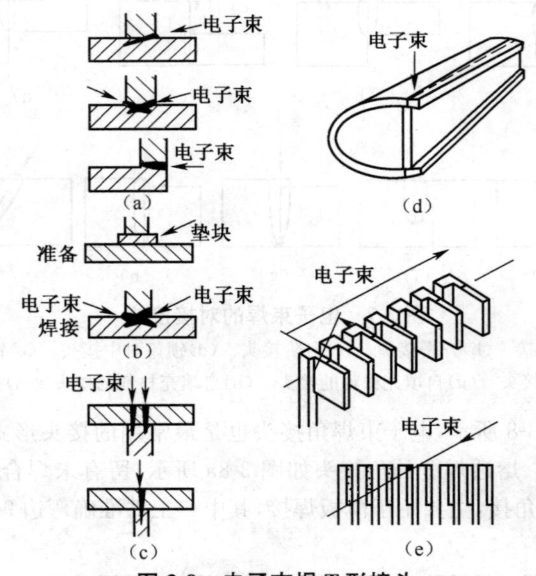

图 3-9 电子束焊 T 形接头

⑤端接接头。电子束焊端接接头与焊缝如图 3-11 所示。厚板端接常采用大功率深熔透焊，薄件或不等厚工件常采用小功率或散焦电子束进行焊接。

⑥其他接头。对重要承力结构，焊缝位置最好应避开应力集中区。如图 3-12 所示用对接代替角接的接头设计，可以改善角接头和 T 形接头的动载特性。该接头可从两个方向(a 或 b)进行焊接。当工件是磁性材料，又必须从 a 向 b 进行焊接时，接缝到腹板的距离 d 应足够大。

采用多道焊缝可以在同样电子束功率下焊接更厚的工件。如采用正反两条焊缝可以将熔深提高到单道焊缝所能达到的熔深的 2 倍。

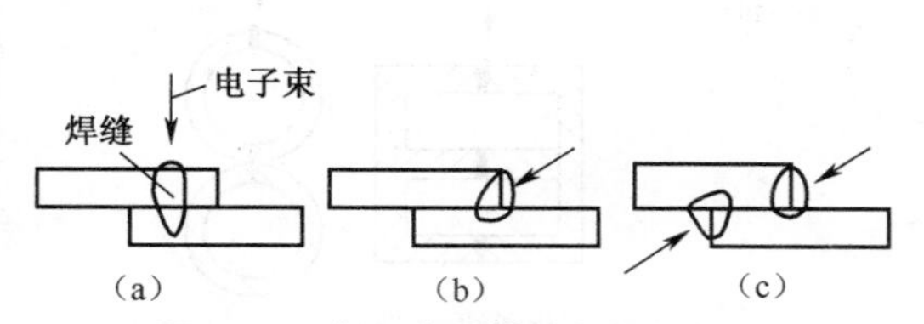

图 3-10　电子束焊搭接接头与焊缝

(a)熔透焊缝　(b)单面角焊缝　(c)双面角焊缝

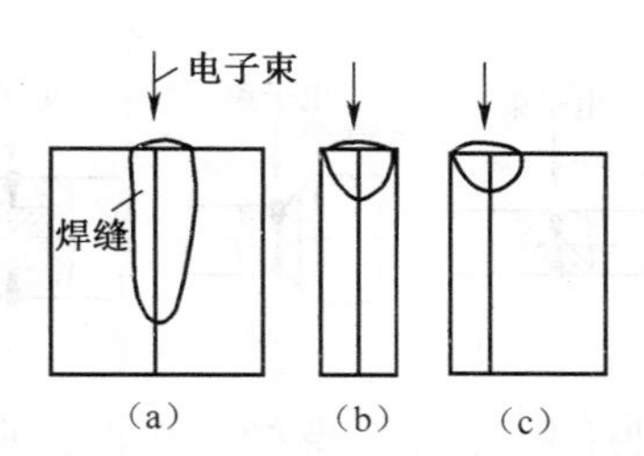

图 3-11　电子束焊端接接头与焊缝

(a)厚板　(b)薄板　(c)不等厚度接头

对于多层结构中各层的接头位置相同时，可采用分层焊缝的接头设计。分层焊缝是指在同一个电子束方向上将几层对接接头用电子束一次穿透焊接而成的焊缝。分层环形焊缝如图 3-13 所示。为保证各层焊缝成形良好，必须仔细选择电子束焊接参数。

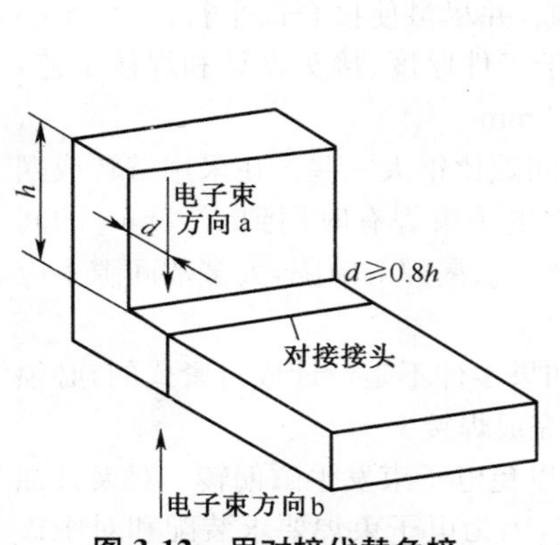

图 3-12　用对接代替角接

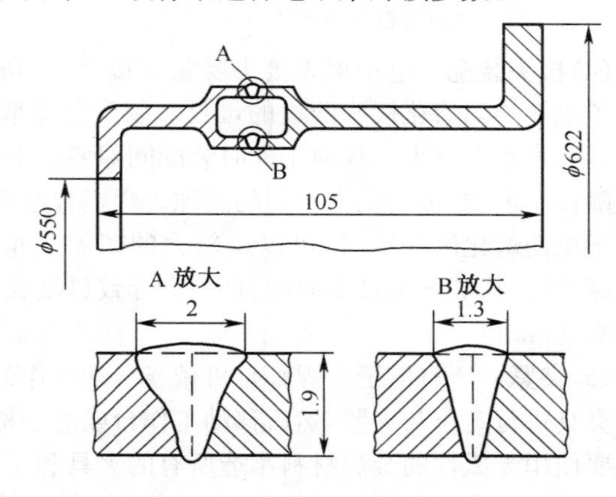

图 3-13　分层环形焊缝

A—外层焊缝　B—内层焊缝

加速电压 125V，电子束流 9.3mA，外层焊接速度 76cm/min，内层焊接速度 73cm/min，电子束焦点位于内、外层接头之间

圆柱体或筒体的对接焊，由于不能安装引入板和引出板，所以必须采用电子束电流的自动衰减装置，重叠一部分焊缝，以保证焊缝首尾处的质量。圆柱体的对接形式如图 3-14 所示。

高压电子束焊时，由于电子束电流的会聚较小，工作距离长，可进行深穿入式成形焊等特殊的对接接头，如图 3-15 所示。此类接头，用其他的熔化焊工艺是无法进行的或难以保证焊接质量。

(2)坡口形式　真空电子束焊是在高纯度、低压强的条件下进行的，且焦点尺寸小、能量密度集中，一般采用单道焊，因此不需要开坡口。

(3)焊前清理　接缝附近必须进行严格的除锈和清洗，工件上不允许残留有机物质。焊前清理不仅能避免缺陷的出现，而且能减少工作室抽真空的时间。清理方法为机械方法(如刮、削、磨、砂纸打或不加冷却液的其他方法)和化学方法，以此来去除氧化膜；也可用丙酮去除油污等。

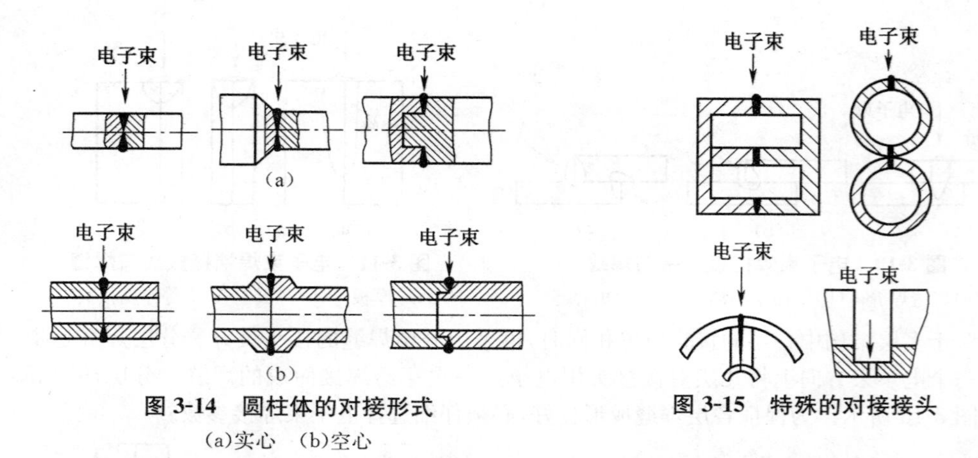

图 3-14　圆柱体的对接形式
(a)实心　(b)空心

图 3-15　特殊的对接接头

(4)接头装配　电子束焊接头要紧密接合，不留间隙，并尽量使接合面平行，以便窄小的电子束能均匀熔化接头两边的母材。装配公差取决于工件厚度、接头设计和焊接工艺，装配间隙宜小不宜大。焊薄工件时装配间隙要小于 0.13mm 。

随板厚增加，可用稍大一些的间隙。焊铝合金可用间隙比钢大一些。在采用偏转或摆动电子束使熔化区变宽时，可以用较大的间隙。非真空电子束焊有时用到 0.75mm 的间隙。深熔焊时，装配不良或间隙过大，会导致过量收缩、咬边、漏焊等缺陷，大多数间隙不应大于 0.25mm。

(5)夹紧　所有电子束焊都是机械或自动操作的，如果零件不是设计成自紧式的，必须利用夹具进行定位与夹紧，然后移动工作台或电子枪体完成焊接。

要使用无磁性的金属材料制造所有的夹具和工具，以免电子束发生磁偏转。对夹具强度和刚度的要求不必像电弧焊那样高，但要求制造精确，因为电子束焊要求装配和对中极为严格。非真空电子束焊可用一般焊接变位机械，其定位、夹紧都较为简便。

(6)退磁　所有的磁性金属材料在电子束焊之前应加以退磁。剩磁可能因磁粉探伤、电磁卡盘或电加工等造成，即使剩磁不大，也足以引起电子束偏转。工件退磁可放在工频感应磁场中，靠慢慢移出进行退磁，也可用磁粉探伤设备进行退磁。

对于极窄焊缝，剩磁感应强度为 0.5×10^{-4}T；对于较宽焊缝，剩磁感应强度为$(2\sim4)\times10^{-4}$T。

(7)抽真空　现代电子束焊机的抽真空程序是自动进行的，这样可以保证各种真空机组和阀门正确地按顺序进行工作，避免由于人为的误操作而发生事故。

保持真空室的清洁和干燥是保证抽真空速度的重要环节。应经常清洗真空室，尽量减少真空室暴露在大气中的时间，仔细清除被焊工件上的油污并按期更换真空泵油。

(8)焊前预热　对需要预热的工件，一般可在工件装入真空室前进行预热。根据工件的形状、尺寸及所需要的预热温度，选择一定的加热方法，如气焊枪、加热炉、感应加热、红外线辐射加热等。在工件较小、局部加热引起的变形不会影响工件质量时，可在真空室内用散焦电子束来进行预热，这是生产中常使用的方法。

对需要进行焊后热处理的工件，可在真空室内或在工件从真空室取出后进行热处理。

三、电子束焊焊接参数的选择

电子束焊接能独立调节的焊接参数有加速电压、电子束电流、电子束功率、焊接速度、电子枪工作距离、焦点的位置及聚焦状态、电子束焦点直径、电子束焊接热输入等。

(1)加速电压(工作电压) 在大多数电子束焊中,加速电压参数往往不变,通常根据电子枪的类型选取某一数值。在相同功率下,随着加速电压的升高,电子束功率随之增大,从而提高了功率密度,改善了电子光学系统聚焦性能,使焊缝深度及宽度增加,其熔深增加远比熔宽增加快。焊接 5mm 不锈钢时,加速电压从 22kV 增加到 32kV 时,熔深增加 4 倍,熔宽增加 1 倍多。

(2)电子束电流(焊接电流) 增加电子束电流时,功率虽然增加,但由于空间电荷效应和热扰动加剧,使电子光学系统的聚焦性能变坏,电子束焦点的功率密度增加较低,所以熔深的增加较小。

(3)电子束功率 电子束功率对焊缝成形的影响与电子束电流的影响类似。当功率从 400W 增至 1250W 时,焊缝熔深增加了 5 倍,熔宽增加 3 倍多。

(4)焊接速度 焊接速度增加,热输入减少,焊缝熔深、熔宽均减小。当降低焊接速度时,电子束焦点的功率密度没有变化,所以对熔深的影响不大。

(5)电子枪工作距离(简称工作距离) 当工作距离变化后,为了获得最佳聚焦条件,必须调节磁透镜的聚焦电流。当工作距离增大时,聚焦电流减小,因而电子束的功率密度减小。当工作距离减小时,电子束的压缩比增大,使电子束斑点直径变小,增加了电子束功率密度,则熔深相应增大,但工作距离太小会使过多的金属蒸气进入枪体造成放电,因而在不影响电子枪稳定工作的前提下,可以采用尽可能短的工作距离。

(6)焦点位置及聚焦状态 在电子束焦点的上、下附近,存在着功率密度近乎相等的一段区域,即活性区域。电子束焊接时,一般工件都处在活性区域内。活性区域的长度与电子束的会聚角有关。当电子束焦点位于工件上方时为上聚焦,如图 3-16a 所示。焦点处于活性区域不同范围内进行电子束焊时,焊接的横断面的形状及熔深有所不同。下聚焦时熔深最大,表面聚焦时次之,上聚焦时最低。

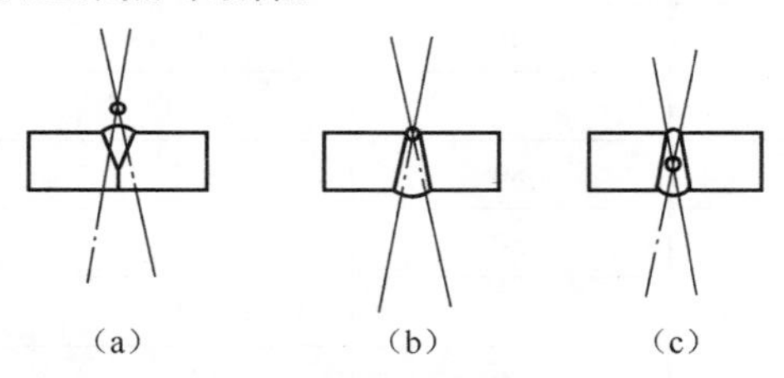

图 3-16 焦点位置

(a)上聚焦 (b)表面聚焦 (c)下聚焦

当工件被焊厚度>10mm 时,通常采用下聚焦,即焦点处于工件表面的下层,且焦点在焊缝熔深的 30%处;当焊接厚度>50mm 时,焦点在焊缝熔深的50%~70%。

电子束聚焦状态对熔深及焊缝成形影响很大。焦点变小可以使焊缝变窄,熔深增加。调节电子束时可借助目视或倾斜试板来确定电子束焦点的位置。

(7)电子束焦点直径 其他参数固定时,焦点直径取决于阴极与聚焦透镜套筒之间的距离 α。α 增大,焦点直径减小,熔宽减小,熔深变化不大。

(8)电子束焊接热输入 电子束焊接时热输入的计算公式为

$$q=\frac{60U_{b}I_{b}}{v}$$

式中，q 为热输入(kJ/cm)；U_{b} 为加速电压(V)；I_{b} 为电子束流(A)；v 为焊接速度(mm/s)。

图 3-17 所示是通过试验得出的完全熔透条件下热输入与材料厚度的关系。

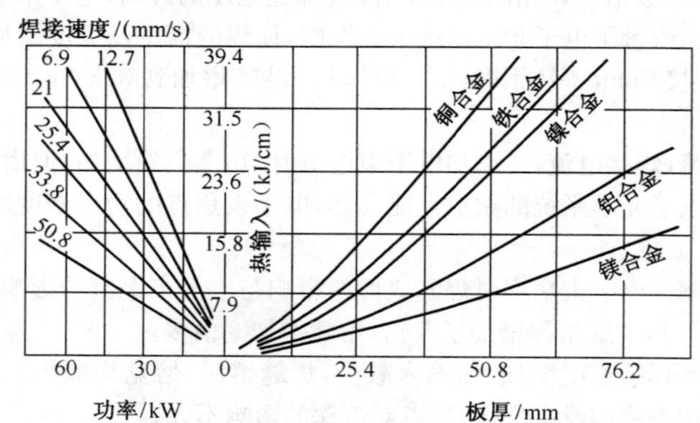

图 3-17 热输入与材料厚度的关系

常用材料的电子束焊焊接参数见表 3-5。

表 3-5 常用材料的电子束焊焊接参数

材 质	板厚/mm	加速电压 U_{a}/kV	电子束电流 I_{b}/mA	焊接速度 v/(cm/s)
低合金钢、低碳钢	3	28	120	1.67
		50	130	2.67
	12	50	80	0.50
	15	30	350	0.50
不锈钢	1.3	25	28	0.86
	2.0	55	17	2.83
	5.5	50	140	4.17
	8.7	50	125	1.67
奥氏体钢	15	30	140	0.56
		30	230	1.39
		30	330	2.22
纯钛	0.13	5.1	18	0.67
	3.2	18	80	0.33
钛合金 6A14V	6.4	40	180	2.53
	12.7	45	270	2.12
	19.1	50	500	2.12
	25.4	50	330	1.90

续表 3-5

材 质	板厚/mm	加速电压 U_a/kV	电子束电流 I_b/mA	焊接速度 v/(cm/s)
铝及铝合金	6.4	35	95	1.48
	12.7	25.9	235	1.17
		40	150	1.70
	19.1	40	180	1.70
	25.4	29	250	0.33
		50	270	2.53
纯铜	10	50	190	1.67
	18	55	240	0.37
钨	1.52	23	250	0.58
	2.54	150	16	0.83
钼	0.13	30	260	1.67
	1.0	21	130	0.67
钼 0.5 钛	0.76	25	57	0.75
	2	90	60	2.57
	2.54	135	12	1.13
	3	90	60	2.57
铌	2.5	28.2	170	0.92
钽 0.1 钨	3.2	30	250	0.50

(9)焊接参数的选择 在实际工作中,可用经验图、表按下述方法选择焊接参数:

①利用热输入与工件厚度的关系,根据不同材料的厚度,查出所需的热输入数值;选定一个焊接速度,在图 3-17 的左下方查出一个所需功率。根据焊机情况选定一个加速电压;根据功率等于 $U_b \cdot I_b$ 关系确定 I_b。用上述方法确定了 I_b、U_b、V_b 大致范围之后,通过实验调节,最终确定具体参数。

②查表法。根据材料种类和厚度在表 3-5 中选择一个近似参数,在此基础上进行调试,确定使用的具体规范。

焊接参数选择还应考虑焊缝横断面、焊缝外形及防止产生焊缝缺陷等因素。

四、电子束焊的工艺要点

(1)薄板的焊接 薄板导热性差,电子束焊时局部加热强烈。为防止过热,应采用夹具,薄板膜盒零件及其焊接夹具如图 3-18 所示,夹具材料为纯铜。

对极薄工件可考虑使用脉冲电子束流。电子束功率密度高,易于实现厚度相差很大的接头的焊接。焊接时薄板与厚板紧贴,适当调节电子束焦点位置,使接头两侧均匀熔化。

(2)厚板的焊接 目前,电子束可以一次焊透300mm的钢板。焊道的深宽比可以高达50∶1。当被焊钢板厚度在60mm以上时,应将电子枪水平放置进行横焊,以利于焊缝成形。电子束焦点位置对于熔深影响很大,在给定的电子束功率下,将电子束焦点调节在工件表面以下,熔深的0.50～0.75mm处,电子束的穿透能力最好。根据经验,焊前将电子束焦点调节在板材表面以下,板厚的1/3处,可以发挥电子束的熔透效力并使焊缝成形良好。电子束焊真空度对钢板熔深的影响见表3-6。

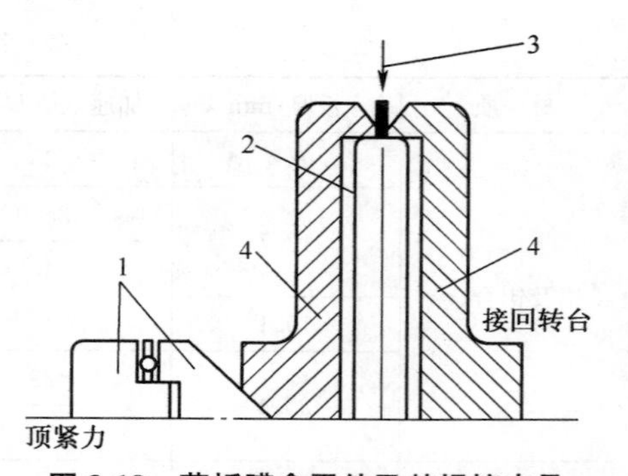

图3-18 薄板膜盒零件及其焊接夹具

1. 顶尖 2. 膜盒 3. 电子束 4. 纯铜夹具

表3-6 电子束焊真空度对钢板熔深的影响

焊接条件					熔深/mm
真空度/Pa	电子束工作距离/mm	电子束流/mA	加速电压/kV	焊接速度/(cm/min)	
$<1.33\times10^{-2}$	500	50	150	90	25
$<1.33\times10^{-2}$	200	50	150	90	16
$<1.33\times10$	13	43	170	90	4

(3)添加填充金属 只有在对接头有特殊要求,或者由于接头准备和焊接条件的限制不能得到足够的熔化金属时,才添加填充金属,其主要作用是在接头装配间隙过大时可防止焊缝凹陷;对焊接裂纹敏感材料或异种金属接头可防止裂纹的产生;在焊接沸腾钢时加入少量的用作脱氧剂(铝、锰、硅等)的焊丝,或在焊接铜时加入镍均有助于消除气孔。

添加填充金属的方法是在接头处放置填充金属,箔状填充金属可夹在接缝的间隙处,丝状填充金属可用送丝机构送入或用定位焊固定。

(4)定位焊 用电子束进行定位焊是装夹工件的有效方法。其优点是节约装夹时间和费用。可以采用焊接束流或弱束流进行定位焊,对于搭接接头可用熔透型定位,有时先用弱束流定位,再用焊接束流完成焊接。

(5)焊接可达性差的接头 因为电子束很细,工作距离长,易于控制,所以电子束可以焊接狭窄间隙的底部接头。这不仅可以用于生产过程,而且在修复报废零件时也非常有效。复杂形状的昂贵铸件常用电子束来修复。对可达性差的接头只有满足一定条件才能进行电子束焊,即焊缝必须在电子枪允许的工作距离上;必须有足够宽的间隙允许电子束通过,以免焊接时误伤工件;在束流通过的路径上应无干扰磁场。

(6)电子束扫描和偏转 在焊接过程中采用电子束扫描可以加宽焊缝,降低熔池冷却速度,消除熔透不均匀缺陷,降低对接头准备的要求。

在焊接大厚度工件时,为了防止焊接所产生的大量金属蒸气和离子直接侵入电子枪,可设置电子束偏转装置,使电子枪轴线与工件表面的垂直方向成5°～90°夹角。这对于大批量生产中保证电子枪工作稳定是十分有利的。

(7)异种难焊金属焊接 异种金属接头难于焊接时,可以加过渡层,如铜与钼、铝、低碳钢焊接时，可以分别加锌、银、镍垫片作为过渡金属。钛合金与镍基合金焊接时，可以用铌或铜作为过渡金属。

五、获得深熔焊的工艺措施

电子束焊的最大优点是具有深穿透效应。为了保证获得深穿透效果，除了选择合适的电子束焊焊接参数外，还可以采取如下的一些工艺措施。

(1)电子束水平入射焊　当焊接熔深超过100mm时，可以采用电子束水平入射侧向焊接方法进行焊接。因为水平入射侧向焊接时，液态金属在重力作用下，流向偏离电子束轰击路径的方向，其对小孔通道的封堵作用降低，此时的焊接方向可以是自下而上或是横向水平。

(2)脉冲电子束焊　在同样功率下，采用脉冲电子束焊，可有效地增加熔深。因为脉冲电子束的峰值功率比直流电子束高得多，可使焊缝获得高得多的峰值温度，金属蒸发速率会以高出一个数量级的比例提高。脉冲焊可产生更多的金属蒸气，蒸气反作用力增大，小孔效应增加。

(3)变焦电子束焊　极高的功率密度是获得深熔焊的基本条件。电子束功率密度最高的区域在其焦点上。在焊接大厚度工件时，可使焦点位置随着工件熔化速度的变化而改变，始终以最大功率密度的电子束来轰击待焊金属。但由于变焦的频率、波形、幅值等参数与电子束功率密度、工件厚度、母材金属和焊接速度有关，所以手工操作起来比较复杂，宜采用计算机自动控制。

(4)焊前预热或预置坡口　焊前预热工件，可减少焊接时热量沿焊缝横向的热传导损失，有利于增加熔深。有些高强度钢焊前预热，还可以减少焊后工件的裂纹倾向。在深熔焊时，往往有一定量的金属堆积在焊缝表面，如果预开坡口，则这些金属会填充坡口，相当于增加了熔深。此外，如果结构允许，应尽量采用穿透焊，使液态金属的一部分可以在工件的下表面流出，以减少熔化金属在接头表面的堆积，减少液态金属的封口效应，增加熔深，减少焊根缺陷。

六、常用金属材料的电子束焊

1. 钢铁材料的电子束焊

(1)低碳钢　低碳钢易于焊接，电子束焊与电弧焊相比，焊缝和热影响区晶粒细小。焊接沸腾钢时，应在接头间隙处夹一厚度为0.2～0.3mm的铝箔，以消除气孔。半镇静钢焊接有时也会产生气孔，降低焊接速度，加宽熔池有利于消除气孔。

(2)低合金钢　低合金钢电子束焊的焊接性与电弧焊类似。非热处理钢易于用电子束焊进行焊接，接头性能接近退火基体。经热处理强化的钢材，在焊接热影响区的硬度会下降，采用焊后回火处理可以使其硬度回升。焊接刚度大的工件时，特别是基本金属已处于热处理强化状态时，焊缝易出现裂纹。合理设计接头使焊缝能够自由收缩，采用焊前预热、焊后缓冷以及合理选择焊接条件等方法，可以减轻淬硬钢的裂纹倾向。

对于需进行表面渗碳、渗氮处理的零件，一般应在表面处理前进行焊接。如果必须在表面处理后进行焊接，则应先将焊缝区的表面处理层除去。

(3)不锈钢　奥氏体不锈钢、沉淀硬化不锈钢、马氏体不锈钢都可以进行电子束焊。电子束焊极高的冷却速度有助于抑制奥氏体中碳化物析出，奥氏体、半奥氏体类不锈钢的电子束焊接都能获得性能良好的接头，具有较高的抗晶间腐蚀的能力。马氏体不锈钢可以在任何热处理状态下进行焊接，但焊后接头区会产生淬硬的马氏体组织，增加了裂纹敏感性。而且随着含碳量的增加和焊接速度的加快，马氏体的硬度将提高，开裂敏感性也增强。必要时可用散焦电子束预热的方法来加以预防。

2. 非铁金属的电子束焊

(1)铝及铝合金 真空电子束焊焊接纯铝及非热处理强化铝合金是一种理想的焊接方法，单道焊接工件厚度可达到475mm。热影响区小、变形小、不填焊丝。焊缝纯度高，接头的力学性能与母材退火状态接近。

对热处理强化铝合金进行电子束焊时，可用添加适当成分的填充金属、降低焊接速度、焊后固溶时效处理等方法来改善接头性能。对于热处理强化铝合金、铸造铝合金只要焊接参数选择合适，可以明显减少热裂纹和气孔等缺陷。

采用电子束焊焊接铝及铝合金常用的焊接接头形式有对接、搭接、T形接头等，接头装配间隙＜0.1mm。铝及铝合金真空电子束焊焊接参数见表3-7。

表3-7 铝及铝合金真空电子束焊焊接参数

板厚/mm	坡口形式	加速电压/kV	电子束电流/mA	焊接速度/(cm/s)	板厚/mm	坡口形式	加速电压/kV	电子束电流/mA	焊接速度/(cm/s)
1.3	I	22	22	0.31	25.4	I	29 50	250 270	0.33 2.53
3.2	I	25	25	0.33	50.0	I	30	500	0.16
6.4	I	35	95	1.47	60.0	I	30	1000	0.18
12.7	I	26 40	240 150	1.67 1.69	152.0	I	30	1025	0.03
19.1	I	40	180	1.69					

焊前应对接缝两侧宽度≥10mm的表面应用机械和化学方法进行除油和清除氧化膜处理。为了防止气孔和改善焊缝成形，对厚度＜40mm的铝板，焊接速度应在60～120cm/min；对于40mm以上的厚铝板，焊接速度应在60cm/min以下。

不同厚度铝合金电子束焊焊接参数见表3-8。

表3-8 不同厚度铝合金电子束焊焊接参数

铝合金牌号	厚度/mm	电子束功率/kW	焊接速度/(cm/s)	焊接位置
5A06	0.6	0.4	1.7	平焊、电子枪垂直
	5	1.7	2.0	平焊、电子枪垂直
	100	21	0.4	横焊、电子枪平放
	300	30	0.4	横焊、电子枪平放
7A04	10	4.0	2.5	平焊、电子枪垂直
4047A	18	8.7	1.7	平焊、电子枪垂直

(2)铜及铜合金 电子束对铜及铜合金做穿透性焊接时，一般不加填充焊丝，冷却速度

快，晶粒细，热影响区小，在真空下焊接可以完全避免接头的氧化，还能对接头除气。焊缝的力学性能与热物理性能可达到与母材相等的程度。

电子束焊接含 Zn、Sn、P 等低熔点元素的黄铜和青铜时，应采用避免电子束直接长时间聚焦在焊缝处的焊接工艺，如使电子束聚焦在高于工件表面的位置，或采用摆动电子束的方法。

电子束焊接厚大铜件时焊缝成形变坏，可采用散射电子束修饰焊缝的办法加以改善。

①铜及铜合金电子束焊焊接参数见表 3-9。

表 3-9　铜及铜合金电子束焊焊接参数

板厚/mm	焊接电流/A	焊接电压/V	焊接速度/(cm/s)	板厚/mm	焊接电流/A	焊接电压/V	焊接速度/(cm/s)
1	70	14	0.56	6	250	20	0.50
2	120	16	0.56	10	190	50	0.30
4	200	18	0.50	18	240	55	0.11

②电子束焦点位置与熔深的关系见表 3-10。

表 3-10　电子束焦点位置与熔深的关系

金属中的杂质总含量(质量分数,%)	电子束功率/kW	熔化深度/mm			平均熔深/mm
		焦点低于工件表面	焦点在工件表面	焦点高于工件表面	
0.035	6.9	7.0	7.5	8.0	5.5
	5.7	5.0	5.75	6.25	5.5
	4.0	2.5	3.25	3.5	5.5
0.0048(无氧铜)	6.9	6.75	7.5	8.5	6.0
	5.7	5.5	6.0	6.5	6.0
	4.0	4.5	4.25	3.75	6.0

电子束焊接，一般采用不开坡口、不留间隙的对接接头。可用穿透式，也可用锁边式(或称镶嵌式)焊接方法。对一些非受力件接头也可直接采用塞焊接头。

七、电子束焊操作要点

(1)真空系统操作要点

①真空系统必须在接通冷却水后才能起动。

②机械泵起动时，必须先打开机械泵抽气口的阀门，使其与大气相通，待其运转正常后迅速与大气切断而转向需要抽气的部件。

③扩散泵必须在机械泵预抽真空达到一定的真空度时才能加热。停止加热后，必须待扩散泵完全冷却下来才能关闭机械泵，否则扩散泵的油易被氧化。

④机械泵停机前，必须先关闭机械泵抽气口的阀门，使其与真空系统断开，再与大气接通，以免机械泵油进入真空系统。

⑤真空系统及工作室内部应保持良好的真空卫生，停止工作时必须保持其内部有一定

的真空度。

(2)焊接操作要点

①起动 在真空室内的工件安装就绪后，关闭真空室门，然后接通冷却水，闭合总电源开关。按真空系统的操作顺序起动机械泵和扩散泵，待真空室内的真空度达到预定值时，便可进入施焊阶段。

②焊接 将电子枪的供电电源接通，并逐渐升高加速电压使之达到所需的数值。然后相应地调节灯丝电流和轰击电压，使有适当小的电子束流射出，在工件上能看出电子束焦点，再调节聚焦电流，使电子束的焦点达到最佳状态。假如焦点偏离接缝，可调节偏转线圈电流或电子枪作横向移动使其对中。此时调节轰击电源使电子束电流达到预定数值。按下起动按钮，工件即按预定速度移动，进入正常焊接过程。

③停止 焊接结束时，必须先逐渐减小偏转电压使电子束焦点离开焊缝，然后把加速电压降低到零，并把灯丝电源及传动装置的电源降到零值，此后切断高压电源、聚焦偏转电源和传动装置电源，这样就完成了一次焊接。待工件冷却后，按真空操作程序从真空室中取出工件。

八、电子束焊常见缺陷及预防措施

电子束焊常见缺陷预防措施：

(1)焊缝成形不连续 产生的原因是电子束焦点的直径过小，焊接速度过快，导致熔化金属不能与母材很好地重新熔合，在焊接薄板时容易发生。预防措施是，适当地散焦和降低焊接速度。

(2)咬边 由于电子束焊时，一般不加填充金属，所以焊道两侧很容易出现咬边现象，特别是在采用深穿入式成形和高速焊接时，咬边缺陷显现更严重。预防措施是降低焊接速度，并在接缝上预置金属，或用小功率电子束重熔来修饰焊缝，使焊缝表面达到圆滑过渡，去掉咬边缺陷。

(3)焊偏

①真空电子束焊接是隔着观察窗进行的，因此，焊接过程中的变形和传动系统运动引起的偏离使操作者难以觉察和进行调节。预防措施是提高传动系统的精度、改善观察系统或采用自动对中控制系统；另外，在工艺上可采用旋转偏转电子束来获得平行边焊缝。

②中厚板的电子束焊接不宜采用磁偏转对中，否则容易引起电子束的偏转。预防措施是采用机械传动来找正接缝线。

③在焊接铁磁材料的工件时，由于剩磁易引起电子束偏移，从而造成焊偏。预防措施是焊前必须进行去磁处理。

④异种材料焊接时，接缝处产生的热电势会使工件内部形成电流，该电流在熔池附近造成杂散磁场会引起电子束偏移，因此可导致焊偏。预防措施是加反向磁场。

(4)下塌 电子束进行单面焊时，由于材料本身的表面张力不足，难以支撑熔化金属的自重和金属蒸气的反作用力，导致下塌缺陷。预防措施是采用留底或锁底的接头形式，或采取电子束摆动或电子束流脉动，以加速熔化金属的冷却速度，或倾斜工件以降低液态金属的重力作用。

(5)未焊透 由于焊接参数选择不当或波动而造成未焊透，可通过调整焊接参数或采用参数的闭环控制系统予以解决。

(6)钉尖缺陷　这是由于电子束功率的脉动，液态金属表面张力和冷却速度过大而液相金属来不及流入所致。因为电子束的密集且呈钉尖状，所以称为钉尖缺陷。此种缺陷常发生在部分熔透的焊缝根部，将造成应力集中而导致使用过程中工件的破坏。预防措施是加垫板或采用锁底接头，也可采用全焊透工艺。

(7)弧坑　在焊接过程中由于气体放电而突然中断焊接过程所产生的缺陷。气体放电大多发生在大功率焊接时，电子束长时间工作，工件表面清理不干净，及工件材质中含有蒸气压较高的元素等情况下。预防措施是加大电子枪的真空抽气速率及加强洁净程度。

(8)裂纹　根本原因与焊接金属材料有关。电弧焊时容易产生裂纹的材质，采用电子束焊时也有可能出现裂纹。热裂纹可通过降低电子束焊接时的热输入来防止；冷裂纹可通过改进接头设计来消除应力集中，或改变焊接工艺来防止。淬火钢的电子束焊接可通过预热来防止冷裂纹的产生。

(9)冷隔　冷隔（空洞）如图 3-19 所示，造成冷隔的原因与电子束焊缝的成形特征有关。厚板电子束焊在未焊透的情况下，在深穿入式成形时，焊缝金属中的气体逸出受到电子束电流排开的液体金属的阻碍，在焊缝根部或稍高部分形成较大的空洞。预防措施是减少气体的来源，降低焊接速度或采用旋转电子束来增加熔宽从而改变焊缝的断面形状。

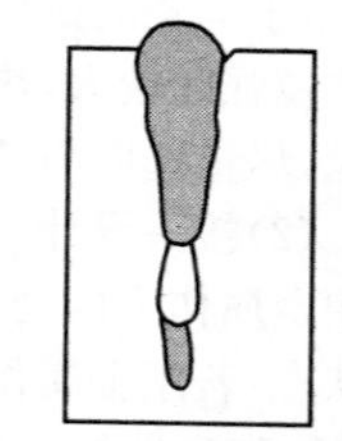

图 3-19　冷隔（空洞）

(10)气孔　用电子束焊接粉末冶金的难熔金属时，在熔合线附近特别容易出现气孔。预防措施是多道焊和重熔焊接。

(11)飞溅　用深穿入式成形方法焊接厚度超过 6mm 工件时，有可能出现飞溅现象，这将影响工件的表面质量和增加清理飞溅的工作量，同时还会削弱焊缝金属的断面。飞溅产生的原因与母材含有较多的气体有关，应从提高母材的纯度和采用防止气孔的相同方法来加以解决。

(12)侵蚀　处在电子速通道上未被保护的工件表面受到的损伤。可采用与工件相同的材质、具有一定厚度的防护板或捕集器，以收集过剩的电子束能量。

第四节　电子束焊应用实例

一、双金属带锯的电子束焊

对于难切断金属的切割，以往一直使用单一材质的高速钢带锯。由于在切割过程中带锯受到交变载荷的作用，使带锯存在着断裂的危险性，所以带锯不能被淬硬到最佳耐磨程度。现在用电子束可以把高速钢型材（齿尖）焊到柔韧的载体上制成双金属带锯，从而可使齿尖达到最佳硬度，也不用担心带锯的断裂。双金属带锯如 3-20 所示。

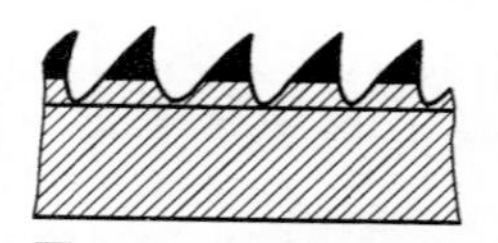

图 3-20　双金属带锯

以齿宽为 6.35mm、厚度为 1.57mm 的双金属带锯的焊接为例，介绍其焊接工艺。

(1)焊前清理　去掉工件上的氧化物和油污，使工件露出金属光泽。清理后的工件不可用手触及。

(2)装配　采用专用夹具进行装配，装配间隙为 0～0.015mm。

(3)焊接参数　加速电压 100kV，电子束电流 9.0～9.5mA，聚焦电流 1.7A，工作距离 680mm，焊接速度 9m/min，电子枪真空度 10^{-3} Pa，真空室真空度 10^{-2} Pa。

为了消除焊缝表面不光滑和咬边现象，可采用散焦的电子束修饰焊缝表面。修饰焊的焊接参数电子束流为 4.3mA，聚焦电流为 1.8A，其他不变。

二、陶瓷与金属的电子束焊

陶瓷与金属的焊接有钎焊法、压力扩散粘结、直接结合法，以及电子束焊接法。为满足原子能及宇航工业中对陶瓷与金属间焊缝提出的耐腐蚀、耐辐射及耐高温的特殊要求，通过对 Al_2O_3 陶瓷与金属的电子束焊接工艺的一些探讨和试验，获得了漏气率不大于 1.33×10^{-8} Pa·L/s 的密封件。

(1)材料选择 对陶瓷和金属材料的选择要求是耐高温、耐腐蚀、耐辐射；抗热循环冲击；金属和陶瓷的线胀系数比较接近。

一般而言，金属的热导率高，热冲击性能好，而陶瓷则甚弱。当因局部温差产生热变形时，由于陶瓷的抗拉强度低，受拉应力作用极易碎裂损坏，故依据陶瓷的抗热应力因素，选用抗拉强度较大，热导率较高，纯度为 99.97 %的半透明 Al_2O_3，至于金属，要注意失配应力问题，尽量选取与 Al_2O_3 的线胀系数相近的金属，以使陶瓷与金属匹配封接。

(2)接头设计 接头设计要尽量减少应力，在可能的情况下，增加 Al_2O_3 陶瓷的厚度。如用金属作为内套封接，则金属的线胀系数应小于陶瓷的线胀系数，使封接件处在径向压缩状态；若用金属作为外套封接，则应使金属的线胀系数大于 Al_2O_3 陶瓷的线胀系数，以使 Al_2O_3 陶瓷件处于受压应力状态。另外，将 Al_2O_3 陶瓷磨成约 20°锥度，陶瓷与金属套封间隙<0.15mm，使熔化的金属、陶瓷或填充料能填入其中。试验用接头形式如图 3-21 所示。

Al_2O_3 陶瓷管尺寸：ϕ10mm×1.5mm 和 ϕ18mm×2mm；金属采用 ϕ12mm 及 ϕ20mm 的棒料，车削加工成如图 3-21a、b 所示电极形式，进行内套封和平封。如图 3-21c 所示，外套封用 ϕ10.4mm×0.2mm 的薄壁金属管。选用金属全部为熔点高于 Al_2O_3 的 Ta 合金或 Nb 合金。

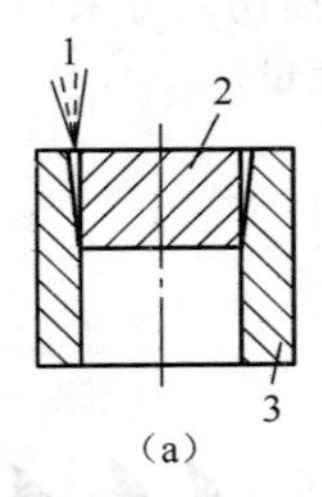

(a)

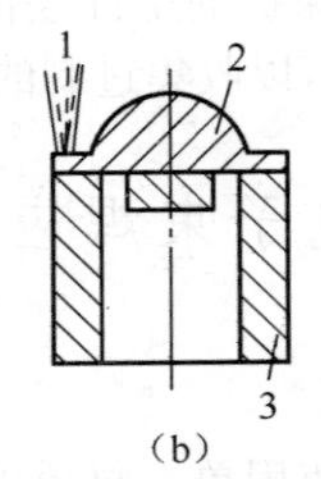

(b)

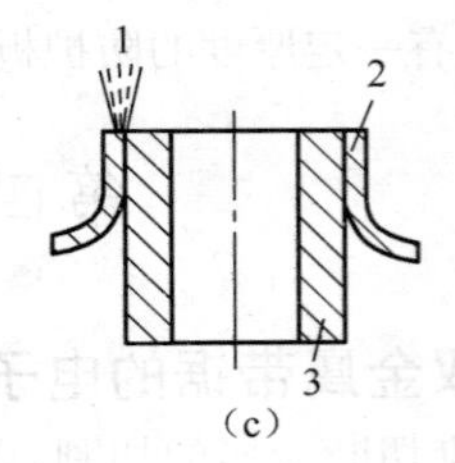

(c)

图 3-21 接头形式

(a)内套封 (b)平封 (c)外套封

1. 电子束 2. 金属 3. Al_2O_3

(3)电子束焊接工艺

①焊前清理。焊前将金属和陶瓷分别仔细清理和酸洗，去除油污和氧化杂质。

②焊前预热。为避免热应力，焊前必须预热。采用钨丝小电炉加热，钨丝直径 0.7mm，Al_2O_3 炉管，用 Mo 片作为隔热反射屏。最大加热电压 55～65V，电流17～20A，预热温度 700℃～1800℃。

将预热电阻炉放入电子束焊机真空室的支架上。将清洗干净的工件夹在无级调速的、可移动和旋转的载物台上，并置于电阻炉的炉膛内。当真空度<0.013Pa，预热温度>

1500℃时，使工件自动地平稳旋转，开始焊接。

③采用22kV高压，先用1～2A小电流的电子束散焦打在金属工件上，否则易引起Al_2O_3陶瓷工件微裂。经过4～5min，然后电子束进一步散焦，使其部分打在Al_2O_3陶瓷上，再逐渐增大电子束电流至6～10A。此时，电子束功率密度为$(6.6\sim11.0)\times10^5 W/cm^2$，温度约2000℃，能使陶瓷与金属局部熔融，形成金属-陶瓷结合层，用5～8s焊接即告结束，并缓慢地将电子束电流降至零位。

④接头全部焊完后，以(20℃～25℃)/min的冷却速度随炉缓冷。冷却过程中由于收缩力的作用，陶瓷中首先产生轴向挤压力。所以工件要缓慢冷却到300℃时才可以从加热炉中取出，在空气中缓冷，以防挤压力过大挤裂陶瓷。

⑤对焊后接头进行质量检验，如发现焊接缺陷，应重新焊接，直至质量合格。不锈钢与陶瓷真空电子束焊焊接参数见表3-11。陶瓷与陶瓷，也可用上述类似的工艺进行焊接。

表3-11　不锈钢与陶瓷真空电子束焊焊接参数

材　料	母材厚度/mm	焊接参数				
		电子束电流/mA	加速电压/kV	焊接速度/(cm/s)	预热温度/℃	冷却速度/(℃/min)
18-8钢＋陶瓷	4＋4	8	10	10.3	1250	20
18-8钢＋陶瓷	5＋5	8	11	10.3	1200	22
18-8钢＋陶瓷	6＋6	8	12	10.0	1200	22
18-8钢＋陶瓷	8＋8	10	13	9.67	1200	23
18-8钢＋陶瓷	10＋10	12	14	9.17	1200	25

三、高温合金的电子束焊

(1)焊接特点　采用电子束焊不仅可以成功地焊接固溶强化型高温合金，也可以焊接电弧焊难以焊接的沉淀强化型高温合金。焊前状态最好是固溶处理状态或退火状态。对某些液化裂纹敏感的合金应采用较小的焊接热输入，而且应调整焦距，减小焊缝弯曲部位的过热。

(2)接头形式　电子束焊接头可以采用对接、角接、端接、卷边接，也可以采用T形接和搭接形式。推荐采用平对接、锁底对接和带垫板对接形式。接头的对接端面不允许有裂纹、压伤等缺陷，边缘应去毛刺，保持棱角。端面加工的粗糙度精度为$Ra\leqslant3.2\mu m$。锁底对接接头的清根形状及尺寸如图3-22所示。

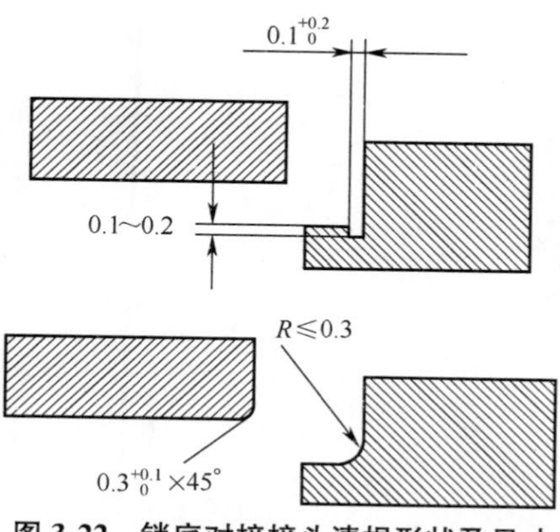

图3-22　锁底对接接头清根形状及尺寸

(3)焊接工艺　焊前对有磁性的工作台及装配夹具均应退磁，其磁通量密度不大于2×10^4T。工件应仔细清理，表面不应有油污、油漆、氧化物等。经存放或运输的零件，焊前还需要用绸布蘸丙酮擦拭焊接处，零件装配应使接头紧密配合和对齐。局部间隙不超过0.08mm或材料厚度的0.05倍。位错不大于

0.75mm。当采用压配合的锁底对接时，过盈量一般为 0.02 ～0.06mm。装配好的工件首先应进行定位焊。定位焊点的位置应布置合理，保证装配间隙不变。定位焊点应无焊接缺陷，且不影响电子束焊接。对冲压的薄板工件，定位焊更为重要，应布置紧密、对称、均匀。

焊接参数根据母材牌号、厚度、接头形式和技术要求确定。推荐采用低热输入和小焊接速度的工艺。典型高温合金电子束焊焊接参数见表 3-12。

表 3-12 典型高温合金电子束焊焊接参数

合金牌号	厚度/mm	接头形式	焊机功率/kW	电子枪形式	工作距离/mm	电子束电流/mA	加速电压/kV	焊接速度/(cm/s)	焊道数
GH4169	6.25	对接	60kV,300mA	固定枪	100	65	50	2.53	1
	32.0				82.5	350		2.00	
GH188	0.76	锁底对接	150kV,40mA		152	22	100	1.67	

第四章　激 光 焊

以聚焦的激光束作为热源，利用轰击工件接缝所产生的热量进行焊接的方法，称为激光焊。

第一节　激光焊基础

一、激光焊的原理

激光是利用固体或气体原子受激发辐射的原理，使工作物质受激而产生一种单色性高、方向性强及亮度高的光束。经聚焦后把光束聚焦到焦点上，可获得极高的能量密度，利用它与被焊工件相互作用，使金属发生蒸发、熔化、熔合、凝固而形成焊缝。

二、激光焊的特点

(1)激光焊的优点

①热量集中，热影响区小，焊接变形和残余应力小。

②焊接温度高，可以焊接难熔金属，甚至可以焊接陶瓷。在其他非金属材料焊接中也得到很好的应用，如有机玻璃等。

③可以一机多用，一台激光器可供多个工位、不同的加工方法使用。激光不产生有害的X光射线，这比电子束焊优越。

④能对难以接近的部位进行焊接，可透过玻璃或其他透明物体进行焊接。激光不受电磁场的影响。

(2)激光焊的缺点　焊接反射率大的光亮金属有一定困难；受激光器功率等因素限制，焊接厚度不可能太大，达不到电子束焊的焊接厚度；激光的电光转换效率低（为0.1%～0.3%）。工件的加工和组装精度要求高，夹具要求精密，因此，设备一次性投资较大，总的效率不高。

三、激光焊的分类

激光焊接按激光发生器输出功率的高低可分为低功率（<1kW）、中功率（1.5～10kW）、高功率（>10kW）三种；按激光发生器工作性质不同可分为固体、半导体、液体和气体四种；按输出激光波形的不同可分为脉冲激光焊和连续激光焊两种。

四、激光焊的应用范围

①脉冲激光焊能够焊接铜、镍、铁、锆、钽、铝、钛、铌等金属及其合金。主要用于微型件、精密元件和微电子元件的焊接。低功率脉冲激光焊常用于直径0.5mm以下金属丝与丝（或薄板）之间的焊接。

②连续激光焊除铜、铝合金难以焊接外，其他金属与合金都能焊接。连续激光焊的应用见表4-1。连续激光焊主要用于厚板深熔焊。对接、搭接、端接、角接均可采用连续激光焊。

表 4-1 连续激光焊的应用

应用领域	适用材料	性能特点	应用理由	优点	实例
钢铁生产	低碳钢、中碳钢、不锈钢、硅钢	低变形深熔焊	无后热处理，替代 MIG、电阻焊、等离子弧焊	A B C	钢卷带、钢管
机器生产（汽车、机械）	镀锌钢、低碳钢、中碳钢、低合金钢	低变形，高焊接速度	替代电阻缝焊，简单部件装配焊接	A C D	油箱、变速箱齿轮，传运齿轮，发动机部件
精密设备（飞机测试设备）	铜合金、不锈钢	精密焊接，低变形	精加工后焊接部件	E B C	轮子、油压部件、飞机部件、测试部件
大型结构（重型机械、电动机）	不锈钢、低碳钢	深熔焊，低热输入	焊后无需消除应力	B A C	压力容器、真空室、机械部件

注：A 为改善操作性，B 为提高生产率，C 为改善可靠性，D 为减小或减轻部件，E 为提高精度。

在电厂的建造及化工行业，有大量的管-管、管-板接头，用激光焊可得到高质量的单面焊双面成形焊缝。在舰船制造业，用激光焊焊接大厚度板（可加填充金属），接头性能优于通常的电弧焊，能降低产品成本，提高构件的可靠性，有利于延长舰船的使用寿命。激光焊还应用于电动机定子铁心的焊接，发动机壳体、机翼隔架等飞机零件的生产，航空涡轮叶片的修复等。

激光焊接还有其他形式的应用，如激光钎焊、激光-电弧焊、激光填丝焊、激光压焊等。激光钎焊主要用于印刷电路板的焊接，激光压焊主要用于薄板或薄钢带的焊接。激光焊也可用来焊接石英、玻璃、陶瓷、塑料等非金属材料。

五、材料的激光焊接性

(1)激光焊的焊缝形成特点 激光传热焊焊缝具有类似于某些常规焊接方法的特点。对激光焊熔池的研究发现，熔池有周期性的变化，主要原因是激光与物质作用过程中的自振荡效应。熔池的周期性变化，会在焊缝中产生特有的、充满金属蒸气小孔的现象并发生周期性变化，同时熔化的金属又在它的周围从前沿向后沿流动，加上金属蒸发造成的扰动，可能使蒸气留在焊缝中，凝固之后形成气孔。

(2)金属材料的激光焊接性 激光焊接具有一些其他焊接方式所不能比拟的性能，这就是接头良好的抗热裂能力和抗冷裂能力。

①抗热裂能力。激光焊与 TIG 焊相比，焊接低合金高强度钢时，热裂纹敏感性较低。激光焊虽然有较高的焊接速度，但其热裂纹敏感性却低于 TIG 焊。这是因为激光焊焊缝组织晶粒较细，可有效地防止热裂纹的产生。但如果焊接参数选择不当，也会产生热裂纹，热裂纹产生的同时还会促使冷裂纹形成和扩展。

②抗冷裂能力。冷裂纹的评定指标是 24h 内在焊缝中心不产生裂纹所能施加的最大应力，即临界应力。对于低合金高强度钢，激光焊的临界应力大于 TIG 焊，即激光焊的抗冷裂能力大于 TIG 焊。焊接低碳钢时两种焊接方法的临界应力几乎相同。例如，焊接含碳量较高的 35 钢，35 钢的原始组织是珠光体，由于 TIG 焊焊接速度慢，热输入大，冷却过

程中奥氏体发生高温转变，焊缝和热影响区的组织大都为珠光体；激光焊的冷却速度较快，焊缝和热影响区是典型的奥氏体低温转变产物——板条马氏体。激光焊有较大的冷裂纹敏感性，其冷却速度快，导致含碳量高的材料会产生硬度高、含碳量高的片状或板条状马氏体，是冷裂纹敏感性大的主要原因。由于高的焊接速度和较小的热输入，合金结构钢用激光焊时，可获得综合性能特别是抗冷裂性能良好的低碳细晶粒马氏体，接头具有较好的抗冷裂能力。

③残余应力及变形。激光焊加热光斑小，热输入小，使得焊接接头的残余应力和变形比普通焊接方法小得多。激光焊虽有较陡的温度梯度，但焊缝中最大残余拉应力仍然要比TIG焊时略小一些，而且激光焊焊接参数的变化几乎不影响最大残余应力的幅值。用TIG焊焊接薄板时，常常因为残余应力的存在而发生波浪变形，但用激光焊焊接薄板时，变形大大减小，一般不会产生波浪变形。激光焊残余应力和变形小，使得它成为一种精密的焊接方法。

④冲击韧度。经过研究发现，激光焊焊接接头的冲击吸收功大于母材金属的冲击吸收功。激光焊焊接接头冲击功提高的主要原因之一，是焊缝金属的净化效应。钢铁材料激光焊焊接接头的冲击吸收功见表4-2。

表4-2 钢铁材料激光焊焊接接头的冲击吸收功

激光功率/kW	焊接速度/(cm/s)	试验温度/℃	冲击吸收功/J	
			焊接接头	母材
5.0	1.90	−1.1	52.9	35.8
5.0	1.90	23.9	52.9	36.6
5.0	1.48	23.9	38.4	32.5
5.0	0.85	23.9	36.6	33.9

第二节 激光焊设备

激光焊机是利用激光束作为热源熔化金属进行焊接的设备，可分为固体激光焊机和气体激光焊机两大类。激光焊机主要由激光器、控制系统、光束传输和聚焦系统、焊枪、电源、工作台及气源、水源、操作盘、带传动机械等部分组成。

一、固体激光焊机

固体激光焊机的组成如图4-1所示。

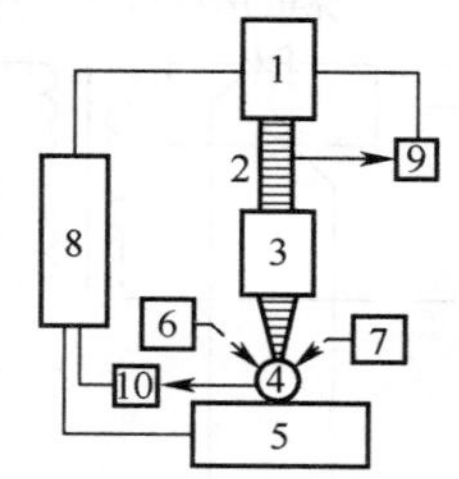

图4-1 固体激光焊机的组成

1. 激光器 2. 激光光束 3. 光学系统 4. 工件 5. 转胎 6. 观测瞄准系统 7—辅助能源 8—程控设备 9、10 信号器

(1)固体激光器 固体激光器的类型、特点。固体激光器根据工作介质不同分为红宝石激光器、钕玻璃激光器和钇铝石榴石(YAG)激光器，其类型、特点见表4-3。固体激光器结构如图4-2所示。

固体激光器的主电路是指泵灯(氙灯)的高压电路。泵灯高压电路为泵灯发出强光提供能源。泵灯强光使激光器介质的粒子“集居数反转”，为产生激光束提供必要条件。NjH-30 钕玻璃激光器主电路如图 4-3 所示，它是固体激光器的一种典型主电路。

表 4-3　固体激光器的类型、特点

固体激光器类型	波长/μm	工作方式	重复频率/Hz	输出能量	主要用途
红宝石	0.6943	脉冲	0～1	1～100J	定位焊、打孔
钕玻璃	1.06	脉冲	0～1/10	1～100J	定位焊、打孔
钇铝石榴石	1.06	脉冲	0～400	1～100J	定位焊、打孔
		连续		0～2kW	焊接、切割表面处理

(2)光学聚焦系统　激光发生器辐射出的激光束，其能量密度不足，通过聚焦系统的作用，使能量进一步集中才能用来进行焊接。由于激光的单色性及方向性好，因此，可用简单的聚焦透镜或球面反射镜进行聚焦。

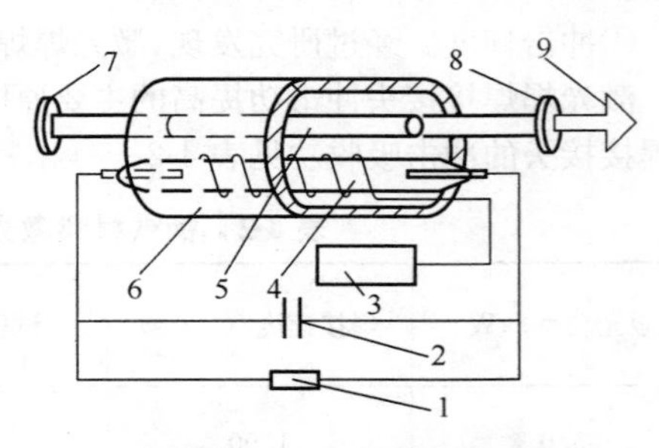

图 4-2　固体激光器结构

1. 高压电源　2. 储能电容　3. 触发电路　4. 泵灯　5. 激光工作物质　6. 聚光器　7. 全反射镜　8. 输出窗口　9. 激光

(3)观察系统　由于激光束光斑很小，为了找准接缝部位，必须采用观察系统。主要由测微目镜、菱形棱镜、正像棱镜、小物镜、大物镜组成。利用观察系统可放大 30 倍左右。

(4)电源　为保证激光器稳定运行，均采用快响应、恒稳性高的固态电子控制电源。

(5)工作台　伺服电动机驱动的工作台可供安放工件实施焊接。

(6)控制系统　多采用数控系统。

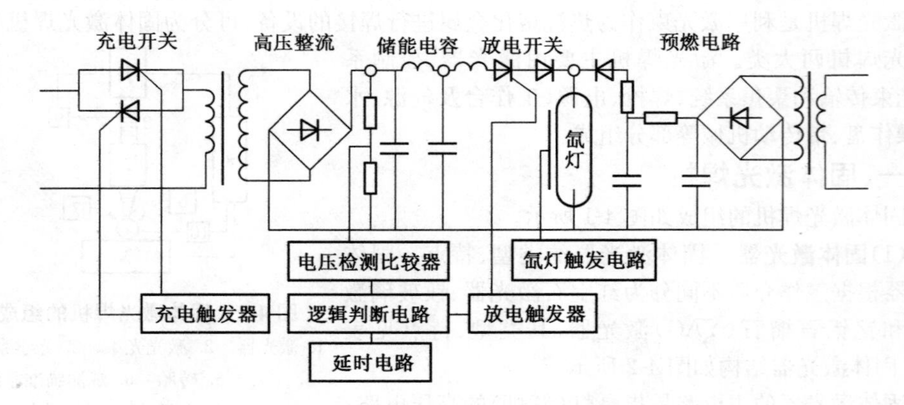

图 4-3　NjH-30 钕玻璃激光器主电路

国产固体激光焊机型号及主要技术参数见表 4-4。

表 4-4 国产固体激光焊机型号及主要技术参数

型号		JG-2	GD-10	JH-B
激光器	最大输出能量/J	90	15	10～12
	脉冲宽度/mm	0.3～4.0	0～6	3
	工作物质/mm	ϕ16×310，ϕ7×150(钕玻璃)	ϕ10×165(红宝石)	ϕ6×90(钇铝石榴石)
	脉冲泵灯/mm	ϕ18×300，ϕ12×150	—	2—ϕ12×80
电源	主变压器/(kV・A)	12(2800V)	10(2000V)	—
	储能电容/μF	200×24	6000	—
	电感/μH	400×2	—	—
	预电离变压器/(kV・A)	1(1300V)	—	—
	预电离电流/mA	70～80	—	—
光学系统	全反射膜片透率(%)	99.8	—	99.8
	半反射膜片透率(%)	50	—	50～60
	谐振腔长度/mm	～1000	—	—
	直角棱镜/mm	25×25	—	—
工作台	台面尺寸/mm	400×200	—	130×166
	纵向行程/mm	150	—	120
	横向行程/mm	200	—	55
	垂直行程/mm	300	—	—
外形尺寸	长×宽×高/(mm×mm×mm)	1850×740×1350	1034×658×1648	—

二、气体激光焊机

气体激光焊机的组成部分除了用 CO_2 激光器代替固体激光器外，其他部分基本上与固体激光器焊机相同。气体激光器主要是指 CO_2 激光器，它的工作介质是 CO_2+N_2+He 的混合气体。其配比为 60%：33%：7%(体积分数)。按气体的流动方式不同分为封闭式、横流式、轴流式三种类型。气体激光器的类型、特点见表 4-5。

表 4-5 气体激光器的类型、特点

气体激光器类型	波长/μm	工作方式	重复频率/Hz	输出能量	主要用途
封闭式 CO_2 激光器	10.6	连续	—	0～1kW	焊接、切割表面处理
横流式 CO_2 激光器	10.6	连续	—	0～25kW	焊接、切割表面处理
高速轴流式 CO_2 激光器	10.6	连续脉冲	0～5000	0～6kW	焊接、切割

(1)封闭式 CO_2 激光器 封闭式 CO_2 激光器结构如图 4-4 所示。工作介质气体封闭在玻璃管内，在电极间加直流高压，使混合气体辉光放电，激励 CO_2 分子产生“集居数反转”，为形成激光创造条件。每 1m 长玻璃管可获得 50W 左右的激光功率，常采用并、串联方式扩大激光功率范围。

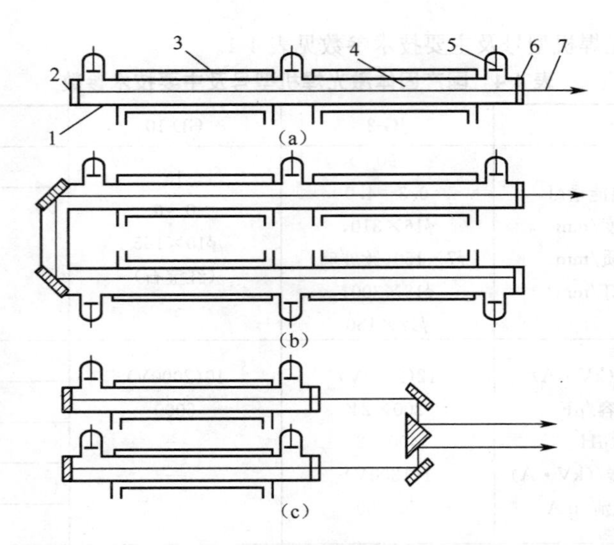

图 4-4　封闭式 CO_2 激光器结构

(a)串联式　(b)折叠式　(c)多管并联式

1. 放电管　2. 全反射镜　3. 冷却水套　4. 激光工作气体　5. 电极　6. 输出窗口　7. 激光束

(2)横流式 CO_2 激光器　横流式 CO_2 激光器结构如图 4-5 所示。混合工作气体在垂直光轴方向以 50m/s 速度流动。气体直接与换热器进行交换，冷却效果良好，因而可获得 2000W/m 的激光输出功率。HGL-81 型横流式 CO_2 激光器主电路如图 4-6 所示。感应调压器 T_1 由中频发电机组获得三相中频电，调压后经主开关 S 供高压变压器 T_2，经 T_2 升压，硅堆整流获得高压直流加于激光器的阳极和阴极之间。调节 T_1 可以调节输入电压，改变工作电流大小，调节输出的激光功率。

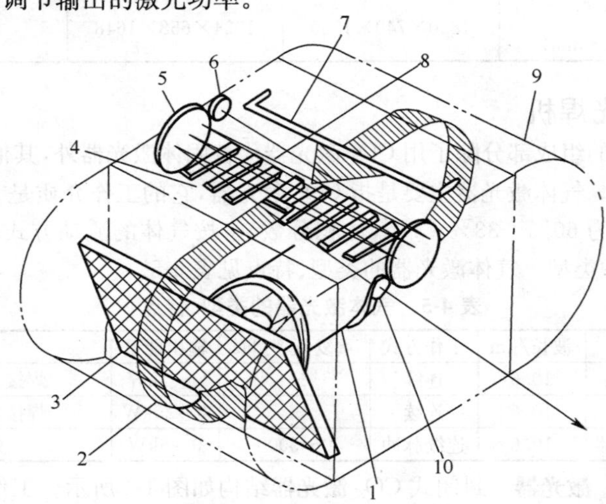

图 4-5　横流式 CO_2 激光器结构

1. 压气机　2. 气流方向　3. 换热器　4. 阳极板　5. 折射镜　6. 全反镜　7. 阴极管

8. 放电区　9. 密封钢外壳　10. 半反镜(窗口)

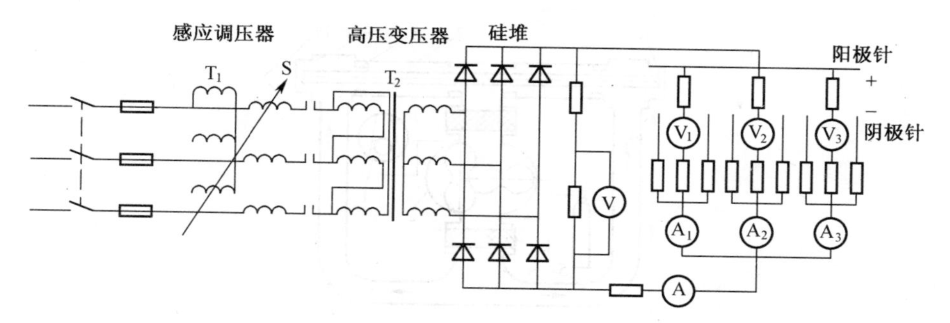

图 4-6 HGL-81 型横流式 CO_2 激光器主电路

常用横流式 CO_2 激光器型号及主要技术参数见表 4-6。

(3)高速轴流式 CO_2 激光器 高速轴流式 CO_2 激光器结构如图 4-7 所示。混合工作气体在放电管中以接近声速的速度沿光束轴向流动，可获得 500～2000W/m 激光功率输出。输出模式为 TEM_{00}、TEM_{01}，特别适于焊接和切割加工。

表 4-6 常用横流式 CO_2 激光器型号及主要技术参数

型号		HGL-8010	HGL-895	HGL-892	HJ-3	820	RS-840	管板式 CO_2 激光器
研制(生产)单位名称		华中理工大学	华中理工大学	华中理工大学	中国科学院光学精密机械研究所	美国 Spectra Physics	德国 Rofinsinar	中国科学院光学精密机械研究所
主要用途		切割，焊接，表面合金化	热处理，表面涂敷，切割焊接	焊接，切割，热处理	—	切割，焊接	焊接，切割，热处理	热处理，焊接，切割
主要技术指标	波长/μm	10.6	10.6	10.6	10.6	10.6	10.6	10.6
	输出功率 多模/kW	10	5	2.5	1.8	—	4	5、10
	输出功率 低阶模/kW	6	3	1.2	1	1.5	—	3、6
	功率不稳定度	≤±3%	≤±5%	<1.8%	<±2%	±2%	±2%	±1%
	电光效率	≥16%	>13%	15%	15%	15%	—	14.3%
	发散角 多模/(m rad)	5	5	5	—	—	≤3	3.5
	发散角 低阶模/(m rad)	2	2	2	—	2	—	2.2
	一次充气全封闭运行时间/h	>6	≤8	—	—	—	—	8
	连续工作时间/h	—	>8	>30	—	—	—	>20

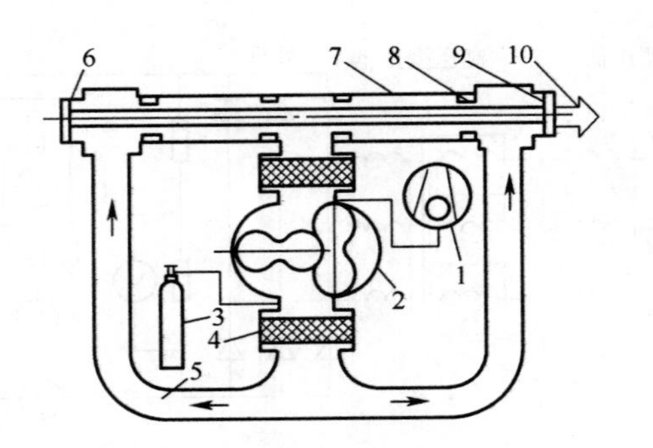

图 4-7 高速轴流式 CO_2 激光器

1. 真空系统 2. 罗次风机 3. 激光工作气体源 4. 热交换器 5. 气管
6. 全反射镜 7. 放电管 8. 电极 9. 输出窗口 10. 激光束

常用高速轴流式 CO_2 激光器型号及主要技术参数见表 4-7。

表 4-7 常用高速轴流式 CO_2 激光器型号及主要技术参数

型号		HF-500	HF-1500	C-506	810	RS2500	RS 700SM～RS 1700SM
研制(生产)单位名称		华中理工大学	华中理工大学	南京772厂	美国 Spectra Physics	德国 Rofinsinar	德国 Rofinsinar
主要用途		切割,焊接	切割,焊接	切割,焊接	切割,焊接	切割,焊接	切割,焊接
主要技术指标	波长/μm	10.6	10.6	10.6	10.6	10.6	10.6
	输出功率/W	600	1500	500	600	250～2800	700～1700
	功率不稳定度(%)	<±1.5	<±1.5	±2	<±1.5	±2	±2
	光斑模式	基模为主	基模为主	基模为主	TEM_{00}	TEM_{20}	TEM_{10}
	连续运行时间/h	>8	>8	—	—	—	—
	转换效率(%)	>20	20	—	—	—	—

第三节 激光焊工艺

一、脉冲激光焊工艺

脉冲激光焊适合于 0.5mm 以下薄板和细丝的定位焊,特别适合微米级的细丝和薄箔的定位焊，最细可焊直径为0.02～0.2μm的金、银、铝、铜丝。脉冲激光焊的焊接工艺一般根据金属的性能、需要的熔深量和焊接方式来决定激光的功率密度、脉冲宽度和波形。

1. 脉冲激光定位焊的接头形式

脉冲激光定位焊典型接头形式如图4-8所示，图中箭头表示激光束。

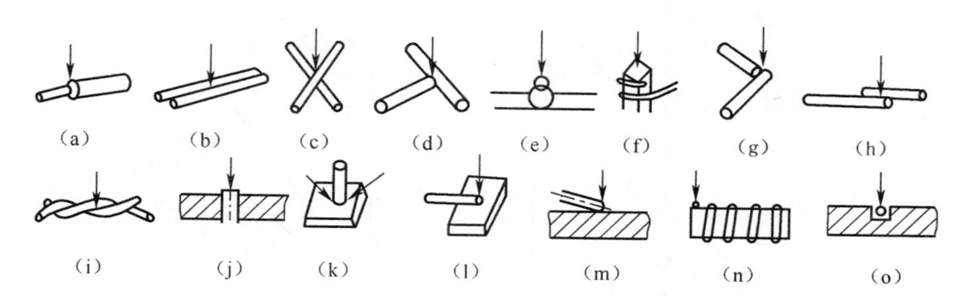

图4-8 脉冲激光定位焊典型接头形式

2. 脉冲激光焊焊接参数的选择

(1)脉冲能量和宽度 脉冲激光焊时，脉冲能量主要影响金属的熔化量，脉冲宽度则影响熔深。脉冲宽度对不同材料熔深的影响如图4-9所示，从图中可以看出，不同的材料各有一个最佳脉冲宽度使焊接时熔深最大，如焊铜时，脉冲宽度为$(1\sim5)\times10^{-4}$s，焊铝为$(0.5\sim2)\times10^{-2}$s，焊钢为$(5\sim8)\times10^{-3}$s(图4-9中未示出钢的曲线)。

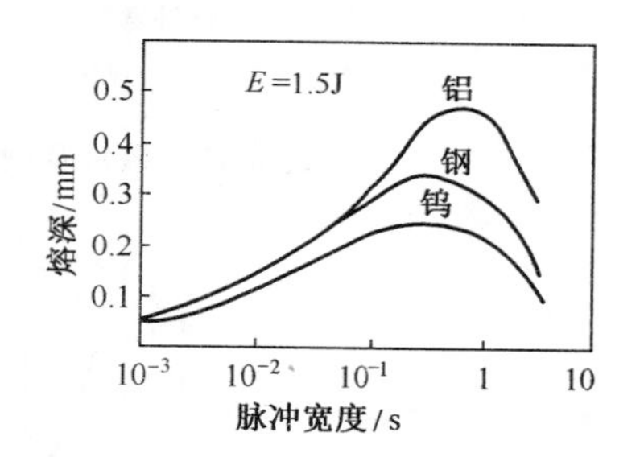

图4-9 脉冲宽度对不同材料熔深的影响

脉冲能量主要取决于材料的热物理性能，特别是热导率和熔点。导热性好、熔点低的金属易获得较大的熔深。脉冲能量和脉冲宽度在焊接时有一定的关系，随着材料厚度与性质的不同而变化。焊接时，激光的平均功率P由下式决定，即

$$P=E/\tau$$

式中，P为激光的平均功率(W)；E为激光脉冲的能量(J)；τ为脉冲宽度(s)。

可见，为了维持一定的功率，随着脉冲能量的增加，脉冲宽度必须相应增加，才能得到较好的焊接质量。同时焊接时所采用的接头形式也影响焊接的效果。

(2)功率密度 激光焊接时功率密度由下式决定

$$p=\frac{4E}{\pi d^2 t_p}$$

式中，p为激光斑点上的功率密度(W/cm²)；E为激光脉冲的能量(J)；d为光斑直径(cm)；t_p为脉冲宽度(s)。

为获得足够强度的焊点，对不同类型、不同厚度的材料，应有一个合理的功率密度p。为此，输出的脉冲能量E和脉冲宽度t_p应适当配合。镍片及铜片焊接时脉冲能量与脉冲宽度的关系如图4-10所示。材料厚度一定时，所需E、t_p呈直线关系变化。由此可见，材

料厚度一定时所需功率密度是一个定值，厚度增加所需功率增加。

(3)焊接速度　焊接速度对熔深影响较大，提高焊接速度会使熔深变浅，速度太小又会使材料过度熔化，进而将工件熔穿。故对一定激光功率和一定厚度的某特定材料都有一个合适的焊接速度范围，并在其中相应速度值时获得最大熔深。1018 钢焊接速度与熔深的关系如图 4-11 所示。

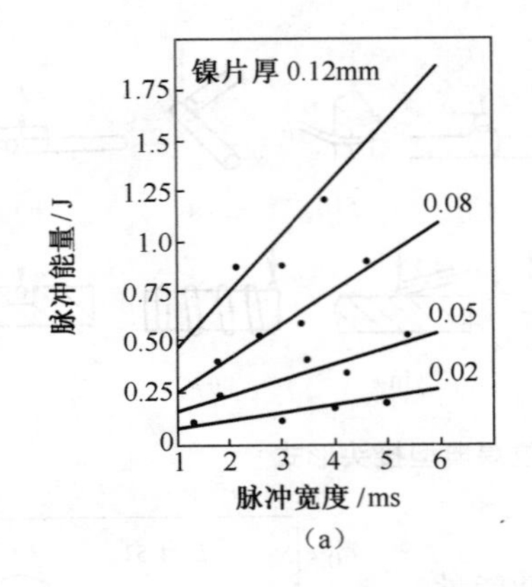

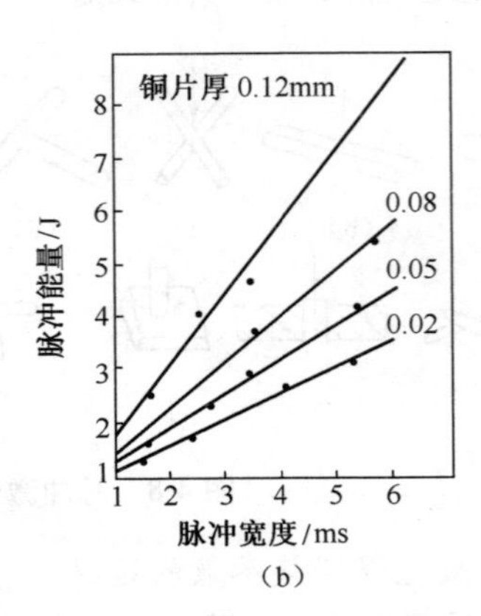

图 4-10　镍片及铜片焊接时脉冲能量与脉冲宽度的关系

(a)Ni 片定位焊　(b)Cu 片定位焊

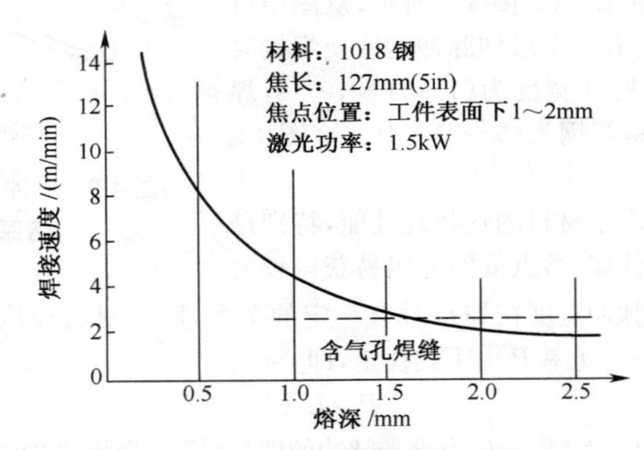

图 4-11　1018 钢焊接速度与熔深的关系

脉冲激光定位焊用于薄板的连续密封焊缝时，焊接速度由下式决定：

$$v=df(1-k)$$

式中，v 为焊接速度(cm/s)；d 为焊点直径(cm)；f 为脉冲频率(点次/s)；k 为重叠系数，取值范围 0.3～0.9，板厚增加，k 值增加。

(4)离焦量　离焦量 F 是指焊接时工件表面离聚焦激光束最小光斑点的距离(也称为入焦量)。激光束通过透镜聚焦后，有一个最小光斑直径，如果工件表面与之重合，则 $F=0$；如果工件表面在它下面，则 $F>0$，称为正离焦量；反之则 $F<0$，称为负离焦量。改变离焦量，可以改变激光加热光斑点的大小和光束入射状况。焊接较厚的板时，采用适当的负离焦量可以获得最大熔深。但离焦量太大会使光斑直径变大，降低光斑上的功率密度，可使

熔深减小。

在使用脉冲激光焊时，通常把反射率低、热导率大、厚度较小的金属选为上片。细丝与薄膜焊接前可先在丝端熔结直径为丝径 2～3 倍的球，以增大接触面和便于激光束对准。脉冲激光焊也可用于薄板缝焊。

3. 脉冲定位焊的焊接参数

①丝与丝脉冲激光定位焊焊接参数见表 4-8。

表 4-8 丝与丝脉冲激光定位焊焊接参数

材料	直径/mm	接头形式	焊接参数		接头性能	
			输出功/J	脉冲宽度/ms	最大载荷/N	电阻/Ω
S30110不锈钢	0.33	对接	8	3.0	97	0.003
		重叠	8	3.0	103	0.003
		十字	8	3.0	113	0.003
		T形	8	3.0	106	0.003
	0.79	对接	10	3.4	145	0.002
		重叠	10	3.4	157	0.002
		十字	10	3.4	181	0.002
		T形	11	3.6	182	0.002
	0.38与0.79	对接	10	3.4	106	0.002
		重叠	10	3.4	113	0.003
		十字	10	3.4	116	0.003
		T形	11	3.6	102	0.003
		T形	11	3.6	120	0.001
	0.79与0.40	T形	11	3.6	89	0.001
铜	0.38	对接	10	3.4	23	0.001
		重叠	10	3.4	23	0.001
		十字	10	3.4	19	0.001
		T形	11	3.6	14	0.001
镍	0.51	对接	10	3.4	55	0.001
		重叠	7	2.8	35	0.001
		十字	9	3.2	30	0.001
		T形	11	3.6	57	0.001
钽	0.38	对接	8	3.0	52	0.001
		重叠	8	3.0	40	0.001
		十字	9	3.2	42	0.001
		T形	8	3.0	50	0.001

续表 4-8

材料	直径/mm	接头形式	焊接参数		接头性能	
			输出功/J	脉冲宽度/ms	最大载荷/N	电阻/Ω
钽	0.63	对接	11	3.5	67	0.001
		重叠	11	3.5	58	0.001
		T形	11	3.5	77	0.001
	0.63与0.65	对接	10	3.4	50	0.001
		十字	10	3.4	41	0.001
		T形	11	3.6	87	0.001
	0.65与0.38	T形	11	3.6	51	0.001
铜和钽	0.38	对接	10	3.4	17	0.001
		重叠	10	3.4	24	0.001
		十字	10	3.4	18	0.001
		T形	10	3.4	18	0.001

注:①有两种直径规格时,前面规格的丝是十字接头上面的丝或T形接头的水平丝。

②接头电阻系指导线器件电阻与单独丝电阻之差。

②异种材料脉冲激光定位焊焊接参数见表 4-9。

表 4-9　异种材料脉冲激光定位焊焊接参数

材　料	厚度(直径)/mm	脉冲能量/J	脉冲宽度/ms	备　注
镀金磷青铜(上) 铝箔(下)	0.3 0.2	3.5	4.3	钕玻璃激光器
钨(上) 铼(下)	0.1 0.1	1.12	3	Ar保护激光定位焊
钨(上) 铼(下)	0.35 0.35	5.2	1	Ar保护激光定位焊
不锈钢(上) 纯铜箔(下)	0.145 0.08	2.2	3.6	红宝石激光器
镍铬丝(上) 铜片(下)	0.1 0.145	1	3.4	钕玻璃激光器
镍铬丝(上) 不锈钢(下)	0.1 0.145	0.5	4	钕玻璃激光器
不锈钢(上) 镍铬丝(下)	0.145 0.1	1.4	3.2	红宝石激光器
硅铝丝(上) 不锈钢片(下)	0.1 0.145	1.4	3.2	红宝石激光器

4. 脉冲激光焊典型操作

(1)薄片与薄片的焊接　厚度在 0.2mm 以上的薄片之间的焊接，可以是同种材料，也可以是异种材料，接头主要采用对接和搭接形式。薄片与薄片的焊接方式如图 4-12 所示。

①对接。两片金属接缝对齐，激光束从中间同时直接照射两片金属，使其熔化而连接起来，如图 4-12a 所示。这种方法受结构的限制太大，要求间隙很小，应尽量做到无间隙。

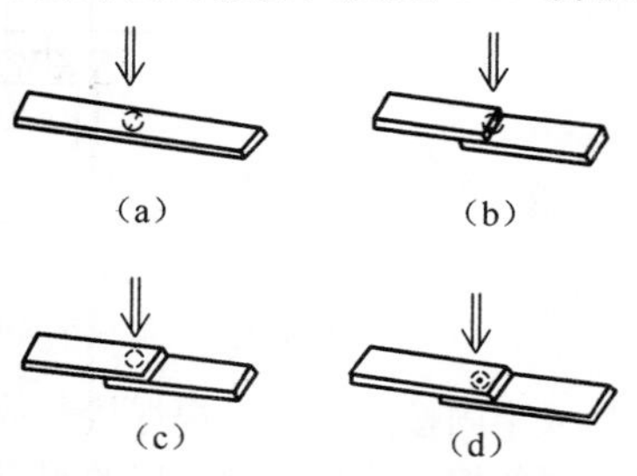

图 4-12　薄片与薄片的焊接方式

(a)对接　(b)端接

(c)深穿入熔化焊　(d)穿孔焊

②端接。属搭接的一种形式，两片金属重叠一部分，激光束照射在上片端部，使其熔化，上片金属液稍往下片流动而形成焊缝，如图 4-12b 所示。端接法熔深较小，脉冲宽度较窄，能量较小。

③深穿入熔化焊。两片金属重叠一部分，激光束直接照射在上片上，使上片金属的下表面下片金属的上表面同时熔化而形成焊缝，如图 4-12c 所示。

④穿孔焊。两片金属重叠一部分，激光束直接照射上片，初始激光峰值很高，使光斑中心蒸发成一小孔，随后激光束通过小孔直接照射下片表面，使两片金属熔化而形成焊缝，如图 4-12d 所示。焊时有少量飞溅，此法适用于厚片的焊接。

⑤定位焊。薄板定位焊时，将反射低、传热系数大、厚度小的工件选为上片。

(2)丝与丝的焊接　适用于脉冲激光焊接的细丝，直径为 0.02～0.20mm。丝与丝之间的焊接的接头形式有对接、重叠、十字形和 T 形等。其中以粗细不等的十字形接头的焊接难度最大，这是因为细丝受激光照射部分吸收光能熔化后容易流走而造成断裂。此类接头要采用短焦距、大离焦量，应选用光斑尺寸比细丝直径大 4 倍左右的参数来进行焊接，以便使细丝和粗丝同时熔化，球化收缩时不致引起细丝断裂。

细丝之间的焊接对激光束能量的控制是很严格的。如能量密度稍大，金属稍有蒸发就会引起断丝，影响焊接质量；如能量密度太小，又可能焊不牢。金属丝越细，对能量要求越严格，对激光器输出的稳定性的要求就越严格。同时，需要在较低功率密度、较大脉冲宽度的情况下进行熔化焊接。但脉冲宽度太大，会产生后期蒸发，而脉冲宽度太小，功率密度就必须要高，又容易产生前期蒸发。

(3)细丝与膜片之间的焊接　细丝与膜片焊接时，若丝过细，可将细丝被焊端预先熔化，结成直径为细丝直径 2～3 倍的球，这样可以增加接触面，增加强度可靠性，也为焊接操作提供便利条件。

(4)密封焊接　脉冲激光密封焊接是以单点重叠方式进行的，其焊点重叠度与密封深度有关。焊点的重叠度如图 4-13 所示。由于脉冲激光焊点熔化区的空间形状呈圆锥体，所以当焊点的间距 t_1 大于光斑在金属下表面的熔融直径 d_1 时，密封深度 h_1 小于金属片厚度 δ，如图 4-13a 所示，这时虽然焊上了，但还有可能没有密封住；两焊点的间距 t_1 小于或等于金属下表面的熔融直径 d_2 时，其密封深度将大于金属的上片厚度，如图 4-13b 所示，这时的光斑密封焊最好。

(5)异种金属的焊接　对于可以形成合金的材质，熔点及沸点分别相近的两种金属，能

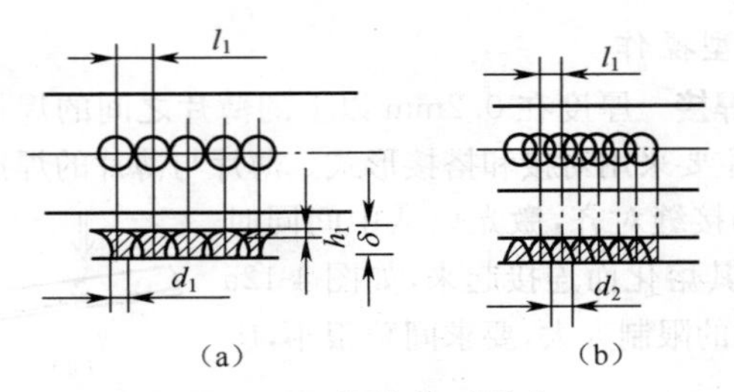

图 4-13 焊点的重叠度

(a)焊点重叠度小于金属表面的熔融直径 (b)焊点重叠度大于金属下表面的熔融直径

够形成牢固接头的激光焊焊接参数范围较大，温度范围可选择在熔点与沸点之间。如果一种金属的熔点比另一种金属的沸点还要高得多，则这两种金属形成牢固接头的激光焊焊接参数范围就很窄，甚至不可能进行焊接，这是由于一种金属开始熔化时另一种金属已经蒸发。在这种情况下进行焊接，可采用过渡金属来解决。

二、连续激光焊工艺

1. CO_2 连续激光焊焊前准备

(1)接头形式 在激光焊时，用得最多的是对接接头。常见的 CO_2 激光焊接头形式如图 4-14 所示。

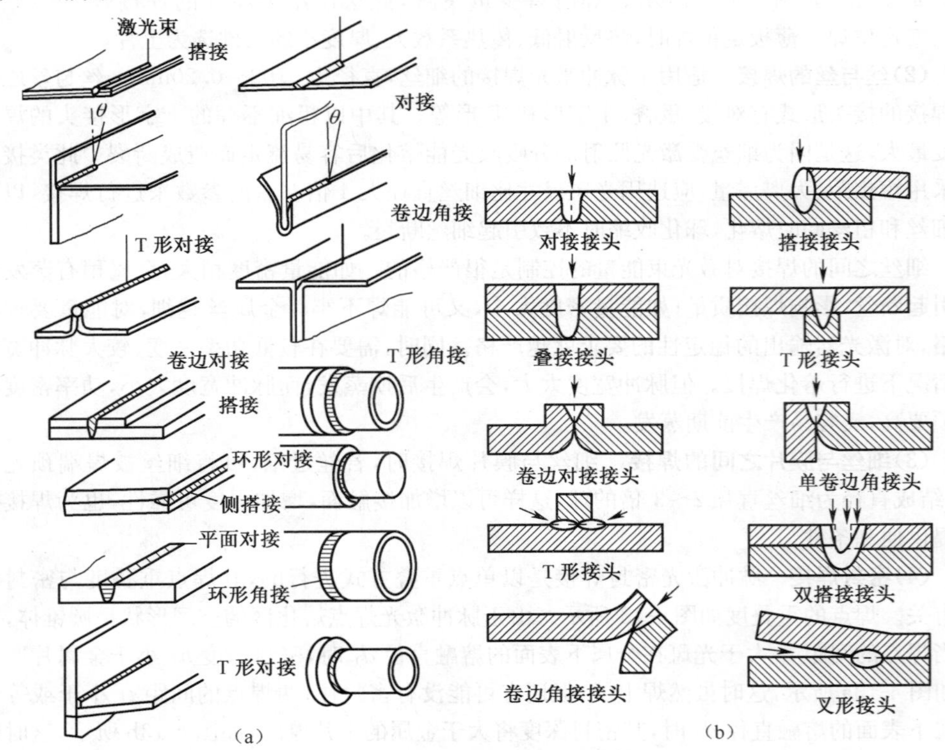

图 4-14 常见的 CO_2 激光焊接头形式

(a)接头形式 (b)断面形状

(2)装配要求 焊前必须将工件装配良好。CO_2 激光焊接头的装配要求见表 4-10。对接接头和搭接接头装配尺寸公差要求如图 4-15 所示。

表 4-10 CO_2 激光焊接头的装配要求 (mm)

接头形式	允许最大间隙	允许最大上下错边量
对接接头	$0.10\times\delta$	$0.25\times\delta$
角接接头	$0.10\times\delta$	$0.25\times\delta$
T形接头	$0.25\times\delta$	—
搭接接头	$0.25\times\delta$	—
卷边接头	$0.10\times\delta$	$0.25\times\delta$

注:δ 为工件的厚度。

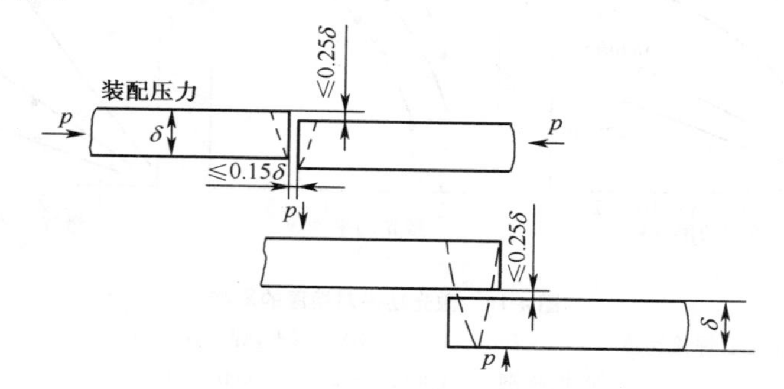

图 4-15 对接接头和搭接接头装配尺寸公差要求

在激光焊过程中工件应夹紧。光斑在垂直于焊接运动方向对焊缝中心的偏离应小于光斑半径。对于钢铁材料,焊前工件表面除锈、脱脂处理即可。在要求较严格时,可能需要酸洗,或焊前用乙醚、丙酮或四氯化碳清洗。

激光深熔焊可以进行全位置焊,对起焊和收尾的渐变过渡,可通过调节激光功率的递增和衰减过程以及改变焊接速度来实现,在焊接环缝时可实现首尾平滑过渡。利用内反射来增强焊缝对激光的吸收,常常能提高焊接过程的效率和熔深。

(3)填充金属 尽管激光焊适合于自熔焊,但在一些应用场合仍需添加填充金属。添加填充金属的优点是能改变焊缝化学成分,从而达到控制焊缝组织、改善接头力学性能的目的。在有些情况下,还能提高焊缝抗结晶裂纹敏感性。填充金属常常以焊丝的形式加入,可以是冷态,也可以是热态。填充金属的施加量不能过大,以免破坏小孔效应。允许通过增大接头装配公差,改善激光焊接头准备的不理想状态。经验表明,间隙超过板厚的3%,自熔焊缝将不饱满。

2. 连续激光焊焊接参数的选择

连续激光焊的焊接参数包括激光功率、焊接速度、光斑直径、离焦量和保护气体等。

(1)激光功率 激光功率是指激光器的输出功率,没有考虑导光和聚焦系统所引起的损失。连续工作的低功率激光器可在薄板上以低速产生普通的有限传热焊缝。高功率激光器则可用小孔法在薄板上以高速产生窄的焊缝。也可用小孔法在中厚板上低速(但不能低于 0.6m/s)产生深宽比大的焊缝。

激光焊熔深与输出功率密切相关。对一定的光斑直径，焊接熔深随着激光功率的增加而增加。激光功率对熔深的影响如图 4-16 所示，根据试验所得经验公式（速度一定）如下

$$h \propto P^k$$

式中，h 为熔深（mm）；P 为激光功率（W）；k 为常数，$k \leqslant 1$，典型实验值为 0.7 和 1.0。

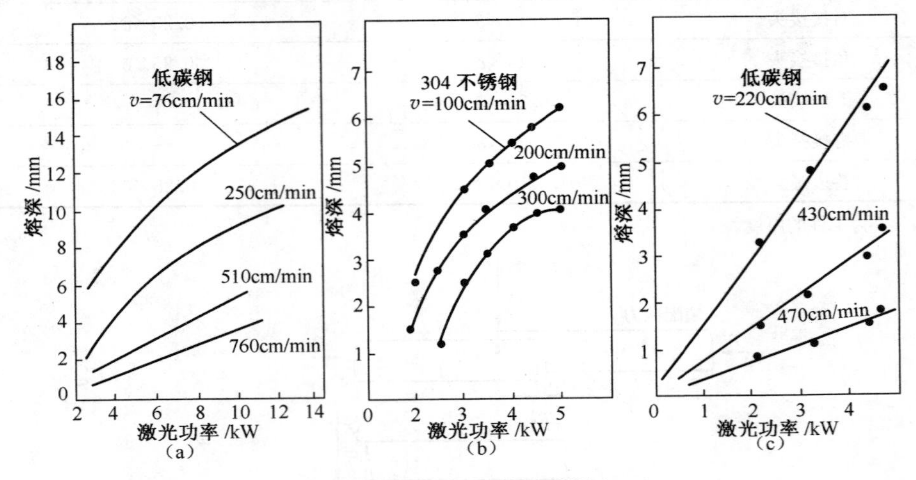

图 4-16　激光功率对熔深的影响

(a)低碳钢，焊接速度 v=76～760cm/min　(b)不锈钢，焊接速度 v=100～300cm/min

(c)低碳钢，焊接速度 v=220～470cm/min

（2）焊接速度　在一定激光功率下，提高焊接速度，热输入下降，焊缝熔深减小；适当降低焊接速度可加大熔深，但若焊接速度过低，熔深却不会再增加，反而使熔宽增大。采用不同功率的激光焊焊接不锈钢和含铬耐热钢时，不同激光功率下焊缝速度对焊缝熔深的影响如图 4-17 所示。激光焊焊接速度对碳钢熔深的影响如图 4-18 所示。不同焊接速度下所得到的熔深如图 4-19 所示。

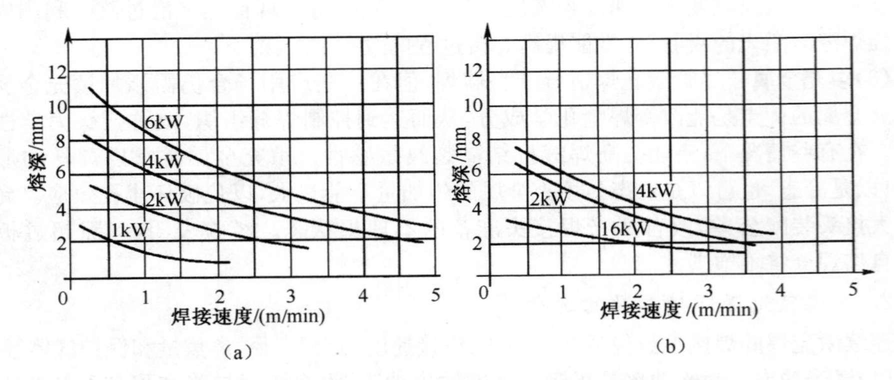

图 4-17　不同激光功率下焊接速度对焊缝熔深的影响

(a)不锈钢　(b)含铬耐热钢

熔深与激光功率和焊接速度的关系可用下式表示，即

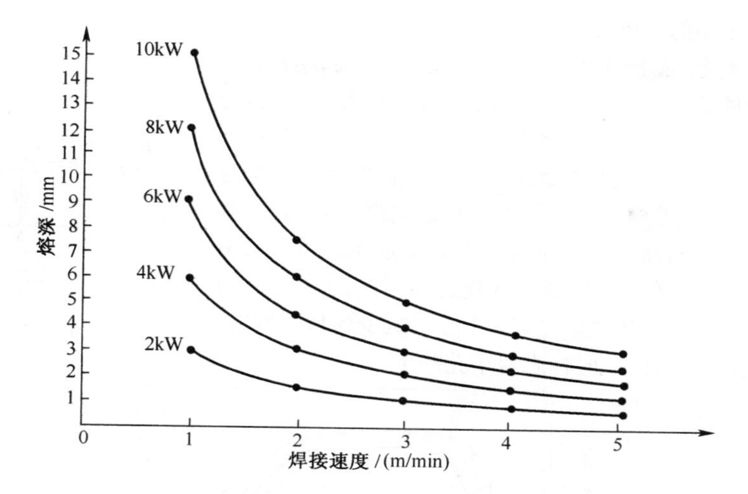

图 4-18 激光焊焊接速度对碳钢熔深的影响

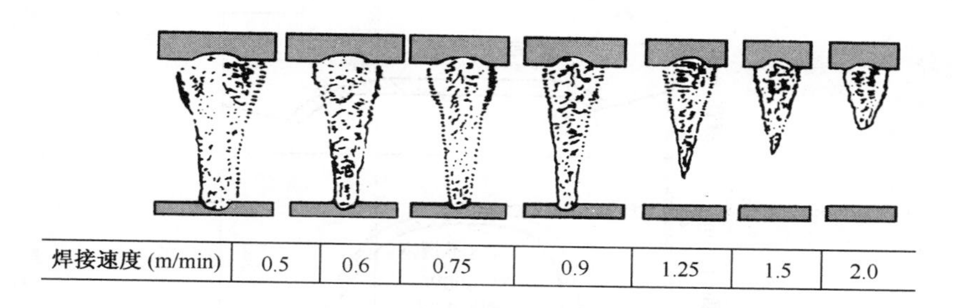

图 4-19 不同焊接速度下所得到的熔深(P=8.7kW,板厚12mm)

$$h=\beta P^{1/2}v^{-\gamma}$$

式中,h 为焊接熔深(mm);P 为激光功率(W);v 为焊接速度(mm/s);β 和 γ 为取决于激光源、聚焦系统和焊接材料的常数。

(3)光斑直径 光斑直径 d 直接影响光斑点的能量密度。根据光的衍射理论,聚焦后最小光斑直径 d_0 可以通过下式计算

$$d_0=2.44\times\frac{f\lambda}{D}(3m^{-1})$$

式中,d_0 为最小光斑直径(mm);f 为透镜的焦距(mm);λ 为激光波长(mm);D 为聚焦前光束直径(mm);m 为激光振动模的阶数。

对于一定波长的光束,f/D 和 m 值越小,光斑直径越小。焊接时为了获得深熔和焊缝,要求激光光斑有高的功率密度。为了进行熔孔型加热,焊接时激光焦点上的功率密度必须大于 10^6 W/cm^2。

提高功率密度的方法有两个:一是提高激光功率 P,它和功率密度成正比;二是减小光斑直径,功率密度与光斑直径的平方成反比。因此,通过减小光斑直径比增加激光功率的效果更明显。减小 d_0 可以通过使用短焦距透镜和降低激光振动模阶数实现,低阶模聚焦

后可以获得更小的光斑。

(4) 离焦量 如图 4-20 所示，离焦量 ΔF 是工件表面与激光焦点间的距离。工件表面在焦点以内时为负离焦，与焦点的距离为负离焦量。反之为正离焦，$\Delta F>0$。离焦量不仅影响工件表面激光光斑的大小，而且影响光束的入射方向，因而对熔深和焊缝形状有较大影响。离焦量对熔深、焊缝宽度和焊缝横断面面积的影响如图 4-21 所示。可以看出熔深随 ΔF 的变化有一个跳跃性变化过程。在 $|\Delta F|$ 很大的地方，熔深很小，属于传热熔化焊，当 $|\Delta F|$ 减少到某一值后，熔深发生跳跃性增加，此时标志着小孔产生。

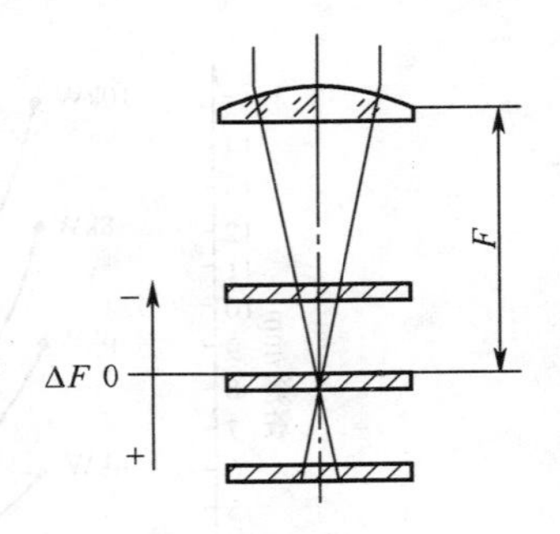

图 4-20 离焦量 ΔF

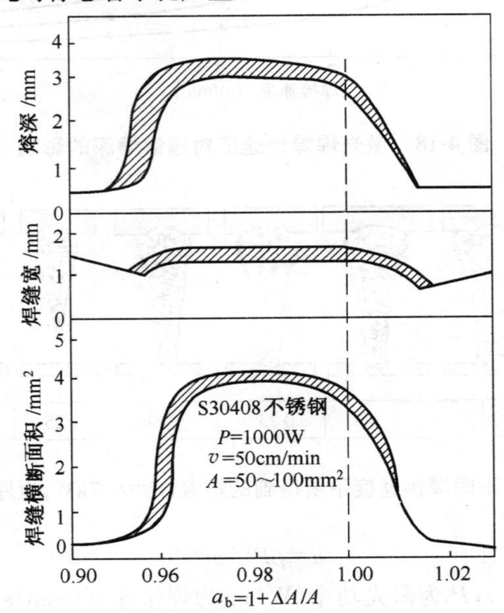

图 4-21 离焦量对熔深、焊缝宽度和焊缝横断面面积的影响

(5) 保护气体 激光焊中使用的保护气体，除了具有保护焊缝金属不受有害气体的侵袭的作用外，还有抑制激光焊过程中产生等离子云的作用，因而它对熔池也有一定的影响。保护气体对熔深的影响如图 4-22 所示，从图 4-22 中可以看出，He 具有优良的保护和抑制等离子云的效果，焊接的熔深较大，如果在 He 里加少量 Ar 或 O_2 可进一步提高熔深，所以在国外广泛使用 He 作为激光保护气。但国内 He 价格昂贵，所以一般不用 He 作为保护气。Ar 作为保护气熔深最小，主要原因是它的电离能太低，容易离解。气体流量对熔深也有一些影响，如流量太小则不足以驱除熔池上方的等离子云，因此熔深是随气体流量的增加而增加的。但过大的气流容易造成焊缝表面凹陷，特别是薄板焊接时，过大的压力会吹落熔池金属而形成穿孔。

不同气体流量下得到的焊缝熔深如图 4-23 所示。由图 4-23 可见，气体流量大于 17.5L/min 以后，焊缝熔深不再增加。吹气喷嘴与工件的距离不同，熔深也不同。喷嘴到工件的距离与焊接熔深的关系如图 4-24 所示。

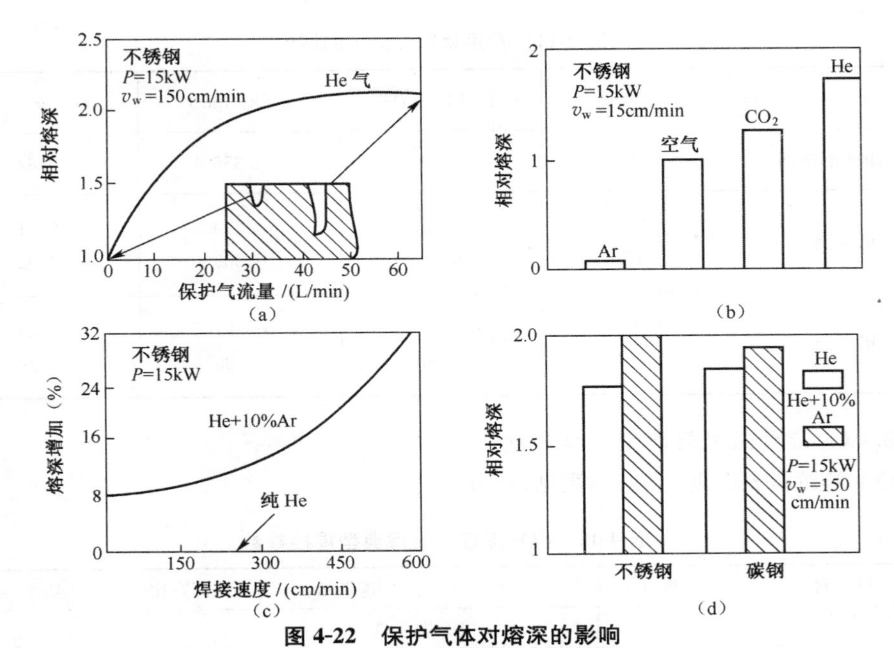

图 4-22　保护气体对熔深的影响

(a)气体流量的影响　(b)气体种类的影响　(c)混合气体的影响　(d)混合气体对不同材料的影响

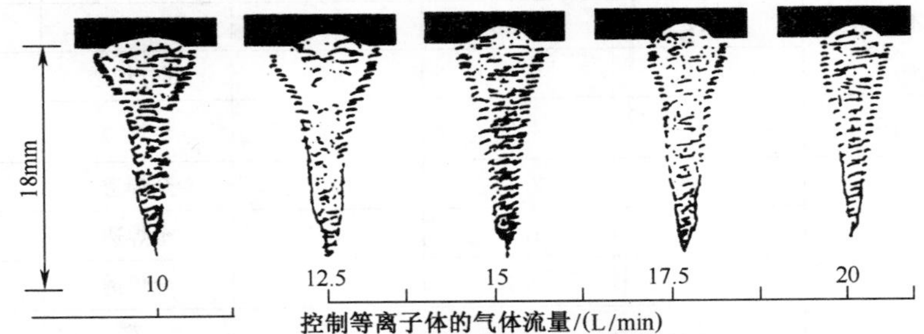

图 4-23　不同气体流量下得到的焊缝熔深

激光焊焊接参数(如激光功率、焊接速度等)与熔深、焊缝宽度以及焊接材料性能之间的关系,通过大量的经验数据已建立了它们之间的回归方程,即

$$P/vh=a+\frac{b}{r}$$

式中,P 为激光功率(kW);v 为焊接速度(mm/s);h 为焊接熔深(mm);a 和 b 为参数(kJ/mm²);r 为回归系数。

常用材料 a、b、r 的取值见表 4-11。

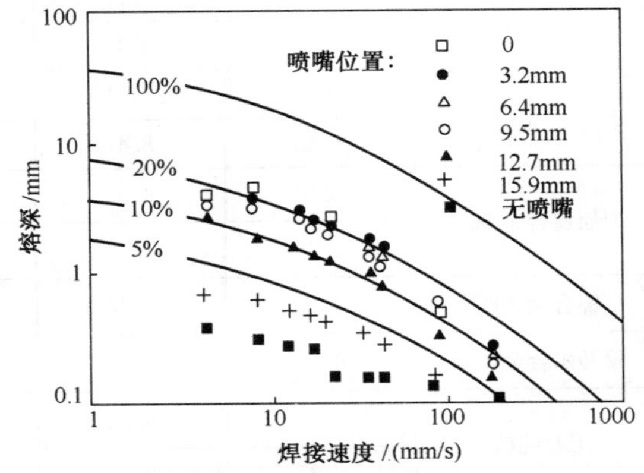

图 4-24　喷嘴到工件的距离与焊接熔深的关系

(P=1.7kW,Ar 气保护)

表 4-11 常用材料 *a*、*b*、*r* 的取值

材 料	激光类型	$a/(\mathrm{kJ/mm})^2$	$b/(\mathrm{kJ/mm})$	r
S30408 不锈钢	CO_2	0.0194	0.356	0.82
低碳钢	CO_2 YAG	0.016 0.009	0.219 0.309	0.81 0.92
铝合金	CO_2 YAG	0.0219 0.0065	0.381 0.526	0.73 0.99

3. CO_2 连续激光焊典型焊接参数

CO_2 连续激光焊典型焊接参数见表 4-12。

表 4-12 CO_2 连续激光焊典型焊接参数

材 料	厚度/mm	焊速/(cm/s)	缝宽/mm	深宽比	功率/kW
对 接 焊 缝					
S32168 不锈钢	0.13	3.81	0.45	全焊透	5
	0.25	1.48	0.71	全焊透	5
	0.42	0.47	0.76	部分焊透	5
17-7 不锈钢	0.13	4.65	0.45	全焊透	5
S30210 不锈钢	0.13	2.12	0.50	全焊透	5
	0.20	1.27	0.50	全焊透	5
	0.25	0.42	1.00	全焊透	5
	6.35	2.14	0.70	7	3.5
	8.9	1.27	1.00	3	8
	12.7	0.42	1.00	5	20
	20.3	21.1	1.00	5	20
	6.35	8.47	—	6.5	16
因康镍合金 600	0.10	6.35	0.25	全焊透	5
	0.25	1.69	0.45	全焊透	5
镍合金 200	0.13	1.48	0.45	全焊透	5
蒙乃尔合金 400	0.25	0.60	0.60	全焊透	5
工业纯钛	0.13	5.92	0.38	全焊透	5
	0.25	2.12	0.55	全焊透	5
低碳钢	1.19	0.32		0.63	0.65

续表 4-12

材 料	厚度/mm	焊速/(cm/s)	缝宽/mm	深宽比	功率/kW
搭接焊缝					
镀锡钢	0.30	0.85	0.76	全焊透	5
S30210 不锈钢	0.40	7.45	0.76	部分焊透	5
	0.76	1.27	0.60	部分焊透	5
	0.25	0.60	0.60	全焊透	5
角焊缝					
S32168 不锈钢	0.25	0.85	—	—	5
端接焊缝					
S32168 不锈钢	0.13	3.60	—	—	5
	0.25	1.06	—	—	5
	0.42	0.60	—	—	5
17-7PH 不锈钢	0.13	1.90	—	—	5
因康镍合金 600	0.10	3.60	—	—	5
	0.25	1.06	—	—	5
	0.42	0.60	—	—	5
镍合金 200	0.18	0.76	—	—	5
蒙乃尔合金 400	0.25	1.06	—	—	5
Ti-6Al-4V 合金	0.50	1.14	—	—	5

第四节 常用金属材料的激光焊

激光焊的特点之一是适用于多种材料的焊接。所有可以用常规焊接方法焊接的材料或具有冶金相容性的材料都可以用激光焊进行焊接。

一、钢铁材料的激光焊

1. 碳素钢

在焊接碳素钢时，随着含碳量的增加，焊接裂纹和缺口敏感性也会增加。目前对民用船体结构钢 A 、B 、C 级的激光焊已趋成熟。试验用钢的厚度范围分别为 A 级 9.5～12.7mm，B 级 12.7～19.0mm ，C 级 25.4～28.6mm。在其成分中，碳的质量分数均不大于 0.25 %，Mn 的质量分数为 0.60%～1.03 %，脱氧程度和钢的纯度从 A 级到 C 级递增。焊接时使用的激光功率为 10kW，焊接速度为 0.6～1.2m/min，焊缝除 20mm 以上厚板需双道焊外，均为单道焊。

激光焊接接头的力学性能试验结果表明，所有船体用 A 、B 、C 级钢的焊接接头抗拉性能都很好，均断在母材处，并具有足够的韧性。

(1)冷轧低碳钢板的激光焊 板厚为 0.4～2.3mm，宽度为 508～1279mm 的低碳钢板，用功率1.5kW的CO_2激光器焊接，最大焊接速度为10m/min，投资成本仅为闪光对焊的2/3。

(2)镀锡板罐身的激光焊 镀锡板俗称马口铁，主要特点是表层有锡和涂料，是制作小型喷雾罐身和食品罐身的常用材料。用高频电阻焊工艺，设备投资成本高，并且电阻焊焊缝是搭接，耗材也多。小型喷雾罐身由约0.2mm厚的镀锡板制成，用1.5kW激光器，焊接速度可达26m/min。

用0.25mm厚的镀锡板制作的食品罐身，用700W的激光焊进行焊接，焊接速度为8m/min以上，接头的强度不低于母材，没有脆化倾向，具有良好的韧性。这主要是因为激光焊焊缝窄(约0.3mm)，热影响区小，焊缝组织晶粒细小。另外，由于净化效应，使焊缝含锡量得到控制，不影响接头的力学性能。焊后的翻边及密封性检验表明，无开裂及泄漏现象。英国CMB公司用激光焊焊接罐头盒纵缝，每秒可焊10条，每条焊缝长120mm，并可对焊接质量进行实时监测。

2. 低合金高强度钢

低合金高强度钢的激光焊，只要所选择的焊接参数适当，就可以得到与母材力学性能相当的接头。激光焊焊接接头不仅具有高强度，而且具有良好的韧性和良好的抗裂性。

激光焊焊缝细、热影响区窄。从接头的硬度和显微硬度的分布来看，激光焊有较高的硬度和较陡的硬度梯度，这表明可能有较大的应力集中出现。但是，在硬度较高的区域，正对应于细小的组织，高的硬度和细小组织的共生效应使得接头既有高的强度，又有足够的韧性。激光焊焊缝热影响区的组织主要为马氏体，这是由于它的焊接速度高、热输入小所造成的。焊缝中的有害元素大大减少，产生了净化效应，提高了接头的韧性。

3. 不锈钢

不锈钢激光焊比常规焊接方法更易于获得优质接头。由于高的焊接速度使热影响区很小，敏化不再是重要问题。与碳钢相比，不锈钢的热导率更易获得深熔窄焊缝。

(1)奥氏体不锈钢的激光焊 奥氏体不锈钢激光焊，由于高的焊接速度和小的热输入，可获得优良的接头力学性能，热影响区和敏化区也最小。

典型的304奥氏体铬镍不锈钢激光焊时一般不会发生裂纹，但容易生成气孔，其原因往往是保护不好混入空气所致。除了加强保护外，适当控制功率密度和提高焊接速度可有效防止气孔的产生。304不锈钢激光焊接接头具有满意的力学性能，并可与基体金属相当。

(2)马氏体不锈钢的激光焊 马氏体不锈钢的物理、力学性能与合金钢相似，焊接的主要困难是应力裂纹，因此在某些应用场合需要进行预热与焊后处理。由于高的焊接速度和冷却速度，激光焊采用的预热和焊后处理温度略高于常规焊接方法。

(3)铁素体和半铁素体不锈钢的激光焊 这类不锈钢很容易实施激光焊，高的焊接速度与冷却速度使晶粒长大和相形成倾向最小。

4. 硅钢

硅钢片是一种应用广泛的电磁材料，但采用常规的焊接方法很难进行焊接。目前采用TIG焊的主要问题是接头脆化，焊态下接头的反复弯曲次数低或者不能弯曲，因而焊后不得不增加一道火焰退火工序，增加了工艺流程复杂性。

用CO_2激光焊焊接硅钢薄板中焊接性最差的Q112B高硅取向变压器钢(板厚0.35mm)，可获得满意的结果。硅钢焊接接头的反复弯曲次数越高，接头的塑性和韧性越好。TIG

焊、光束焊和激光焊的接头反复弯曲次数的比较表明，激光焊接头最为优良，焊后不经过热处理即可满足生产线对接头韧性的要求。

生产中半成品硅钢薄板，一般厚度为 0.2～0.7mm，幅宽为 50～500mm，常用的焊接方法是 TIG 焊，但焊后接头脆性大。用 1kW 的 CO_2 激光焊焊接这类硅钢薄板，最大焊接速度为 10m/min，焊后接头的性能得到了很大改善。

二、非铁金属的激光焊

(1)铝及铝合金的激光焊 铝及铝合金激光焊的困难是铝对激光束的反射率高。铝是热和电的良导体，高密度的自由电子使它成为光的良好射体，起始表面反射率超过 90 %。也就是说，深熔焊必须在小于 10%的输入能量开始，这就要求很高的输入功率以保证焊接开始时必需的功率密度。而小孔一旦生成，它对光束的吸收率迅速提高，甚至可达 90 %，从而使焊接顺利进行。

铝及铝合金激光焊时，随温度的升高，氢在铝中的溶解度急剧升高，溶解于其中的氢成为焊缝的缺陷源。焊缝中多存在气孔，深熔焊时根部可能出现空洞，焊道成形较差。在高功率密度、高焊接速度条件下，可获得没有气孔的焊缝。

铝及铝合金对输入能量强度和焊接参数很敏感，要获得良好的无缺陷的焊缝，必须严格选择焊接参数，并对等离子体进行良好的控制。铝合金激光焊时，用 8kW 的激光功率可焊透厚度 12.7mm 的材料，焊透率大约为 1.5mm/kW 。

连续激光焊可以对铝及铝合金进行从薄板精密焊到板厚 50mm 深穿入焊的各种焊接。铝及铝合金的 CO_2 激光焊焊接参数见表 4-13。

表 4-13 铝及铝合金的 CO_2 激光焊焊接参数

材 料	板厚/mm	焊接速度/(cm/s)	功率/kW
铝及铝合金	2	4.17	5

(2)钛及钛合金的激光焊 钛合金化学性能活泼，在高温下容易氧化，330℃时晶粒开始长大。在进行激光焊时，正反面都必须施加惰性气体保护，气体保护范围需扩大到 400℃～500℃，即拖罩保护。钛合金对接时，焊前必须把坡口清理干净，可先用喷砂处理，再用化学方法清洗。另外，装配要精确，接头间隙宽度要严格控制。

钛合金激光焊时，焊接速度一般较高(1.33～1.67m/min)，焊透率大约为 1mm/kW。对工业纯钛和 Ti-6Al-4V 合金的 CO_2 激光焊研究表明，使用 4.7kW 的激光功率，焊接厚度 1mm 的 Ti-6Al-4V 合金，焊接速度可达 15m/min。检测表明，接头致密，无气孔、裂纹和夹杂，也没有明显咬边。接头的屈服强度、抗拉强度与母材相当，塑性不降低。在适当的焊接参数下，Ti-6Al-4V 合金接头具有与母材同等的弯曲疲劳性能。

钛及钛合金焊接时，氧气的溶入对接头的性能有不良影响。在激光焊时，只要使用了保护气体，焊缝中的氧就不会有显著变化。激光焊接高温钛合金，也可以获得强度和塑性良好的接头。表 4-14 列出了激光焊接钛及钛合金焊接件及基体的力学性能。

(3)铜合金的激光焊 热导率和反射率比铝合金还高的铜合金，一般很难进行激光焊接。只有在极高的激光功率和表面加以处理以加强对激光能量吸收的前提下，对少数铜合金，如磷青铜和硅青铜能成功地实施激光焊接。由于锌组元的挥发，黄铜的焊接性能不好。

表 4-14 激光焊接钛及钛合金焊接件及基体的力学性能

基体材料	基件与焊接件的比较	屈服强度/MPa	抗拉强度/MPa	断面收缩率(%)	伸长率(%)
Ti-6Al-4V	基件	1006	1070	40.0	17.4
	焊接件	992	1047	9.3	6.7
Ti	基件	361	474	67.5	28.0
	焊接件	361	468	71.8	21.6

(4)镍合金的激光焊 激光能与镍合金较好耦合，能较容易地实施激光焊接并可获得高质量接头。但在实施时，要当心哈氏和可伐合金的热裂纹敏感性问题。

三、高温合金的激光焊

激光焊可以焊接各类高温合金，包括电弧焊难以焊接的 Al、Ti 含量高的时效处理合金。用于焊接的激光发生器一般为 CO_2 连续或脉冲激光发生器，功率为1～50kW。

激光焊焊接这类高温材料时，容易出现裂纹和气孔。采用 2kW 快速轴向流动式激光器，对厚度 2mm 的 Ni 基合金进行焊接，最佳焊接速度为 8.3mm/s；厚度 1mm 的 Ni 基合金，最佳焊接速度为 34mm/s。

激光焊用的保护气体，推荐采用氦气或氦气与少量氩气的混合气体。使用氦气成本较大，但是氦气可以抑制离子云，增加焊缝熔深。高温合金激光焊的接头形式一般为对接和搭接接头，母材厚度可达 10mm。接头制备和装配要求很高，与电子束焊类似。激光焊的主要焊接参数是输出功率和焊接速度等，是根据母材厚度和物理性能通过试验确定的。

第五章 电 渣 焊

利用电流通过液体熔渣所产生的电阻热进行焊接的方法称为电渣焊。根据使用的电极形状不同可以分为丝极电渣焊、板极电渣焊、熔嘴电渣焊、管极电渣焊等。

第一节 电渣焊基础

一、电渣焊的原理

电渣焊的原理如图5-1所示。电渣焊是在垂直位置或接近垂直位置进行的，在被焊工件的两端面保持一定的间隙，为了保持熔池的形状，需在间隙两侧使用中间通水冷却的成形铜滑块紧贴于工件，使被焊处构成一个矩形的空腔，在空腔底部放上一层焊剂。焊接电源的一个极接在工件上，另一个极接在焊丝的导电嘴上，引弧后电弧首先对焊剂加热，使其熔化，形成具有一定导电性的液态熔渣熔池，然后电弧熄灭。焊丝通过导电嘴送入渣池中，焊丝和工件间的电流通过渣池产生很大的电阻热，使渣池达到1600℃～2000℃的高温。高温的渣池把热量传给工件和焊丝，使工件边缘和送入的焊丝熔化，由于液态金属的密度较熔渣大，沉于渣池下部形成熔池。随着焊丝与工件边缘不断熔化，使熔池及渣池不断上升，金属熔池达到一定深度后，下部逐渐冷却凝固成焊缝。在焊接过程中水冷铜滑块应随熔池及熔渣一起上升。

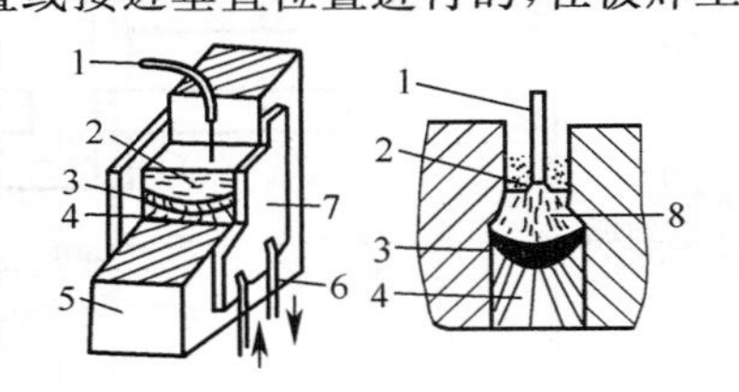

图5-1 电渣焊的原理

1. 电极(焊丝) 2. 渣池 3. 金属熔池 4. 焊缝 5. 工件 6. 冷却水管 7. 冷却滑块 8. 高温锥体(熔滴)

二、电渣焊的特点

(1)电渣焊的优点

①适于焊缝处于垂直位置的焊接。垂直位置对于电渣焊形成熔池及焊缝的条件最好，也可用于倾斜焊缝(与地平面的垂直线夹角≤30°)的焊接。

②工件均可制成I形坡口，只留一定尺寸的装配间隙便可一次焊接成形。特别适合于大厚度工件的焊接，生产率高，劳动卫生条件较好。

③焊接材料及电能消耗较少，如焊剂消耗量只有埋弧焊的1/15～1/20，电能消耗只有埋弧焊的1/2～1/3。

④金属熔池的凝固速率低，熔池中的气体和杂质较易浮出，焊缝不易产生气孔和夹渣。焊缝成形系数调节范围大，可防止产生焊缝热裂纹。焊缝及近焊缝区冷却速度缓慢，对碳当量高的钢材，不易出现淬硬组织和冷裂纹，故焊接低合金高强度钢及中碳钢时，通常可以不预热。

⑤由于渣池温度低，熔渣的更新率也很低，液相冶金反应比较弱，所以焊缝化学成分主要通过填充焊丝或板极的合金成分来控制。此外，渣池表面与空气接触，熔池中活性元素

容易被氧化烧损。

⑥渣池的热量大，对短时间的电流波动不敏感，使用的电流密度大，为 0.2～300A/mm²。

(2)电渣焊的缺点　焊接热输入大，焊缝热影响区在高温停留时间长，易产生粗大的晶粒和过热组织。焊缝金属呈铸态组织。焊接接头的冲击韧度低，一般焊后需要正火加回火处理，以改善接头的组织与性能。

三、电渣焊的应用范围

电渣焊的特点及应用见表 5-1。

表 5-1　电渣焊的特点及应用

分类	示意图	特点及应用
手工电渣焊	 $S=5mm$ $n=10\sim20mm$ $f=50mm$ $\Delta\geqslant20mm$	用于断面形状简单，直径小于 150mm 的工件。工件一般都直接固定在带有夹紧装置的铜垫上或砂箱中
丝极电渣焊	 1. 导轨　2. 机头　3. 操纵盒 4. 成形滑块　5. 工件 6. 导电嘴　7. 渣池　8. 熔池	使用的电极为焊丝，它是通过导电嘴送入熔池，熔深和熔宽比较均匀。更适于环缝焊接，对接及 T 形接较少用，设备及操作较复杂
板极电渣焊	 1. 板极　2. 渣池　3. 金属熔池 4. 焊缝　5. 工件	使用的电极为板状，板极由送进机构不断向熔池送进，多用于模具钢、轧辊等。操作复杂，一般不用于普通材料

续表 5-1

分类	示　意　图	特点及应用
熔嘴电渣焊	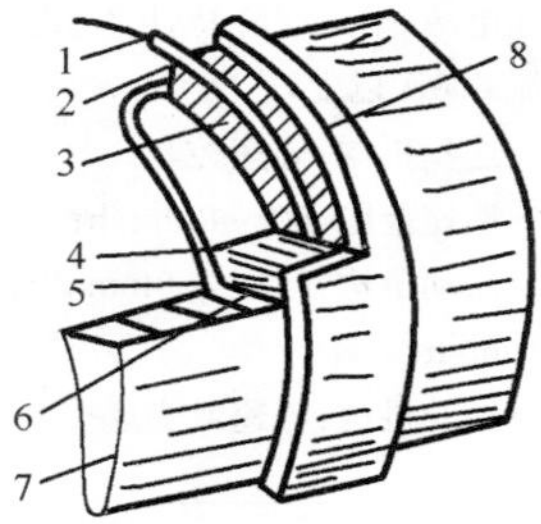 1. 焊丝　2. 钢管　3. 熔嘴 4. 渣池　5. 金属熔池　6. 焊缝 7. 工件　8. 固定冷却铜板	熔化电极为焊丝及固定于装配间隙中的熔嘴。焊接时熔嘴不用送进，与焊丝同时熔化进入熔池，适于变断面工件和对接及角接焊缝的焊接。设备简单，操作方便，但熔嘴制作及安装费时
管极电渣焊	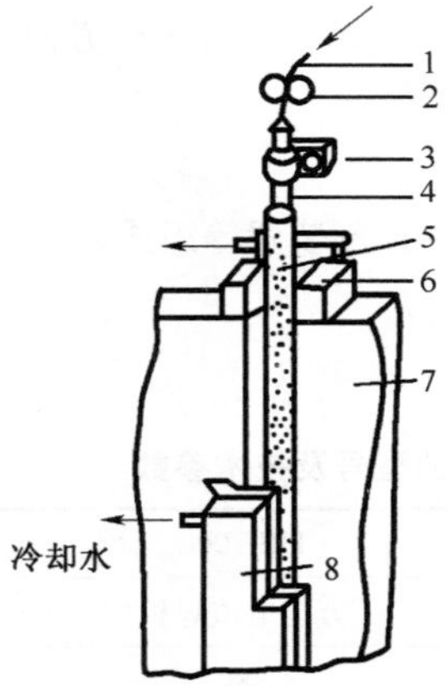 冷却水 1. 焊丝　2. 送丝滚轮　3. 电极夹头 4. 管状焊条熔嘴管　5. 管状焊条熔嘴药皮 6. 引弧板　7. 工件　8. 冷却成形板	电极是固定在装配间隙中带有涂料的钢管和管中不断向渣池中送进的焊丝；多用于薄板及曲线焊缝的工件。通过涂料中的合金元素，可以改善焊缝组织及细化晶粒

第二节　电渣焊设备

一、电渣焊设备的基本组成及要求

电渣焊设备的基本组成及要求见表 5-2。

二、对电渣焊焊接电源的要求

(1)电源种类　一般采用三相变压器交流焊接电源。工件厚度较小时，可采用硅弧焊整流器或晶闸管弧焊整流器直流焊接电源，且电源稳定。

表 5-2 电渣焊设备的基本组成及要求

设备类型	组　　成	基本要求
丝极电渣焊	交流电源、送丝机构、焊丝摆动机构、水冷成形滑块、提升机构	电源：平或缓降特性，空载电压 35～55V，单极电流 600A 以上； 送丝机构：等速控制； 调速范围：60～450m/h； 摆动机构：行程 250mm 以下可调，调速范围 20～70m/h； 提升机构：等速或变速控制，调速范围 50～80m/h
管状焊丝电渣焊	直流电源、送丝机构、焊丝摆动机构、水冷成形滑块、提升机构	
管极电渣焊	交流电源、送丝机构、固定成形块	
熔嘴电渣焊		
板极电渣焊	交流电源、板极送进机构、固定形块	板极送进机构：手动或电动，调速范围 0.5～2m/h

(2)电源的外特性　采用平特性和下降特性的焊接电源，一般用平特性电源。

(3)电源空载电压　要维持电渣过程稳定不需要高的空载电压，平特性电源在电网电压波动时变动较小。保持焊接电压的稳定是电渣焊获得质量可靠焊缝的重要条件。

(4)送丝方式　等速送丝配合平特性电源，调节焊接参数比较方便，改变送丝速度即可改变焊接电流，调节空载电压可改变焊接电压。

三、常用电渣焊机

电渣焊机主要由机体、电源、强迫成形装置和控制装置等组成。

1. 常用电渣焊机的型号及技术参数

常用电渣焊机的型号及技术参数见表 5-3。

表 5-3 常用电渣焊机的型号及技术参数

焊机型号		HS-500	HS-1000	HR-1000
焊机名称		电渣压力对焊机	万能电渣焊机	熔嘴电渣焊机
电源电压/V		380	380	380
相数/N		—	3	—
额定焊接电流/A		500	3×900	1000(单丝)
额定负载持续率(%)		60	100	100
额定输入容量/(kV·A)		42	160	—
工作电压/V		25～50	38～53	35～60
焊丝直径/mm		所用焊剂 HJ431	3	3
板极电极宽度/mm			250	—
焊接厚度/mm	直缝	焊接钢筋直径 16～32mm	60～500	—
	角缝		60～250	—
	环缝	—	450	—
	板缝	—	800	—

续表 5-3

焊机型号		HS-500	HS-1000	HR-1000
焊丝输送速度/(m/h)		—	60～450	60～480
焊丝水平往复移动	速度/(m/h)	—	21～75	—
	行程/mm	—	250	—
焊接速度/(m/h)		焊接时间 20～40s	0.5～9.6	—
焊接电源	型号	—	BP1-3×1000	BP5-1000
	冷却方式	—	强迫风冷	—
滑块冷却方式		—	水冷	—
冷却水流量/(L/h)		—	1500～1800	—
用途		混凝土框架结构中竖向钢筋对接，代替原来的双面绑条焊、搭接焊、开坡口焊等，可提高工效几十倍	可焊接60～250mm厚的单程对接直焊缝、T形接头、用板极电渣焊焊接800mm以下的对接焊缝等	用于大型水轮机叶片等变断面、大厚度工件的焊接。既可作单丝，又可作三丝熔嘴电渣焊（三丝，3×1000A）。无级调节平特性电源、遥控调节电流和送丝速度

2. 常用电渣焊机的结构特点

常用电渣焊机的结构特点见表5-4。

表 5-4 常用电渣焊机的结构特点

类型	结构特点	用途
丝极电渣焊机	机体的结构较复杂，包括送丝机构、机头垂直升降机构和焊丝往复摆动机构等；强迫成形装置为水冷滑块，随机头向上滑动，按焊接厚度不同，可用一根或多根焊丝	适用于直焊缝，板厚在500mm以下工件焊接
板极电渣焊机	用金属板条作为电极兼填充金属，仅需垂直升降机构，随机头下降送进板极，由于板极断面大、熔化慢，升降机构可采用手动机构以简化设备；但板极不宜过长，要求焊接电源有较大功率；一般用固定成形板	适用于大断面、直线短焊缝（1m以下）工件的焊接
熔嘴电渣焊机	用焊有焊管（有数根）的熔嘴作为电极，熔嘴与焊丝（在焊管内输送）一起作为填充金属，焊机仅需送丝机构，结构较为简单；熔嘴的断面形状应与工件的断面形状相似；一般用固定成形板	适用于大断面、短焊缝和变断面工件的焊接
管状电渣焊机	与熔嘴电渣焊相似，不同处是用一根涂有药皮的管子代替熔嘴	适用于20～60mm板对接、角接和T形接头焊接

注：电渣焊机常制成多用式，变换某些部件即可适应不同的焊接要求。

(1)HS-1000型电渣焊机 又称万能电渣焊机，是一种导轨型焊机，它适用于丝极和板极电渣焊。HS-1000型电渣焊机如图5-2所示。它主要是由自动焊机头、导轨、焊丝盘、控制箱和电控系统等组成，并配有焊接不同焊缝形式的附加零件。焊接电源采用BP1-3×100型焊接变压器。

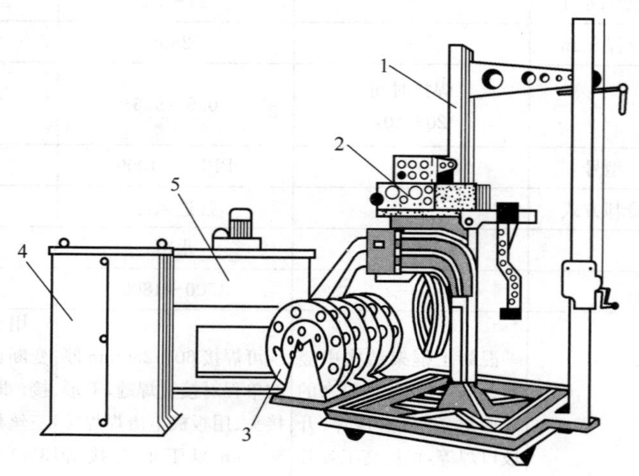

图5-2 HS-1000型电渣焊机

1. 导轨 2. 自动焊机头 3. 焊丝盘 4. 控制箱 5. BP1-3×1000型焊接变压器

①送线机构。与熔化极电弧焊使用的送丝机构类似。送丝速度可以均匀无级调节，平特性电源应为等速送丝系统。送丝机构应能对ϕ3mm焊丝在60～480m/h进行无级调速。

②摆动机构。摆动机构的作用是扩大单根焊丝所焊的工件厚度、摆动距离（即行程），摆动速度及摆动到端点处的停留时间应能控制和调节。摆动距离最大为250mm，摆动速度为21～75m/h，停留时间为0～6s。由于摆动幅度较大，一般采用电动机正反转驱动方式，限位开关换向。

③提升机构。提升机构可以是齿条导轨式，也可以是弹簧夹持式；借助调换齿轮改变直流电动机转速来控制焊接速度，使焊接速度在0.5～9.6m/h可无级调节，如在空车时机头升降速度可达50～80m/h。

④强制成形装置。为了在电渣焊时不使渣池和熔池流失，并能使电渣焊过程顺利进行，必须在焊缝两侧设置强制成形装置。其形式有成形滑块（主要适用于丝极电渣焊）、固定滑块（适用于板极和熔嘴电渣焊）和密封侧板（适用于板极、熔嘴电渣焊的短焊缝）。焊缝成形装置一般用纯铜制成，有空腔可通冷却水。移动式成形滑块有整体式和组合式两种，可随焊机移动，用于丝极电渣焊；固定式成形板用于熔嘴电渣焊、板极电渣焊等。焊缝成形装置如图5-3所示。

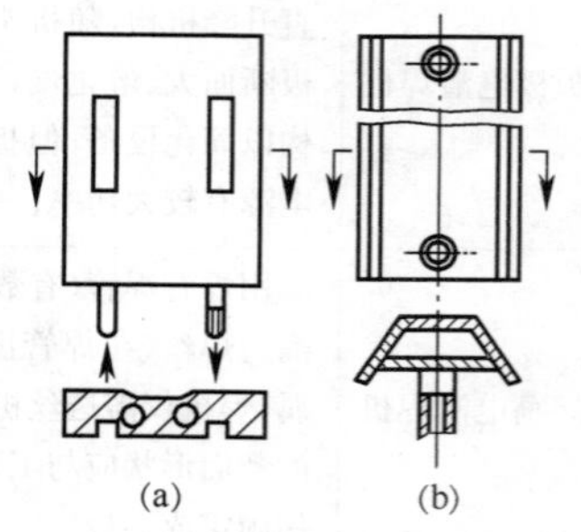

图5-3 焊缝成形装置

(a)对接焊用成形滑块

(b)T型接头角焊缝用成形板

⑤操作盘上装有完成焊接动作和调节焊接参数的操纵按钮和转换开关等。

⑥导轨。通常固定在专用架上，导轨上装有链条，与机

头升降机构的链轮啮合，使机头可以沿导轨上下运动。

⑦焊丝盘。焊机备有3只单独的开启式焊丝盘，焊接时必须保证焊丝连续给送，使焊接过程正常进行。

⑧控制箱。除机头操作盘上的操纵按钮外，其他的控制电器和开关设备等都装在单独的控制箱内。

⑨电渣焊熔池液面上升速度的控制。熔池液面上升速度是电渣焊过程控制中最重要的控制量。常用电渣焊熔池液面上升速度控制方法、原理及应用特点见表5-5。

表5-5　常用电渣焊熔池液面上升速度控制方法、原理及应用特点

方　法	原　　理	应用特点
等速控制	根据板厚及装配间隙选定上升速度，靠拖动电动机恒速反馈保持等速提升成形滑块	板厚和间隙均匀性较好时焊缝成形质量尚可，必要时辅以人工调整
熔池液面自动控制	实时检测熔池液面高度或其相关量，据此自动调节上升速度	间隙波动时可保证熔池液面高度及焊缝成形质量的稳定性
微机自动控制	实时测算焊缝断面变化，据此调节送丝速度、摆动幅度及上升速度等	有效地控制变断面熔池液面高度及焊缝质量

⑩电渣焊熔池液面高度的自动检测。在电渣焊过程中熔池液面高度的检测是很重要的，将检测到的熔池液面高度信号转换成电信号，进行放大处理后来控制上升速度或晶闸管、晶体管放大电路的放大以后可以控制上升速度，保证获得优质的电渣焊焊接接头。电渣焊熔池液面高度自动检测方法、原理及应用特点见表5-6。电渣焊熔池液面高度自动检测方法如图5-4所示。

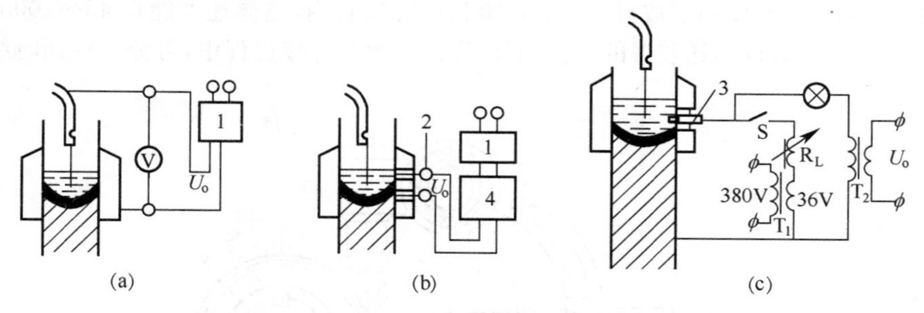

图5-4　电渣焊熔池液面高度自动检测方法

(a)电压法　(b)热电势法　(c)探针法

1. 升降电动机拖动控制电路　2. 热电偶　3. 探针　4. 放大器

表5-6　电渣焊熔池液面高度自动检测方法、原理及应用特点

方法	原　　理	应用特点
电压法	直接检测导电嘴与工件间电压	简单、单值性，受送丝速度影响，精度不高
热电势法	在成形滑块接触熔液面区间上下方各焊一个热电偶，检测两者的热电势差值	信号弱，需放大，精度受冷却水流量影响
探针法	在成形滑块接触熔池液面上侧安装一个探针，检测探针与工件间电压	精度较高，但探针易损坏

(2)熔嘴电渣焊机 熔嘴电渣焊机主要用于大断面或变断面工件的焊接，它由送丝机构、熔嘴夹持机构和控制箱等部分组成。熔嘴电渣焊机配用大功率的焊接电源，如 BP1-3×3000 型焊接变压器，也可将两台 BP1-3×1000 型焊接变压器并联使用，能同时为 15 根焊丝供电。

①送丝机构。送丝机构如图 5-5 所示，主要由直流电动机、减速器、焊丝给送装置和机架等组成。

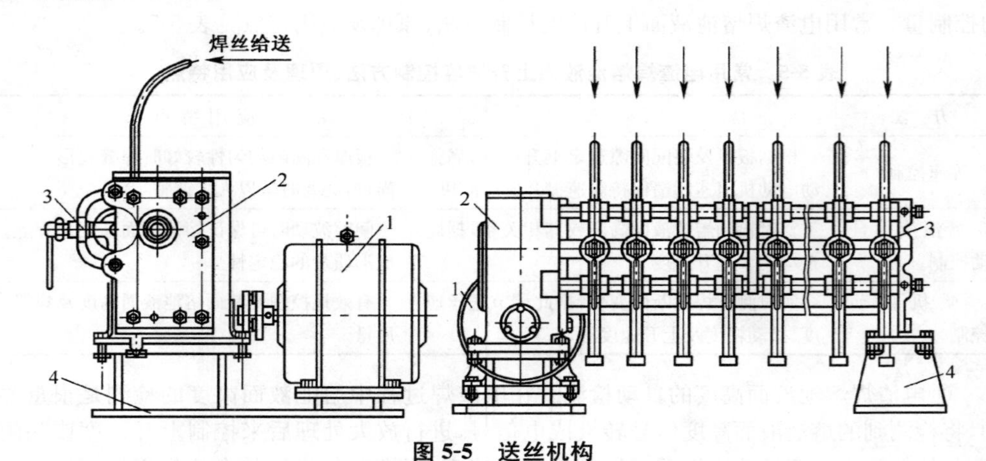

图 5-5 送丝机构

1. 直流电动机 2. 减速器 3. 焊丝给送装置 4. 机架

焊丝给送装置如图 5-6 所示，直流电动机通过减速装置带动焊丝给送装置的主动轮，焊丝在主动轮和压紧轮作用下被自动送入熔嘴板的导向管内，送丝速度能在 45～200m/h 进行调节，并且通过焊丝给送装置的机械调节，每根焊丝在焊接过程中，可分别或同时给送和停止。

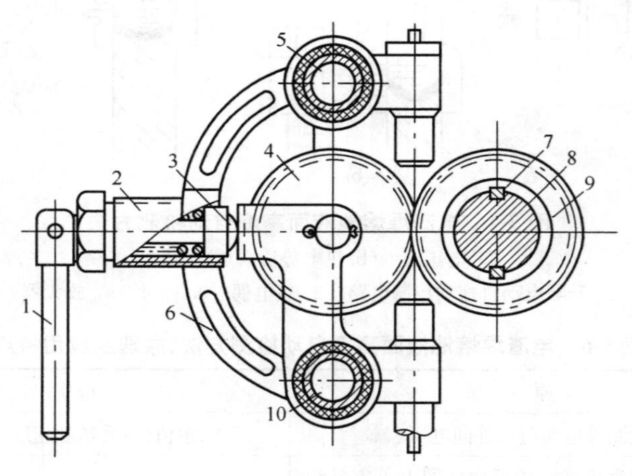

图 5-6 焊丝给送装置

1. 手柄 2. 环形套 3. 顶杆 4. 压紧轮

5、10. 压紧轮轴 6. 弓形架 7. 滑键 8. 主动轴 9. 主动轮

②熔嘴夹持机构。熔嘴夹持机构的功能是保证熔嘴板在焊缝间隙内固定不动，装配和焊接时可方便地随时调整熔嘴位置，以使熔嘴处于接缝中间及与工件绝缘。

③控制箱。焊机的控制电器元件均装在单独的控制箱内，在控制箱上装有控制面板，对焊接过程实现自动操纵。

(3)管状熔嘴电渣焊机 管状熔嘴电渣焊设备主要包括焊接电源、焊丝给送机构和电器控制部分等，通常利用埋弧自动焊设备。

焊接电源一般采用 BX2-1000 型焊接变压器。当单根焊丝焊接时，可采用 MZ-1000 型自动焊机给送焊丝，使焊丝经管状熔嘴进入渣池。当使用多根焊丝焊接时，也可利用多丝熔嘴电渣焊的焊丝给送机构。此外，根据送丝原理可制造简单的焊丝给送机构。

3. 电渣焊机常见故障及排除方法

HS-1000 型万能电渣焊机常见故障特征、产生原因及排除方法见表 5-7。

表 5-7 HS-1000 型万能电渣焊机常见故障特征、产生原因及排除方法

故障特征	产生原因	排除方法
按“向下”或“向上”按钮时，机头电动机不转动	1. 电动机供电回路不通； 2. 分级转换开关触点环及接线板烧坏	1. 接通电动机供电回路； 2. 调换分级转换开关
按“启动”按钮时接触器不工作	1. 熔丝烧坏； 2. 控制线路断开； 3. 接触器绕组有故障； 4.“启动”按钮接触不良	1. 更换熔丝； 2. 接好控制线路； 3. 修复接触器或更换； 4. 修复或更换
按“启动”按钮时接触器工作，但未闭锁	P11-1 没有接通	修理 KT 辅助触点及线路，使 P11-1 接通
按“启动”按钮，接触器接通，但送丝电动机不转	1. 按钮接触不良； 2. P11-2 线圈断路及其常开触点线路断开	1. 修复或更换按钮； 2. 接通线路
送丝不均匀或焊接过程中断	1. 在送丝机构中焊丝夹得不紧； 2. 送丝滚轮槽磨损； 3. 焊丝在导电嘴内卡住	1. 拧紧； 2. 更换滚轮； 3. 取出焊丝后，更换合适的导电嘴
焊接过程中发生电弧	1. 焊接电压太高； 2. 渣池深度不够	1. 降低焊接电压； 2. 添加焊剂，使其达到要求
焊丝尚未形成导电回路而焊接回路有电流	焊机上的绝缘损坏或与其他金属相碰	恢复绝缘，移开其他金属
电渣焊时电渣过程不稳定，发现飞溅	1. 焊剂潮湿； 2. 很多铁屑落入渣池	1. 烘干焊剂； 2. 铁屑量应适当
焊接过程中在渣池上面发现有焊丝变红	导电嘴接触不良	调整，使其接触良好

续表 5-7

故障特征	产生原因	排除方法
焊机机头不向上移动	1. 电动机线路断开； 2. 阻力太大	1. 接通电动机回路； 2. 找出原因，排除阻力
焊接时滑块离开工件	1. 滑块压向工件的力小； 2. 边缘不齐； 3. 装配不良	1. 加大滑块压向工件的力； 2. 修磨加工边缘； 3. 注意良好装配
金属从一面或两面溢出	1. 钢板边缘错位过大； 2. 焊剂或冷却渣落入工件与滑块之间	1. 错边应严加控制； 2. 滑块与工件应贴合

第三节　电渣焊材料

一、电极材料

(1)焊丝　电渣焊用焊丝目前尚无统一的国家标准，只能从焊缝金属的化学成分和力学性能及焊缝质量等方面进行选择。当焊接含碳量＜0.18%(质量分数)的低碳钢时，一般采用 H08A、H08MnA 作为电极材料；当焊接含碳量在 0.18%～0.45%的碳钢及低合金钢时，可选择 H08MnMoA、H10Mn2 等作为电极。电极直径一般为 2.4mm 或 3.2mm。常用材料电渣焊焊剂和焊丝的选用见表 5-8。

表 5-8　常用材料电渣焊焊剂和焊丝的选用

母材		焊剂与焊丝的选用		简要说明
类别	钢号	焊剂	焊丝	
碳钢	Q235 Q235R	HJ360 HJ252 HJ431	H08MnA	电渣焊熔池温度低，焊剂更新少，焊剂的还原作用弱
	10、15、 20、25		H08MnA H10Mn2	
	30、35 ZG25 ZG35		H08Mn2SiA H10Mn2 H10MnSi	
低合金高强钢(热轧正火钢)	09Mn2 16Mn	HJ360 HJ252 HJ170	H08Mn2SiA H10MnSi H10Mn2 H18MnMoA H10MnMo	对厚壁压力容器等大型厚板结构，电渣焊仍是常用的焊接方法
	15MnV、 15MnTi 15MnVCu 16MnNb		H08Mn2MoVA	
	15MnVN 15MnVTiRE 15MnVNCu 15MnMoN 14MnMoVN 18MnMoNb		H08Mn2MoVA H10Mn2NiMo H10Mn2Mo	

续表 5-8

母材		焊剂与焊丝的选用		简要说明
类别	钢号	焊剂	焊丝	
低合金耐热钢	12Cr	HJ360 HJ252	H08CrMoA	低合金耐热钢厚壁容器生产中，电渣焊应用比较普遍
	15CrMo 20CrMo		H10CrMoA	
	12Cr1MoV		H08CrMoV	
	Cr2Mo		H08Cr3MnMoA	
	14MnMoV 18MnMoNb		H08Mn2MoA	
不锈钢	奥氏体型不锈钢	HJ252 HJ360 SJ602	相应成分的焊丝	为保证其耐腐蚀性，焊后应进行热处理
堆焊	—	HJ360 HJ252 SJ602	相应成分的焊丝或带极	在选用焊接材料时，应根据所焊工件的工作条件、技术要求、性能等来选用焊接材料

(2)板极和熔嘴板 板极和熔嘴板一般选用与母材相同成分的材料或它们的边料作为电极材料。在焊接低碳钢、低合金钢时，通常选用 Q295(09Mn2)钢板作为板极或熔嘴板。板极长度一般大于焊缝长度的 3 倍。熔嘴板厚度一般为 10mm，熔嘴管通常是 20 钢无缝钢管，尺寸为 ϕ10mm×2mm。板极尺寸及熔嘴板宽度应按照焊接接头的形状及焊接工艺的要求确定。

(3)管极 管极电渣焊的电极是管状焊条，它由焊芯和药皮组成。焊芯起导电和填充金属的作用，无缝钢管主要是在管内输进焊丝作为填充金属。焊芯通常是 10 钢、15 钢或 20 钢冷拔无缝钢管。根据焊接接头形状及尺寸，可选用 ϕ12mm×3mm、ϕ12mm×4mm、ϕ14mm×2mm、ϕ14mm×3mm 等型号的无缝钢管。

二、焊剂

(1)对焊剂的要求

①熔渣的电导率应在合适的范围。熔渣的电导率影响到焊接区内热输入的高低及熔透深度的大小。电导率太低会导致焊接过程无法进行，太高又可能在焊丝与熔渣之间引燃电弧而破坏电渣焊过程。

②熔渣的黏度应在一定的范围内。对于采用铜滑块的电渣焊，流动性过大(黏度太小)的熔渣容易从工件与滑块间的间隙中流失，熔化金属也会流出，导致焊接过程中断；如果熔渣的黏度过大，则会把铜滑块从工件表面上推开，并在焊缝边缘处形成咬边。

③焊剂的蒸发温度。不同用途的焊剂其组成是不同的。熔渣开始蒸发的温度取决于熔渣中最易蒸发的成分。Si、Ti、Al、Na 和 K 的氟化物的沸点最低，它们将降低熔渣开始蒸发的温度，使产生电弧的可能性增大，易降低电渣过程的稳定性并形成飞溅。

④其他要求。脱渣性要好，要能防止在焊接中形成气孔、夹杂和热裂纹，在使用过程中不应对人体产生危害。另外，应便于制造和降低成本。

(2)常用电渣焊焊剂 常用电渣焊焊剂的型号、化学成分及用途见表 5-9。

三、管极涂料

管状焊条的外表是 2～3mm 厚的管极涂料。管极涂料配方见表 5-10。

管状焊条的制造方法可以用机械压涂，也可以采用手工涂制。要求管极涂料与钢管应具有良好的黏着力，焊接过程中钢管受热时药皮不应脱落。此外，为了细化晶粒，提高焊缝金属的力学性能，在管极涂料中可适当加入锰、硅、钼、钛、钒等合金元素。加入量可根据工件的材质及采用的焊丝成分而定。管极涂料中铁合金材料的配比见表5-11。

表5-9 常用电渣焊焊剂的型号、化学成分及用途 (质量分数，%)

型号		HJ170	HJ252	HJ360	HJ431
化学成分	SiO_2	6～9	18～22	33～37	40～44
	CaO	12～22	2～7	4～7	≤6
	MnO	—	2～5	20～26	34～38
	MgO	—	17～23	5～9	5～8
	CaF_2	27～40	18～24	10～19	3～7
	Al_2O_3	—	22～28	11～15	≤4
	FeO	—	≤1.0	≤1.0	≤1.8
	S	—	≤0.07	≤0.10	≤0.05
	P	—	≤0.08	≤0.10	≤0.08
	TiO_2	35～41	—	—	—
	NaF	1.5～2.5	—	—	—
用途		固态时具有导电性，可用于电渣焊开始时建立渣池	用于低碳钢和某些低合金钢的焊接	用于低碳钢和某些低合金钢的焊接	用于低碳钢和某些低合金钢等的焊接

表5-10 管极涂料配方

母材	焊丝	药皮成分(质量分数，%)						
		锰矿粉	滑石粉	石英粉	萤石粉	金红石	钛白粉	白云石
Q345(16Mn)	H08A	36	21	19	14	3	5	2
Q390(15MnV)	H08MnA	36	21	14	19	3	5	2

表5-11 管极涂料中铁合金材料的配比

铁合金名称	每1000g配方中铁合金的加入量/g								铁合金的主要用途
	H08A			H08MnA			H10Mn2		
	Q345(16Mn)	15Mn	Q235	Q345(16Mn)	Q390(15MnV)	Q235	Q345(16Mn)	Q390(15MnV)	
低碳锰铁	300	400	—	100	200	—	—	—	提高强度、脱氧、脱硫，提高低温冲击韧度
中碳锰铁	100	100	100	100	100	—	—	100	

续表 5-11

铁合金名称	每 1000g 配方中铁合金的加入量/g								铁合金的主要用途
	H08A			H08MnA			H10Mn2		
	Q345(16Mn)	15Mn	Q235	Q345(16Mn)	Q390(15MnV)	Q235	Q345(16Mn)	Q390(15MnV)	
硅铁	155	155	155	155	155	155	155	155	脱氧、提高强度
钼铁	140	140	140	140	140	140	140	140	细化晶粒，提高冲击韧度
钛铁	100	100	100	100	100	100	100	100	细化晶粒，提高冲击韧度，脱氧、脱氮，减少硫的偏析
钒铁	—	100	—	—	100	—	—	100	细化晶粒，提高强度
合计	795	995	495	595	795	395	395	595	

第四节　电渣焊工艺

一、焊前准备

(1)接头形式及制备方法　电渣焊的接头形式如图 5-7 所示。电渣焊接头边缘的加工可以采用热切割法，热切割后去除切割面的氧化皮后即可焊接。但低合金钢和中合金钢工件接缝边缘切割后，切割面应作磁粉探伤，如发现裂纹，要清除补焊后再焊接。电渣焊接头的尺寸见表 5-12。

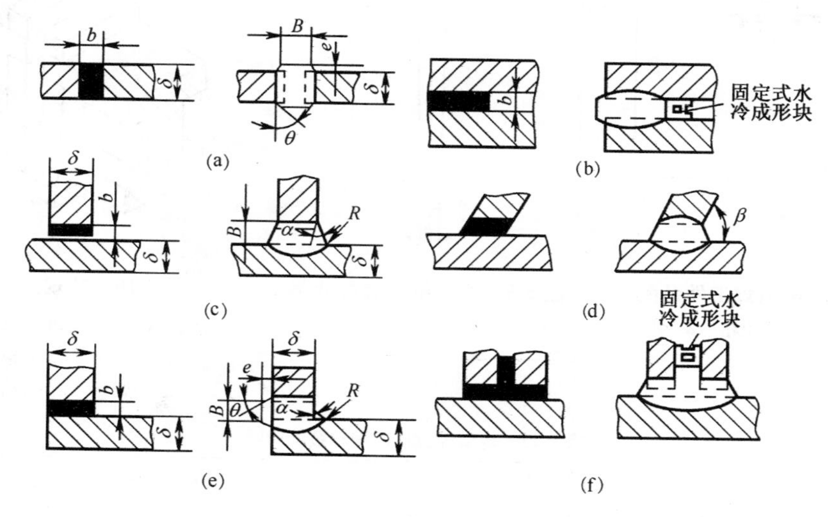

图 5-7　电渣焊的接头形式

(a)对接接头　(b)T 形接头　(c)角接接头　(d)叠接接头　(e)斜角接头　(f)双 T 形接头

(2)工件清理　工件装配之前，必须将接缝的熔合面及其附近清理干净，不应有铁锈、油污和其他杂质存在。对于铸钢件，除了保证接缝清洁外，还应检查焊接处是否有铸造缺陷，如缩孔、疏松和夹渣等。若发现缺陷要铲除并焊补，然后才能进行装配。另外，接缝两侧要保持较平整光滑，必要时可用砂轮磨光或进行机械加工，以使冷却铜滑块能贴紧工件和顺利滑行。

表 5-12 电渣焊接头的尺寸

接头尺寸/mm							备注
δ	b	B	e	θ	R	a	
50～60	24^{+2}_{0}	28±1	2±0.5	约 45°	5^{+1}_{0}	约 15°	适用于各种形式的接头
61～120	26^{+2}_{0}	30±1					
121～400	28^{+2}_{0}	32±1					
>400	30^{+2}_{0}	34±1					

(3)工件装配 电渣焊工件装配如图 5-8 所示，工件装配间隙按要求而定，一般在 20～40mm。装配的实际间隙要比设计值略大，以弥补焊接时的收缩变形，多数情况下设计为不等间隙，即上大下小的楔形，立焊缝的装配间隙如图 5-9 所示。工件待焊两边缘间的夹角 β 一般为 1°～2°。电渣焊焊接直缝时，工件错边应控制在2～3mm，错边大时应采用组合式铜滑块，以防止渣池及熔池金属流失。电渣焊焊接环缝时的错边应控制在 1mm 以内。当工件的厚度差大于 10mm 时，应把厚板削薄成与薄板等厚度，或在薄板上焊一块板(与厚板等厚度)，焊后再将其去掉。电渣焊设计间隙和装配间隙见表 5-13。对于断面形状复杂的工件，一般是把熔合面改为矩形断面后，再进行焊接。非规则断面工件的装配方法如图 5-10 所示。

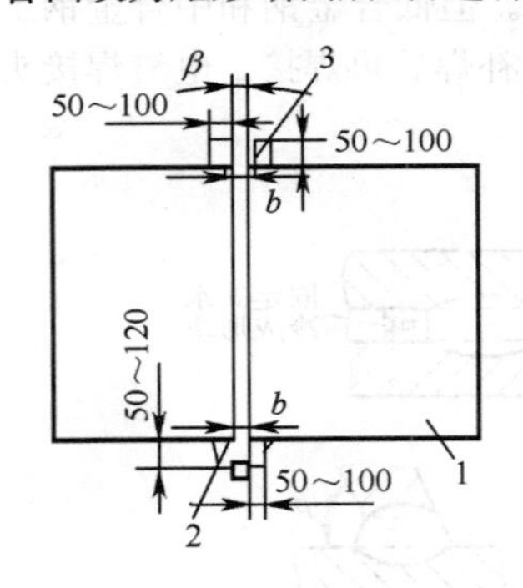

图 5-8 电渣焊工件装配

1. 工件 2. 引出槽 3. 引出板

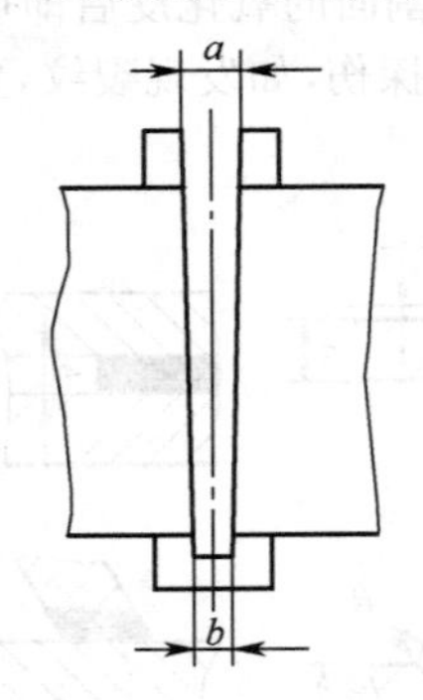

图 5-9 立焊缝的装配间隙

a—上端间隙 b—下端间隙

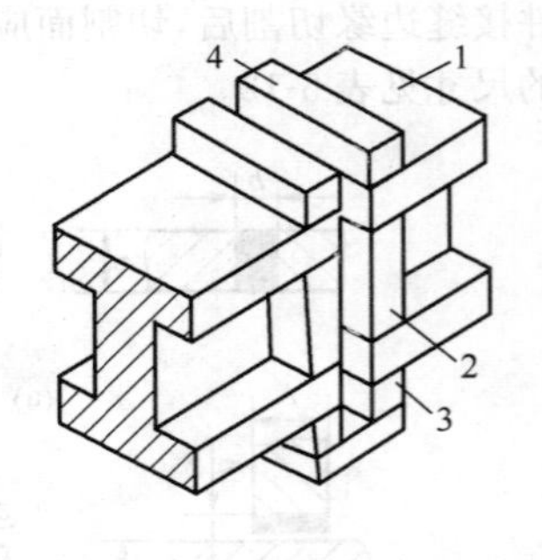

图 5-10 非规则断面工件的装配方法

1. 工件 2. 补板 3. 引弧板 4. 引出板

表 5-13 电渣焊设计间隙和装配间隙 (mm)

工件厚度	16～30	30～80	80～500	500～1000	1000～2000
设计间隙	20	24	26	30	30
装配间隙	20～21	26～27	28～32	36～40	40～42

(4)定位焊　采用∩形定位板定位，定位与工件两端(上、下)的距离为200～300mm。长焊缝时，中间装若干个∩形定位板，定位板之间的距离为800～100mm。对于厚度400mm以上的工件，定位板的厚度应为50mm。定位板经修正后可继续使用。∩形定位板可用焊条电弧焊焊接在工件上。定位板材质为Q235。

(5)焊缝成形装置的选择　电渣焊时，为了不使熔渣和液态金属流失，并强制熔池冷却而得到表面成形良好的焊缝，必须采用水冷却铜滑块或固定水冷却铜块等焊缝成形装置。

①水冷却铜滑块。如图5-11所示，水冷却铜滑块即内部通有冷却水的铜块。多用导热性良好的纯铜板制作，正面做成与焊缝余高形状相同的成形槽，反面焊有冷却水套，以通水冷却。水冷却铜滑块用于丝极电渣焊，焊接时铜块贴紧焊缝向上滑动，使液态金属强制凝固成形。

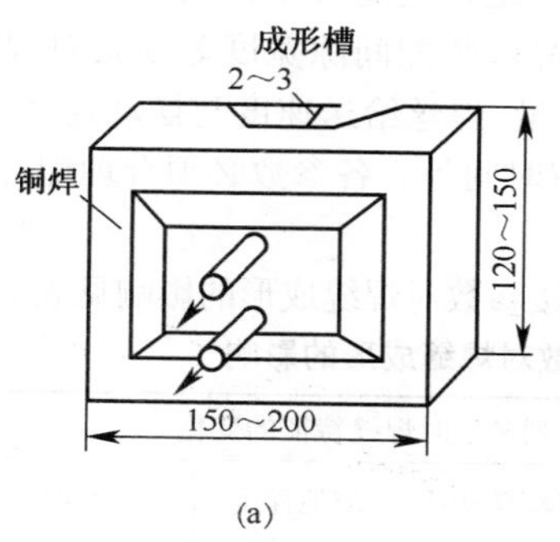

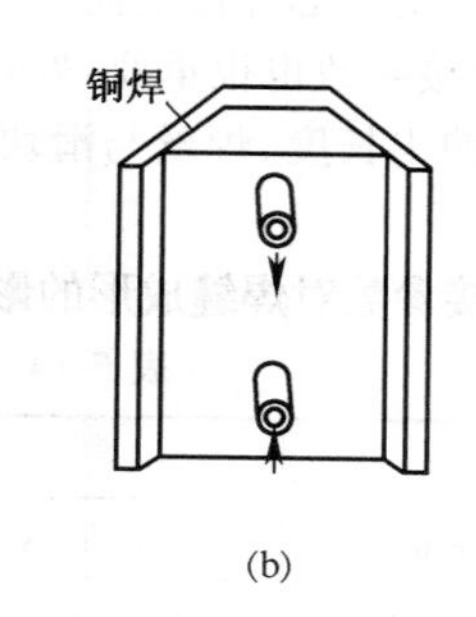

图5-11　水冷却铜滑块

(a)对接焊缝用　(b)角焊缝用

②固定水冷却铜块。它的构造与水冷却铜滑块相似，内部也是通水冷却，使用时固定在焊缝侧缘，起着强制成形的作用。铜块的长度不宜过长，以免装拆不便及贴不紧工件，通常不应超过1m。当焊缝较长时，可用几块固定水冷却铜块，采取倒换安装的方法交替使用。这种铜块主要用于熔嘴和板极电渣焊。

(6)电极用量的准备　根据工件接缝的体积，可以确定电极的用量，即焊丝质量与板极尺寸。每次焊接前所准备的电极材料，必须保证能足够焊完一条焊缝。焊丝如需接头，要事先焊好，并且接头要牢固和光顺。熔嘴与板极的数量、宽度、厚度，熔嘴中焊丝的根数，可结合焊接电源容量、接缝形状与尺寸等因素考虑。

制作熔嘴一般是将钢管焊在熔嘴板上，并使其外形与焊缝断面相似即可。常用的熔嘴有单丝熔嘴和双丝熔嘴两种，熔嘴的构造如图5-12所示。

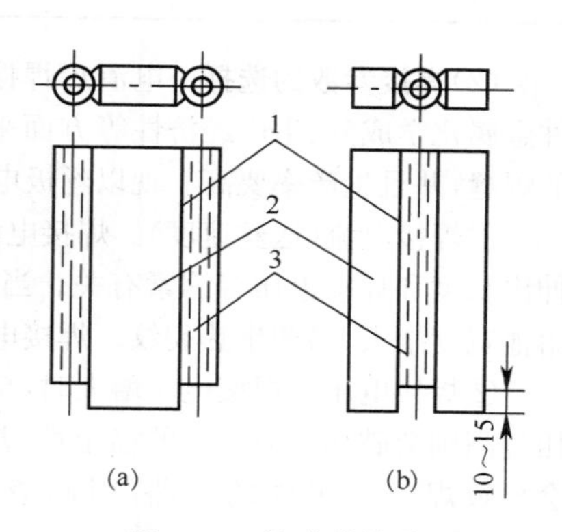

图5-12　熔嘴的构造

(a)双丝熔嘴　(b)单丝熔嘴

1. 定位焊　2. 熔嘴板　3. 钢管

(7)装引弧槽和引出板　直缝丝极电渣焊，工件底部应装有引弧槽，以便在引弧槽内建立渣池。为了保证工件焊缝的质量，引弧槽的高度为150mm，板厚>60mm,宽度同焊接端面,材质尽量和母材一致。在焊缝结尾处应装有引出板,以便引出渣池和引出易于产生缩孔、裂纹和杂质较多的收尾部分,引出板的高度为100mm,厚度大于80mm,宽度同焊接端面,材质尽量和母材一致。

(8)其他方面的准备 根据工件要求确定电极和焊剂的型号,并选定焊接参数;导电嘴、板极、熔嘴在焊缝中的位置要找准对中,保证焊接过程中位置不偏移,并要放置绝缘块,以避免与工件接触而发生短路;应对焊机各部分进行检查调试,水冷却铜块要预先通水试验;要有应急措施,如准备适量石棉泥,以便发生漏渣时及时堵塞,不使电渣过程的稳定性遭到破坏。

二、焊接参数

电渣焊焊接参数对焊接过程和焊缝质量的稳定性起着决定性的影响。电渣焊的焊接参数很多,主要考虑焊接电流、焊接电压、渣池深度、装配间隙宽度等因素对焊缝成形的影响。其他焊接参数也很重要,如焊丝(或板极)数量、焊丝给送速度与摆动速度、各焊丝之间距离、焊丝伸出长度、焊丝与滑块距离、焊丝停留时间等。各参数必须合理配合才能确保焊接质量。

(1)焊接参数对焊缝成形的影响 电渣焊焊接参数对焊缝成形的影响见表5-14。

表5-14 电渣焊焊接参数对焊缝成形的影响

焊缝特征	增大下列参数时焊缝特征的变化						
	焊接电流/A		焊接电压/V	焊丝摆动速度/(m/h)	渣池深度/mm	焊丝伸出长度/mm	装配间隙/mm
	≤800	>800					
金属熔池深度 H	增加	增加	稍增	不变	稍减	减小	不变
焊缝宽度 c	增加	减小	增加	减小	减小	不变	增加
金属熔池成形系数 $\phi=c/H$	稍减	减小	增加	减小	减小	稍增	增加
基本金属在焊缝中的数量	稍减	减小	增加	减小	减小	不变	增加

(2)焊接参数的选择 电渣焊焊接参数主要是根据焊接方法、工件厚度、接头形式、工件金属化学成分、生产经济性等方面来选择,其原则是保证电渣过程稳定和获得质量良好的焊缝,并且生产率要高。现以丝极电渣焊为例介绍焊接参数的选择。

①焊接电流(送丝速度)。焊接电流与送丝速度成正比,它与焊丝直径、焊丝材料、焊丝伸出长度和焊接电压等因素有关。当电流增大时,渣池对流速度加快,母材熔深增大,金属熔池宽度增大,易产生热裂纹。焊接电流一般为480~520A(送丝速度为140~500m/h)。

②焊接电压。焊接电压增大时,金属熔池宽度增大,金属熔池深度也稍有增大。但电压过高则会破坏电渣过程的稳定性,甚至在渣池表面处产生电弧,造成未焊透。电压过低会导致焊丝与工件的短路,引起渣的飞溅。焊接电压要根据接头形式来确定,一般为43~56V。

③渣池深度。对金属熔池的宽度影响较大。随着渣池深度的增加,金属熔池的宽度减小,深度也略有减小。焊接过程中渣池的深度是根据送丝速度来决定的。所以要根据送丝

速度(电流)来判定渣池的深度,并保持渣池的稳定性,渣池深度一般为40～70mm。渣池深度的选择见表5-15。

表5-15 渣池深度的选择

焊丝给送速度/(m/h)	渣池深度/mm	
	工件厚度=100mm	工件厚度=50mm
100～150	35	40
175～225	40	45
275～325	45	50
375～425	55	60
475～525	65	70

④装配间隙宽度。当宽度增大时,金属熔池深度基本不变,金属熔池宽度增大。宽度太大则降低生产率,增加成本。宽度过小,导电嘴易与工件边缘接触打弧,焊丝导向困难。装配间隙宽度参考表5-13。

⑤焊丝直径和伸出长度。丝极电渣焊焊接时,焊丝直径通常为3mm,焊丝伸出长度是指从导电嘴末端到渣池表面之间的焊丝长度,通常为50～70mm。如果保持送丝速度不变,增加焊丝伸出长度,则焊接电流略有下降,金属熔池宽度和深度减少;而形状系数略有增大。焊丝伸出长度过长时,难以保证焊丝在间隙中的准确位置,当伸出长度达到165mm时,应有导向措施。伸出长度过短时,导电嘴易被渣池辐射热所过热而损坏。

⑥电极数(焊丝根数)和每根焊丝负担的厚度。当工件厚度不变时,如增加焊丝根数,则电流成正比增大,渣池内析出的功率也增大,焊接速度也相应增大,但导入铜滑块和工件的热量相对减小。因此,随着焊丝根数增多,金属熔池的深度和宽度都增大。用一根焊丝和两根焊丝电渣焊焊缝宽度对比见表5-16。焊丝根数与工件厚度的关系见表5-17。

表5-16 一根焊丝和两根焊丝电渣焊焊缝宽度对比

焊接电压/V	送丝速度(m/h)	焊丝数目/根	焊缝宽度/mm
44～46	200	2	50
	400	1	<30(未焊接)
45～48	200	2	63
	400	1	27
52～54	200	2	70
	400	1	50

表5-17 焊丝根数与工件厚度的关系

焊 丝 根 数		1	2	3
可焊工件厚度/mm	焊丝不摆动	≤60	70～120	130～180
	焊丝摆动	60～150	100～300	180～450

⑦焊丝摆动参数。焊丝的摆动速度通常为40～80m/h,焊丝在熔池两侧停留时间为3～6s。多丝摆动焊时,焊丝的间距l可由下式确定

$$l=(\delta+a_2-2a)/n$$

$$a_1=l-a_2$$

式中，δ 为工件厚度(mm)；l 为焊丝间距(mm)；a 为焊丝到工件边缘的距离(mm)；n 为焊丝根数(根)；a_1 为焊丝摆动幅度(mm)；a_2 为焊丝未摆过距离(mm)。

a 的大小与成形装置的槽深有关，槽深 2～3mm 时，a 为 4～7mm；槽深为 10mm 时，a 为 0～2mm。a_2 的值通常为 15～25mm。多丝摆动焊时焊丝位置如图 5-13 所示。

⑧焊接速度。一般低碳钢为 0.7～1.2m/h，中碳钢和低合金钢为 0.3～0.7m/h。常用电渣焊焊接参数见表 5-18。

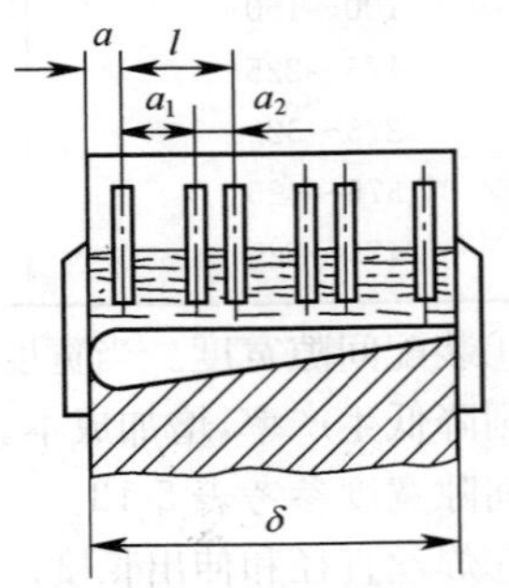

图 5-13　多丝摆动焊时焊丝位置

三、直缝丝极电渣焊工艺

(1)焊前准备

①工件毛坯材料的化学成分与力学性能应符合技术条件，并根据材料的要求确定采用的焊丝和焊剂型号。

②装配前对接缝进行清理，焊接断面及接缝两侧 70mm 范围内应加工平整。

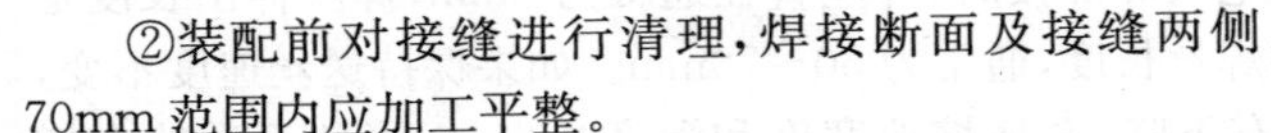

表 5-18　常用电渣焊焊接参数

焊接参数 \ 方法	丝极电渣焊	板极电渣焊	熔嘴电渣焊	管状焊条熔嘴电渣焊
装配间隙 b/mm	25～38	28～40	28～34	20～35
焊丝（板极）伸出长度/mm	50～70	$\delta\frac{b(l+l_0)}{n\delta_1 B}+350$	$l+l_0+350$	—
焊丝(板极)间距/mm	$\frac{\delta+a_2-2a}{n}$	8～15	$\frac{\delta-2a}{n}$	—
摆动幅度/mm	$l-a_2$	$\frac{\delta+2a_4(n-1)a_3}{n}$	—	—
送丝速度/(m/h)	140～150	150～350	$\frac{A_{焊}-A_{熔}}{\sum A_{丝}}$	200～300
渣池深度/mm	40～70	30～35	40～50	35～55
电弧电压/V	43～56	30～40	35～45	35～38
电流/A	480～520	0.4～1.5①	0.8～1.2①	5～7$A_{管}$
焊丝、板极数 n	1～3	1～3（$\delta\leqslant$200mm 时）	—	—
焊接速度/(m/h)	0.5～9.6	0.5～2.0	—	1.5～3.0
焊丝直径/mm	3	—	2.0～3.0	10,12,14

注：①0.4～1.5 及 0.8～1.2 为电流密度值，单位为 A/mm^2。

②δ 为工件厚度；δ_1 为板极厚；B 为板极宽；l 为焊缝长；l_0 为引弧板及引出板长；a_2 焊丝最小间距，取 10～25mm；a 为焊丝至工件最小边距，取 20～25mm；a_3 为板极最小间距，取 8～13mm；a_4 为板极突出工件表面宽度；$A_{焊}$ 为焊缝填充断面面积；$A_{熔}$、$A_{丝}$ 为熔嘴、焊丝断面面积；$A_{板}$、$A_{管}$ 为板极、管极断面面积。

③工件按规定的间隙和反变形量在焊接平台或胎架上进行装配。为了控制工件变形，要正确选择∩形定位板的位置和数量。安装引弧槽和引出板。引弧底板最好具有一定斜度，便于建立渣池。

④如工件需要预热，则按规定温度在焊前进行。计算焊丝用量，确保每盘内的焊丝量能一次焊完接缝。

⑤选定焊接参数，并检查与调整电源系统、焊机系统及水冷却系统，确定焊机与工件的相对位置，以保证焊接过程的正常进行。

(2)工艺要求 电渣焊焊接过程分为建立渣池、正常焊接和焊缝收尾三个阶段。

①建立渣池。可利用固态导电焊剂 HJ170 或利用电弧熔化焊剂来建立渣池。如果是利用导电焊剂建立渣池，刚开始时要使焊丝与焊剂接触形成导电回路，由于电阻热的作用使固态导电焊剂熔化建立渣池，随后就可加入正常焊接用的焊剂。如果是利用电弧建立渣池，可先在引弧槽内放入少量铁屑并撒上一层焊剂，引弧后靠电弧热使焊剂熔化建立渣池。待渣池达到一定深度、电渣过程稳定后即可开动机头进行正常焊接。

②正常焊接。正常焊接阶段应保持焊接参数稳定在预定值。要保持焊丝在间隙中的正确位置，并定期检测渣池深度，均匀地添加焊剂。要防止产生漏渣漏水现象，当发生漏渣而使渣池变浅后，应降低送丝速度迅速逐步加入适量焊剂以维持电渣过程的稳定进行。

③焊缝收尾。在收尾时，可采用断续送丝或逐渐减小送丝速度和焊接电压的方法来防止缩孔的形成和火口裂纹的产生。焊接结束时不要立即把渣池放掉，以免产生裂纹。焊后应及时切除引出部分和∩形定位板，以免引出部分产生的裂纹扩展到焊缝上。

直焊缝丝极电渣焊焊接参数见表 5-19。

表 5-19 直焊缝丝极电渣焊焊接参数

工件材料	工件厚度/mm	焊丝数目/根	装配间隙/mm	工接电流/A	电弧电压/V	焊接速度/(m/h)	送丝速度/(m/h)	渣池深度/mm
Q235 Q345(16Mn) 20	50	1	30	520～550	43～47	～1.5	270～290	60～65
	70	1	30	650～680	49～51	～1.5	360～380	60～70
	100	1	33	710～740	50～54	～1	400～420	60～70
	120	1	33	770～800	52～56	～1	440～460	60～70
20MnVB 20MnMoB 20MnSi 25	50	1	30	350～360	42～44	～0.8	150～160	45～55
	70	1	30	370～390	44～48	～0.8	170～180	45～55
	100	1	33	500～520	50～54	～0.7	260～270	60～65
	120	1	33	560～570	52～56	～0.7	300～310	60～70
	370	3	36	560～570	50～56	～0.6	300～310	60～70
	400	3	36	600～620	52～58	～0.6	330～340	60～70
	430	3	38	650～660	52～58	～0.6	360～370	60～70
	450	3	38	680～700	52～58	～0.6	380～390	60～70

续表 5-19

工件材料	工件厚度/mm	焊丝数目/根	装配间隙/mm	焊接电流/A	电弧电压/V	焊接速度/(m/h)	送丝速度/(m/h)	渣池深度/mm
35	50	1	30	320～340	40～44	～0.7	130～140	40～45
	70	1	30	390～410	42～46	～0.7	180～190	45～55
	100	1	33	460～470	50～54	～0.6	230～240	55～60
	120	1	33	520～530	52～56	～0.6	270～280	60～65
	370	3	36	470～490	50～54	～0.5	240～250	55～60
	400	3	36	520～530	50～55	～0.5	270～280	60～65
	430	3	38	560～570	50～55	～0.5	300～310	60～70
	460	3	38	590～600	50～55	～0.5	320～330	60～70
45	50	1	30	240～280	38～42	～0.5	90～110	40～45
	70	1	30	320～340	42～46	～0.5	130～140	40～45
	100	1	33	360～380	48～52	～0.4	160～180	45～50
	120	1	33	410～430	50～54	～0.4	190～210	50～60
	370	3	36	360～380	50～54	～0.3	160～180	45～55
	400	3	36	400～420	50～54	～0.3	190～210	55～60
	430	3	38	450～460	50～55	～0.3	220～240	50～60
	450	3	38	470～490	50～55	～0.3	240～260	60～65

注：焊丝直径为 3mm，接头形式为对接接头。

四、环缝丝极电渣焊工艺

环缝电渣焊的构件包括压机工作缸、压机柱塞、卷筒、各种罐体或空心轴类等，统称为筒体。

(1)筒体装配

①根据工件情况可立装、也可躺装。用间隙垫可控制装配间隙，可三点式也可四点式，考虑到环缝电渣焊的角变形，最小间隙和最大间隙差一般可控制在 4mm，筒体装配平均间隙见表 5-20。

表 5-20 筒体装配平均间隙 (mm)

筒体壁厚	60～100	101～150	151～250	251～400
平均间隙	31	32	33	34

②斗式引弧槽如图 5-14 所示。引弧槽上的挡铁在引弧造渣过程中逐个装接，直至建立正常渣池，引弧位置应选在最小间隙附近。

③整个筒体在滚轮上装配，滚轮宜采用可驱动式，如不可驱动，则应另附驱动装置。筒体在滚轮上调整到圆心角为 90°并在滚轮上试运行一周，轴向蹿动应＜5mm。

④筒体连接可用∩形定位板，也可用间隙垫。采用∩形定位板，通常用 4 块连接；采用间隙垫，其尺寸应为 100mm×40mm，焊脚尺寸应＞15mm，一般在筒体质量小于 30t 时使用。

⑤对于刚度大、裂纹倾向严重的工件应采用预热组装。其他焊前准备基本上和直焊缝丝极电渣焊相同。

(2)工艺要点

①引弧造渣。首先装好内(外)滑块,引弧从靠近内(外)径开始,引弧电压应比焊接电压高 2V,随渣池的扩大,开始摆动焊丝并送入第二根焊丝,随筒体的旋转,渣池扩大,逐个装接引弧挡铁,依次送入第三根焊丝,最后完成造渣过程。

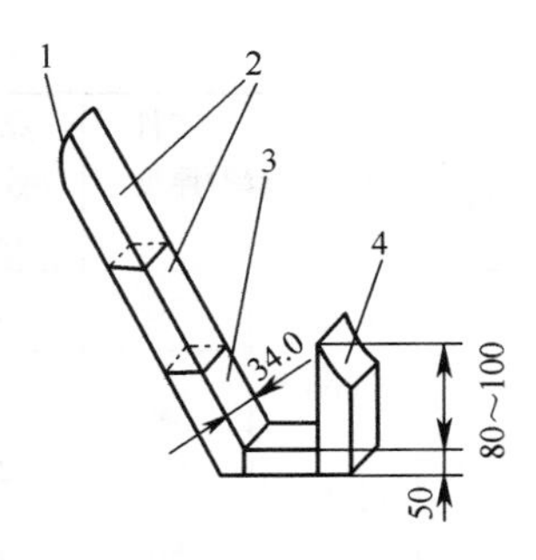

图 5-14 斗式引弧槽

1. 工件外圆 2. 引弧接板(按需要) 3. 引弧底模 4. 工件内圆

②正常焊接。在正常焊接过程中,要保持焊接参数的稳定和渣池的稳定。在工件转动时,应适时割掉间隙垫(或∩形定位板),当焊至 1/4 环缝时,开始切除引弧槽及附近未焊部分。切割表面凹凸不平度应在±2mm 范围内,并要将残渣及氧化皮清理干净。气割工件按样板进行,气割结束后立即装焊预制好的引出板。如焊接过程发生中断,还应控制筒体收缩变形,并采用适当的方式重新建立电渣过程。

③焊接收尾。当切割线转至和水平轴线垂直时,即停止转动,此时靠焊机上升机构焊直缝,逐个在引出板外侧加条状挡铁。这一阶段电压应提高 1~2V,靠近内径焊丝应尽量接近切割线,控制在 6~10mm;为防止裂纹,宜适当减小焊接电流;当焊出工件之后,即可减小送丝速度和焊接电压。焊接结束后,待引出板冷至200℃~300℃时,即可割掉引出板。

环缝丝极电渣焊焊接参数见表 5-21。

表 5-21 环缝丝极电渣焊焊接参数

工件材料	工件外圆直径 /mm	工件厚度 /mm	焊丝数目 /根	装配间隙 /mm	焊接电流 /A	电弧电压 /V	焊接速度 /(m/h)	送丝速度 /(m/h)	渣池深度 /mm
25	600	80	1	33	400~420	42~46	~0.8	190~200	45~55
		120	1	33	470~490	50~54	~0.7	240~250	55~60
	1200	80	1	33	420~430	42~46	~0.8	200~210	55~60
		120	1	33	520~530	50~54	~0.7	270~280	60~65
		160	2	34	410~420	46~50	~0.7	190~200	45~55
		200	2	34	450~460	46~52	~0.7	220~230	55~60
		240	2	35	470~490	50~54	~0.7	240~250	55~60
	2000	300	3	35	450~460	46~52	~0.7	220~230	55~60
		340	3	36	490~500	50~54	~0.7	250~260	60~65
		380	3	36	520~530	52~56	~0.6	270~280	60~65
		420	3	36	550~560	52~56	~0.6	290~300	60~65
25	2000	300	3	35	450~460	46~52	~0.7	220~230	55~60
		340	3	36	490~500	50~54	~0.7	250~260	60~65
		380	3	36	520~530	52~56	~0.6	270~280	60~65
		420	3	36	550~560	52~56	~0.6	290~300	60~65

续表 5-21

工件材料	工件外圆直径/mm	工件厚度/mm	焊丝数目/根	装配间隙/mm	焊接电流/A	电弧电压/V	焊接速度/(m/h)	送丝速度/(m/h)	渣池深度/mm
35	600	50	1	30	300～320	38～42	～0.7	120～130	40～45
		100	1	33	420～430	46～52	～0.6	200～210	55～60
		120	1	33	450～460	50～54	～0.6	220～230	55～60
	1200	80	1	33	390～410	44～48	～0.6	180～190	45～55
		120	1	33	460～470	50～54	～0.6	230～240	55～60
		160	2	34	350～360	48～52	～0.6	150～160	45～55
		240	2	35	450～460	50～54	～0.6	220～230	55～60
		300	3	35	380～390	46～52	～0.6	170～180	45～55
	2000	200	2	35	390～400	48～54	～0.6	180～190	45～55
		240	2	35	420～430	50～54	～0.6	200～210	55～60
		280	3	35	380～390	46～52	～0.6	170～180	45～55
		380	3	36	450～460	52～56	～0.5	220～230	45～55
		400	3	36	460～470	52～56	～0.5	230～240	55～60
		450	3	38	520～530	52～56	～0.5	270～280	60～65
45	600	60	1	30	260～280	38～40	～0.5	100～110	40～45
		100	1	33	320～340	46～52	～0.4	135～145	40～45
	1200	80	1	33	320～340	42～46	～0.5	130～140	40～45
		200	2	34	320～340	46～52	～0.4	135～145	40～45
		240	2	35	350～360	50～54	～0.4	155～165	45～55
	2000	340	3	35	350～360	52～56	～0.4	150～160	45～55
		380	3	36	360～380	52～56	～0.3	160～170	45～55
		420	3	36	390～400	52～56	～0.3	180～190	45～55
		450	3	38	410～420	52～56	～0.3	190～200	45～55

注：焊丝直径为 3mm。

五、板极电渣焊工艺

(1)焊前准备

①装配间隙。板极与工件被焊面之间的距离一般为 8～10mm。工件装配间隙一般为 28～40mm。

②板极尺寸的确定。板极厚度一般为 8～16mm。板极宽度可按下式计算

$$B=\frac{\delta+2a-(n-1)L}{n}$$

式中，B 为板极宽度(mm)；δ 为工件厚度(mm)；a 为板极边缘凸出工件表面的高度，如凹入

工件表面则为负值(mm);L 为板极间的距离(mm),一般为 8～13mm;n 为板极数目。工件厚度≤200mm 时,通常用单板极;工件厚度>200mm 时,可用多板极。

板极长度一般取焊缝长度的 3 倍。可按板极夹持长度与填满焊缝所需板极长度来计算,夹持长度基本是固定的,而填满焊缝所需要的板极长度 L 可通过下式计算

$$L=\frac{\delta c(L_f+L_0)}{nSB}$$

式中,c 为装配间隙(mm);L 为板极长度(mm);L_f 为焊缝长度(mm);L_0 为引弧板和引出板高度之和(mm);S 为板极厚度(mm)。

③焊接参数。板极焊接电流密度一般采用 0.4～0.8A/mm^2,工件厚度小时,可增至 1.2～1.5A/mm^2;焊接电压一般为 30～40V;板极送进速度可取 1.2～3.5m/h;渣池深度一般为 25～35mm。

④板极电渣焊常用于焊接铜、铝、钛、耐蚀钢和高温钢等材料。焊接铝板时应采用特殊配制的电渣焊焊剂。铝板电渣焊用焊剂配方见表 5-22。

表 5-22 铝板电渣焊用焊剂配方 (质量分数,%)

成分	NaCl	KCl	Na_3AlF_6	LiF	SiO_2	NaF	$MgCl_2$	MgF_2	备注
国内	30	50	20	—	—	—	—	—	工业纯
国外	50	—	—	25	—	25	—	—	化学纯
	—	30	—	30	—	—	30	10	
	50	—	—	42	8	—	—	—	
	15～35	35～60	15～30	1～10	—	—	—	—	

⑤铝板板极电渣焊焊接参数见表 5-23。

表 5-23 铝板板极电渣焊焊接参数

铝板厚度/mm	80	100	120	160	220
电弧电压/V	30～33	30～35	30～35	31～35	32～35
焊接电流/A	3200～3500	4500～5000	5500～6000	8000～8500	10000～11000
板极断面 $A\times B$/(mm×mm)	30×60	30×70	30×90	29×140	29×190
装配间隙/mm	50～55	50～60	55～65	55～65	60～65
始焊时加入焊剂量/g	500	700	800	1250	1600
焊接速度/(m/h)	4.00	4.00	3.75	3.75	3.70

注:焊接过程中为补充焊剂损耗,保证渣池深度不变,应不断添加相应量的焊剂。

六、熔嘴电渣焊工艺

(1)熔嘴制作 熔嘴结构如图 5-15 所示。熔嘴是由板条和导丝管组焊而成的。熔嘴是焊缝的填充金属,其材料应根据工件金属化学成分和焊丝一起综合考虑。如焊接 20Mn2SiMo 钢时,选用 H10Mn2 焊丝,熔嘴板则选用 15Mn2SiMo 钢种。

熔嘴板厚度一般为装配间隙的 30% 左右,而熔嘴板的宽度和数量则由焊缝厚度来确定。所用熔嘴板的断面不能过大,否则要增加焊接电源的功率。

在焊接过程中，渣池内焊丝端头的温度高于熔嘴端头的其他部分，所以焊丝附近的熔宽较大，为保证焊缝熔宽均匀一致，必须严格控制焊丝之间的距离。双丝熔嘴的丝距比，按下式计算

$$\frac{A}{B}=1.5\sim1.7$$

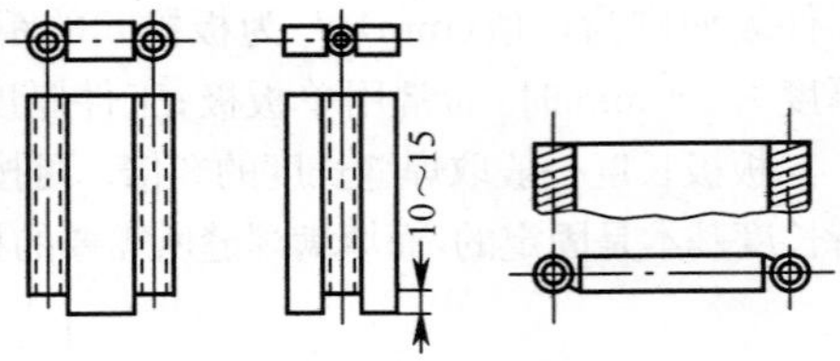

式中，A 为熔嘴板两侧焊丝导向管中心之间的距离(mm)；B 为两相邻熔嘴焊丝导向管中心之间的距离(mm)。

10~15

图 5-15　熔嘴结构

根据经验，双丝熔嘴的间距 B，一般为 40～80mm；单熔嘴的焊丝间距一般不宜超过 170mm。

(2)焊前准备　熔嘴电渣焊的焊前准备与丝极电渣焊基本相同。

①熔嘴形状及位置。对于厚度＜300mm 的工件，多采用单熔嘴，单熔嘴形状和尺寸及其在接头间隙中的位置如图 5-16 所示。不同接头电渣焊单熔嘴尺寸及位置见表 5-24。对于厚度＞300mm 的工件，一般采用多熔嘴。

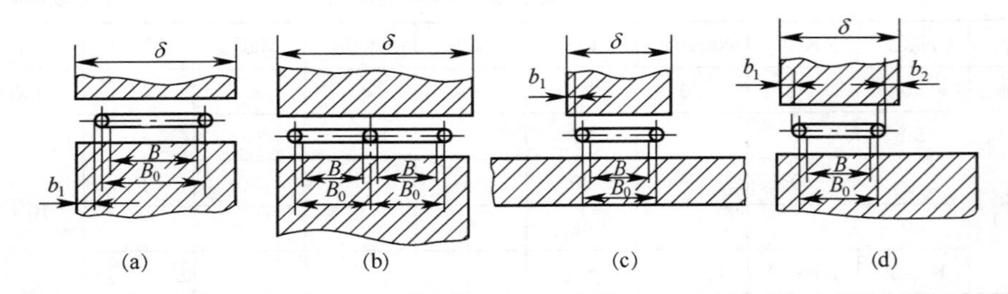

图 5-16　单熔嘴形状和尺寸及其在接头间隙中的位置

(a)对接接头中的双丝熔嘴　(b)对接接头中的三丝熔嘴

(c)T 形接头中的双丝溶嘴　(d)角接接头中的双丝溶嘴

表 5-24　不同接头电渣焊单熔嘴尺寸及位置

接头形式	熔嘴形式	熔嘴尺寸和位置	可焊厚度/mm
对接接头	双丝熔嘴	$B=\delta-10$　$b_1=10$　$B_0=\delta-30$	80～160
	三丝熔嘴	$B=\frac{\delta-50}{2}$　$b_1=10$　$B_0=\frac{\delta-30}{2}$	160～240
T 形接头	双丝熔嘴	$B=\delta-25$　$b_1=2.5$　$B_0=\delta-15$	80～130
角接接头	双丝熔嘴	$B=\delta-32$　$b_1=10$　$b_2=2$　$B_0=\delta-22$	80～140

②放置绝缘块。为防止熔嘴偏离焊缝间隙中心或与工件短路，焊前必须在熔嘴与工件之间放置绝缘块。绝缘块材料有熔化和不熔化的两种，熔化的绝缘块采用玻璃纤维制作，焊接时随熔嘴一起熔入渣池；不熔化的绝缘块采用耐高温的水泥石棉板或层压板制作，绝缘板条应能随熔池上升而自由向上移动，当熔嘴板熔化到较短时，可将绝缘板条抽出。

③采用固定式水冷却成形板。熔嘴电渣焊一般采用固定式水冷却成形板，高度为

200～300mm，以便于观察焊接过程和测量渣池深度。焊接长接缝时，每边可采用两块水冷却成形板，交替使用。

④装配。装配用∩形定位板，定位板间距800～1000mm。装配间隙28～35mm，要预留反变形量。熔嘴装于间隙中间（角接缝偏于厚板一侧），并把熔嘴固定在夹持机构上，注意防止熔嘴和工件短路。为便于观察焊接过程和测量渣池深度，滑块高度应为200～300mm。

(3)工艺要点　熔嘴电渣焊过程与丝极电渣焊基本相同，但在大断面工件或变断面工件焊接时，还应注意下面的问题：

①大断面工件的焊接。大断面工件采用多熔嘴焊接时，由于工件导热快，渣池体积又大，因此建立渣池比较困难，一般是先从两边的焊丝开始引弧。为有利于建立渣池，引弧底板最好做成阶梯形或斜坡形。多熔嘴电渣焊引弧造渣法如图5-17所示，该法能使两边的熔渣很快地聚集而形成渣池，待熔渣逐渐向中间汇流时，再将中间的焊丝依次给送。

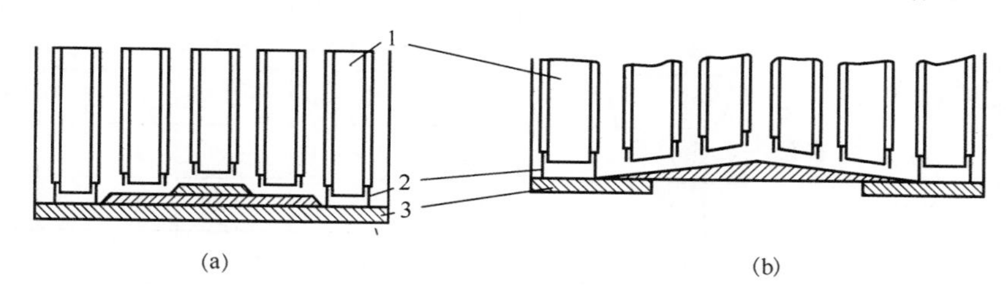

图5-17　多熔嘴电渣焊引弧造渣法

(a)阶梯形底板　(b)斜坡形底板

1. 熔嘴　2. 焊丝　3. 引弧底板

②变断面工件的焊接。由于变断面工件的焊缝断面不断变化，因此渣池体积、熔池表面积、熔嘴的横断面、单根焊丝所焊的板厚等也相应变化。在焊接过程中，焊接参数为适应变化的需要，应随时相应地调节。总之，随着工件断面厚度的改变，焊接时的渣池深度、焊接电压及电极的电流密度应保持不变。焊缝收尾时焊接电压应降低，填满熔池以防止产生裂纹。焊接工件结束后，适时割掉引弧槽和引出板。

常用熔嘴电渣焊焊接参数见表5-25。

表5-25　常用熔嘴电渣焊焊接参数

结构形式	工件材料	接头形式	工件厚度/mm	熔嘴数目/个	装配间隙/mm	电弧电压/V	焊接速度/(m/h)	送丝速度/(m/h)	渣池深度/mm
非刚性固定结构	Q235A Q345 (16Mn) 20	对接接头	80	1	30	40～44	～1	110～120	40～45
			100	1	32	40～44	～1	150～160	45～55
			120	1	32	42～46	～1	180～190	45～55
	Q235A Q345 (16Mn) 20	T形接头	80	1	32	44～48	～0.8	100～110	40～45
			100	1	34	44～48	～0.8	130～140	40～45
			120	1	34	46～52	～0.8	160～170	45～55

续表 5-25

结构形式	工件材料	接头形式	工件厚度/mm	熔嘴数目/个	装配间隙/mm	电弧电压/V	焊接速度/(m/h)	送丝速度/(m/h)	渣池深度/mm
非刚性固定结构	20MnMoB 20MnSi 25	对接接头	80	1	30	38～42	～0.6	70～80	30～40
			100	1	32	38～42	～0.6	90～100	30～40
			120	1	32	40～44	～0.6	100～110	40～45
			180	1	32	46～52	～0.5	120～130	40～45
			200	1	32	46～54	～0.5	150～160	45～55
		T形接头	80	1	32	42～46	～0.5	60～70	30～40
			100	1	34	44～50	～0.5	70～80	30～40
			120	1	34	44～50	～0.5	80～90	30～40
	35	对接接头	80	1	30	38～42	～0.5	50～60	30～40
			100	1	32	40～44	～0.5	65～70	30～40
			120	1	32	40～44	～0.5	75～80	30～40
			200	1	32	46～50	～0.4	110～120	40～45
		T形接头	80	1	32	44～48	～0.5	50～60	30～40
			100	1	34	46～50	～0.4	65～75	30～40
			120	1	34	46～52	～0.4	75～80	30～40
刚性固定结构	Q235A Q345A (16Mn) 20	对接接头	80	1	30	38～42	～0.6	65～75	30～40
			100	1	32	40～44	～0.6	75～80	30～40
			120	1	32	40～44	～0.5	90～95	30～40
			150	1	32	44～50	～0.4	90～100	30～40
		T形接头	80	1	32	42～46	～0.5	60～65	30～40
			100	1	34	44～50	～0.5	70～75	30～40
			120	1	34	44～50	～0.4	80～85	30～40
大断面结构	20MnMoB 20MnSi 25 35	对接接头	400	3	32	38～42	～0.4	65～70	30～40
			600	4	34	38～42	～0.3	70～75	30～40
			800	6	34	38～42	～0.3	65～70	30～40
			1000	6	34	38～44	～0.3	75～80	30～40

注：焊丝直径为 3mm，熔嘴板厚 10mm，熔嘴管尺寸为 ϕ10mm×2mm。

七、管状熔嘴电渣焊工艺

(1)焊前准备 管状熔嘴电渣焊的焊前准备与板极熔嘴电渣焊基本相同，由于采用管状熔嘴作为电极，因此，还应注意以下问题：

①管状焊条。管状熔嘴可采用特 500 型管状焊条。特 500 型是锰型药皮的管状熔嘴

电渣焊用的特制焊条，它由空心的钢管(10、15、20号无缝钢管)外涂造渣剂及铁合金制成，管内可通3 mm直径的焊丝。特500型管状焊条适用于低碳钢及相应强度等级的低合金高强度钢，如15MnV、16Mn等。

②安装导电装置。管状熔嘴电渣焊焊接长接缝时，一方面电压降大，另一方面管状熔嘴所产生的电阻热很大，严重时会使管子熔断，造成焊接过程中断。因此在焊长接缝时，熔嘴上要设置几个导电点，以减小电压降和电阻热。导电装置的结构如图5-18所示。导电装置用纯铜板制成，在其外面包上一层绝缘层(可用玻璃纤维)，用螺钉撑紧架压紧在管状熔嘴上(接触处去除药皮)。当管状熔嘴熔化至导电装置时，将螺钉撑紧架扳掉，导电装置即可拆下。

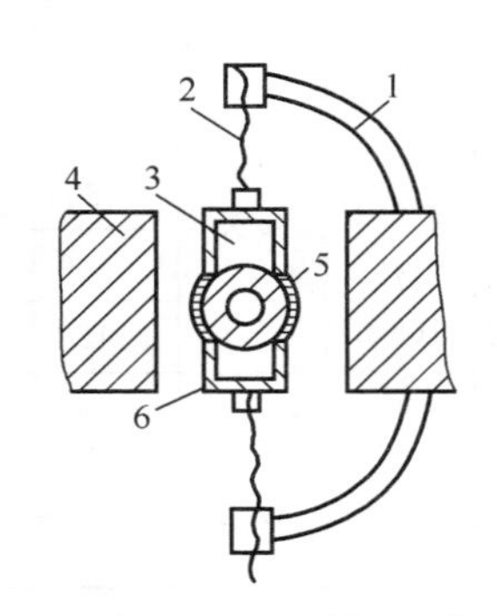

图5-18 导电装置的结构

1. 螺钉撑紧架 2. 压紧螺钉 3. 导电极 4. 工件 5. 管状熔嘴 6. 绝缘架

(2)操作要点 焊前先在引弧板上放些固态导电焊剂(TiO_2 50%，Al_2O_3 50%)，然后将焊丝与其接触通电，利用电弧热来熔化焊剂，同时陆续加入电渣焊用的焊剂，以使渣池深度达到规定的范围。焊接开始时，焊接电压要高些，通常保持在48～50V。为了确保焊缝始段的充分熔透，焊丝给送速度要慢些，可采用200m/h。当渣池接近工件时，逐步调整焊接参数而转入正常焊接。

在正常焊接过程中，应注意焊接电压的变化。随着管状熔嘴的熔化，要相应地减小焊接电压，否则易造成焊缝熔宽不均匀。渣池应保持在40～70mm深，并且不宜一次加入过多的焊剂，否则因渣池较小，导致渣池温度显著下降而造成焊缝未焊透的缺陷。

焊缝收尾时与丝极电渣焊一样，焊接电压也应适当减小，以免熔宽过大。同时要断续给送焊丝，以填满弧坑。

管状熔嘴电渣焊由于多焊接厚度较小的工件，同时采用较高的焊接速度，金属熔池冷却速度又快，故焊缝过热区较小。另外在管状焊条的药皮中加入了一定数量的钛铁，可使焊缝晶粒细化，因此，对焊接30～40mm厚的板材，焊后可以不进行热处理，其力学性能能达到要求。常用管状熔嘴电渣焊焊接参数见表5-26。

表5-26 常用管状熔嘴电渣焊焊接参数

结构形式	工件材料	接头形式	工件厚度/mm	熔嘴数目/个	装配间隙/mm	电弧电压/V	焊接速度/(m/h)	送丝速度/(m/h)	渣池深度/mm
非刚性固定结构	Q235A Q345 (16Mn) 20	对接接头	40	1	28	42～46	～2	230～250	55～60
			60	2	28	42～46	～1.5	120～140	40～45
			80	2	28	42～46	～1.5	150～170	45～55
			100	2	30	44～48	～1.2	170～190	45～55
			120	2	30	46～50	～1.2	200～220	55～60
		T形接头	60	2	30	46～50	～1.5	80～100	30～40
			80	2	30	46～50	～1.2	130～150	40～45
			100	2	32	48～52	～1.0	150～170	45～55

续表 5-26

结构形式	工件材料	接头形式	工件厚度/mm	熔嘴数目/个	装配间隙/mm	电弧电压/V	焊接速度/(m/h)	送丝速度/(m/h)	渣池深度/mm
刚性固定结构	Q235A Q345 (16Mn) 20	对接接头	40	1	28	42～46	～0.6	60～70	30～40
			60	2	28	42～46	～0.6	60～70	30～40
			80	2	28	42～46	～0.6	75～80	30～40
			100	2	30	44～48	～0.6	85～90	30～40
			120	2	30	46～50	～0.5	95～100	30～40
		T形接头	60	2	30	46～50	～0.5	60～65	30～40
			80	2	30	46～50	～0.5	70～75	30～40
			100	2	32	48～52	～0.5	80～85	30～40

注：管状熔嘴采用无缝钢管，尺寸为 ϕ12mm×3mm 或 ϕ14mm×4mm。

八、电渣焊焊后热处理

常规电渣焊由于其热循环的特点，焊后会使焊缝晶粒长大，焊接接头的力学性能有所降低，并存在一定的内应力，因此，通常要进行焊后热处理。

(1)退火处理 热处理温度为 500℃～700℃，处理后不发生相变，只能消除焊接应力，力学性能无明显变化，可用于复杂工件的中间热处理和冲击性能要求不高的工件。

(2)高温退火处理 热处理温度为 Ac_3＋(30～50)℃，处理后魏氏体组织基本消除，冲击韧度提高，但不如正火＋回火处理完善，在无法正火的条件下采用。

(3)正火＋回火处理 先进行正火处理，温度为 Ac_3＋(30～50)℃，经空冷后再接着进行回火处理，温度为 500℃～700℃。处理后不仅魏氏体组织消除，晶体细化，而且冲击韧度提高。

单熔嘴电渣焊和管状电渣焊由于热输入量减少，可以考虑不进行热处理或只进行消除应力处理。是否热处理，也可由用户同制造商或工艺设计部门协商处理。

九、电渣焊常见缺陷及预防措施

电渣焊常见缺陷、产生原因及预防措施见表 5-27。

表 5-27 电渣焊常见缺陷、产生原因及预防措施

缺陷名称	产生原因	预防措施
热裂纹	1. 焊缝中杂质偏析； 2. 焊丝送进速度过快造成熔池过深，是产生热裂纹的主要原因； 3. 母材中的 S、P 等杂质元素含量过高； 4. 焊丝选用不当； 5. 引出结束部分的裂纹主要是由于焊接结束时，焊接送丝速度没有逐步降低； 6. 含碳量较高的碳钢及低合金钢焊后未及时热处理	1. 选择优质的电极材料、合适的焊接参数； 2. 降低焊丝送进速度； 3. 降低母材中 S、P 等杂质元素含量； 4. 选用抗热裂纹性能好的焊丝； 5. 焊接结束前应逐步降低焊丝送进速度； 6. 及时热处理

续表 5-27

缺陷名称	产生原因	预防措施
气孔	1. 水冷成形滑块漏水进入渣池； 2. 焊剂潮湿； 3. 采用无硅焊丝焊接沸腾钢，或含硅量低的钢； 4. 大量氧化铁进入渣池	1. 焊前仔细检查水冷成形滑块，注意水冷滑块不能漏水； 2. 焊剂应烘干； 3. 焊接沸腾钢时采用硅焊丝； 4. 工件焊接面应仔细清除氧化皮，焊接材料应去锈
夹渣	1. 焊接参数变动较大或电渣过程不稳定； 2. 熔嘴电渣焊时，绝缘块熔入渣池过多，使熔渣黏度增加； 3. 焊剂熔点过高	1. 保持焊接参数和电渣过程的稳定； 2. 尽量减少绝缘块熔入渣池的量； 3. 选择适当焊剂
咬边	1. 热量过大； 2. 滑块冷却不良； 3. 滑块装配不准确	1. 降低电压，提高焊接速度，缩短摆动焊丝在两侧的停留时间； 2. 增加水流量及滑块接触面积； 3. 改进滑块结构，用石棉泥填封
未焊透	1. 电渣过程及送丝不稳定； 2. 焊接参数选择不当，如渣池太深等； 3. 焊丝或熔嘴距水冷成形滑块太远，或在装配间隙中位置不正确	1. 保持稳定的电渣过程； 2. 焊接参数选择合适且保持稳定； 3. 调整焊丝或熔嘴，使其距水冷成形滑块距离及在焊缝中位置符合工艺要求
未熔合	1. 焊接电压过高，送丝速度过低，渣池过深； 2. 电渣过程不稳定； 3. 焊剂熔点过高	1. 选择适当的焊接参数； 2. 保持电渣过程稳定； 3. 选择适当的焊剂
冷裂纹	1. 焊接结构设计不合理，焊缝密集，或焊缝在板的中间停焊； 2. 结构复杂，焊缝很多，没有进行中间热处理； 3. 高碳钢、合金钢焊后没及时进行热处理； 4. 焊缝有未焊透、未熔合缺陷，又没有及时清理； 5. 焊接过程中断，咬口没及时补焊	1. 设计时，结构上避免密集焊缝及在板中间停焊； 2. 焊缝很多的复杂结构，焊接一部分焊缝后，应进行中间消除应力热处理； 3. 高碳钢、合金钢焊后应及时进炉，有的要采取焊前预热，焊后保温措施； 4. 焊缝上缺陷要及时清理，停焊处的咬口要趁热挖补； 5. 室温低于 0℃ 时，电渣焊后要尽快进炉，并采取保温措施

第五节　电渣焊应用实例

一、立辊轧机机架的熔嘴电渣焊

(1)工件结构形式　立辊轧机机架结构如图 5-19 所示。机架材质为 ZG270-500，质量为 90t。机架的结构比较复杂，它由左、右牌坊及前面、后面的上、下横梁组成。机架的上、下横梁分段处为空心断面。在焊接接头部分将横梁的空心断面铸造成矩形断面，以适应电渣焊工艺的要求。

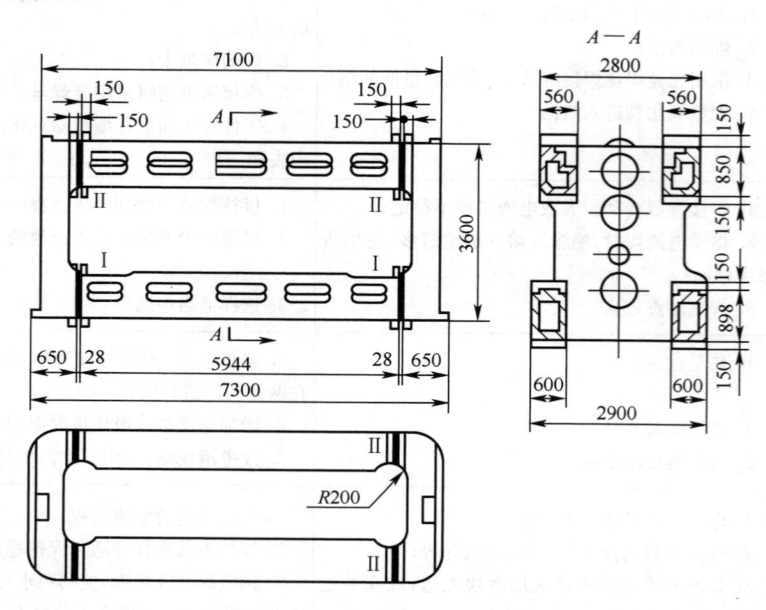

图 5-19　立辊轧机机架结构

(2)焊接方案　立辊轧机机架的焊接接头如图 5-20 所示。机架的左、右牌坊与 4 个横梁之间有 8 个焊接接头，每个牌坊有 4 个焊接接头。可分两次进行焊接，首先焊接接头Ⅱ，然后翻身再焊接接头Ⅰ。立辊轧机机架的焊接坡口形式及尺寸如图 5-21 所示。焊接方法均采用多熔嘴电渣焊。立辊轧机机架电渣焊熔嘴排列尺寸及引弧板尺寸如图 5-22 所示。

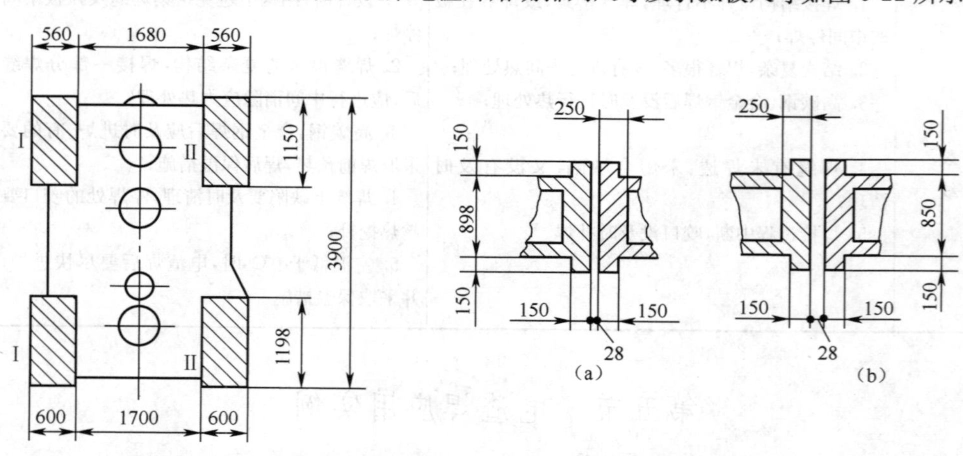

图 5-20　立辊轧机机架的焊接接头

图 5-21　立辊轧机机架的焊接坡口形式及尺寸

(a)接头Ⅰ　(b)接头Ⅱ

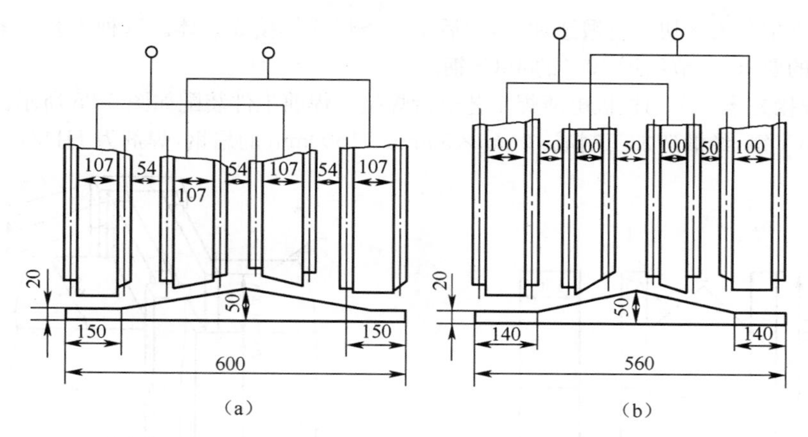

图 5-22　立辊轧机机架电渣焊熔嘴排列尺寸及引弧板尺寸

(a)焊接接头Ⅰ　(b)焊接接头Ⅱ

(3)焊接参数　立辊轧机机架电渣焊焊接参数见表 5-28。

表 5-28　立辊轧机机架电渣焊焊接参数

接头	焊缝位置	焊接断面尺寸(宽×高)/(mm×mm)	熔嘴数量/块	熔嘴尺寸(厚×宽)/(mm×mm)	丝距比(a/b)	电弧电压/V	送丝速度/(m/h)	备　注
Ⅱ	上横梁与牌坊	560×1150	4	10×100	1.83	38～42	72～74	焊接材料： 焊丝 ϕ3.2mm，H10Mn2； 焊剂：HJ431； 熔嘴：10Mn2
Ⅰ	下横梁与牌坊	600×1198	4	10×107	1.83	38～42	74～76	

(4)焊后热处理　为了改善焊接接头的组织及性能，立辊轧机机架焊后正火-回火热处理工艺如图 5-23 所示。

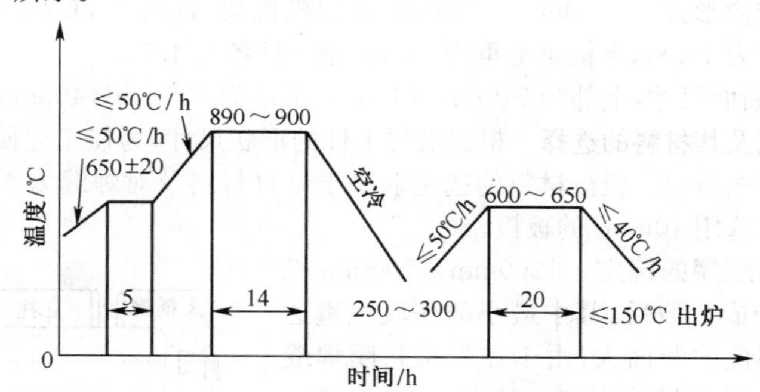

图 5-23　立辊轧机机架焊后正火-回火热处理工艺

二、250mm 轧机中辊支架的板极电渣焊

(1)工件结构形式　中辊支架毛坯件外形及尺寸如图 5-24 所示。它是锻压-焊接联合结构。根据工艺的可能性及节约原料的原则，将中辊支架分别锻制成5 块。其中件 1 与件 2 受力不大，使用 45 钢制造。件 3 承受最大的弯矩，采用40Cr 钢制造。

中辊支架分为5块进行锻造加工，然后用4条焊缝焊接成一体。这种工艺方案即保证了原设计的要求，又节约近50%的40Cr钢。

(2)焊接方案　选用板极电渣焊工艺进行焊接。焊前工件装配如图5-25所示。板极材料选用40Cr钢，经锻造加工制成10mm×50mm×1500mm的扁钢，焊剂为HJ431。

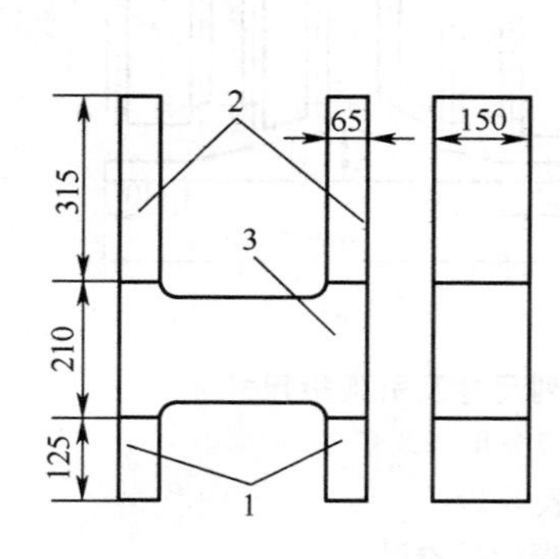

图5-24　中辊支架毛坯件外形及尺寸

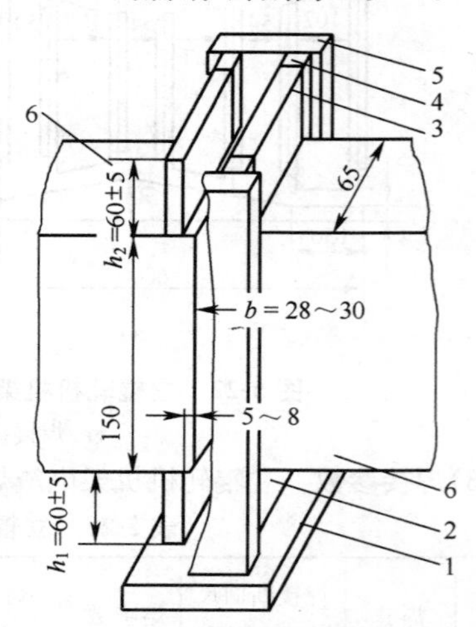

图5-25　焊前工件装配

1. 引弧底板　2. 引弧侧板　3. 挡渣板　4. 垫板　5. 侧挡渣板　6. 工件

(3)焊接参数　电弧电压为36～38V；焊接电流为800A；焊接电流密度为1.6V/mm²；渣池深度为35mm；装配间隙为28～30mm。

(4)焊后热处理　采用正火处理，工件在加热炉中经2.5h达到800℃～820℃，保温时间为3h。然后由炉中取出空冷。

三、轧钢机机架的板极电渣焊

(1)工件的结构形式　1200mm×760mm轧钢机机架，材料为ZG230-450，由4个部件组成，上横梁毛重为10.8t，下横梁毛重为12t，两根立柱各为4.5t。

焊接部位的断面尺寸：上部为710mm×40mm，下部为735mm×400mm。

(2)电极形式及其材料的选择　根据被焊工件的形状尺寸，为使工艺便于掌握，设备易于制造，选用板极电渣焊。板极材料的选定取决于母材材料及对焊缝力学性能的要求，还要保证焊接质量，选用10mm²的板极。

(3)机架焊接顺序的确定　1200mm×760mm机架是封闭式的，分成4段后，其中最小的一段也重达4.5t，而且焊接部位的断面大；由于在焊接封闭焊缝时机械刚度较大，对变形的影响也较大，为使焊缝收缩均匀，焊接时应尽量使两相邻并列焊缝同时施焊。如图5-26所示，将焊接顺序定为1→2→3→4，并使1、2两焊缝和3、4两焊缝施焊间隔时间为最短，以使焊后的收缩条件尽可能趋于一致。

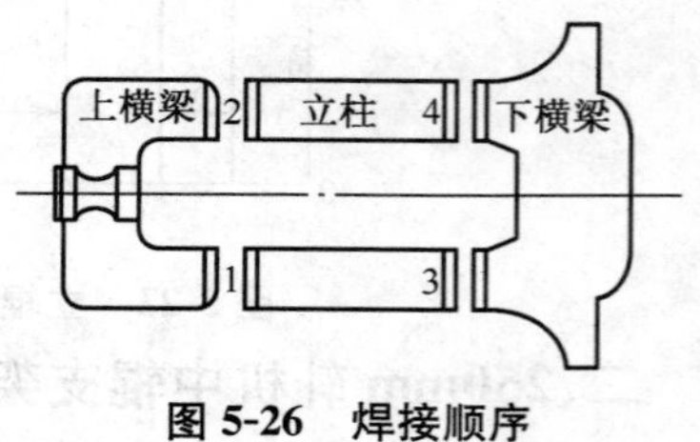

图5-26　焊接顺序

1～4. 焊接顺序

(4)焊接参数　电压为38～42V；电流密度为0.35～0.60A/mm²；渣池深度为30mm；

极板数为 6 块，每块尺寸为 12mm×227mm；被焊工件间隙为上口 35.5mm，下口 31.5mm；极板凸出工件距离为 0～5mm；冷却水温度为 50℃以上。

(5)工艺要点

①机架焊前装配工艺。将机架一次装妥，为消除焊接角变形对轧钢机机架形状、尺寸的影响，根据试验结果，在焊缝 560mm 高度上，采用了上、下间隙相差 4mm 的反变形量。

装配方法是将立柱平放，使上、下横梁斜放，以满足上、下间隙相差 4mm 的要求。装配情况如图 5-27 所示。

②机架焊接。根据已确定的焊接参数进行机架的焊接，焊接坡口的装配如图5-28所示。在焊接过程中，应经常对焊接电流、电压和渣池深度进行调节，使其控制在规定的参数范围内，并经常调整板极在渣池中的位置。

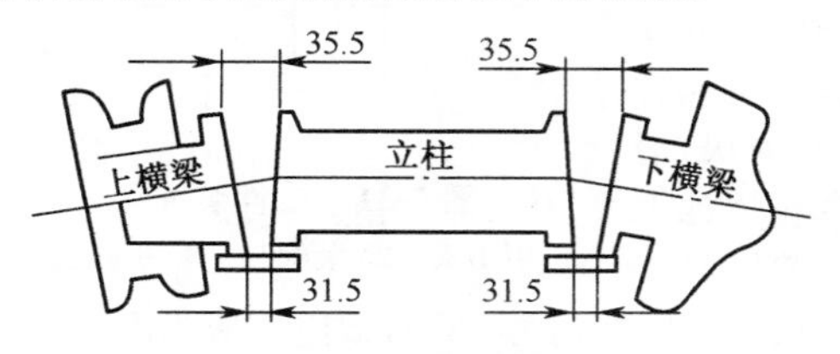

图 5-27 装配情况

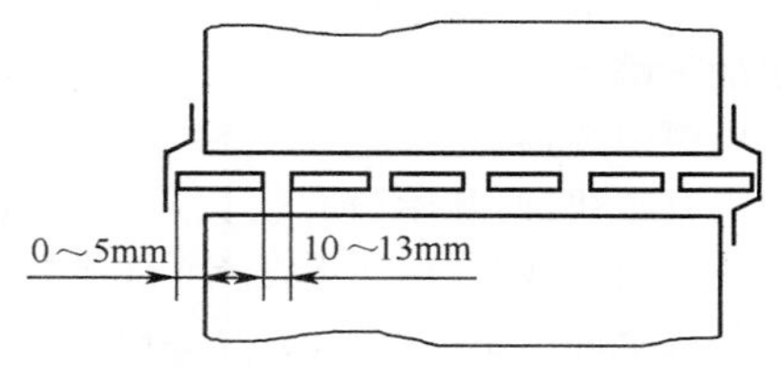

图 5-28 焊接坡口的装配

为使机架在焊后均匀收缩，要保证相邻并列焊缝焊接工作的连续性，尽量缩短焊缝施焊间隔时间，并在焊后用砂盖住焊缝保温，当机架的 4 道焊缝焊接完毕后，进行正火处理，在热状态下(200℃～300℃)用气割方法切除引出板和引弧板，切除后进行回火处理。

(6)焊后热处理 机架焊后的热处理工艺如图 5-29 所示。热处理在抽底式煤气炉中进行，由于工件大，冷却时应采用强制空冷，保温时，炉膛前后温度变化范围在 880℃～920℃，在空气中冷却到表面温度低于 300℃时，入炉回火。

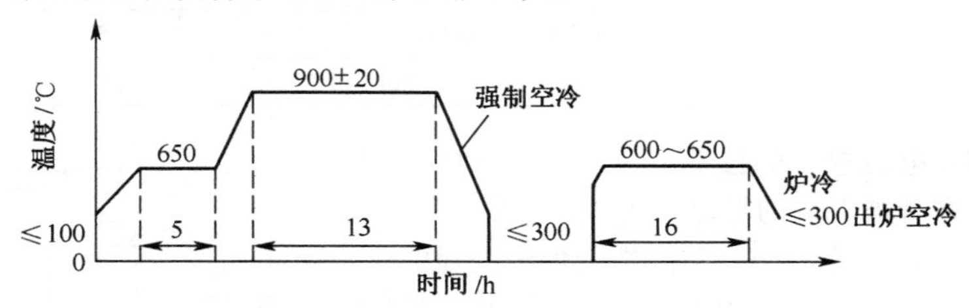

图 5-29 机架焊后热处理工艺

四、厚度为 30mm、40mm16Mn 板材直缝管极电渣焊

管极电渣焊是用一根带涂料的钢管中间通以焊丝构成涂料管极，如图 5-30 所示。焊接时，送丝机构的送丝轮将焊丝下送，直到和引弧板的底板接触产生电弧，电弧热将焊剂熔化后，逐步形成稳定的电渣过程。焊接电流通过渣池产生电阻热，加热和熔化金属，形成金属熔池，随着焊接过程进行，渣池和金属熔池上升，金属熔池下部不断凝固形成焊缝。

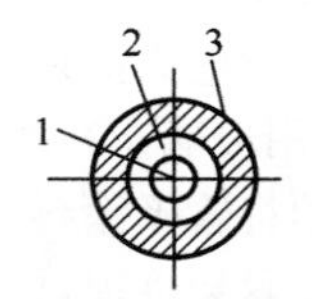

图 5-30 涂料管极
1. 焊丝 2. 无缝钢管
3. 涂料

(1)焊前准备

①工件装配。工件装配如图 5-31 所示。装配间隙工件下口 21mm，工件上口 24mm。

一般不在工件上焊装配马，在焊缝的引出板上焊两块 30mm×150mm×60mm 的钢板，来代替装配马。这种固定方法使焊接操作方便，工件也工整。

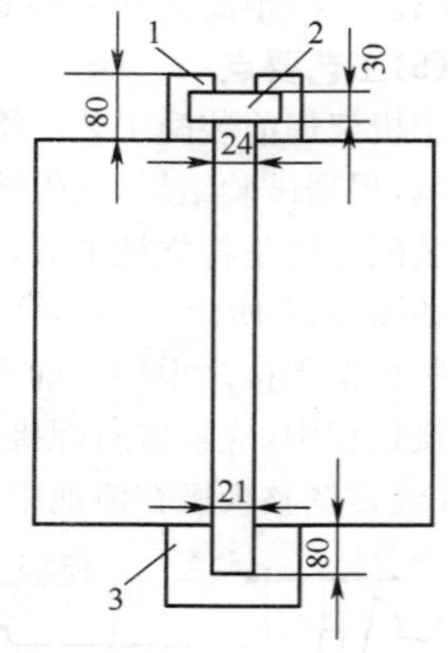

图 5-31 工件装配

1. 引出板 2. 装配马 3. 引弧板

②管极制作。管极可采用无缝钢管，要求其含碳量和含硫、磷量低，可采用 20 钢。管子尺寸为 ϕ14mm×3mm、ϕ12mm×3mm、ϕ14mm×4mm。管极的横断面不能太小，否则在焊接过程中，由于通过电流很大，会使管子熔断。

管子上的涂料成分详见表 5-29。涂料一般采用手工涂制。先将涂料粉与适量的水玻璃混合拌匀，然后涂在管极上，经自然干燥，并在 250℃温度下烘干 2h，即可使用。

(2)焊接参数 管极电渣焊焊接参数见表5-30。引弧采用导电熔剂[50% TiO_2、50% CaF_2，(质量分数)]，放在管极的下端，该熔剂有利于电弧引燃，而对焊接质量无影响。电弧引燃后，送丝速度要慢些(200m/h)，如太快，渣池也上升很快，使开始段有较长的未焊透，待金属熔池上升到高出引弧板时，再逐步将送丝速度增至正常数值。

焊缝下部由于管极上的电压降很大(每米管极上电压降约为 3V)，故电压应当高一些，一般为 48～50V。焊接快结束时，电压应逐步降低，以免熔深过大。

表 5-29 涂料成分

成分	锰矿粉	滑石粉	钛白粉	白云石	石英粉	萤石粉
(质量分数，%)	36	21	8	2	21	12

表 5-30 管极电渣焊焊接参数

参数 工件厚度/mm	焊接电压/V	送丝速度/(m/h)	焊接电流/A	渣池深度/mm	焊接速度/(m/h)	工件材料
30	38～42	240～270	650～850	60～70	2.6～3	16 锰
40	40～45	270～300	700～900	60～70	2.6～3	16 锰

(3)中间导电装置 焊接 2m 以上长焊缝时，由于管极长，若仅在管极上端的导电板上导电，则管极上电阻热很大，严重时会引起管极熔化，造成焊接过程中断，因此必须采用中间导电，以降低电阻热。采用的中间导电装置如图 5-32 所示。

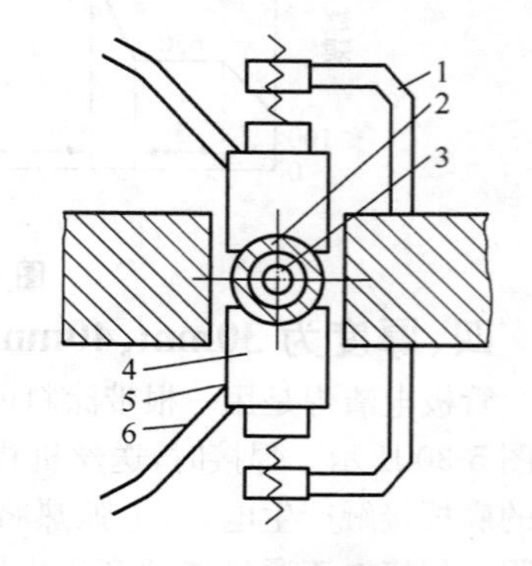

图 5-32 中间导电装置

1. 螺钉撑紧架 2. 管极 3. 焊丝 4. 导电夹头 5. 绝缘层 6. 导线

导电夹头用纯铜块加工而成，外面包一层绝缘层(可用玻璃布)，用螺钉撑紧架将夹头压紧在管极上(之前须将管极涂料去掉)，当焊接熔池升至此处时，先将螺钉撑紧架拆掉，即可将中间导电装置拆下。

(4)焊后热处理 电渣焊后一般应进行 900℃正火或退火处理，以消除过热组织和焊接应力。当在管极涂料中加入钛铁时，由于明显地细化晶粒，使塑性指标(伸长率、断面收缩率)及冲击韧度得到提高，所以一般产品焊后不进行高温热处理(指 900℃的正火和退火)，至于是否进行消除应力的 600℃左右的回火处理，应根据焊接件结构和应力情况决定。

第六章　电　阻　焊

工件组合后通过电极施加压力，利用电流通过接头的接触面及邻近区域产生的电阻热进行焊接的方法称为电阻焊。主要分为点焊、缝焊、凸焊和对焊。

第一节　电阻焊基础

一、电阻焊的分类

电阻焊的种类较多，常见电阻焊分类方法如图 6-1 所示。

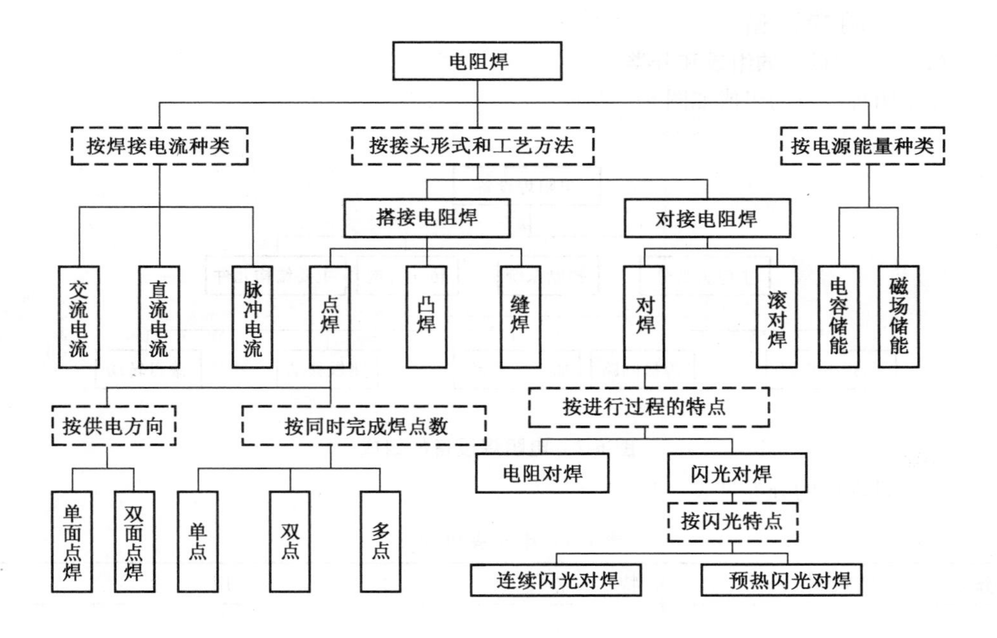

图 6-1　常见电阻焊分类方法

二、电阻焊的特点及应用范围

(1)电阻焊的特点

①电阻焊是利用工件内部产生的电阻热（属于内部分布热源），由高温区向低温区传导，加热及熔化金属实现焊接的。电阻焊的焊缝是在压力下凝固或聚合结晶，属于压焊范畴，具有锻压特征。

②由于焊接热量集中、加热时间短、焊接速度快，所以热影响区小，焊接变形与应力也较小。所以，通常焊后不需要校正及热处理。通常不需要焊条、焊丝、焊剂、保护气体等焊接材料，焊接成本低。电阻焊的熔核始终被固体金属包围，熔化金属与空气隔绝，焊接冶金

过程比较简单。

③操作简单，易于实现机械化和自动化，劳动条件较好。生产率高，可与其他工序一起安排在组装焊接生产线上。但是闪光焊因有火花喷溅，尚需隔离。

④由于电阻焊设备功率大，焊接过程的程序控制较复杂，机械化、自动化程度较高，使得设备的一次性投资大，维修困难；而且常用的大功率单相交流焊机不利于电网的正常运行。

⑤点、缝焊的搭接接头不仅增加构件的质量，而且使接头的抗拉强度及疲劳强度降低。电阻焊质量，目前还缺乏可靠的无损检测方法，只能靠工艺试样、破坏性试验来检查，以及靠各种监控技术来保证。

(2)电阻焊的应用范围 电阻焊具有生产效率高、成本低、节省材料，易于实现自动化等特点，因此，广泛应用于航空、航天、能源、电子、汽车、轻工等各工业领域，是重要的焊接工艺之一。

三、电阻焊设备

(1)电阻焊设备的组成和分类

①电阻焊设备的组成如图 6-2 所示。

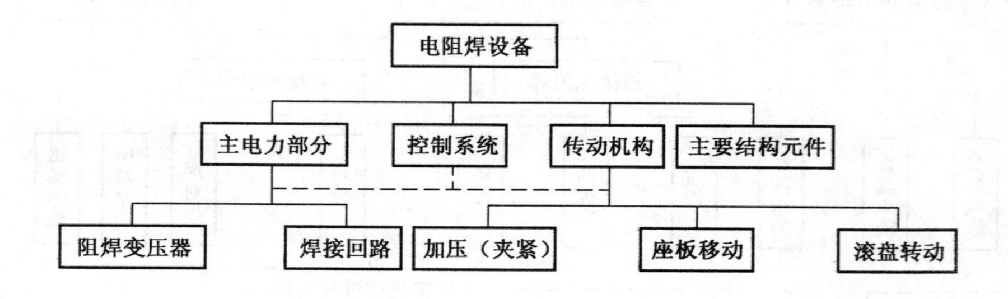

图 6-2 电阻焊设备的组成

②电阻焊机的分类见表 6-1。

表 6-1 电阻焊机的分类

分类方法	焊机类别	特 点	用 途
按接头形式和工艺方法分类	点焊机	以强大电流短时间通过被圆柱形电极压紧的搭接工件，在电阻热及压力下形成焊点	用于金属板材的搭接焊接，代替铆接
	缝焊机	结构类似点焊机，但电极是一对旋转的滚轮，电流一般断续通过，各个焊点彼此部分地相互重叠形成连续的焊缝，按滚轮转动方向可分为纵向缝焊机和横向缝焊机	用于薄板气密性容器的焊接

续表 6-1

分类方法	焊机类别	特点	用途
按接头形式和工艺方法分类	凸焊机	薄工件事先冲出凸点，在电极通电加压下，凸点被压平形成焊点。焊机结构类似点焊机，但电极为板状，且压力较大	用于薄件、薄件与厚件及有镀层零件的焊接
	对焊机	除了有与点焊机相似的电力系统和加压机构外，还有夹紧工件的机构、使工件轴向移动并加压的装置和控制电路，对焊机的焊接电流和压力一般都比较大。对焊机按焊接工艺要求，分为电阻对焊机、连续闪光对焊机和预热闪光对焊机	用于棒材、线材的对接焊
按电极加压机构分类	杠杆弹簧式	通过手动式脚踏杠杆来压缩弹簧，将压力施加于电极。这种焊机加压机构简单，只能获得压力不变的简单压力曲线，压力难以稳定，工人劳动强度较高	一般为小功率的点焊机
	电动凸轮式	由电动机带动凸轮，将压力施加于电极。机械结构较复杂，通电时间和压力曲线可用凸轮控制，能自动连续焊接，减轻焊工劳动强度	一般为中、小功率的点焊机和缝焊机，适合于成批生产部门使用
	气压式	用气缸产生的压力作用于电极，压力稳定并容易调节，便于自动化，可获多种压力曲线，焊接质量稳定	中、大功率的点、凸、缝焊机和中等功率对焊机
	液压式	用高压的油、水为工作液体，压力大，并可大大减小压力缸的体积和传动机构的质量，但油路系统需有液压泵、储油箱等，比气压式复杂	主要是大功率的对焊机和多点焊机
	气、液压式	利用气压通过液压缸增压，作用于电极，可得较大压力，液压缸体积小，移动方便，并且不需要液压泵	主要用于悬挂移动式的点焊机和缝焊机

续表 6-1

分类方法	焊机类别	特点	用途
按供电形式分类	工频交流焊机	1. 利用交流断续器来控制电流的幅值和触发相位,电流脉冲的大小、形状、通电时间可作各种调节,电网电能的变换较为简单; 2. 一般为单相,功率受一定限制	一般的点、缝、凸、对焊机都属此类,用于焊接较薄钢件、镍合金、钛合金等
	直流(次级整流)焊机	1. 焊接电流为直流脉冲,工艺适应性强; 2. 焊接效率高,功率因数85%以上(回路感抗小); 3. 与单相交流焊机相比功率小,三相负荷平衡; 4. 伸进回路的铁磁物质对焊接电流大小没有影响	适宜焊接各种金属,特别适宜焊接外形尺寸大、要求大臂长和大开度的零件,轻合金和要求用软规范焊接的各种钢和合金
	直流冲击波焊机	将引燃管短时接到焊机变压器的初级,在次级获得低频的电流脉冲; 1. 焊接电流脉冲的工艺性能好; 2. 三相负荷平衡、功率因数高,需用功率小; 3. 变压器尺寸大、质量大; 4. 焊接电流流形不易调节	用于点焊和缝焊各种轻合金的大型结构,如铝合金、镁合金、铜合金等,也可焊钢铁材料
	电容储能焊机	利用电容放电,获得电流脉冲; 1. 每次焊接时,提供的能量精确; 2. 从电网吸取的功率小,而焊接功率大; 3. 焊接电流脉冲前沿陡,工件表面清理要求高,电极压力要大; 4. 电容器组体积大; 5. 电流波形不好调节	大功率储能焊机适用于导热性好的金属和焊后要求热影响区小的材料的焊接;小功率的适合1mm以下的各类金属的焊接
	变频(逆变)焊机	引入逆变器后,焊机的工作频率是工频的几十倍; 1. 阻焊变压器加上二次侧整流器仅为工频焊机质量的1/5~1/3; 2. 可实现高速精密控制; 3. 输出低脉动的焊接电流、工艺性好; 4. 三相负荷平衡,功率因数高,节能经济性好	适宜焊接各种金属。焊机和焊钳可实现小型化、轻量化,故尤其适于手提式、悬挂式点焊机及机器人焊接; 目前由于制造成本较高,推广普及尚有一定困难

③电阻焊机主要组成部分的作用及结构特点见表6-2。

表6-2 电阻焊机主要组成部分的作用及结构特点

组成部分		作用	结构特点
主电力部分	焊接回路	是电阻焊机中流过焊接电流的回路，其作用是向工件馈送强大的焊接电流	点焊、缝焊、凸焊机的焊接回路，由阻焊变压器次级线圈、次级软连接、电极臂、电极等组成；对焊机的焊接回路由阻焊变压器次级线圈、次级软连接、夹具和夹具间的工件等组成，焊接回路的短路阻抗应尽可能地小
	阻焊变压器	为电阻焊机的电源，将电网的交流电变成适宜于电阻焊机的交流电	为低电压(小于12V)、大电流(输出电流等级由几千安培至几十万安培)、低漏抗的特殊变压器，其次级电压能够分级调节，变压器的铁心一般为壳式，线圈有筒式(小功率焊机)和盘式(中、大功率焊机)两种
压力传动机构	电极加压机构	为点、缝、凸焊机中的主要机械部件，其作用是以规定的压力和时间压紧零件，以规定的时刻提起和放下电极	电极加压机构有弹簧杠杆式、电动凸轮式、气压式、液压式和气-液压式等类型，使用不同类型的结构可以获得各种压力变化曲线
	夹紧机构	对焊机中用以夹紧零件、传导电流并保证两零件之间的相对位置	由一个静夹具和一个动夹具组成，两个夹具的结构是一样的，都由上、下钳口和加压机构组成。按加压机构的结构不同，夹具有多种形式，一般小功率对焊机用弹簧式、偏心轮式、螺旋式，大、中功率对焊机采用气压式、液压式和气-液压式等
	送料顶锻机构	对焊机中的主要机械部件，用以将工件连续或断续往复送进，并快速顶锻	由静夹具、动夹具及加压机构等组成，根据加压机构的不同，送料顶锻机构有弹簧传动、杠杆传动、电动凸轮传动(用于小功率对焊机)和气压式传动、液压传动(大、中功率对焊机)等形式
控制系统	开关设备	串接在阻焊变压器的初级线圈上，用以接通和关断焊接电流	按开关的结构可分为电磁开关、离子式开关(闸流管、引燃管)和可控硅开关；按焊接电流通断时刻与电网正弦电压相位关系不同，可分为非同步开关(异步、半同步)和同步开关两类，前者用于通电时间不太短、控制精度要求一般的场合；后者用于通电时间短、电流较大，或控制精度要求高的场合
	程序控制器	使电阻焊机的机械、电气和其他装置相互协调；控制各组件和元件按预定的焊接循环进行工作	常用的程序控制器为时间调节器，通常有凸轮程序控制机构和电子程序控制器两类，前者控制精度较差，用于电动传动的简单电阻焊机；后者控制精确，广泛用于气压式和液压式焊机上
	机械传动控制	1. 电极压力的施加和调节； 2. 夹紧力、顶锻力的施加和调节； 3. 滚轮转动速度(缝焊机)或可动夹具的移动速度(对焊机)的调节	由各种机械装置和阀门器件组成，如电磁气阀、气体减压阀、机械减速装置、液压控制阀等

(2)常用电阻焊机的控制装置及用途 常用电阻焊机的控制装置及用途见表 6-3。

表 6-3 常用电阻焊机的控制装置及用途

控制箱型号	结构类型	主电路元件	最大控制电流/A	电源电压/V	时间调节范围/s 加压	焊接	维持	休止	用途
KD3-600	电子管半同步控制	引燃管 Y1-75/0.6	760	380	0.035～1.400	0.035～1.400	0.035～1.400	0.035～1.400	配合各种点焊机作较精确控制用
KD3-1200		引燃管 Y1-100/0.6	1350			0.23～6.75			
KD-600	电子管同步控制	引燃管 Y1-75/0.6	760	380/220	0.04～1.40	0.04～6.80	0.04～1.40	0.04～1.40	配合各种点焊机作精确控制用
KD-1200		引燃管 Y1-100/0.6	1350						
KF-600		引燃管 Y1-75/0.6	330		—	0.02～0.38	—	0.02～0.38	配合各种缝焊机作精确控制用
KF-1200		引燃管 Y1-100/0.6	620		—	0.02～0.38	—	0.02～0.38	
KD6-75	晶体管同步控制	引燃管 Y1-75/0.6	760	380/220	0.02～2.00	0.02～2.00	0.02～2.00	0.02～2.00	配合各种点焊机作精确控制用
KD6-100		引燃管 Y1-100/0.6	1350						
KD7-50	全晶体管化同步控制	可控硅 3CT-5293 50A/900V	100		0.04～1.33	0.02～0.40	0.04～1.33	0.04～1.33	

四、电阻焊电极和附件材料成分及性能

①电阻焊电极和附件材料成分及性能见表 6-4。

表 6-4 电阻焊电极和附件材料成分及性能

组	类	编号	名称	成分①（质量分数,%）	形式	硬度 HV 最小值 (300N)	电导率最小值 /(MS/m)	软化温度最低值 /℃
A	1	1	Cu-ETP	Cu99.9（+Ag 微量）	棒≥25mm	85	56	150
					棒<25mm	90	56	
					锻件	50	56	
					铸件	40	50	
		2	CuCd1	Cd0.7～1.3	棒≥25mm	90	45	250
					棒<25mm	95	43	
					锻件	90	45	
	2	1	CuCr1	Cr0.3～1.2	棒≥25mm	125	43	475
					棒<25mm	140	43	
					锻件	100	43	
					铸件	85	43	
		2	CuCr1Zr	Cr0.5～1.4 Zr0.02～0.20	棒≥25mm	130	43	500
					棒<25mm	140	43	
					锻件	100	43	

续表 6-4

组	类	编号	名　　称	成分① (质量分数,%)	形　式	硬度 HV 最小值 (300N)	电导率 最小值 /(MS/m)	软化温度 最低值 /℃
A	3	1	CuCo2Be	Co2.0～2.8 Be0.4～0.7	棒≥25mm 棒<25mm 锻件 铸件	180 190 180 180	23 23 23 23	475
		2	CuNi2Si	Ni1.6～2.5 Si0.5～0.8	棒≥25mm 棒<25mm 锻件 铸件	200 200 168 158	18 17 19 17	500
	4	1	CuNi1P	Ni0.8～1.2 P0.16～0.25	棒≥25mm 棒<25mm 锻件 铸件	130 140 130 110	29 29 29 29	475
		2	CuBe2CoNi	Be1.8～2.1 Co、Ni、Fe 各 0.2～0.6	棒≥25mm 棒<25mm 锻件 铸件	350 350 350 350	12 12 12 12	300
		3	CuAg6	Ag6～7	锻件<25mm 铸件 25～50mm	140 120	40 40	400
		4	CuAl10Fe5Ni5	Al8.5～11.5 Fe2.0～6.0 Ni4.0～6.0 Mn0～2.0	锻件 铸件	170 170	4 4	650
B	10		W75Cu	Cu25	—	220	17	1000
	11		W78Cu	Cu22		240	16	1000
	12		WC70Cu	Cu30		300	12	1000
	13		Mo	Mo99.5		150	17	1000
	14		W	W99.5		420	17	1000
	15		W65Ag	Ag35		140	29	900

注:①成分栏中未注出 Cu 成分的,Cu 为余量。
　②电阻焊电极材料的用途见表 6-5。

表 6-5　电阻焊电极材料的用途

材料	点　　焊	缝　　焊	凸　　焊	闪光对焊或电阻对焊	辅助设备
A1/1	焊铝电极	焊铝电极	—	—	无应力导电部件、叠片分路
A1/2	焊铝电极、焊镀层钢(镀锌、锡、铝、铅)电极	焊铝电极、焊镀层钢(镀锌、锡、铝、铅)焊轮	—	焊低碳钢的模具或镶嵌电极	高频电阻焊或焊非铁磁金属用电极

续表 6-5

材料	点焊	缝焊	凸焊	闪光对焊或电阻对焊	辅助设备
A2/1	焊低碳钢电极、握杆、轴和衬垫材料	焊低碳钢电极	大型模具	焊碳钢、不锈钢和耐热钢用模具或镶嵌电极	有应力导电部件、B组烧结材料的衬垫
A2/2	焊低碳钢和镀层钢电极	焊低碳钢和镀层钢电极	—	—	—
A3/1	焊不锈钢和耐热钢电极,有应力电极握杆、轴和电极臂	焊不锈钢和耐热钢焊轮、轴承衬套	模具或镶嵌电极	高夹紧力下的模具或镶嵌电极	有应力导电部件
A3/2	有应力电极握杆、轴和电极臂	轴和衬套	—	—	有应力导电部件
A4/1	电极握杆和弯电极臂	轴和衬套	—	—	有应力导电部件
A4/2	极大机械应力下的电极握杆和轴	极大机械应力下的机臂	高电极压力下的模具和镶嵌电极	闪光焊用长模具	—
A4/3	—	高热应力下焊低碳钢电极轮	—	—	—
A4/4	电极握杆	低电力负荷下的轴和衬套	压板和模具	—	—
B10	—	—	焊低碳钢镶嵌电极	在高应力下焊低碳钢镶嵌电极	热铆和热压用镶嵌电极
B11	—	—	—	—	热铆和热压用镶嵌电极
B12	—	—	焊不锈钢镶嵌电极	焊钢材用小型模具或镶嵌电极	热铆和热压用镶嵌电极
B13	焊铜基高导电材料的镶嵌电极	—	—	—	热铆和热压用镶嵌电极、电阻钎焊用镶嵌电极
B14	焊铜基高导电材料的镶嵌电极	—	—	—	热铆和热压用镶嵌电极、电阻钎焊用镶嵌电极、铁磁材料高频电阻焊用电极

五、常用金属材料的电阻焊焊接性

常用金属材料的电阻焊焊接性见表 6-6。

表 6-6 常用金属材料的电阻焊焊接性

材料牌号	点焊	缝焊	对焊
低碳钢	良好	良好	良好
10Mn2A	良好	良好	良好
30CrMnSiA	尚好	尚好	尚好
1Cr18Ni9Ti	良好	良好	良好
18Mn2CrMoB	良好	良好	良好
1Cr19Ni11Si4AlTi	良好	良好	良好
3A21	良好	尚好	良好
5A02	良好	尚好	良好
5A03	良好	尚好	良好
5A06	尚好	尚好	良好
2A12	尚好	尚好	尚好
7A04	尚好	尚好	尚好

第二节 点 焊

点焊是工件装配成搭接接头，并压紧在两电极之间，利用电阻热熔化母材金属，形成焊点的电阻焊方法。

一、常用电阻点焊的特点及应用范围

常用电阻点焊的特点及应用范围见表 6-7。

表 6-7 常用电阻点焊的特点及应用范围

点焊种类	示意图	特点	所需设备			应用范围
			电源组成	控制开关	复杂程度	
工频交流点焊	p I p（电极压力） I（焊接电流） t 加压 通电 锻压	电流幅值大小不变；通电时间较长；压力恒定	焊接变压器	机械或继电器式	最简单，一般为小型	各种钢材不重要件
				半同步电子离子式	较简单，一般为中、大型	各种钢材一般件
				同步电子离子式	较复杂，一般为中、大型	各种重要的钢材件，一般的铝及其合金件

续表 6-7

点焊种类	示意图	特点	所需设备			应用范围
			电源组成	控制开关	复杂程度	
工频交流多脉冲点焊	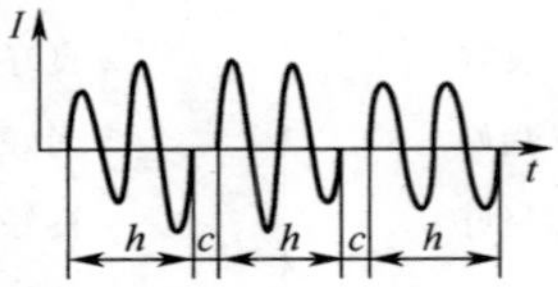	电流幅值可调；通电时间较长；可连续通电或断续通电；压力恒定	焊接变压器	半同步电子离子式	较复杂	要求焊前预热和焊后缓冷的低合金钢和硬铝等
				同步电子离子式	复杂	
直流冲击波点焊	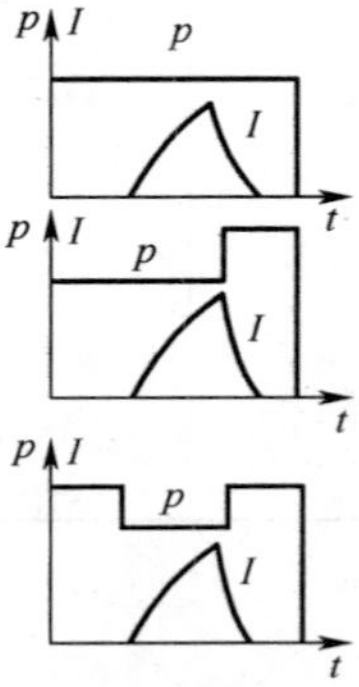	电流渐增；通电时间较短；压力分为三种：恒定、提高预压力和提高锻压力	变压器、整流器和焊接变压器	同步电子离子式	很复杂，一般为大型	一般的和重要的铝及铝合金件
电容储能点焊	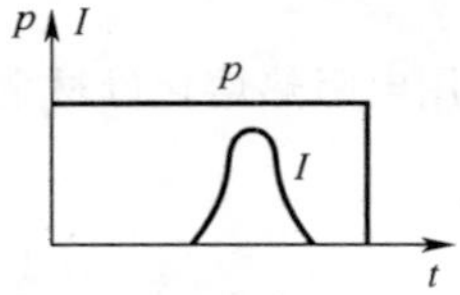	电流渐增，通电时间极短	变压器、电容器和焊接变压器	机械、继电器或电子离子式	小型较简单，大型较复杂	异种金属、铝及铝合金、不等厚件及精密件和重要件

二、点焊设备

(1)点焊机的分类

①按用途不同可分为通用型、专用型、特殊型。

②按安装方式不同可分为手提式、悬挂式、固定式。

③按供电方式不同可分为交流型、低频型、电容储能型、次级整流型等。

④按加压传动机构不同可分为气压式、液压式、电动凸轮式、复合式、脚踏式等。

⑤按焊点数目不同可分为单点、双点、多点。

⑥按活动电极的移动方式不同可分为垂直行程式、圆弧行程式。

(2)点焊机的结构 点焊机主要由变压器、机身、电极和控制部分等组成。点焊机和缝焊机结构如图 6-3 所示。

目前我国生产的点焊机用变压器有两种类型：一类变压器线圈电流密度和硅钢片磁通密度取得很低，机身较粗大且经久耐用；而另一类变压器线圈电流密度和硅钢片磁通密度取得较高，因而较轻巧且控制线路先进，但使用时不能超负荷，否则变压器容易烧坏。

(3)点焊机型号及主要技术参数

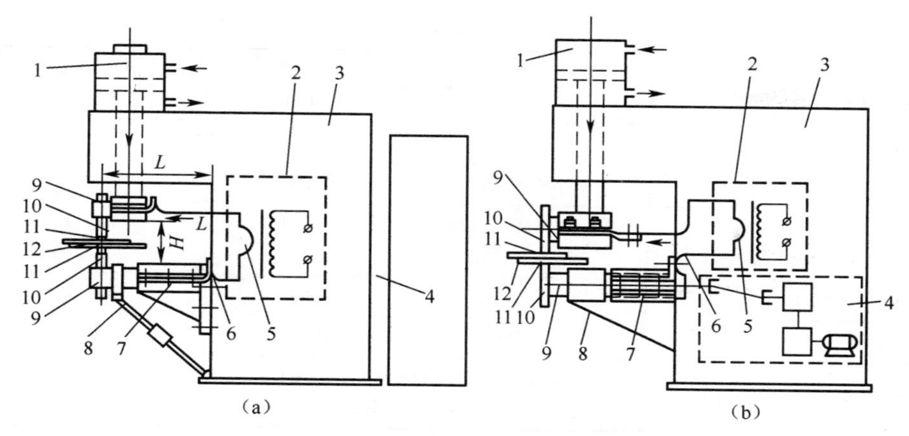

图 6-3　点焊机和缝焊机结构

(a)点焊机　(b)缝焊机

1. 加压机构　2. 焊接变压器　3. 机座　4. 控制箱　5. 二次绕组　6. 柔性母线　7. 支座　8. 撑杆　9. 机臂　10. 电极握杆　11. 电极(缝焊为旋转滚轮电极)　12. 焊件

①直流冲击波点焊机型号及主要技术参数见表 6-8。

表 6-8　直流冲击波点焊机型号及主要技术参数

型　号① 主要技术数据		DJ-300-1 (NJ-300)	DJ-600-1 (NJ-600)	DJ-1000-1 (NJ-1000)
额定容量/(kV・A)		300	600	1000
一次电压/V		380	380	380
二次电压调节范围/V		2.32～6.35	2.95～8.05	2.54～6.90
二次电压调节级数/级		8	7	7
负载持续率(%)		20	20	20
额定级脉冲时间调节范围/s		0.02～1.98	0.02～1.98	0.02～1.98
电极压力/kN	最大压力	24.46	49	137.2
	焊接压力	1.96～9.80	2.94～14.70	6.86～9.80
电极工作行程/mm		10～50	10～35	—
电极臂间距离/mm		270～470	270～470	655
焊接板料有效伸出长度/mm		1200	1200	1500
焊接圆筒时有效伸出长度/mm	圆筒直径＞600mm 时	650	650	800
	圆筒直径＞1300mm 时	1200	1200	1500
焊接铝合金厚度/mm		(0.8+0.8)～(2+2)	(1.5+1.5)～(4+4)	(3+3)～(7+7)
生产率/(点/min)		15～30	12～25	10～25
冷却水耗量/(L/h)		1000	1000	—

续表 6-8

主要技术数据 \ 型号①	DJ-300-1 (NJ-300)	DJ-600-1 (NJ-600)	DJ-1000-1 (NJ-1000)
压缩空气压力/MPa	0.44	0.44	0.49
压缩空气耗量/(m^3/h)	25	50	100
外形尺寸(长×宽×高)/(mm×mm×mm)	3460×1240×2900	3650×1660×2640	5300×1700×3800
质量/kg	7000	12000	30000
配用控制箱型号	KD5-100	KD5-100	—
特点及适用范围	焊机能在极短时间(0.02～1.98s)内通过很大电流(30000～140000A),适用于焊接导电性、导热性良好的轻金属,特别是铝合金		

注:①括号内为旧型号。

②固定式点焊机型号及主要技术参数见表 6-9。

表 6-9 固定式点焊机型号及主要技术参数

技术数据 \ 型号		DN-5-2	DN-10	DN-16	DN-25	DN-80	DN-100
额定容量/(kV·A)		5	10	16	25	80	100
一次电压/V		220/380	380	220/380	380	380	380
二次电压/V		1.09～1.74	1.6～3.2	1.76～3.52	2.09～4.18	3.46～6.91	4.05～8.14
二次电压调节级数/级		6	8	8	8	8	16
额定负载持续率(%)		20	50	50	50	50	50
电极	最大压力/N	700	—	1500	6000	8000	14000
	工作行程/mm	15	15	20	30	20	20
电极臂间距/mm		105	100	150	125	—	—
电极臂有效伸长/mm		220	300	250	500	500,800,1000	500
上电极辅助行程/mm		15	20	20	20～50	20	60
冷却水消耗量/(L/h)		30	30	120	600	732	810
压缩空气	压力/MPa	—	—	—	0.55	0.5	0.55
	消耗量/(L/h)				600	5500	810
工件厚度/mm		1+1	2+2	3+3	1.5+1.5	3+3	—
生产率/(点/h)		900	—	60	4800	—	—
质量/kg		80	23	240	600	—	1950
外形尺寸(长×宽×高)/(mm×mm×mm)		800×450×600	870×280×1080	1015×510×1090	1374×490×1530	2040×530×1885	1300×570×1950
用途		点焊低碳钢薄板和钢丝			—	点焊钢筋网及尺寸较大的低碳钢板	大量或成批生产中点焊低碳钢零件

③气压传动式点焊机型号及主要技术参数见表 6-10。

表 6-10　气压传动式点焊机型号及主要技术参数

型　　号			DN2-50	DN2-75	DN2-100	DN2-200	DN2-400	DN3-75	DN3-100
额定容量/kV·A			50	75	100	200	400	75	100
一次电压/V			380	380	380	380	380	380	380
二次电压/V			2.09～4.18	3.12～6.24	3.65～7.3	4.42～8.35	5.42～10.84	3.33～6.66	3.65～7.3
二次电压调节级数/级			8	8	8	16	18	8	8
额定负载持续率(%)			20	20	20	20	20	20	20
电极间最大压力/N			6000	6000	6600	14000	32000	4000	5500
上电极工作行程/mm			30	20	20	20	20	20	20
上电极辅助行程/mm			50	60	60	80	100	80	80
电极臂伸出长度/mm			500±50	500±50	500±50	500±50	500±50	800	800
下电极垂直调节长度/mm			100	100	100	100	150	150	150
焊接时间/s			0.02～6.00	0.035～6.750	0.02～6.00	0.02～6.00	0.02～6.00	—	—
冷却水消耗量/(L/h)			600	720	720	810	1800	400	700
压缩空气	压力/MPa		0.55	0.55	0.55	0.55	0.55	0.55	0.55
	消耗量/(m^3/h)		12	22	22	33	60	15	15
工件厚度/mm	KD3 型控制箱	低碳钢	—	2.5+2.5	—	—	—	—	—
	KD、KD6 或 KD7 型控制箱	低碳钢	1.5+1.5	2+2	4+4	6+6	8+8	2+2	2.5+2.5
		不锈钢	1.5+1.5	1+1	1.5+1.5	3+3	—	—	—
		铝合金	0.5+0.5	0.6+0.6	0.6+0.6	1.0+1.0	—	—	—
生产率/(点/min)			65	68	68	65	40	60	60
质量/kg			600	800	800	850	—	800	850
外形尺寸/mm	长		1350	1300	1300	1300	1700	1610	1610
	宽		560	570	570	570	685	700	700
	高		1720	1950	1950	1950	2310	1500	1500
用　　途			配 KD3 型控制箱点焊低碳钢，配 KD、KD6 或 KD7 型控制箱点焊不锈钢和铝合金（根据需要选用控制箱）			单点焊低碳钢			

④悬挂式点焊机型号及主要技术参数见表6-11。

表6-11 悬挂式点焊机型号及主要技术参数

型号		DN4-25-1	DN5-75	DN5-150-2	DN5-200-1
额定容量/kV·A		25	75	150	200
一次电压/V		380	380	380	380
二次电压/V	串联	3.14	9.5～19.0	12.6～20.8	14.5～22.8
	并联		4.75～9.50	6.3～10.4	
二次电压调节级数/级		—	2×8	2×6	6
额定负载持续率(%)		20	20	20	20
电极最大压力/N	长焊钳	3000	2000	4000	7200
	短焊钳				9000
电极工作行程/mm	长焊钳	20	30	20	60
	短焊钳				10
电极臂间距/mm	长焊钳	100	94	45、35、90	175
	短焊钳				62
电极臂有效伸长/mm	长焊钳	170	125	45、90、160	425
	短焊钳				164
冷却水消耗量/(L/h)		600	600	720	800
压缩空气	压力/MPa	0.5	0.5	0.55	0.5
	消耗量/(m³/h)	—	13.5	22	10
钢工件厚度/mm		1.5+1.5	1.5+1.5	1.5+1.5	(1.5+1.5)～(2.5+2.5)
质量/kg		25(焊钳)	370	370	350
外形尺寸(长×宽×高)/(mm×mm×mm)		615×330×280	850×455×770	850×455×770	652×695×732
配用控制箱型号		KD2-600	KD3-600-2	KD3-600-1	KD7-500
用途		固定式点焊机不便进行工作的大型低碳钢构件点焊	固定式点焊机不便进行工作的大型低碳钢构件点焊或建筑工地上点焊		

⑤专用点焊机型号及主要技术参数见表6-12。

表6-12 专用点焊机型号及主要技术参数

名称		触头点焊机	整流子专用点焊机	蓄电池专用点焊机	变压器片式散热器专用点焊机	快速旋转点焊机
型号		DN6-25-1	DN6-1-25	DN16-25	DN17-150×2	DNK2×75
额定容量/(kV·A)		25	25	25	150×2	2×75
一次电压/V		380	380	380	380	380
二次电压/V		1.35～2.70	1.36～2.72	1.94～3.88	3.29～4.68	—
二次电压调节级数/级		2	2	8	4	8
额定负载持续率(%)		20	20	20	20	20
电极	最大压力/N	1500	1500	11060	上3250、下40	2000
	工作行程/mm	20	10	—	—	—
电极臂间距/mm		—	—	—	30	10
电极臂有效伸长/mm		80	80	—	200	11(偏心位移)
电极移动距离/mm		—	—	—	300	210
冷却水消耗量/(L/h)		300	300	400	900	720×2
压缩空气	压力/MPa	0.6	0.5	5.5	—	5
	消耗量/(m^3/h)	2	2	—	—	4×2
工件厚度/mm		0.5+0.5	ϕ≤40 (电动机转子)	—	1.5+1.5	200 1+1(08F钢)
生产率/(点/h)		3600	3600	—	2×3点/每次	7200
质量/kg		160	160	—	2000	2500
外形尺寸/mm	长	810	770	1740	1760	3640
	宽	470	520	1440	1300	940
	高	760	715	1500	2350	1435
配用控制箱型号		KD7-50	KD7-50	KD7-200-1	KD3-100	专用

⑥DZ-100型二次整流点焊机主要技术参数见表6-13。

表6-13 DZ-100型二次整流点焊机主要技术参数

参数		数值	参数		数值
额定容量/(kV·A)		100	额定电极压力/kN		6
电源电压/V		380	最大锻压力/kN		14.7
额定负载持续率(%)		50	焊接厚度/mm	低碳钢	6+6
变压器二次电压/V		4.13～8.26		铝(防锈铝)	2.5+2.5
二次电压调节级数/级		8	压缩空气压力/MPa		0.4
额定二次电压/V		7.17	压缩空气消耗量/(m^3/h)		3.5
电极臂伸长量/mm		480	冷却水消耗量/(L/h)		2040
电极臂间距离/mm		220			

(4)点焊机的正确使用 以一般工频交流点焊机为例说明点焊机的正确使用。

①检查气缸内有无润滑油,如无润滑油会很快损坏压力传动装置的衬环。每天开始工作之前,必须通过注油器对滑块进行润滑。

②接通冷却水,并检查各支路的流水情况和所有接头处的密封状况。检查压缩空气系统的工作状况。

③拧开上电极的固定螺母,调节好行程,然后把固定螺母拧紧。调整焊接压力,应按焊接参数选择适当的压力。

④断开焊接电流的小开关,踩下脚踏开关,检查焊机各元件的动作,再闭合小开关、调整好焊机。标有电流"通""断"的开关能断开和闭合控制箱中的有关电气部分,使焊机在没有焊接电源情况下进行调整。在调整焊机时,为防止误接焊接电源,可取下调节级数的任何一个刀开关。焊机准备焊接前,必须把控制箱上的转换开关放在"通"的位置,等待红色信号灯发亮。

⑤装上调节级数的刀开关,选择好焊接变压器的级数。打开冷却系统阀门,检查各相应支路中是否有水流出,并调节好水流量。

⑥把工件放在电极之间,并踩下脚踏开关的踏板,使工件压紧,做一次工作循环,然后把焊接电源开关放在"通"的位置,再踩下脚踏开关,即可进行焊接。焊机次级电压的选择由低级开始。时间调节的"焊接"、"维持"延时,应按焊接参数决定;"加压"及"停息"延时应根据电极工作行程在切断焊接电流后进行调节。

⑦当焊机短时停止工作时,必须将控制电路转换开关放在"断"的位置,切断控制电路,关闭进气、进水阀门。当较长时间停止工作时,必须切断控制电路电源,并停止水和压缩空气供应。

三、点焊工艺要点

1. 点焊过程的三个阶段

(1)预压阶段 预压阶段(又称加压阶段)的作用是使工件的焊接部位形成紧密的接触点,所以,电极压力在焊接电流接通以前,应达到焊接参数规定的数值。否则,如果电流闭合瞬间的电极压力不够大,则接触电阻就会很大。于是在接触电阻处产生很多热量,造成金属熔化,产生初期飞溅,工件与电极都可能被烧坏。点焊时电流 I 与电极压力 F 的变化如图 6-4 所示。

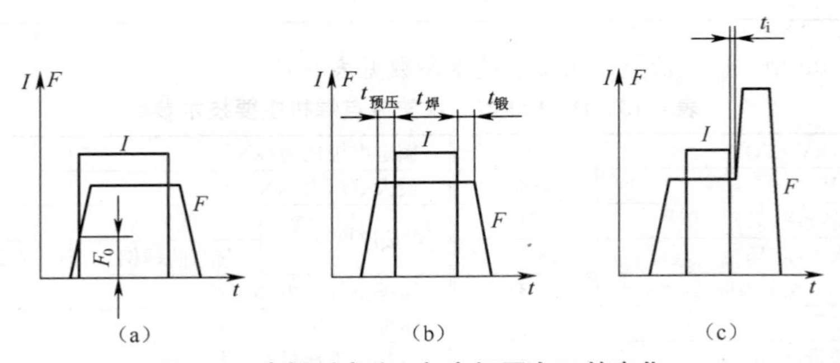

图 6-4 点焊时电流 I 与电极压力 F 的变化

(a)电流过早接通 (b)正常情况 (c)采用锻压力

(2)通电加热阶段 加热阶段的时间很短，而且加热的不均匀性很大。由于中间金属柱部位的电流密度最大，所以加热最为强烈。点焊焊接过程如图 6-5 所示，在电阻热及电极的冷却作用下，使焊点的核心（见图 6-5 的网格线部分）加热最快。焊点核心的金属熔化、结晶后，在两个工件之间形成了牢固的结合。核心内的熔化金属被塑性金属环包围，如果这个环不够紧密，就会造成液体金属外溢，形成飞溅。在正常情况下熔核直径 d_m 与板厚 δ 有如下关系：

$$d_m = 2\delta + 3$$

式中，δ 为两工件中薄件的厚度。

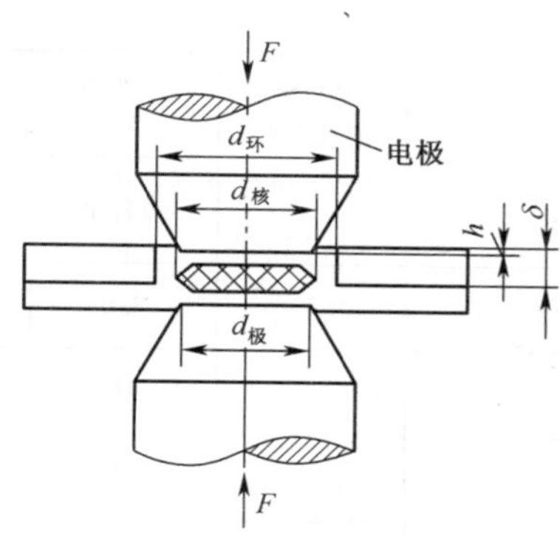

图 6-5 点焊焊接过程

在电极压力 F 的作用下，工件表面形成凹陷，其深度应当满足 h 为(0.10～0.15)δ。当焊点核心金属溢出较多时，凹陷深度增大。焊点的熔透率为：

$$A = \frac{h}{\delta} \times 100\%$$

(3)冷却结晶阶段 又称锻压阶段。切断电流后，熔核在电极压力作用下，以极快的速度冷却结晶。熔核结晶是在封闭的金属模内（塑性环）进行的，结晶不能自由收缩，电极压力可以使正在结晶的组织变得致密，而不至于产生疏松或裂纹。因此，电极压力必须在结晶完全结束后才能解除。当钢板厚度为 1～8mm 时，锻压时间一般为 0.1～2.5s，电极压力为 1.5～10kN。焊接较厚工件时，如厚度≥1.5mm 的铝合金，或≥5mm 的钢板，在切断焊接电流后需经过间隙时间 t_i 为 0～0.25，才能加大锻压力。如图 6-4c 所示。

2. 点焊结构设计

(1)接头形式和接头尺寸

①板与板点焊接头形式如图 6-6 所示。

②圆棒的点焊接头形式如图 6-7 所示。

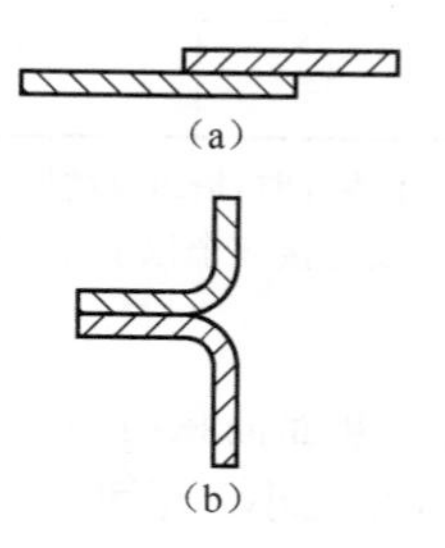

图 6-6 板与板点焊接头形式
(a)搭接 (b)卷边接

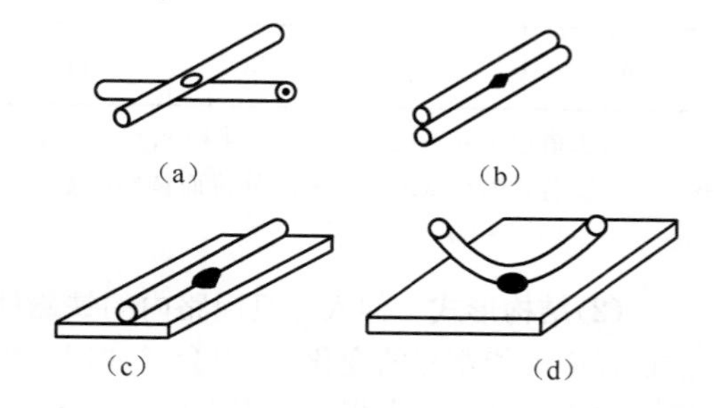

图 6-7 圆棒的点焊接头形式
(a)，(b)圆棒与圆棒点焊
(c)，(d)圆棒与板材点焊

③推荐点焊接头尺寸见表 6-14。

表 6-14 推荐点焊接头尺寸

薄件厚度 δ/mm	熔核直径 d/mm	单排焊缝最小搭边[①] b/mm		最小工艺点距[②] e/mm		
		轻合金	钢、钛合金	轻合金	低合金钢	不锈钢、耐热钢、耐热合金
0.3	2.5^{+1}_{0}	8.0	6	8	7	5
0.5	3.0^{+1}_{0}	10	8	11	10	7
0.8	3.5^{+1}_{0}	12	10	13	11	9
1.0	4.0^{+1}_{0}	14	12	14	12	10
1.2	5.0^{+1}_{0}	16	13	15	12	11
1.5	6.0^{+1}_{0}	18	14	20	14	12
2.0	$7.0^{+1.5}_{0}$	20	16	25	18	14
2.5	$8.0^{+1.5}_{0}$	22	18	30	20	16
3.0	$9.0^{+1.5}_{0}$	26	20	35	24	18
3.5	10^{+2}_{0}	28	22	40	28	22
4.0	11^{+2}_{0}	30	26	45	32	24
4.5	12^{+2}_{0}	34	30	50	26	26
5.0	13^{+2}_{0}	36	34	55	40	30
5.5	14^{+2}_{0}	38	38	60	46	34
6.0	15^{+2}_{0}	43	44	65	52	40

注：①搭边尺寸不包括弯边圆角半径 r；点焊双排焊缝或连接三个以上零件时，搭边应增加25%～35%。

②若要缩小点距则应考虑分流而调整参数；工件厚度比大于 2 或连接三个以上零件时，点距应增加10%～20%。

(2)结构形式 伸入焊机回路内的铁磁体工件或夹具的断面面积应尽可能小，且在焊接过程中不能剧烈的变化，否则会增加回路阻抗，使焊接电流减小。尽可能采用具有强水冷的通用电极进行点焊。各焊点可采用任意顺序进行点焊，以防止变形。焊点离工件边缘的距离不应太小。焊点不应布置在难以进行形变的位置。典型点焊结构如图 6-8 所示。

(3)焊点位置分布 一般要求在满足设计强度的情况下，尽量使焊点位置便于施焊。刚度较小的地方工艺性好，质量易保证。焊点位置分布如图 6-9 所示。

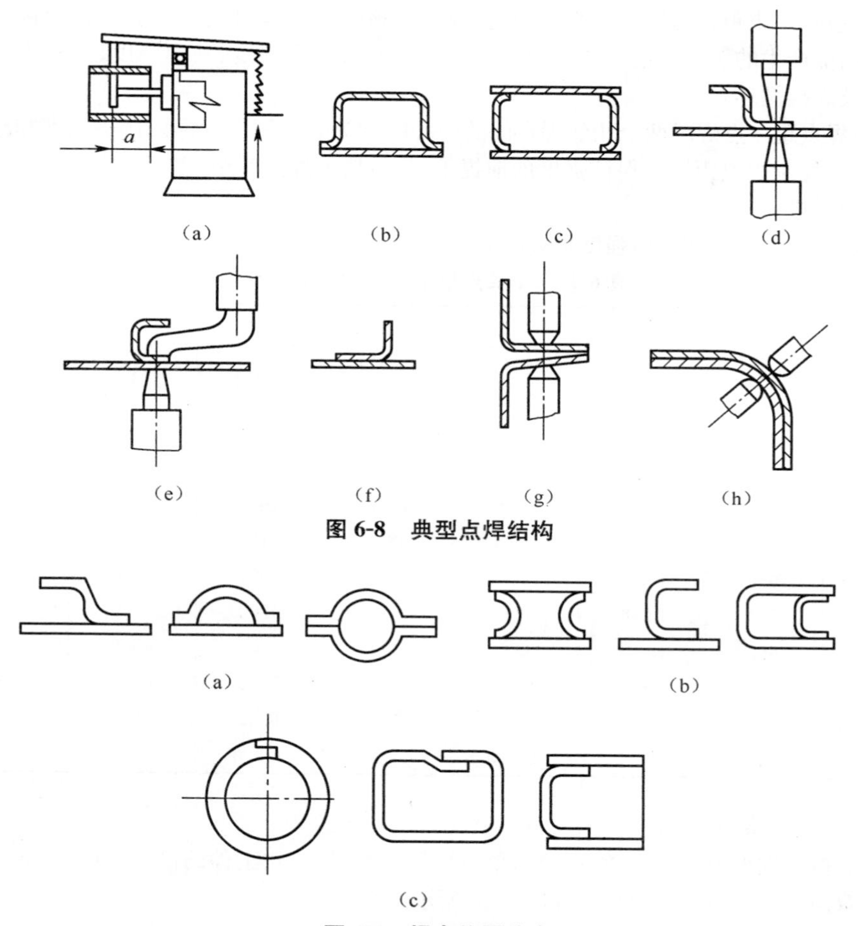

图 6-8　典型点焊结构

图 6-9　焊点位置分布

(a)工艺好　(b)工艺性较好　(c)工艺性差

(4)搭接宽度　一般应尽可能采用双层搭接，在次级整流式焊机上多层搭接焊接质量易保证。点焊接头的搭接宽度见表 6-15。

表 6-15　点焊接头的搭接宽度　(mm)

最薄零件厚度	单排焊点			双排焊点		
	结构钢	耐热钢及其合金	轻合金	结构钢	耐热钢及其合金	轻合金
0.5	8	6	12	16	14	22
0.8	9	7	12	18	16	22
1.0	10	8	14	20	18	24
1.2	11	9	14	22	20	26
1.5	12	10	16	24	22	30
2.0	14	12	20	28	26	34
2.5	16	14	24	32	30	40
3.0	18	16	26	36	34	46
3.5	20	18	28	40	38	48
3.0	22	20	30	42	40	50

(5)边距 边距是指熔核中心到板边的距离，该距离的母材金属应能承受焊接循环中由熔核内部产生的压力。最小的边距与母材金属的成分和强度、断面厚度、电极工作表面的形状及焊接循环有关。

(6)焊点距 点焊时两个相邻焊点间的中心距称为焊点距。为保证接头强度和减少电流分流，应控制焊点距。在保证强度的前提下，尽量增大焊点间距，多列焊点最好交错排列而不作短形排列。

单焊点最小直径和抗剪强度见表 6-16。

表 6-16 单焊点最小直径和抗剪强度

工作厚度/mm	焊点直径/mm	抗剪强度/(N/点)					
		10 20	30CrMn-SiA	1Cr18Ni-9Ti	LY12	LF2	LF21
0.5+0.5	3.0	1800	2200	2400	700	500	450
0.5+0.8	3.5	3500	4400	4800	1350	1000	900
1.0+1.0	4.0	4500	6000	6500	1600	1400	1200
1.2+1.2	5.0	7000	10000	10000	2100	1800	1400
1.5+1.5	6.0	10000	12000	12000	3000	2500	1700
2.0+2.0	7.0	14000	18000	18000	4200	3800	—
2.5+2.5	8.0	16000	22000	22000	5500	4500	—
3.0+3.0	9.0	20000	26000	26000	7000	6000	—
3.5+3.5	10.0	24000	34000	34000	9000	7200	—
4.0+4.0	12.0	32000	40000	40000	12000	8500	—

3. 点焊的基本形式

点焊按一次形成的焊点数，可分为单点焊和多点焊；按对工件的供电方向，可分为单面点焊和双面点焊。典型点焊形式如图 6-10 所示。

(1)双面单点焊 两个电极从工件上、下两侧接近工件并压紧，进行单点焊接，如图 6-10a 所示。此种焊接方法能对工件施加足够大的压力，焊接电流集中通过焊接区，减少工件的受热体积，有利于提高焊点质量。

(2)单面双点焊 两个电极放在工件同一面上，一次可同时焊成两个焊点，如图 6-10b 所示。其优点是生产率高，可方便地焊接尺寸大、形状复杂和难以用双面单点焊施焊的工件，易于保证工件的一个表面光滑、平整、无电极压痕。缺点是焊接时部分电流直接经上面的工件形成分流，使焊接区的电流密度下降。减小分流的措施是在工件下面加铜垫板。

(3)单面单点焊 两个电极放在工件的同一面上，其中一个电极与工件接触的工作面很大，仅起导电快的作用，对该电极不施加压力，如图 6-10c 所示。这种方法与单面双点焊相似，主要用于不能采用双面单点焊的场合。

(4)双面双点焊 由两台焊接变压器分别对工件上、下两面的成对电极供电，如图 6-10d 所示。两台变压器的接线方向应保证上、下对准电极，并在焊接时间内极性相反。上、下两变压器的二次电压成顺向串联，形成单一的焊接回路。在一个点焊循环中可形成两个焊点，其优点是分流小。主要用于厚度较大，质量要求较高的大型工件的点焊。

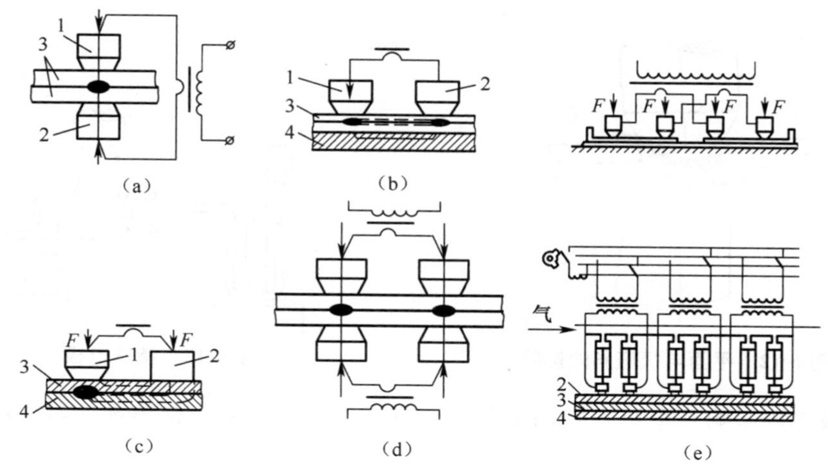

图 6-10 典型点焊形式

(a)双面单点焊 (b)单面双点焊 (c)单面单点焊

(d)双面双点焊 (e)多点焊

1、2. 电极 3. 工件 4. 铜垫板

(5)多点焊 一次可以焊多个焊点的方法,如图 6-10e、f 所示。多点焊即可采用数组单面双点焊组合起来,也可采用数组双面单点焊或双面双点焊组合进行点焊。由于这种方法生产率高,在汽车制造工业等大量生产中得到了广泛应用。

所有焊点都尽量在电流分流值最小的条件下进行点焊。电阻点焊的分流如图 6-11 所示。焊接时应先进行定位焊,定位焊应选择在结构最难以变形的部位,如圆弧上、肋条附近等。尽量减小变形。当接头的长度较长时,点焊应从中间向两端进行。对于不同厚度铝合金工件的点焊,除采用硬规范外,还可以在厚件一侧采用球面半径较大的电极,以有利于改善电阻焊点核心偏向厚件的程度。

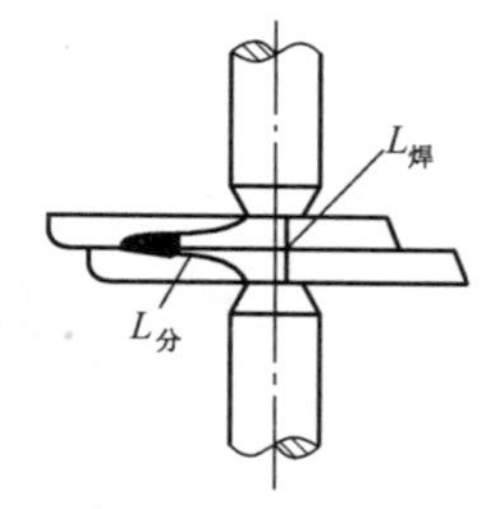

图 6-11 电阻点焊的分流

4. 焊前准备

(1)工件表面清理 焊接前应清除工件表面的油、锈、氧化皮等污物,一般可采用机械打磨方法和化学清洗方法。

(2)工件装配 装配间隙一般为 0.5～0.8mm;采用夹具或夹子将工件夹牢。

(3)电极的分类及特点

①按电极工作表面形状分为平面电极、球面电极。平面电极用于结构钢的电阻点焊,工作部分的圆锥角为 15°～30°。平面电极倾斜的影响如图 6-12 所示。球面电极用于轻合金的电阻点焊,优点是易散热、易使核心压固,并且当电极稍有倾斜时,不致影响电流和压力的均衡分布,不致引起内部和表面的飞溅。

②按电极结构形式分为直电极、特殊电极。直电极加压时稳定,通用性好。特殊电极用于直电极难以工作的场合,根据工件的形状、开敞性等因素设计特殊电极。特殊电极如图 6-13 所示。

图 6-12 平面电极倾斜的影响

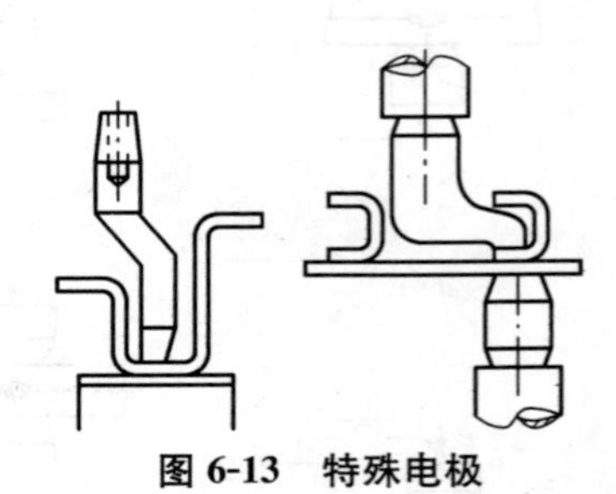

图 6-13 特殊电极

电极直接影响到电阻点焊的质量。电阻点焊电极多采用锥体配合，锥度为1∶5和1∶10。

5. 点焊焊接参数的选择

(1)焊接电流 焊接电流是决定析热量大小的关键因素，将直接影响熔核直径与焊透率，也必然影响到焊点的强度。电流太小则能量过小，无法形成熔核或熔核过小；电流太大则能量过大，容易引起飞溅。电阻点焊时的飞溅如图 6-14 所示。接头拉剪载荷与焊接电流的一般关系如图 6-15 所示。

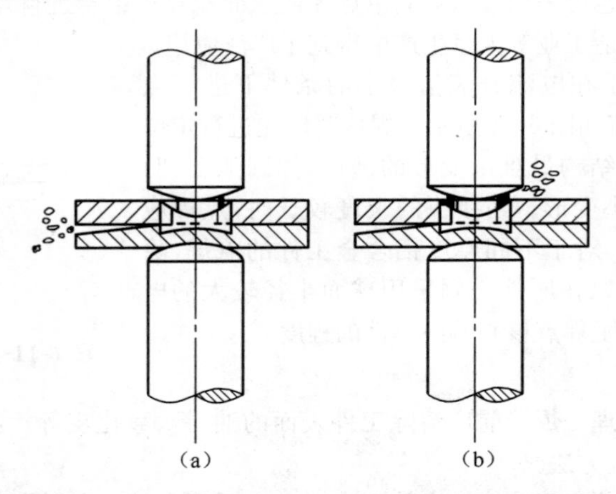

图 6-14 电阻点焊时的飞溅

(a)内部飞溅 (b)表面飞溅

(2)焊接通电时间 焊接通电时间对析热与散热均产生一定的影响。在焊接通电时间内，焊接区析出的热量除部分散失外，将逐步积累，用来加热焊接区，使熔核扩大到所要求的尺寸。如焊接通电时间太短，则难以形成熔核或熔核过小。点焊析热与散热对熔核尺寸的影响规律与焊接电流相似，拉剪载荷与焊接通电时间的关系如图 6-16 所示。

(3)电极压力 电极压力大小将影响到焊接区的加热程度和塑性变形程度。焊点拉剪力与电极压力的关系如图 6-17 所示。随着电极压力的增大，则接触电阻减小，电流密度降低，从而减慢加热速度，导致焊点熔核减小而致使强度降低，如图 6-17a 的示。但当电极压

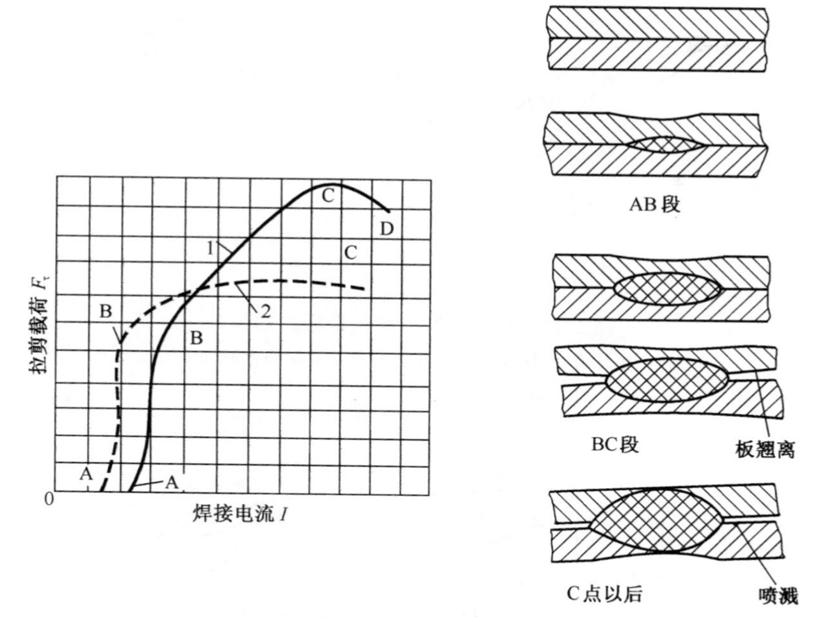

图 6-15 接头拉剪载荷与焊接电流的一般关系

1. 板厚 1.6mm 以上 2. 板厚 1.6mm 以下

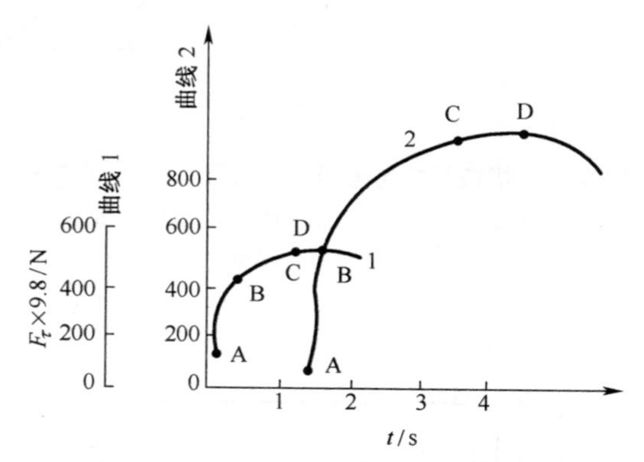

图 6-16 拉剪载荷与焊接通电时间的关系

1. 板厚 1mm 2. 板厚 5mm

力过小时，将影响焊点质量的稳定性，因此，如在增大电极压力的同时，适当延长焊接通电时间或增大焊接电流，可使焊点强度的分散性降低，焊点质量稳定，如图 6-17b 所示。

(4)电极工作端面的形状和尺寸 电极端头的形状和尺寸影响焊接电流密度、散热效果、接触面积、焊点处工件表面质量。

熔核尺寸与电极工作端面直径 d_e 的关系如图 6-18 所示。电极端头形状，根据工件结构形式、厚度及表面质量要求等的不同，使用的电极端头有所不同，点焊电极端头形状如图 6-19 所示。

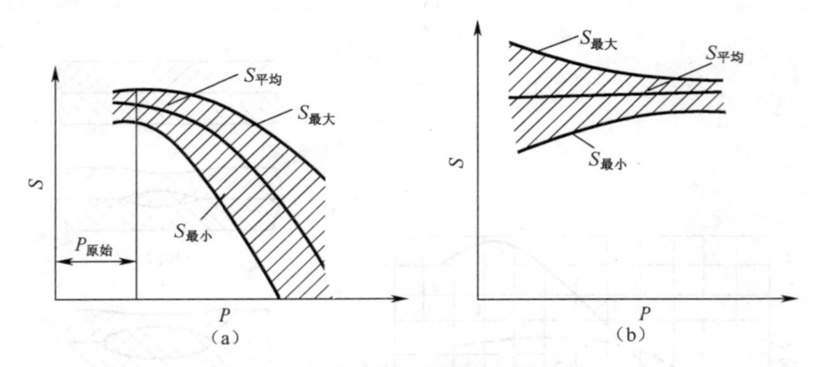

图 6-17　焊点拉剪力与电极压力的关系

(a)增大电极压力　(b)增大电极压力时延长焊接通电时间或增大电流

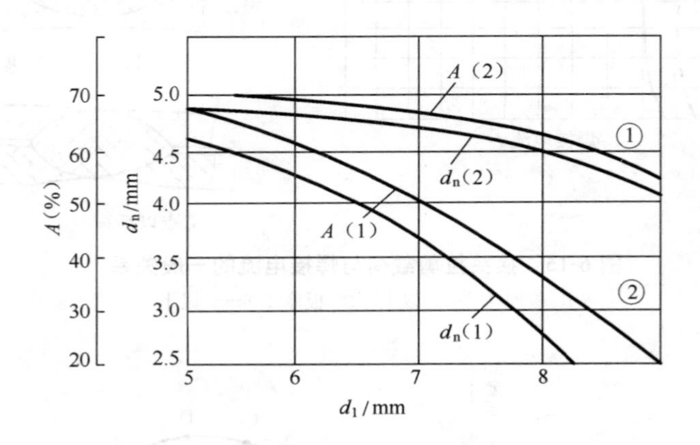

图 6-18　熔核尺寸与电极工作端面直径 d_e 的关系

曲线①—1Cr18Ni9Ti 钢　曲线②—HBC2 钢

板厚 δ=1mm+1mm

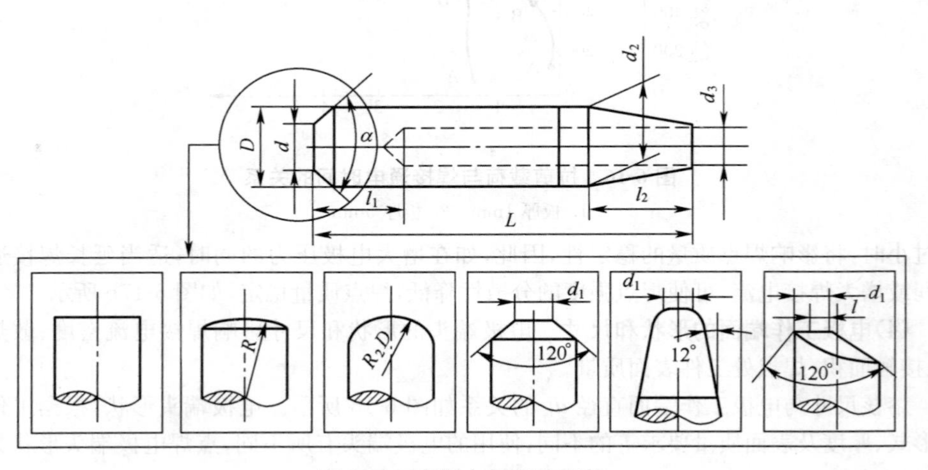

图 6-19　点焊电极端头形状

焊接各种钢材用平面电极，焊接纯铝、铝合金、钛合金用球面电极。

在点焊过程中，电极端头产生压溃变形和粘损，需要不断地修锉电极端头。同时规定，锥台形电极端头端面尺寸的增加 $\Delta d < 15\% d_1$ 时，端面到水冷端距离 l_1 的减小也要控制，低碳钢点焊 l_1 不小于 3mm，铝合金点焊 l_1 不小于 4mm。通常焊点直径为电极表面直径（指平面电极）的 0.9～1.4 倍。

不等厚度及特殊钢板电阻点焊焊接参数见表 6-17。

(5)点焊焊接参数的选择步骤

①确定电极的端面形状和尺寸。

②初步选定电极压力和焊接通电时间，再调节焊接电流，以不同的电流焊接试样，直至熔核直径符合要求。

表 6-17　不等厚度及特殊钢板电阻点焊焊接参数

不等厚度	一厚一薄	按薄件略增大焊接电流或通电时间
	三层，中间厚两边薄	按薄件略增大焊接电流或通电时间
	三层，中间薄两边厚	按厚件略减小焊接电流或通电时间
特殊钢板	涂漆	电极压力增加 20%
	镀铅	焊接电流增加 20%～50%或通电时间增加 20%
	镀锌	电极压力增加 20%
	镀铜	焊接电流增加 20%～50%或通电时间增加 20%
	磷化	焊接电流增加 30%～50%

③在适当的范围内调节电极压力，焊接通电时间和电流，进行试样的焊接和检验，直到焊点质量完全符合技术条件所规定的要求为止。

选择工艺参数时，还要充分考虑试样和工件受分流、铁磁性物质以及装配间隙差异方面的影响，适当加以调整。

四、常用金属材料的点焊

(1)低碳钢的点焊　低碳钢通常指含碳量为 0.10%～0.30%的钢材，点焊焊接性较好。厚度在 0.25～6.00mm 范围内的低碳钢可用交流点焊机进行点焊，超过该范围的低碳钢需采用特殊的点焊机和特殊的工艺进行点焊。当厚度大于 6mm 时，由于工件的刚度大，要使两工件可靠接触，必须要有很大的电极压力，另外，核心压实所需的锻压力也很大。低碳钢板点焊焊接参数见表 6-18。

当板厚 $\delta > 6$mm 时，点焊需采取一定的措施。如因工件刚度大，需要增大电极压力；电流分流加大，需要大容量焊机；厚钢件伸入焊机回路，将减少焊接电流，需要增大焊接电流；电极磨损加剧，需增加修锉电极的次数。

(2)中碳钢、低合金钢的点焊　中碳钢、低合金钢一般指含碳量大于 0.20 %的碳钢和碳当量大于 0.30 %的低合金钢。由于含碳量增加和合金元素的加入，使奥氏体稳定性增加。点焊时，高温停留时间短、冷却速度快，导致奥氏体内成分不均匀，冷却后会出现淬硬组织，使焊点硬度高，塑性低。同时，这些钢结晶温度宽，在熔核结晶时易形成热裂纹。为了提高焊点的塑性和防止裂纹的产生可采取以下措施：

表 6-18 低碳钢板点焊焊接参数

板厚/mm	电极		最小点距/mm	最小搭接量/mm	焊接参数														
					焊接规范(A类)					中等条件(B类)					普通条件(C类)				
	最大 d /mm	最小 D /mm			电极压力/kN	焊接通电时间/周	焊接电流/kA	熔核直径/mm	抗剪强度±14%/kN	电极压力/kN	焊接通电时间/周	焊接电流/kA	熔核直径/mm	抗剪强度±17%/kN	电极压力/kN	焊接时间/周	焊接通电电流/kA	熔核直径/mm	抗剪强度±20%/kN
0.4	3.2	10	8	10	1.15	4	5.2	4.0	1.8	0.75	8	4.5	3.6	1.6	0.40	17	3.5	3.3	1.25
0.5	4.8	10	9	11	1.35	5	6.0	4.3	2.4	0.90	9	5.0	4.0	2.1	0.45	20	4.0	3.6	1.75
0.6	4.8	10	10	11	1.50	6	6.6	4.7	3.0	1.00	11	5.5	4.3	2.8	0.50	22	4.3	4.0	2.25
0.8	4.8	10	12	11	1.90	7	7.8	5.3	4.4	1.25	13	6.5	4.8	4.0	0.60	25	5.0	4.6	3.55
1.0	6.4	13	18	12	2.25	8	9.8	5.8	6.1	1.50	17	7.2	5.4	5.4	0.75	30	5.6	5.3	5.3
1.2	6.4	13	20	14	2.70	10	9.8	6.2	7.8	1.75	19	7.7	5.8	6.8	0.85	33	6.1	5.5	6.5
1.6	6.4	13	27	16	3.60	13	11.5	6.9	10.6	2.40	25	9.1	6.7	10.0	1.15	43	7.0	6.3	9.25
1.8	8.0	16	31	17	4.10	15	12.5	7.4	13.0	2.75	28	9.7	7.2	11.8	1.30	48	7.5	6.7	11.00
2.0	8.0	16	35	18	4.70	17	13.3	7.9	14.5	3.00	30	10.3	7.6	13.7	1.50	53	8.0	7.1	13.05
2.3	8.0	16	40	20	5.80	20	15.0	8.6	18.5	3.70	37	11.3	8.4	17.7	1.80	64	8.6	7.9	16.85
3.2	9.5	16	50	22	8.20	27	17.4	10.3	31.0	5.00	50	12.9	9.9	28.5	2.60	88	10.0	9.4	26.60

注：d—电极端面直径；D—电极主体直径；焊接通电时间栏内周数已按 50Hz 电源频率修正。

①降低冷却速度，或者采用局部或整体焊后热处理，以提高焊点塑性；对焊前为淬火状态的低合金结构钢进行点焊时，电极压力需提高15%～20%。为了避免产生飞溅，可采用递增焊接电流或带预热电流的规范，对工件进行预热，以提高塑变能力。

②采用软规范点焊。通电时间为焊接同厚度低碳钢的3～4倍。但软规范点焊存在着热影响区大、晶粒长大严重、焊接变形大、接头力学性能降低等缺点，因此，通常仅用于焊接质量要求一般的工件。

③采用双脉中范围点焊，可使熔核在凝固时受到补充加热，因而降低凝固速度，同时增加电极压力的压实效果。

④用单脉冲规范点焊30CrMnSiA、40CrMnSiMoA和45钢焊接参数见表6-19。

表6-19 用单脉冲规范点焊30CrMnSiA、40CrMnSiMoA和45钢焊接参数

板厚/mm	焊接电流/kA	焊接通电时间/s	电极压力/N	电极直径/mm
0.5	2.5～4.0	0.5～0.7	300～500	3.5～4.0
0.8	3～5	0.6～0.8	500～800	4.0～4.5
1	4～6	0.8～1.2	700～800	5～6
1.5	5～7	1.0～1.5	1200～1800	6～7
2	6～8	1.4～2.0	2000～3000	7～9
3	9～12	2.0～2.5	3500～5000	9～10

⑤30CrMnSiA、25CrMnSiA双脉冲点焊焊接参数见表6-20。

表6-20 30CrMnSiA、25CrMnSiA双脉冲点焊焊接参数

板厚/mm	焊接脉冲		脉冲间隔/s	回火脉冲		电极压力/N	电极直径/mm
	电流/kA	时间/s		电流/kA	时间/s		
0.3	2.0～3.0	0.2～0.5	—	—	—	250～300	3.0
0.5	2.0～4.0	0.3～0.7	—	—	—	300～400	3.5～4.0
0.8	3.0～5.0	0.5～0.8	—	—	—	450～550	4.0～4.5
1.0	5.0～6.5	0.44～0.64	0.5～0.6	2.5～4.5	1.20～1.40	1000～1800	5.0～5.5
1.5	6.0～7.2	0.48～0.70	0.5～0.6	3.0～5.0	1.20～1.60	1800～2500	6.0～6.5
2.0	6.5～8.0	0.50～0.74	0.5～0.6	3.5～6.0	1.20～1.70	2000～2800	6.5～7.0
2.5	7.0～9.0	0.60～0.80	0.6～0.7	4.0～7.0	1.30～1.80	2200～3200	7.0～7.5

⑥30CrMnSiA、12Mn2A、40CrNiMoA 在点焊机上直接进行焊后回火处理的双脉冲焊接参数见表 6-21。

表 6-21 30CrMnSiA、12Mn2A、40CrNiMoA 在点焊机上直接进行焊后回火处理的双脉冲焊接参数

薄件厚度/mm	焊接		时间间隔/s	热处理		电极压力/N
	电流/kA	通电时间/s		电流/kA	时间/s	
0.5	5～6	0.32～0.40	0.3～0.5	4～5	0.5～0.6	2000～3000
0.8	5.5～6.2	0.36～0.44	0.4～0.6	4.5～5.2	0.60～0.74	2500～3500
1	6.2～6.7	0.42～0.50	0.6～0.7	4.8～5.5	0.68～0.78	4000～5000
1.2	7.2～7.7	0.46～0.54	0.7～0.9	5～6	0.72～0.82	5000～6000
1.5	8.7～9.2	0.56～0.64	0.8～1.1	6.2～7.4	0.86～0.96	6000～8000
2	10～11	0.74～0.84	1.0～1.4	7～8	1.1～1.3	8000～10000
2.5	11.5～12.5	1.0～1.1	1.1～1.5	8～9	1.3～1.9	10000～12000
3	13～14	1.2～1.6	1.3～1.6	9～10	1.8～2.2	11000～14000

(3)不锈钢的点焊

①奥氏体不锈钢。奥氏体不锈钢电导率低，导热性差，淬硬倾向小且不带磁性，因此，点焊焊接性良好。与低碳钢相比，一般采用小电流、短时间、普通工频交流点焊即可。但应注意，不锈钢的高温强度高，必须提高电极压力，推荐用 2 类或 3 类电极合金。因不锈钢焊后变形大，故应注意焊接顺序，加强冷却，宜采用短时间加热规范。常用奥氏体不锈钢点焊焊接参数见表 6-22。

表 6-22 常用奥氏体不锈钢点焊焊接参数

材料厚度/mm	电极直径/mm	焊接通电时间/s	电极压力/N	焊接电流/kA
0.3	3.0	2～3	800～1200	3～4
0.5	4.0	3～4	1500～2000	3.5～4.5
0.8	5.0	5～7	2400～3600	5.0～6.5
1.0	5.0	6～8	3600～4200	5.8～6.5
1.2	6.0	7～9	4000～4500	6.0～7.0
1.5	5.5～6.5	9～12	5000～5600	6.5～8.0
2.0	7.0	11～13	7500～8500	8～10
2.5	7.5～8.0	12～16	8000～10000	8～11
3.0	9～10	13～17	10000～12000	11～13

②马氏体不锈钢。马氏体不锈钢由于有淬火倾向，点焊时要求采用较长的焊接时间。为消除淬硬组织，最好采用焊后回火的双脉冲点焊。点焊时一般不采用电极的外部水冷却，以免淬火而产生裂纹。马氏体不锈钢（2Cr13、1Cr11Ni2W2MoVo.24A）双脉冲点焊焊接参数见表 6-23。

表 6-23　马氏体不锈钢(2Cr13、1Cr11Ni2W2MoV0.24A)
双脉冲点焊焊接参数

工件厚度/mm	焊接		脉冲间隔时间/s	回火处理		电极压力/N
	电流/kA	通电时间/s		电流/kA	时间/s	
0.3	5～5.5	0.06～0.08	0.08～0.18	3～4	0.08～0.10	1500～2000
0.5	4.5～5.0	0.08～0.12	0.08～0.20	2.5～3.7	0.10～0.16	2500～3000
0.8	4.5～5.0	0.12～0.16	0.10～0.24	2.5～3.7	0.14～0.20	3000～4000
1	5.0～5.7	0.16～0.18	0.12～0.28	3.0～4.3	0.18～0.24	3500～4500
1.2	5.5～6.0	0.18～0.20	0.18～0.32	3.2～4.5	0.22～0.26	4500～5500
1.5	6.0～7.5	0.20～0.24	0.20～0.32	4.0～5.2	0.2～0.3	5000～6500
2	7.5～8.5	0.2	0.24～0.42	4.5～6.4	0.30～0.34	8000～9000
2.5	9～10	0.30～0.34	0.28～0.46	5.8～7.5	0.34～0.44	10000～11000
3	10～11	0.34～0.38	0.3～0.5	6.5～9.0	0.42～0.50	12000～14000

(4)高温合金钢的点焊　高温合金主要有镍基合金和铁基合金两类，电阻率和高温强度比不锈钢还大，所以可采用小电流、短时间、大电极压力施焊。在点焊时要尽量避免重复过热，否则会产生裂纹，引起接头性能降低。高温合金钢点焊焊接参数见表 6-24。

(5)非铁金属的点焊

①铝合金的点焊。铝合金的电导率、热导率大，易产生氧化膜。点焊时存在接头强度波动大，表面易过热并产生飞溅，塑性温度区窄等缺陷。对此，应采取相应措施予以解决，如焊前应进行彻底的清理，接头区工件表面清理宽度为 30～50mm，一般采用化学清理效果较好，清理后到施焊的时间不能超过 3 天；点焊时，应选用短时、大电流的硬规范，但应采用较低的电极压力；必须精确控制点焊各阶段的时间，并采用阶梯形或鞍形压力；应选用电导率和热导率均高的电极，电极端头工作端面应经常清理，以加强电极对焊点的冷却作用。铝合金点焊焊接参数见表 6-25。

②钛及钛合金的点焊。钛虽然容易与氧、氮、氢等气体相互作用，但在点焊时熔核金属不直接和气体接触，所以不必采取特殊保护措施。钛及钛合金的热物理性能与奥氏体不锈钢相似，其点焊焊接性良好，点焊焊接参数与奥氏体不锈钢相似。钛及钛合金点焊焊接参数见表 6-26。

③铜及铜合金的点焊。目前纯铜点焊很困难，其原因是纯铜的电导率及热导率相当高。铜合金焊接性取决于导电性，导电性越好，点焊则越困难，而铜镍合金和硅青铜很容易点焊。但黄铜则较难点焊，黄铜点焊焊接参数见表 6-27，用复合电极点焊黄铜焊接参数见表 6-28。

表 6-24 高温合金钢点焊焊接参数

薄件厚度 /mm	焊接		间隔时间 /s	预热		电极压力 /N	锻压力 /N	锻压力开始时间/s
	电流 /kA	通电时间 /s		电流 /kA	时间 /s			
0.3	5～6	0.14～0.20	—	—	—	4000～5000	—	—
0.5	4.5～5.5	0.18～0.24	—	—	—	5000～6000	—	—
0.8	5～6	0.22～0.34	—	—	—	6500～8000	—	—
1	6.0～6.5	0.32～0.40	—	—	—	8000～10000	—	—
1.2	6.2～6.8	0.38～0.48	—	—	—	10000～12000	—	—
1.5	6.5～7.0	0.44～0.62	—	—	—	12500～15000	—	—
2	7.0～7.5	0.58～0.76	—	—	—	15500～17500	—	—
2.5	7.5～8.2	0.78～0.96	—	—	—	18500～19500	—	—
3	8.0～8.8	1.0～1.3	—	—	—	20000～21500	—	—
2	7.0～7.5	0.58～0.76	0.24～0.40	5.5～7.0	0.5～0.6	14000～15000	—	—
2.5	7.5～8.2	0.78～0.96	0.30～0.46	6.0～7.5	0.54～0.76	15000～16000	—	—
3	8.0～8.8	1.0～1.3	0.34～0.52	6.5～8.0	0.6～0.8	16000～17000	—	—
1.5	6.2～6.8	0.7～0.8	0.06～0.10	4.2～4.6	0.6～0.8	11000～12500	19000～20000	0.86～1.00
2	6.6～7.2	0.8～0.9	0.10～0.12	4.4～4.9	1.0～1.2	13000～15000	20000～22000	1.0～1.1
2.5	7.2～8.0	1.1～1.2	0.12～0.16	4.9～5.5	1.2～1.4	14000～15000	24000～28000	1.40～1.52
3	7.8～8.6	1.24～1.42	0.16～0.24	5.3～6.0	1.5～1.7	16000～18000	30000～32000	1.4～1.6

表 6-25　铝合金点焊焊接参数

工件厚度/mm	焊接电流/A	焊接通电时间/s	电极压力/N	电极球半径/mm	最小搭边宽度/mm
0.5	16000～18000	0.08～0.12	1000～1400	75	9.5
1.0	20000～22000	0.12～0.18	1800～2200	75	13
1.2	22000～25000	0.20～0.24	2300～2600	75	15
1.5	27000～28000	0.22～0.28	2800～3000	100	18
2.0	33000～35000	0.26～0.32	3500～4000	100	22
2.5	36000～38000	0.30～0.34	4000～5000	100	25
3.0	36000～40000	0.32～0.36	4500～5500	100	28

表 6-26　钛及钛合金点焊焊接参数

材料	板材厚度/mm	焊接电流/A	通电时间/s	电极压力/N	电极/mm	
					核点直径	球径
工业纯钛（TA1、TA2、TA3）	0.8+0.8	5500	0.10～0.15	2000～2500	4.0	50～75
	1.0+1.0	6000	0.15～0.20	2500～3000	5.0	75～100
	1.2+1.2	6500	0.20～0.25	3000～3500	5.5	75～100
	1.5+1.5	7500	0.25～0.30	3500～4000	6.0	75～100
	1.7+1.7	8000	0.25～0.30	3750～4000	6.5	75～100
	2.0+2.0	10000	0.30～0.35	4000～5000	7.0	100～150
	2.5+2.5	12000	0.30～0.40	5000～6000	8.0	100～150
	3+2	15500～16000	0.16～0.17	6800	上极 16 下极 24	上 70 下平面
	3+3	16500～17000	0.18～0.22	6800	上极 16 下极 24	上 70 下平面
钛合金①（TC4）	0.508	5000	0.10	5440	3.81	254
	0.889	5500	0.14	2720	5.71	76.2
	1.277	8500	0.14	4080	9.11	101.6
	1.574	10600	0.08	6800	8.89	76.2
	1.600	11000	0.20	3800	8.89	250
	1.778	11500	0.24	7710	9.93	76.2
	2.360	12500	0.26	10880	10.90	76.2
	3.175	15500～16000	0.28	10430	10.79	254

注①TC4 钛合金点焊用板材的厚度为两板的总厚度值。

表 6-27　黄铜点焊焊接参数

板厚/mm	电极压力/kN	波形调制/周	焊接通电时间/周	焊接电流/kA	抗剪强度/kN
0.8+0.8	3	3	6	23	1.5
+1.6	3	3	6	23	—
+2.3	3	3	8	22	—
+3.2	3	3	10	22	—

续表 6-27

板厚 /mm	电极压力 /kN	波形调制 /周	焊接通电时间 /周	焊接电流 /kA	抗剪强度 /kN
1.2+1.2	4	3	8	23	2.3
1.6+1.6	4	3	10	25	2.9
+2.3	4.5	3	10	26	—
+3.2	4.5	3	10	26	—
2.3+2.3	5	3	14	26	5.3
+3.2	6	3	14	31	—
3.2+3.2	10	3	16	43	8.5

表 6-28 用复合电极点焊黄铜焊接参数

板厚 /mm	电极压力 /kN	焊接通电时间 /周	焊接电流 /kA	抗剪强度 /kN
0.4	0.6	5	8	1
0.6	0.8	6	9	1.2
0.8	1.0	8	9.5	2
1.0	1.2	11	10	3

(6)镀层钢板的点焊

①镀锌钢板的点焊。镀锌钢板的熔点低(约为 419℃),在焊接过程中,锌层首先熔化,在电极与工件的接触面上流布,使接触面积增大。电极与工件接触面上的锌层熔化后,与电极工作面粘结,锌向电极中扩散,使铜电极合金化、导电,导热性能变坏。连续点焊时,电极端头将迅速过热而变形,焊点强度逐渐降低,直至产生未焊透。

镀锌钢板与低碳钢相比,点焊焊接电流大,适用电流范围窄;焊接通电时间不宜过长,否则工件-电极接触面上温度升高,破坏镀层,降低电极使用寿命和生产率。采用略高的电极压力,以便将熔化的锌层挤到焊区周围。同时降低残留在熔核内部的含锌量,减少发生裂纹的可能性。

电极材料为 A 组 2 类,电极锥角为 100°～140°,电极端头直径为较薄工件厚度的 4～5 倍,冷却水流量为 10～12 L/min。点焊过程中,在电极的端面或周围容易堆积一层锌,应根据情况进行清理或更换电极。部分镀锌钢板点焊焊接参数见表 6-29。

表 6-29 部分镀锌钢板点焊焊接参数

镀层种类		电镀锌			热浸镀锌		
镀层厚/μm		2～3	2～3	2～3	10～15	15～20	20～25
焊接参数	级别	板厚/mm					
		0.8	1.2	1.6	0.8	1.2	1.6
电极压力 /kN	A	2.7	3.3	4.5	2.7	3.7	4.5
	B	2.0	2.5	3.2	1.7	2.5	3.5

续表 6-29

镀层种类		电镀锌			热浸镀锌		
镀层厚/μm		2～3	2～3	2～3	10～15	15～20	20～25
焊接通电时间/周	A	8	10	12	8	10	12
	B	10	12	15	10	12	15
电流/kA	A	10.0	11.5	14.5	10.0	12.5	15.0
	B	8.5	10.5	12.0	9.9	11.0	12.0
抗剪强度/kN	A	4.6	6.7	11.5	5.0	9.0	13
	B	4.4	6.5	10.5	4.8	8.7	12

②镀铝钢板的点焊。镀铝钢板分为两类，第一类以耐热为主，表面镀有一层厚 20～25μm 的 Al－Si 合金（含 Si6.0%～8.5%，质量分数）可耐 640℃高温；第二类以耐腐蚀为主，为纯铝镀层，镀层厚为第一类的 1～3 倍。点焊这两类镀铝钢板时都可以获得强度良好的焊点。

电极材料为 A 组 2 类，电极端面为球面电极，电极端头球半径为 25mm（适合厚度≤0.6mm 的工件）或 50mm（适合厚度＞0.6mm 的工件）。电极用到一定程度时，需要采用 160 目或 240 目氧化铝砂布进行修正。

由于镀层的导电、导热性好，因此需要较大的焊接电流。第一类（耐热）镀铝钢板点焊焊接参数见表 6-30。对于第二类镀铝钢板，由于镀层厚，应采用较大的电流和较低的电极压力。

表 6-30　第一类（耐热）镀铝钢板点焊焊接参数

板厚/mm	电极球面半径/mm	电极压力/kN	焊接通电时间/周	焊接电流/kA	抗剪强度/kN
0.6	25	1.8	9	8.7	1.9
0.8	25	2.0	10	9.5	2.5
1.0	50	2.5	11	10.5	4.2
1.2	50	3.2	12	12.0	6.0
1.4	50	4.0	14	13.0	8.0
2.0	50	5.5	18	14.0	13.0

③镀锡钢板和镀锡锌钢板的点焊。电极材料为 A 组 2 类，电极锥角为 120°，电极直径为较薄件厚度的 4～5 倍。

点焊焊接参数与同厚度低碳钢相比，应采用较短的焊接通电时间，焊接电流的选择应满足工件之间不会挤出金属，同时也不能使锡或锡锌镀层进入焊接接触面。为了防止产生钎焊性接头，电极压力必须足够大，使母材在开始软化前挤出熔化了的镀层。

(7)不同厚度两板的点焊　不同厚度的两板点焊时，由于上、下板电流场分布不对称，加上两板散热条件不相同，导致熔核偏向厚板一侧。为了保证强度及薄件的焊透率(一般要求薄板一侧的焊透率大于10%,厚板一侧的达到20%)和表面质量,可按不同情况设法调整熔核偏移量。调整的原则是提高工件发热量、减少散热。常用方法有下列几种:

①采用大电流、焊接通电时间短、焊接结合点电密度高的规范。

②在薄件侧用小直径电极,但会增加压痕深度,因此在要求薄件侧表面光滑平整时,就不能采用小直径电极。如材料导热性不高、厚度比不大(≤1∶3)时,厚板侧也可采用小直径的平面电极,但热导率高的材料或厚度比过大时不宜采用此方法。

③在薄件侧采用热导率较低的电极或增加从电极端面至冷却水孔底部的距离。

④在薄件侧放置导热差的工艺垫片或冲工艺凸点。垫片的厚度为0.2~0.3mm,垫片材质应根据工件的材质来决定,如点焊铜或铝合金可用不锈钢垫片。使用垫片时注意参数不能过大,以免垫片粘在工件上。

⑤利用直流电进行点焊,如点焊铝合金时可用直流点焊机。

(8)不同材料的点焊 不同材料点焊时也会遇到一定困难,如不锈钢与低碳钢或低合金钢点焊时,由于不锈钢的导电性和导热性差,熔核向不锈钢一侧偏移,使低碳钢或低合金钢的熔透率降低。当导电性差的金属比导热性好的金属厚时,熔核偏移更严重。为了获得满意的焊透率,可采取在导热性和导电性较差的一侧放置接触端面尺寸较大的电极,在导热性和导电性较好的金属侧与电极接触处放置垫片,采用硬规范焊接参数进行点焊。为提高焊点的塑性,可在两工件间加一层第三种金属,如低合金钢与铝点焊时,可在钢表面先镀一层铜或银;低碳钢与黄铜点焊时,可在钢表面先镀一层锡等。

(9)超薄件的点焊 为了防止烧穿或未焊透,必须严格控制每个焊点上的能量,并要求小的电极压力,使热量主要在工件接触点间产生。采用电容储能焊机进行点焊,大幅度缩短焊接通电时间。电容储能点焊机点焊超薄件焊接参数见表6-31。

表6-31 电容储能点焊机点焊超薄件焊接参数

材质	工件厚度/mm	电容器容量/μF	电容器充电电压/V	电极压力/N	电极头直径/mm
低碳钢	0.1	50	600	90~100	2
	0.2	90	600	90~100	2
	0.3	150	600	90~100	2
镀锡钢	0.1	30	600	70	2
	0.2	100	600	80~100	2
	0.3	160	600	80~100	2
黄铜(H62)	0.1	100	600	40~50	2
	0.3	400	600	200~240	2

五、点焊焊接结构的缺陷及改进措施

点焊焊接结构的缺陷及改进措施见表6-32。

表 6-32 点焊焊接结构的缺陷及改进措施

缺陷种类	产生原因	改进措施
焊点间工件起皱或鼓起	装配不良、板间间隙过大	精心装配、调整
	焊序不正确	采用合理焊序
	机臂刚度差	增强刚度
搭接边错移	没定位点焊或定位点焊不牢	调整定位点焊焊接参数
	定位焊点间距过大	增加定位焊点
	夹具不能保证夹紧工件	更换夹具
接头过分翘曲	装配不良或定位焊距离过大	精心装配、增加定位焊点数量
	参数规范过软、冷却不良	调整焊接参数
	焊序不正确	采用合理焊序

第三节 缝 焊

一、电阻缝焊的特点及应用范围

工件装配搭接或对接接头并置于两滚轮之间，滚轮加压工件并转动，连续或断续送电，使之形成一条连续焊缝的电阻焊方法称为缝焊，如图 6-20 所示。缝焊实质上是连续进行的点焊。缝焊时接触区的电阻、加热过程、冶金过程和焊点的形成过程都与点焊相似。

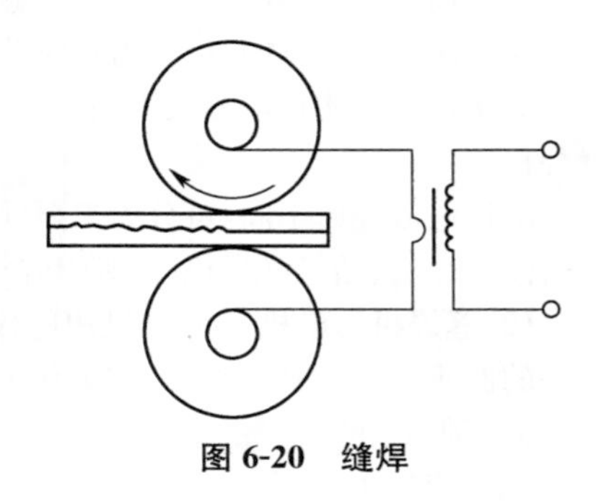

图 6-20 缝焊

缝焊与点焊相比，特点是工件不处在静止的电极压力下，而是处在滚轮旋转的情况下。工件的接触电阻比点焊小，而工件与滚轮之间的接触电阻比点焊时大。前一个焊点对后一个焊点的加热有一定的影响，这种影响主要反映在分流和热作用两个方面。分流即缝焊时有一部分焊接电流流经已经焊好的焊点，削弱了对下一个正在焊接的焊点加热。热作用即由于焊点靠得很近，上一个焊点焊接时，会对下一个焊点有预热作用，有利于加热。

滚轮连续滚动，在工件各点的停留时间短，工件表面散热条件较差。工件表面易过热，容易与滚轮粘结而影响表面质量。

电阻缝焊广泛用于油桶、罐头桶、暖气片、飞机和汽车油箱等密封容器等薄板焊接。可焊接低碳钢、合金钢、镀层钢、不锈钢、耐热钢、铝及铝合金、铜及铜合金等金属。

二、缝焊的基本形式

缝焊按滚轮转动和馈电方式的不同可分为以下几种形式：

(1)连续缝焊 工件在两个滚轮电极间连续移动(即滚轮连续转动)，焊接电流也连续通过滚轮，易发热和磨损，焊核周围易过热，熔核附近也容易过热，焊缝易下凹。这种工艺方法一般很少采用，但在高速缝焊时(4～15m/min)，50Hz 交流电每半周就形成一个焊点，近似于断续缝焊，可在制桶、罐时采用。

(2)断续缝焊　工件连续移动时，而焊接电流断续通过，在这种情况下，滚轮和工件在电流休止时间内得到冷却，减小了热影响区的宽度和工件的变形，从而获得较好的焊接质量。但是在熔核冷却时，滚轮以一定速度离开工件，不能充分地挤压，致使某些金属会出现缩孔甚至裂纹。防止这种缺陷的方法是加大焊点与焊点之间的搭接量（>50％），即降低缝焊速度，但最后一点的缩孔需采取在焊缝收尾部分逐点减小焊接电流的方法解决。

(3)步进缝焊　将工件置于两个滚轮电极之间，滚轮电极连续加压，间隙滚动，当滚轮停止滚动时通电，滚动时断电，这种交替进行的缝焊方法称为步进缝焊。由于工件断续移动(即滚轮间隙式滚动)，电流在工件静止时通过，因此金属的熔化和熔核的结晶均处于滚轮不动时进行，从而改善了散热及锻压条件，提高了焊接质量和滚轮的使用寿命。这种方法广泛应用于铝、镁合金和工件厚度大于4mm的其他金属。

三、缝焊设备

缝焊机结构与点焊机的主要区别在于旋转的滚轮电极代替了固定的电极。

(1)缝焊机的分类

①按缝焊方式不同，可分为连续式缝焊机、断续式缝焊机、步进式缝焊机。

②按工件移动的方向不同，可分为纵向缝焊机、横向缝焊机和通用缝焊机等。

③按馈电方式不同，可分为双侧缝焊机和单侧缝焊机。

④按滚轮数目不同，可分为双滚轮缝焊机和单滚轮缝焊机。

⑤按加压机构传动方式不同，可分为脚踏式缝焊机、电动凸轮式缝焊机和气压传动式缝焊机。

⑥按电流性质不同，可分为工频(即50Hz的交流电源)缝焊机、交流脉冲缝焊机、直流冲击波缝焊机、储能缝焊机、高频缝焊机和低频缝焊机。

(2)缝焊机用电极　缝焊机用电极是扁平的圆形滚轮，滚轮直径一般为50～600mm，常用的滚轮直径为180～280mm。滚轮厚度为10～20mm。如图6-21所示，滚轮的端面形状有圆柱面、球面和圆锥面三种。

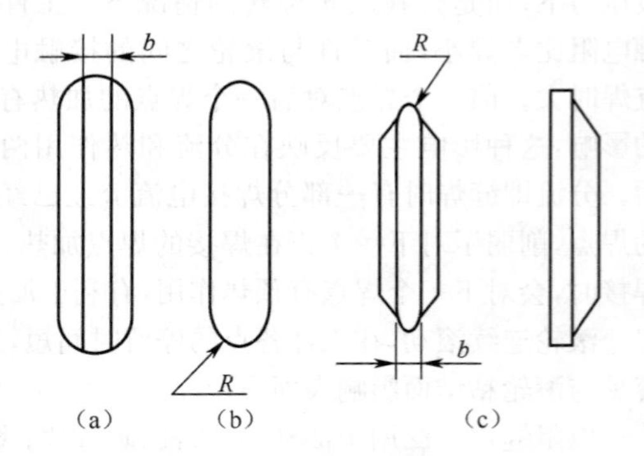

图6-21　滚轮的端面形状

(a)圆柱面　(b)球面　(c)圆锥面

圆柱面滚轮除双侧倒角外也可单侧倒角，以适应折边接头的缝焊，接触面宽度 b 可按工件厚度而定，一般为3～10mm。球面半径 R 为25～200mm。圆柱面滚轮主要用于各种钢材和高温合金的焊接，球面滚轮因易于散热、压痕过渡均匀，常用于轻合金的焊接。

滚轮在焊接时通常采用外部冷却的方式。焊接非铁金属和不锈钢时，可用清洁的自来水冷却。而焊接碳钢和低合金钢时，为防止生锈，应采用质量分数为5％的硼砂水溶液冷却。滚轮也可采用内部循环水冷却，但结构较为复杂。

(3)缝焊机型号及技术参数

①缝焊机常用型号及技术参数见表6-33。

表6-33 缝焊机常用型号及主要技术参数

主要技术数据 \ 型号①		FN-25-1 (QMT-25横)	FN-25-2 (QML-25纵)	FN1-50 (QA-50-1)	FN1-150-1 FN1-150-8 (QA-150-1横)	FN1-150-2 FN1-150-9 (QA-150-1纵)
额定容量/(kV·A)		25	25	50	150	150
一次电压/V		220/380	220/380	380	380	380
二次电压调节范围/V		1.82～3.62	1.82～3.62	2.04～4.08	3.88～7.76	3.88～7.76
二次电压调节级数/级		8	8	8	8	8
额定负载持续率(%)		50	50	50	50	50
电极最大压力/kN		1.96	1.96	4.9	7.84	7.84
上滚轮工作行程/mm		20	20	30	50	50
上滚轮最大行程(磨损后)/mm		—	—	55	130	130
焊接钢板时电极最大臂伸/mm		400	400	500	800	800
焊接圆筒形工件时电极有效最大伸出长度/mm	内径最小为130mm	—	—	—	—	520
	内径最小为300mm	—	—	—	100	585
	内径最小为400mm	—	—	—	400	650
可焊钢板最大厚度/mm		1.5+1.5	1.5+1.5	2+2	2+2	2+2
焊接速度/(m/min)		0.86～3.43	0.86～3.43	0.5～4.0	1.2～4.3	0.89～3.10
冷却水消耗量/(L/h)		300	300	600	1000	750
压缩空气压力/MPa		—	—	0.44	0.49	0.49
压缩空气消耗量/(m^3/h)		—	—	0.2～0.3	1.5～2.5	1.5～2.5
电动机功率/kW		0.25	0.25	0.25	1	1
质量/kg		430	430	580	2000	2000
外形尺寸(长×宽×高)/(mm×mm×mm)		1040×610×1340	1040×610×1340	1470×785×1620	2200×1000×2250	2200×1000×2250
配用控制箱型号		—	—	内有控制箱,如需要,可配用KF-75	KF-100	KF-100
说明		可连续焊接低碳钢零件,焊接接头可保证水密性、气密性		连续焊接低碳钢及合金钢零件	连续焊接低碳钢及合金钢零件	

①括号内为旧型号。

②专用缝焊机型号及主要技术参数见表6-34。

表6-34 专用缝焊机型号及主要技术参数

名称		储油缸专用缝焊机	挤压缝焊机	双轮搭接缝焊机
型号		FN4-150	FN5-2×50	FN6-200
额定容量/(kV·A)		150	2×50	200
一次电压/V		380	380(1/50)	380(1/50)
一次额定电流/A		395	2×132	527
二次空载电压调节范围/V		3.88～7.76	2.72～5.44	4.05～8.10
二次电压调节级数/级		8	8	16
额定负载持续率(%)		50	50	10
最大电极压力/N		6000	11000	7500
最大夹紧力/N		3500	—	6300
电极行程/mm	工作	110	20	50
	最大	—	—	—
电极臂伸出长度/mm		200	—	—
工件尺寸/mm		—	厚(0.2+0.2)～(1.2+1.2)宽(270～530)不锈钢	厚0.1～1.0 宽500～1050
焊接速度/(m/min)		0.5～2.0	0.5～4.0	2.0～6.5
冷却水消耗量/(L/h)		800	1000	1000
压缩空气	压力/MPa	0.55	0.6	0.6
	消耗量/(m^3/h)	2	30	10
电动机功率/kW		0.6	0.8	1.5
质量/kg		—	2500	4000
外形尺寸/mm	长	860	2100	2560
	宽	1250	960	1800
	高	1830	1425	2700
配用控制箱型号		KF2-1200	KF1200	KF600
用途		专用于焊接直径54～71mm、壁厚2mm、长326～341mm的筒式减振器储油缸	焊接不锈钢带，可作为冷轧带钢车间工艺装备	单面双缝焊接冷轧碳钢或硅钢的带钢搭接接头

(4)缝焊机的正确使用 现以FNI-150-1型缝焊机为例，介绍缝焊机的正确使用方法。

①焊机的安装。安装缝焊机和控制箱时，不必用专门的地基。缝焊机为三相电源时，应接保护短路器，并与控制箱相连。将0.5MPa的压缩空气源和焊机进气阀门相连，压力变化为0.05MPa，同时进行密封性检查。将水源接入焊机和控制箱的冷却系统，并检查密封状况，同时接好排水系统。缝焊机和控制箱应可靠接地。

②焊机的检查和调整。安装好后应进行外部检查，特别是二次回路的接触部分。对于横向焊接的缝焊机，在拧紧电极的减振弹簧时，应使距焊轮较远的弹簧较紧，中间的次之，距焊轮较近的弹簧则较松。调整电极的支撑装置，保持正确的位置，使导电轴不受焊轮的压力。检查主动焊轮转动的方向，对于横向缝焊机一般从右到左。为了使上、下焊轮的边缘相互吻合，在横向缝焊机上，沿下导电轴的螺纹移动接触套筒，且用锁紧螺母固紧。

焊接压力由气缸上气室中压缩空气的压力决定，压缩空气用减压阀调节。当需要减小贮气室内压缩空气压力时，要放松减压阀上的调节螺钉，旋开通向贮气筒的旋塞，把部分压缩空气从贮气室放出，然后再增高压力到所需值，上电极部分的起落可用支臂上的前部开关操纵，但必须先踩下脚踏开关的踏板一次。在调节时，为了防止误接通焊接电流，应取下调节级数开关上的任意一个开关。

焊接速度的调节，要用一定长度的板条通过焊轮的时间来计算焊接速度。但要考虑到焊接速度是由主动焊轮的直径来决定的，并且随着焊轮的磨损，焊接速度也相应减小。在电动机工作时，旋转手轮即可调节焊接速度。顺时针方向旋转时，焊接速度增加，逆时针方向旋转时，焊接速度减小。

焊接电流的调节可通过改变焊接变压器级数和控制箱上的“热量调节”实现。而焊接通电时间包括脉冲和停息周数，可用控制箱上相应的手柄调节。焊接时参数组合调节的原则是焊接变压器级数开始时应选得低一些，控制箱上“热量控制”手柄放在 1／4 刻度的地方，并使“脉冲”和“停息”时间各为 3 周，焊接压力偏高一些，然后再改变焊接电流和焊接压力，相互配合选择最佳参数组合。

③缝焊机的起动和停止。接上电源，将控制面板上的开关放在“通”的位置，红色信号灯亮，绿色信号灯亮，冷却水接通正常。同时将“热量控制”、“脉冲”等手柄置于适当位置。加油润滑所有运动部分，选择好焊接变压器的级数，将压缩空气输入气路系统，并用减压阀确定电极压力。将工件或试样放到下焊轮上，踩下脚踏开关的踏板使工件压紧，将开关拨到焊接电流“通”的位置，第二次踩下踏板，焊接开始。当工件焊好后，第三次踩下踏板，切断电流，使电极向上，并停止电极的转动。

④工作间断和停止使用。如果短暂停歇，应将焊机控制电路转换开关放在“断”的位置；关闭冷却水；把控制箱的控制开关放在“断”的位置；切断焊机开关；关闭压缩空气。

如焊机长期停用，必须将零件工作表面涂上油脂，并粘上纸，涂漆面还应擦干净。

四、缝焊工艺要点

(1)接头形式和尺寸 如图 6-22 所示，常用缝焊接头形式是卷边接头和搭接接头。卷边宽度不宜过小，板厚为 12mm 时，卷边≥12mm；板厚为 1.5mm 时，卷边≥16mm；板厚为 2mm 时，卷边≥18mm。搭接接头的应用最广，搭边长度为 12～18mm。常用缝焊接头推荐尺寸见表 6-35。

(2)焊前准备 焊前应对接头两侧附近宽约 20mm 处进行清理。清理方法可采用机械清理或化学清理。采用定位销或夹具进行工件装配。

(3)定位焊点焊的定位 定位焊点焊或在缝焊机上采用脉冲方式进行定位，焊点间距为 75～150mm，定位焊点的数量应能保证工件完全固定住。定位焊的焊点直径应不大于焊缝的宽度，压痕深度小于工件厚度的 10%。

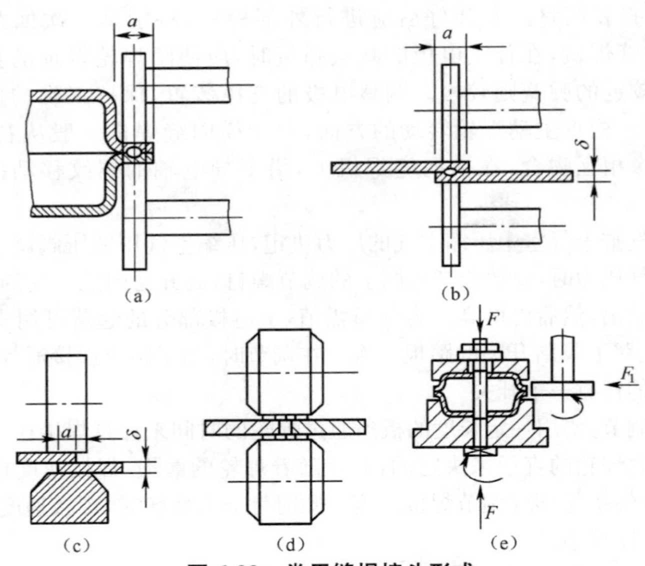

图 6-22 常用缝焊接头形式

表 6-35 常用缝焊接头推荐尺寸 (mm)

薄件厚度 δ	焊缝宽度 c	最小搭边宽度 b		备 注
		轻合金	钢、钛合金	
0.3	2.0^{+1}_{0}	8	6	
0.5	2.5^{+1}_{0}	10	8	
0.8	3.0^{+1}_{0}	10	10	
1.0	3.5^{+1}_{0}	12	12	
1.2	4.5^{+1}_{0}	14	13	
1.5	5.5^{+1}_{0}	16	14	
2.0	$6.5^{+1.5}_{0}$	18	16	
2.5	$7.5^{+1.5}_{0}$	20	18	
3.0	$8.0^{+1.5}_{0}$	24	20	

注:①搭边尺寸不包括弯边圆角半径;缝焊双排焊缝和连接三个以上零件时,搭边应增加 25%~35%。

②压痕深度 $c<0.15\delta$、焊透率 $A=30\%\sim70\%$。

(4)定位焊后的间隙

①对于低碳钢和低合金结构钢工件,当工件厚度<0.8mm 时,间隙要<0.3mm;当工件厚度>0.8mm 时,间隙要<0.5mm。重要结构的环形焊缝应<0.1mm。

②对于不锈钢工件,当焊缝厚度<0.8mm 时,间隙要<0.5mm,重要结构的环形焊缝

应<0.1mm。

③对于铝及铝合金工件，间隙小于较薄工件厚度的10%。

(5)焊缝形式的选择 常用缝焊形式如图6-23所示。

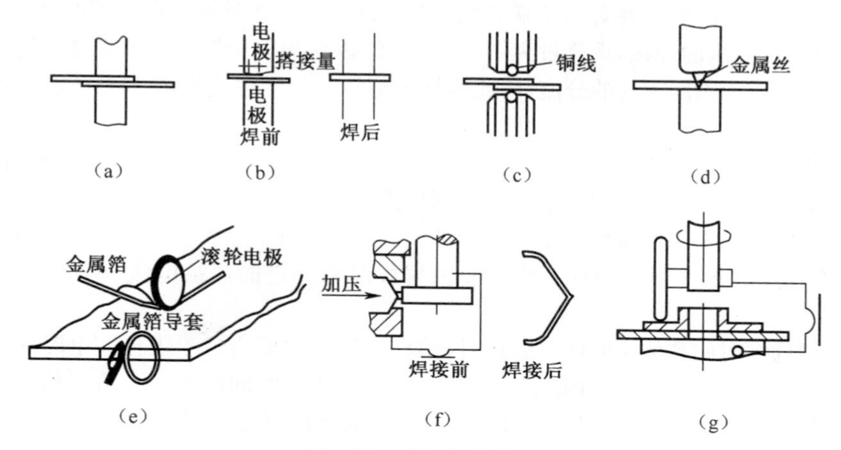

图6-23 常用缝焊形式

(a)搭接缝焊 (b)压平缝焊 (c)铜线电极缝焊 (d)金属丝填充缝焊 (e)垫箔对接缝焊 (f)周缘缝焊 (g)圆周缝焊

①搭接缝焊。这种方法与点焊相似，如图6-23a所示。可用一对滚轮或用一个滚轮和一根芯轴电极进行缝焊。接头的最小搭接量与点焊相同。搭接缝焊又可分为双面缝焊、单面单缝缝焊、单面双缝缝焊和小直径圆周缝焊等。

②压平缝焊。两工件少量地搭接在一起，焊接时将接头压平，如图6-23b所示。压平缝焊时的搭接量一般为工件厚度的1～1.5倍。焊接时可采用圆锥面的滚轮，其宽度应能覆盖接头的搭接部分。另外，要使用较大的焊接压力和连续电流。压平缝焊常用于食品容器和冷冻机衬套等产品的焊接。

③铜线电极缝焊。如图6-23c所示，铜线电极缝焊是解决镀层钢板缝焊镀层黏附滚轮问题的有效方法。焊接时，将圆铜线不断地送到滚轮和工件之间后，再连续地盘绕在另一个绕线盘上，使镀层仅黏附在铜线上，不会污染滚轮。由于这种方法焊接成本不高，主要应用于制造食品罐头桶，如果先将铜线轧成扁平线再送入焊区，搭接接头和压平缝焊一样。

④垫箔对接缝焊。这是解决厚板缝焊的有效方法。当板厚>3mm时，若采用常规的搭接缝焊，就必须采用较大的电流和电极压力以及较慢的焊接速度，因而造成工件表面过热及电极黏附。如采用垫箔对接缝焊则可解决上述问题。垫箔对接缝焊如图6-23e所示，采用这种工艺方法时，先将工件边缘对接，在接头通过滚轮时，不断将两条箔带垫于滚轮与工件之间。由于箔带增加了焊接区的电阻，使散热困难，因而有利于熔核的形成。使用的箔带尺寸为宽4～6mm，厚0.2～0.3mm。这种方法的优点是不易产生飞溅，可减小电极压力，焊接后变形小，外观良好等；缺点是装配精度要求高，焊接时将箔带准确地垫于滚轮和工件之间也有一定的难度。

(6)缝焊焊接参数

①焊点间距。焊点间距通常为1.5～4.5mm，并随着工件厚度的增加而增大，对于不要

求气密性的焊缝，焊点间距可适当增大。

②焊接电流。焊接电流的大小，决定了熔核的焊透率和重叠量，焊接电流随着板厚的增加而增加，在缝焊 0.4～3.2mm 钢板时，适用的焊接电流范围为 8.5～28kA。焊接电流还要与电极压力相匹配。在焊接低碳钢时，熔核的平均焊透率控制在钢板厚度的 45%～50%；有气密性要求的焊接，重叠量为 15%～20%，以获得气密性较好的焊缝。缝焊时，由于熔核互相重叠而引起较大的分流，因此焊接电流比点焊的电流提高 15%～30%，但过大的电流，会导致压痕过深和烧穿等缺陷。

③电极压力。电极压力对熔核尺寸和接头质量的影响与点焊相同。在各种材料缝焊时，电极压力至少要达到规定的最小值，否则接头的强度会明显下降。压力过低，会使熔核产生缩孔，引起飞溅，并因接触电阻过大而加剧滚轮的烧损；电极压力过高，会导致压痕过深，同时会加速滚轮变形和损耗。所以要根据板厚和选定的焊接电流，确定合适的电极压力。

④焊接通电时间和休止时间。缝焊时，熔核的尺寸主要决定于焊接通电时间，焊点的重叠量可由休止时间来控制。因此，焊接通电时间和休止时间应有一个适当的匹配比例。在较低的焊接速度下，焊接通电时间和休止时间的最佳比例为(1.25～2)∶1。以较高速度焊接时，焊接通电时间与休止时间之比应在 3∶1 以上。

⑤焊接速度。焊接速度决定了滚轮与工件的接触面积和接触时间，也直接影响接头的加热和散热。当焊接速度增加时，为了获得较高的焊接质量必须增加焊接电流，焊接速度过快则会引起表面烧损，电极黏附而影响焊缝质量。

通常焊接速度根据被焊金属种类、厚度以及对接头强度的要求来选择。在焊接不锈钢、高温合金和非铁金属时，为获得致密性高的焊缝、避免飞溅，应采用较低的焊接速度；当对接头质量要求较高时，应采用步进缝焊，使熔核形成的全过程在滚轮停转的情况下完成。缝焊机的焊接速度可在 0.5 ～3.0m/min 调节。

⑥焊轮尺寸的选择应与点焊电极尺寸的选择一致。为减小搭边尺寸，减轻结构质量，提高热效率，减少焊机功率，近年来多采用接触面积宽度为 3～5mm 的窄边滚轮。

⑦焊接周期。断续焊接时，一个焊接周期的总时间由下式确定

$$t=t_{焊}+t_{歇}$$

式中，t 为焊接周期总时间(s)；$t_{焊}$ 为焊接电流脉冲的时间(s)；$t_{歇}$ 为间歇时间(s)。

也可根据下式推算焊接周期的总时间(s)

$$\alpha=\upsilon t, t=\alpha/\upsilon$$

式中，α 为所给定的焊点间距(mm)；υ 为焊接速度(mm/s)。若将 υ 换成常用单位 m/min，则 $t=0.06a/\nu$。

(7)缝焊焊接参数的选择 缝焊焊接参数的选择与点焊类似，通常是按工件板厚、被焊金属的材质、质量要求及设备能力来选取。可参考已有的推荐数据初步确定，再通过工艺试验加以修正。

五、常用金属材料的缝焊

(1)低碳钢的缝焊 低碳钢缝焊的焊接性最好。对于没有油和锈的冷轧钢，焊前可以不进行特殊清理，而热轧低碳钢则应在焊前进行喷丸或酸洗处理。对于较长的纵缝，由于在缝焊过程中会引起焊接电流的变化而影响到缝焊质量，因此，应从中间向两端焊，或把长

缝分成几段，用不同的焊接参数；采用次级整流式焊机，采用具有恒流控制功能的控制箱。

①低碳钢缝焊焊接参数见表 6-36。

表 6-36 低碳钢缝焊焊接参数

工件厚度/mm	平面滚轮工作面宽度/mm	球面滚轮		滚轮压力/N	焊接通电时间/s	间隔时间/s	焊接速度/(m/min)	焊接电流/A
		球面半径/mm	滚轮宽度/mm					
0.3+0.3	3.0～3.5	40	5	18～22	0.02	0.02～0.06	1.0～2.0	4500～5500
0.3+0.5	3.0～3.5	40	5	20～25	0.02	0.02～0.06	1.0～2.0	5500～6500
0.5+0.5	3.5～4.0	40	6	28～32	0.02～0.04	0.04～0.06	1.0～1.8	7000～8000
0.5+0.8	3.5～4.0	40	8	30～38	0.02～0.06	0.04～0.06	0.8～1.5	8000～9000
0.5+1.0	4.0～5.0	60	8	35～42	0.04～0.06	0.04～0.06	0.8～1.5	9000～10000
0.8+0.8	5.0～6.0	60	8	38～45	0.04～0.06	0.06～0.08	0.8～1.5	9000～10000
0.8+1.0	5.0～6.0	60	10	40～50	0.06～0.08	0.06～0.08	0.7～1.2	9500～10500
0.8+1.5	5.5～7.0	60	10	45～55	0.06～0.10	0.08～0.10	0.6～1.2	11000～12500
1.0+1.0	6.0～7.0	80	10	50～60	0.06～0.08	0.08～0.10	0.6～1.2	11000～12500
1.0+1.5	6.0～8.0	80	12	55～65	0.08～0.10	0.08～0.10	0.5～1.0	11500～13000
1.5+1.5	8.0～9.0	80	12	75～85	0.08～0.10	0.10～0.14	0.5～0.8	14000～15000
1.5+2.0	8.0～9.0	80	15	80～90	0.10～0.14	0.12～0.16	0.5～0.8	15000～16500
2.0+2.0	9.0～10.0	80	15	100～110	0.12～0.16	0.14～0.18	0.5～0.8	15500～17000
2.0+2.5	9.0～10.0	80	15	100～110	0.12～0.16	0.14～0.18	0.4～0.8	16000～18000
2.5+2.5	10.0～11.0	80	15	115～125	0.16～0.20	0.16～0.22	0.4～0.8	16000～18000
2.5+3.0	10.5～12.0	80	20	120～130	0.16～0.24	0.20～0.40	0.3～0.6	16500～18500
3.0+3.0	11.0～12.5	80	20	130～140	0.20～0.30	0.30～0.50	0.3～0.5	16500～18500

②连续通电的低碳钢压平缝焊焊接参数见表 6-37。

表 6-37 连续通电的低碳钢压平缝焊焊接参数

板厚/mm	搭接量/mm	电极压力/kN	焊接电流/kA	焊接速度/(cm/min)
0.8	1.2	4	13	320
1.2	1.8	6	16	200
2.0	2.5	11	19	140

③低碳钢垫箔缝焊焊接参数见表 6-38。

表 6-38 低碳钢垫箔缝焊焊接参数

板厚/mm	电极压力/kN	焊接电流/kA	焊接速度/(cm/min)
0.8	2.5	11.0	120
1.0	2.5	11.0	120
1.2	3.0	12.0	120
1.6	3.2	12.5	120
2.3	3.5	12.0	100
3.2	3.9	12.5	70
4.5	4.5	14.0	50

(2)淬火合金钢的缝焊 可淬硬合金缝焊时，为消除淬火组织需要采用焊后回火的双脉冲加热方式。在焊接和回火时，工件应停止移动，即应在步进焊机上进行。如果缺少这种设备，只能在断续缝焊机上进行时，建议采用焊接通电时间较长的软规范进行焊接。可淬硬钢(30CrMnSiA、40CrNiMoA)缝焊焊接参数见表6-39。

表6-39 可淬硬钢(30CrMnSiA、40CrNiMoA)缝焊焊接参数

板厚/mm		滚轮端面宽度/mm	焊接电流/kA	电流脉冲时间/s	脉冲间隔时间/s	电极压力/kN	焊接速度/(m/min)
软规范	0.8	5～6	6～8	0.12～0.14	0.06～0.08	2.5～3.0	0.6～0.8
	1.0	7～8	10～12	0.14～0.16	0.10～0.14	3.0～3.5	0.5～0.7
	1.2	7～8	12～15	0.16～0.18	0.14～0.20	3.5～4.0	0.5～0.7
	1.5	7～9	15～17	0.18～0.20	0.18～0.24	4～5	0.5～0.6
	2.0	8～10	17～20	0.20～0.24	0.20～0.26	5.5～6.5	0.5～0.6
	2.5	9～11	20～24	0.24～0.30	0.24～0.28	6.5～8.0	0.5～0.6
硬规范	0.5	—	7～8	0.10～0.12	0.12～0.16	3.0～3.5	0.8～0.9
	0.8	—	7.5～8.5	0.12～0.14	0.14～0.20	3.5～4.0	0.7～0.8
	1.0	—	9.5～10.5	0.14～0.16	0.18～0.24	5～6	0.6～0.7
	1.2	—	12.0～13.5	0.16～0.18	0.22～0.30	5.5～6.5	0.5～0.6
	1.5	—	14～16	0.18～0.20	0.26～0.32	8～9	0.5～0.6
	2.0	—	17～19	0.20～0.22	0.30～0.36	10.0～11.5	0.5～0.6
	2.5	—	20～21	0.20～0.24	0.32～0.44	12～14	0.4～0.5

注：①建议采用硬规范，焊后炉中热处理以提高塑性。

②滚轮直径150～160mm，硬规范时滚轮宽度参考软规范时数据。

(3)镀层钢板的缝焊 焊镀锌钢板时，当温度超过锌的沸点(906℃)，由于锌的蒸发会向热影响区扩散而引起接头脆性的增加，甚至会产生裂纹，而且工件表面的熔化锌层会与铜滚轮形成铜锌合金，因此，既增大了滚轮表面电阻造成散热差，又会粘连在滚轮上。所以，缝焊镀层钢时应采用小电流、低速焊、强烈的外部水冷却，以及采用压花钢滚轮等。镀层钢缝焊焊接参数见表6-40。对于镀铝钢板，也和点焊一样，必须将电流增大15%～20%，同时还必须经常修整滚轮。

表6-40 镀层钢缝焊焊接参数

材质	工件厚度/mm	焊接电流/A	焊接速度/(m/min)	电极压力/N	焊接通电时间/s	休止时间/s	滚轮工作面宽度/mm
镀锌钢	0.6	15000～16000	2.5	3500～3900	0.06	0.04	4.5
	1.0	17000～18000	2.5	4100～4500	0.06	0.04	5.0
	1.6	20000～21000	2.0	4800～5200	0.08	0.04	6.5
镀铝钢	0.8	18500～19500	2.2	3400～3800	0.04	0.04	4.8
	1.2	22500～23500	1.5	4600～5000	0.04	0.04	5.5
	1.6	24500～25500	1.3	5600～6000	0.06	0.04	6.5

续表 6-40

材质	工件厚度/mm	焊接电流/A	焊接速度/(m/min)	电极压力/N	焊接通电时间/s	休止时间/s	滚轮工作面宽度/mm
镀铅钢	0.8	17000～18000	1.50～2.50	3600～4500	0.06～0.10	0.04	7
	1.0	17500～18500	1.50～2.50	4200～5200	0.04～0.10	0.02	7
	1.2	18000～19000	1.50～2.50	4500～5500	0.04～0.08	0.02	7

(4)不锈钢的缝焊 由于不锈钢的电导率和热导率低,高温强度高,线胀系数大,所以缝焊时应采用小的焊接电流、短的焊接通电时间、大的电极压力和中等的焊接速度,同时应注意防止变形。不锈钢的缝焊困难较少,通常可以在交流缝焊机上进行。不锈钢缝焊焊接参数见表 6-41。

表 6-41 不锈钢缝焊焊接参数

工件厚度/mm	焊接电流/A	焊接速度/(m/min)	电极压力/N	焊接通电时间/s	休止时间/s	滚轮工作面宽度/mm
0.15	3800～4200	1.52	1350～1450	0.04	0.02	4.8
0.30	5400～5800	1.40	1800～2200	0.06	0.04	6.4
0.5	7800～8400	1.22	3100～3500	0.06	0.04	6.4
1.0	12500～13500	1.20	5600～6200	0.06	0.10	9.5
1.2	13000～14000	1.19	5900～6500	0.06	0.10	10.5
1.5	14000～14500	1.18	8000～8500	0.08	0.12	12.0
2.0	15500～16500	1.00	10000～105000	0.08	0.14	15.9
3.2	16500～17500	0.97	14500～15500	0.12	0.14	19.1

(5)高温合金的缝焊 高温合金缝焊时,由于电阻率高和缝焊的重复加热,更容易产生结晶偏析和过热组织,甚至使工件表面挤出毛刺。应采用很慢的焊接速度、较长的休止时间以利于散热。高温合金(GH33、GH35、GH39、GH44)缝焊焊接参数见表 6-42。

表 6-42 高温合金(GH33、GH35、GH39、GH44)缝焊焊接参数

板厚/mm	电极压力/kN	时间/周		焊接电流/kA	焊接速度/(cm/min)
		焊接通电	休止		
0.3	4～7	3～5	2～4	5～6	60～70
0.5	5.0～8.5	4～6	4～7	5.5～7.0	50～70
0.8	6～10	5～8	8～11	6.0～8.5	30～45
1.0	7～11	7～9	12～14	6.5～9.5	30～45
1.2	8～12	8～10	14～16	7～10	30～40
1.5	8～13	10～13	19～25	8.0～11.5	25～40
2.0	10～14	12～16	24～30	9.5～13.5	20～35
2.5	11～16	15～19	28～34	11～15	15～30
3.0	12～17	18～23	30～39	12～16	15～25

(6)非铁金属的缝焊

①铝及铝合金的缝焊。由于铝及铝合金的电阻率小，热导率大，分流严重，工件表面容易过热，滚轮粘连严重等，容易造成裂纹、缩孔等缺陷。缝焊铝及铝合金时，焊接电流要比点焊增加5%～10%，电极压力提高5%～10%，并降低焊接速度。应采用交流及三相供电的直流脉冲或次级整流步进缝焊机和球形端面滚轮，并必须用外部水冷。铝及铝合金缝焊焊接参数见表6-43。

表6-43 铝及铝合金缝焊焊接参数

工件厚度/mm	焊接电流/A	焊接速度/(m/min)	电极压力/N	焊接通电时间/s	休止时间/s	滚轮工作面宽度/mm
0.5	23500～24500	1.0	2400～2600	0.02～0.04	0.06～0.08	4
1.0	31500～32000	0.88	3400～3600	0.04～0.06	0.12～0.14	6
1.5	37500～38000	0.80	4300～4600	0.06～0.08	0.18～0.20	8
2.0	40500～41000	0.64	4800～5200	0.08～0.12	0.24～0.28	10
3.2	44500～45000	0.46	5900～6200	0.14～0.22	0.46～0.54	14

②钛及钛合金的缝焊。钛及钛合金缝焊时，焊接参数与不锈钢大致相同，但电极压力要低一些，工业纯钛(TA1、TA2)缝焊焊接参数见表6-44。

表6-44 工业纯钛(TA1、TA2)缝焊焊接参数

板材厚度/mm	焊接电流/A	焊接通电时间/s	休止时间/s	电极压力/kN	焊接速度/(m/h)	滚轮球面直径/mm
0.6+0.6	6000	0.08～0.10	0.10～0.16	1.96～2.45	45～50	50～75
0.8+0.8	6500	0.10～0.20	0.16～0.20	2.45～2.94	42～48	50～75
1.0+1.0	7500	0.13～0.14	0.20～0.28	2.94～3.43	36～42	75～100
1.2+1.2	8500	0.14～0.18	0.28～0.36	3.43～3.92	33～39	75～100
1.5+1.5	9000	0.18～0.24	0.36～0.48	3.92～4.41	30～36	75～100
1.7+1.7	10000	0.18～0.24	0.36～0.48	4.41～4.9	30～36	75～100
2.0+2.0	11500	0.20～0.28	0.40～0.56	4.90～5.88	30～36	100～150
2.5+2.5	14000	0.28～0.32	0.60～0.80	6.37～7.35	20～25	100～150
2.0+3.0	50000～60000	0.16	0.34	8.82	40～45	上轮ϕ205×13
3.0+3.0	50000～60000	0.16	0.34	8.82	40～45	下轮ϕ240×20

③铜及铜合金的缝焊。铜及铜合金由于电导率和热导率高，几乎不能采用缝焊。对于电导率低的铜合金，如磷青铜、硅青铜和铝青铜等可以缝焊，但需要采用比低碳钢高的电流和较低的电极压力。

六、点焊和缝焊常见缺陷及排除方法

点焊和缝焊常见缺陷产生原因及排除方法见表 6-45。

表 6-45 点焊和缝焊常见缺陷产生原因及其排除方法

<table>
<tr><th colspan="2">缺陷名称</th><th>产生原因</th><th>排除方法</th><th>简 图</th></tr>
<tr><td rowspan="3">熔核、焊缝尺寸缺陷</td><td rowspan="3">未焊透或熔核尺寸小</td><td>焊接电流小，通电时间短，电极压力过大</td><td>调整焊接参数</td><td rowspan="3">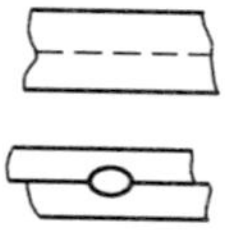</td></tr>
<tr><td>电极接触面积过大</td><td>修整电极</td></tr>
<tr><td>表面清理不良</td><td>清理表面</td></tr>
<tr><td rowspan="4">熔核、焊缝尺寸缺陷</td><td rowspan="2">焊透率过大</td><td>焊接电流过大，通电时间过长，电极压力不足，缝焊速度过快</td><td>调整焊接参数</td><td rowspan="2">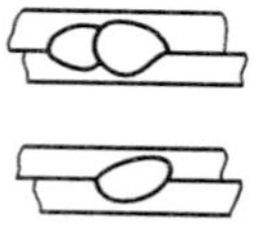</td></tr>
<tr><td>电极冷却条件差</td><td>加强冷却，改换导热好的电极材料</td></tr>
<tr><td rowspan="2">重叠量不够（缝焊）</td><td>焊接电流小，脉冲持续时间短，间隔时间长</td><td rowspan="2">调整焊接参数</td><td rowspan="2"></td></tr>
<tr><td>焊点间距不当，缝焊速度过快</td></tr>
<tr><td rowspan="7">外部缺陷</td><td rowspan="3">焊点压痕过深及表面过热</td><td>电极接触面积过小</td><td>修整电极</td><td rowspan="3"></td></tr>
<tr><td>焊接电流过大，通电时间过长，电极压力不足</td><td>调整焊接参数</td></tr>
<tr><td>电极冷却条件差</td><td>加强冷却</td></tr>
<tr><td rowspan="4">表面局部烧穿、溢出、表面飞溅</td><td>电极修整得太尖锐</td><td>修整电极</td><td rowspan="4"></td></tr>
<tr><td>电极或工件表面有异物</td><td>清理表面</td></tr>
<tr><td>电极压力不足或电极与工件虚接触</td><td>提高电极压力、调整行程</td></tr>
<tr><td>缝焊速度过快，滚轮电极过热</td><td>调整焊接速度，加强冷却</td></tr>
</table>

续表 6-45

缺陷名称		产生原因	排除方法	简图
外部缺陷	表面压痕形状及波纹度不均匀（缝焊）	电极表面形状不正确或磨损不均匀	修整滚轮电极	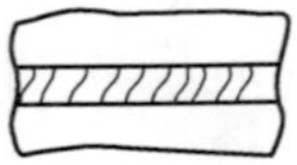
		工件与滚轮电极相互倾斜	检查机头刚度，调整滚轮电极倾角	
		焊接速度过快或焊接参数不稳定	调整焊接速度，检查控制装置	
	焊点表面径向裂纹	电极压力不足，顶锻力不足或加得不及时	调整焊接参数	
		电极冷却作用差	加强冷却	
	焊点表面环形裂纹	焊接通电时间过长	调整焊接参数	
	焊点表面粘损	电极材料选择不当	调换合适电极材料	
		电极端面倾斜	修整电极	
	焊点表面发黑，包覆层破坏	电极、工件表面清理不良	清理表面	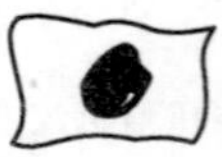
		焊接电流过大，焊接通电时间过长，电极压力不足	调整焊接参数	
	接头边缘压溃或开裂	边距过小	改进接头设计	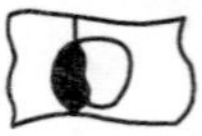
		大量飞溅	调整焊接参数	
		电极未对中	调整电极同轴度	
	焊点脱开	工件刚度大且装配不良	调整板件间隙，注意装配，调整焊接参数	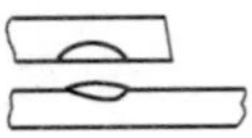

续表 6-45

缺陷名称		产生原因	排除方法	简 图
内部缺陷	裂纹缩松、缩孔	焊接通电时间过长，电极压力不足，顶锻力加得不及时	调整焊接参数	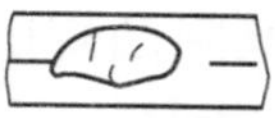
		熔核及近缝区淬硬	选用合适的焊接循环	
		大量飞溅	清理表面，增大电极压力	
		缝焊速度过快	调整焊接速度	
	核心偏移	热场分布对于贴合面不对称	调整热平衡，如不等电极端面，不同电极材料，改为凸焊等	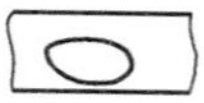
	结合线伸入	表面氧化膜清除不净	应严格清除高熔点氧化膜并防止焊前的再氧化	
	板缝间有金属溢出（内部飞溅）	焊接电流过大、电极压力不足	调整焊接参数	
		板间有异物或贴合不紧密	清理表面、提高压力或用调幅电流波形	
		边距过小	改进接头设计	
	脆性接头	熔核及近缝区淬硬	采用合适的焊接循环	
	熔核成分宏观偏析（旋流）	焊接通电时间短	调整焊接参数	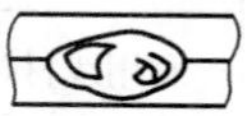
	环形层状花纹（洋葱环）	焊接通电时间过长		
	气孔	表面有异物（镀层，锈等）	清理表面	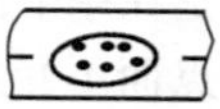
	胡须	耐热合金焊接参数过软	调整焊接参数	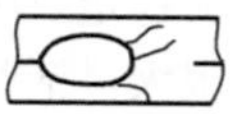

第四节 凸 焊

一、电阻凸焊的特点及应用范围

(1)凸焊过程的三个阶段 如图 6-24 所示,凸焊是在一个工件的贴合面上预先加工出一个或多个凸起点,使其与另一个工件表面相接触加压并通电加热,然后压塌,使这些接触点形成焊点的电阻焊方法。

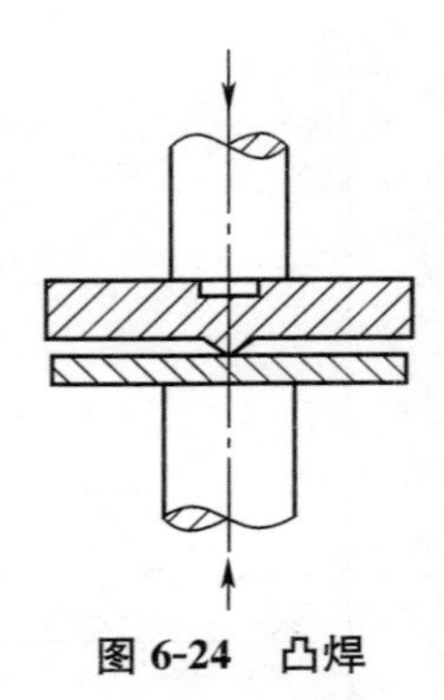

图 6-24 凸焊

凸点接头的形成过程与点焊、缝焊类似,可划分为预压、通电加热和冷却结晶三个阶段。

①预压阶段。在电极压力作用下,凸点与下板贴合面增大,使焊接区的导电通路面积稳定,破坏了贴合面上的氧化膜,形成良好的物理接触。

②通电加热阶段。由压溃过程和成核过程组成。凸点压溃、两板贴合后形成较大的加热区,随着加热的进行,由个别接触点的熔化逐步扩大,形成足够尺寸的熔化核心和塑性区。

③冷却结晶阶段。切断焊接电流后,熔核在压力作用下开始结晶,其过程与点焊熔核的结晶过程基本相同。

(2)凸焊的特点 常见凸焊形式及特点见表 6-46。

表 6-46 常见凸焊形式及特点

凸焊形式	特　点	应　用
单点凸焊	凸点设计成球面形、圆锥形和方形,并预先压制在薄件或厚件上	应用最广,一般在凸焊机上进行,单点凸焊也可在点焊机上进行
多点凸焊		
环焊	在一个工件上预制出凸环或利用工件原有的型面、倒角构成的锐边,焊后形成一条环焊缝	最好用次级整流焊机焊接,环缝直径<25mm时可用交流焊机
T形焊	在杆形件上预制出单个或多个球面形、圆锥形、弧面形及齿形等凸点,一次加压通电焊接	可用点焊机或凸焊机焊接
线材交叉焊	利用线材(ϕ<10mm)凸起部分相接触进行焊接	主要用于钢筋网焊接,可采用通用点焊机或专用钢筋多点焊机

一般情况下,凸焊可以代替点焊将小零件相互焊接,或将小零件焊到大零件上。凸焊的主要特点是在一个焊接循环内可同时焊接多个焊点,不仅生产率高,而且可在窄小的部位上布置焊点而不受点距的限制。由于电流密集于凸点,电流密度大,能获得可靠、成形较小的熔核。凸焊焊点的位置比点焊焊点更为准确,尺寸一致,而且由于凸点大小均匀,凸焊焊点质量更为稳定。因此,凸焊焊点的尺寸可以比点焊焊点小。由于在规定凸点的尺寸和位置方面有很大灵活性,所以至少可以焊接6∶1厚度比的工件。凸点通常设在较厚的零件上。

由于可以将凸点设置于一个零件上，所以，可最大限度地减轻另一个零件外露表面的压痕。工件表面上的任何轻微变形，可用砂纸打磨，使其与母材找平。凸焊采用平面大电极，其磨损程度比点焊电极小得多，因而降低了电极保养费用。在某些情况下，焊接小零件时，可把夹具或定位件与焊接模块或电极结合起来。

对油、锈、氧化皮及涂层等的敏感性比点焊小，因为在焊接循环开始阶段，凸点的尖端可将这些外部物质压碎。工件表面干净时，焊缝的质量将会更高。

(3)凸焊的应用范围 凸焊主要用于焊接低碳钢和低合金钢的冲压焊。除板材的凸焊外，还有螺母、螺钉、销子、托架和手柄等零件的凸焊，线材的交叉焊、管子的凸焊等。

二、凸焊设备

凸焊机的结构与点焊机相似，仅是电极有所不同，凸焊时采用平板形电极，可利用点焊机进行适当改装，即可成为凸焊机。常见凸焊机型号及主要技术参数见表 6-47。

表 6-47 常见凸焊机型号及主要技术参数

型号		TN1-200A	TR-6000
额定容量/(kV·A)		200	10
一次电压/V		380	380(三相)
一次电流/A		527	—
二次空载电压/V		4.42～8.85	—
电容器容量/μF		—	70000
电容器最高充电电压/V		—	420
最大储存能量/J		—	6164
二次电压调节级数/级		16	11(电容器)
额定负载持续率(%)		20	—
最大电极压力/N		14000	16000
上电极/mm	工作行程	80	100
	辅助行程	40	50
下电极垂直调节长度/mm		150	—
机臂间开度/mm		—	150～250
上电极工作次数/(次/min)		65(行程 20mm)	—
焊接持续时间/s		0.02～1.98	6
冷却水消耗量/(L/h)		810	—
工件厚度/mm		—	(1.5+1.5)～(2+2)(铝)
压缩空气	压力/MPa	0.55	0.6～0.8
	消耗量/(m^3/h)	33	0.63

续表 6-47

型　　号		TN1-200A	TR-6000	
质量/kg		900	焊机 1050	电容箱 250
外形尺寸/mm	长	1360	1140	1160
	宽	710	672	400
	高	599	1714	1490
配用控制箱型号		K08-100-1		
用　　途		凸焊汽车筒式减振器 T 形零件	专用于凸焊 201～309 单列向心球轴承保持器，更换电极后可进行其他凸焊、点焊	

三、凸焊工艺要点

(1)凸点(凸环)的形状及制备　如图 6-25 所示，凸点形状以半圆形和圆锥形应用最广。典型凸焊接头形式如图 6-26 所示。凸点形状和尺寸见表 6-48。

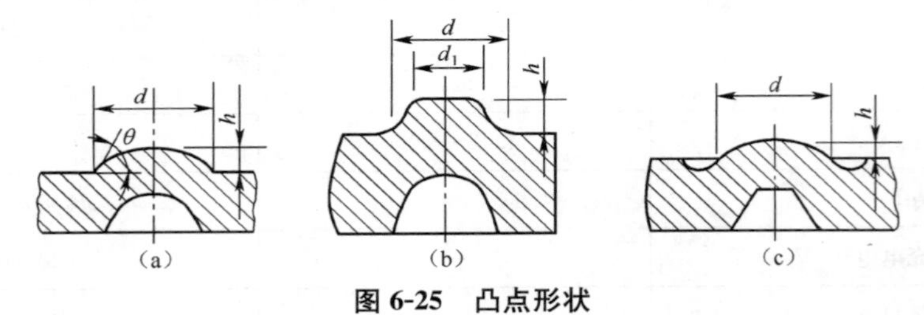

图 6-25　凸点形状

(a)半圆形　(b)圆锥形　(c)带溢出环形槽的半圆形

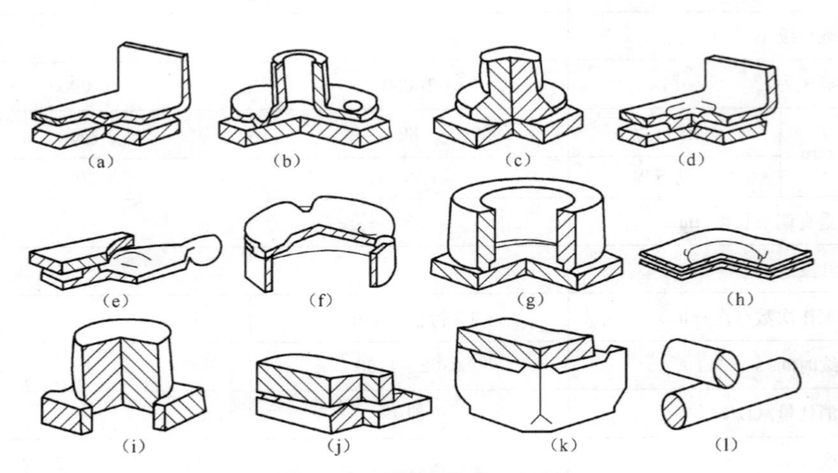

图 6-26　典型凸焊接头形式

(a)、(b)、(c)球形凸台　(d)、(e)、(f)长条形凸台　(g)、(h)环形凸台

(i)销与榫接头的环形焊缝　(j)、(k)锥形凸台　(l)交叉丝接头

表 6-48 凸点形状和尺寸

图	δ	h	D	b	H	d
(图一)	0.6	0.6	2.6		0.6	
	1.0	1.0	3.0		0.9	
	1.5	1.0	4.0		1.2	
	2.0	1.2	4.5		1.6	
(图二)	2.5	1.4	3.0	2.0	2.2	3.4
	3.0	1.4	3.0	2.0	2.5	3.5
	3.5	1.5	3.6	2.0	2.5	3.5
	4.0	1.5	4.5	2.0	2.5	4.0
	4.5	1.7	5.0	2.0	4.0	4.5
	5.0	1.7	5.0	2.3	4.5	5.0
	5.5	1.8	5.2	2.5	5.0	5.5
	6.0	1.8	5.2	2.5	5.5	6.0

焊前应检查凸点的形状、尺寸和凸点有无异常现象；为保证各点的加热均匀性，凸点的高度差应不超过±0.1mm；各凸点间及凸点到工件边缘的距离，≥2D；不等厚件凸焊时，凸点应在厚板上，但厚度比超过1∶3时，凸点应在薄板上；异种金属凸焊时，凸点应在导电性和导热性好的金属上。焊前应按点焊要求进行工件清理。

(2)电极设计 电极材料为A组2类或3类材料，点焊用的圆形平头电极用于单点凸焊时，电极头直径应不小于凸点直径的2倍。大平头棒状电极适用于局部位置的多点凸焊。具有一组局部接触面的电极，将电极在接触部位加工出凸起接触面，或将较硬的铜合金嵌块固定在电极的接触部位。

(3)凸焊的焊接参数

①焊接电流。凸焊每一个焊点所需电流比点焊同样的一个焊点时小。采用一定电极压力下不至于挤出过多金属时的电流作为最大电流，在凸点完全压溃之前能使凸点熔化时的电流作为最小电流。工件的材质及厚度是选择焊接电流的主要依据。多点凸焊时，总的焊接电流为凸点所需电流总和。

②电极压力。电极压力应能确保凸点达到焊接温度时全部压溃，并使两工件紧密贴合。电极压力过大会过早的压溃凸点，失去凸焊的作用，同时因电流密度减小而降低接头强度；而压力过小又会造成严重的喷溅。电极压力的大小，同时影响吸热和散热，应根据工件的材质和厚度来确定。

③焊接通电时间。凸焊的焊接通电时间比点焊长。如要缩短通电时间就应增大焊接电流，而过大的焊接电流会使金属过热和引起喷溅。对于给定的工件材料和厚度，焊接通电时间应根据焊接电流和凸点的刚度来确定。

④凸点在工件上的位置。焊接同种金属时，凸点应冲在较厚的工件上；焊接异种金属时，凸点应冲在电导率较高的工件上，尽量做到两工件间的热平衡。

四、常用金属材料凸焊焊接参数

①低碳钢单点凸焊焊接参数见表6-49。

表 6-49 低碳钢单点凸焊焊接参数

工件厚度/mm	焊接电流/A	焊接通电时间/s	电极压力/N	电极头直径/mm
0.5	5500～6500	0.14～0.18	1300～1400	4
1.0	6500～7500	0.28～0.32	1750～1800	6
1.5	8500～9500	0.36～0.40	2800～2900	7
2.0	12500～13000	0.48～0.52	5400～5600	10
2.5	14500～15000	0.48～0.52	6800～7100	12
3.0	16000～16500	0.48～1.52	7500～7800	14
4.0	16000～16500	0.98～1.04	9200～9600	16
5.0	18500～19000	1.58～1.64	12500～13000	16
60	23000～23500	2.38～2.42	16200～16800	18

②低碳钢圆球和圆锥形凸焊焊接参数见表 6-50。

表 6-50 低碳钢圆球和圆锥形凸焊焊接参数

板厚/mm	电极接触面最小直径/mm	电极压力/kN	焊接通电时间/周	维持时间/周	焊接电流/kA
0.36	3.18	0.80	6	13	5
0.53	3.97	1.36	8	13	6
0.79	4.76	1.82	13	13	7
1.12	6.35	1.82	17	13	7
1.57	7.94	3.18	21	13	9.5
1.98	9.53	5.45	25	25	13
2.39	11.1	5.45	25	25	14.5
2.77	12.7	7.73	25	38	16
3.18	14.3	7.73	25	38	17

③低碳钢螺母凸焊焊接参数见表 6-51。

表 6-51 低碳钢螺母凸焊焊接参数

螺母的螺纹直径/mm	平板厚度/mm	级别 A		
		电极压力/kN	焊接通电时间/周	焊接电流/kA
4	1.2	3.0	3	10
	2.3	3.2	3	11
8	2.3	4.0	3	15
	4.0	4.3	3	16
12	1.2	4.8	3	18
	4.0	5.2	3	20

螺母的螺纹直径/mm	级别 B			接头抗剪强度/(N·m)
	电极压力/kN	焊接时间/周	焊接电流/kA	
4	2.4	6	8	—
	2.6	6	9	—
8	2.9	6	10	80.2
	3.2	6	12	
12	4.0	6	15	210
	4.2	6	17	

④低碳钢丝交叉接头凸焊焊接参数见表6-52。

表6-52 低碳钢丝交叉接头凸焊焊接参数

低碳钢丝	钢丝直径/mm	焊接通电时间/周	15%压下量时的参数			30%压下量时的参数		
			电极压力/N	焊接电流/kA	焊点拉切力/N	电极压力/N	焊接电流/kA	焊点拉切力/N
冷拔丝	1.6	4	445	0.6	2000	670	0.8	2224
	3.2	8	556	1.8	4300	1160	2.7	5000
	4.8	14	1600	3.3	8900	2670	5.0	10700
	6.4	19	2600	4.5	16500	3780	6.7	18700
	7.9	25	3670	6.2	22700	6450	9.3	27100
	9.5	33	4890	7.4	29800	9170	11.3	37000
	11.1	42	6300	9.3	42700	12900	13.8	50200
	12.7	50	7600	10.3	54300	15100	15.8	60500
热拔丝	1.6	4	445	0.8	1600	670	0.8	1780
	3.2	8	556	2.8	3300	1160	2.8	3800
	4.8	14	1600	5.1	6700	2670	5.1	7500
	6.4	19	2600	7.1	12500	3780	7.1	13400
	7.9	25	3670	9.6	20500	6450	9.6	22300
	9.5	33	4890	11.8	27600	9170	11.8	30300
	11.1	42	6300	14.8	39100	12900	14.8	42700
	12.7	50	7600	16.5	51200	15100	16.5	55170

注：压下量是电阻焊中一根钢丝压入另一根钢丝的量。

⑤镀锌钢板凸焊焊接参数见表6-53。

表6-53 镀锌钢板凸焊焊接参数

凸点所在板厚/mm	平均板厚/mm	凸点尺寸/mm		电极压力/kN	焊接通电时间/周	焊接电流/kA	抗剪强度/N	熔核直径/mm
		直径 d	高度 h					
0.7	0.4	4.0	1.2	0.5	7	3.2	—	—
	1.6	4.0	1.2	0.7	7	4.2	—	—
1.2	0.8	4.0	1.2	0.35	10	2.0	—	—
	1.2	4.0	1.2	0.6	6	7.2	—	—
1.0	1.0	4.2	1.2	1.15	15	10.0	4.2	3.8
1.6	1.6	5.0	1.2	1.8	20	11.5	9.3	6.2
1.8	1.8	6.0	1.4	2.5	25	16.0	14	6.2
2.3	2.3	6.0	1.4	3.5	30	16.0	19	7.5
2.7	2.7	6.0	1.4	4.3	33	22.0	22	7.5

⑥不锈钢单点凸焊焊接参数见表 6-54。

表 6-54 不锈钢单点凸焊焊接参数

工件厚度/mm	焊接电流/A	焊接通电时间/s	电极压力/N	电极头直径/mm
0.5	3800～4200	0.14～0.18	1800～2200	4
0.8	5600～6000	0.22～0.26	3000～3400	4
1.0	6400～6800	0.24～0.28	3800～4200	5
1.5	8800～9200	0.34～0.38	5800～6200	6
2.0	10800～11200	0.40～0.44	7800～8200	8
2.5	12200～12600	0.44～0.48	9800～10200	10
3.0	13800～14200	0.46～0.50	11800～12200	10

五、凸点位移原因及预防措施

(1)凸点位移的原因 一般凸点熔化期电极要相应地跟随着移动，若不能保证足够的电极压力，则凸点之间的收缩效应将引起凸点的位移，凸点位移使焊点强度降低。

(2)预防凸点位移的措施

①凸点尺寸相对于板厚不应太小。为减小电流密度而使凸点过小，易造成凸点熔化而母材不熔化的现象，难以达到热平衡，甚至出现位移，因此，焊接电流不能低于某一限值。

②多点凸焊时凸点高度如不一致，最好先通预热电流使凸点变软。

③为达到良好的随动性，最好采用提高电极压力或减小加压系统可动部分量的措施。

④凸点的位移与电流的平方成正比，因此在能形成熔核的条件下，最好采用较低的电流值。

⑤尽可能增大凸点间距，但不宜大于板厚的 10 倍。要充分保证凸点尺寸、电极平行度及工件厚度的精度是较困难的。因此，最好采用可转动电极，即随动电极。

第五节 对 焊

一、对焊的特点及应用范围

对焊可分为电阻对焊和闪光对焊两大类。将工件装配成对接接头，使其端面紧密接触，利用电阻加热至塑性状态，然后迅速施加顶锻力使之完成焊接的方法称为电阻对焊。工件装配成对接接头，接通电源，并使其端面逐渐移近达到局部接触；利用电阻加热这些接触点（产生闪光），使端面金属熔化，直至端部在一定深度范围内达到预定温度时，迅速施加顶锻力完成焊接的方法称为闪光对焊，如图 6-27 所示。

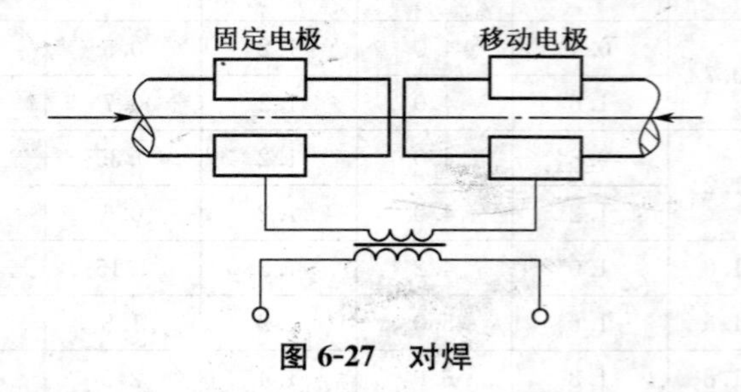

图 6-27 对焊

①如图 6-28 所示，电阻对焊焊接循环由预压、加热、顶锻、保持、休止等几个阶段组成。

②如图 6-29 所示，闪光对焊焊接循环分连续闪光和预热闪光对焊两种。连续闪光对焊由闪光和顶锻两个阶段组成，焊接开始时，两工件逐渐接近，由于工件开始接触面积很小，所

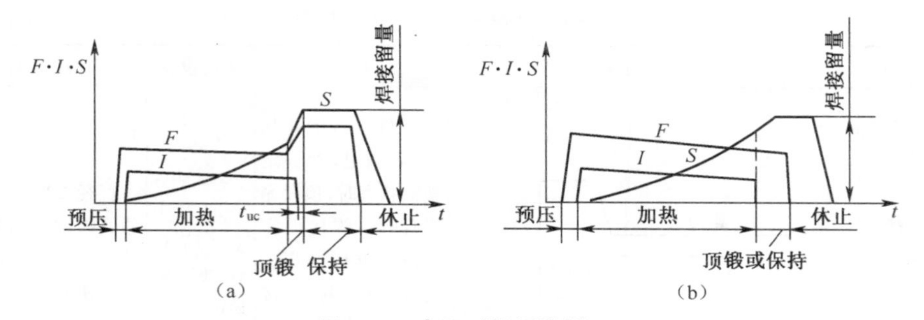

图 6-28 电阻对焊焊接循环

(a)变压力式电阻对焊 (b)等压力式电阻对焊

F—压力 *I*—电流 *S*—位移

以接触部位电流密度很大，接触点附近金属迅速被加热到沸腾状态，部分金属液滴从接口的缝隙以溅渣的形式射出，并使接头的整个表面急剧加热，逐渐在接头部分形成均匀的金属熔化层。然后，立刻进行顶锻，使之产生塑性变形，同时熔融和过热金属被挤出焊口，从而获得高质量接头。如图 6-29a 所示。预热闪光对焊是在闪光前，通过预热电流将两工件端面多次接触、分开，可以减小设备功率和闪光量，缩短闪光时间，焊接较大断面工件，如图 6-29b 所示。

对焊的特点及应用范围见表 6-55。

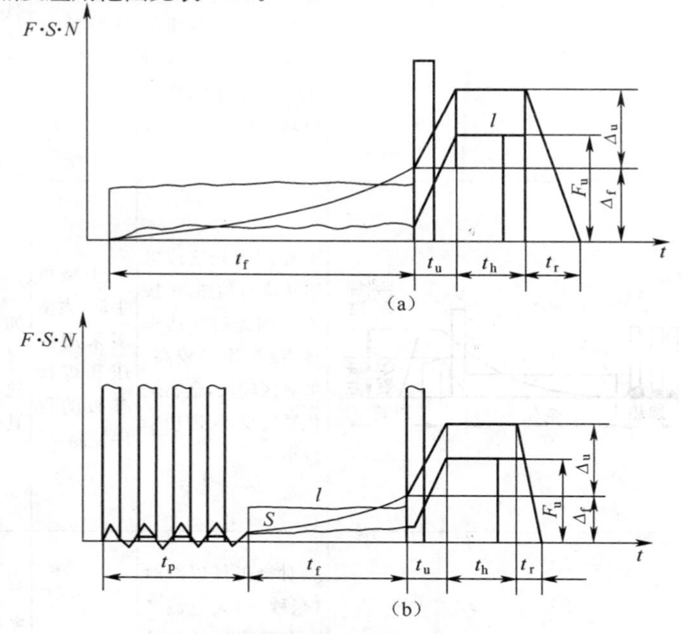

图 6-29 闪光对焊焊接循环

(a)连续闪光焊 (b)预热闪光焊

I—电流 *F*—压力 *S*—位移 *Δ*—留量 *t*—时间

下标 p—预热 下标 f—烧化 下标 u—顶锻 下标 h—塑性变形 r—休止

表 6-55 对焊的特点及应用范围

对焊种类	原理过程图	特点	所需设备	应用范围
电阻对焊（工频交流）	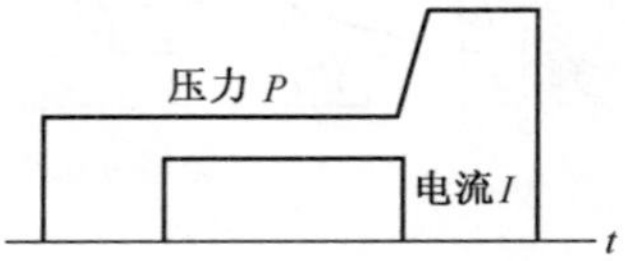	工件先接触并加压，后通电，到一定塑性状态时，顶锻完成焊接。焊接面需严格清理干净，焊后接头外形匀称，但接头质量较差，所需电功率很大	最简单，一般为小型。所有对焊机均可	直径 20mm 以下的低碳钢棒料和管子，直径 8mm 以下的非铁金属
连续闪光对焊	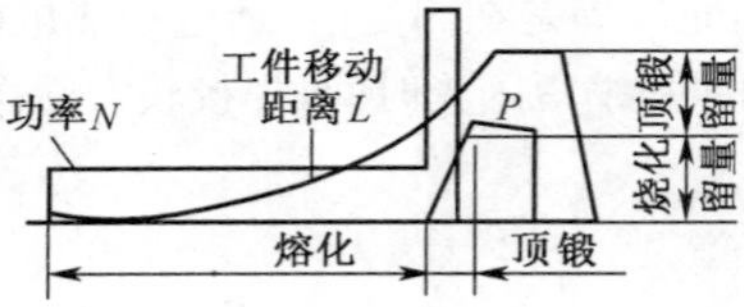	先通电，再使两工件接触，首先在接触处形成“过梁”而加热熔化，呈火花射出（闪光），并不断移近，成连续闪光。加热足够时，迅速移近，进行带电顶锻完成焊接。接头质量较高，焊前不需要对工件进行清理，所需电功率较大	小型可手动，大型多采用液压和焊接参数的程序控制	各种材料重要件如棒料、管子、板材、型材、钢筋、钢轨、钻杆、锚链、刀具、汽车轮缘等
预热闪光对焊	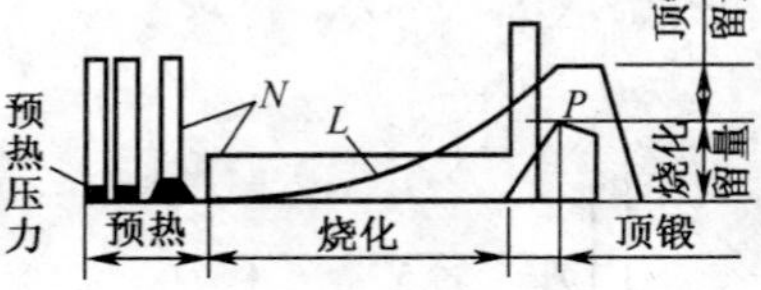	先用闪光法或电阻法进行预热，再按连续闪光对焊法焊接，接头质量较高，加热区较大，金属烧化量较少，所需功率较小	小型可手动，大型多采用液压和焊接参数的程序控制	各种材料重要件如棒料、管子、板材、型材、钢筋、钢轨、钻杆、锚链、刀具、汽车轮缘等
储能对焊	—	对接工件以瞬时（毫秒级）大电流产生电弧，结合面的熔化薄层在冲击能的作用下结合成焊缝；电磁储能、电容储能	—	用于同种金属或异种金属；电工接触器或电子元器件触点；杠杆、丝与销、轴，以及引线端与平面导体或端子的连接

二、对焊设备

(1)对焊机的分类

①按对焊机的结构形式不同分为弹簧顶锻式对焊机、杠杆挤压弹簧顶锻式对焊机、电动凸轮顶锻式对焊机、气压顶锻式对焊机、电容蓄能自动对焊机。

②按用途不同分为通用对焊机和专用对焊机。

③按机械化程度不同分为手动、半自动化和自动化对焊机。

④按工艺方法不同分为电阻对焊机和闪光对焊机。

(2)闪光对焊机的组成 闪光对焊机包括机架、静夹具、动夹具、阻焊变压器、闪光和顶锻机构、级数调节组以及配套的电气控制箱。闪光对焊机的组成如图 6-30 所示。

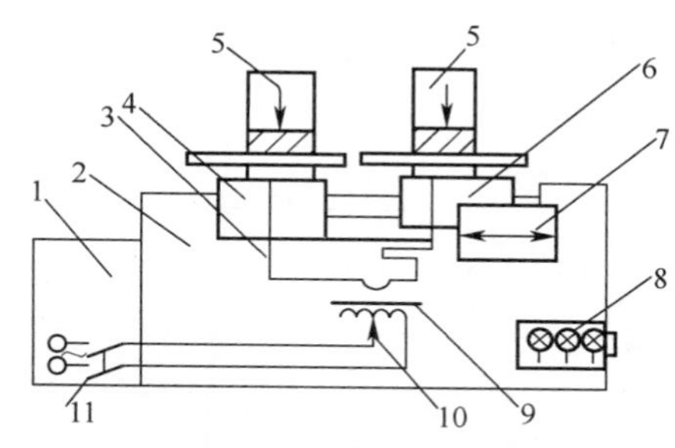

图 6-30 闪光对焊机的组成

1. 控制设备 2. 机身 3. 焊接回路 4. 固定座板 5. 夹紧机构 6. 活动座板 7. 送进机构 8. 冷却系统 9. 阻焊变压器 10. 功率调整机构 11. 主电力开关

①静夹具。通常固定安装在机架上，并与机架上的电气绝缘。大多数焊机中还有活动调节部件，以保证电极和工件焊接时对准中心线。

②动夹具。安装在活动导轨上，并与闪光和顶锻机构相连接。夹具座由于承受很大的钳口夹紧力，一般用铸件或焊件结构件。两个夹具上的导电钳口分别与阻焊变压器的二次输出端相连。钳口一方面夹持工件，另一方面要向工件传递焊接电流。

③阻焊变压器。对焊机的阻焊变压器和电阻焊机的阻焊变压器类似，它的一次绕组与二次调节组通过电磁接触器，或由晶闸管组成的电子断路器和电网相连接，还可以配合热量控制器来进行预热或焊后热处理。

④闪光和顶锻机构。其类型取决于焊机的大小和使用的要求。有的采用电动机驱动凸轮机构；中等功率的对焊机采用气压-液压联合闪光和顶锻机构；大功率对焊机采用液压传动机构；最简单的对焊机采用手工操作的杠杆扩力机构。

(3)常用对焊机型号及技术参数

①弹簧顶锻式对焊机技术参数见表 6-56。

表 6-56 弹簧顶锻式对焊机技术参数

型　　号	UN-1	UN-3	UN-10
额定容量/(kV·A)	1	3	10
一次电压/V	220/380	220/380	220/380
二次电压调节范围/V	0.5～1.5	1～2	1.6～3.2
二次电压调节级数/级	8	8	8
额定负载持续率(%)	15	15	15
钳口夹紧力/N	80～100	450	900

续表 6-56

型　号		UN-1	UN-3	UN-10
顶锻力调节范围/N		1～40 2～32	6～180	20～350
最大顶锻力/N		40 32	180	350
钳口最大距离/mm		7	15	30
工件直径/mm	低碳钢	0.4～2.0	1～5	3～8
	铜	0.5～1.2	1.0～2.5	2.5～6.0
	铝	0.5～1.5	1～3	2.5～6.0
焊接生产率/(次/h)		300	400	400
质量/kg		15	60	127
外形尺寸/mm	长	310	690	730
	宽	265	565	595
	高	265	1105	1035
用　途		对焊低碳钢棒、铜丝及铝丝		

②杠杆挤压弹簧顶锻式对焊机技术参数见表 6-57。

表 6-57　杠杆挤压弹簧顶锻式对焊机技术参数

型　号			UN1-25	UN1-75	UN1-100
额定容量/(kV·A)			25	75	100
一次电压/V			220/380	220/380	380
二次电压调节范围/V			1.76～3.52	3.52～7.04	4.5～7.6
二次电压调节级数/级			8	8	8
额定负载持续率(%)			20	20	20
钳口最大夹紧力/N			—	—	35000～40000
最大顶锻力/N	弹簧加压		1500	—	—
	杠杆加压		10000	30000	40000
钳口最大距离/mm			50	80	80
最大进给/mm	弹簧加压		15	—	—
	杠杆加压		20	30	50
最大焊接断面/mm^2	杠杆加压	低碳钢	300	600	1000
	弹簧加压	低碳钢	120	—	—
		铜	150	—	—
		黄铜	200	—	—
		铝	200	—	—

续表 6-57

型号		UN1-25	UN1-75	UN1-100
焊接生产率/(次/h)		110	75	20～30
冷却水消耗量/(L/h)		120	200	200
质量/kg		275	455	465
外形尺寸/mm	长	1340	1520	1580
	宽	500	550	550
	高	1300	1080	1150
用　　途		用电阻对焊或闪光焊焊接低碳钢和非铁金属零件		

③UN2-150-2 型电动凸轮顶锻式对焊机技术参数见表 6-58。

表 6-58　UN2-150-2 型电动凸轮顶锻式对焊机技术参数

项目		参数
额定容量/(kV·A)		150
一次电压/V		380
二次电压调节范围/V		4.05～8.10
二次电压调节级数/级		16
额定负载持续率(%)		20
最大夹紧力/N		100000
最大顶锻力/N		65000
钳口间距离/mm		10～100
自动焊时动夹具最大行程/mm		27
烧化及顶锻持续时间/s		≤95
定夹具接触钳口在垂直方向调整距离/mm		±10
动夹具接触钳口在水平方向调整距离/mm		±4
工件端部最大预热压缩量/mm		10
低碳钢最大焊接断面/mm^2	用连续烧化法自动焊时	1000
	工件端部先行预热时	2000
自动焊时生产率/(次/h)		80
冷却水消耗量/(L/h)		200
压缩空气	压力/MPa	0.55
	消耗量/(m^3/h)	15
电动机功率/kW		2.2
质量/kg		2500
外形尺寸/mm	长	2140
	宽	1360
	高	1380
用　　途		自动焊接低碳钢零件

④气压顶锻式对焊机技术参数见表 6-59。

表 6-59 气压顶锻式对焊机技术参数

名称		空腹钢窗对焊机	闪光对焊机	钢轨对焊机	轮圈对焊机
型号		UN-150	UN4-300	UN6-500	UN7-400
额定容量/(kV·A)		150	300	500	400
一次电压/V		380	380	380	380(单相)
二次电压调节范围/V		6.6～11.8	5.42～10.84	6.8～13.6	6.55～11.18
额定初级电流/A		400	—	—	—
二次电压调节数/级		6	16	16	8
额定负载持续率(%)		25	20	40	50
最大夹紧力/N		5000	350000	600000	680000
最大顶锻力/N		15000	250000	350000	340000
最大顶锻量/mm		—	—	—	—
夹具间最大距离/mm		50±1	200	200±10	55
动夹具最大行程/mm		—	120	150	45
速度/(mm/s)	预热	—	—	—	—
	闪光	3～5	—	1～4	—
	顶锻	—	—	25	—

(4)焊机的正确使用 焊机在安装前必须仔细检查各种元件是否在运输中受到损伤；严防焊机受潮破坏绝缘，焊机必须可靠接地；按规定注油；空车检查气路、水路和电路是否正常；施焊时应注意安全；焊后应随时清理钳口及周围的金属末(屑)。

三、对焊工艺要点

1. 对焊接头设计

①电阻对焊接头均设计成等断面的对接接头。常用对接接头如图 6-31 所示。

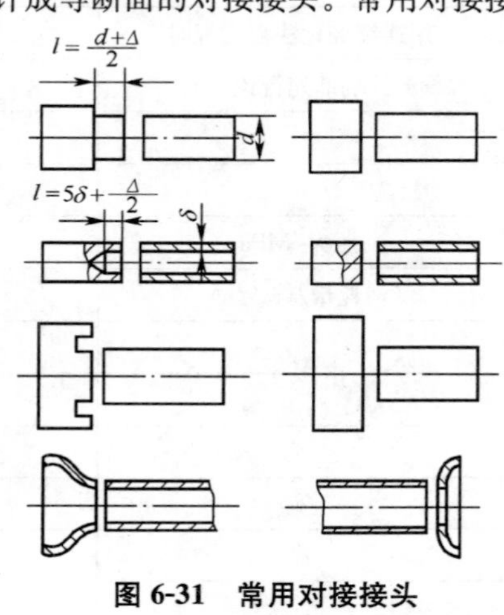

图 6-31 常用对接接头

d—直径 δ—壁厚 Δ—总留量

②闪光对焊常见接头形式如图 6-32 所示。对于大断面的工件，为增大电流密度，应激发闪光，将其中一个工件的端部倒角。闪光对焊工件端部倒角尺寸如图 6-33 所示。

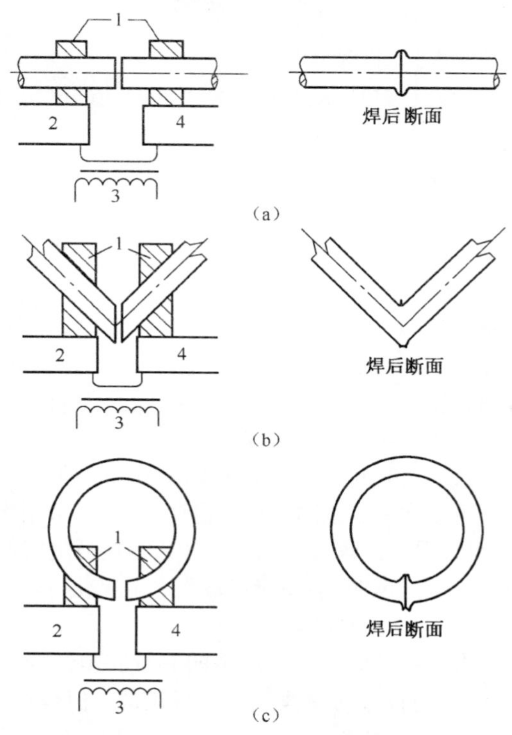

图 6-32　闪光对焊常见接头形式

(a)轴线对中接头　(b)斜角接头　(c)圆环接头

1. 夹钳　2. 固定台面　3. 变压器　4. 可动台面

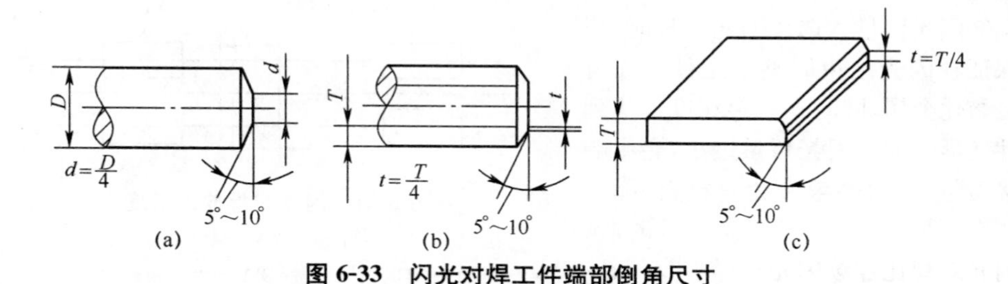

图 6-33　闪光对焊工件端部倒角尺寸

2. 焊前准备

(1)电阻对焊的焊前准备

①两工件对接端面的形状和尺寸应基本相同，使表面平整并与夹钳轴线成 90°直角。

②工件的端面以及与夹具的接触面必须清理干净。与夹具接触的工件表面的氧化物和脏物可用砂布、砂轮、钢丝刷等机械方法清理，也可使用化学清洗方法(如酸洗)。

③电阻对焊接头中易产生氧化物夹杂，对于焊接质量要求高的稀有金属、某些合金钢

和非铁金属，焊接时可采用氢、氦等保护气体。

(2)闪光对焊的焊前准备

①闪光对焊时，由于端部金属在闪光时被烧掉，所以对端面清理要求不高，但对夹具和工件接触面的清理要求应和电阻对焊相同。

②对大断面工件进行闪光对焊时，最好将一个工件的端部倒角，使电流密度增大，以利于激发闪光。

③两工件断面形状和尺寸应基本相同，其直径之差不应大于15%，其他形状的差异不应大于10%。

3. 对焊焊接参数

(1)电阻对焊焊接参数

①伸出长度。指的是工件伸出夹具电极端面的长度。如果伸出长度过长，则顶锻时工件会失稳侧弯；伸出长度过短，则由于向夹钳口的散热增强，使工件冷却过于强烈，导致产生塑性变形的困难。伸出长度应根据不同金属材质来决定，如低碳钢为(0.5～1)D，铝为(1～2)D，铜为(1 .5～2.5)D，其中D为工件的直径。

②焊接电流密度和焊接通电时间。在电阻对焊时，工件的加热主要决定于焊接电流密度和焊接通电时间。两者可以在一定范围内相应地调配，可以采用大焊接电流密度和短焊接通电时间(硬规范)，也可以采用小焊接电流密度和长焊接通电时间(软规范)。但是规范过硬时，容易产生未焊透缺陷；过软时，会使接口端面严重氧化，接头区晶粒粗大，影响接头强度。

③焊接压力和顶锻压力。它们对接头处产生的热量和塑性变形都有影响。宜采用较小的焊接压力进行加热，而采用较大的顶锻压力进行顶锻。但焊接压力不宜太低，否则会产生飞溅，增加端面氧化。

(2)闪光对焊的焊接参数

①伸出长度。闪光对焊伸出长度如图6-34所示，与电阻对焊相同，主要是根据散热和稳定性确定。在一般情况下，棒材和厚壁管材为(0.7～1.0)D，D为直径或边长。

②闪光留量。选择闪光留量时，应能保证在闪光结束时整个工件端面有一层熔化金属，同时在一定深度上达到塑性变形温度。闪光留量过小，会影响焊接质量，过大会浪费金属材料，降低生产率。另外，在选择闪光留量时，预热闪光对焊比连续闪光对焊小30 %～50 %。

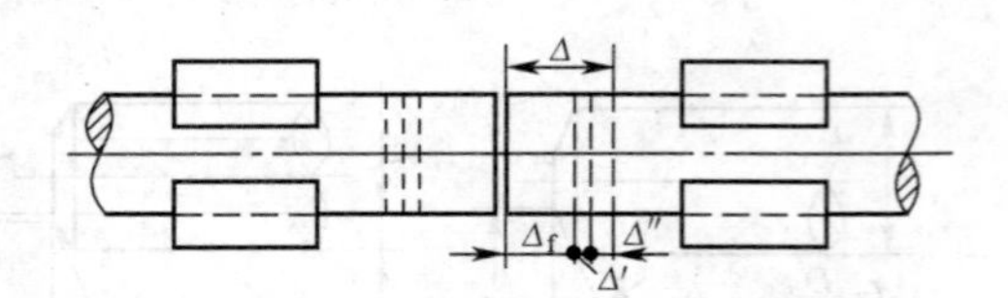

图6-34 闪光对焊伸出长度

2Δ—总留量 $2\Delta_f$—烧化留量

2Δ′—有电顶锻留量 2Δ″—无电顶锻留量

③闪光电流。闪光对焊时，闪光阶段通过工件的电流，其大小取决于被焊金属的物理性能、闪光速度、工件端面的面积和形状以及加热状态。随着闪光速度的增加，闪光电流随之增加。

④闪光速度。具有足够大的闪光速度才能保证闪光的强烈和稳定。但闪光速度过大，会使加热区过窄，增加塑性变形的困难。因此，闪光速度应根据被焊材料的特点，以保证端面上获得均匀金属熔化层为标准。一般情况下，导电、导热性好的材料闪光速度较大。

⑤顶锻压力。一般采用顶锻压强来表示。顶锻压强的大小应保证能挤出接口内的液态金属，并在接头处产生一定塑性变形；同时还取决于金属的性能，温度分布特点，顶锻留量和顶锻速度，工件端面形状等因素。顶锻压强过大则变形量过大，会降低接头冲击韧度；顶锻压强过低则变形不足，接头强度下降。一般情况下，高温强度大的金属需要较大的顶锻压强，导热性好的金属也需要较大的顶锻压强。

⑥顶锻留量。顶锻留量的大小影响到液态金属的排除和塑性变形的大小。顶锻留量过大，降低接头的冲击韧度；过小会使液态金属残留在接口中，易形成疏松、缩孔、裂纹等缺陷。顶锻留量应根据工件断面积选取，随工件断面的增大而增加。

⑦顶锻速度。一般情况下，顶锻速度应越快越好。顶锻速度取决于工件材料的性能，如焊接奥氏体钢的最小顶锻速度约是珠光体钢的2倍。导热性好的金属需要较高的顶锻速度。

⑧夹具夹持力。必须保证在整个焊接过程中不打滑，它与顶锻压力及工件与夹具间的摩擦力有关。

⑨预热温度。预热温度是根据工件断面的大小和材料的性质来选择，对低碳钢而言，一般不超过700℃～900℃。预热温度太高，因材料过热会使接头的冲击韧度和塑性下降。焊接大断面工件时，预热温度应相应提高。

⑩预热时间。预热时间与焊机功率、工件断面面积和金属的性能有关。预热时间取决于所需的预热温度。

4．闪光对焊的焊后处理

(1)切除毛刺及多余的金属　焊后通常采用机械方法，如车、刮、挤压等，趁热切除毛刺和多余金属。焊大断面合金钢工件时，多在热处理后切除。

(2)零件的校形　有些零件(强轮箍、刀具等)焊后需要校形，校形通常在压力机、压胀机及其他专用机械上进行。

(3)焊后热处理　焊后热处理根据材料性能和工件要求而定。焊接大型零件和刀具，一般焊后要求退火处理；调质钢工件要求回火处理；镍铬奥氏体钢，有时要进行奥氏体化处理。焊后热处理可以在炉中做整体处理，也可以用高频感应加热进行局部热处理，或焊后在焊机上通电加热进行局部热处理。热处理工艺根据接头硬度或显微组织来选择。

四、常用金属材料的对焊

(1)碳素钢的对焊　随着钢中含碳量的增加，需要相应增加顶锻压强和顶锻留量。为了减轻淬火的影响，可采用预热闪光对焊，并进行焊后热处理。

(2)不锈钢的对焊　不锈钢闪光对焊的顶锻压力应比焊低碳钢时大1～2倍，闪光速度和顶锻速度也较高。

(3)铸铁的对焊　铸铁对焊一般采用预热闪光对焊或程序降低电压连续闪光对焊焊接，用一般连续闪光对焊容易产生白口。采用预热闪光对焊时，预热温度为970～1070K，焊后接头的强度、硬度和塑性都接近于基体金属。

(4)合金钢的对焊　合金钢中合金元素含量对闪光对焊的影响如下：

①钢中的铝、铬、硅、钼等元素易形成高熔化点的氧化物。因此，顶锻压力应比低碳钢大25%～50%，同时应采取较大的闪光速度和顶锻速度，尽可能地减小工件氧化。

②钢中合金元素含量增加，材料的高温强度提高，应增加顶锻压强。

③对于珠光体类合金钢，随着合金元素含量增加，淬火倾向增大。焊接时，应采取消除淬火影响的措施。对易于淬火的钢，焊后必须进行回火处理。

(5)铝及铝合金的对焊 闪光对焊时，必须采用很高的闪光速度和顶锻速度、大的顶锻留量和强迫成形的顶锻模式，所需功率也比钢件大得多。

(6)铜的对焊 纯铜的闪光对焊必须采取比钢件更大的闪光速度的顶锻速度。黄铜和青铜也必须采用较高的闪光速度和顶锻速度。为了降低接头的硬度，焊后应进行热处理。

(7)铝和铜的对焊 铝和铜的闪光对焊要相应增大铝的伸出长度；铝和铜对焊时要求闪光速度和顶锻速度尽量高，有电顶锻应严格控制。

(8)常用金属材料的电阻对焊焊接参数

①电阻对焊焊接参数见表 6-60。

表 6-60 电阻对焊焊接参数

工件材料	断面积 /mm^2	伸出长度(单侧)/mm	电流密度 /(A/mm^2)	焊接通电时间/s	焊接压强 /MPa	顶锻留量/mm	
						有电	无电
低碳钢	25	6	200	0.6	10～20	0.5	0.9
	50	8	160	0.8	10～20	0.5	0.9
	100	10	140	1.0	10～20	0.5	1.0
	250	12	90	1.5	10～20	1.0	1.8
铜	25	7.5	70～20	—	30	1.0	1.0
	100	12.5				1.5	1.5
	500	30				2.0	2.0
黄铜	25	5	50～150	—	—	1.0	1.0
	100	7.5				1.5	1.5
	500	15				2.0	2.0
铝	25	5	40～120	—	15	2.0	2.0
	100	7.5				2.5	2.5
	500	15				4.0	4.0

②线材电阻对焊焊接参数见表 6-61。

表 6-61 线材电阻对焊焊接参数

工件材料	直径 /mm	伸出长度 /mm	焊接电流 /A	焊接通电时间/s	顶锻压力 /N	顶锻留量/mm	
						有电	无电
碳钢	0.8	3	300	0.3	20	0.2	0.6
	2.0	6	750	1.0	80	0.5	1.5
	3.0	6	1200	1.3	140	0.8	2.2
铜	2.0	7	1500	0.2	100	0.5	1.5
铝	2.0	5	900	0.3	50	0.5	1.5
镍铬合金	1.8	6	400	0.7	80	0.4	1.4

③低碳钢棒材电阻对焊焊接参数见表 6-62。

表 6-62　低碳钢棒材电阻对焊焊接参数

端面积 /mm²	伸出长度 /mm	电流密度 /(A/mm²)	焊接通电时间/s	焊接压强 /MPa	顶锻留量/mm	
					有电	无电
25	6	200	0.6	10～20	0.5	0.9
50	8	160	0.8	10～20	0.5	0.9
100	10	140	1.0	10～20	0.5	1.0
250	12	90	1.5	10～20	1.0	1.8

(9)常用金属材料的闪光对焊焊接参数

①低碳钢棒料闪光对焊焊接参数见表 6-63。

表 6-63　低碳钢棒料闪光对焊焊接参数

直径(或短边) /mm	伸出长度 /mm	烧化留量 /mm	顶锻留量 /mm	烧化时间 /s
5	9	3	1	1.50
6	11	3.5	1.3	1.90
8	13	4	1.5	2.25
10	17	5	2	3.25
12	22	6.5	2.5	4.25
14	24	7	2.8	5.00
16	28	8	3	6.75
18	30	9	3.3	7.50
20	34	10	3.6	9.00
25	42	12.5	4.0	13.00
30	50	15	4.6	20.00
40	66	20	6.0	45.00
50	82	25	6.6	90.00

②低碳钢平板闪光对焊焊接参数见表 6-64。

表 6-64　低碳钢平板闪光对焊焊接参数　(mm)

板　厚	板　宽	烧化留量	顶锻留量	
			有　电	无　电
2	100	7	1	1
	200	9	1	1
	400	9	1.5	1
	800	10	2	1
	1200	11	2	2
	2000	15	2	2.5
3	100	9	2	1
	200	10	2	1.5
	400	11	2.5	1.5
	800	12	2	2.5
	1200	13	2	3
	2000	14	3	3

续表 6-64

板厚	板宽	烧化留量	顶锻留量	
			有电	无电
4～5	100	10	2	2
	200	11	2	3
	400	12	2	3
	800	13	3	3
	1200	14	3	3
	2000	15	3	3

③常用钢铁材料闪光对焊焊接参数见表 6-65。

表 6-65 常用钢铁材料闪光对焊焊接参数

类别	平均闪光速度/(mm/s)		最大闪光速度/(mm/s)	顶锻速度/(mm/s)	顶锻压力/MPa		焊后热处理
	预热闪光	连续闪光			预热闪光	连续闪光	
低碳钢	1.5～2.5	0.8～1.5	4～5	15～30	40～60	60～80	不需要
低碳钢及低合金钢	1.5～2.5	0.8～1.5	4～5	≥30	40～60	100～110	缓冷，回火
高碳钢	≤1.5～2.5	≤0.8～1.5	4～5	15～30	40～60	110～120	缓冷，回火
珠光体高合金钢	3.5～4.5	2.5～3.5	5～10	30～150	60～80	110～180	回火，正火
奥氏体钢	3.5～4.5	2.5～3.5	5～8	50～160	100～140	150～220	一般不需要

④非铁金属及其合金闪光对焊焊接参数见表 6-66。

表 6-66 非铁金属及其合金闪光对焊焊接参数

焊接参数	材料尺寸/mm															
	铜			黄铜(H62)		黄铜(H59)		锡青铜(QSn 6.5-0.1)		铝				铝合金		
														2A50		5A06
	棒材	管材	板材	棒材直径				带材厚		棒材直径				板材厚度		板材厚
	d=10	φ9.5×1.5	44.5×10	6.5	10	6.5	10	1～4	4～8	20	25	30	38	6	4	4～7
空载电压/V	6.1	5.0	10.0	2.17	4.41	2.4	7.5	—	—	—	—	—	—	6	7.5	10
最大电流/kA	33	20	60	12.5	24.3	13.5	41	—	—	58	63	63	63	—	—	—
伸出长度/mm	20	20	—	15	22	18	25	25	40	38	43	50	65	12	14	13
闪光留量/mm	12	—	—	6	8	7	10	15	25	17	20	22	28	8	10	14
闪光时间/s	1.5	—	—	2.5	3.5	2.0	2.2	3	10	1.7	1.9	2.8	5.0	1.2	1.5	5.0
平均闪光速度/(mm/s)	8.0	—	—	2.4	2.3	3.5	4.5	5	2.5	11.3	10.5	7.9	5.6	5.8	6.5	2.8

续表 6-66

焊接参数	材料尺寸/mm															
	铜			黄铜(H62)		黄铜(H59)		锡青铜(QSn6.5-0.1)		铝				铝合金		
														2A50		5A06
	棒材 d=10	管材 ϕ9.5×1.5	板材 44.5×10	棒材直径				带材厚		铝 棒材直径				板材厚度		板材厚
				6.5	10	6.5	10	1~4	4~8	20	25	30	38	6	4	4~7
最大闪光速度/(mm/s)	—	—	—	—	—	—	—	12	6	—	—	—	—	15.0	15.0	6.0
顶锻留量/mm	8	—	—	9	13	10	12	—	—	13	13	14	15	7.0	8.5	12.0
顶锻速度/(mm/s)	200	—	—	200~300	200~300	200~300	200~300	125	125	150	150	150	150	150	150	200
顶锻压力/MPa	380	290	224	—	230	—	250	—	60~150	64	170	190	120	180~200	200~220	130
有电流顶锻量/mm	6	—	—	—	—	—	—	—	—	6.0	6.0	7.0	7.0	3.0	3.0	6~8
比功率/(kW/mm²)	2.6	2.66	1.35	0.9	1.35	0.95	2.7	0.5	0.25	—	—	—	—	0.4	0.4	—

⑤铜和铝接头闪光对焊焊接参数见表 6-67。

表 6-67 铜和铝接头闪光对焊焊接参数

材料规格尺寸/mm		ϕ20	ϕ25	40×50	50×10
焊接电流最大值/A		63000	63000	58000	63000
伸出长度/mm	铜	3	4	3	4
	铝	34	38	30	36
闪光留量/mm		17	20	18	20
闪光时间/s		1.5	1.9	1.6	1.9
闪光平均速度/(mm/s)		11.3	10.5	11.3	10.5
顶锻留量/mm		13	13	6	8
顶锻速度/(mm/s)		100~120	100~120	100~120	100~120
顶锻压强/MPa		190	270	225	268

⑥锅炉管子闪光对焊焊接参数(规范值)见表 6-68。

表 6-68 锅炉管子闪光对焊焊接参数(规范值)

材 质	管径×壁厚/(mm×mm)	伸出长度/mm	烧化留量/mm	顶锻留量/mm		烧化时间/s
				有电	无电	
20	ϕ32×3 ϕ32×4 ϕ38×3.5	50	10	2	2	5
	ϕ60×3 ϕ60×5	70	10	2 2	2 3	5 6
12CrMoV 15CrMo	ϕ42×5	60	10	4	2	6

⑦大直径锚链闪光焊焊接参数见表 6-69。

表 6-69 大直径锚链闪光焊焊接参数

直径/mm	预热次数/次	平均烧化速度/(mm/s)	烧化留量/mm	顶锻留量/mm	
				有电	无电
ϕ28	2～4	0.9～1.1	6	1.0～1.5	1.5
ϕ31	3～5	0.9～1.1	6	1.0～1.5	1.5
ϕ34	3～5	0.8～1.0	6	1.5	1.5
ϕ37	4～6	0.8～1.0	7	1.5	1.5～2.0
ϕ40	5～7	0.7～0.9	7	1.5～2.0	2

⑧刀具毛坯闪光对焊焊接参数见表 6-70。

表 6-70 刀具毛坯闪光对焊焊接参数

毛坯直径/mm	伸出长度/mm		烧损量/mm		烧损量的分布/mm					次级电压/V	焊机功率/kW
	高速钢	碳钢	高速钢	碳钢	烧化量	顶锻量			总量		
						总量	有电	无电			
8～10	10	15	4.0	2.0	3.5	2.5	0.5	2.0	6.0	3.1	25
10～16	12	18	4.0	2.0	3.0	3.0	0.5	2.5	6.0	3.5	25
16～20	13	22	4.0	3.0	4.0	3.0	0.5	2.5	7.0	4.1～4.4	75
20～27	17	28	4.0	3.0	4.0	3.0	0.5	2.5	7.0	4.4～5.0	75
25～33	20	30	4.5	3.0	4.0	3.5	0.5	3.0	7.5	4.75～5.05	100

五、对焊常见缺陷及预防措施

(1)错位 产生的原因可能是工件装配时未对准或倾斜，工件过热，伸出长度过大，焊机刚度不够大等。预防措施是提高焊机刚度，减小伸出长度及适当限制顶锻留量。错位的允许误差一般＜0.1mm，或 0.5mm 的厚度。

(2)裂纹 产生的原因可能是在对焊高碳钢和合金钢时淬火倾向大。可采用预热、后热和及时退火措施预防。

(3)未焊透 产生的原因可能是顶锻前接口处温度太低,顶锻留量太小,顶锻压力和顶锻速度低,金属夹杂物太多等。预防措施是采用合适的对焊焊接参数。

(4)白斑 这是对焊特有的一种缺陷,在断口上表现有放射状灰白色斑。这种缺陷极薄,不易在金相磨片中发现,在电镜分析中才能发现。白斑对冷弯较敏感,但对抗拉强度的影响很小,可采取快速及充分顶锻措施消除。

第六节 电阻焊应用实例

一、铝合金轿车门的点焊

轿车门材料为5A03防锈铝(德国DINI725标准AlMg3材料)。工件为1.2mm厚的冲压件。铝合金材料的特点是散热快、电导率高,因此,在制定焊接工艺方案时,为保证在短时间内形成优质的熔核,点焊时需要更大的能量。

铝合金轿车门点焊工艺所使用的焊接设备是DZ－100型二次整流点焊机。该型焊机的特点是输出功率大,热效率高。DZ系列二次整流点焊机是在焊接变压器的二次侧用二极管进行全波整流的新型焊机,该焊机与交流焊机相比,在焊接同样厚度材料时功率消耗较小。此外该焊机的加压系统装有压力补偿装置,它能及时补偿因工件熔化而引起的压力变化,从而保证焊接质量。

铝合金轿车门点焊焊接参数见表6-71。为了减少工件的接触电阻,应当对5A03材质冲压件进行清洗,再用碱液除油,用酸液处理氧化膜。清洗好的工件要在72h内焊接完毕。在焊接过程中,必须对电极进行强制水冷,水流量在6L/min以上,水温要低于30℃。下电极直径为12mm,端面为平面;上电极直径为8mm,端面半径为50mm的球面,这样可以保证电极与工件之间的压力稳定、减少飞溅。

表6-71 铝合金轿车门点焊焊接参数

一次电压/V	8.26	焊接时间/s	3
电极压力/N	3000	维持时间/s	40
预压时间/s	40	休止时间/s	99

焊后应检查焊点质量。从外观上要求配合面的压痕深度≤0.1mm;用扁铲将焊点剥离来检验焊点强度,要求熔核直径为4～5mm。

总之,对5A03材质的工件应采用硬规范点焊,配合适当的电极,可以获得优质的焊接产品。

二、钛框构件的闪光对焊

构件钛框断面形状如图6-35所示。Ⅰ、Ⅲ断面的面积约为620mm^2,Ⅱ、Ⅳ断面的面积约为850mm^2。

焊机采用LM－150型对焊机。该焊机适用于断面面积650mm^{2}的工件对焊,对于850mm^{2}断面的对焊有困难。因此,对焊机进行了改进,重新设计了凸轮使焊接快速进行。

钛框构件闪光对焊焊接参数见表6-72。

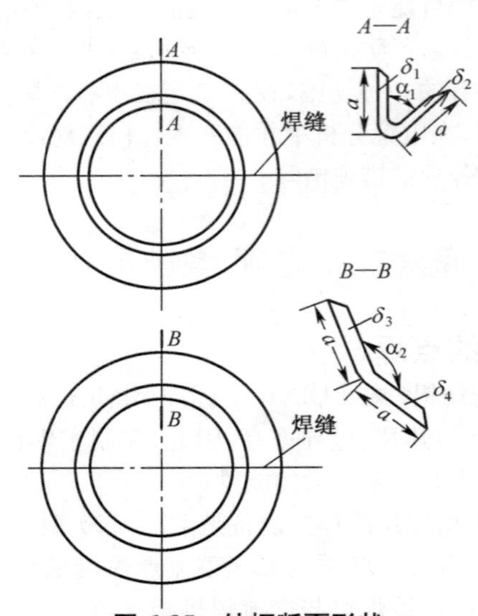

图 6-35 钛框断面形状

$\delta_1=6$mm $\delta_2=5$mm 为Ⅰ断面；$\delta_1=8$mm $\delta_2=7$mm 为Ⅱ断面；

$\delta_3=6$mm $\delta_4=5$mm 为Ⅲ断面；$\delta_3=8$mm $\delta_4=7$mm 为Ⅳ断面

δ 为工件厚度

表 6-72 钛框构件闪光对焊焊接参数

断面积代号	伸出长度/mm	烧化留量/mm	顶锻留量/mm		变压器级数/级	凸轮转速/(r/min)
			带电	无电		
Ⅰ	50	17.3	4.5	8.7	15	3.18
Ⅲ	50	17.3	4.5	8.7	16	3.18
Ⅱ、Ⅳ	50	26	7	7	14	2.63

三、低碳钢筋的电阻对焊

(1)焊前准备 对焊设备选用 UN1－75 型对焊机。电阻对焊低碳钢棒，直径 8mm，长 150～200mm。操作焊机之前要仔细检查焊机通电、断电，压紧钳口是否正常，冷却水流量情况及标尺分配参数是否合理等。用喷砂或喷丸法清理工件表面氧化皮。电阻对焊的工件还要将断面锉平。

(2)焊接参数 低碳钢筋对焊焊接参数见表 6-73。

表 6-73 低碳钢筋对焊焊接参数

断面积/mm^2	电流密度/(A/mm^2)	时间/s	顶锻留量/mm		伸出长度/mm	顶锻压力/(N/mm^2)
			有电	无电		
50	160	0.8	0.5	0.9	8～18	12～14

(3)操作要点 将工件夹紧在焊机的电极块上，先操作送进机构的手柄，将两工件合拢，并施加较小的力，使其端面接触。注意其接口处错位不大于 0.5mm，然后通电加热。当

工件升温到赤红状态达到焊接温度时，断电并同时迅速施加顶锻力，使工件接口最高温度区产生塑性变形，并使两工件间的金属原子或分子在高温、高压下相互扩散形成接头。由于电阻对焊加热区域较宽，故接头有较大凸起，又由于金属不产生熔化和飞溅，故接头圆滑而光洁。

焊前对工件表面的残存氧化物、污垢等一定要彻底清除干净，否则电阻对焊时，工件端面中的氧化物很难排除，会造成夹渣或未焊透缺陷；装配时，接口处一定要对齐，并且端面要互相平行，否则会造成工件端面部分未熔合和错位、弯曲等缺陷。

第七章　高　频　焊

高频焊是利用高频电流给工件结合处加热,同时施加压力而进行焊接的方法。它利用高频电流的趋肤效应和邻近效应,使电流高度集中在待焊边上,在极短的时间内加热金属。因此,具有焊接热影响区小,加热速度快,焊缝质量好等优点。

第一节　高频焊基础

一、高频焊的原理

(1)趋肤效应和邻近效应　趋肤效应是指高频电流流过金属导体时,趋向于在导体的表面通过,频率越高,此效应越明显。邻近效应是指高频电流在金属体表层流动时,仅集中于邻近同一回路的另一导体的窄小区域内,利用邻近效应限制高频电流加热通道如图 7-1 所示。导线间距离越近,电流频率越高,邻近效应越强烈。

(2)高频接触焊原理　高频接触焊加热工件的高频电流是直接通过触头导入工件的。图 7-2 所示为管材纵缝高频接触焊原理。待焊工件 7 的两边缘应预制成图中 V 形会合角,焊接时高频电源 6 通过 V 形会合角 5 两边的一对滑动触头 4 导入工件,由于高频电流的趋肤效应,使电流沿着会合角两边的表面层形成往复回路,产生了电阻热,在 V 形会合角附近电流密度最大,被快速加热到焊接温度,在挤压辊轮 2 的作用下将管坯两边挤在一起,挤出了氧化物和熔化金属,并在管坯周长上留有一定的挤压量,产生强烈的顶锻,促使金属原子之间形成牢固的结合。挤压辊轮旋转使管坯沿方向 1 前移,然后由焊接机组前边设置的刨刀将挤出的氧化物和部分的金属切削除去。如焊接产生金属火花喷溅,则为闪光焊。此方法易于排除金属氧化物,焊接质量高且稳定。

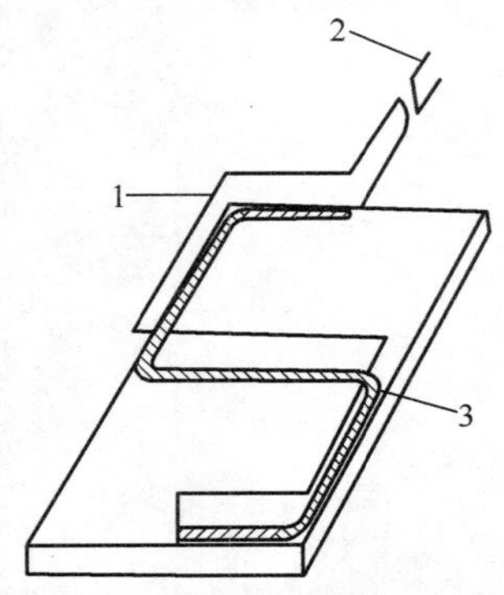

图 7-1　利用邻近效应限制高频电流加热通道

1. 辅助导体　2. 高频电源　3. 加热带

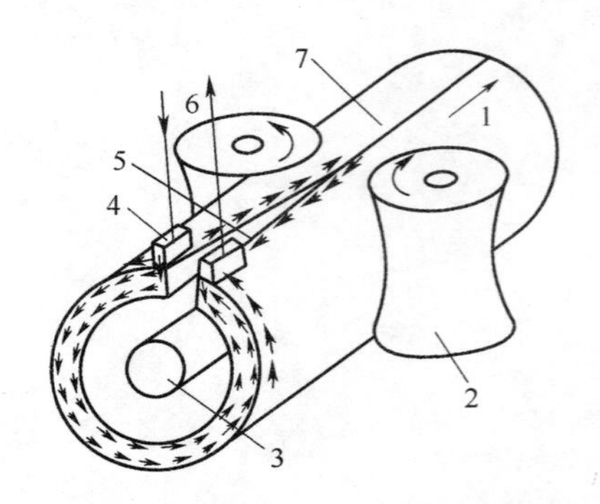

图 7-2　管材纵缝高频接触焊原理

1. 管坯运动方向　2. 挤压辊轮　3. 阻抗器　4. 滑动触头　5. V 形会合角　6. 高频电源　7. 工件

(3)高频感应焊原理　高频感应焊时加热工件的高频电流是由感应线圈通过磁场感应在工件上产生的。图 7-3 所示为管材纵缝高频感应焊原理。由感应线圈 4 中的高频电源 6 感应出一个绕管子外周表面，并沿管子 V 形会合角 5 的表面通过的焊接电流 I_1，使管坯 1 边缘极快地加热到焊接温度，经过挤压进行焊接，感应电流的另一部分 I_2，由管坯外周流经内周表面构成回路，由此产生的电阻热加热了管坯内表面，实际上它的加热与焊缝成形是无关的，故为无效电流。为了减小无效电流，需在管坯内放置由铁氧体组成的阻抗器 3 来增加管内壁的电抗，从而提高焊接效率。

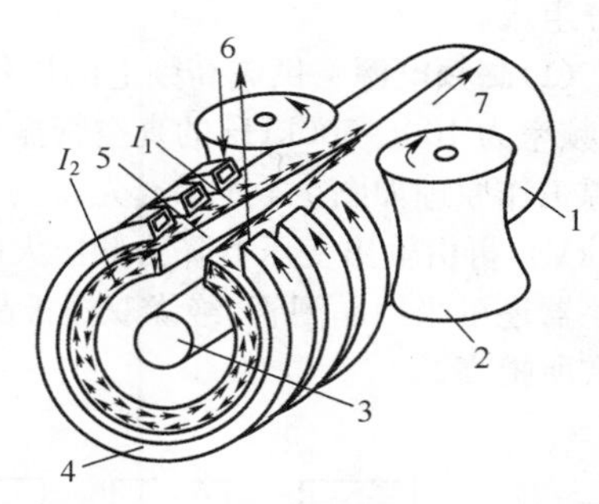

图 7-3　管材纵缝高频感应焊原理

1. 管坯　2. 挤压辊轮　3. 阻抗器　4. 感应圈　5. V 形会合角　6. 高频电源　7. 管坯运动方向　I_1—焊接电流　I_2—无效电流

二、高频焊的特点

(1)高频焊的优点　因高频电流的趋肤效应和邻近效应，使电流高度集中于焊接区，加热速度快，一般焊接速度为 150～200m/min。热输入小，热量集中在很窄的连接表面上。而且工件的自冷作用强，所以热影响区一般都很窄。高频电流的电压很高，对表面氧化膜能导通，且焊接时一般又能把它们从接缝中挤出去，因此，焊前对工件可以不清理。焊接同样的管子所需的功率比用工频电阻焊时小，且可以焊接 0.75mm 的薄壁管子。大多数高频焊机是从三相电网输入电能，不会造成网路失衡。能焊接的金属材料种类较多，如碳钢、合金钢、不锈钢、铜、铝、镍、锆及其合金等，也能进行异种金属焊接。

(2)高频焊的缺点　焊接时对接头装配质量要求高，尤其是连续高频焊焊接型材时，装配和焊接都是自动化的，任何因素造成 V 形开口形状的变化，都会引起焊接质量问题。电源回路中高压部分对人身和设备的安全有威胁，要有特殊保护措施。高频焊设备在无线电广播频率范围工作，易造成辐射干扰。

三、高频焊的分类和应用范围

①按高频电流导入工件的方式不同，分为接触高频焊和感应高频焊。

②按焊接所得到焊缝长度不同，分为高频连续缝焊，高频断续焊(短缝对接焊和高频点焊)等。

③按焊接加热、加压状态不同，分为高频闪光焊，高频锻压焊和高频熔化焊。

高频接触焊可用于多种材料和多种类型工件的焊接；高频感应焊用于能全部形成闭合电流通路或完整回路的场合。可焊产品的形状规格多，且能焊接异种材料的结构件。广泛应用于管材的生产，如各种材料的有缝管、异形管、散热片管、螺旋散热片管、电缆套管等。能生产各种断面的型材、双金属板和机械产品，如汽车轮圈、汽车车厢板，工具钢和碳钢组成的锯条等。

第二节　高频焊设备

一、高频焊设备的组成

高频焊设备一般由高频电源、阻抗匹配变压器、电极触头、感应圈、阻抗器、控制装置等部分组成。

(1)高频电源 供应高频电的设备包括电动机-发电机组，频率高达10kHz的固态变频器，频率为100～500kHz的真空管振荡器等。频率超过10kHz的真空管振荡电源，其高频电源工作原理如图7-4所示。先将网压升高并整流成直流电压，由振荡器变频成高频高压(25kV)，再由输出变压器降为低压大电流，供焊接使用。近年来随着电力电子技术的发展，振荡器还可采用晶闸管、绝缘双栅极晶体管等，可使高压电路的电压大大降低，而设备安全性有所提高。

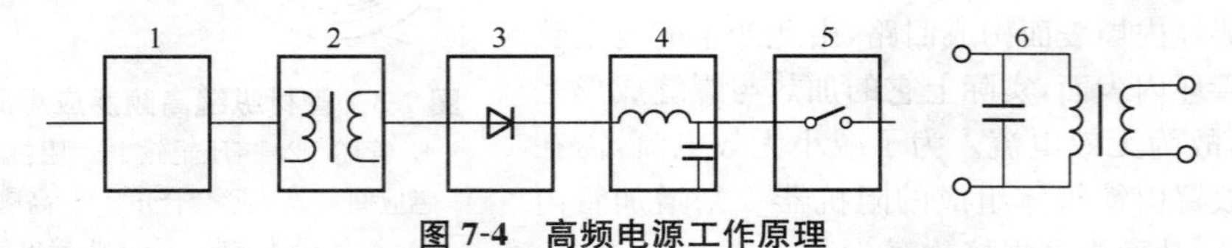

图7-4 高频电源工作原理

1. 操纵保护电路 2. 升压变压器 3. 整流电路
4. 滤波电路 5. 高频振荡电路 6. 输出变压器

(2)阻抗匹配变压器 真空振荡器有着固定的输出阻抗，因此，必须配用高阻负载。高频焊接中的感应器和触头一工件回路都是低阻抗负载，需要一个阻抗匹配变压器，以便有效地将能量从振荡器传递至工件。高频电流只在工件回路阻抗与电源阻抗相匹配时，才能有效地将功率从高频发生器传向工件。

(3)电极触头 它是将高频电流导入工件的器件，分固定式和移动式两种，一般由铜合金或由铜或银基体上含有硬金属质点的材料制成。触头用银钎焊，焊到水冷的厚铜座上，工作时，接触头和其固定座都需要水冷。接触头对工件的压力，主要取决于电流密度，同时考虑工件的厚度和材料。触头端尺寸视传输的电流大小而定，其范围为6～25mm。焊接电流一般为500～5000A。因此，触头端和铜座同时都有内部和外部冷却。

(4)感应圈 感应圈也称感应器。一般由铜管、铜棒或铜板做成，内部需用水冷却。为适应工作或被加热区的几何形状、满足高频感应加热的需要，线圈形状可以是一圈或多圈。感应圈与工件间的距离为2～5mm。

(5)阻抗器 在管材或筒形工件焊接时，一部分高频电流沿工件外表流过，为有效电流。另一部分沿工件内表面流动，为无效电流。在工件内心放一磁芯以增加内感抗，减小内表面电流，此磁芯称为阻抗器。阻抗器能提高管内壁电流通路的感抗，从而减小内侧电流，提高外侧电流。

(6)控制装置 包括输入电压调节器、高频发生器功率控制器、速度一功率控制器和定时控制器。

二、高频焊机

高频焊机是利用高频电流的邻近效应和趋肤效应，使焊接电流聚集于工件接触处而将待焊面加热，同时加压形成接头的电阻焊类设备。高频焊机一般是属于某一连续生产线(如钢管连续生产线、型钢连续生产线)整套机组的一个焊接机组。高频焊机主要由附有接触电刷(接触式)或感应圈(感应式)的输出变压器和高频发生器组成，高频焊机的分类及特点见表7-1。

表 7-1 高频焊机的分类及特点

类别		示意图	特点	用途
按高频焊接电流导入方式分类	接触式	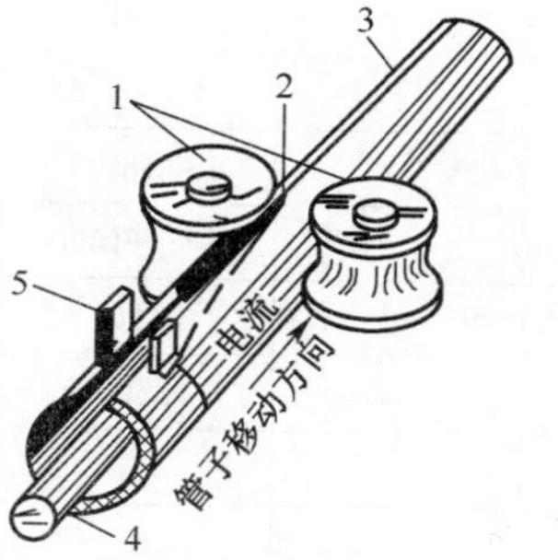 1. 挤压辊轮 2. 焊点 3. 焊缝 4. 磁芯 5. 接触电刷	焊接时，电流经滑动接触电刷导入工件，需要的功率小，工件的形状不受限制，生产率高；缺点是有滑动接触，电刷易磨损，需经常更换	用于大直径金属管及各种型材（如 H 形梁、T 形梁）的连续生产
	感应式	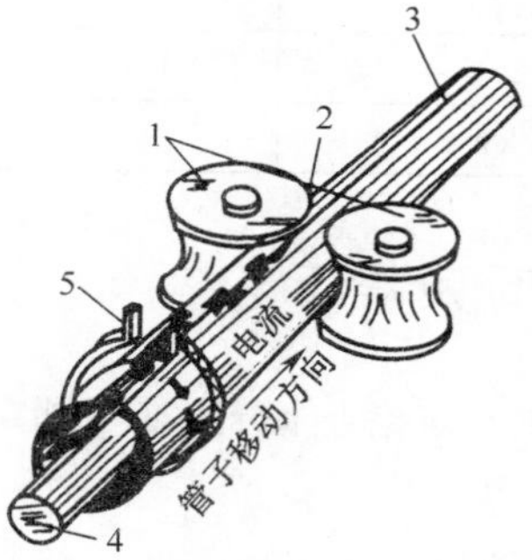 1. 挤压辊轮 2. 焊点 3. 焊缝 4. 磁芯 5. 感应器	高频焊接电流是利用感应器的作用导入。需要的功率较大，生产率较接触式低；但无滑动接触，维护简单，焊缝表面较光滑	只能焊接封闭形断面的工件（如管件），特别适合有镀层的和小直径金属管的制造

三、常用高频焊管机型号及主要技术参数

常用高频焊管机型号及主要技术参数见表 7-2。

表 7-2 常用高频焊管机型号及主要技术参数

型号（厂编）		QUX32	QUX32-1
焊接参数	制管直径/mm	15～32	10～44
	管壁厚度/mm	0.8～2.0	1.0～2.7
	制管速度/(m/min)	20～40	40～60
电源	电压/V	380	380
	相数	3	3
	频率/Hz	50	50

续表 7-2

<table>
<tr><th colspan="3">型号(厂编)</th><th>QUX32</th><th>QUX32-1</th></tr>
<tr><td rowspan="8">高频设备</td><td colspan="2">振动频率/kHz</td><td>200～250</td><td>200～250</td></tr>
<tr><td colspan="2">振动功率/kW</td><td>100</td><td>100</td></tr>
<tr><td colspan="2">型号</td><td>—</td><td>ZR-100</td></tr>
<tr><td rowspan="3">变压器</td><td>型号</td><td>ZSJ-180/10</td><td>3TM-180/10</td></tr>
<tr><td>输出电压/V</td><td>9500～10500</td><td>10000</td></tr>
<tr><td>额定容量/(kV·A)</td><td>180</td><td>180</td></tr>
<tr><td colspan="2">冷却水耗量/(L/h)</td><td>2500</td><td>2500</td></tr>
<tr><td colspan="2">质量/kg</td><td>—</td><td>3300</td></tr>
<tr><td rowspan="4">电动机</td><td colspan="2">空气调节设备/kW</td><td>65</td><td>—</td></tr>
<tr><td colspan="2">空气压缩机/kW</td><td>22</td><td>—</td></tr>
<tr><td rowspan="2">机械部分</td><td>主传动/kW</td><td>30</td><td>—</td></tr>
<tr><td>切断机/kW</td><td>5.5</td><td>—</td></tr>
<tr><td rowspan="3">电动机</td><td rowspan="3">机械部分</td><td>吹风机/kW</td><td>5.5</td><td>—</td></tr>
<tr><td>乳化液泵/kW</td><td>1.1</td><td>—</td></tr>
<tr><td>直流发电机组电动机/kW</td><td>—</td><td>55</td></tr>
</table>

第三节 高频焊工艺

高频焊的焊接速度一般很快，焊接缺陷的动态检查十分困难，因此，设计出最佳的接头形式、焊接参数和焊接装置显得十分重要。

一、接头形式与坡口形状

高频焊适用于外形规则、简单，能在高速运动中保持断面恒定的接头形式，如对接接头、T 形接头。焊缝长度较小零件的高频焊接头形式如图 7-5 所示。

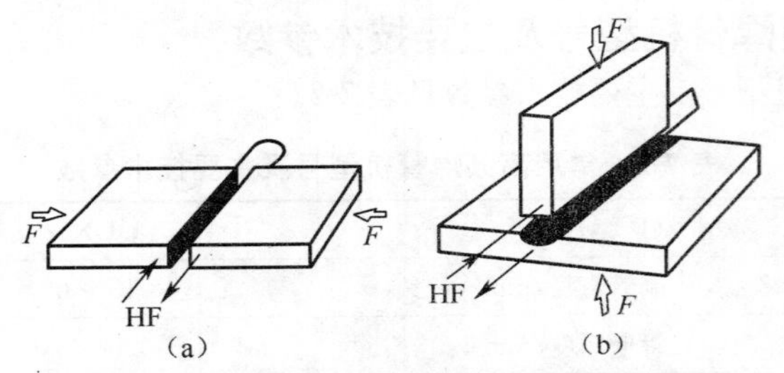

图 7-5 焊缝长度较小零件的高频焊接头形式

(a)对接接头 (b)T 形接头

HF—高频电源 *F*—压力

薄壁管的管坯坡口用 I 形坡口即可，厚壁管宜用 X 形坡口，以使整个断面加热均匀。

二、焊接参数的选择

高频焊广泛应用于管材生产，以管材纵缝高频焊为例介绍选择高频焊焊接参数应考虑的因素。

(1)焊接电源的频率　一般频率越高，越能充分利用趋肤效应和邻近效应，达到节省焊接消耗和保证焊接质量的目的。但频率过高将使加热时间延长，加热宽度过窄，焊缝强度下降。通常在焊接中、小型管时频率一般为170～500kHz。

(2)焊接速度　由于焊接速度越快，加热时间越短，从而使焊接过程中形成的氧化物进入焊缝金属中的机会大大减少，焊缝质量越高。因此，在焊接设备能力允许时，尽可能选择最大速度。高频焊焊接不同壁厚管子时的焊接速度见表7-3。

表7-3　高频焊焊接不同壁厚管子时的焊接速度

壁厚/mm	焊接速度/(mm/s)	
	钢	铝
0.75	4500	5000
1.5	2500	3000
2.5	1500	1800
4	875	1120
6.4	500	620

(3)会合角　会合角的大小对高频焊闪光过程的稳定性、焊缝质量和焊接效率都有较大的影响。通常应取2°～6°。会合角小，邻近效应显著，有利于提高焊接速度，但不能过小，过小时闪光过程不稳定，使过梁爆破后易形成难以压合的深孔或针孔等缺陷；会合角过大时，邻近效应减弱，使得焊接效率下降，功率增加，同时易引起管坯边缘产生褶皱。

(4)管坯坡口形状　通常采用I形坡口，但当管坯的厚度很大时，应采用X形坡口。

(5)触头、感应圈和阻抗器的安放　触头安放位置应靠近挤压辊轮，它离两挤压辊轮中心线的距离为20～150mm。感应圈的位置应与管子同心放置，其前端距两挤压辊轮中心线的连线为20～150mm，距离的大小随着管径及壁厚而变化。阻抗器的位置应与管坯同轴安放，其头部与两挤压辊轮中心连线重合或距离中心连线10～20mm，阻抗器与管壁之间的间隙为2～13mm，间隙小时可提高效率。

(6)输入功率　输入功率小时管坯坡口加热不足，达不到焊接温度，还会产生未焊合缺陷；输入功率大时会使焊接温度过高，引起过热或过烧，造成熔化金属严重喷溅而形成针孔或夹渣缺陷。

(7)焊接装置功率　主要根据焊接装置的频率、工作效率、焊接速度、工件的材料和厚度来确定。实际设计中，可按下式估算

$$P=k_1k_2tbv$$

式中，P为焊机功率(kW)；t为壁厚(mm)；b为加热宽度，一般假定为1(cm)；v为焊接速度(m/min)；k_1为材质系数，见表7-4；k_2为尺寸系数，接触焊时，$k_2=1$，感应焊时，k_2值见表7-5。

表 7-4 材质系数 k_1

材 料	k_1
软钢	0.8～1.0
奥氏体不锈钢	1.0～1.2
铝	0.5～0.7
铜	1.4～1.8

表 7-5 感应焊的尺寸系数 k_2

钢管外/mm	25.4	50.8	76.2	101.6	127	152.4
k_2	1	1.11	1.25	1.43	1.67	2

(8)焊接压力 焊接压力的大小对焊接质量有很大的影响，一般顶锻压力为100～300MPa。

三、高频焊管工艺要点

①焊缝长度较小零件的高频焊，无论是对接接头还是T形接头，其待接端面彼此平行且留有一定间隙，高频电流从接触处导入，沿箭头方向流动。两端面就构成了往复导体，高频电流的趋肤和邻近两效应，使电流集中从端表面层流过而被迅速加热到焊接温度，经加压后即形成焊接接头。

②如果是接缝很长的工件，则需采用连续的高频焊，为了有效地利用高频电流的趋肤和邻近两效应，被焊工件的待接面都要制成V形开口结构。用V形开口结构焊接的三种类型产品如图7-6所示。V形开口两边加热及熔化过程如图7-7所示。两待焊面之间构成了V形会合角α。高频焊时，通过置于待焊工件边缘的电极触头，向工件导入高频电流。由于趋肤效应，电流由一个电极触头沿边缘流经会合角顶点再流到另一电极触头，如图7-7中虚线箭头所示，就形成了高频电流的往复回路。由于邻近效应，越接近顶点，两边缘之间的距离越小，产生的邻近效应越强，边缘温度也越高，甚至达到金属的熔点而形成液体金属过梁。随着工件连续不断向前移动，待焊面受到挤压，把液态金属和氧化物挤出去。纯净金属便在固态下相互紧密接触，产生塑性变形和再结晶，便形成牢固的焊缝。

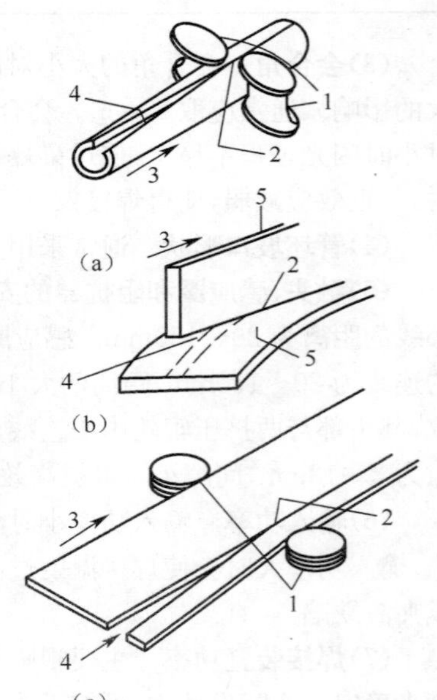

图 7-6 用V形开口结构焊接的三种类型产品

(a)管子或管道 (b)T型材 (c)复合条
1. 挤压辊 2. 焊点
3. 运行方向 4. V形开口 5. 压挤

V形会合角α一般取40°～70°。如果会合角过小，则会合点处易打弧，而变得不稳定；而会合角过大，则边缘被拉长，焊后易起皱。

四、高频焊常见缺陷及预防措施

高频焊常见缺陷、产生原因及预防措施见表7-6。

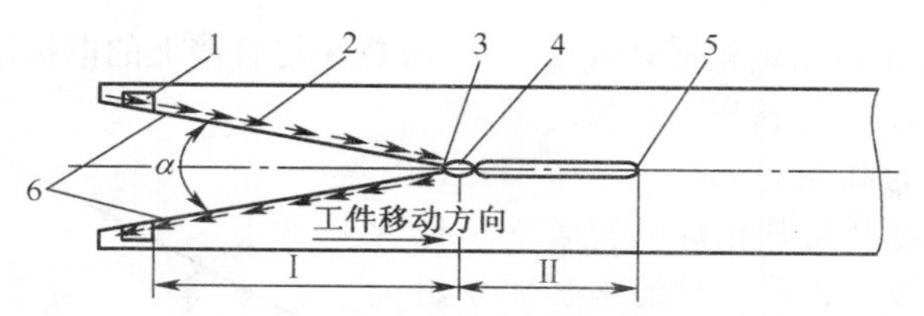

图 7-7 V 形开口两边加热及熔化过程

I—加热段 II—熔化段 α—会合角

1. 电极触头 2. 电流方向 3. 会合点 4. 液体过梁 5. 焊合点 6. V 形会合面

表 7-6 高频焊常见缺陷、产生原因及预防措施

缺陷名称	产生原因	预防措施
未焊合	1. 加热不足； 2. 挤压力不够； 3. 焊接速度太快	1. 提高输入功率； 2. 适当增加挤压力； 3. 选用合适的焊接速度
夹渣	1. 输入功率太大； 2. 焊接速度太慢； 3. 挤压力不够	1. 选用适当的输入功率； 2. 提高焊接速度； 3. 适当增加挤压力
近缝区开裂	热态金属受强挤压，使其中原有的纵向分布的层状夹渣物向外弯曲过大而引起	保证母材的质量；挤压力不能过大
错位(薄壁管)	1. 设备精度不高； 2. 挤压力过大	1. 修整设备，使其达到精度要求； 2. 适当降低挤压力

第四节 高频焊应用实例

一、散热片与管的高频焊

为了增加散热器用管的散热表面积，常用高频焊在管外表面焊上螺旋状的散热片或纵向的散热片，俗称翅(鳍)片管。

螺旋翅片与管的高频焊如图 7-8 所示。0.3～0.5mm 厚的薄翅片可在焊接之前轧制成各种形状，也可在成形的同时连续进行焊接。焊接时管子做前进和回转运动；散热片以一

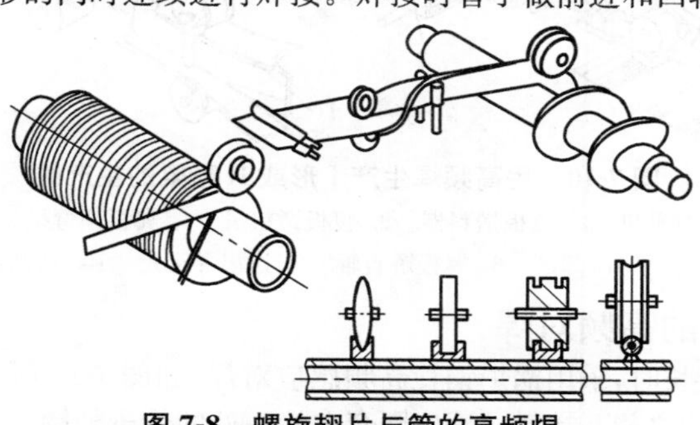

图 7-8 螺旋翅片与管的高频焊

定角度送向管壁，并由挤压辊轮挤到管壁上；当散热片与管壁上的电极触头通有高频电时，会合角边缘金属被加热，经挤压而焊接起来。

纵向翅片与管的高频焊如图 7-9 所示。翅片的厚度与翅的高度及与其相焊的管子壁厚有关，一般在 6mm 以下。管子必须能承受加在翅片上的挤压而无明显变形。为了防止管子焊后产生弯曲变形，应同时在管子两侧焊接两条翅片。

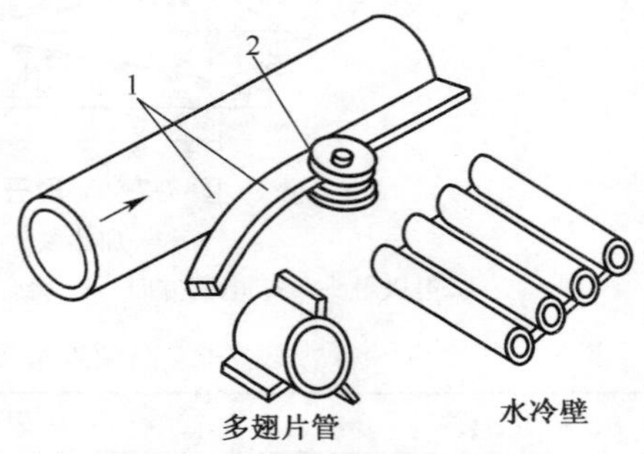

图 7-9 纵向翅片与管的高频焊

1. 电极 2. 压力辊

散热片与管的高频焊接的速度非常快，其速度范围是 50～150m/min。可焊管子直径为 16～254mm。可焊材料很多，低碳钢散热片一般可焊到低合金钢管上，不锈钢散热片可焊到碳钢或不锈钢管上。此外，还有铝散热片与铜镍合金管，锆锡合金散热片与锆锡合金管焊接等。

二、型钢的高频焊

高频焊也用于结构型钢的生产，如 T 形、I 形和 H 形梁的生产。用高频接触焊生产 I 形或 H 形梁的生产线如图 7-10 所示。可生产腹板高度达 500mm，厚度达 9.5mm 结构型钢。生产时将三卷带钢送入焊接滚轧机，由两台高频接触焊机同时焊接腹板和两个翼板间的 T 形接头，其焊接速度为 125～1000mm/s。图 7-10 右下角所示为焊接挤压辊和矫直辊工作的局部放大图。

连续高频电阻焊还可以用于生产螺旋管，电缆套管(纵缝焊接)。

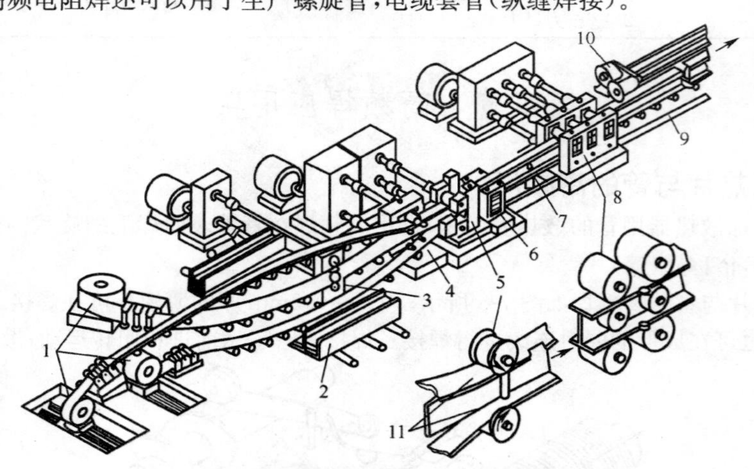

图 7-10 用高频焊生产 I 形或 H 形梁的生产线

1. 开卷机和校平机 2. 翼板送料器 3. 腹板镦粗机 4. 翼板预弯机 5. 焊接工位 6. 表面缺陷清除工位 7. 冷却区 8. 翼板矫直辊 9. 送出并运走 10. 切断锯 11. 焊接接触点

三、锅炉钢管的高频对焊

两根锅炉钢管接长时，采用锅炉钢管高频感应对焊，如图 7-11 所示。这两根待连接管子固定在夹头上，并使之相互接触。感应圈套在接头处的管子外围。当感应圈通有高频电流时，接头处便产生感应电流，使两钢管端头很快加热到焊接温度（不熔化），然后施加顶锻压力即完成焊接。

用此法焊接管子其接头内侧没有毛刺，只呈现缓慢的凸起，对管内液体阻力小，故适于锅炉管子对接。可焊接壁厚小于10mm，直径25～320mm的管子。其焊接时间为10～60s。

四、平板的高频对焊

平板连接长度较短时，可采用如图7-12所示的断续高频焊方法焊接。将两待焊板（带）材的端头放在铜制的条形平台上，并使之相互接触。同时置邻近感应器于接缝的上方，将其一端与条形平台相连，另一端及条形平台的另一端分别接到高频电源的输出端。当高频电流通过时，接缝区便在邻近效应作用下迅速被加热到焊接温度（不熔化），然后加以顶锻力，即完成焊接。

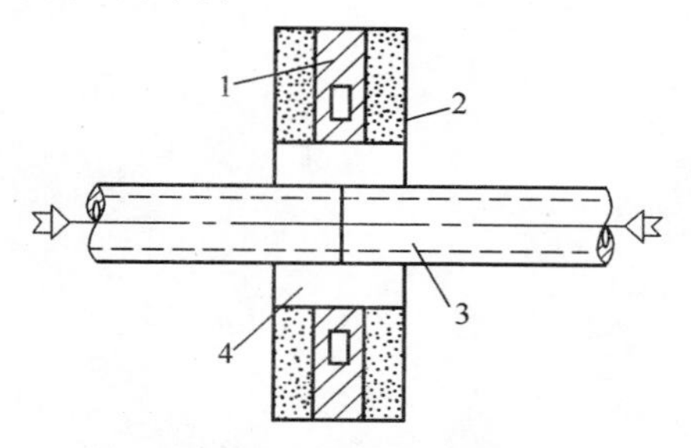

图7-11　锅炉钢管高频感应对焊

1. 感应圈　2. 导磁环
3. 待加热的管子　4. 间隙

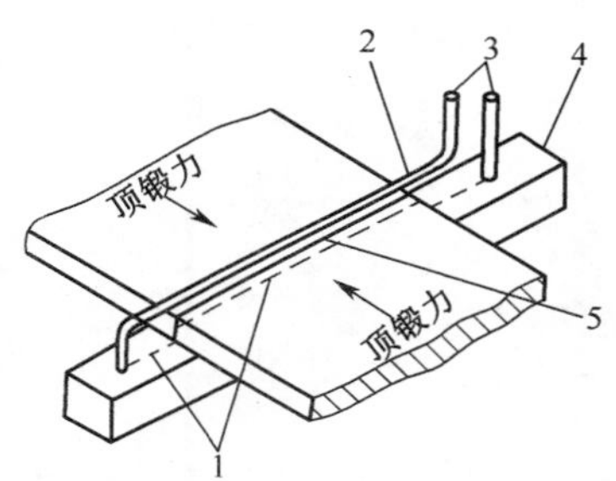

图7-12　断续高频焊

1. 电流通道　2. 邻近感应器
3. 接高频电源　4. 平台　5. 对接缝

通过改变高频频率，可以调节电流的穿透深度，使焊缝沿厚度方向加热均匀。与闪光对焊比较，此法焊接无烟尘或金属飞溅，损耗金属量少，焊缝与基体金属厚度相近，毛刺少。很适于0.6～5mm厚、76～900mm宽（缝长）的钢板对接，钢、不锈钢及镀锌的扁钢均可焊接。3mm的低碳钢，对接缝长191mm仅需1.1s即焊成。

五、金属结构的高频焊

高频焊焊接金属结构实例如图7-13所示。

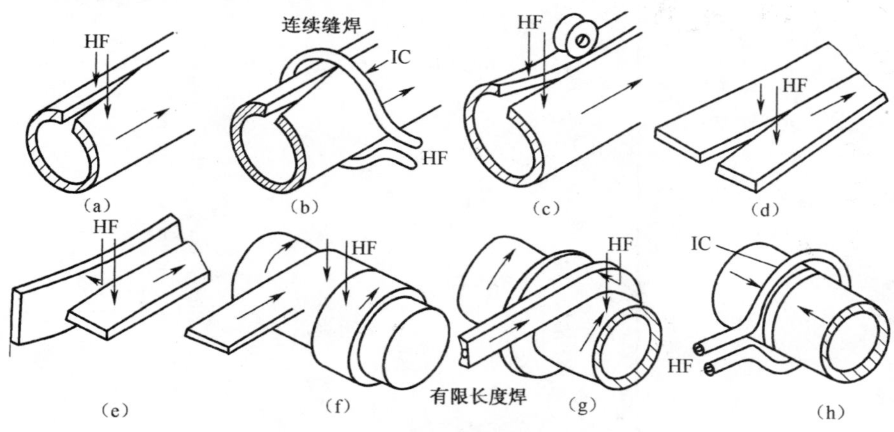

图7-13　高频焊焊接金属结构实例

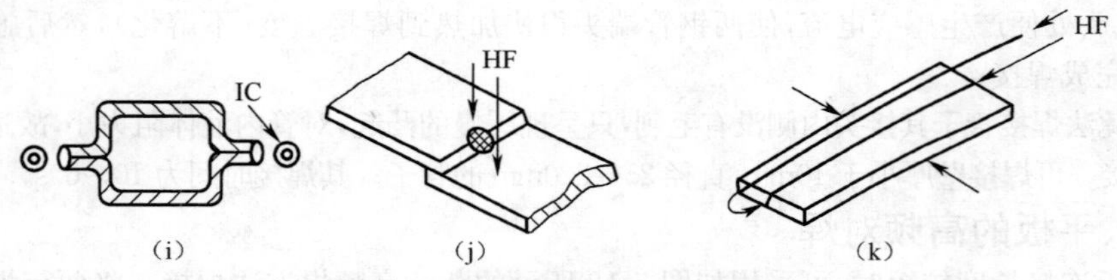

图 7-13 高频焊焊接金属结构实例(续)

(a)管子对接缝 (b)管子对接缝 (c)管子滚压焊 (d)、(k)板条对接 (e)T形接头
(f)螺旋管 (g)螺旋管子散热片 (h)管子对接焊 (i)端接焊 (j)熔化点焊 HF—高频 IC—感应圈

第八章　超声波焊

超声波焊是利用超声波频率(超过16kHz)的机械振动能量,连接同种或异种金属、半导体、塑料和金属陶瓷等的特殊焊接方法。

金属超声波焊接时,既不向工件输送电流,也不向工件引入高温热源,只是在静压力下将弹性振动能量转变为工件间的摩擦功、形变能及随后有限的温升。接头间的冶金结合是在母材不发生熔化的情况下实现的,因而是一种固态焊接。

第一节　超声波焊基础

一、超声波焊的原理

超声波焊的原理如图8-1所示。工件被夹持在上、下两个电极之间,上声极用来向工件输入超声波频率的弹性振动能量,下声极用来搁置工件及对工件施加静压力。工件在静压力及弹性振动能量的共同作用下。将弹性振动能量转换成工件的摩擦功、形变能而使工件升温,并在固态下完成焊接过程。

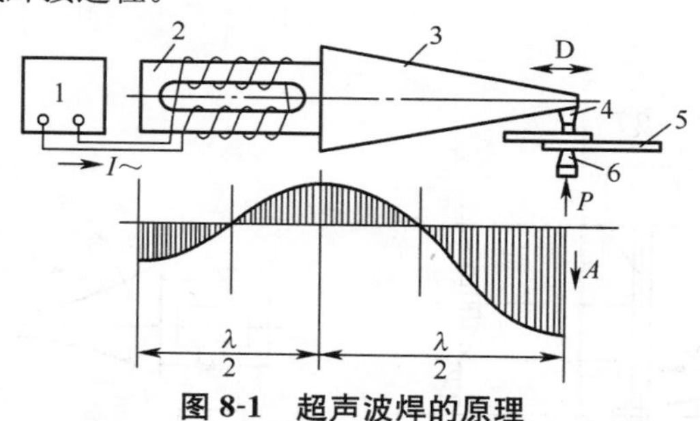

图8-1　超声波焊的原理

1. 超声波发生器　2. 换能器(镍)　3. 聚能器　4. 上声极(焊尖)　5. 工件　6. 下声极
I—振荡电流及直流磁化电流　P—静压力　D—弹性振动方向　A—振幅的分布

二、超声波焊的分类

超声波焊的接头必须是搭接接头,按接头形式的不同超声波焊可分为点焊、缝焊、环焊和线焊等类型。

(1)点焊

①按能量系统类型不同分类。点焊可分为单侧式和双侧式两类,超声波点焊的能量系统类型如图8-2所示。当超声振动能量只通过上声极导入时为单侧式点焊;分别从上、下声极导入时为双侧式点焊。目前应用最广泛的是单侧式点焊。

②按振动系统类型不同分类。超声波点焊可分为纵向振动式、弯曲振动式和轻型弯曲振动式三种,超声波点焊的振动系统类型如图8-3所示。纵向振动系统主要用于小功率电焊机,弯曲振动系统主要用于大功率电焊机,而轻型弯曲振动系统适用于中小功率电焊机,兼有其他两种振动系统的诸多优点。

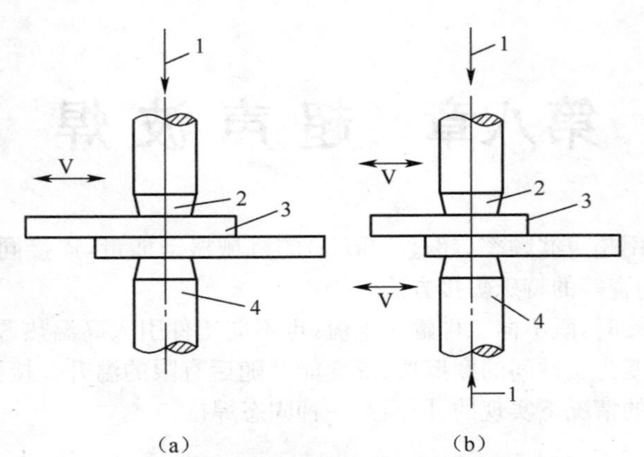

图 8-2　超声波点焊的能量系统类型

(a)单侧式　(b)双侧式

1. 静压力　2. 上声极　3. 工件　4. 下声极　V—振动方向

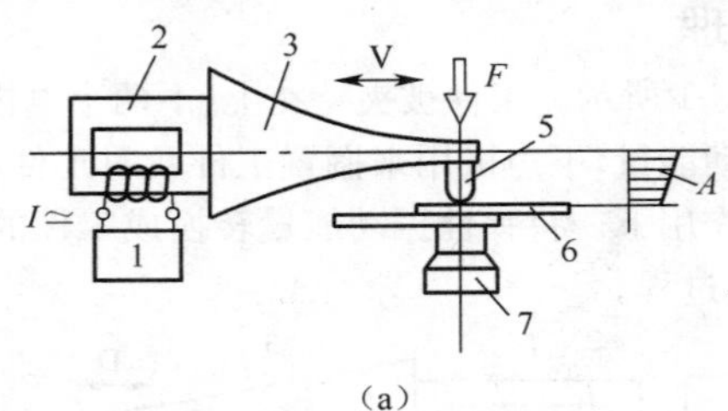

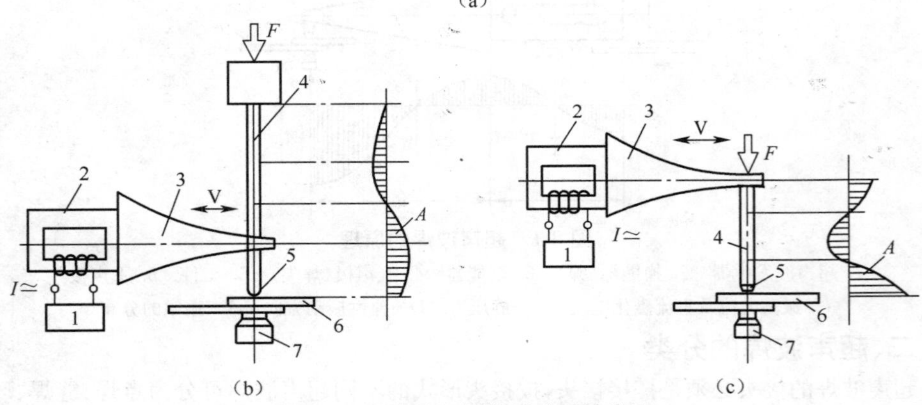

图 8-3　超声波点焊的振动系统类型

(a)纵向振动　(b)弯曲振动　(c)轻型弯曲振动

1. 发生器　2. 换能器　3. 聚能器　4. 耦合杆　5. 上声极　6. 工件　7. 下声极

A—振幅　*F*—静压力　V—振动方向　*I*—超声波振荡电流

(2)环焊　用环焊方法可以一次形成封闭形焊缝，一般为圆环形，也可以是正方形、矩形或椭圆形。采用的是扭转振动系统，超声波环焊的工作原理如图 8-4 所示。焊接时焊盘扭转，振动的振幅相对于声极轴线呈对称性分布，轴心区振幅为零，焊盘边缘振幅最大。所以此焊接方法很适用于微电子器件的封装。

(3)缝焊　通过旋转运动的圆盘状声极，将超声波传输给工件，与电阻焊中的缝焊类似，由连续的相互重叠的焊点形成一条密封性焊缝。超声波缝焊的工作原理如图 8-5 所示。超声波缝焊的振动形式，按盘状声极的振动状态不同，可分为纵向振动、弯曲振动和扭转振动三种，如图 8-6 所示。其中，前两种较为常用，盘状声极的振动方向与焊接方向垂直。实际生产中以弯曲振动系统应用最广，因为有较好的工艺及技术性能。在特殊情况下，可以采用平板式下声极。

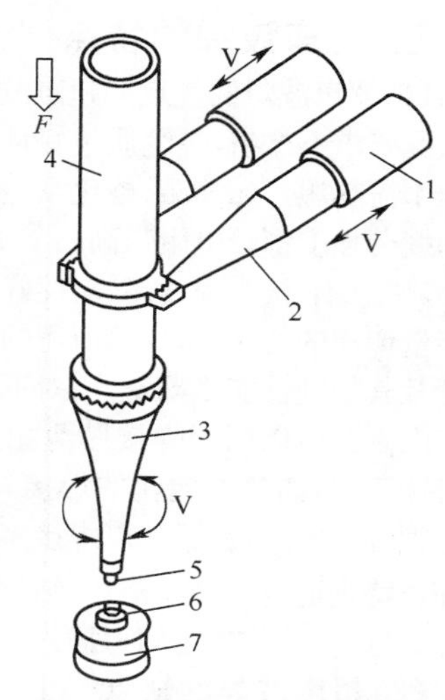

图 8-4　超声波环焊的工作原理

1. 换能器　2、3. 聚能器　4. 耦合杆
5. 上声极　6. 工件　7. 下声极
F—静压力　V—振动方向

(4)线焊　线焊可以看成是点焊方法的一种延伸，是利用线状上声极或将多个点焊声极叠合在一起，在一个焊接循环内形成一条直线焊缝。现在已经可以通过线状上声极一次获得 150mm 长的线状焊缝，这种方法最适用于金属箔的线状封口。超声波线焊方法如图 8-7 所示。

除上述四种常见的金属超声波焊接方法以外，近年来还发展了异种塑料超声波焊接方法。其工作原理与金属超声波焊接方法不同，振动方向垂直于工件表面，与静压力方向一致。由于焊接时热量并不是通过工件表面传热，而是在工件接触表面将机械振动直接转化为热能使待焊面结合，属于一种熔化焊接方法。因此适用于热塑性塑料的焊接，而不能应用于热固性塑料的焊接。

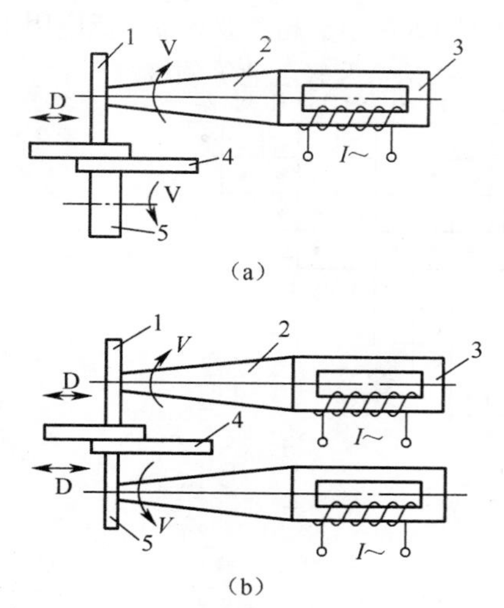

图 8-5　超声波缝焊的工作原理

(a)单侧导入　(b)双侧导入
1. 盘状上声极　2. 聚能器　3. 换能器
4. 工件　5. 盘状下声极　D—振动方向
V—旋转方向　*I*—超声波振荡电流

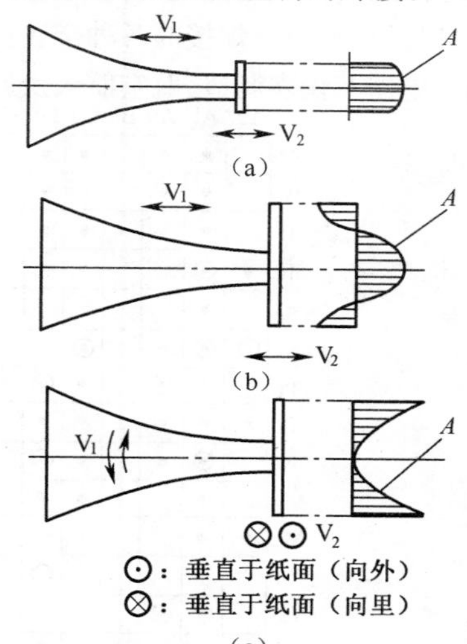

图 8-6　超声波缝焊的振动形式

(a)纵向振动　(b)弯曲振动　(c)扭转振动
A—焊盘上振幅分布　V_1—聚能器上振动方向
V_2—焊点上的振动方向

三、超声波焊的特点

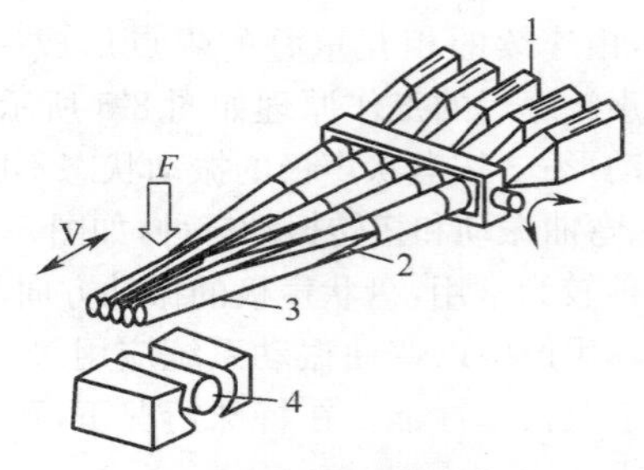

图 8-7 超声波线焊方法

1. 换能器 2. 聚能器 3. 125mm 长焊接声极头 4. 心轴 V—振动方向 F—静压力

(1)超声波焊的优点 超声波焊对焊前的工件表面状况要求不严格，焊缝质量好且稳定。超声波焊接过程不需热源。无喷溅、熔化发生，过程稳定，静载强度和疲劳强度都较电阻焊高。与电阻焊相比，耗用功率小、变形小、接头强度高、塑性好。由于超声波焊接中能量传递的特殊性，焊接所需的功率仅由上工件的厚度及其物理性能来确定，而对下工件的厚度基本上没有限制。可以用于焊接厚薄相差悬殊和多层箔片等特殊工件，如热电偶丝的焊接、电阻应变片引线和电子管灯丝的焊接，还可以焊接多层叠合的铝箔和银箔等。特别适合于金属箔片、细丝和微型器件的焊接。最薄可焊 0.02mm 的工件。可焊多层薄片，且可在片与片之间再插入一片所需的材料，以便改善难焊金属的焊接性。

(2)超声波焊的缺点 由于超声波焊所需的功率随工件厚度及硬度的提高而呈指数增加，而大功率的超声波焊机的制造困难且成本很高，因此，目前仅限于焊接丝、箔、片等细薄工件。接头形式目前只限于搭接接头。由于工件的伸入尺寸一般不能大于声学系统所允许的范围，所以工件的尺寸受到了一定的限制。焊接表面容易因高频机械振动而引起边缘疲劳破坏，对焊接硬而脆的材料不利。目前缺乏对焊接质量进行无损检测的方法和设备，因此大批量生产困难。

四、超声波焊的应用范围

可以进行超声波焊接的各种金属材料的组合如图 8-8 所示。超声波焊接广泛应用于电子工业、电器及仪表制造、航空航天及原子能工业、机械、冶金及轻工业等领域。

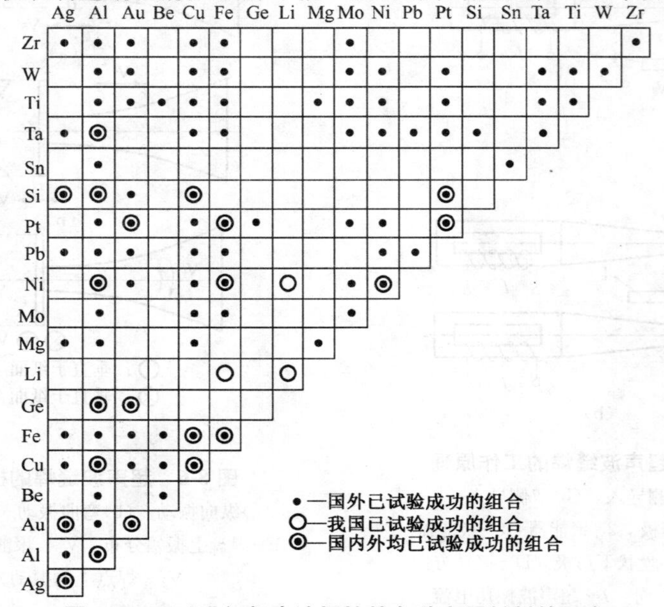

图 8-8 可以进行超声波焊接的各种金属材料的组合

第二节 超声波焊设备

超声波焊机按工件的接头形式不同可分为点焊机、缝焊机、环焊机和线焊机四种基本类型。此外还有用于塑料焊接的超声波焊机。

一、超声波点焊机

超声波点焊机按照功率大小不同，可分为小功率（<500W）、大功率（>1000W）和中等功率（500～1000W）。超声波点焊机主要由超声波发生器、声学系统、加压机构和程序控制装置四部分组成，如图8-9所示。

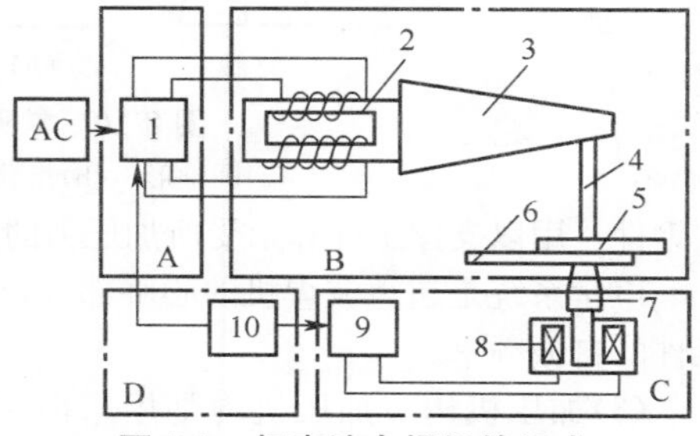

图8-9 超声波点焊机的组成

1. 超声波发生器 2. 换能器 3. 聚能器 4. 耦合杆 5. 上声极 6. 工件 7. 下声极 8. 加压机构 9. 压力控制器 10. 程序控制器

(1)超声波发生器 用它将50Hz的工频电流变成超声波频率（20000Hz以上）的振荡电流，并通过输出变压器与换能器相结合。现代采用的最先进的逆变式超声波发生器，具有体积小、效率高、控制性能优良的优点。

(2)声学系统 由换能器、聚能器、耦合杆、声极等部分组成。主要是传输弹性振动能量给工件，以实现焊接。

①换能器。换能器用来将超声波发生器的电磁振荡转换成相同频率的机械振动。常用的换能器有压电式和磁致伸缩式两种。

压电换能器的工作原理为逆压电效应。当压电晶体材料在一定的结晶面上受到压力或拉力时，就会出现电荷，称之压电效应。相反，当压电晶体在压电轴方向发生同步的伸缩现象，即逆压电效应。压电换能器的优点是效率高（一般可达80%～90%），缺点是比较脆弱，目前主要应用于小功率焊机。

磁致伸缩换能器的工作原理是依靠磁致伸缩效应进行的，它是一种半永久性器件。磁致伸缩效应是指当铁磁材料置于交变磁场中时，将会在材料的长度方向上发生宏观的同步伸缩现象。常用的铁磁材料为镍片和铁铝合金，其磁致伸缩换能器工作稳定可靠，但换能效率只有（30%～40%），目前用于大功率超声波焊机。

②聚能器。又称变幅杆，主要起放大换能器输出的振幅及将其耦合并传输到工件的作用。各种锥形杆都可以用作聚能器。常见的聚能器结构形式如图8-10所示。其中指数形聚能器的放大系数高，工作稳定，结构强度高，因而常被优先选择。聚能器常用45钢、30CrMnSi低合金钢、T8工具钢和钛合金等材料来制作。

③耦合杆。又称传振杆，主要是用来改变振动形式，将聚能器输出的纵向振动改变为弯曲振动。耦合杆是声学系统中的一个重要部分，振动能量的传递及耦合的功能都由耦合杆来实现。它的结构简单，通常为一圆形金属杆，可以用聚能器所选用的材料来制作，聚能器与耦合杆常用钎焊的方法来连接。

④声极。超声波焊机中直接与工件接触的声学部件称之为声极，声极又分为上声极和下声极。上声极可以用各种方法与聚能器或耦合杆相连接。一般超声波点焊上声极的顶端部为一简单的球面，球面的曲率半径为被焊工件厚度的80倍左右，下声极为质量较大的

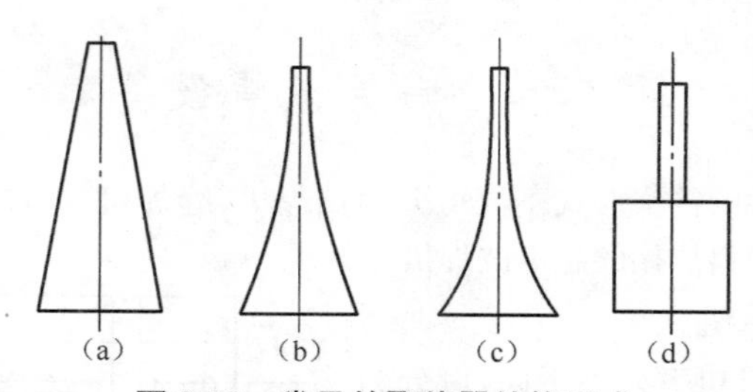

图 8-10 常见的聚能器结构形式

(a)圆锥形 (b)指数形 (c)悬链形 (d)阶梯形

碳钢件。用以支撑工件和承受所加压力的反作用力。

声学系统是超声波焊机的心脏部分，在设计时应按照选定的谐振频率计算好每个声学元件的自振频率。

(3)加压机构 加压机构是用来向工件施加一定的静压力的部件。目前主要采用液压、气压、电磁加压和弹簧杠杆加压等方法。液压适用于大功率超声波焊机，而电磁加压和弹簧加压则适用于小功率超声波焊机。实际使用中加压机构还可能包括工件的夹持机构，如图 8-11 所示。在超声波焊接时防止工件滑动、更有效地传输振动能量往往十分重要。

(4)程序控制装置 超声波点焊可分为预压、焊接、消除粘连、休止四个阶段，各阶段的完成和连接必须均由程序控制。

超声波点焊的典型程序如图 8-12 所示。向工件输入超声波之前需有一个预压时间 t_1，用来施加静压力，在 t_3 内静压力(F)已被解除，但超声波振幅(A)继续存在，上声极与工件之间将发生相对运动，从而可以有效地清除上声极和工件之间可能发生的粘连现象，这种粘连现象在焊接 Al、Mg 及其合金时容易发生。

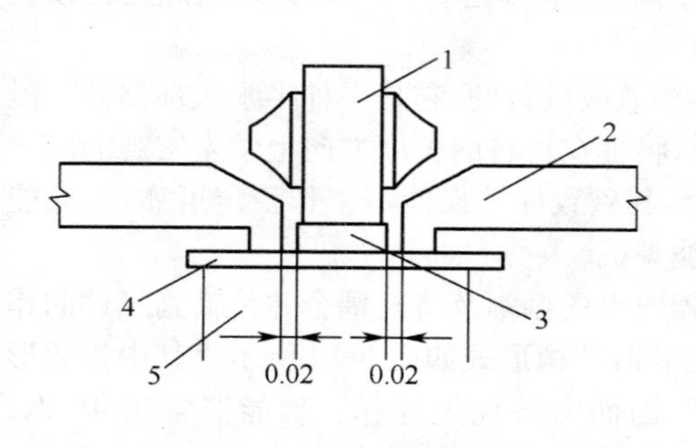

图 8-11 工件夹持机构

1. 声学头 2. 夹紧头 3. 丝
4. 工件 5. 下声极

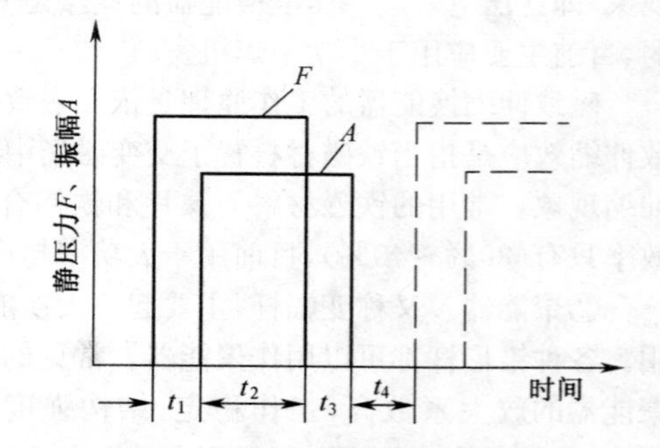

图 8-12 超声波点焊的典型程序

t_1—预压时间 t_2—焊接时间
t_3—消除粘连时间 t_4—休止时间

随着电子技术的发展、程控器不断更新和焊机的声学反馈，以及自动控制的需要，微机控制已较普遍。

二、超声波缝焊机

超声波缝焊机的组成与超声波点焊机相似，仅声极的结构形状不同而已。焊接时工件夹持在盘状上、下声极之间，在特殊情况下可采用滑板式下声极。另外，还可以利用改变点焊机的上、下声极来进行环焊和线焊。

三、超声波焊机型号及主要技术参数

超声波焊机型号及主要技术数据见表 8-1。

表 8-1 超声波焊机型号及主要技术参数

型号	发生器功率/W	谐振频率/kHz	静压力/N	焊接时间/s	可焊工件厚度/mm	备注
SD-1	1000	18～20	980	0.1～3.0	0.8+0.8	点焊机
SD-2	2000	17～18	1470	0.1～3.0	1.2+1.2	点焊机
SD-3	5000	17～18	2450	0.1～3.0	2.0+2.0	点焊机
CHJ-28	0.5	45	15～120	0.1～0.3	30～120	点焊机
SD-0.25	250	19～21	13～180	0～1.5	0.15+0.15	点焊机
P1925	250	19.5～22.5	20～195	0.1～1.0	0.25+0.25	点焊机
FDS-80	80	20	20～200	0.05～6.00	0.06～0.06	缝焊机
SF-0.25	250	19～21	300	—	0.8+0.18	缝焊机

第三节 超声波焊工艺

一、接头设计

超声波焊接的接头目前只限于搭接一种形式。以点焊接头为例，在设计焊点的点距 S、边距 e 和行距 r 等参数时，要比电阻焊点焊自由得多，超声波点焊接头设计如图 8-13 所示。

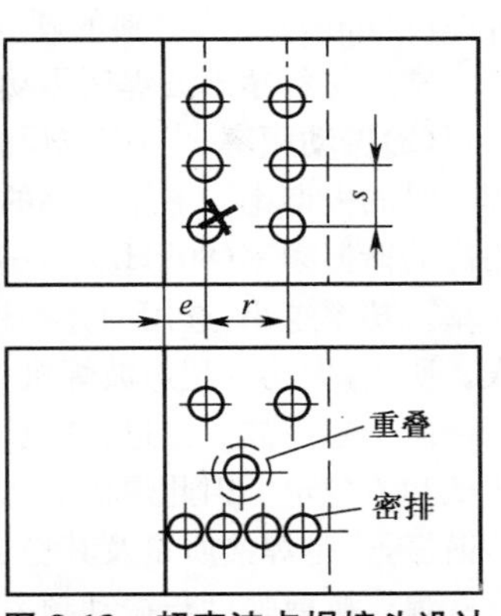

图 8-13 超声波点焊接头设计

(1)边距 e 电阻焊点焊时为了防止熔合溢出而要求边距 $e>6\delta$（δ 为板厚）。超声波点焊不受此限制，可以比它小，只要声极不压碎或穿破薄板的边缘，就可采用最小的 e，以节省母材，减轻质量。

(2)点距 S 根据接头强度要求，可疏可密，S 越小，接头承载能力越高，甚至可以重叠点焊。

(3)行距 r 也和点距一样，不受限制而任意选择。但是在超声波焊的接头设计中却有一个特殊问题，即如何控制工件的谐振问题。

当上声极向工件输入超声波时，如果工件沿振动方向的自振频率与输入的超声振动频率相等或接近，就可能使工件受超声焊接系统的激发而产生振动（共振），出现这种情况时，可能引起先焊好的焊缝断裂，或工件开裂。解决上述问题的简单方法就是改变工件与声学系统振动方向的相对位置，或工件上夹持质量块以改变工件的自振频率。工件与声学系统相对位置试验如图 8-14 所示。

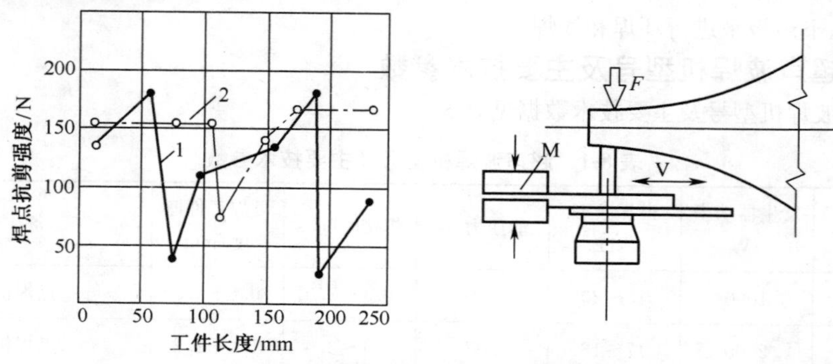

图 8-14 工件与声学系统相对位置试验

1. 自由状态 2. 夹固状态 M—夹固 F—静压力 V—振动方向

二、结合面清理

由于超声波焊接本身包含着对工件表面污染层的破碎及清理作用，若未被严重氧化或没有锈皮，工件结合面不需要进行严格的清理。一般只需要用洗涤剂将表面的油污洗去即可。若被严重氧化或表面已有锈皮，仍需清理，通常用机械磨削或化学腐蚀清除。透过表面保护膜或绝缘层可以进行超声波焊接，但需要稍高的超声波能量焊机，否则焊前仍需清理表面。

三、焊接参数

(1)焊接功率 焊接需要的功率 P(W)取决于工件厚度 δ(mm)和材料的硬度 H(HV)。一般说来，所需的功率随工件的厚度和硬度的增加而增加，并可按下式确定，即

$$P=\kappa H^{3/2}\delta^{3/2}$$

式中，κ 为系数，图 8-15 所示为需用功率与工件硬度的关系；P 为焊接需用功率(W)；δ 为工件厚度(mm)；H 为材料的硬度(HV)。

常用材料超声波焊所需功率与工件板厚的关系如图 8-16 所示。

(2)振动频率 超声波焊的谐振频率 f 在工艺上有两重意义，即谐振频率的选择以及焊接时的失谐率。谐振频率的选择以工件厚度及物理性能为依据，进行薄件焊接时，宜选用高的谐振频率(80kHz)。一般小功率超声波焊机(100W 以下)多选用 25～80kHz 的谐振频率。功率越小，选用的频率越高。但随着频率提高，振动能量在声学系统中的损耗将增大。所以，大功率超声波焊机一般选用 16～20kHz 较低的谐振频率。

由于超声波焊接过程中负载变化剧烈，随时可能出现失谐现象，从而导致接头强度的降低和不稳定。因此焊机的选择频率一旦被确定以后，从工业角度讲就需要维持声学系统的谐振，这是焊接质量及其稳定性的基本保证。

焊点抗剪强度与振动频率的关系如图 8-17 所示，材料的硬度越高，厚度越大，偏离谐振频率(失谐)的影响也越显著。

(3)振幅 超声波焊接的振幅大小，将确定摩擦功的数值、材料表面氧化膜的清除条件，塑性流动的状态及结合面的加热温度等。由于实际应用中超声功率的测量尚有困难，因此常用振幅表示功率的大小。超声功率与振幅的关系可由下式确定，即

$$P=\mu SF\nu=\mu SF2A\omega/\pi=4\mu SFAf$$

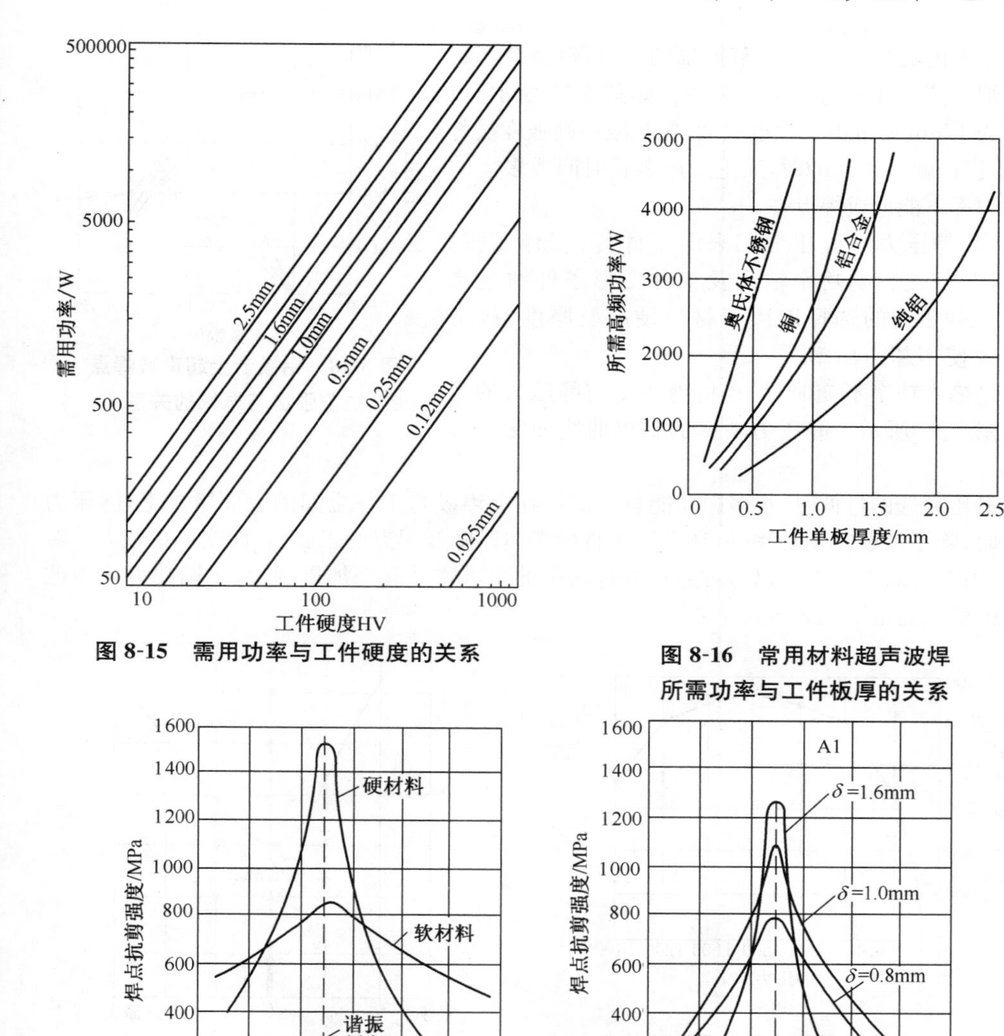

图 8-15　需用功率与工件硬度的关系

图 8-16　常用材料超声波焊所需功率与工件板厚的关系

图 8-17　焊点抗剪强度与振动频率的关系

(a)不同硬度　(b)不同厚度

式中，P 为超声功率(W)；F 为静压力(N)；S 为焊点面积(mm^2)；ν 为相对速度(mm/min)；A 为振幅(μm)；μ 为摩擦因数；ω 为角频率，$\omega=2\pi f$(rad/s)；f 为振动频率(kHz)。

超声波焊机的振幅为 5～25μm，由工件厚度和材质决定。随着材料厚度及硬度的提高，所需振动值亦相应增大。大的振幅可以缩短焊接时间，但振幅有上限，当增加到某一数值后，接头强度反而下降，这与金属的内部及表面的疲劳破坏有关。

当换能器材料及其结构按功率选定后。振幅值大小还与聚能器的放大系数有关。调节发生器的功率输出，可调节振幅的大小，铝镁合金超声波焊点抗剪强度与振幅的关系。如图 8-18 所示，当振幅为 17μm 时抗剪切强度最大，振幅减小则强度显著降低，当振幅 $A<6\mu m$ 时，无论采用多长时间或多大的静压力都不能形成焊点。

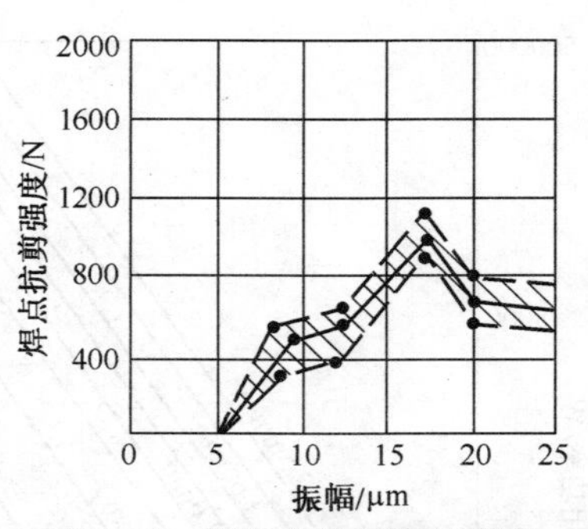

图 8-18 铝镁合金超声波焊点抗剪强度与振幅的关系

(4)静压力 静压力用来向工件传递超声振动能量，是直接影响功率输出及工件变形条件的重要因素。静压力的选择取决于材料硬度及厚度，接头形式及使用超声功率。

当输入功率不变时，焊点抗剪强度与静压力的关系如图 8-19 所示。静压力功率的临界曲线如图 8-20 所示。

静压力选的过低时，很多振动能量将损耗在上声极与工件之间的表面摩擦上；静压力过大时，除了增加需用功率外，还会因工件的压溃而降低焊点的强度，表面变形也较大。对某一特定产品，静压力可以与对超声波焊功率的要求联系起来加以确定，不同功率超声波焊机的静压力范围见表 8-2。

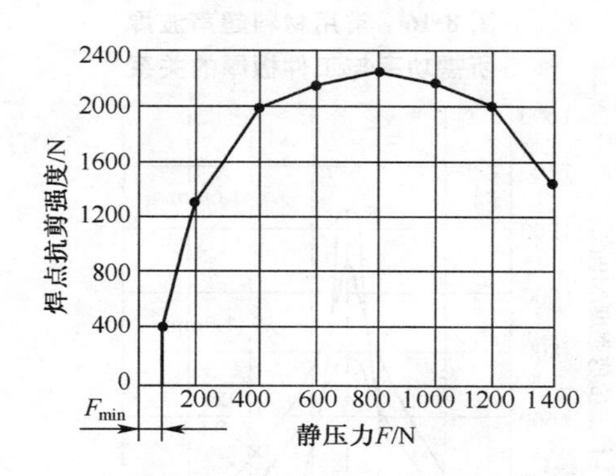

图 8-19 焊点抗剪强度与静压力的关系

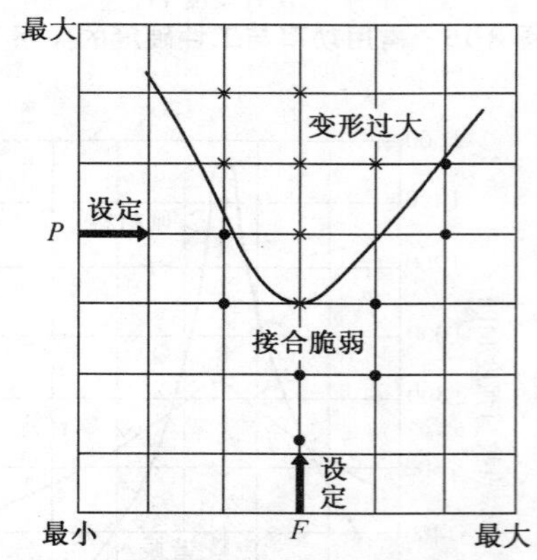

图 8-20 静压力功率的临界曲线

P—功率 F—静压力

表 8-2 不同功率超声波焊机的静压力范围

焊机功率/W	静压力范围/N	焊机功率/W	静压力范围/N
20	0.04～1.7	1200	270～2670
50～100	2.3～6.7	4000	1100～14200
300	22～800	8000	3650～17800
600	310～1780		

(5)焊接时间 焊接时间是指超声波能量输入工件的时间。每个焊点的形成有一个最小焊接时间，小于该时间不足以破坏金属表面氧化膜而无法焊接。通常随时间增长，其接头强度也增加，然后逐渐趋于稳定值。焊接时间过长，则因工件受热加剧，声极陷入工件，使焊点断面减

弱，从而降低接头强度，甚至引起接头强度疲劳破坏。

焊接时间的选择随材料性质、厚度及其他焊接参数而定，高功率和短时间的焊接效果通常优于低功率和较长时间的焊接效果。当静压力、振幅增加及材料厚度减小时，超声波焊接时间可取较低数值。对于细丝或薄箔，焊接时间为 0.01～0.10s，对于厚板一般也不会超过 1.5s。

四、超声波焊工艺要点

超声波焊接循环与电阻焊点焊类似，可将整个过程分为预压、焊接和维持三个阶段。难熔金属如钼、铌、钨等，所需焊接功率和压紧力较高，焊接时间较短，振动头和工作台需要较高硬度和耐磨的材料。只要焊接参数选取合适，则焊接质量较好。

影响超声波焊接的因素，还有以下方面：

(1)上声极　上声极是传递超声波能量的最后一个环节，所用的材料、端面形状和表面状况等会影响到焊点的强度和稳定性。实际生产中，要求上声极的材料具有尽可能大的摩擦因数以及足够的硬度和耐磨性。而良好的高温强度和疲劳强度能够提高声极的使用寿命，保证焊点强度稳定。目前多用高速钢、滚珠轴承钢作为焊接铝、铜、银等较软金属的声极材料。沉淀硬化型镍基超级合金等作为上声极则适用于钛、锆、高强度钢及耐磨合金的焊接。

平板搭接点焊，上声极的端部制成球面形，球面半径对焊点尺寸及抗剪强度有明显影响。一般声极球面半径取与其相接触工件厚度的 50～100 倍，这个相对比值过大，会导致焊点中心附近出现大块脱焊区；半径过小，会引起过深的印痕。可见半径过大或过小都会使焊接质量和重复性发生波动。不同工件材料所用的上声极端部球面半径见表 8-3。

表 8-3　不同工件材料所用的上声极端部球面半径

工件			上声极端部球面半径/mm
材料	状态	厚度/mm	
2024 铝合金	T_3	1.0	76
TD 镍	退火	0.6	25
Co5V-5Mo-12V	再结晶	0.15	18
Ti6-Al4V	固溶处理	0.25	25
Ti5Al-2.5Sn	退火	0.3	25
S35350 不锈钢	CRT	0.25	25
Co10Mo-10Ti	冷轧及消除应力	0.1	12
Co10Mn-10Ti	冷轧及消除应力	0.25	25
Co10Mn-10Ti	冷轧及消除应力	0.4	25
Mo0.5Ti	冷轧及消除应力	0.1	12
Mo0.5Ti	冷轧及消除应力	0.25	18

(2)焊机的精度　上声极与工件的垂直度对焊点质量影响较大，随着上声极在垂直方向的偏离，接头强度将急剧下降。上声极横向的弯曲和下声极或砧座的松动，会引起焊接畸变。

(3)焊接条件　一般情况下超声波焊无需对工件进行气体保护，只有在特殊应用场合下，如钛的焊接，锂与钢的焊接等才用氩气保护。有些包装应用场合，则可能需在干燥箱内或无菌室内进行焊接。

①铝及铝合金超声波焊接条件见表 8-4。

表 8-4 铝及铝合金超声波焊接条件

材料	厚度/mm	焊接参数			上声极材料
		压力/N	时间/s	振幅/μm	
1050A	0.3～0.7 0.8～1.2 1.3～1.5	200～300 350～500 500～700	0.5～1.0 1.0～1.5 1.5～2.0	14～16 14～16 14～16	45 钢
2A06	0.3～0.7	300～600	0.5～1.0	14～16	45 钢
5A06	0.3～0.5	300～500	1.0～1.5	17～19	45 钢
5A03	0.6～0.8	600～800	0.5～1.0	22～24	45 钢
2B12	0.3～0.7 0.8～1.0 1.1～1.3 1.4～1.6	300～600 700～800 900～1000 1100～1200	0.5～1.0 1.0～1.5 2.0～2.5 2.5～3.5	18～20 18～20 18～20 18～20	轴承钢 GCr15

②铜超声波焊接条件见表 8-5。

表 8-5 铜超声波焊接条件

材料厚度/mm	焊接参数			上声极材料	焊点强度/N
	压力/N	时间/s	振幅/μm		
0.3～0.6	300～700	1.5～2.0	16～20	45 钢	1130
0.7～1.0	800～1000	2～3	16～20	45 钢	2240
1.1～1.3	1100～1300	3～4	16～20	45 钢	

③钛合金超声波焊接条件见表 8-6。

表 8-6 钛合金超声波焊接条件

材料	厚度/mm	焊接参数			上声极材料	焊点强度/N
		压力/N	时间/s	振幅/μm		
TA3	0.2	400	0.3	16～18	硬质合金堆焊 60HRC	760
TA3	0.25	400	0.25	16～18		730
TA4	0.25	400	0.25	16～18		810
TA4	0.5	600	1.0	18～20		1840
TA3	0.65	800	0.25	22～24		4100
TB2	0.5	800	0.5	20～22		2000
TB2	0.8	900	1.5	22～24		3300
TB2	1.00	1200	1.5	18～20	BK-20	2930
Zr	0.5	900	0.25	23～25		700
TBHZr	0.5+0.5	900	0.25	23～25		670

第四节 超声波焊应用实例

一、集成电路元件的超声波焊

超声波焊接广泛应用于集成电器元件的焊接。在 $1mm^2$ 的硅片上有许多条直径为 25～50μm 的铝或铝丝，通过超声波焊接方法将接点连接起来，其中局部铝薄膜及芯片上 Au-Pd 膜与 Au、Al 引线之间也用超声波焊接方法焊接。铝丝与涂 Au 厚膜焊后可能产生点裂纹。消除的方法是在厚膜 Au 层中添加元素 Pd，使接头形成三元合金。集成电器元件的焊接参数为超声波点焊机功率 0.02～2kW；谐振频率 60～80kHz；静压力 0.2～2kN；焊接时间 10～100s。

焊接过程采用微机控制及图像识别系统，位置控制精度每级 2.5～50μm，识别容量 200～250 点，识别时间 100～150s，成品率高达 90%～95%。

二、塑料的超声波焊

塑料的超声波焊接是一个纯热过程，即在结合面的薄层内高频机械振动能转换为热能，而静压力则是促进软化表面的紧密结合。目前可焊接的塑料有聚氯乙烯、有机玻璃、聚乙烯、氯乙烯、卡普隆、尼龙、聚酰、聚苯乙烯、涤纶等。

塑料的超声波焊由于加热区域仅限于表面，对塑料性能影响小，故不会出现过热。生产率高，因为表面集中加热。可在难焊位置焊接各种形状断面的工件。采用高频电流，操作安全。容易实现自动化。可焊较大厚度的塑料工件。

塑料超声波焊的接头形式如图 8-21 所示。常用塑料超声波焊焊接参数见表 8-7。

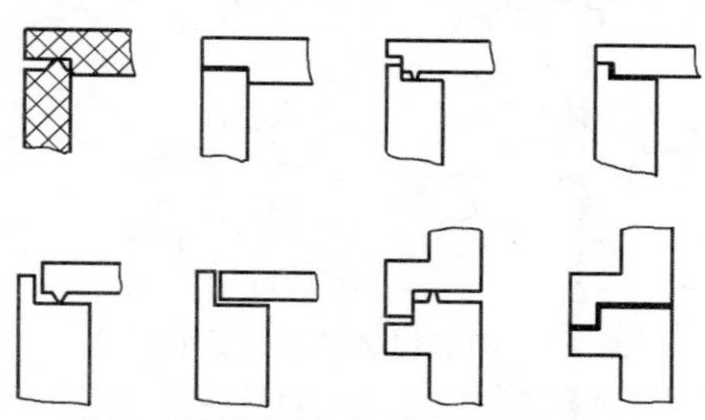

图 8-21 塑料超声波焊的接头形式

表 8-7 常用塑料超声波焊焊接参数

工件材料	接头形式	单件厚度/mm	振幅/μm	静压力/N	焊接时间/s
聚氯乙烯	十字	5	35	500	2.0
聚氯乙烯	十字	10	35	600	3.0
聚氯乙烯	对接	5	35	700	3.0
聚氯乙烯	对接	2.2	35	50	2.0
树脂 88	十字	3.2	38	100	3.0
CHH	对接	2.2	35	50	1.0
CHH	十字	2.2	35	50	0.6

第九章　扩　散　焊

扩散焊是在真空或保护气体中，并在一定温度和压力下，使两工件表面微观凸凹不平处产生塑性形变，达到紧密接触，或通过待结合面的微量液相而扩大待结合面的物理接触，经一段保温时间，原子相互扩散使焊接区的成分和组织均匀化，而形成牢固冶金结合的一种固态焊接方法。

第一节　扩散焊基础

一、扩散焊的原理

扩散焊是指在一定的温度和压力下，经过一定的时间，工件接触面原子间相互扩散而实现可靠连接的一种焊接方法。诸如固态连接、压力连接、热压连接和扩散连接均属固态扩散。

扩散焊接过程的三个阶段如图 9-1 所示。

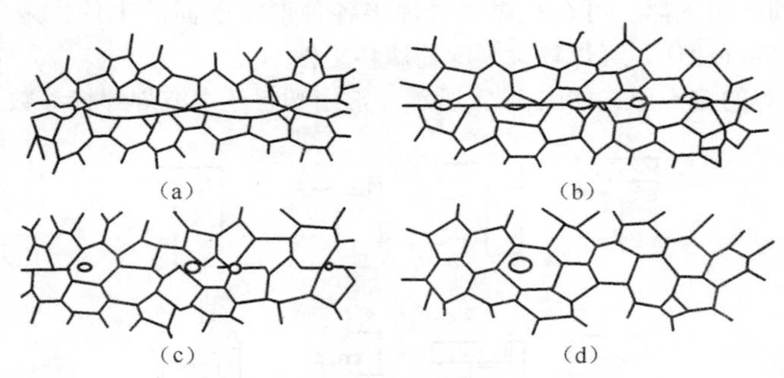

图 9-1　扩散焊接过程的三个阶段

(a)凹凸不平的初始接触　(b)第一阶段:变形和交界面的形成

(c)第二阶段:晶界迁移和微孔消除　(d)第三阶段:体积扩散和微孔消除

(1)变形和交界面的形成　高温下微观不平的表面，在外加压力的作用下，通过屈服和蠕变机理使凹凸不平的接触处发生塑性变形，在持续压力的作用下，接触面积逐渐扩大，最终达到整个面的可靠接触。在这一阶段之末，界面之间还有空隙，但接触部分则基本上已是晶粒间的连接。

(2)晶界迁移和微孔消除　接触界面原子间的相互扩散，形成牢固的结合层。这一阶段，由于晶界处原子持续扩散而使许多空隙消失。同时，界面处的晶界迁移离开了接头的原始界面，达到了平衡状态，但仍有许多小空隙遗留在晶体内。

(3)体积扩散和微孔消除　在接触部分形成的结合层，逐渐向体积方向发展，形成可靠的连接接头，遗留下的空隙完全消失。

这三个过程是相互交叉进行的，最终在接头连接区域由于扩散、再结晶等过程而形成固态冶金结合。它可以生成固溶体及共晶体，有时也生成金属间化合物，从而形成可靠连接。在固态扩散基础上发展起来的“过渡液相扩散焊”，是其结合界面内有极少量液相产生的连接工艺，亦属于扩散焊方法，因为两者的连接机理都是以结合界面原子间相互扩散而实现连接的。

扩散焊优质焊缝应满足的必要条件：必须使金属待连接表面达到紧密接触；必须对有碍连接的表面污染物加以破坏或分散，以便形成金属间结合；只有当金属结合界面原子间处于彼此的引力场中，才能获得高强度接头。

二、扩散焊的分类

(1)同种材料的扩散焊 同种材料扩散焊通常指不加中间层的两种同种金属直接接触的扩散焊接。这种类型的扩散焊，一般要求待焊表面制备质量较高，焊接时要求施加较大的压力，焊后接头的成分、组织与母材基本一致。Ti、Cu、Zr、Ta 等最易焊接；铝及铝合金，含 Al、Cr、Ti 的铁基及钴基合金，则因氧化物不易去除而难以焊接。不用中间层扩散焊接的材料见表 9-1。

表 9-1 不用中间层扩散焊接的材料

材料Ⅰ	金属	钢	铸铁	石墨	铜	铍青铜	可伐合金	矿物陶瓷	矿物陶瓷	结构钢	易削钢
材料Ⅱ	玻璃 陶瓷 塑料	硬质合金 陶瓷 铸钢	铸铁	高合 金钢钛	铜镍合金 锆合金	铍青铜 磷青铜	可伐合金 铜 镍 钼	铝 锡青铜 矿物陶瓷	铁 铜 钛	高速钢 工具钢	易削钢

(2)异种材料扩散焊 异种材料扩散焊是指两种不同的金属、合金或金属与陶瓷、石墨等非金属材料的扩散焊接。异种金属的化学成分、物理性能等有显著差异。两种材料的熔点、线胀系数、电磁性、氧化性等差异越大，扩散焊接难度越大。因两种材料扩散系数不同，可能导致扩散接头中形成显微孔洞。在扩散结合面上，由于冶金反应产生低熔点共晶或者形成脆性金属间化合物，容易使界面产生裂纹。

(3)加中间层的扩散焊 加中间层的扩散焊是指在待焊界面之间加入中间层材料的扩散焊。该中间层材料通常以箔、电镀层、喷涂或气相沉积层等形式使用，其厚度小于 0.25mm。中间层的作用是降低扩散焊的温度和压力，提高扩散系数，缩短保持时间，防止金属间化合物的形成等。中间层经过充分扩散后，其成分逐渐接近于母材，冷却后，在金相照片中不存在单独的一层。此法可以焊接很多难焊的或在冶金上不相容的异种材料，加中间层扩散焊接的材料见表 9-2。

(4)共晶反应扩散焊 共晶反应扩散焊是利用在某一温度下，待焊异种金属之间会形成低熔点共晶的特点，加速扩散焊过程的方法。在被焊材料之间加入一层金属或合金(称为中间层)，这样就可以焊接很多难焊的或冶金上不相容的异种材料，可以焊接熔点很高的同种材料。

(5)瞬间液相扩散焊 瞬间液相扩散焊是指在扩散焊过程中，接缝区短时出现微量液相的扩散焊接。在扩散焊过程中，中间层与母材发生共晶反应，形成一层极薄的液相薄膜，此液膜填充整个接头间隙后再使之等温凝固，并进行均匀化扩散处理，从而获得均匀的扩散焊接头。

表 9-2 加中间层扩散焊接的材料

材料Ⅰ	钼	钼+ 0.5%钛	钨	铌	钽	高合 金钢	高合金钢	钛	钛	钼	锆合金	铍	铍	铍	铝
中间层	钛	钛	铌	锆	锆	铍	镍-铍	钼	铌	镍	铜	金	银-铜	银-铜-铟	铜
材料Ⅱ	钼	钼+ 0.5%钛	钨	铌	钽	高合 金钢	高合金钢	铜	铜	高合金钢	锆合金	铜	铜	铜	可伐 合金

(6)超塑性成形扩散焊 超塑性成形扩散焊的特点是扩散焊压力较低，与成形压力相匹配，扩散焊时间较长，可长达数小时，在高温下具有超塑性的金属材料，可以在高温下用较低的压力实现成形和连接。采用此方法的条件之一是材料的超塑性成形温度与扩散焊温度接近，该方法要在低真空下完成。在超塑性状态下进行扩散焊，有助于焊接质量的提高。用于航空航天工业。

三、扩散焊的特点

扩散焊的优点是扩散焊接头的显微组织和性能与母材接近或相同，不存在各种熔化焊缺陷，接头质量高。扩散焊时，工件一般为整体加热，随炉冷却，且施加的压力较小，故工件精度高、变形小，可以实现机械加工后的精密装配连接。扩散焊一次可焊多个接头，可焊接大断面接头，以及电弧可达性不好或用熔焊方法不能实现的连接。扩散焊不受工件厚度限制，可以把很薄的和很厚的两个工件焊接在一起。焊接参数易于控制，在批量生产时接头质量稳定。与其他热加工、热处理工艺结合，可获得较大的经济效益。

缺点是对工件待焊表面的制备和装配要求较高。焊接热循环时间长(从几分钟到几十小时)，生产效率较低。在某些情况下会产生一些晶粒过度长大等副作用。设备一次投资较大，而且焊接工件的尺寸受到设备的限制。对焊缝的焊合质量尚无可靠的无损检测手段。

四、扩散焊的应用范围

可焊接绝大多数金属材料和非金属材料，特别适合于用一般焊接方法难以焊接的金属材料。

可焊同类或不同类材料和合金，包括异种金属、金属与陶瓷等完全互不相容的材料，各种可用扩散焊连接的金属及合金的组合如图 9-2 所示，而且还可用于金属(或合金)与非金

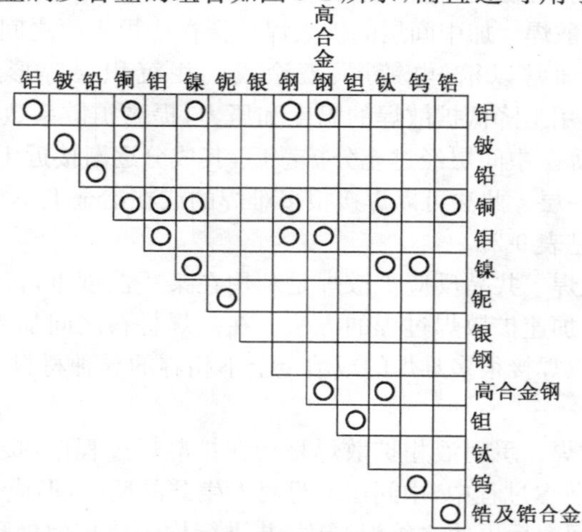

图 9-2 各种可用扩散焊连接的金属及合金的组合

○—表示可用扩散焊接

属之间的连接。可焊接结构复杂、封闭型焊缝，厚薄相差悬殊、要求精度很高的各种工件。广泛应用于航天、原子能、电子等行业。

第二节 扩散焊设备

一、扩散焊设备的组成

在进行扩散焊时，必须保证连接面及被连接金属不受空气的影响，必须在真空或惰性气体介质中进行。现在采用最多的方法是真空扩散焊。真空扩散焊可以采用高频、辐射、接触电阻、电子束及辉光放电等方法，对工件进行局部或整体加热。工业生产中普遍应用的扩散焊设备，主要采用感应和辐射加热的方法。

(1)真空扩散焊设备 真空扩散焊设备主要由带有真空系统的真空室、对工件的加热系统、加压系统、对温度和真空度的测定与控制系统组成。

①真空室。真空室越大，要达到和保持一定的真空度，对所需真空系统要求越高。真空室中应有由耐高温材料围成的均匀加热区，以保持设定的温度，真空室外壳需要冷却。

②真空系统。一般由扩散泵和机械泵组成。机械泵只能达到 1.33×10^{-2}Pa 的真空度，加扩散泵后可以达到 $1.33\times10^{-4}\sim1.33\times10^{-5}$Pa 的真空度，可以满足所有材料的扩散焊要求。真空度越高，越有利于被焊材料表面杂质和氧化物的分解与蒸发，促进扩散焊顺利进行。但真空度越高，抽真空的时间越长。按真空度的不同可分为低真空、中真空、高真空等。

③加热系统。一般由感应线圈和高频电源组成。根据不同的加热要求，辐射加热可选用钨、钼或石墨作为加热体，经过高温辐射对工件进行加热。按加热方式不同分为感应加热、辐射加热、接触加热、电子束加热，激光加热等。

④加压系统。扩散焊过程一般要施加一定的压力。在高温下材料的屈服强度较低，为避免构件的整体变形，加压只是使接触面产生微观的局部变形。扩散焊所施加的压力较小，压力可在 1～100MPa 变化，只有当材料的高温变形阻力较大、或加工表面较粗糙、或扩散焊温度较低时，才采用较高的压力。加压系统分为液压系统、气压系统、机械加压系统、热膨胀加压等。目前主要采用液压和机械加压系统。

⑤测量与控制系统。现在应用的扩散焊机都具有对温度、压力、真空度和时间的控制系统。根据选用的热电偶不同，可实现对温度 20℃～2300℃的测量与控制，温度控制的精度为±(5～10)℃。压力的测量与控制一般是通过压力传感器进行的。

(2)超塑成形扩散焊设备 超塑成形扩散焊设备主要由压力机和专用加热炉组成，分为两大类：

①由普通液压机和专门设计的加压平台组成。

②压力机的平台置于加热炉内，平台由耐高温的合金制成。

(3)热等静压扩散焊设备 热等静压扩散焊设备比较复杂，被焊的工件密封在薄的包覆之中，并将其抽成真空，然后将包覆置于加热室中进行加热、加压。如待焊部位处于被焊工件本身构成的空腔时，可将空腔进行真空电子焊接密封并作为包覆，再进行扩散焊。

二、真空扩散焊机

真空扩散焊机主要由真空室、加热器、加压系统、真空系统、温度测控系统及电源等组成。

感应加热真空扩散焊机如图 9-3 所示。常用真空扩散焊机型号及主要技术参数见表 9-3。

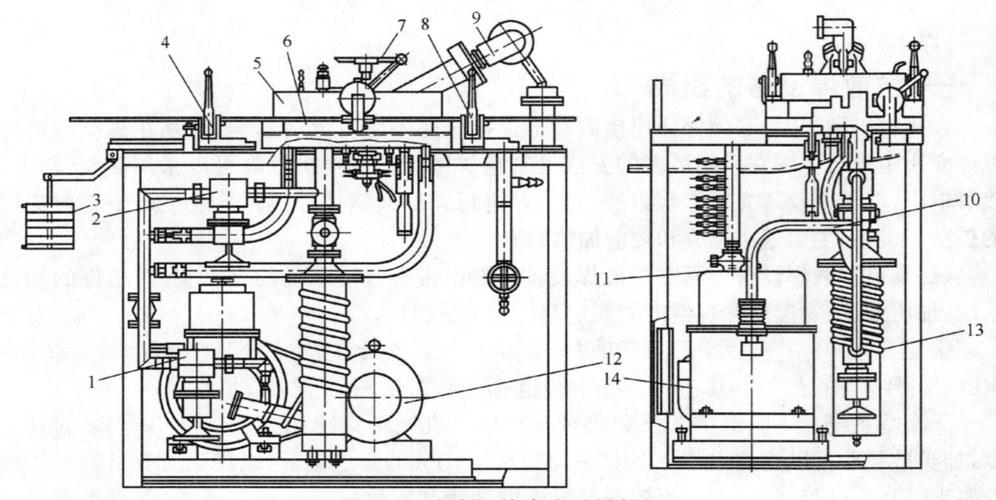

图 9-3 感应加热真空扩散焊机

1、2. 真空阀 3. 重锤 4. 金属丝的转动压轮 5. 真空室上盖 6. 真空室下盖 7. 可拆卸的感应圈 8. 固定不动的金属丝压轮 9. 光学高温计 10. 真空导管 11. 分水器 12. 电动机 13. 扩散泵 14. 真空泵

表 9-3 常用真空扩散焊机型号及主要技术参数

设备型号		ZKL-1	ZKL-2	高真空扩散焊焊机	HKZ-40	DZL-1
加热区尺寸/mm		$\phi600\times800$	$\phi300\times400$	$\phi300\times350$	$300\times300\times300$	—
真空度/Pa	冷态	3×10^{-3}	3×10^{-3}	1.33×10^{-6}	1.33×10^{-3}	7.62×10^{-4}
	热态	5×10^{-3}	5×10^{-3}	1.33×10^{-5}	—	—
加压能力/kN		245(最大)	58.8(最大)	50	80	300
最高温度/℃		1200	1200	1350	1300	1200
炉温均匀性/℃		1000±10	1000±5	—	1300±10	1200±5

第三节 扩散焊工艺

一、接头形式

扩散焊的基本接头形式如图 9-4 所示。

二、焊前准备

扩散焊组装之前，必须对工件表面进行认真准备，其表面准备包括加工符合要求的表面粗糙度、平面度，去除表面的氧化物，消除表面的气、水或有机物膜层。

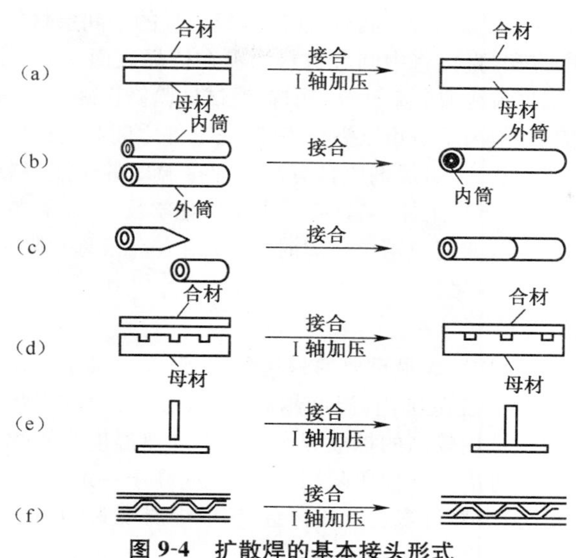

图 9-4 扩散焊的基本接头形式

(a)平板 (b)圆筒 (c)管 (d)中空材料 (e)T形 (f)蜂窝

表面的平面度和粗糙度是通过机械加工，如磨削、研磨或抛光等得到。表面氧化物和加工硬化层通常采用化学腐蚀的方法去除，应注意的是化学腐蚀后要用酒精和水清洗。

表面去油一般用乙醇、三氯乙烯、丙酮等清洗剂，可以在多种溶液中反复清洗。这类清洗剂有毒，使用时应注意安全。真空加热可以有效地去除有机物、水和气体吸附层，烘烤温度一般不超过 300℃。

工件表面处理后应对清洁的表面进行保护，有效的方法是在扩散焊过程中采用保护性气体，真空环境能够长时间防止污染。纯氢气能减少形成的氧化物数量，并能在高温下使许多金属的表面氧化物层减薄，但氢能够与锆、铌和钽形成氢化物。氩、氦也可以用于在高温下保护清洁的表面，但使用这些气体时纯度必须很高，以防止被重新污染。

工件装配是扩散焊最终得到质量良好的扩散焊接头的关键步骤之一，待焊表面紧密接触，可以使被连接面在较低的温度或压力下，实现完整、可靠的结合与连接。

三、中间层的选择

在工件之间增加中间层是异种材料实现扩散焊的有效手段之一，特别是对于原子结构差别很大的材料。中间层的作用主要是改善材料表面的接触，降低对待焊表面制备的要求，降低所需的压力；改善扩散条件，如加速扩散过程、降低扩散焊温度、缩短扩散焊时间；改善冶金反应，避免或减少形成脆性金属间化合物的倾向；避免或减少因被焊材料之间的物理化学性能差异过大，而引起的其他冶金问题。

(1)所选择的中间层材料应具有的特点 容易发生塑性变形；含有加速扩散的元素，如硼、铍、硅等；物理化学性能与母材的差异较被焊材料与母材之间的差异小；不与母材发生不良冶金反应，如产生脆性相或不希望的共晶相；不会在接头上引起电化学腐蚀。

通常，中间层是熔点较低(但不低于扩散焊接温度)、塑性较好的纯金属，如铜、镍、铝、银等，或者与母材成分接近的、含有少量易扩散的、低熔点元素的合金。

中间层厚度一般为几十微米，以利于缩短均匀化扩散处理的时间。厚度在30～100μm

时，可以以箔片的形式夹在待焊表面间。不能轧制成箔片的中间层材料，可以采用电镀、真空蒸镀、等离子喷涂的方法，直接将中间层材料涂覆在待焊表面。镀层厚度可以仅有几微米。中间层厚度可以根据最终成分来计算、初选，通试试验修正确定。

(2)阻焊剂 扩散焊时，为了防止压头与工件，或工件之间某些区域被扩散焊粘接在一起，需加阻焊剂(片状或粉状)。阻焊剂应具有高于焊接温度的熔点或软化点；具有较好的高温化学稳定性，在高温下不与工件、夹具或压头发生化学反应；不释放有害气体污染附近的待焊表面，不破坏真空度，如钢与钢扩散焊时，可以用人造云母片隔离压头；钛与钛扩散焊时，可以涂一层氮化硼或氧化钇粉。

四、焊接参数

(1)加热温度 温度是扩散焊最重要的焊接参数，温度的微小变化会使扩散焊速度产生较大的变化。在一定的温度范围内，温度越高，扩散过程越快，所获得的接头强度也越高，从这点考虑，应尽可能选用较高的扩散焊温度。但加热温度受被焊工件和夹具的高温强度、工件的相变、再结晶等冶金特性所限制，而且温度高于一定值之后再提高时，接头质量提高不多，有的反而下降。对许多金属和合金，扩散焊温度为(0.6～0.8)T_m(℃)，T_m 为母材熔点。

常用金属材料扩散焊温度与熔化温度的关系见表 9-4。对出现液相的扩散焊，加热温度比中间层材料熔点或共晶反应温度稍高一些。液相填充间隙后的等温凝固温度与均匀化扩散温度可略下降。

表 9-4 常用金属材料扩散焊温度与熔化温度的关系

金属材料	扩散焊温度 T/℃	熔化温度 T_m/℃	T/T_m	金属材料	扩散焊温度 T/℃	熔化温度 T_m/℃	T/T_m
银(Ag)	149	960	0.34	铍(Be)	950	1280	0.78
铜(Cu)	160	1083	0.32	2%铍铜	802	1071	0.80
70-30 黄铜	271	916	0.46	S34778 不锈钢	999	1454	0.74
20 钢	438	1510	0.40	S34778 不锈钢	1199	1454	0.85
钛(Ti)	538	1815	0.39	铌(Nb)	1149	2415	0.53
45 钢	800	1490	0.61	钽(Ta)	1316	2996	0.49
45 钢	1100	1490	0.78	钼(Mo)	1260	2625	0.53

(2)压力 施加压力的主要作用是使焊接结合面微观凸起的部分产生塑性变形，达到紧密接触，同时促进界面区的扩散，加速再结晶过程。

在其他焊接参数固定时，采用较高压力能产生较好的接头，焊接接头强度与压力的关系如图 9-5 所示，但过大的压力会导致工件变形。压力上限取决于对工件总体变形量的限度、设备吨位等。对于异种金属扩散焊，采用较大的压力对减少或防止扩散孔洞有作用，除热等静压扩散焊外，通常扩散焊压力在 0.5～50MPa 选择。对出现液相的扩散焊可以选用较低一些的压力；压力过大时，在某些情况下可能导致液态金属被挤出，使接头成分失控。由于扩散压力对第二、三阶段影响较小，在固态扩散焊时允许在后期将压力减小，以便减小工件变形。

(3)保温时间 保温时间(又称扩散时间)是指被焊工件在焊接温度下保持的时间。在该保温时间内，必须保证扩散过程全部完成，达到所需的结合强度。扩散焊接头强度与保温时间的关系如图 9-6 所示。保温时间太短，扩散焊接头达不到稳定的与母材相等的强度；但高温、高压持续时间太长，对扩散接头质量起不到进一步提高的作用，反而会使母材的晶粒长大。对可能形成脆性金属间化合物的接头，应控制保温时间，以便控制脆性层的厚度，使之不影响接头性能。

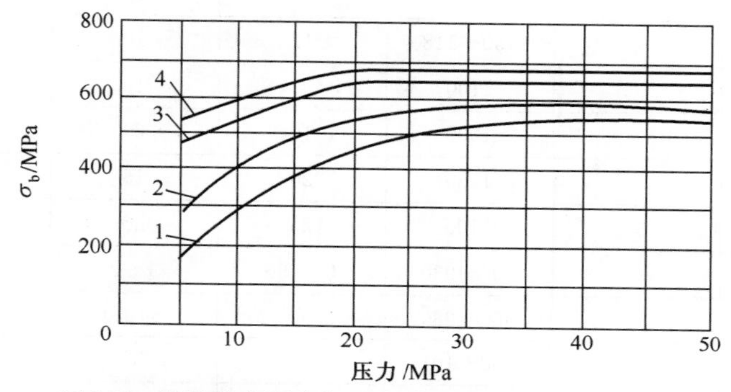

图 9-5 焊接接头强度与压力的关系(保温时间 5min)

1. T=800℃ 2. T=900℃ 3. T=1000℃ 4. T=1100℃

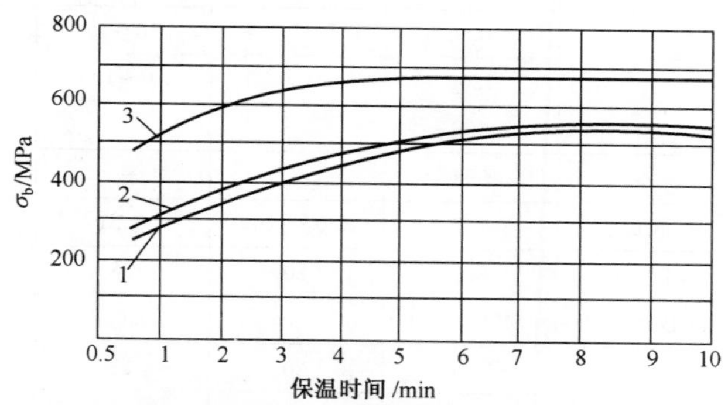

图 9-6 扩散焊接头强度与保温时间的关系(结构钢,压力 20MPa)

1. T=800℃ 2. T=900℃ 3. T=1000℃

保温时间并非一个独立参数，它与温度、压力是密切相关的。温度较高或压力较大，则时间可以缩短。在一定温度和压力条件下，初始阶段接头强度随时间延长增加，但当接头强度提到一定值后，便不再随时间而继续增加。

对于加中间层的扩散焊，保温时间取决于中间层厚度和对接头成分组织均匀度的要求，包括脆性相的允许量。实际焊接过程中，保温时间可在一个非常宽的范围内变化。采用某种焊接参数时，保温时间有数分钟即足够，而用另一种焊接参数时则需数小时。

(4)保护气体 焊接保护气体的纯度、流量、压力或真空度、漏气率均会影响扩散焊接头质量。常用保护气体是氩气，常用真空度为$(1\sim20)\times10^{-3}$Pa。对有些材料也可用高纯氮、氢或氦气。在超塑成形和扩散焊组合工艺中常用氩气负压(低真空)保护金属板表面。

另外，冷却过程中有相变的材料、陶瓷类脆性材料扩散焊时，加热和冷却速度应加以控制。共晶反应扩散焊时，加热速度过慢，则会因扩散而使接触面上成分变化，影响熔融共晶生成。

(5)常用材料扩散焊焊接参数

①常用同种金属材料真空扩散焊焊接参数见表 9-5。

表 9-5 常用同种金属材料真空扩散焊焊接参数

焊接材料	中间层合金	焊接温度/℃	保温时间/min	焊接压力/Mp	真空度/Pa
20 钢	—	950	6	16	1.33×10^{-5}
30CrMnSiA	—	1150～1180	12	10	1.33×10^{-5}
W18Cr4V		1100	5	10	1.33×10^{-4}
12Cr18Ni10Ti		1000	10	20	2.67×10^{-5}
12Cr13		1050	20	15	1.33×10^{-5}
可伐合金	—	1100	25	20	1.33×10^{-5}
钛合金 TC4	—	900～930	60～90	1～2	1.33×10^{-3}
Ti_3Al_1 合金	—	960～980	60	8～10	1.33×10^{-5}
铜	—	1000～1010	5	57	1×10^{-5}
Cu	—	800	20	6.9	还原性气氛
H72 黄铜	—	750	5	8	—
Mo	—	1050	5	16～40	1×10^{-2}
Nb	—	1200	180	70～100	1×10^{-3}
Nb	Zr	598	—	—	—
Ta	Zr	598	—	—	—
Zr2	Cu	767	30～120	0.21	—
Nimonic90	Ni	831	20	28	—
AISI410	Ni+Be%～10%	931	5	0.007	—
钨	—	2000	20	23	—
铸铁	—	800	20	30	6.6×10^{-2}

②同种材料加中间层扩散焊焊接参数见表 9-6。

表 9-6 同种材料加中间层扩散焊焊接参数

被焊材料	中间层	焊接温度/℃	保温时间/min	焊接压力/MPa	保护气氛/Pa
5A06 铝合金	5A02	500	60	3	50×10^{-3}
Al	Si	580	1	9.8	—
H62 黄铜	Ag+Au	400～500	20～30	0.5	—
1Cr18NI9Ti	Ni	1000	60～90	17.3	1.33×10^{-2}
K18Ni 基高温合金	Ni-Cr-B-Mo	1100	120	—	真空
GH4141	Ni-Fe	1178	120	10.3	—
GH22	Ni	1 158	240	0.7～3.5	—
GH188 钴基合金	97Ni-3Be	1100	30	10	—
Al_2O_3	Pt	1550	100	0.03	空气

续表 9-6

被焊材料	中间层	焊接温度/℃	保温时间/min	焊接压力/MPa	保护气氛/Pa
95 陶瓷	Cu	1020	10	14～16	5×10^{-3}
SiC	Nb	1123～1790	600	7.26	真空
Mo	Ti	900	10～20	68～86	—
Mo	Ta	915	20	68.6	—
W	Nb	915	20	70	—

③常用异种材料组合扩散焊焊接参数见表 9-7。

表 9-7　常用异种材料组合扩散焊焊接参数

被焊材料	中间层合金	焊接温度/℃	保温时间/min	焊接压力/ MPa	保护气氛/Pa
Al+Cu	—	500	10	9.8	6.67×10^{-3}
LF6(Al)+不锈钢	—	550	15	13.7	1.33×10^{-2}
Al+钢	—	460	1.5	1.9	1.33×10^{-2}
Al+Ni	—	450	4	15.4～36.2	—
Al+Zr	—	490	15	15.435	—
Mo+0.5Ti	Tt	915	20	70	—
Mo+Cu	—	900	10	72	—
Ti+Cu	—	860	15	4.9	—
Ti+不锈钢	—	770	10	—	—
Cu+低碳钢	—	850	10	4.9	—
可伐合金+青铜	—	950	10	6.8	1.33×10^{-3}
可伐合金+铜	—	850	10	4.9	—
硬质合金+钢	—	1100	6	9.8	1.33×10^{-2}
不锈钢+铜	—	970	20	13.7	—
TAl(钛)+95 瓷	Al	900	20～30	9.8	$<1.33\times10^{-2}$
TC4 钛合金+1Cr18Ni9Ti	V+Cu	900～950	20～30	5～10	1.33×10^{-3}
95 陶瓷+Cu	—	950～970	15～20	7.8～11.8	6.67×10^{-3}
Al_2O_3 陶瓷+Cu	Al	580	10	19.6	—
Al_2O_3+ZrO_2	Pt	1459	240	1	—
Al_2O_3+不锈钢	Al	550	30	50～100	—
Si_3N_4+钢	Al-Si	550	30	60	—
Cu+316 不锈钢	Cu	982	2	①	—
Cu(Nb−1%Zr)	Nb-1%Zr	982	240	①	—
434 钢+Inconel 718	—	943	240	200	—
Ni200+Inconel 600	—	927	180	6.9	—
PyrometX-15+Till 钛合金	Au-Cu	533	240	207	—
(Nb-1%Zr)+S31603 不锈钢	Nb-1%Zr	982	240	①	—
Zr2+S30408 不锈钢	—	1021～1038	30	①	—
ZrO_2+不锈钢	Pt	1130	240	1	—
QCr0.8+高 Cr-Ni 合金	—	900	10	1	—
QSn10-10+低碳钢	—	720	10	4.9	—

注:①焊接压力借助差动热膨胀夹具施加。

五、瞬态液相(TLP)扩散焊

瞬态液相扩散焊是用一种特殊成分、熔化温度较低的薄中间层合金作为连接合金,放置在焊接面之间,施加小的压力或不施加压力,并在真空条件下加热到中间层合金熔化,液态的中间层合金润湿母材,在焊接面间形成均匀的液态薄膜,经过一定的保温时间,中间层合金与母材之间发生扩散,合金元素趋向于平衡,温度升高达到扩散焊加热温度而进一步扩散,形成牢固的连接。这种焊接方法尤其适用于焊接性较差的铸造高温合金。

瞬态液相扩散焊所用的中间层合金是关系到焊接成败的重要因素。中间层合金应有合适的熔化温度(大约为母材熔点 T_m 的 0.8～0.9 倍),应能使接头区在连接温度下达到等温凝固;接头的组织与母材相近,不产生新的有害相。

一般中间层合金以 Ni-Cr-Mo 或 Ni-Cr-Co-W(Mo)为基,加入适量 B 元素(或 Si)而构成。如 DZ22 定向凝固高温合金的中间层合金 Z2P 和 Z2F,DD3 单晶合金的 D1F 均是这样设计和生产的。有时中间层合金中也适当加入或调整固溶强化的元素 Co、Mo、W 的比例,如 Ni_3Al 基高温合金的中间层合金 16F、17F、D1F。

中间层合金的形式有粉状和非晶态箔料。非晶态箔料的厚度为0.02～0.04mm。

瞬态液相扩散焊的焊接参数有压力、温度、保温时间和中间层合金的厚度、真空度等。瞬态液相扩散焊通常可以不加压力或施加较小的压力,而且往往是加静压力。温度和保温时间,取决于母材性能、中间层合金成分和熔化温度。对要求质量高、强度高的接头,应选择较高的焊接温度和较长的保温时间,以使中间层合金与母材充分扩散,消除焊缝中硼、硅的共晶组织。中间层合金的厚度以能形成均匀液态薄膜为原则,一般选用 0.02～0.05mm 为宜。高温合金瞬态液相扩散焊焊接参数见表 9-8。

表 9-8 高温合金瞬态液相扩散焊焊接参数

合金牌号	中间层合金及厚度/mm	焊接温度/℃	焊接压力/MPa	保温时间/h
GH22	Ni 0.01	1158	0.7～3.5	4.0
DZ22	Z2F 0.04×2	1210	无	24
	Z2P 0.1	1210	无	24
DD3	D1P 0.01	1250	无	24

目前 TLP 扩散焊主要用于沉淀强化高温合金和铸造高温合金的连接,因为这些合金很难用熔焊方法焊接。TLP 扩散焊特别适用于高性能铸造高温合金,如定向凝固高温合金、单晶合金和铸造镍铝系金属间化合物材料等的连接。铸造高温合金 TLP 扩散焊接头的高温持久性能见表 9-9,可见 TLP 扩散焊接头的高温持久性能可达母材性能指标的 80%～90%。

表 9-9 铸造高温合金 TLP 扩散焊接头的高温持久性能

母材	中间层合金代号及使用形式	焊接参数	接头高温持久性能		
			温度/℃	应力/MPa	使用寿命/h
DZ4022	Z2P,粉末,接头间隙 0.1mm	1210℃/24h	980	166	51～77
	Z2F,非晶态箔,0.04mm 厚,2 层	1210℃/24h	980	166	126～203
				186	80～166

续表 9-9

母材	中间层合金代号及使用形式	焊接参数	接头高温持久性能		
			温度/℃	应力/MPa	使用寿命/h
DD403	D1P,粉末,接头间隙 0.1mm	1250℃/24h	980	181	246.5～268
				204	90～113
	DIF,非晶态箔,0.02mm 厚,2 层	1250℃/24h	980	181	198～379.5
				204	124～137
DD406	XH3,粉末,接头间隙 0.1mm	1290℃/12～24h	980	225	>100
			1100	112	>100
JG4006 (IC6)	I7P,粉末,接头间隙 0.1mm	1260℃/24h	1100	50	11
		1260℃/36h	1100	36	38～63
			980	100	62.5～213
				140	39.5

六、陶瓷与金属的扩散焊

陶瓷与金属的扩散焊既可在真空中完成,也可在氢气中进行。通常金属表面有氧化膜时,更易产生相互间的化学作用,因此在焊接真空室中充以还原性的活性介质(使金属表面仍保持一层薄的氧化膜),会使扩散焊接头具有更高的强度。

陶瓷与金属的扩散连接,除了要求被连接的表面非常平整和清洁外,扩散连接时还必须具备压力大(压力高达 0.1～15MPa)、温度高(通常为金属熔点 T_m 的0.5～0.9倍),焊接时间也比其他焊接方法长得多。在陶瓷与金属的扩散连接中,最常用的陶瓷材料为氧化铝陶瓷和氧化锆陶瓷。与此类陶瓷焊接的金属有铜(无氧铜)、钛(TA1)、钛钽合金(Ti-5Ta)等。

氧化铝陶瓷材料具有硬度高、塑性低的特性,在扩散焊时仍能保持这种特性,即使氧化铝陶瓷内存在玻璃相(多半是散布在刚玉晶粒的周围),陶瓷也要加热到 100℃～1300℃以上才会出现蠕变,陶瓷与大多数金属扩散焊时的实际接触首先是在金属的塑性变形过程中形成的。

陶瓷与金属直接用扩散焊连接有困难时,可以采用中间层的方法,而且金属中间层的塑性变形可以降低对陶瓷表面的加工精度的要求。如在陶瓷与 Fe-Ni-Co 合金之间,加入 20μm 厚的 Cu 箔作为过渡层,采用压力 15MP,时间为 10min,温度 1050℃的工艺,可得到抗拉强度 72MPa 的扩散焊接头。中间过渡层可以直接使用金属箔片,也可以采用真空蒸发、离子溅射、化学气相沉积(CVD)、喷涂、电镀等。还可以采用烧结金属粉末法、活性金属化法,金属粉末或钎料等均可实行扩散焊接。扩散焊工艺不仅用于金属与陶瓷的焊接,也可用于微晶玻璃、半导体陶瓷、石英、石墨等与金属的焊接。

与熔化焊相比,固态扩散焊的主要优点是连接强度高,收缩与变形小、尺寸容易控制,适合于连接异种材料。主要不足是扩散焊需要的温度高、时间长,而且通常在真空下连接,因此设备昂贵、成本高,而且试件尺寸受到限制,并且温度提高还可能使陶瓷的性能发生变化,或出现脆性相使接头性能降低。

除此之外,陶瓷与金属接头的强度还与金属的熔点有关,在氧化铝与金属的连接中,金属熔点提高,接头强度线性增大。金属熔点对氧化铝-金属接头抗拉强度的影响如图 9-7 所示,陶瓷与金属焊接时,接头的强度与金属强度的关系更大一些。

影响扩散焊接头强度的因素如下:

(1)连接温度的影响 温度是扩散焊的最重要参数,在热激活过程中,温度对过程的动力学影响显著,连接金属与陶瓷时,温度一般达到金属熔点的 90%以上。

固态扩散焊时,元素之间的互扩散引起化学反应,可以形成足够的界面结合,反应层的形成及其厚度,对接头强度的影响十分显著。连接温度对接头强度的影响也有同样的趋势。温度提高使接头强度提高。用 0.5mm 厚的铝作为中间层连接钢与氧化铝时,连接温度对接头强度的影响,如图 9-8 所示。

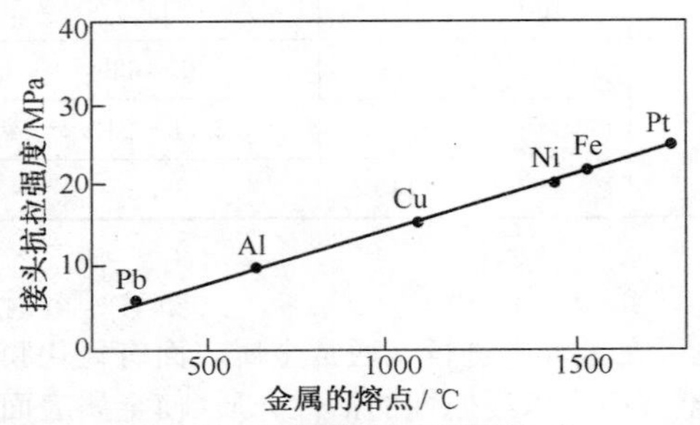

图 9-7 金属熔点对氧化铝-金属接头抗拉强度的影响

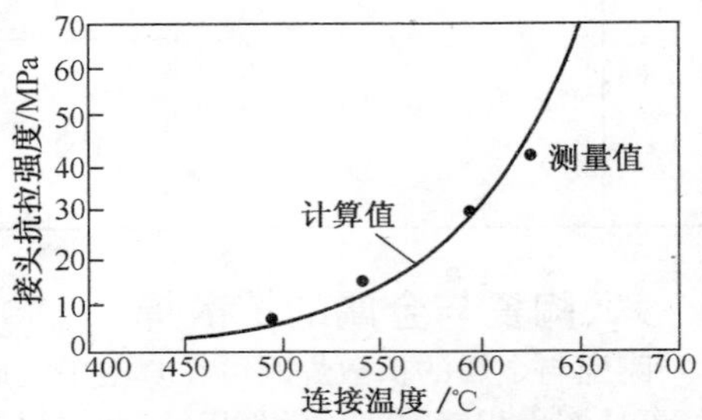

图 9-8 连接温度对接头强度的影响

(2)时间对固态扩散焊的影响 时间不仅影响反应层的厚度,还影响界面反应产物。时间延长反应层厚度增大。

时间对接头强度的影响也有同样的趋势。连接时间对接头强度的影响如图 9-9 所示。

(3)压力的影响 固态扩散焊时,施加压力是为了产生塑性变形、减小表面不平整、破坏表面氧化膜和增加表面接触,为原子或分子的扩散提供条件。但是,为了防止构件发生大的变形,扩散焊时所加的压力一般较小,在 0~100MPa,这一压力范围通常足以减小表面不平整和破坏表面氧化膜,增加表面接触。压力较小时,增大压力一般可使接头强度提高,如用 Cu 或 Ag 连接 Al_2O_3 陶瓷、用 Al 连接 SiC 时,压力对接头抗剪强度的影响如图 9-10 所示。但与温度和时间对接头强度的影响一样,压力再提高后要获得最佳强度一般也存在最佳压力规范,如用 Al 连接 Si_3N_4 陶瓷、用 Ni 连接 Al_2O_3 陶瓷时,最佳压力规范分别为 4MPa 和 15~20MPa。另外,压力的影响还与材料的类型、厚度以及表面氧化状态有关,在用贵金属(如金与铂)连接氧化铝陶瓷时,金属表面的氧化膜非常薄,随着压力的提高接头强度也提高直到一个稳定值,Al_2O_3-Pt 接头扩散焊时压力对接头强度的影响如图 9-11 所示。

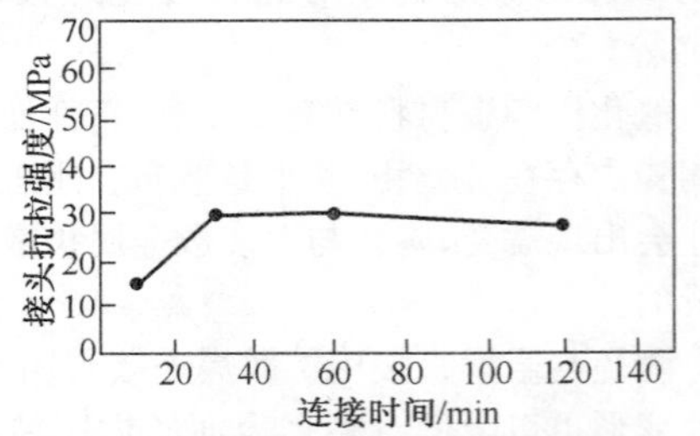

图 9-9 连接时间对接头强度的影响

(4)固相扩散连接时化学反应的影响 通常在固态连接陶瓷与金属或用金属中间层连

接陶瓷时,陶瓷与金属界面会发生反应形成化合物,所形成的化合物种类与连接条件有关,如温度、表面状态、杂质类型与含量等。具体条件的不同,会形成不同的化合物。不同接头组合可能出现的化合物见表 9-10。

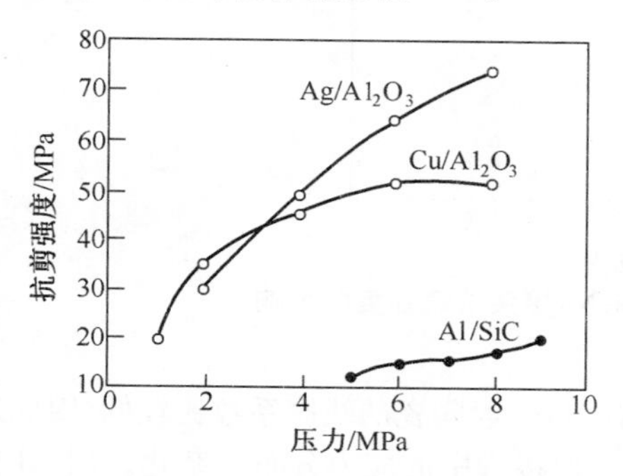

图 9-10 压力对接头抗剪强度的影响

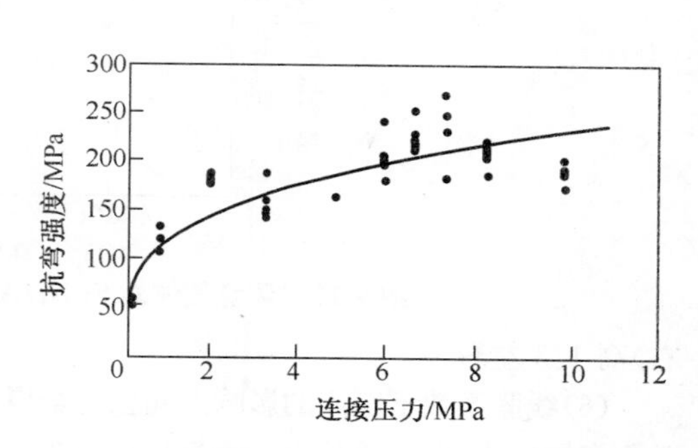

图 9-11 Al_2O_3-Pt 接头扩散焊时压力对接头强度的影响

(5)连接环境气氛的影响 一般情况下,真空连接的接头强度要高于氩气和空气中连接的接头强度。用 Al 作为中间层连接 Si_3N_4 时,环境气体对 Si_3N_4/Al/Si_3N_4 接头抗弯强度的影响如图 9-12 所示。氩气中连接的接头强度最高,接头交叉断在 Al 层和陶瓷中,Al 层中的断口为塑性,陶瓷中的断口为脆性。而在空气中连接时强度最低,接头沿 Al/ Si_3N_4 界面脆性断裂,可能是由于氧化产生 Al_2O_3 的缘故。虽然加压能够破坏氧化膜,但当氧分压较高时会形成新的金属氧化物层,而使接头强度降低。

表 9-10 不同接头组合可能出现的化合物

接头组合	界面反应产物
Al_2O_3-Cu	$CuAlO_2$,$CuAl_2O_4$
Al_2O_3-Ni	$NiO \cdot Al_2O_3$,$NiO \cdot SiAl_2O_3$
SiC-Nb	Nb_5Si_3,$NbSi_2$,Nb_2C,$Nb_5Si_3C_x$,NbC
SiC-Ni	Ni_2Si
SiC-Ti	Ti_5Si_3,Ti_3SiC_2,TiC, $TiSi_2$
Si_3N_4-Al	AlN
Si_3N_4-Ni	Ni_3Si,Ni(Si)
Si_3N_4-Fe-Cr 合金	Fe_3Si,Fe_4N,Cr_2N,CrN,Fe_xN
AlN-V	V(Al),V_2N,V_5Al_8,V_3Al
ZrO_2-Ni	未发现有新相出现
ZrO_2-Cu	未发现有新相出现

在高温(1500℃)下直接扩散连接 Si_3N_4 陶瓷时,由于高温下 Si_3N_4 陶瓷容易分解形成孔洞,因此在 N_2 中连接可以限制陶瓷的分解。N_2 压力高时接头强度较高,在 1MPa 氮气中连接的接头强度(380MPa 左右)比在 0.1MPa 氮气中连接的接头抗弯强度(220MPa 左

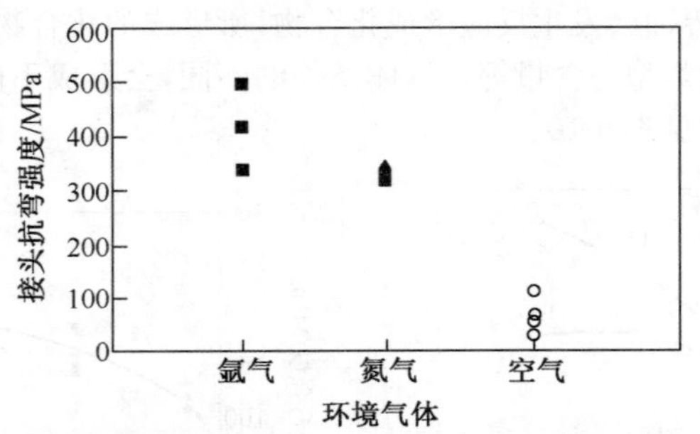

图 9-12 环境气体对 $Si_3N_4/Al/Si_3N_4$ 接头抗弯强度的影响

右)高 1/3 左右。

(6)线胀系数不匹配的影响 陶瓷与金属连接时,一般陶瓷的线胀系数比较低,因此通常陶瓷受压力、金属受拉力。塑性中间层的使用会使接头中的应力分布复杂化。用 Al 作为中间层连接氧化铝陶瓷与金属时,金属线胀系数对 Al_2O_3/Al/金属接头强度的影响,如图 9-13 所示,接头强度随金属线胀系数的增大单调降低。在连接 SiC、Si_3N_4 和 SIALON 陶瓷时,也存在同样的现象。因此,用线胀系数较小的金属(如 Invar、Inconel 或 Nimonic 合金)与陶瓷焊接可以获得应力较小的接头。但是,Si 基陶瓷在高温下容易与金属发生反应产生硅化物、硅酸盐以及氮化物、碳化物等,会使高温性能严重降低。

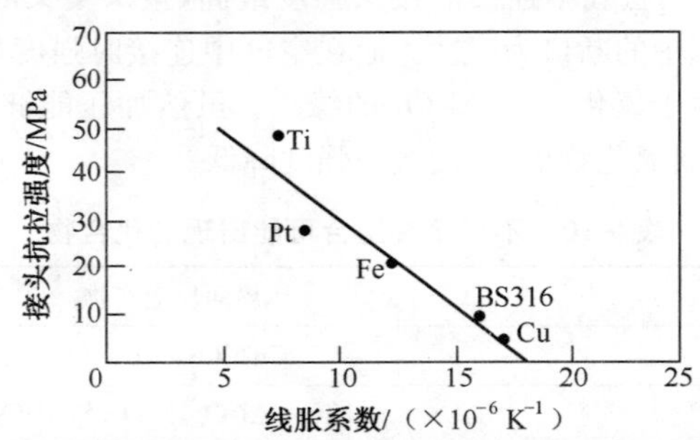

图 9-13 金属线胀系数对 Al_2O_3/Al/金属接头强度的影响

(7)中间层的影响 固态扩散焊时,使用中间层是为了降低连接温度、连接时施加的压力和减少连接时间,以促进扩散和去除杂质元素,同时也为了降低界面产生的残余应力。连接铁素体不锈钢与氧化铝陶瓷时,中间层厚度对 Al_2O_3-AISI405 接头残余应力的影响如图 9-14 所示,中间层厚度增大,残余应力降低,Nb 与氧化铝陶瓷的线胀系数最接近,它的作用也最明显。但是中间层的影响有时比较复杂,如果界面有反应产生,则中间层的作用会因反应物类型与厚度的不同而有所不同。

中间层的选择很关键,选择不当会引起接头性能的恶化。如由于化学反应激烈形成脆性反应物而使接头强度降低,或由于线胀系数的不匹配而增大残余应力,或使接头耐腐蚀性能降低。

(8)表面粗糙度的影响 表面粗糙度对接头强度的影响十分显著。若表面粗糙,会在陶瓷中产生局部应力集中,而容易引起脆性破坏,表面粗糙度对 Si_3N_4-Al 接头强度的影响如图 9-15 所示,表面粗糙度由 0.1μm 变为 0.3μm 时,接头强度从 470MPa 降低到 270MPa。

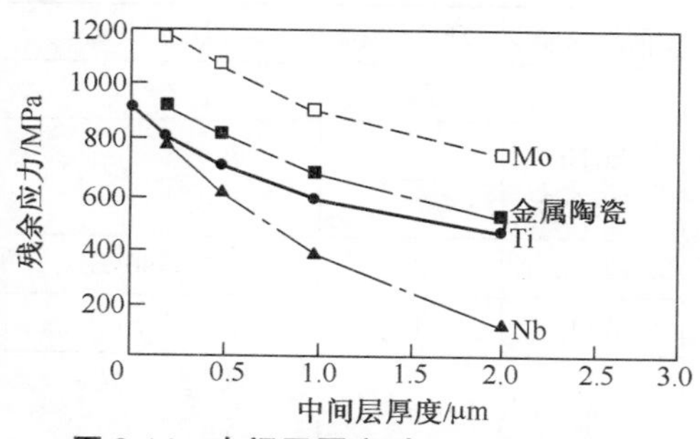

图 9-14 中间层厚度对 Al_2O_3-AISI405 接头残余应力的影响

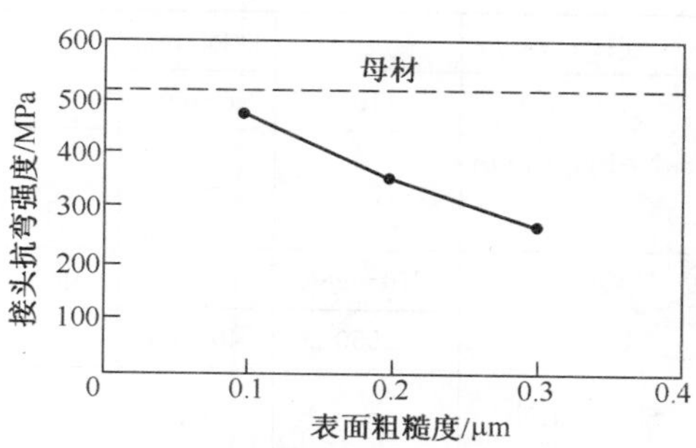

图 9-15 表面粗糙度对 Si_3N_4-Al 接头强度的影响

(9)焊后退火的影响 Si_3N_4 陶瓷在 1500℃时，加压 21MPa、保温 60min，在 1MPa 的氮气中进行直接扩散焊时，界面还不能完全消失，经过 1750℃、保温 60min 的退火处理后，可以显著改善界面组织、提高接头强度，使接头室温强度从 380MPa 提高到 1000MPa 左右，达到与陶瓷母材相同的强度。

(10)常见陶瓷与金属扩散焊焊接参数

①不同陶瓷材料组合扩散焊焊接参数见表 9-11。

表 9-11 不同陶瓷材料组合扩散焊焊接参数

连接材料	温度/℃	时间/min	压力/MPa	中间层及厚度	环境气体	强度/MPa
Al_2O_3-Ni	1850	20	100	—	H_2	200^b(A)
Al_2O_3-Pt	1550	1.7～20	0.03～10.00	—	H_2	200～250(A)
Al_2O_3-Al	600	1.7～5.0	7.5～15.0	—	H_2	95(A)
Al_2O_3-Cu	1025～1050	155	1.5～5.0	—	H_2	153^b(A)
Al_2O_3-Cu_4Ti	800	20	50	—	真空	45^b(T)
Al_2O_3-Fe	1375	1.7～6.0	0.7～10.0	—	H_2	220～231(A)
Al_2O_3-低碳钢	1450	120	<1	Co	真空	3～4(S)
	1450	240	<1	Ni	真空	0(S)
Al_2O_3-高合金钢	625	30	50	0.5mm Al	真空	41.5^b(T)
Al_2O_3-Cr	1100	15	120	—	真空	$57～90^b$(S)
Al_2O_3-Pt-Al_2O_3	1650	240	0.8	—	空气	220(A)
Al_2O_3-Cu-Al_2O_3	1025	15	50	—	真空	177(B)
	1000	120	6	—	真空	50(S)
Al_2O_3-Ni-Al_2O_3	1350	30	50	—	真空	149(B)
	1250	60	15～20	—	真空	75～80(T)
Al_2O_3-Fe-Al_2O_3	1370	2	50	—	真空	50(B)
Al_2O_3-Ag-Al_2O_3	900	120	6	—	真空	68(S)
Si_3N_4-Invar	727～877	7	0～0.15	0.5mm Al	空气	110～200(A)

续表 9-11

连接材料	温度/℃	时间/min	压力/MPa	中间层及厚度	环境气体	强度/MPa
Si_3N_4-Nimonic80A	1100	6～60	0～50	—	真空	—
	1200	—	—	Cu,Ni,可伐合金	—	—
Si_3N_4-Si_3N_4	770～986	10	0～0.15	10～20μm Al	空气	320～490(B)
	1550	40～60	0～1.5	ZrO_2	真空	175(B)
	1500	60	21	无	1MPa 氮气	380(A)室温～230(A)1000℃
	1500	60	21	无	0.1MPa 氮气	220(A)室温～135(A)1000℃
Si_3N_4-WC/Co	610	30	5	Al	真空	208[b](A)
	610	30	5	Al-Si	真空	50[b](A)
	1050～1100	180～360	3～5	Fe-Ni-Cr	真空	>90(A)
Si_3N_4-Al-Si_3N_4	630	300	4	—	真空	100(S)
Si_3N_4-Ni-Si_3N_4	1150	0～300	6～10	—	真空	20(S)
Si_3N_4-Invar-AISI316	1000～1100	90～1440	7～20	—	真空	95(S)
SiC-Nb	1400	30	1.96	—	真空	87(S)
SiC-Nb-SiC	1400	600	—	—	真空	187 室温,>100(800℃)
SiC-Nb-SUS304	1400	60	—	—	真空	125
SiC-SUS304	800～1517	30～180	—	—	真空	0～40
AlN-AlN	1300	90	—	25μmV	真空	120(S)
ZrO_2-Si_3N_4	1000～1100	90	>14	>0.2mm Ni	真空	57(S)
ZrO_2-Cu-ZrO_2	1000	120	6	—	真空	97(T)
ZrO_2-ZrO_2	1100	60	10	0.1mm Ni	真空	150(A)
	900	60	10	0.1mm Cu	真空	240(A)
94%Al_2O_3-Cu	1050	50～60	10～12	—	真空	230(B)
Al_2O_3-Nb	1600	60	8.8	—	真空	120(B)
BeO-Cu	250～450	10	10～15	Ag 25μm	真空	—
Si_3N_4-钢	610	30	10	Al-Si/Al/Al-Si	真空	200(B)

注:强度值后面括号中的字母代表各种性能试验方法,A 代表四点弯曲试验,B 代表三点弯曲试验,T 代表拉伸试验,S 代表剪切试验;上标 b 代表最大值。

②不同介质与金属扩散焊焊接参数见表 9-12。

表 9-12 不同介质与金属扩散焊焊接参数

材料组合	过渡层	焊接温度/℃	压力/MPa	保温时间/min	真空度/Pa	备注
硅硼玻璃-可伐	Cu 箔 0.05mm	590	5	20	5×10^{-2}	抗拉强度 10MPa
硅铝玻璃-Nb	—	840	50～100	15	$(2\sim5)\times10^{-2}$	抗拉强度 18MPa，耐 650℃热冲击
石英玻璃-Cu	蒸 Cu 5～10μm	950	10	30	$1.33\times10^{-1}\sim5\times10^{-2}$	抗拉强度 29MPa，耐 700℃热冲击
微晶玻璃-Cu	—	850～900	5～8	15～20	$1.33\times10^{-2}\sim1.33\times10^{-3}$	抗拉强度 139MPa，600℃热冲击 16 次
微晶玻璃-Al	—	620	8	60	1.33×10^{-2}	—
微晶玻璃-Cu	Al 箔	420	5	45	1.33×10^{-2}	—
94%Al_2O_3瓷-Cu	—	1050	10～12	50～60	—	H_2 中，抗弯强度 230MPa
94%Al_2O_3 瓷-Ni、Mo、可伐	Cu 箔	1050	18	15	—	H_2 中
95%Al_2O_3瓷-Cu	—	1000～1020	20～22	20～25	—	H_2 中，ϕ135mm 瓷件
95%Al_2O_3瓷-4J42	—	1150～1250	15～18	8～10	1.33×10^{-1}	—
蓝宝石-(Fe-Ni 合金)	—	1000～1100	2	10	5×10^{-2}	合金中含 Ni46%
BeO 瓷-Cu	Ag 箔 25μm	250～450	10～15	10	—	—
ZnS 光学陶瓷-Cu、可伐	—	850	8～10	40	—	Ar 中
(ZnO-TiO)瓷-Ti	CVD 沉积 Ni	750	15	15	1.33×10^{-2}	—
(Al_2O_3-SiC-Si)瓷-(Ni-Cr)	沉积 Ni	650	15	15	1.33×10^{-2}	(Ni-Cr)合金中 Ni80%，Cr20%
ZrO_2 瓷-Pt	Ni 箔	1150～1300	2～3	5～20	1.33×10^{-2}	—
硅晶体-Cu	镀 Au、(Ni)	370	20	60	1.33×10^{-1}	—
硅晶体-Mo	镀 Ag6～8μm，夹 Ag 箔 10～30μm	400	5～300	50～60	—	300～－196℃热循环 5 次

续表 9-12

材料组合	过渡层	焊接温度/℃	压力/MPa	保温时间/min	真空度/Pa	备注
硅晶体-W	—	1100～1150	17	30	1.33×10^{-1}	—
	Al 箔 0.1mm	500	23	60	1.33×10^{-1}	—
(钇-钆)石榴石铁氧体-Cu	Cu 箔 0.6mm	1000～1050	16～20	15～20	1.33×10^{-1}	抗拉强度 68MPa
Mn(Ni)-Zn 铁氧体磁头	Al-Mg 玻璃 1～10μm	550～750	10～50	15～90	1.33×10^{-1}	焊后不影响铁氧体电磁性能
石墨-Ti	化学镀 Ni10～30μm	850	3	35	1.33×10^{-1}	—
	Ni 箔 1μm	850	1	35	1.33×10^{-1}	—
		1100	7	45	1.33×10^{-1}	—
石墨-不锈钢	—	1250～1300	1～2	5	5×10^{-4}	—
石墨-Mo、Nb	Cr、Ni 粉	1650～1750	1	5	—	惰性气体，Cr 粉 80%，Ni 粉 20%

③无氧铜与 Al_2O_3 陶瓷在 H_2 中扩散焊焊接参考见表 9-13。

表 9-13 无氧铜与 Al_2O_3 陶瓷在 H_2 中扩散焊焊接参数

陶瓷与金属	厚度/mm	工艺参数						
		焊接温度/℃	保温时间/min	压力/MPa	加热速度/(℃/min)	冷却速度/(℃/min)	总加热时间/min	总冷却时间/min
Al_2O_3+无氧 Cu	7+0.4	1000	20	19.60	10	3	60～70	120
Al_2O_3+无氧 Cu	7+0.4	1000	20	21.56	15	10	70	120
Al_2O_3+Cu	7+0.5	1000	20	21.56	10	3	70	120
Al_2O_3+Cu	7+0.5	1000	20	19.60	10	10	60	120

④Fe-Ni 合金与 α-Al_2O_3 蓝宝石扩散焊焊接参数见表 9-14。

表 9-14 Fe-Ni 合金与 α-Al_2O_3 蓝宝石扩散焊焊接参数

金属+陶瓷	气体	焊接参数				
		焊接温度/℃	保温时间/min	压力/MPa	加热速度/(℃/min)	冷却速度/(℃/min)
Fe-Ni 合金+蓝宝石	H_2	1000	10	0.98	20	5
		1000	10	1.98		5
		1050	15	17.64		5
		1100	10	4.90		5
		1200	10	1.96		6
		1250	15	4.90		7
		1300	10	4.90		7
		1300	15	7.24		7

⑤铜与硫化锌陶瓷扩散焊焊接参数见表 9-15。

表 9-15　铜与硫化锌陶瓷扩散焊焊接参数

异种材料	介质	焊接参数			
		焊接温度/℃	保温时间/min	压力/MPa	真空度/Pa
铜＋硫化锌陶瓷	氩气	850	35	7.81	1.33×10^{-1}
		800	40	7.81	
		850	35	9.80	
		800	40	7.81	
		850	40	9.80	
		850	40	9.80	

七、金属基复合材料的扩散焊

1. 连续纤维增强金属基复合材料的扩散焊

(1)接头设计　纤维增强金属基复合材料的接头一般设计成斜口接头，加中间层的 SiC_f-30%/Ti-6Al-4V 固态扩散焊斜口接头如图 9-16 所示。

(2)扩散焊温度及时间的选择　所选择的焊接温度及时间应确保不会发生明显的界面反应。下面以 SiC(SCS-6)$_f$/Ti-6Al-4V 复合材料的扩散焊为例来讨论焊接参数的选择原则。

如图 9-17 所示，不同温度下 SiC(SCS-6)$_f$/Ti-6Al-4V(SCS-6 是一种专门用于增强钛基复合材料的 SiC 纤维，直径约 140μm，表面有一层 3μm 厚的富 C 层)复合材料界面反应层厚度与加热时间之间的关系。可以看出，加热温度越高，反应层的增大速度越快，但加热到一定时间以后，反应层厚度增大速度变慢。

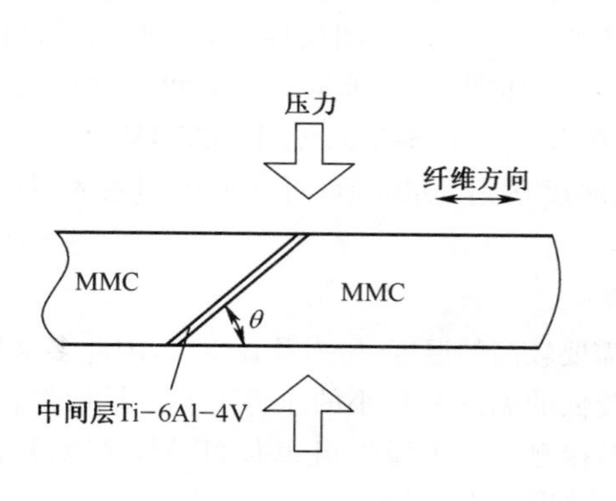

图 9-16　加中间层的 SiC_f-30%/Ti-6Al-4V 固态扩散焊斜口接头

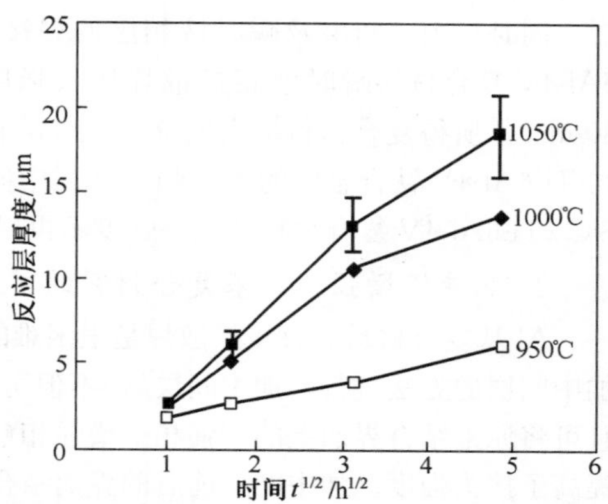

图 9-17　不同温度下 SiC(SCS-6)$_f$/Ti-6Al-4V 复合材料界面反应层厚度与加热时间之间的关系

研究表明，当反应层的厚度超过 1.0μm 时，SiC/Ti－6Al－4V 复合材料的抗拉强度将显著下降。不同温度下反应层达到 1.0μm 时所需时间如图 9-18 所示。对 SiC/Ti-6Al-4V 复合材料进行扩散焊时，焊接温度和保温时间所构成的点，应位于图 9-18 所示的曲线的下面。

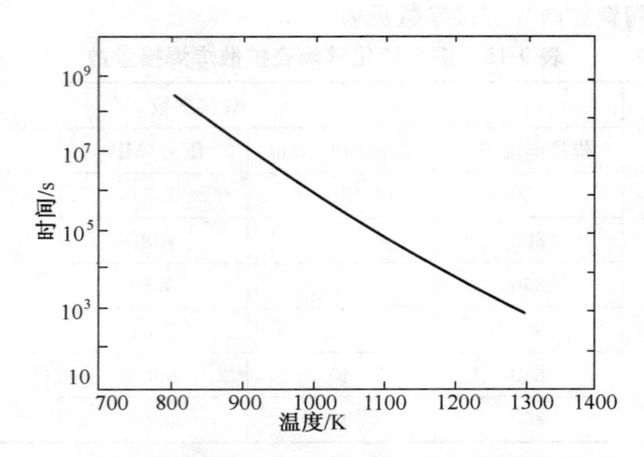

图 9-18 不同温度下反应层达到 1.0μm 时所需时间

(3)中间层及焊接压力 焊接 SiC/Ti-6Al-4V 与钛合金 Ti-6Al-4V 间的异种材料接头时，利用直接扩散焊及瞬时液相扩散焊均能较容易地实现扩散连接。但是利用直接扩散焊时所需的压力仍较大，Ti 合金一侧的变形过大；而采用瞬时液相扩散焊时，所需的焊接压力较低，Ti 合金一侧的变形也较小。如为使接头强度达到 850MPa，直接扩散焊所需的焊接压力为 7MPa，焊接时间为 10.8ks；而采用 Ti-Cu-Zr 做中间层进行瞬时液相扩散焊时，所需的焊接压力仅为 1MPa，焊接时间为 1.8ks。同时钛合金一侧的变形量也由固态直接扩散焊时的 5%降到瞬时液相扩散焊时的 2%。而纤维增强金属基复合材料自身的直接扩散焊，应在被连接的复合材料中间插入中间层，使连接面上避免出现纤维与纤维的直接接触。

采用瞬时液相法焊接，一般在利用瞬时液相层的同时，还要在结合界面上加入厚度适当的基体金属作为中间过渡层。

同时利用中间层及瞬时液相层的焊接如图 9-19 所示。中间层厚度对 SiC_f-30%/Ti-6Al-4V 复合材料瞬时液相扩散焊接头强度的影响如图 9-20 所示。当中间层厚度超过 80μm 时，所得复合材料接头抗拉强度达到了 850MPa，等于 SiC_f-30%/Ti-6Al-4V 复合材料与 Ti-6Al-4V 钛合金间的接头强度。当中间层厚度达到 80μm 后，再增加中间层的厚度，SiC_f/Ti-6Al-4V 复合材料的接头强度不再增大。

2. 非连续增强金属基复合材料的扩散焊

Al 基复合材料的直接扩散焊是很困难的，需要较高的温度、压力及真空度，因此多采用加中间层的方法进行。加中间层后，不但可在较低的温度和较小的压力下实现扩散焊，而且可将原来结合界面上的增强相一增强相(P-P)接触改变为增强相-基体(P-M)接触，从而提高了接头强度。加中间层前后的界面结合情况如图 9-21 所示。

(1)采用中间层的固态扩散焊 选择中间层的原则是中间层能够在较小的变形下去除氧化膜，易于发生塑性流变，且与基体金属及增强相不会发生不利的相互作用。

可用做中间扩散层的金属及合金有 Al-Li(AA8090)合金、Al-Cu(supro1100)合金、Al-Mg、Al-Cu-Mg 及纯 Ag 等。利用 Li 焊接 SiC_w/2124Al 时，在较低的变形量(<20%)下就能得到强度较高(70.7MPa)的接头；Al-Cu 合金对基体 Al 的润湿性较差，接头只有在较大的

变形量(＞40％)下才能取得较高的强度；Ag 作为中间扩散层时，焊缝与母材间的界面上会形成一层稳定的金属间化合物 δ 相，δ 相的形成有利于破碎氧化膜，促进焊接面的结合。但 δ 相含量较大时，特别是当形成连续的 δ 层时，接头将大大脆化，使强度降低。当中间扩散层足够薄时(2～3μm)，可防止焊缝中形成连续的化合物 δ 相，接头强度仍较高。如将焊接表面镀上 3μm 厚的一层 Ag 进行扩散焊(470℃～530℃，1.5～6MPa，60min)时，得到的接头抗剪切强度为 30MPa。

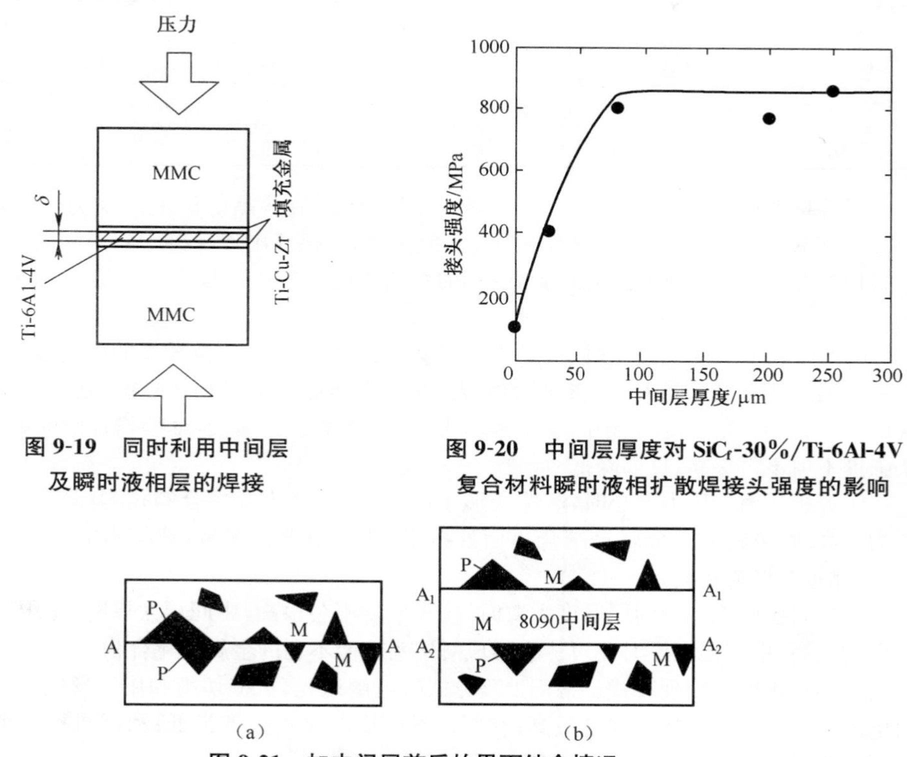

图 9-19　同时利用中间层及瞬时液相层的焊接

图 9-20　中间层厚度对 SiC_f-30％/Ti-6Al-4V 复合材料瞬时液相扩散焊接头强度的影响

图 9-21　加中间层前后的界面结合情况

(a)无中间层　(b)有中间层

(2)瞬时液相扩散焊

①中间层的选择。瞬时液相扩散焊的中间层材料选择原则是，应能与复合材料中的基体金属生成低熔点共晶体，或者熔点低于基体金属的合金，易于扩散到基体中并均匀化，且不能生成对接头性能不利的产物。

Al 基复合材料的瞬时液相扩散焊可用的中间层金属有 Ag、Cu、Mg、Ge、Zn 和 Ga 等，可用的中间层合金有 BAlSi、Al-Cu、Al-Mg 及 Al-Cu-Mg 等。利用 Ag、Cu 等金属作为中间层时，应严格控制焊接时间及中间层的厚度。而利用合金作为中间层时，只要加热到合金的熔点以上就可形成瞬时液相，不需要在焊接过程中通过中间层和母材之间的相互扩散来形成瞬时液相，基体金属熔化较少，因此可避免颗粒的偏聚问题。

利用不同中间层焊接 Al_2O_{3p}-15％/6061A1 复合材料焊接参数和接头的强度见表 9-16。利用 Ag 与 BAlSi-4 作为中间层时始终能获得较高的接头强度。用 Cu 作为中间层时对焊接温度敏感，接头强度不稳定。

表 9-16 利用不同中间层焊接 Al_2O_{3p}-15%/6061A1 复合材料焊接参数和接头的强度

中间层		焊接参数			强度/MPa		
材质	厚度/μm	温度/℃	压力/MPa	时间/s	剪切	屈服	抗拉
Al_2O_{3P}-15%/6061A1(母材)		—	—	—	—	317	358
Ag	25	580		130	193	323	341
Cu	25	565		130	186	85	93
BAlSi-4	125	585		20	193	321	326
Sn-5Ag	125	575		70	100	—	—

②焊接温度。Ag、Cu、Mg、Ge、Zn 及 Ga 与 Al 形成共晶的温度分别为 839K、820K、711K、697K、655K 和 420K。焊接时温度不宜太高，在保证出现焊接所需液相的条件下，尽量采用较低的温度，以防止高温对增强相的不利作用。在同样的条件下，温度过高时，强度反而下降。

③焊接时间。时间过短时，中间层来不及扩散，结合面上残留较厚的中间层，限制了接头抗拉强度的提高。随着焊接时间的增大，残余中间层逐渐减小，强度就逐渐增加。当焊接时间增大到一定程度时，中间层基本消失，接头强度达到最大，继续增加焊接时间时，接头强度不但不再提高，反而降低。

④焊接压力。压力太小时，塑性变形小，接头中会产生未焊合的孔洞，降低接头强度；压力过高时，可将液态金属自结合界面处挤出，造成增强相偏聚，液相不能充分润湿增强相，因此也会形成孔洞。

⑤中间层厚度。中间层厚度太薄时，接头强度不会很高，中间层太厚时，也限制了接头强度的提高，中间层太厚时还可能会形成对接头性能不利的金属间化合物。

⑥焊接表面的处理方式。常用处理方式有电解抛光、机械切削和用钢丝刷刷三种。利用电解抛光处理时的接头强度最高；利用钢丝刷刷时接头强度最低；利用机械切削处理时降低接头强度。

电解抛光时，被焊接表面上不存在 Al_2O_3 碎屑，但纤维会露出基体表面。电解抛光时间太长，纤维露头变长，焊接时在压力的作用下会断裂，阻碍基体金属接触，降低接头的性能。

八、扩散焊常见缺陷及预防措施

(1)未焊透 未焊透产生的主要原因是焊接温度低、压力不足、焊接时间短、真空度低，待焊面加工精度低、清理不干净及结构位置不正确等。预防措施是采用合理的扩散焊工艺。

(2)界面处有微孔 界面处产生微孔的原因是表面粗糙不平。预防措施是待焊面粗糙度要达到规定的要求。

(3)残余变形 残余变形产生的主要原因是焊接压力太大、温度过高、保温时间太长等。预防措施是采用合理的扩散焊焊接参数。

(4)裂纹 裂纹是由于加热和冷却速度太快，焊接压力过大、焊接温度过高、加热时间太长，待焊面加工粗糙等原因引起。预防措施是针对不同的原因，采用合理的焊接参数。

(5)熔化 熔化产生的主要原因是加热量太大、焊接保温时间太长，加热装置结构不正确或加热装置同工件的相应位置不对。预防措施是采用合理的扩散焊焊接参数、加热装置，并将工件位置放正确。

(6)错位 产生错位的主要原因是夹具结构不正确。预防措施是设计合理的夹具，并将工件放置妥当。

(7)异种材料扩散焊常见缺陷及预防措施 异种材料扩散焊常见缺陷、产生原因及预防措施见表9-17。

表9-17 异种材料扩散焊常见缺陷、产生原因及预防措施

材料名称	焊接缺陷	缺陷产生的原因	预防措施
青铜+铸铁	青铜一侧产生裂纹，铸铁一侧变形严重	扩散焊时加热温度、压力不合适	选择合适的焊接参数，焊接室中的真空度要合适
钢+铜	铜母材一侧结合强度差	加热温度不够，压力不足，焊接时间短，接头装配位置不正确	提高加热温度、压力，延长焊接时间，接头装配合理
铜+铝	接头严重变形	加热温度过高，压力过大，焊接保温时间过长	加热温度、压力机保温时间应合理
金属+玻璃	接头贴合，强度低	加热温度不够，压力不足，焊接保温时间短，真空度低	提高焊接温度，增加压力，延长焊接保温时间，提高真空度
金属+陶瓷	产生裂纹或剥离	线胀系数相差太大，升温过快，冷速太快，压力过大，加热时间过长	选择线胀系数相近的两种材料，升温、冷却应均匀，压力适当，加热温度和保温时间适当
金属+半导体材料	错位、尺寸不合要求	夹具结构不正确，接头安放位置不对，工件振动	夹具结构合理，接头安放位置正确，周围无振动

(8)常用扩散焊缺陷检验方法

①采用着色、萤粉或磁粉探伤来检测表面缺陷。

②采用真空、压缩空气和煤油试验等来检查气密性。

③采用超声波、X光射线探伤等检查接头的内部缺陷。

由于焊接接头结构、工件材料、技术要求不同，不同方法的检验灵敏度波动范围不同，要根据具体情况选用，其中超声波探伤是较常用的内部检验法。

第四节 扩散焊应用实例

一、同种材料的扩散焊

(1)钢 在大多数情况下，碳钢较易于用熔焊方法焊接，所以通常不采用扩散焊。但要在生产大平面形成高质量接头的产品时，则可采用扩散焊。各种高碳钢、高合金钢也能顺利进行扩散焊。同种材料扩散焊的压力在0.5～50MPa选择。在正常扩散焊温度下，从限制工件变形量考虑焊接参数的选择。

(2)钛及钛合金 钛合金是一种强度高、质量轻、耐腐蚀、耐高温的高性能材料，目前广泛地被应用在航空航天工业中。不少钛结构要求减轻质量和保证接头质量比制造成本更重要，因此，较多地应用扩散焊方法。钛及钛合金典型结构的超塑性扩散焊如图 9-22 所示。

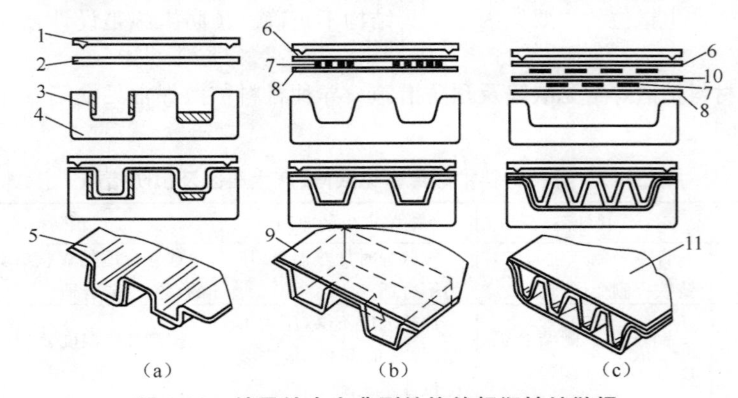

图 9-22 钛及钛合金典型结构的超塑性扩散焊

(a)单层加强构件 (b)双层加强结构 (c)多层夹层结构(三层)

1. 上模密封压板 2. 超塑性成形板坯 3. 加强板 4. 下成形模具 5. 超塑性成形件
6. 外层超塑性成形板坯 7. 不连接涂层区(钇基或氮化硼) 8. 内层板坯
9. 超塑性成形的两层结构件 10. 中间层板坯 11. 超塑性成形的三层结构件

钛及钛合金不需要特殊的表面准备和控制就可容易地进行扩散焊。钛及钛合金扩散焊焊接参数见表 9-18。

表 9-18 钛及钛合金扩散焊焊接参数

材料名称	焊接温度/℃	焊接压力/MPa	真空度/Pa	保温时间/min	备注
钛及钛合金	855～957	2～5	1.33×10^{-2}	1～4	钛能大量吸收 O_2、H_2 和 N_2 等气体，因此不宜在 H_2、N_2 气氛中焊接

(3)镍合金 镍基合金主要用于耐高温、耐腐蚀和高强度的条件下，其熔焊的焊接性差，熔化焊时，接头强度远低于母材。因此，较多地应用扩散焊。

扩散焊时，由于其高温强度高，应将合金在接近其熔化温度和相当高的压力下进行焊接，必须仔细地进行焊接表面准备，在焊接过程中，还必须严格控制周围气体环境，防止表面污染，通常还需用纯镍或镍合金作为中间层。镍合金扩散焊焊接参数见表 9-19。实际焊接参数还与零件的几何形状有关，要获得满意的焊接质量需进行多次试验。

(4)铝及铝合金 铝及铝合金的扩散焊接有一些困难，主要是清洗好的工件会在空气中很快生成一层氧化膜。铝与铝的直接焊接，需要较高的加热温度、较大的压力和高真空度；也可采用加中间扩散层的办法，中间层的材料可用 Cu、Ni 和 Ag 等，这时压力和加热温度都可降低。

Al+Al 真空扩散焊焊接参数为：中间材料 Si，温度 580℃，压力为 10MPa，保温时间 1h，

表 9-19　镍合金扩散焊焊接参数

合金牌号	中间层	焊接温度/℃	压力/MPa	时间/h
lnconel600	Ni	1093	0.69～3.45	0.5
哈氏合金 X	Ni	1121	0.69～3.45	4
锻造 Udimet700	Ni-Co35%	1171	6.90	4
锻造 Udimet700	Ni-Co35%	1191	8.28	4
Reme41	Ni-Be	1177	10.70	2
Mar-M200	Ni-Co25%	1204	6.90～13.08	2

注：合金牌号为商业牌号。

真空度 1.33×10^{-3}。

Al+Ni 真空扩散焊焊接参数为：温度 500℃，压力 10MPa，保温时间 30min，真空度 1.33×10^{-3}。

(5)高温合金　高温合金扩散焊必须严格控制焊接参数，才能获得与母材等强度的焊接接头。高温合金扩散焊时，需要较高的焊接温度和压力，焊接温度为0.8～0.85T_m（T_m 为合金的熔化温度）。焊接压力通常略低于相应温度下合金的屈服强度。其他参数不变时，焊接压力越大，界面变形越大，粗糙度降低，有效接触面积增大，接头性能越好；但焊接压力过高，会使设备结构复杂，造价昂贵。焊接温度较高时，接头性能提高，但过高会引起晶粒长大，塑性降低。高温合金扩散焊焊接参数见表 9-20。

表 9-20　高温合金扩散焊焊接参数

合金牌号	焊接温度/℃	保温时间/min	焊接压力/MPa	真空度/Pa
GH3039	1175	6～10	29.4～19.6	1.33×10^{-2}
GH3044	1000	10	19.6	
GH99	1150～1175	10	39.2～29.4	
K403	1000	10	19.6	

二、异种材料的扩散焊

当两种材料的冶金性能相差很大时，熔焊方法很难进行焊接，而扩散焊特别适用，它可以获得满意的接头性能。在确定某个异种金属组合的扩散焊条件时，应考虑到两种材料之间相互扩散造成的问题。如界面形成中间相或脆性金属间化合物，可通过选择合适的中间层来解决该问题；采用合适的焊接条件或适宜的中间层，或者两者兼用，可以解决因扩散而产生金属迁移速度的不同，在紧邻焊缝界面处造成接头多孔性的问题；由于两种金属的线胀系数差异大，会在加热和冷却过程中产生较大的应力，而产生工件变形或内应力过大甚至开裂等问题，要采取相应工艺措施解决。

(1)钢与铝及铝合金　钢与铝及铝合金进行真空扩散焊时，可采用增加中间过渡层的方法获得牢固的接头，中间过渡层可采用电镀等方法镀上很薄的一层金属，材料一般选用铜和镍。中间层的成分可根据合金相图和在界面接触区可能形成的新相进行选择。

①低碳钢与防锈铝 3A21 进行真空扩散焊时，可在低碳钢的表面上先镀一层铜，之后再

镀一层镍，铜、镍中间层可用电镀法获得，焊接时采用氩气保护。低碳钢与防锈铝扩散焊的加热温度为550℃，保温时间为5～20min，焊接压力为13.7MPa，真空压力为1.33×10^{-4} Pa。可获得令人满意的焊接接头性能。

②Q235低碳钢与纯铝1035扩散焊时，可在Q235低碳钢上镀上铜、镍复合镀层，加热温度为550℃，焊接压力为12.3MPa，焊接时间为2min，真空压力为1.33×10^{-4} Pa。

③直径为25～32mm的1060纯铝与1Cr18Ni9Ti不锈钢棒的扩散焊，加热温度为500℃，保温时间为30min，焊接压力为7.4MPa，真空压力为6.65×10^{-5}～1.33×10^{-4} Pa。焊后接头抗拉强度$\sigma_b \geqslant 88.2$MPa。在接头处形成宽度4～6μm的过渡层，其显微硬度为490～137MH。钢与铝及铝合金真空扩散焊焊接参数见表9-21。

(2)钢与钼的扩散焊

①不锈钢1Cr18Ni9Ti与钼进行真空扩散焊时，能获得质量稳定的焊接接头。焊接温度为1000℃～1200℃，保温时间为5～30min，压力为5～20MPa，真空压力为1.33×10^{-3} Pa。

②1Cr13不锈钢与钼真空扩散焊，焊接温度为900℃～1000℃，保温时间为15～20min，压力为10～15MPa，真空压力为1.33×10^{-4}～1.33×10^{-3} Pa。1Cr13与钼的真空扩散焊接头强度可达382.2～450.8MPa。

不锈钢与钼真空扩散焊时，可以采用中间扩散层，中间扩散层材料一般为镍或铜。钢与钼真空扩散焊焊接参数见表9-22。

表9-21 钢与铝及铝合金真空扩散焊焊接参数

异种金属	中间层	焊接参数			
		焊接温度/℃	保温时间/min	焊接压力/MPa	真空压力/Pa
3AZ1＋镀镍Q235钢	Ni	550	2	13.72	1.33×10^{-2}
1035＋Q235钢	Ni	550	2	12.25	1.33×10^{-2}
1070A＋Q235钢	Ni	350	5	2.19	1.33×10^{-2}
1070A＋Q235钢	Ni	350	5	2.45	1.33×10^{-2}
1070A＋Q235钢	Ni	400	10	4.90	1.33×10^{-2}
1070A＋Q235钢	Ni	450	15	9.80	1.33×10^{-2}
1070A＋Q235钢	Cu	450	15	19.50	1.33×10^{-2}
1070A＋Q235钢	Cu	500	20	29.40	1.33×10^{-2}
1035＋1Cr18Ni9Ti	—	500	30	37.95	6.66×10^{-8}
8A06＋1Cr18Ni9Ti	—	500	30	38.22	6.66×10^{-8}
W18Cr4V＋45钢	Ni	800	20	10	6.65×10^{-2}
12Cr18Ni10Ti＋12Cr13	—	1050	20	10	1.33×10^{-2}～1.33×10^{-3}

(3)钢与钛及钛合金的扩散焊 钢与钛及钛合金采用真空扩散焊方法时，一般多采用中间扩散层或复合填充材料。中间扩散层材料一般是V、Nb、Ta、Mo、Cu等，复合层材料有V＋Cu、Cu＋Ni、V＋Cu＋Ni以及Ta和青铜等。

表 9-22　钢与钼真空扩散焊焊接参数

异种金属	中间层材料	焊接参数			
		焊接温度/℃	保温时间/min	焊接压力/MPa	真空压力/Pa
1Cr13+Mo	—	900	5	4.6	1.33×10^{-8}
1Cr13+Mo	—	900	5	4.6	1.33×10^{-8}
1Cr13+Mo	—	950	10	9.8	1.33×10^{-8}
1Cr13+Mo	—	950	10	9.8	1.33×10^{-8}
1Cr13+Mo	Ni	1000	15	11.7	1.33×10^{-8}
1Cr13+Mo	Ni	1050	20	19.6	1.33×10^{-8}
1Cr13+Mo	Ni	1100	25	24.5	1.33×10^{-8}
1Cr13+Mo	Ni	1200	14	4.6	1.33×10^{-8}
1Cr13+Mo	Cu	1200	5	4.6	1.33×10^{-8}
1Cr18Ni9Ti+Mo	—	900	5	4.6	1.33×10^{-8}
1Cr18Ni9Ti+Mo	—	950	5	4.6	1.33×10^{-8}
1Cr18Ni9Ti+Mo	Ni	1000	5	4.6	1.33×10^{-8}
1Cr18Ni9Ti+Mo	Ni	1100	10	7.8	1.33×10^{-8}
1Cr18Ni9Ti+Mo	Ni	1200	10	9.8	1.33×10^{-8}
1Cr18Ni9Ti+Mo	Ni	1200	30	14.7	1.33×10^{-8}
1Cr18Ni9Ti+Mo	Cu	1200	30	19.0	1.33×10^{-8}

①纯铁与纯钛 TA7 真空扩散焊焊接参数见表 9-23。

表 9-23　纯铁与纯钛 TA7 真空扩散焊焊接参数

中间扩散层材料	焊接参数				备注
	焊接温度/℃	保温时间/ min	焊接压力/MPa	真空压力/Pa	
Mo	800	10	10.39	1.33×10^{-5}	铁钼熔合线开裂
Mo	1000	20	17.25	1.33×10^{-5}	铁钼熔合线开裂
无	700	10	17.25	1.33×10^{-5}	接触面上硬度增高
无	1000	10	10.39	1.33×10^{-5}	纯铁侧硬度增高

②不锈钢与纯钛 TA7 真空扩散焊焊接参数见表 9-24。

表 9-24　不锈钢与纯钛 TA7 真空扩散焊焊接参数

异种金属	中间扩散层材料	焊接参数				备注
		焊接温度/℃	保温时间/min	焊接压力/MPa	真空压力/Pa	
Cr25Ni15+TA7	—	500	10	6.86	1.33×10^{-4}	接头有裂纹
Cr25Ni15+TA7	—	500	20	17.64	1.33×10^{-4}	接头有裂纹
Cr25Ni15+TA7	—	700	10	6.86	1.33×10^{-4}	钢与钛有 α 相

续表 9-24

异种金属	中间扩散层材料	焊接参数				备注
		焊接温度/℃	保温时间/min	焊接压力/MPa	真空压力/Pa	
Cr25Ni15+TA7	—	700	20	17.64	1.33×10^{-4}	—
Cr25Ni15+TA7	Ta	900	10	8.82	1.33×10^{-4}	接头强度σ_b=292.4MPa
Cr25Ni15+TA7	Ta	1100	10	11.07	1.33×10^{-4}	有 Fe_2,NiTa
12Cr18Ni10Ti+TA7	—	900	15	0.98	1.33×10^{-5}	σ_b=274～323MPa
12Cr18Ni10Ti+TA7	V	900	15	0.98	1.33×10^{-5}	σ_b=274～323MPa
12Cr18Ni10Ti+TA7	V+Cu	900	15	0.98	1.33×10^{-5}	有金属间化合物
12Cr18Ni10Ti+TA7	V+Cu+Ni	1000	15	4.9	1.33×10^{-5}	有金属间化合物
12Cr18Ni10Ti+TA7	V+Cu+Ni	1000	10	4.9	1.33×10^{-5}	有金属间化合物
12Cr18Ni10Ti+TA7	Cu+Ni	1000	15	4.9	1.33×10^{-5}	有金属间化合物
12Cr18Ni10Ti+TA7	Cu+Ni	1000	10	4.9	1.33×10^{-5}	有金属间化合物

(4)钢与铜及铜合金的扩散焊 钢与铜及铜合金的扩散焊可以获得高质量的接头。可采用Ni作为过渡层，要严格控制温度、时间等焊接参数，使界面处形成的共晶体脆性相的厚度不超过2～3μm，否则整个焊接面将变脆。

钢与铜及铜合金真空扩散焊时，焊接温度为900℃，保温时间为20min，焊接压力为5MPa，真空压力为1.33×10^{-3}～1.33×10^{-2}Pa。

(5)钢与铸铁的扩散焊 钢与铸铁无法用熔焊方法连接。铸铁与钢、纯铜、黄铜、钛、陶瓷等的连接，应采用真空扩散焊。由于焊接温度较低，一般金属组织不会发生很大变化，焊接时还可以通过调整焊接参数来改善接头区域的显微组织和力学性能。钢与铸铁真空扩散焊焊接参数见表9-25。

表 9-25 钢与铸铁真空扩散焊焊接参数

被焊材料	焊接温度/℃	焊接时间/min	焊接压力/MPa	真空压力/Pa
HT150+45钢	850	5～10	1.5	1.33×10^{-3}～1.33×10^{-3}
HT200+50钢	900	6～10	1.5	1.33×10^{-2}～1.33×10^{-4}
HT150+1Cr18Ni9Ti	900	10	1.5	1.33×10^{-2}
KTH300-06+1Cr18Ni9Ti	900	7～10	3.0	1.33×10^{-2}

(6)铜与铝的扩散焊 铜与铝扩散焊时，影响接头质量和焊接过程稳定性的主要因素有，加热温度、压力、焊接时间、真空度和焊前工件的表面状态等。扩散焊前工件表面必须进行精细加工、磨平和清洗去油，使其表面尽可能光洁和无任何杂质。焊前应去除铝材表面的氧化膜，真空压力达到5×10^{-5}Pa。

铜与铝真空扩散焊时，加热温度不能太高，保温时间不能太短，其焊接参数应根据实际情况确定。对于电真空器件的零件，加热温度为500℃～520℃，压力为6.8～9.8MPa，焊接时间为10～15min，真空度为6.66×10^{-5}Pa。当焊接压力为9.8MPa时，扩散焊接头的合格率可达到100%。

(7)铜与钛、镍、钼的扩散焊 焊前必须对工件表面进行严格清洗。对铜件用三氯乙烯进行清洗，清除油脂，然后在10%(体积分数)的H_2SO_4溶液中侵蚀1min，再用蒸馏水洗涤。随后进行退火处理，退火温度为820℃～830℃，时间为10min；钛母材用三氯乙烯清洗后，在2%(体积分数)HF+50%(体积分数)HNO_3的水溶液中，用超声波振动侵蚀4min，以便清除氧化膜，然后再用水和酒精清洗干净。

①铜与TA2纯钛的直接扩散焊时，焊接温度为850℃，焊接时间为10 min，压力为4.9MPa，真空压为1.33×10^{-5}Pa。

②在铜与钛之间加入过渡金属层钼和铌时，焊接温度为810℃±10℃，焊接时间为10 min，真空压力为1.33×10^{-6}～1.33×10^{-4}Pa，压力为3.4～4.9MPa，进行过渡层扩散焊。铜与钛扩散焊焊接参数见表9-26。

表9-26 铜与钛扩散焊焊接参数

中间材料	焊接参数			抗拉强度/MPa	加热方式
	加热温度/℃	保温时间/min	压力/MPa		
不加中间层	800	30	4.9	62.72	高频感应加热
	800	300	3.43	144.1～156.8	电炉加热
钼(喷涂)	950	30	4.90	78.4～112.7	高频感应加热
	980	300	3.43	186.2～215.6	电炉加热
钼(喷涂)	950	30	4.90	70.6～102.9	高频感应加热
	980	300	3.43	186.2～215.6	电炉加热
铌(0.1mm箔片)	950	30	4.90	94.2	高频感应加热
	980	300	3.43	215.6～266.6	电炉加热

③采用真空扩散焊方法焊接铜与镍的零件，是应用较为广泛的一种焊接工艺。铜与镍及镍合金真空扩散焊焊接参数见表9-27。

表9-27 铜与镍及镍合金真空扩散焊焊接参数

异种金属	接头形式	焊接参数			
		加热温度/℃	保温时间/min	压力/MPa	真空压力/Pa
铜+镍	对接	400	20	9.80	1.33×10^{-4}
铜+镍	对接	900	20～30	12.70～14.70	6.67×10^{-4}
铜+镍合金	对接	900	20	11.76	1.33×10^{-6}
铜+镍合金	对接	900	15	11.76	1.33×10^{-6}
铜+可伐合金	对接	950	10	1.90	1.33×10^{-4}
铜+可伐合金	对接	950	10	6.86	6.67×10^{-4}

④铜与钼的真空扩散，加入中间层金属镍，可获得质量良好的扩散焊接头。以镍为中

间层的铜与钼真空扩散焊焊接参数见表 9-28。

表 9-28 以镍为中间层的铜与钼真空扩散焊焊接参数

加热温度/℃	保温时间/min	压力/MPa	真空压力/Pa	加热温度/℃	保温时间/min	压力/MPa	真空压力/Pa
800	10	14.7	1.33×10^{-4}	900	15	19.6	1.33×10^{-4}
800	15	19.6	1.33×10^{-5}	950	10	22.7	1.33×10^{-5}

铜与钼扩散焊还可以采用镀层的方法。在钼表面镀上一层厚度为 7～14μm 的镍层，然后再进行正常的真空扩散焊，能获得强度较高的扩散焊接头。

(8)钛与铝的扩散焊 焊前先用 HF 去除氧化膜，用丙酮进行清洗，保持钛、铝表面的紧密接触。钛与铝直接进行扩散焊，接头塑性和强度很低；还可以先在钛表面渗铝，然后与铝扩散焊；在钛和铝之间加厚度为 0.4mm 的铝箔中间层。加热温度为 600℃～620℃，保温时间为 60min，压力为 7～12MPa，真空压力为 5×10^{-4}Pa，TA7 纯钛与 5A03 防锈铝扩散焊焊接参数见表 9-29。

表 9-29 TA7 纯钛与 5A03 防锈铝扩散焊焊接参数

镀铝焊接参数		中间层		焊接参数		抗拉强度/MPa	破断部位
温度/℃	时间/s	厚度/mm	材料	温度/℃	时间/s		
780～820	35～70	—	—	520～540	30	202～224(214)	镀层上，5A03 上
—	—	0.4	1035	520～550	60	182～191(185)	1035 中间层上
—	—	0.2	1035	520～550	60	216～233(225)	1035 中间层上，5A03 上

注：括号中的数据为平均值。

钛与铝合金直接进行扩散焊时，必须用工业纯铝作为中间层。采用厚度不同的 1035 铝箔或把钛表面浸入铝液池中镀铝或渗铝。

三、石墨板与钢板的扩散焊

一种成形模具是由石墨板与钢板结合的复合板制成，复合板形状如图 9-23 所示。这种复合板是采用扩散焊方法将石墨板与 Q345 钢板连接在一起的。复合板制成模具后，在 750℃～800℃使用条件下保持 45min 不脱层；在室温条件下，模具在金属平台上滑动，石墨板与钢板不分层。

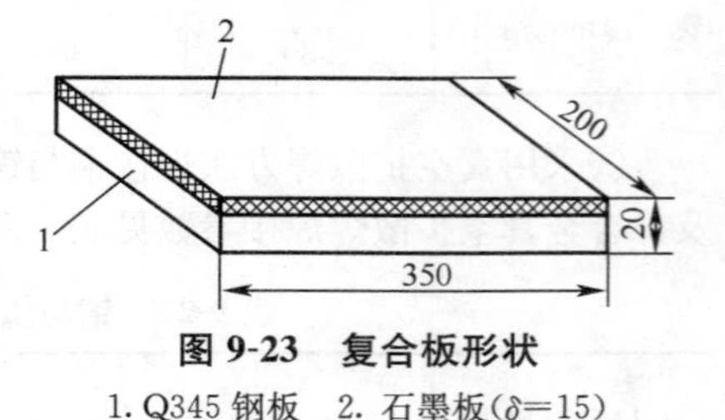

图 9-23 复合板形状

1. Q345 钢板 2. 石墨板(δ=15)

石墨在高温下产生的 CO 能还原 Fe 的氧化物，它在扩散过程中能有效地防止焊接接头氧化。采用扩散焊方法，正确选用中间过渡层和焊接温度，使钢板与石墨板相互接触表面共熔，并借助毛细作用金属液流能很好地填满焊缝附近的空隙，增加了钢板与石墨板的接触面积，从而提高了焊接接头的力学强度。

采用的焊接设备为升降式高温电阻炉，其额定功率 60kW，最高温度为 1300℃。

焊前将 Q345 钢板表面(与石墨板相接触的面)喷砂处理，去掉氧化皮，然后用丙酮清洗。用压缩空气吹掉石墨板表面灰尘。在 Q345 钢板表面(结合面)用毛刷干刷一层粉末状的石墨粉，厚度为 0.1mm，然后将石墨板放在钢板的结合面上，准备装炉。炉温升至 1200℃时，将装配好的钢板与石墨板放入炉中，钢板在下，石墨板在上。扩散焊工艺如图 9-

24所示，炉温升至1220℃，保温45min，随炉冷却至300℃出炉，自然冷却，完成焊接过程。

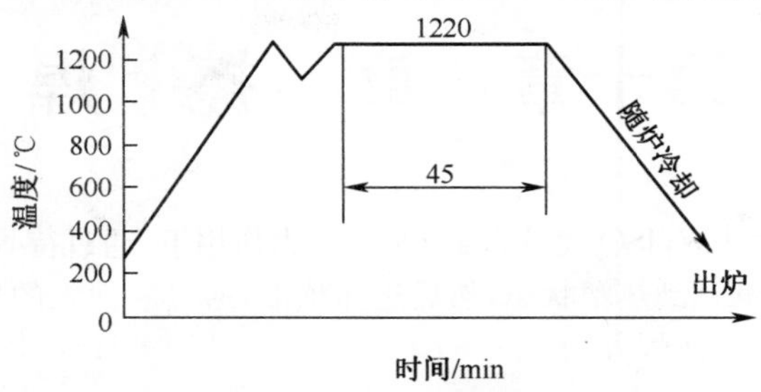

图9-24　扩散焊工艺

第十章 摩 擦 焊

摩擦焊(英文缩写 FW,ISO 代号为 42)是在压力作用下,通过待焊接面相对运动时,摩擦所产生的热使焊接面达到热塑状态,然后迅速顶锻,通过断面上的扩散及再结晶冶金反应,实现连接的一种固态压焊方法。

第一节 摩擦焊基础

一、摩擦焊的原理

摩擦焊的原理如图 10-1 所示。工件 1 夹持在可以高速旋转的夹头上,开始时,工件 1 高速旋转,然后,工件 2 向工件 1 方向移动、接触,并施加一定的轴向压力,此时摩擦加热端面,当达到规定的摩擦变形量(即工件 2 的摩擦位移量)以后,立即停止工件 1 的旋转,同时对接头施加较大的顶锻压力。接头在顶锻压力的作用下产生一定的塑性变形,在保持一段时间以后,松开两个夹头,取出工件,完成焊接过程。这是最普通的摩擦焊的方法。

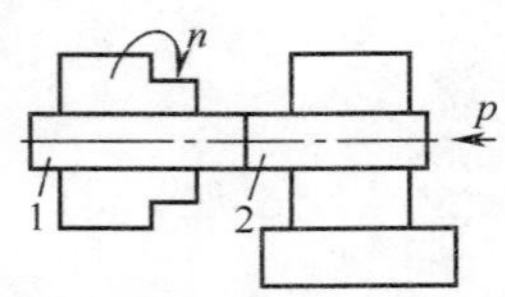

图 10-1 摩擦焊的原理

1、2—工件 n—转速

p—轴向压力

(摩擦压力和顶锻压力)

二、摩擦焊的分类

1. 普通摩擦焊

根据摩擦焊的相对运动形式不同分类,摩擦焊分为旋转式摩擦焊、轨道式摩擦焊和搅拌摩擦焊。

(1)旋转式摩擦焊 旋转式摩擦焊的特点是至少有一个工件(或圆环)在焊接过程中,绕着垂直于结合面的中心轴旋转。主要用于圆形断面工件的摩擦焊,通过相位控制也可用于非圆形断面工件的摩擦焊,是目前应用最广、形式也最多的一种摩擦焊。

根据工件旋转特点,旋转式摩擦焊又可分为连续驱动摩擦焊、惯性摩擦焊、混合型旋转摩擦焊等。

①连续驱动摩擦焊。连续驱动摩擦焊是目前最常用的一种摩擦焊。其特点是被转动的工件与主轴夹头直接相连,将不转动的工件装在液压尾座托板上的夹头上。施焊时,推进尾座托板,使工件在恒定或递增压力下相接触。旋转主轴使工件摩擦加热至施焊温度时,主轴停止转动,顶锻开始,完成焊接。连续驱动摩擦焊在摩擦加热过程中,工件一直在转动装置和连续驱动作用下旋转,直到顶锻开始前,才停止驱动旋转。连续驱动摩擦焊如图 10-2a 所示。

②惯性摩擦焊。惯性摩擦焊的原理与连续驱动摩擦焊类似,只是被转动的工件不直接与主轴相连,而是中间借助于飞轮与主轴相连。焊接开始时,首先将飞轮和工件的旋转端加速到一定的转速,然后飞轮与主电动机脱开,同时,工件的移动端向前移动,工件接触后,

开始摩擦加热。在摩擦加热过程中,飞轮受摩擦转矩的制动作用,转速逐渐降低,当转速为零时,焊接过程结束。惯性摩擦焊是利用惯性储能方法(如飞轮)积聚能量用于接头加热。惯性摩擦焊如图 10-2b 所示。自由旋转飞轮的动能,提供工件所需全部热量。

图 10-2 普通摩擦焊

(a)连续驱动摩擦焊 (b)惯性摩擦焊

③混合型旋转摩擦焊。混合型旋转摩擦焊是连续驱动摩擦焊和惯性摩擦焊的结合。这类焊机的特点是断开驱动源之后,可以施加或不施加制动力。

(2)搅拌摩擦焊(FSW) 搅拌摩擦焊是 1991 年发明的一种固态焊接新技术,被认为是从基础研究到实际应用的重大科技成就。搅拌摩擦焊最初用于铝合金焊接,随着研究的不断深入,搅拌摩擦焊在镁、钛合金等非铁金属,以及异种材料的焊接方面也得到了广泛的应用。搅拌摩擦焊如图 10-3 所示,将工件固定,焊接主要由搅拌头完成。搅拌头由搅拌针、夹持器和圆柱体组成。焊接开始时,搅拌头高速旋转,搅拌针迅速钻入焊板的接缝处,与搅拌针接触的金属摩擦生热,形成了很薄的热塑性层。当搅拌针钻入工件内时,有部分金属被挤出表面。由于正面轴肩和背面垫板的密封作用,轴肩与被焊板表面摩擦,产生辅助热;另一方面,搅拌头和工件相对运动时,在搅拌头前面不断形成的热塑性金属转移到搅拌头后面,填满后面的空腔。在整个焊接过程中,空腔的产生与填满连续进行,焊缝区金属经历着挤压、摩擦生热、塑性变形、转移、扩散,以及再结晶等过程。

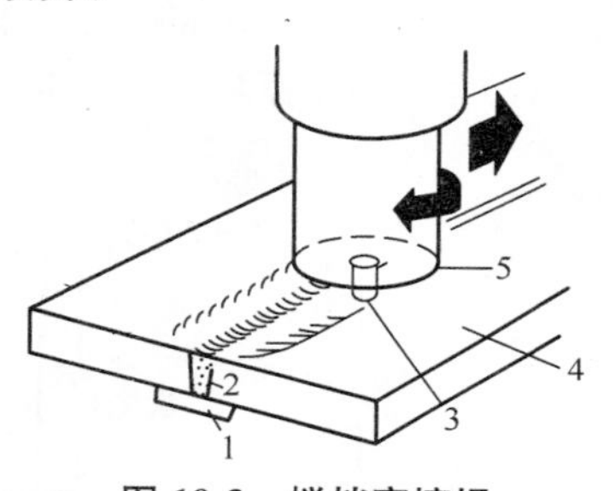

图 10-3 搅拌摩擦焊

1. 背面垫板 2. 焊缝
3. 搅拌针 4. 工件 5. 夹持器

2. 新型摩擦焊

(1)轨道式摩擦焊 轨道式摩擦焊的特点是使工件结合面上的每一点,都相对于另一工件的结合面做同样轨迹的运动。运动的轨迹可以是线形,也可以是非线形的轨道运动。在焊接过程中,一侧工件在轨道式机构作用下,相对于另一侧被夹紧的工件表面做相对运动,并在轴向施加压力,随着摩擦运动的进行,摩擦表面被清理并产生摩擦热,摩擦表面的金属逐渐达到黏塑性状态,并产生变形,而后停止运动并施加顶锻力,完成焊接。如图 10-4 所示,轨道式摩擦焊打破了传统的旋转式摩擦焊只限于焊接圆柱断面工件的局限性,可以焊接方形、圆形和多边形断面的工件。根据不同的运动轨迹,轨道式摩擦焊又分为线形摩擦焊和(非线形)轨迹摩擦焊。

(2)嵌入摩擦焊 嵌入摩擦焊是利用摩擦焊原理,把相对较硬的材料嵌入到较软的材料中。嵌入摩擦焊的工作原理如图 10-5 所示。工作时两个工件之间相对运动所产生的摩

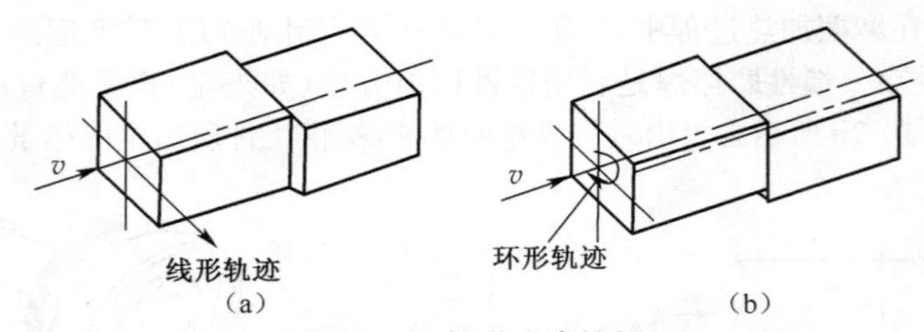

图 10-4 轨道式摩擦焊

(a)线形摩擦焊 (b)轨迹摩擦焊

擦热，在软材料中产生局部塑性变形，高温塑性材料流入预先加工好的硬材料的凹区中。拘束肩迫使高温塑性材料紧紧包住硬材料的连接接头。当转动停止，焊件冷却后，即形成可靠接头，并且两侧工件相互嵌套形成机械连接。

嵌入摩擦焊目前主要应用于电力、真空和低温等行业非常重要的材料连接中，如铝－铜、铝－钢和钢－钢等。嵌入摩擦焊还可用于制造发动机阀座、连接端头、压盖和管板过渡接头，也可用于连接热固性材料和热塑性材料。

(3)第三体摩擦焊 第三体摩擦焊的工作原理如图 10-6 所示。低熔点的第三

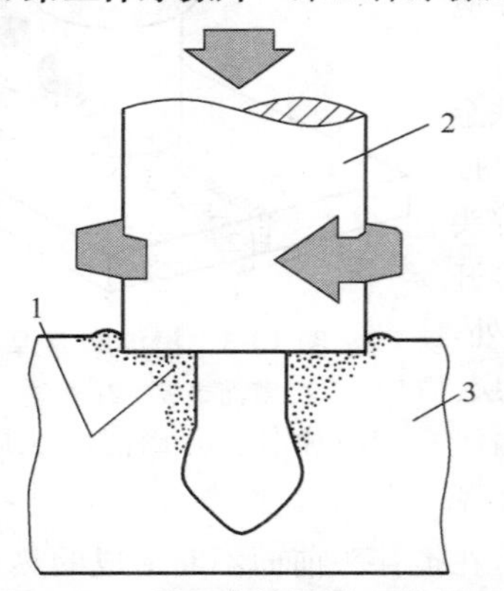

图 10-5 嵌入摩擦焊的工作原理

1. 拘束肩 2. 较硬材料 3. 较软材料

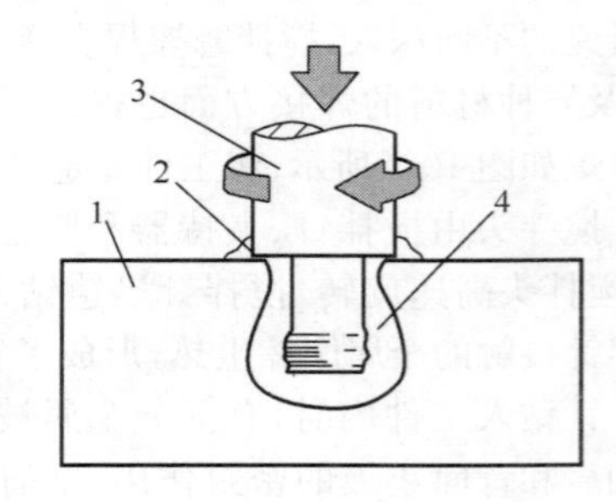

图 10-6 第三体摩擦焊的工作原理

1. 板件 2. 拘束肩

3. 螺柱 4. 熔点较低的第三体

种物质在轴向压力和转矩作用下，在被连接部件之间的间隙中摩擦生热和发生塑性变形。相对摩擦运动可以产生足够的清理效果，不需要焊剂和可控保护气体。冷却后，第三体材料固化，从而把两个部件锁定形成可靠的接头。

第三体摩擦焊方法主要用于难以焊接的材料，如陶瓷－陶瓷、金属－陶瓷、热固性材料－热塑性复合材料等，可以形成高强度接头。

(4)相位控制摩擦焊 相位控制摩擦焊是在摩擦加热过程中，通过机械同步插销配合或同步驱动系统，进行工件焊后的相位控制，使工件后棱边对齐、方向对正或相位满足要求，用于六角钢、八角钢、汽车操纵架等相对位置有要求的工件焊接。

(5)径向摩擦焊 旋转摩擦焊是在焊接过程中轴向加压，而径向摩擦焊为径向加压。径向摩擦焊是在被焊两管件端部开坡口，管内套有芯棒，并相互对好、夹牢，然后在接头坡口中放入一个具有与管件相似成分的整体圆环。该圆环有内锥面，焊前应使内锥面与坡口

底部首先接触；焊接时，工件静止，圆环高速旋转并向两管端施加径向摩擦压力。摩擦加热结束，停止圆环转动，并向圆环施加顶锻压力使两管端焊牢。径向摩擦焊如图 10-7 所示。

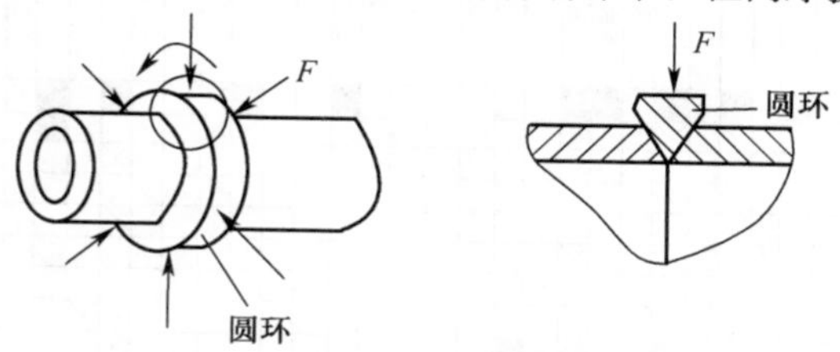

图 10-7　径向摩擦焊

(6)摩擦堆焊　摩擦堆焊的原理如图 10-8 所示。堆焊金属圆棒相对于工件以转速 n_1 旋转，堆母件(母材)也同时以转速 n_2 旋转，在压力 P_1 的作用下，圆棒和母材摩擦生热。由于母材体积大、冷却速度快，所以，堆焊金属过渡到母材上形成堆焊焊缝。摩擦堆焊适用于异种材料的连接，特别是摩擦堆焊焊缝金属具有高的晶格畸变程度、晶粒细化、强韧性能好等优点，故适用于进行表面堆焊。

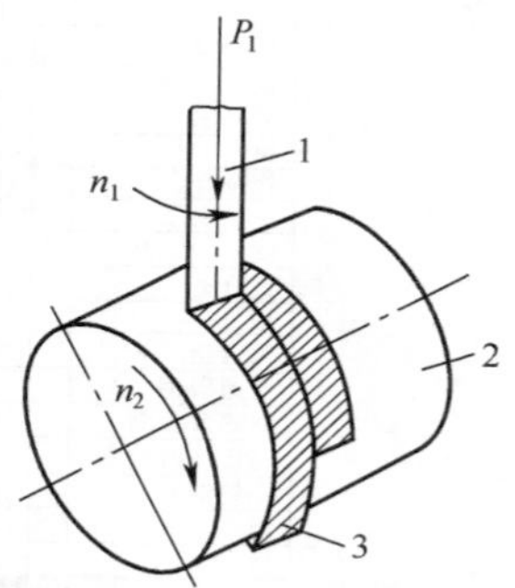

图 10-8　摩擦堆焊的原理

1. 堆焊金属圆棒　2. 堆焊件　3. 堆焊焊缝

(7)超塑性摩擦焊　超塑性摩擦焊是按焊接工艺特点进行分类的，是通过控制措施，使焊合区在焊接过程中处于超塑性状态的摩擦焊。优点是可避免高温下形成硬脆的金属间化合物，保持被焊材质的热处理状态。适用于异种难焊金属的焊接，也可用于特种金属的有效焊接。

三、摩擦焊的特点

摩擦焊的优点是焊接时不需要填充金属，焊接过程中不需要焊剂和保护气体。焊接质量好且稳定，废品率极低，甚至无废品。焊接生产效率高，是闪光焊的 4～6 倍。能保证工件尺寸的精度，误差仅为零点几毫米。焊机功率小，耗电量小，与闪光焊比，可省电 70%～80%，工件材料损耗少。加工费用低，由于摩擦焊节省电能，金属焊接变形量小，接头在焊前不需清理，接头上的飞边有时可不必去除，焊接时不需要填充材料和保护气体，所以加工成本低。容易实现自动化，操作技术简单易学，劳动条件好。工作场地卫生，没有火花、弧光和有害气体，没有环境污染。

缺点是对非圆形断面的工件焊接较困难，需专用设备；对盘状薄零件和管壁件，由于不易夹固，施焊也很困难；易碎材料不能进行摩擦焊。由于受摩擦焊机主轴电动机功率和压力的限制，目前最大焊接工件的断面积仅为 $200cm^2$。摩擦焊机的一次性投资大，只有大批量集中生产时，才能降低焊接生产成本。无损检验困难。

四、摩擦焊的应用范围

可焊接绝大多数金属及其合金，常用材料摩擦焊的焊接性如图 10-9 所示。适合于难熔材料、复合材料、轻金属、粉末冶金材料，陶瓷和塑料等非导电材料，以及异种材料的焊接，如钢-铝、铜-不锈钢、碳钢-不锈钢等。摩擦焊技术不仅在锅炉、压力容器、机械制造、汽车制造、石油和化工等生产领域得到应用，而且在航空航天、核电设备、海洋开发等高新技术领域也得到广泛的应用。

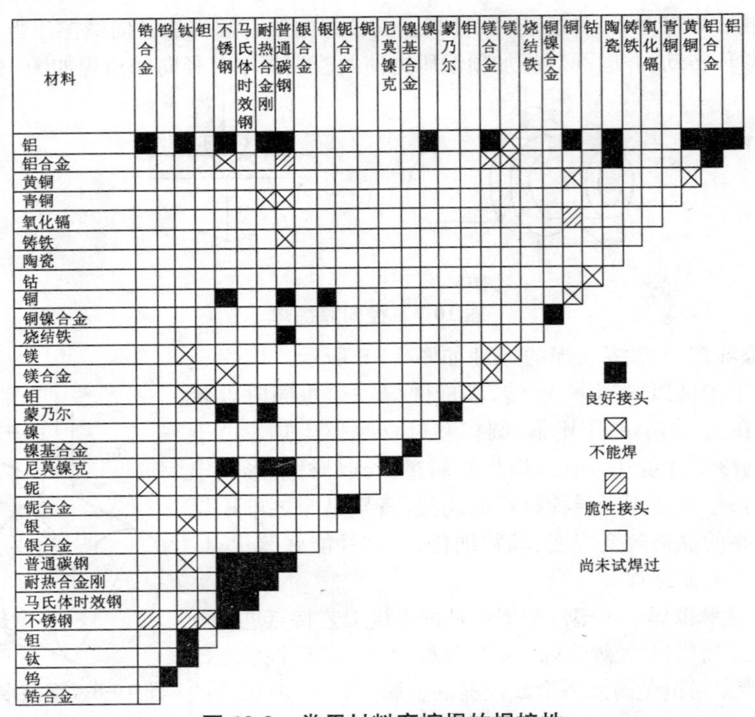

图 10-9 常用材料摩擦焊的焊接性

第二节 摩擦焊设备

一、摩擦焊机的类型

摩擦焊是一种自动焊接方法，设备比较复杂，其中最常用的是普通型连续驱动摩擦焊机和惯性摩擦焊机。摩擦焊机是能使工件接触面在压力作用下，做相对旋转运动，产生摩擦热，再给以适当顶锻以完成焊接的一种设备。摩擦焊可以焊接钢铁材料、非铁金属、同种和异种金属及非金属材料。

连续驱动式摩擦焊机由夹具、传动机构、加压机构、制动装置和控制装置等组成；惯性式摩擦焊机由夹具、传动机构、飞轮、加压机构和控制装置等组成。摩擦焊机的类型及使用特点见表 10-1。

表 10-1 摩擦焊机的类型及使用特点

类型	特 征	使用特点
连续驱动式	是利用电动机直接驱动，在摩擦过程中，工件始终由电动机带动旋转	焊接参数较多，加压有摩擦压力和顶锻压力两个阶段，焊接终了时要制动，控制比较复杂，焊接周期长；但对各种直径工件的适应性较好
惯性式	利用飞轮储藏的能量进行焊接，焊接时工件间摩擦速度逐渐下降，直至飞轮能量耗尽	焊接参数少，轴向压力不变，不需要制动，焊接周期短，控制简单；对各种直径工件的适应和焊接质量较差

二、常用摩擦焊机的结构特点

1. 连续驱动摩擦焊机

普通型连续驱动摩擦焊机结构如图 10-10 所示。这种摩擦焊机主要由主轴系统、加压系统、机身、夹头、检测与控制系统和辅助装置等组成。

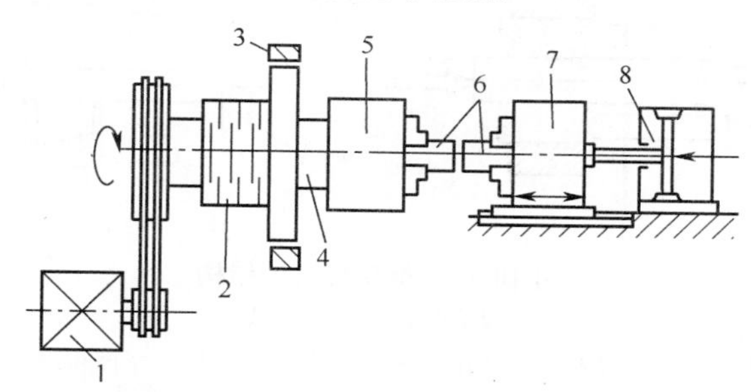

图 10-10　普通型连续驱动摩擦焊机结构

1. 主轴电动机　2. 离合器　3. 制动器　4. 主轴
5. 旋转夹头　6. 工件　7. 移动夹头　8. 轴向加压液压缸

(1)主轴系统　主要由主轴电动机、传动带、离合器、制动器、轴承和主轴等组成，主轴系统提供传送焊条所需的功率，并承受摩擦转矩。

主轴系统的工作比较艰巨、复杂。转速高，要传送大的功率和转矩，特别是峰值功率和转矩，承受大的摩擦压力和顶锻压力。在绝大多数情况下主轴转速只有一个。当工件材料和直径变化时，主要靠调节摩擦压力和摩擦时间来调整焊接参数，这种主轴系统的结构就比较简单。会产生脆性合金的异种金属，如铝-铜、铝-钢等在焊接时，对转速要求严格，为了保持一定的摩擦加热温度，主轴转速将随工件直径的改变而改变，这种主轴系统的结构就复杂了。

(2)加压系统　主要包括加压机构和受力机构。加压机构的核心是液压系统，分为夹紧油路、滑台快进油路、滑台工进油路、顶锻保压油路和滑台快退油路等部分。

夹紧油路主要通过对离合器的压紧与松开完成主轴的起动、制动和工件的夹紧、松开等任务。当工件装夹完成后，滑台快进；为了避免两工件发生撞击，当接近到一定程度时，通过油路的切换，滑台由快进转为工进；工件摩擦时，提供摩擦压力。顶锻回路用以调节顶锻力和顶锻速度的大小。当顶锻保压结束后，又通过油路切换实现滑台快退，到达原位后停止运动，一个循环结束。

受力机构的作用是平衡轴向力（摩擦压力、顶锻压力）和摩擦转矩以及防止焊机变形，保持主轴系统和加压系统的同轴度。轴向力的平衡可采用单拉杆或双拉杆结构，即以工件为中心，在机身中心位置设置单拉杆，或以工件为中心，对称设置双拉杆；转矩的平衡常用装在机身上的导轨来实现。

(3)机身　一般为卧式，少数为立式。为防止变形和振动，机构应有足够的强度和刚度。主轴箱、导轨、栏杆、夹头都装在机身上。

(4)夹头　分为旋转和移动(固定)两种。旋转夹头的结构如图 10-11 所示，又有自定心弹簧夹头和三爪夹头之分。弹簧夹头适用于直径变化不大的工件，三爪夹头适用于直径变化较大的工件，移动夹头大多为液压台虎钳，移动(固定)夹头的结构如图 10-12 所示。其中简单型适用于直径变化不大的工件，自动定心型适用于直径变化较大的工件，为了使工件夹持牢固，夹头与工件的接触部分硬度要高、耐磨性要好。

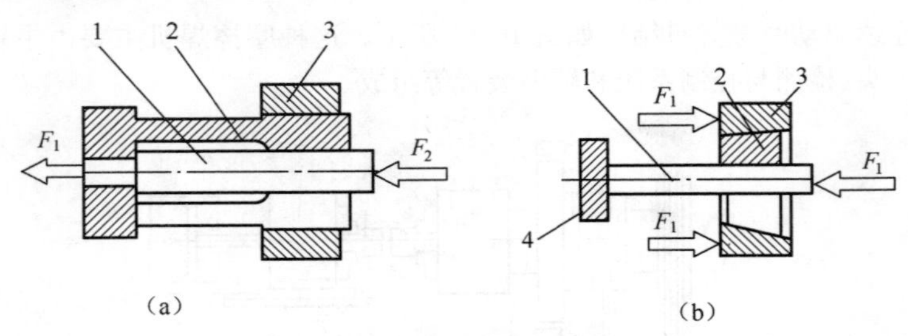

图 10-11 旋转夹头的结构

(a)弹簧夹头 (b)三爪夹头

1. 工件 2. 夹爪 3. 夹头体 4. 挡铁 F_1—预紧压力 F_2—摩擦和顶锻时的轴向压力

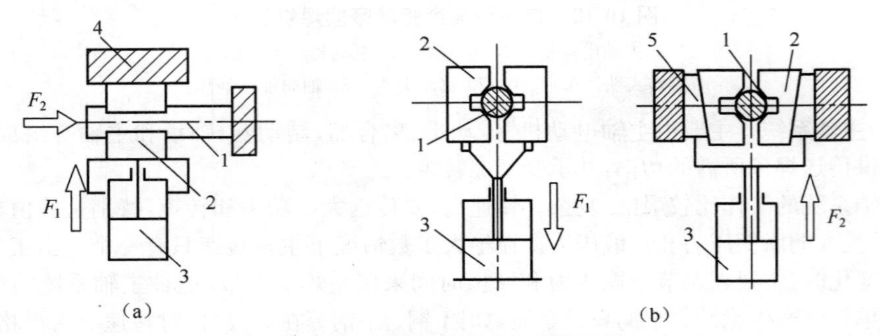

图 10-12 移动(固定)夹头的结构

(a)简单液压台虎钳 (b)自动定心液压台虎钳

1. 工件 2. 夹爪 3. 液压缸 4. 支座 5. 挡铁 F_1—夹紧力 F_2—摩擦和顶锻压力

(5)检测与控制系统 参数检测主要涉及时间(摩擦时间、刹车时间、顶端上升时间、顶端维持时间)、加热功率压力(摩擦压力、顶锻压力)、变形量、转矩、转速、温度、特征信号(如摩擦开始时刻，功率峰值及所对应的时刻)等。

控制系统包括程序控制和焊接参数控制，程序控制用来完成上料、夹紧、滑台快进、滑台工进、主轴旋转、摩擦加热、离合器松开、刹车、顶锻保证、车除飞边、滑台后退、工件退出等顺序动作及其联锁保护等，焊接参数控制是根据方案进行相应的诸如时间控制、功率峰值控制、变形量控制、温度控制、变参数复合控制等。

(6)辅助装置 主要包括自动送料、卸料、自动切除飞边装置等。

2. 惯性摩擦焊机

惯性摩擦焊机的结构如图 10-13 所示。惯性摩擦焊机主要由电动机、主轴、飞轮、夹盘、移动夹具、液压缸等组成。

工作时，飞轮、主轴、夹盘和工件都被加速到与给定能量相应的转速时，停止驱动，工件和飞轮自由旋转，然后使两工件接触并施加一定的轴向压力，通过摩擦使飞轮的动能转换为摩擦面的热能，飞轮转速逐渐降低，当转速变为零时，焊接过程结束。其工作原理与连续驱动摩擦焊机基本相同。

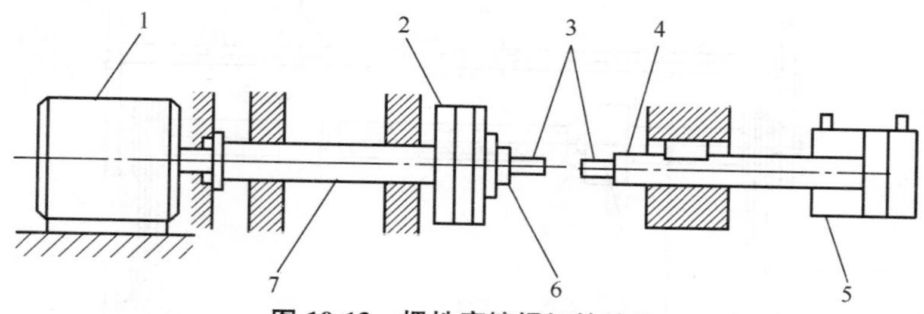

图 10-13 惯性摩擦焊机的结构

1. 电动机 2. 飞轮 3. 工件 4. 移动夹具 5. 液压缸 6. 夹具 7. 主轴

3. 相位控制摩擦焊机

机械同步摩擦焊机的结构如图 10-14 所示。插销配合摩擦焊机的结构如图 10-15 所示。同步驱动摩擦焊机的结构如图 10-16 所示。

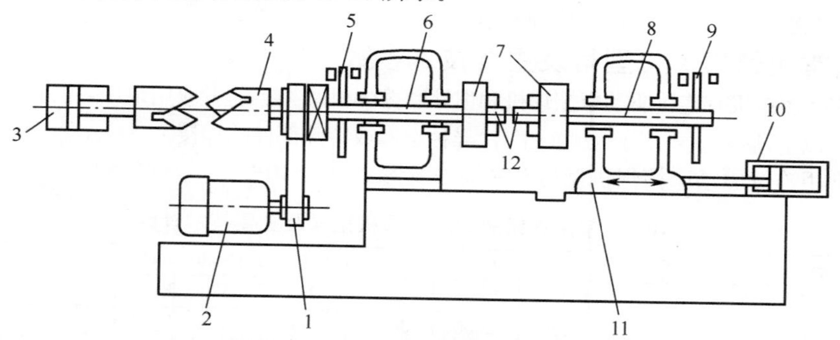

图 10-14 机械同步摩擦焊机的结构

1. 传动带 2. 电动机 3. 校正和顶锻液压缸 4. 校正凸轮 5、9. 制动器 6. 驱动主轴 7. 卡盘 8. 静止主轴 10. 液压缸 11. 移动装置 12. 工件

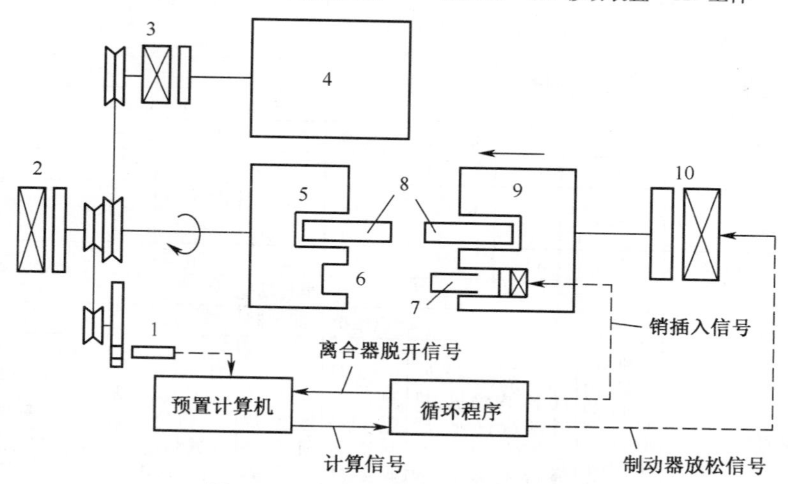

图 10-15 插销配合摩擦焊机的结构

1. 接近开关 2. 制动器 A 3. 离合器 4. 主电动机 5. 主轴
6. 孔 7. 销 8. 工件 9. 尾座主轴 10. 制动器 B

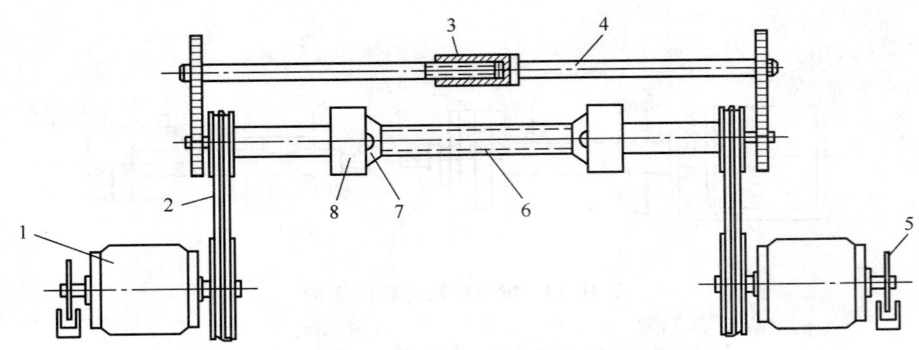

图 10-16　同步驱动摩擦焊机的结构

1. 电动机　2. 传动带　3. 花键　4. 同步杆　5. 制动器　6. 固定的管轴　7. 旋转轭　8. 夹头

除通用摩擦焊机外，还出现了不少专用摩擦焊机，如潜水泵转轴摩擦焊机、石油钻杆摩擦焊机、内燃机增压器涡轮轴摩擦焊机、麻花钻头摩擦焊机等。

三、常用摩擦焊机型号及主要技术参数

常用摩擦焊机有连续驱动摩擦焊机和惯性摩擦焊机两类。前者应用最广，约占全部摩擦焊机的90%以上，后者主要用于大断面工件、异种金属或特殊部件的焊接。

①常用连续驱动摩擦焊机型号及主要技术参数见表10-2。

表 10-2　常用连续驱动摩擦焊机型号及主要技术参数

型号		C-10	C-25	C-40	C-200	C-250	C-630	C-800	C-1250
最大顶锻力/kN		10	25	40	200	250	630	800	1250
主轴旋转/(r/min)		5000	3000	2500	2000	1350	575	850	580
工件直径/mm(中碳钢)		6.5～10	5～10	8～14	12～34	8～40	60～114	40～75	60～140
夹具夹料长度/mm	旋转	20～180	50～270	50～270	50～335	50～300	2500～10000	80～25	—
	移动	5～150	10～370	10～370	80～172	70～800	1800～10000	115～250	—
滑台最大行程/mm		200	320	320	415	300		500	460
顶锻保压时间/s		0～5	0～8	0～8	0～8	0～8	3～30	0.1～40.0	0.1～40.0
摩擦时间/s		0～10	0～10	0～10	0～40	0～40	1～30	0.1～40.0	0.1～40.0
刹车时间/s		≤0.3	≤0.3	≤0.3	≤0.3	≤0.3	—	—	—
摩擦工进速度/(mm/s)		2～20	2～20	2～20	1～12	—	2～505 220	≤50	—
顶锻速度/(mm/s)		<100	50	50	32	30	50	50	22
自动化程度		半自动化							
规范控制方法		以摩擦时间控制焊接过程							
说明		机械、工具、内燃机制造等行业中零件的焊接	工具制造行业、汽车、内燃机、机器制造行业、轻工、纺织、自行车等行业零件的焊接		工具制造行业、机械制造行业零件的焊接	长管摩擦焊机、管径25～54mm	工具制造、汽车、拖拉机制造、机械制造行业等零件的焊接		石油钻杆的焊接、备有切除内外飞边装置

②典型摩擦焊机型号及主要技术参数见表10-3。

表 10-3 典型摩擦焊机型号及主要技术参数

焊机型号及用途	主轴电动机功率/kW	主轴转速/(r/min)	最大轴向压力/kN	工件最大尺寸/mm		加压方式	备注
				旋转端	固定端		
1 型锅炉省煤器蛇形管摩擦焊机(20 钢)	17	1430	100	ϕ32×4 长 12m	ϕ32×4 长度不限	气-液动、双拉杆,移动夹头加压	哈尔滨锅炉厂、哈尔滨焊接研究所 联合设计制造
汽车排气门自动摩擦焊机(65Mn18A15Si2V+40Mn2)	4	2000	50	10.4,长 35~50	ϕ10.4,长 200~300	液动、旋转夹头加压	哈尔滨焊接研究所
TZH102 型轴瓦摩擦焊机(20 钢)	30	1000	125	ϕ92×11.5 长 6	ϕ79×5	液动、双拉杆,移动夹头加压	上海机电设计院设计
大型圆柄切削刀具摩擦焊机(P18+45 钢)	55	800	1200	ϕ(30~80) 长 300	ϕ(30~80) 长 300	液动、双拉杆,移动夹头加压	哈尔滨量具刃具厂制造
铝-铜低温摩擦焊机(HS-M8型)	10	160~1030	200	ϕ(6~25) 长 150	ϕ(6~25) 长 150	机械加压,双拉杆、移动夹头加压	哈尔滨焊接研究所设计制造
石油钻杆摩擦焊机(35CrMo+40Mn2)	180	530	1200	ϕ141×20 长 600	ϕ141×20 长 12m	液动、双拉杆,移动夹头加压	哈尔滨焊接研究所、太原重型机械厂 联合设计制造
C20 型摩擦焊机(刀具毛坯)	17	2000	200	ϕ(12~34) 长 50~335	ϕ(12~34) 长 80~172	液动,移动夹头加压	长春焊接制造厂制造
C2.5 型摩擦焊机(通用)	7.5/5.5	3000	25	ϕ(5~10) 长 50~270	ϕ(5~10)长 100~370	液动,移动夹头加压	长春焊接制造厂制造

③美国 MIT 公司专业生产系列惯性摩擦焊机，其中 800 型惯性摩擦焊机是世界上正在使用的最大的摩擦焊机，专门用于焊接航空发动机的各种合金部件。美国 MTI 公司惯性摩擦焊机型号及主要技术参数见表 10-4。

表 10-4 美国 MTI 公司惯性摩擦焊机型号及主要技术参数

型号	最大转速/(r/min)	惯性矩/(kg·m^2)	最大焊接力/kN	最大管形焊接面积/mm^2
40	45000/60000	0.00063	222	45.20
60	12000/24000	0.094	40.03	426
90	12000	0.21	57.82	645
120	8000	0.21	124.54	1097
150	8000	2.11	222.40	1677
180	8000	42	355.80	2968
220	6000	25.30	578.20	4194
250	4000	105.40	889.60	6452
300	3000	210	1112	7742
320	2000	421	1556.80	11613
400	2000	1054	2668.80	19355
480	1000	10535	3780.80	27097
750	1000	21070	6672	48387
800	500	42140	2000	145160

第三节 摩擦焊工艺

一、焊前准备

(1)接头形式 摩擦焊仅限于平面对接及斜面对接两种接头形式，而且对接面必须对称于旋转轴。

①摩擦焊接头的基本形式见表 10-5。

表 10-5 摩擦焊接头的基本形式

接头形式	简图	接头形式	简图
棒-棒	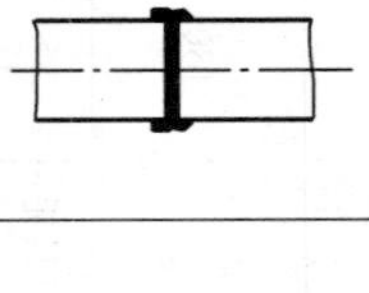	棒-管	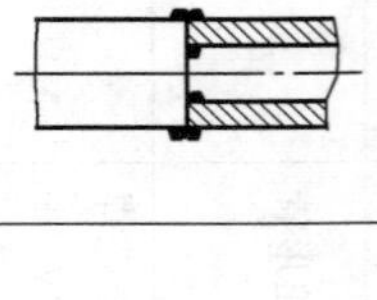
管-管	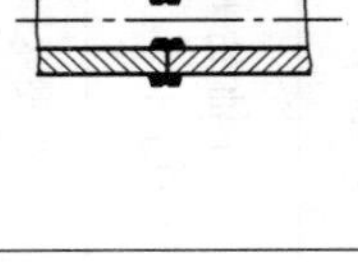	棒-板	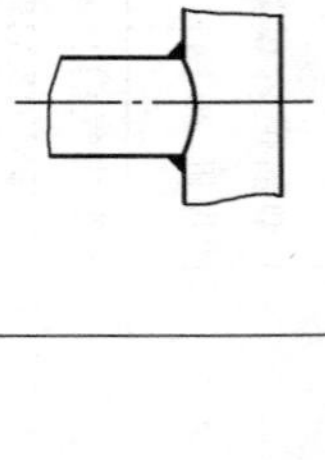

续表 10-5

接头形式	简图	接头形式	简图
管-板	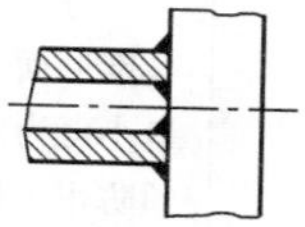	棒-管板	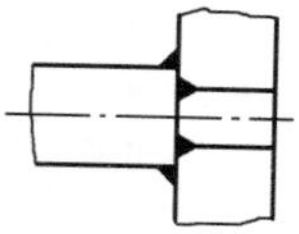
管-管板	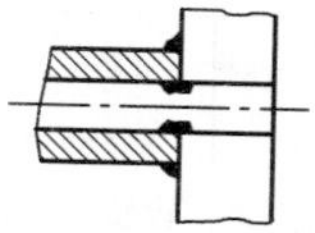	矩形多边形-棒或板	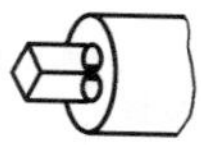

②摩擦焊接头的特殊形式见表 10-6。

表 10-6 摩擦焊接头的特殊形式

接头形式	示意图	特点
等断面接头	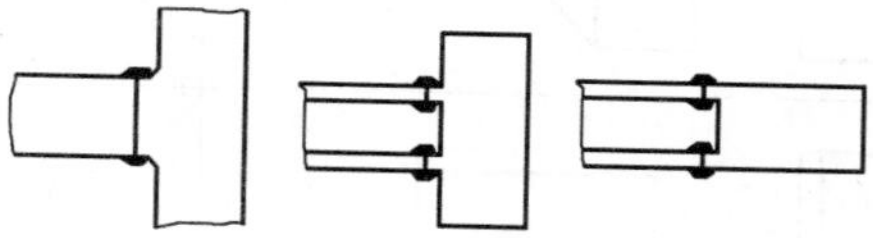	将焊接接头置于远离应力集中的部位，也有利于热平衡，便于顶锻和清除飞边
带飞边槽接头	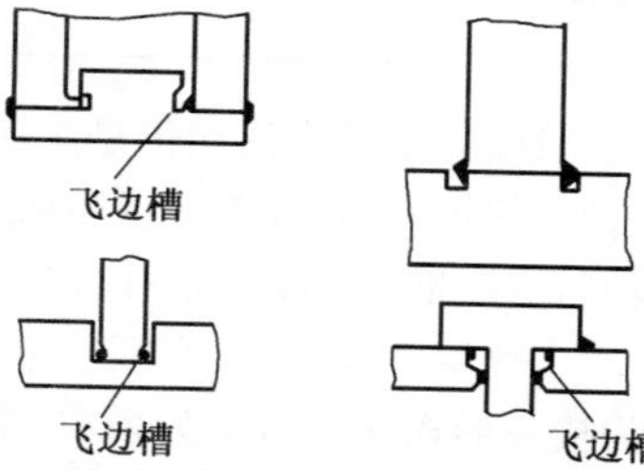 飞边槽 飞边槽 飞边槽	不允许露出又无法切除飞边的工件可用飞边槽，保持工件外观和使用性能
复式接头 （同心管-棒、板） （同心管、棒-板）	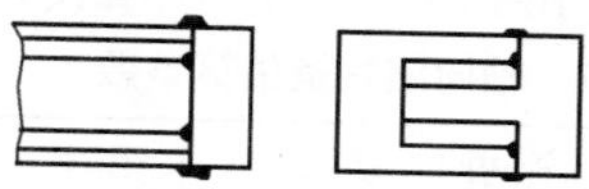	同时将两个接头焊成
端面倒角接头	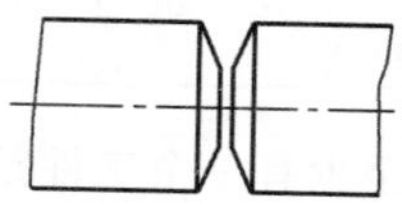	1. 用于大断面的棒、管件的摩擦焊，以减少工件外缘的摩擦热量； 2. 锥形部分长度不得超过缩短量的 50%
棒-棒 管-管	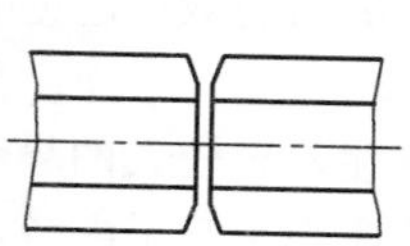	

续表 10-6

接头形式	示意图	特点
锥形接头（管-管）（棒-板）		锥形面与中心线成 30°～45°，最小可为 8°的斜面，但角度选择须防止工件从孔中挤出
异种材料锥形接头（棒-棒）	钢 钢 铝 钢	异种材料摩擦焊时，其中一件较软，可选用锥形接头和硬规范
焊后锻压成形（棒-棒）	去飞边 锻造	将棒材对接，焊后用锻压方法再制成所需形状
焊后展开轧制成形（管-管）	去飞边 展开辊轧	将管-管对接焊后，去飞边，展开辊轧成板材，用于不适于转动的板件摩擦焊

(2)轴向缩短量 摩擦焊在生产领域中应用最广泛的仍是旋转式摩擦焊。在摩擦焊过程中的轴向压力作用下，工件会产生轴向缩短，而在焊合处产生飞边，因此在准备毛坯时轴向尺寸需留有余量。惯性摩擦焊时轴向缩短量可用下式估计

$$L=L_0+KD$$

式中，L 为轴向缩短量(mm)；L_0、D 为接头形式(mm)；K 为系数。

公式中轴向缩短量估算参数见表 10-7，采用上式的计算误差约 10%。

表 10-7 轴向缩短量估算参数

接头形式	棒-棒	棒-板	管-管	管-板	接头形式	棒-棒	棒-板	管-管	管-板
L_0/mm	1.3	0.9	3.8	2.5	D/mm	外径	棒件外径	壁厚	管子壁厚
K	0.100	0.067	0.200	0.133					

(3)接头表面结构 旋转式摩擦焊应至少有一个工件是圆形断面。为了夹持方便、牢固，保证焊接过程不失稳，应尽量避免设计薄管、薄板接头。一般倾斜接头应与中心线成 30°～45°的斜面。采用中心部位凸起的接头，可有效地避免中心未焊合，接头表面凸起设计的标准如图 10-17 所示。

(4)热平衡设计 对锻压温度及导热性差异较大的异种金属，必须采取热平衡措施。当管子与薄板组成管-板焊接时，板上的孔应小于管子内径，以免管-板孔周围过热；管子和厚板组成的管-板焊可用同样内径的孔；当合金钢与镍合金焊接时，合金钢工件的直径应比

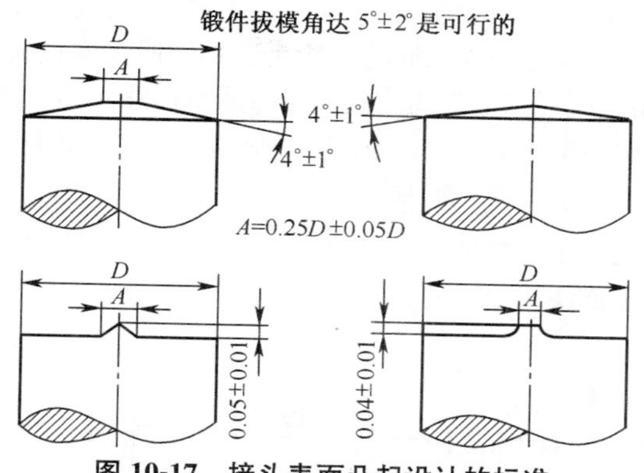

图 10-17　接头表面凸起设计的标准

镍基合金工件大 1/8～1/16，如是管子则合金钢管的内径应比镍基合金小 1/8～1/16；当焊刃具时，如均为工具钢，可采用棒对平板的形式，如用合金钢刀柄则设计成棒对棒的形式。

(5)毛刺溢出槽的设计　在封闭型接头中应设计有毛刺溢出槽，以利于氧化夹杂物及毛刺的挤出。

(6)接头表面准备　工件的摩擦端面应平整，中心部位不能有凹面或中心孔，以防止焊缝中包藏空气和氧化物。但切断刀留下的中心凸台则无害，有助于中心部位加热。当结合面上具有厚的氧化层、镀铬层、渗碳层或渗氮层时，常不易加热或被挤出，焊前应用机械或化学法清除。摩擦焊对工件结合面的粗糙度、清洁度要求并不严格，如果能加大焊接缩短量，则气割、冲剪、砂轮磨削、锯断的表面均可直接焊接。

二、工艺特点和要求

(1)工艺特点

①焊接钢时，除含硅、硫较高的特殊用钢外，均可得到与母材性能相同的接头。随着钢材碳当量的提高，需选用较弱的规范，以降低接头的硬化程度。低碳钢的焊接参数可在较宽的范围内选择，高合金钢的焊接参数范围窄，并需用较高的摩擦及顶锻压力。

②高热导率的材料或表面易擦伤及冷作硬化的材料(如铜、铝)，必须用较高的转速，以便在降低摩擦转矩的同时有较高的热输入。

③焊接常温及高温物理性能相差很大的异种材料时，为使两种材料的变形均匀，可在易变形材料的焊接端加环形模，以增大其抗塑变阻力，也可适当增加易变形材料的面积。

④某些异种金属(如铜-铝、钢-铝)的焊接面的温度超过共晶点时，将产生大量脆性相，使接头变脆。因此，要选择适当的焊接参数，把焊接温度限制在共晶点以下，并尽量缩短焊接时间，以防止或减少脆性相的形成。

⑤不锈钢-锆合金的焊接可用铝作为中间过渡金属。

(2)工艺要求

①焊接面的表面平面度不宜太大，应避免焊接面中心凹陷；焊接面有中心孔时，孔的直径及深度应足够大，以容纳飞边及空气；焊接面上的锻造、轧制氧化皮及渗碳、渗氮或镀层应在焊前去除掉；焊接活性金属时，焊接面必须仔细清洗。

②焊前热处理对焊接性有一定的影响，如铜-铝焊接前，应分别进行退火处理。焊后热

处理有利于改善接头的应力、组织状态，提高工件性能，特别是疲劳极限，降低飞边硬度（便于去除）或防止焊后开裂。热处理要求同种钢接头通常用回火或正火处理等。异钟钢接头焊后热处理时要注意防止生成扩散产物。碳当量 w_{CE}0.4%～0.5%的钢，一般可在焊后任何时间内进行热处理；碳当量 w_{CE}＞0.8%的钢，焊后应立即入炉热处理。

三、连续驱动摩擦焊工艺要点

(1)原理及特点 连续驱动摩擦焊过程如图 10-18 所示。在摩擦及顶锻阶段，焊接区处于高温的金属被挤出，形成环状的飞边。

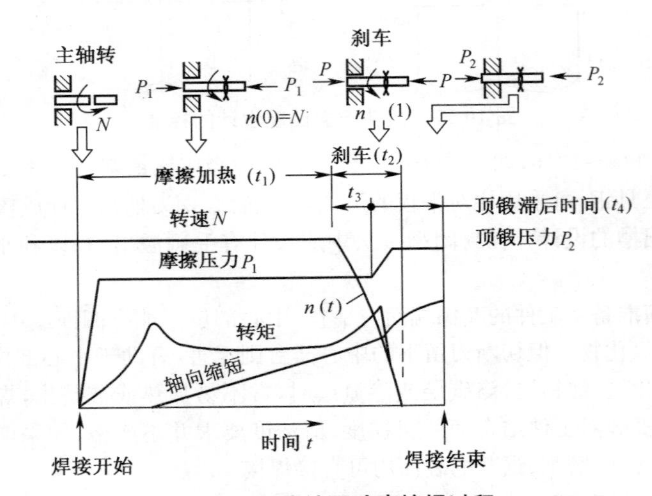

图 10-18 连续驱动摩擦焊过程

(2)焊接参数

①转速 n。在焊接过程中，如转速过低将产生过大的转矩，使工件不易被夹持住；而高转速，对轴向推力 P_1 和加热时间（摩擦时间）t_1 的精确控制要求较高。一般钢的旋转线速度取 1.3～1.8m/s。

②压力。包括摩擦压力 P_1 和顶锻压力 P_2。加热压力决定了焊接区的温度梯度，还影响驱动功率和轴向缩短量；顶锻压力对接头形成影响很大。对钢而言，形成致密焊缝的压力范围很宽，加热压力在 20～100MPa，顶锻压力在 40～280MPa。

③加热时间 t_1。加热时间过短，不能形成完整的塑性变形层，温度分布也不能满足焊接要求；加热时间过长，将导致金属过热，缩短量增加，降低生产效率。连续驱动摩擦焊加热时间一般在 1～40s，具体参数由试验确定。

④摩擦变形量。与转速、摩擦压力、摩擦时间、材质的状态和变形抗力有关，要得到牢固的接头，必须有一定的摩擦变形量，通常选取的范围为 1～10mm。

⑤刹车时间 t_2 和顶锻滞后时间 t_4。刹车时间是指转速由给定值下降到零所对应的时间，当从短到长变化时，摩擦转矩后峰值从小到大。刹车时间还影响接头的变形层厚度和焊接质量，当变形层较厚时，刹车时间要短；当变形层较薄而且希望在刹车阶段增加变形层厚度时，则可延长刹车时间。通常选取 0.1～1.0s。顶锻滞后时间是为了调整摩擦转矩后峰值和变形层的厚度。

⑥常用材料连续驱动摩擦焊焊接参数见表10-8。

表10-8 常用材料连续驱动摩擦焊焊接参数

焊接材料	接头直径/mm	焊接参数				备注
		转速/(r/min)	摩擦压力/MPa	摩擦时间/s	顶锻压力/MPa	
45钢+45钢	16	2000	60	1.5	120	—
45钢+45钢	25	2000	60	4	120	—
45钢+45钢	60	1000	60	20	120	—
不锈钢+不锈钢	25	2000	80	10	200	—
高速钢+45钢	25	2000	120	13	240	采用模子
铜+不锈钢	25	1750	34	40	240	采用模子
铝+不锈钢	25	1000	50	3	100	采用模子
铝+铜	25	208	280	6	400	采用模子
GH4169	20	2370	90	10	125	—
GH22	20	2370	65	16	95	—
7A04	20	1500	29	1	52	—
Ti17	20	2370	40	1	40	—
30CrMnSiNi2A	20	2370	30	6	55	—
40CrMnSnMoVA	20	2370	35	3	78	—
1Cr18Ni9Ti	25	2000	40	10	100	—
20GrMnTi+35	20	2000	34	4.5	130	—

四、惯性摩擦焊工艺要点

(1)原理及特点 惯性摩擦焊利用飞轮的惯性，使焊接的转速由开始时的焊接速度，逐渐降低为焊接终了时的零值，惯性摩擦焊过程如图10-19所示。

(2)可调节焊接参数

①飞轮惯性矩(转动惯量)。它决定了工件端面的加热程度。惯性矩的大小，取决于飞轮的质量和惯量半径。

②轴向压力。是指两工件端面摩擦时的压力，对温度及温度分布影响较大，一般根据材料和棒材的直径选取。

③飞轮初速度。对于每一种金属都存在一个能使接头具有最佳性能的转速度范围。在焊接实心钢棒时，初速度范围为2.5～7.6m/s。

飞轮质量和初速度可在较宽的范围内变化，而保持总能量不变。大的飞轮能延长顶锻阶段；若飞轮太小，则顶锻阶段不足以压实焊缝和从界面上挤出杂质。

目前，摩擦焊接规范还不能用计算方法来确定，可以在较大范围内变动，生产中所采用的规范，都是用试验方法确定的。

焊接参数对惯性摩擦焊接头界面上加热状态和毛刺形状的影响如图10-20所示。常用

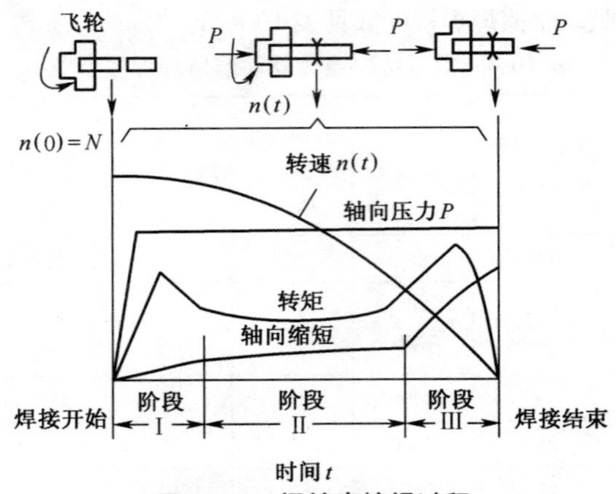

图 10-19 惯性摩擦焊过程

材料惯性摩擦焊焊接参数见表 10-9。

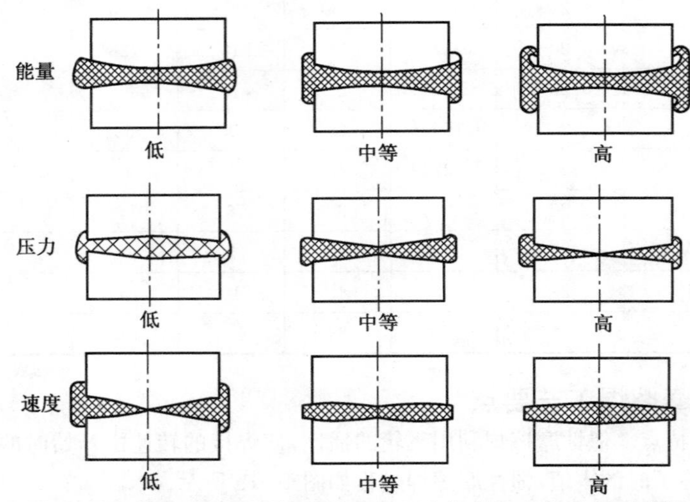

图 10-20 焊接参数对惯性摩擦焊接头界面上加热状态和毛刺形状的影响

表 10-9 常用材料惯性摩擦焊焊接参数

材料	转速/(r/min)	惯性矩/($kg\cdot m^2$)	轴向压力/kN
20 钢	5730	0.23	68
45 钢	5530	0.29	83
合金钢 20CrA	5530	0.27	76
不锈钢 ZGOCr17Ni14CoNb	3820	0.73	110
超高强度钢 40CrNi2MoVA	3820	0.73	138
纯钛	9550	0.06	18.6
钛合金 7A04	9550	0.07	20.7
铝合金 2A12	3060～7640	0.41～0.08	41

续表 10-9

材料	转速/(r/min)	惯性矩/(kg·m²)	轴向压力/kN
铝合金 7A04	3060～7640	0.41～0.08	89.7
镍基合金 CH600	4800	0.60	117
镍基合金 CH4169	2300	2.89	206.9
镍基合金 CH901	3060	1.63	206.9
镍基合金 CH738	3060	1.63	206.9
镍基合金 CH141	2300	2.89	206.9
镍基合金 CH536	2300	2.89	206.9
镁合金 MB7	3060～11500	0.40～0.03	51.7
镁合金 MB5	3060～11500	0.22～0.02	40

五、摩擦焊常见缺陷及其产生原因

常见摩擦焊缺陷及其产生原因见表 10-10。

表 10-10　常见摩擦焊缺陷及其产生原因

缺陷名称	缺陷产生的原因
接头偏心	焊机刚度低，夹具偏心，工件端面倾斜或在夹头外伸出量太长
飞边不封闭	转速低，摩擦压力太大或太小，摩擦时间太长或太短，以致顶锻焊接前接头中变形层和高温区太窄；停车慢
未焊透	焊前摩擦表面清理不良，转速低，摩擦压力太大或太小，摩擦时间短，顶锻压力小
接头组织扭曲	速度低，压力大，停车慢
接头过热	速度高，压力小，摩擦时间长
接头淬硬	焊接淬火钢时，摩擦时间短，冷却速度快
焊接裂缝	焊接淬火钢时，摩擦时间短，冷却速度快
氧化灰斑	焊前工件清理不良，焊机振动，压力小，摩擦时间短，顶锻焊接前，接头中的变形层和高温区窄
脆性合金层	焊接会产生脆性合金化合物的一种金属时，加热温度高，摩擦时间长，压力小

第四节　摩擦焊应用实例

一、铜与铝的摩擦焊

异种材料铜与铝的摩擦焊有高温摩擦焊和低温摩擦焊两种。

①铜与铝高温摩擦焊焊接参数见表 10-11。

②460℃～480℃温度是铜与铝低温摩擦焊接的最佳温度范围，在该温度范围能获得满意的铜-铝摩擦焊接头。为了消除铝-铜过渡接头的脆性合金层，采用摩擦焊时应降低转速，增大摩擦压力和顶锻压力，使焊接温度低于铝-铜共晶点 548℃。不同直径工件的铜与铝低温摩擦焊焊接参数见表 10-12。

表 10-11 铜与铝高温摩擦焊焊接参数

工件直径/mm	转数/(r/min)	外圆线速度/(m/s)	摩擦压力/MPa	摩擦时间/s	顶锻压力/MPa	铜件轴角/(°)	接头断裂特征
8	1360	0.58	19.60	10～15	147	90	脆断
10	1360	0.71	19.60	5	147	60	
12	1360	0.75	24.50	5	147	70	
14	1500	1.07	24.50	5	156.8	80	
15	1500	1.07	24.50	5	166.6	80	
16	1800	1.47	31.36	5	166.6	90	
18	2000	1.51	34.30	5	176.4	90	
20	2400	1.95	44.10	5	176.4	95	
22	2500	2.52	49	4	205.8	100	
24	2800	2.61	54.20	4	245	100	
26	3000	3.11	60	3	350	120	

表 10-12 不同直径工件的铜与铝低温摩擦焊焊接参数

工件直径/mm	转数/(r/min)	摩擦时间/s	顶锻压力/MPa	维持时间/s	铜出模量/mm	铝出模量/mm	顶锻速度/(mm/s)	焊前预压力/N	摩擦压力/MPa
6	1030	6	588	2	10	1	1.4	—	166.6～196
8	840	6	490	2	13	2	1.4	196～294	166.6～196
9	540	6	441	2	20	2	2.1	392～490	166.6～196
10	450	6	392	2	20	2	2.1	490～588	166.6～196
12	385	6	392	2	20	2	3.2	882～980	166.6～196
14	320	6	392	2	20	2	3.2	1078～1176	166.6～196
16	300	6	392	2	20	2	3.2	1274～1372	166.6～196
18	270	6	392	2	20	2	3.2	1470～1568	166.6～196
20	245	6	392	2	20	2	3.2	1666～1764	166.6～196
22	225	6	392	2	20	2	3.2	1862～1960	166.6～196
24	208	6	392	2	24	2	3.7	2058～2156	166.6～196
26	205	6	392	2	24	2	3.7	2058～2156	166.6～196
30	180	6	392	2	24	2	3.7	2058～2156	166.6～196
36	170	6	392	2	26	2	3.7	2254～2352	166.6～196
40	160	6	392	2	28	2	3.7	2450～2548	166.6～196

二、典型机械零件的摩擦焊

典型机械零件摩擦焊焊接参数见表10-13。

表10-13 典型机械零件摩擦焊焊接参数

零件名称		材料组合	工件直径/mm	焊接参数					
				主轴转速/(r/min)	摩擦压力/MPa	摩擦时间/s	顶锻压力/MPa	顶锻保压时间/s	刹车时间/s
汽车后桥管		45+45	外径70 内径50	99	55～60	14～18	110～130	6～8	0.2～0.3
液压千斤顶支承缸	内筒	20+45	外径47 内径45	1150	126	1～2	244	6	0.2
	外筒	20+45	外径76 内径	1150	87	1～1.5	130	4～6	0.2
汽车排气阀		5Cr21Ni4Mn9N+40Cr	10.5	2500	140	4	300	3	0.2～0.3
自行车铝合金轴壳		2A50+2A50	16.5	2500	45	3	90	4～5	0.15
柴油机增压器叶轮		731B耐热合金+40Cr	27	1350	70(1) 100(2)	3(1) 12(2)	300	7	0～0.1
汽车后桥壳		16Mn+45Mn	152	585	30(1) 50～60(2)	5(1) 20～25(2)	100～120	10	—
石油钻杆		40Cr、42SiMn35CrMo	63～140	585	30(1) 50～60(2)	6～8(1) 24～30(2)	120	10～20	—
铲车活塞杆		40Cr+40Cr	90	585	20～30(1) 50～60(2)	15～20(1) 35～40(2)	100～120	15～20	—
刀具柄		高速钢+45	14	2000	120	10	240	—	—
铝铜管		Al+Cu	—	1500	40	2.5	250	5	—

注：括号内数字为摩擦级数。

第十一章　爆　炸　焊

爆炸焊是利用炸药爆炸产生的冲击力造成工件的迅速碰撞,实现工件连接的一种压焊工艺方法。焊接时整个工件并不发热,也不用填充金属。虽然焊缝是在零点几秒内形成的,但实际上爆炸力从接头的一端向另一端推进,通过结合面金属的流动和挤出使原有氧化膜破裂,随后无膜表面被挤压,达到紧密接触。

第一节　爆炸焊基础

一、爆炸焊的原理

爆炸焊是一种动态焊接过程。倾斜法爆炸焊过程瞬间状态如图 11-1 所示。当置于复板之上的炸药被雷管引爆后,爆轰波便以爆轰速度在炸药层中间向前传播。随后,爆轰波的能量和迅速膨胀的爆炸产物的能量就向四面八方传播开去。当这两部分能量的向下分量传递给复板后,便推动复板高速向下运动。复板在间隙中被加速,最后与基板高速撞击。当撞击速度和撞击角合适时,便会在撞击面上发生金属的塑性变形,而使它们紧密接触,与此同时伴随着强烈的热效应。此时接触面上金属的物理性质类似于流体,在撞击点前形成射流。这种射流将复板和基板原始表层上的污物冲刷掉,使金属露出有活性的清洁表面,为形成牢固的冶金结合提供良好的条件。

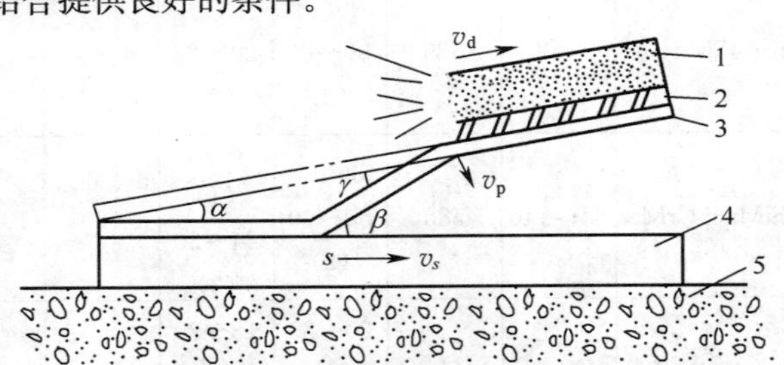

图 11-1　倾斜法爆炸焊过程瞬间状态

1. 炸药　2. 保护层　3. 复板　4. 基板　5. 地面

v_d—炸药的爆轰速度　v_P—复板向基板的运动速度　v_s—撞击点 s 的移动速度,即焊接速度

α—预置角　β—撞击角　γ—弯折角

在不同的焊接条件下,两种金属的结合面有不同的形状。当撞击速度低于某一临界值时,结合面为直线形;在大多数情况下,结合面为波浪形。在波形界面上,有的只在波前有旋涡区,有的在波前和波后都有漩涡区。在漩涡区内的熔体,有的是固溶体,有的是中间化合物,还有的是它们的混合物,这些熔体通常硬而脆。但是,它们是断续地分布在界面上,对金属间结合强度的影响,比撞击能量过大时产生的连续熔化层要小得多。而当结合面形成连续熔化层时,双金属的结合强度和延性将大为降低。

二、爆炸焊的分类

(1)按初始安装方式不同分类　爆炸焊有平行法和倾斜法两种基本形式。

①平行法爆炸焊。平行法爆炸焊过程如图 11-2 所示。可以看出，欲把复板③焊到基板 2 上，基板必须有质量较大的基础 1(如钢砧座、砂、土或水泥平台等)支托，复板与基板之间平行放置且留有一定间距 g，在复板上面平铺一定量的炸药 5，为了缓冲和防止爆炸时烧坏复板表面，常在炸药与复板之间放置缓冲保护层 4，如橡胶、沥青、黄油等。此外，还应选择适当起爆点来放置雷管 6，用以引爆图。如 11-2b 所示。

爆炸从雷管处开始并以 v_D 的爆轰速度向前发展，在爆炸力作用下，复板以 v_P 速度向基板碰撞，爆炸过程某瞬间如图 11-2c 所示，在碰撞点 S 处产生复杂的结合过程。随着碰撞、爆炸逐步向前推进，碰撞点以 v_{cP} 速度(这时与 v_D 同步)向前移动，当炸药全部爆炸完时，复板即焊接到基板上。如图 11-2d 所示。

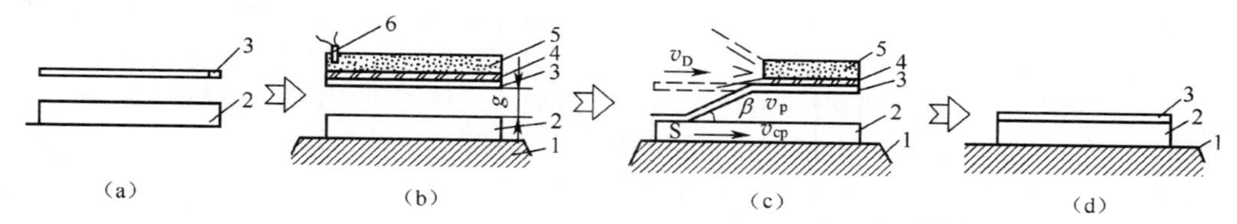

图 11-2　平行法爆炸焊过程

(a)基板与复板　(b)焊前安装　(c)爆炸过程某瞬间　(d)完成焊接

1. 基础　2. 基板　3. 复板　4. 缓冲保护层　5. 炸药　6. 雷管

β—碰撞角　S—碰撞点　v_D—炸药爆轰速度　v_p—复板速度　v_c—碰撞点速度　g—间距

②倾斜爆炸焊。用倾斜法进行复合材料爆炸焊接时，只需在安装过程中使复板倾斜一个预置角 α 即可。这种方法只限于小件复合，对于大面积复合则不能采用，因为间距随爆炸点位置的变化而变化。

(2)按焊接接头的类型不同分类　爆炸焊可分为搭接、对接、斜接和压接爆炸焊。

(3)按接头结合区形状不同分类　爆炸焊可分为点爆炸焊、线爆炸焊和面爆炸焊三种类型，面爆炸焊(简称面焊)是爆炸焊的主要类型。

(4)按实施位置不同分类　爆炸焊可分为地面、地下、空中、水下和真空中的爆炸焊。

(5)按产品形状不同分类　爆炸焊可分为板-板、管-管、管-板、管-棒、金属粉末-板爆炸焊等。

(6)按爆炸的次数不同分类　爆炸焊可分为一次、二次或多次爆炸焊，因而有双层和多层爆炸焊之分。

(7)按布药特点不同分类　爆炸焊可分为单面和双面爆炸焊，或从内、外或内、外同时进行的爆炸焊。

(8)按工件是否预冷或预热不同分类　爆炸焊可分为冷爆炸焊和热爆炸焊等。

此外，爆炸焊工艺还可以与常见的金属压力加工工艺，如轧制、锻压、旋压、冲压、挤压、拉拔等联合起来，以生产更大、更长、更粗、更细和异型的金属复合材料。这种联合是爆炸焊方法的延伸和发展。

三、爆炸焊的特点

(1)爆炸焊的优点

①爆炸焊可以快速、高质量地进行大面积构件复合焊接，不仅可以进行同种金属焊接，而且可对性能差异很大的异种金属进行焊接。

②可焊接各种零件的尺寸范围很宽，可焊面积为 6.5～28m^2。爆炸焊接时，若基板固

定不动，则其厚度不受限制。复板的厚度为 0.03～32mm，即所谓包复比很高。可以进行双层、多层复合板的焊接，也可以用于各种金属的对接、搭接焊缝及点焊。爆炸焊工艺比较简单，不需要复杂设备，能源丰富，投资少，应用方便。爆炸焊不需要填充金属，结构设计采用复合板，可以节约贵重的稀缺金属，可降低生产成本。

③爆炸焊基本上属于冷过程，整个过程仅需几微秒，在爆炸所产生的热量尚未传到金属结合面时，焊接过程就已完成，所以两块金属都不熔化，不存在热影响区，也不会出现脆性金属化合物。焊接表面不需要很复杂的清理，只需去除较厚的氧化物、氧化皮和油污。

(2)爆炸焊的缺点 被焊的金属材料必须具有足够的抗冲击能力以承受爆炸力的剧烈碰撞。屈服强度大于 690MPa 的高强度合金难以进行爆炸复合。爆炸焊一般只用于平面或柱面结构的焊接，如板与板、管状构件、管与板等的焊接，复杂形状的构件受到限制。爆炸焊大多在野外露天作业，自动化程度低，劳动条件差，易受气候条件限制。基板宜厚不宜薄，若在薄板上施焊，需附加支托，从而增加了制造成本。爆炸时所产生的噪声和气浪，对周围环境有一定影响。对冲击韧度很低、塑性差的金属不能采用爆炸焊。虽然可以在水下、真空中或埋在砂子下进行爆炸焊，但要增加成本。

四、爆炸焊的应用范围

爆炸焊广泛应用于石油、化工、造船、原子能、航天、冶金、运输和机械等行业。可制造双层、多层(多达 100 层)的复合板。可焊面积为 6.5～28cm²，可焊复板的厚度为 0.025～32mm。

适用多种金属材料(同种或异种)的焊接，可焊物理性能和化学性能相差很大的金属材料，如钛-铜、铝-铜、铝-钽等。能进行爆炸焊的金属组合如图 11-3 所示。

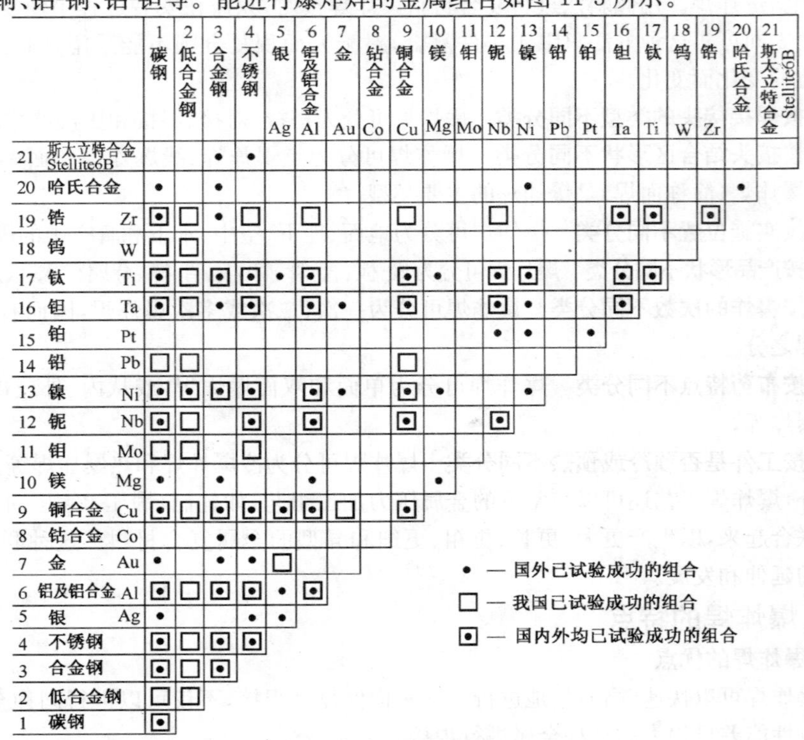

图 11-3 能进行爆炸焊的金属组合

第二节　炸　　药

炸药是爆炸焊的热源，其主要性能指标是引爆速度和易爆敏感性。这是决定爆炸时复板跌落速度、撞击点的速度和动态角度大小的重要因素。

一、炸药的选用原则

①根据引爆速度、稳定性、是否可调、使用方便，以及价格、货源和安全等因素来选择。

②尽可能选择易爆敏感性低的炸药，炸药的最大爆炸速度，一般不超过被焊材料内部最高声速的 120%。

③复合板的爆炸焊通常选用方便堆放和装填的粉状炸药，对于带有曲面的工件应选易于成形的塑性炸药。

二、爆炸焊常用炸药

爆炸焊常用炸药见表 11-1。低速和中速爆炸的炸药，爆炸速度一般都在爆炸焊所需的范围之内，并广泛用于大面积材料焊接的场合，使用时需要很少的缓冲层或不需要缓冲层。

表 11-1　爆炸焊常用炸药

爆炸速度范围	炸药名称
高速炸药 4572～7620m/s	TNT、RDX、PETN(季戊炸药)，复合料 B，复合料 C_4，Deta 薄板，Prima 绳索
低速和中速炸药 1524～4572m/s	砂酸胺，过氯酸胺，阿马图炸药[硝酸铵=80%，三硝基甲苯=20%(质量分数)]，硝基胍，黄色炸药(硝化甘油)，稀释 PETN(季戊炸药)

使用高速炸药时，需要专门的设备和工艺措施，如在基层、复层之间加缓冲材料，如聚异丁烯酸树脂、橡胶等，采用间隙倾斜角安装或最小间隙平行安装等。为了特殊目的，可以制造或混合专用的炸药。

炸药的爆炸速度是由炸药的厚度、填充密度，或者混合在炸药中的惰性材料的数量所决定的，配制焊接用的炸药，一般都是为了减低其爆炸速度。

爆炸焊所用的炸药形态有塑料薄片、绳索、冲压块、铸造块、粉末状或颗粒状等多种，可根据应用条件选用。

第三节　爆炸焊工艺

一、焊前准备

(1)接头形式　爆炸焊只适用于有重叠面或紧密配合面的接头，管式或圆筒式过渡接头，管与管板的接头等。爆炸焊搭接和对接的接头形式如图 11-4 所示。

基板厚度 $\delta_{基}$ 与复板厚度 $\delta_{复}$ 之比称为基复比或厚度比，以 k 表示，即 $k=\delta_{基}/\delta_{复}$。k 值越大，爆炸复合越容易，复合质量容易保证。若 $k=1$，则爆炸复合较困难，一般要求基复比 $k>2$。

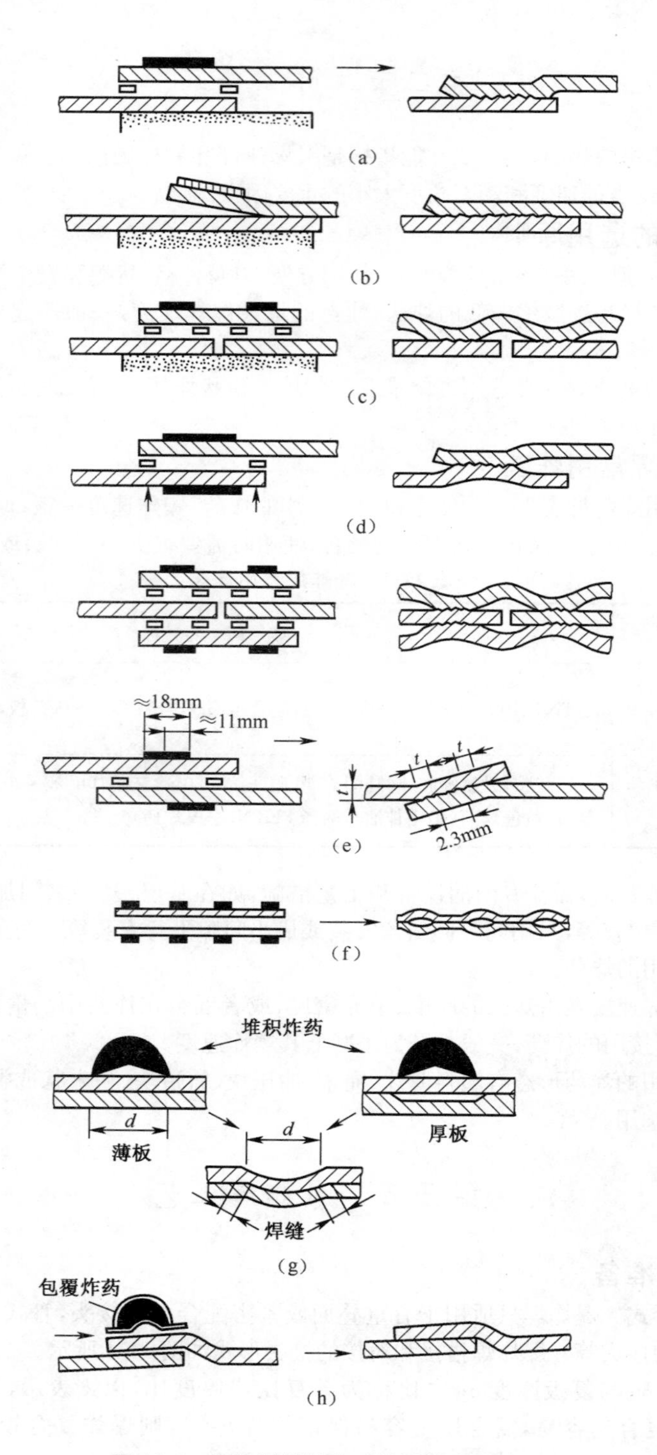

图 11-4 爆炸焊搭接和对接的接头形式

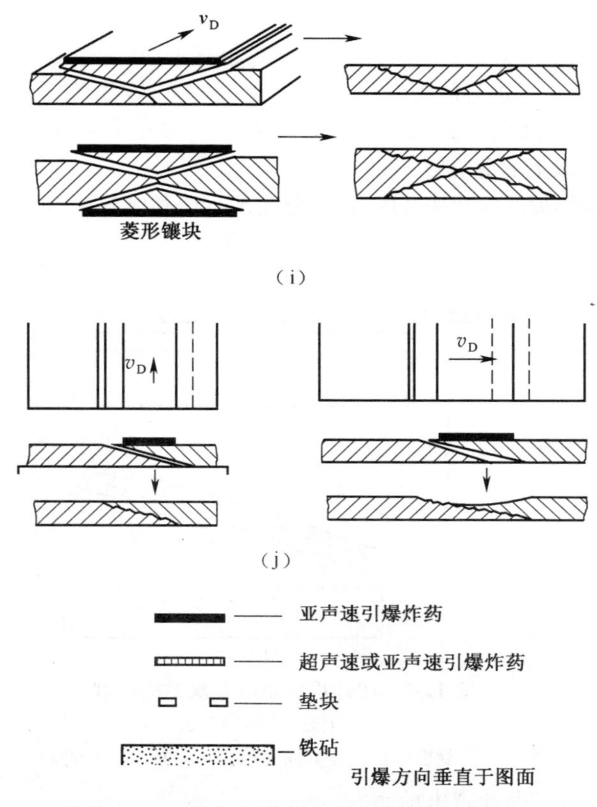

续图 11-4 爆炸焊搭接和对接的接头形式

(2)工件的准备 按产品和工艺的要求，准备好所需尺寸的复板和基板材料，具体要求是复板厚度可为 0.1～30mm，基板可为 0.1～500mm；基板和复板的厚度比一般为(1～10)∶1。基板越厚，厚度比越大，越容易实现爆炸焊；复板的长度和宽度，应比基板大 5～10mm；复板支撑物可用纸板、泡沫塑料等，尽量减少对爆炸能量的吸收。

(3)表面清理 爆炸焊的结合面必须平、光、净。平板复合之前应先矫平，并检查结合面上是否有缺陷。

①加工符合要求的表面粗糙度、平面度，去除表面的氧化物，消除表面的气、水或有机物膜层。

②表面粗糙度和平面度可通过机械加工，如磨削、研磨或抛光得到，经过抛光的表面粗糙度 $Ra \leqslant 12.5\mu m$。

③表面氧化物和加工硬化层通常采用化学腐蚀方法去除，化学侵蚀后要用酒精和水清洗。

④表面上的油一般用乙醇、三氯乙烯、丙酮等清洗，可以在多种溶液中反复清洗。这类清洗剂有毒，使用时要注意安全。

⑤真空加热可以有效地清除有机物、水和气体吸附层，烘烤温度一般不超过 573K。

⑥表面准备之后，应及时进行爆炸焊，否则，必须随即对清洁的表面加以保护，可以将

工件置于真空环境中或氢、氩、氦等保护气体中。但应避免氢与锆、钛、铌和钽形成氢化物，或对工件进行油封，爆炸焊前，再用丙酮等将工件擦拭干净。

(4)安装 在爆炸焊进行前做好一切准备，如接好起爆线、搬走所用的工具和物品，撤离工作人员和在危险区安插警戒旗等。根据药量的多少和有无屏障，分别设置半径为25m、50m或100m以上的危险区。

常用复合板爆炸焊的安装按装配方式，分为平行法和倾斜法（角度法）。爆炸焊使用的金属结构形状平行法如图11-5a所示。倾斜法如图11-5b所示。

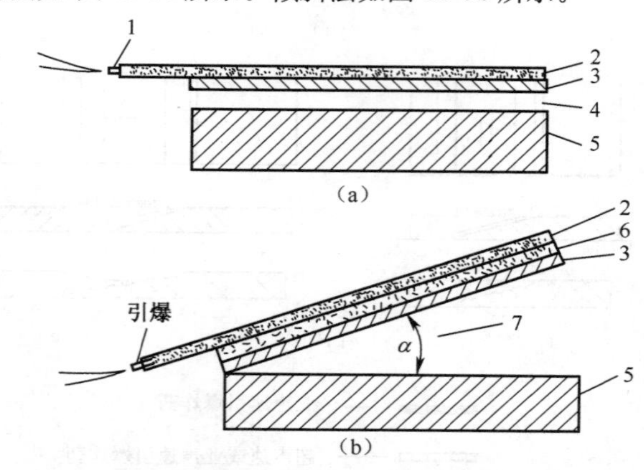

图11-5 爆炸焊使用的金属结构形状

(a)平行法 (b)倾斜法

1. 引爆 2. 炸药 3. 复板 4. 固定界面间距 5. 基板 6. 缓冲物 7. 倾斜间距

平板复合爆炸焊安装注意事项如下：

①爆炸大面积复合板时最好采用平行法，若用倾斜法，会造成间隙增大的复板过分加速，使其与基板碰撞时能量过大，扩大边部打伤或打裂的范围，从而减少复合板有效面积和增加金属损耗。

②在安装大面积复板时，即使很平整的金属板安放后中部也会下垂或翘曲，以致与基板表面接触。为了保证复板下垂部位与基板表面保持一定间隙，可在该处放置一个或几个稍小于应有间隙值的金属片。当基板较薄时，需用一个质量大的砧座均匀地支托，以减少翘曲。

③在炸药和复板之间，一般还需要设置塑料板、纸板、油灰、水玻璃、沥青或黄油的保护层。整个系统通常置于地面之上，在特殊情况下置于砧座之上。如选择的是高速炸药，还需加橡胶、软塑料、油毡等作为缓冲层，防止复板表面烧伤，如图11-5b所示。

④采用合适的起爆方法，如端部引爆、边缘线引爆、中心引爆和四周引爆等，以保证整个界面获得良好的结合。对于大面积复合板，最好用中心引爆或者从长边中部引爆，这样可以使间隙中气体的排出路程最短，有利于复板和基板的撞击，减少结合区金属熔化的面积和数量。为了引爆低速炸药和减少雷管区的面积，常在雷管下放置一定数量的高速炸药。

⑤为了将边部缺陷引出复合板之外，并保证边部质量，常使复板的长、宽尺寸比基板大20～50mm。管-管板爆炸焊时，管材也应有类似的额外伸出量。引爆炸药时，应待工作人

员和其他物件撤至安全区后，用起爆器通过雷管引爆炸药，完成试验或产品的爆炸焊。

爆炸焊的工艺安装如图 11-6 所示。

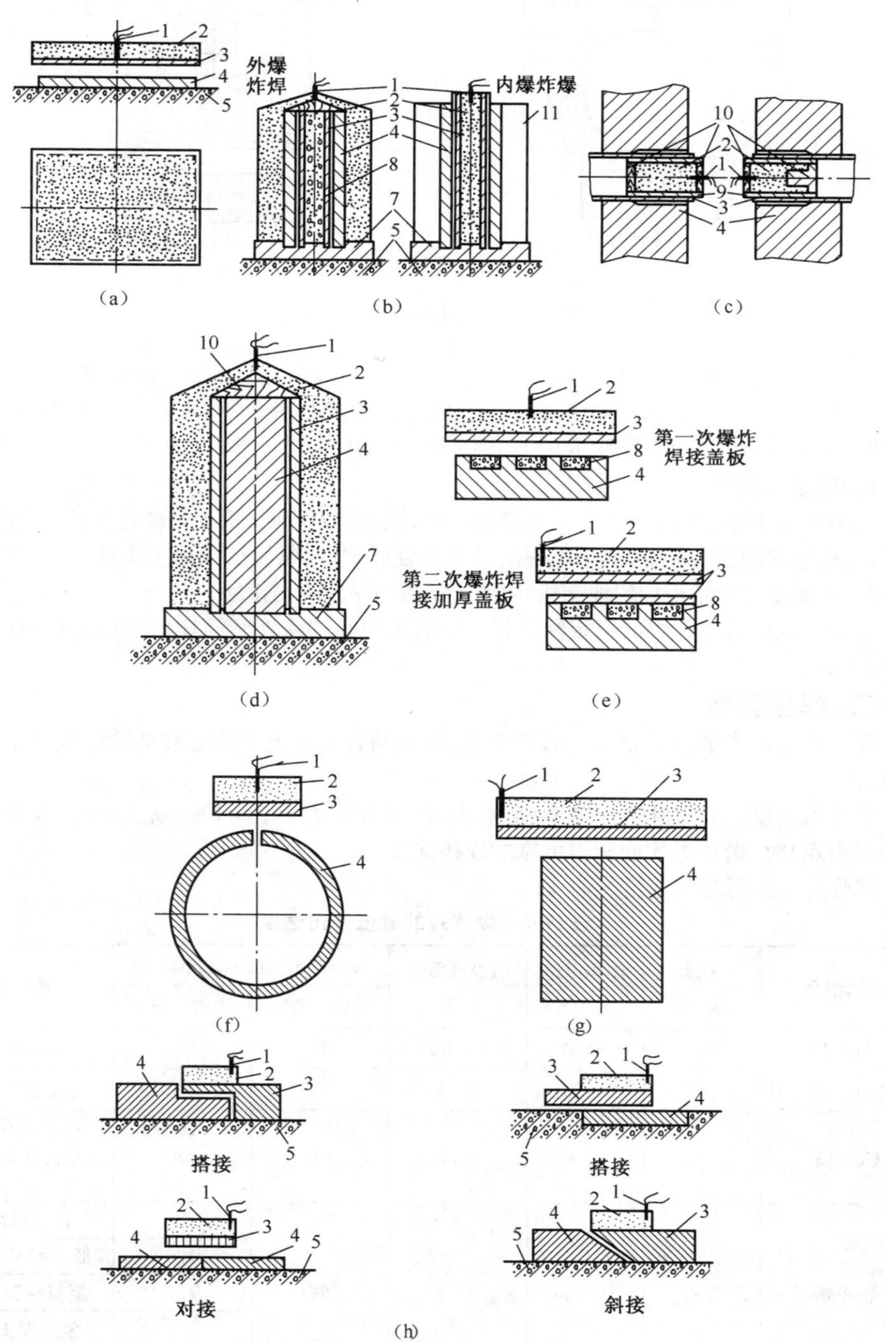

图 11-6　爆炸焊的工艺安装

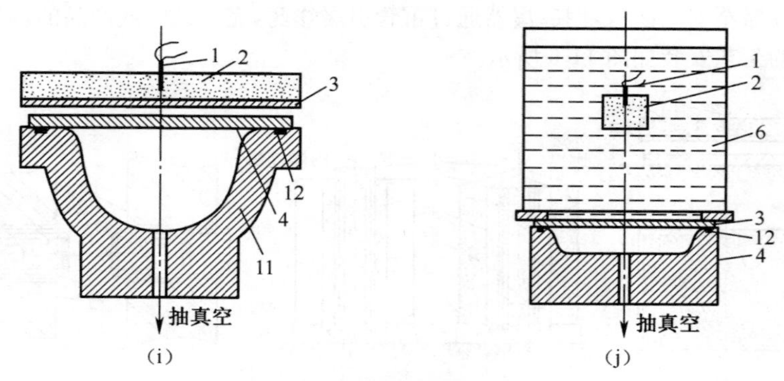

续图 11-6 爆炸焊的工艺安装

(a)板-板 (b)管-管 (c)管-管板 (d)管-棒 (e)板-凹形件 (f)板-管
(g)板-棒 (h)板-板爆炸焊 (i)爆炸成形-爆炸焊接 (j)爆炸焊接-爆炸成形

1. 雷管 2. 炸药 3. 复层(板或管) 4. 基层(板、管、管板、棒或凹形件) 5. 地面(基础)
6. 传压介质(水) 7. 底座 8. 低熔点或可溶性材料 9. 塑料管 10. 木塞 11. 模具 12. 真空橡胶圈

(5)固定和支托

①平板爆炸焊的固定和支托。在复板较厚,翘曲度不大时,采用边缘处支托;当翘曲度较大时,复板放在泡沫塑料上,或采用一定尺寸的金属球,金属波纹条作为支托物;当基板较薄时,用一个质量大的砧板均匀地支托,应保证基板与砧板均匀接触。

②管子或圆筒爆炸焊的固定和支托。一般采用心轴或外套筒托住基板工件,且焊后应易于拆除。

二、焊接参数

爆炸焊焊接参数应满足碰撞时产生射流、在结合区呈现波浪形和消除或减少结合区的熔化。

①冲击速度。只有冲击速度 v_P 足够大,使冲击压力 $P_{min} \approx 10\sigma_a$($\sigma_a$ 为两种金属强度高者的屈服点)时,爆炸焊才能获得可靠的连接强度。

爆炸焊的最低冲击速度见表 11-2。

表 11-2 爆炸焊的最低冲击速度

金属组合	密度 /(g/cm)	体积声速 /(m/s)	假设屈服点 /MPa	最低冲击速度 v_{pmin}/(m/s)		附 注
				估 算	实 测	
Al+Al	2.7	6400	3.6	41	—	—
6061Al+6061Al	2.7	6400	28.1	319	270	复板厚 6.35mm
Cu+Cu	8.96	4900	15.3	68	200 130 240	复板厚 1.1mm
钢+钢	7.87	6000	20.4	85	90	连接极限值
					120	低碳钢+不锈钢
					125	复板厚≥25mm
					165	复板厚 10mm
					130	复板厚 10mm

续表 11-2

金属组合	密度 /(g/cm)	体积声速 /(m/s)	假设屈服点 /MPa	最低冲击速度 v_{pmin}/(m/s)		附　注
				估　算	实　测	
Ti115+Ti115	4.5	6100	25.5	182	220	—
Mo+Mo	10.2	6400	40.8	123	—	—
Al+Ti	2.7 4.5	6400 6100	3.6 25.5	236	—	—
Al+钢	2.7 7.87	6400 6000	3.6 20.4 3.6 47.9	158 372	460	复板厚 3mm
Ti+钢	4.5 7.87	6100 6000	25.5 20.4	144	200	复板厚 3mm
Ni+钢	8.9 7.87	5800 6000	15.3 20.4	81	200	复板厚 3mm

②碰撞点移动速度 v_c。碰撞点移动速度取决于引爆速度和安装条件。为了保证碰撞点前缘出现塑性金属射流，碰撞点移动速度 v_c 应小于金属的体积声速。当其他条件相同时，倾斜安装采用比平行安装更高的引爆速度。

③动态碰撞角 β_d。β_d 有一个由 v_{pmin} 和声速决定的最小值，只有达到这一最小值，才能获得满意的爆炸焊接头质量。

④炸药量。引爆速度是由炸药的厚度、填充密度或混合在炸药中的惰性填料数量决定的。一般密度越大，爆速越高。当密度给定时，厚度大则爆速高。为了获得优质结合，要求爆速接近复板金属的体积声速。爆速过高则碰撞角 β 变小，引起结合区撕裂；爆速过低，则不能维持足够的碰撞角，也不能获得好的结合。如果沿整个装药层各处的密度和厚度不均匀，则三个动态参数 v_P、v_c 和 β 将不稳定，从而导致结合区的波形参数变化，连接质量没有保证。

⑤间距 h。通常是根据复板加速至所要求的碰撞点移动速度来确定间距 h 值。复板密度不同，使用的 h 值为复板厚度的 0.5%～2.0%，使用的最小 h 值与炸药厚度 δ_e 和复板厚度 δ 有关。h 增大则 β 增大，若 h 过大，则波形尺寸将减小。

⑥预置角 α。当采用高爆速炸药时，炸药爆速比连接金属的体积声速高得多，采用预置角 α 可以满足保证碰撞点移动速度低于连接金属的体积声速的要求。当复板冲击速度 v_P 达到最大值时，可估算碰撞点移动速度 v_c。

只要估算出上述初始参数后，就可以着手进行一组小型复合板试验，通过试验来调整和确定满足技术要求的焊接参数，然后进行正式生产。

三、爆炸焊常见缺陷及预防措施

爆炸焊常见缺陷、产生原因及预防措施见表 11-3。

表 11-3 爆炸焊常见缺陷、产生原因及预防措施

缺陷名称	产生原因	预防措施
结合不良	1. 炸药种类不合适； 2. 药量不足； 3. 间隙不当	1. 选择低爆速炸药； 2. 使用足够的炸药量； 3. 采用适当的间隙； 4. 采用中心起爆方式
鼓包	气体未能及时排出	1. 采用最佳药量和最佳间隙； 2. 选择低爆速炸药； 3. 采用中心起爆方式
大面积熔化	由于间隙内未能及时排出气体，在高压下被绝热压缩，大量的绝热压缩热使气泡周围的一层金属熔化	1. 选择低爆速炸药； 2. 采用中心起爆方式
表面烧伤	复板表面被爆炸热氧化而烧伤	1. 选用低爆热的炸药； 2. 采用中心起爆爆炸方式
变形	由于爆炸载荷剩余能量的作用而引起	增加基板的刚度
脆裂	1. 材料本身冲击值太小； 2. 材料的强度、硬度过高	采用热爆工艺
雷管区结合不良	1. 能量不足； 2. 气体未排出	在雷管区增加附加炸药包来尽量缩小雷管区
边部打裂	周边或前端(复合管及棒)能量过大	1. 减少边部(复合板)或前端(复合管棒)的药量； 2. 增加复板或复管的尺寸，或在厚复板的待结合面之外的周边刻槽
打伤	1. 炸药结块或混有固态硬物； 2. 药量分布不均	1. 细化和净化炸药； 2. 均匀布药

第四节 爆炸焊应用实例

一、不锈钢与锆合金的爆炸焊

工件为 ϕ50mm×3mm 的不锈钢管和 ϕ42mm×1.5mm 的 Zr-2 锆合金管，采用爆炸焊。

焊接前，必须清理两种母材表面。不锈钢管内表面粗糙度要求较高，还得用丙酮或酒精去除油污和杂质，再用水冲洗晾干。Zr-2 合金管可用 45%(体积分数) HNO_3 +5%(体积分数) HF+50%(体积分数) H_2O 溶液进行清洗，去除氧化膜、油污和杂质。

进行装配时，要控制好间隙，要在固定的夹具上认真装配。锆管壁厚为 1mm 时，其间隙为 0.5mm；壁厚为 1.5mm 时，其间隙为 0.7～0.8mm；壁厚为 2.5mm 时，其间隙为 1.2～1.5mm。装配和固定好之后，装炸药，选择合适的炸药种类，其药量也根据锆管壁厚而定。如壁厚为 1mm 时，用药量 65～70g；壁厚为 1.5～1.7mm 时，用药量 80g；壁厚为 2.3～3.5mm，用药量 80～90g。

爆炸焊时，整个接头应放入固定好的夹具中，此夹具对成形起到良好作用，它应有足够的强度。不锈钢管与 Zr-2 锆合金管爆炸焊焊接参数见表 11-4。爆炸焊结束后，对焊接接头按工艺条件要求进行清整或加工。

表 11-4　不锈钢管与 Zr-2 锆合金管爆炸焊焊接参数

管件直径/mm		管壁厚度/mm		安装间隙/mm	炸药量/g
不锈钢	Zr-2 锆合金	不锈钢	Zr-2 锆合金		
50	42	1.0	1.0	0.5	65～75
		1.5	1.5	0.7～0.8	75～80
		2.0	2.0	0.8～1.0	80～85
		2.5	2.5	1.2～1.5	85～90
		3.0	1.5	1.0～1.5	80～85
		3.0	2.5	1.5～2.0	90～95
		3.0	3.0	2.0～2.5	95～100

注：炸药种类为黑索金。

二、架空电力线钢绞线的爆炸压接

爆炸压接架空电力线钢绞线先按压接需要切割一定长度的压接管，用汽油或 10%（体积分数）的碱水清洗管、线，在压接管的外表面与炸药接触的部位包缠保护层，如橡胶、塑料袋等，根据压接长度和压接管的直径进行装药计算，并在压接位置上敷设药包，把需要压接的电力线的一端穿进压接管中。爆破和爆后对压接部位进行处理。

钢绞线爆炸压接的装药结构如图 11-7 所示，搭接式爆炸压接的管、线规格和装药参数见表 11-5，采用的是泰乳炸药。

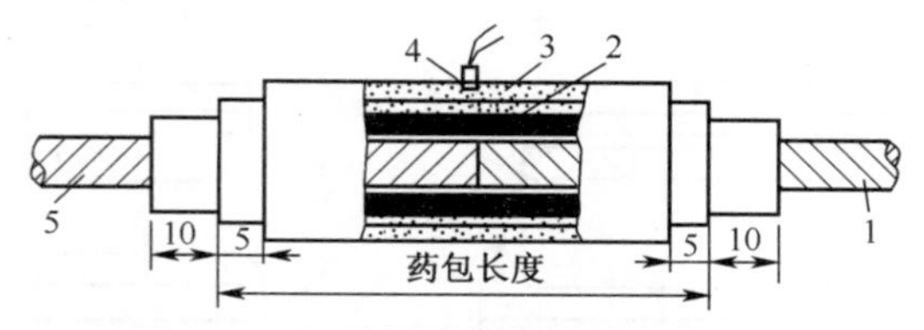

图 11-7　钢绞线爆炸压接的装药结构

1、5. 钢绞线（两根对接）　2. 压接管　3. 药包包裹两层　4. 雷管

表 11-5　搭接式爆炸压接的管、线规格和装药参数

钢芯铝绞线		压接管			装药参数			
			长度/mm		导线基准药包		引线基准药包	
型号	导线外径/mm	型号	导线	引流线	长度×药厚/(mm×mm)	装药量/g	长度×药厚/(mm×mm)	装药量/g
LGJ-35	8.4	BYD-35	170		150×5	45		
LGJ-50	9.6	BYD-50	210		190×5	70		
LGJ-70	11.4	BYD-70	250		230×5	85		
LGJ-95	13.7	BYD-95	230	115	210×5	95	85×5	40
LGJ-120	15.2	BYD-120	270	130	250×5	125	85×5	40
LGJ-150	17.0	BYD-150	300	135	280×5	160	110×5	55

续表 11-5

钢芯铝绞线		压接管			装药参数			
			长度/mm		导线基准药包		引线基准药包	
型号	导线外径/mm	型号	导线	引流线	长度×药厚/(mm×mm)	装药量/g	长度×药厚/(mm×mm)	装药量/g
LGJ-185	19.0	BYD-185	340	150	320-5	185	115×5	75
LGJ-240	21.6	BYD-240	370		350×5	240	130×5	80

三、钛-钢复合板的爆炸焊

钛-钢复合板在石油化工和压力容器中得到越来越多的应用。用钛-钢复合板制造的设备内层钛耐蚀性好，外层钢具有高强度，复合结构还具有良好的导热性，克服了热应力及耐热疲劳、耐压差等不足，可以在更苛刻的条件下工作，同时可以成倍地降低设备成本。因此，钛-钢复合板已经成为现代化学工业和压力容器工业不可缺少的结构材料。

(1)安装 大面积钛-钢复合板爆炸焊接时，其安装工艺多采用平行法，起爆方式多采用中心起爆法，少数情况下在长边中部起爆，厚大钛-钢复合板安装如图 11-8 所示。每组两个投影视图，分别表示板的长度和宽度方向。如图 11-8a、b 所示分别表示雷管的安放位置；如图 11-8c、d、e 所示分别表示有高速起爆混合炸药时的雷管安放位置。

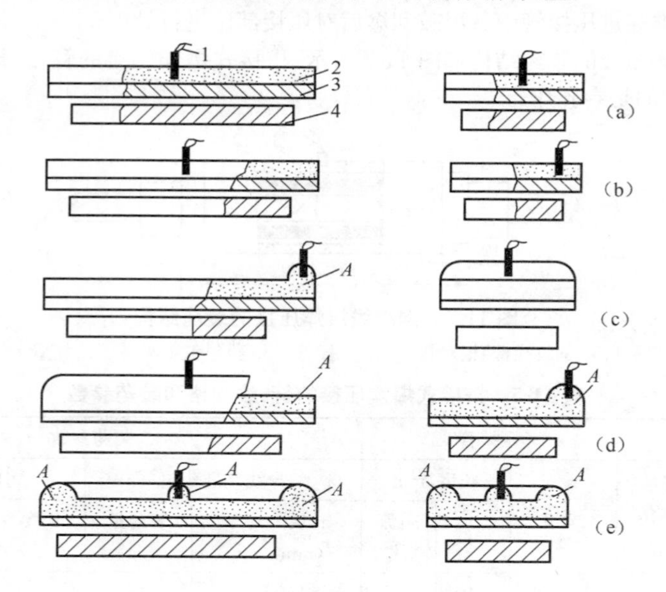

图 11-8 厚大钛-钢复合板安装

1. 雷管 2. 炸药 3. 复板 4. 基板

(2)焊接参数的选择 从排气角度考虑，复板越厚、面积越大，炸药的爆速应该越低，并且应采用中心起爆法。为了减小和消除雷管区影响，在雷管下通常添加一定量的高爆速炸药。在爆炸焊接大面积复合板的情况下，为了间隙的支撑有保证，可在两板之间安放一定形状和数量的金属间隙物。在大厚板坯的爆炸焊接情况下，间隙柱宜支撑在基板之外。为了提高效率和更好地保证焊接质量，可采用对称碰撞爆炸焊接的工艺来制造这种复合板坯。对称碰撞爆炸焊接安装如图 11-9 所示。

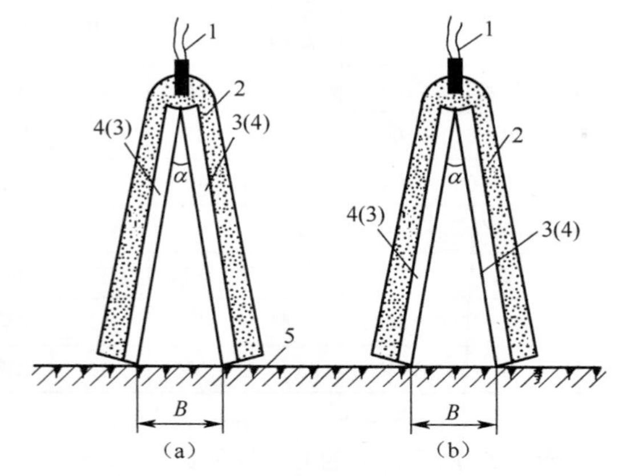

图 11-9　对称碰撞爆炸焊接安装

(a)等厚度板焊接　(b)不等厚度板焊接

1. 雷管　2. 炸药　3. 复板　4. 基板　5. 地面(基础)

B—间距　α—两板夹角

①大尺寸钛-钢复合板爆炸焊焊接参数见表 11-6。

表 11-6　大尺寸钛-钢复合板爆炸焊焊接参数

钛板尺寸/mm	钢板尺寸/mm	炸药品种	W_g /(g/cm^2)	h/mm	缓冲层	起爆方式
TA1,3×1100×2600	15MnV,18×1100×2600	TNT	1.7	5～37	沥青＋钢板	短边引出三角形
TA5,2×1080×2130	13SiMnV,8×1100×2100	TNT	1.4	5	沥青＋钢板	短边延长 300mm
TA1,5×1800×1800	Q235,25×1800×1800	TNT	1.5	3～20	沥青 3mm	短边中部起爆
TA2,3×2000×2030	Q235,20×2000×2030	TNT	1.5	3～25	沥青 3.6mm	短边中部起爆
TA1,5×2050×2050	18MnMoNb,35×2050×2050	2 号	2.8	20	沥青 3.5mm	短边中部起爆
TA2,1×1000×1500	Q235,20×1500×2000	25 号	1.5	3	黄油	中心起爆
TA2,3×1500×3000	20G,25×1500×3000	25 号	2.2	6	水玻璃	中心起爆
TA2,4×1500×3000	16Mn,30×1500×3000	25 号	2.4	8	水玻璃	中心起爆
TA2,5×1500×3000	16MnR,35×1500×3000	25 号	2.6	10	水玻璃	中心起爆

②大厚度钛-钢复合板坯爆炸焊焊接参数见表 11-7。

表 11-7 大厚度钛-钢复合板坯爆炸焊焊接参数

钛材型号及尺寸/mm	钢材型号及尺寸/mm	炸药品种	h_2/mm	h_1/mm	缓冲层	起爆方式
TA1,10×700×1080	Q235,75×670×1050	25 号	44	12	黄油	辅助药包，中心起爆
TA2,10×690×1040	Q235,70×650×1000	42 号	35	12	水玻璃	
TA2,10×730×1130	Q235,83×660×1050	42 号	40	12	黄油	
TA2,12×690×1040	Q235,70×650×1000	25 号	51	12	水玻璃	
TA2,12×620×1085	Q235,60×570×1050	25 号	55	13	黄油	
TA2,8×1500×3000	16Mn,80×1500×3000	25 号	40	14	水玻璃	
TA2,10×1500×3000	16MnR,100×1500×3000	25 号	50	14	水玻璃	

注：h_1 和 h_2 分别是倾斜法爆炸焊接时复板与基板间的小间距及大间距。

(3)复合板的力学生能 钛-钢复合板的力学性能见表 11-8。

表 11-8 钛-钢复合板的力学性能

状 态	复合板及尺寸/mm	τ_b/MPa	冷弯 $d=2t$,180°		HV 复板/粘结板/基板
			内弯	外弯	
爆炸态	TA2-Q235,(3+10)×110×1 100	397	良好	断裂	347/945/279
退火态	TA2－20G,(5+37)×900×1 800	191	良好	良好	215/986/160

第十二章　螺　柱　焊

螺柱焊是将金属螺柱或类似的紧固件(螺栓、螺钉等)焊到工件上的方法。实现螺栓焊的方法有电阻焊、摩擦焊、爆炸焊和电弧焊等,实际上螺柱焊也是一种压力熔焊方法。

第一节　螺柱焊基础

一、螺柱焊的分类

螺柱焊可分为电弧螺柱焊、电容放电螺柱焊和短周期螺柱焊三种。工业上应用最广的方法是电弧螺柱焊和电容放电螺柱焊。

螺柱焊在安装螺柱或类似的紧固件方面,可取代铆接、钻孔、焊条电弧焊、电阻焊或钎焊。在船舶、锅炉、压力容器、车辆、航空、石油、建筑等工业领域应用广泛。

螺柱焊的分类如图 12-1 所示。

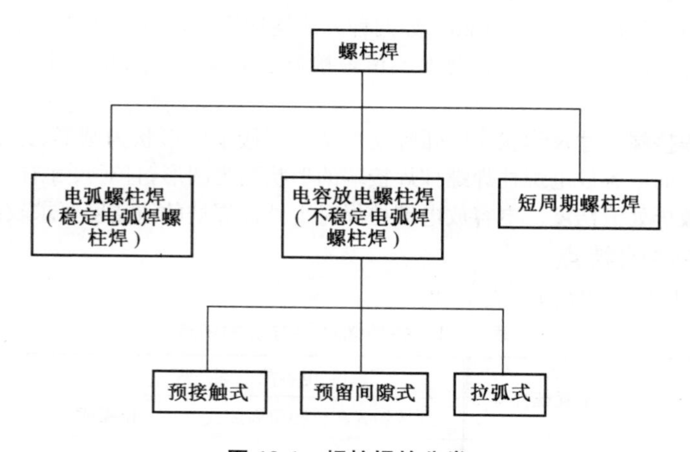

图 12-1　螺柱焊的分类

二、螺柱焊方法的选用

电弧螺柱焊、电容放电螺柱焊和短周期螺柱焊具有一些共同的特点,也各自具有不同的特点,选择螺柱焊方法时,应综合考虑下列因素:

(1)工件的材质和厚度　工件为低碳钢、不锈钢和铝合金时,电弧焊柱焊、电容放电螺柱焊和短周期螺柱焊都可以采用。但还需从工件的厚度考虑,如果工件的厚度<1.6mm时,应采用电容放电螺柱焊或短周期螺柱焊,因为用这种方法可以焊接0.25mm的工件而不会烧穿;如果采用电弧螺柱焊方法,在有强度要求的条件下,工件厚度至少应等于螺柱焊接端直径的 1/3;而在没有强度要求时,工件厚度也要求达到螺柱焊接端直径的 1/5。对于工件为铜、黄铜和镀锌薄钢板、铝合金应采用电容放电螺柱焊。

推荐电弧螺柱焊钢和铝的最小板厚见表 12-1。

表 12-1 推荐电弧螺柱焊钢和铝的最小板厚 (mm)

螺柱底端直径	钢(无垫板)	铝合金	
		无垫板	有垫板
4.8	0.9	3.2	3.2
6.4	1.2	3.2	3.2
7.9	1.5	4.7	3.2
9.5	1.9	4.7	4.7
11.1	2.3	6.4	4.7
12.7	3.0	6.4	4.7
15.9	3.8	—	—
19.1	4.7	—	—
22.2	6.4	—	—
25.4	9.5	—	—

注:加金属垫板是为了防止烧穿。

(2)螺柱直径 电容放电螺柱焊和短周期螺柱焊方法适用直径范围 3～10mm,电弧螺柱焊方法适用直径范围为 3～25mm。如两种方法均适用时,电容放电螺柱焊主要用于焊接非铁金属、异种金属和要求在工件背面不留焊接痕迹的薄板。除此之外,一般都采用电弧螺柱焊方法。

(3)螺柱焊接端尺寸及形状 电弧螺柱焊螺柱焊接端的形状为圆形、方形、矩形或其他不规则的形状,而电容放电螺柱焊螺柱焊接端的形状则为圆形,且对尺寸有一定的要求。

(4)工件被焊处清洁度 电容放电螺柱焊对工件被焊处的清洁度要求较高。

三、螺柱焊的特点

各种螺柱焊方法的特点见表 12-2。

表 12-2 各种螺柱焊方法的特点

焊接方法	电弧螺柱焊	电容放电螺柱焊			短周期螺柱焊
		预接触式	预留间隙式	拉弧式	
焊接时间/ms	100～200	1～3	1～3	4～10	20～100
可焊螺柱直径/mm	3～25	3～10	3～10	3～10	3～10
可焊工件厚度/mm	3～30	0.3～3.0	0.3～3.0	0.3～3.0	0.4～3.0
熔池深度/mm	2.5～5	<0.2	<0.2	<0.2	<0.2
d/δ	3～4	≤8	≤8	≤8	≤8
生产率/(个/min)	2～15	2～15	2～15	2～15(手动) 40～60(自动)	2～15(手动) 40～60(自动)
螺柱端部形状	圆、方、异形等可加工成锥形的螺柱	圆法兰和凸台	圆法兰和凸台	圆法兰、平头钉	圆法兰、平头钉

第二节 电弧螺柱焊

一、电弧螺柱焊的原理

电弧螺柱焊又称拉弧式螺柱焊，实质上是电弧焊的一种应用。焊接时螺柱端部与工件表面之间产生稳定的电弧过程，电弧作为热源在工件上形成熔池，螺柱端被加热形成熔化层，在弹簧压力等机械压力作用下，将螺柱端部浸入熔池，并将液态金属全部或部分挤出接头之外，从而形成连接。电弧螺柱焊的电弧放电是持续而稳定的电弧过程，焊接电流不经过调整，焊接过程中基本上是恒定的。

二、电弧螺柱焊的特点

螺柱焊是一种快速焊接紧固件的方法，焊接时间约为零点几秒到几秒，生产效率高。对焊接接头的质量可进行有效控制，能保证焊接接头的导热性、导电性、密封性和接头强度。在把紧固件（螺柱或螺母等）固定在工件上的方法中，电弧螺柱焊可代替焊条电弧焊、电阻焊和钎焊，也可以代替铆接、钻孔和攻螺纹。可进行平焊、立焊、仰焊等，还可将螺柱焊到平面和曲面上。可使紧固件之间的距离达到最小。

三、电弧螺柱焊设备

电弧螺柱焊设备由焊接电源（螺柱焊机）、焊枪和控制装置等部分组成，螺柱焊设备组成如图 12-2 所示。

(1)焊接电源 采用直流电源，如弧焊直流器、弧焊逆变器和直流弧焊发电机，焊接电源必须满足空载电压在 70～100V；具有陡降外特性；能在短时间内输出大电流，且输出电流能迅速达到设定值。

螺柱焊电源可以是具有陡降外特性的焊条电弧焊电源，但必须配备一个控制箱，以进行电源的通断、引弧和燃弧时间的控制。由于螺柱焊焊接电流比焊条电弧焊的焊接电流大得多，对大直径螺柱的焊接，可以用两台以上普通弧焊电源并联使用。螺柱焊电源的负载持续率很低，相当于焊条电弧焊的 1/5～1/3，若有可能，宜选购专为电弧螺柱焊设计的电源，其专用焊机常把电源和控制器做成一体。

(2)焊枪 螺柱焊焊枪分为手提式和固定式两种，其工作原理相同。手提式螺柱焊枪又分大、小两种类型。小型焊枪较轻便，约 1.5kg，用于焊接直径为 12mm 以下螺柱；大型焊枪在 1.5～3.0kg，用于焊接直径为 12～30mm 的螺柱。固定式焊枪是为焊接某些特定产品而专门设计的焊枪，焊枪被固定在支架上，在工位上进行焊接。

①结构。焊枪上设有起动焊接用的开关，装有控制线和焊接电缆。电弧螺柱焊焊枪结构如图 12-3 所示。

②焊枪可调节参数。包括提离高度、螺柱外伸长度、螺柱与瓷圈夹头的同轴度。其中提离高度和螺柱外伸长度由磁力提升机构进行调节，提升量一般在 3.2mm 以下。而螺柱与瓷圈夹头的同心度可以通过支架进行螺柱夹头和瓷圈夹头间相对位置的粗调，再通过瓷圈夹头在焊枪上的轴向位置进行细调，同时也可调节螺柱外伸长度。利用弹簧压下机构可在焊接开始前保持螺柱伸出端与工件表面的接触预压，而在伸出端表面完全熔化后可将螺柱压入焊接熔池。为了减少在焊接过程中的飞溅，改善焊缝成形及保证焊缝质量，可在焊

枪中安装阻尼机构，以便适当降低螺柱压入熔池的速度。

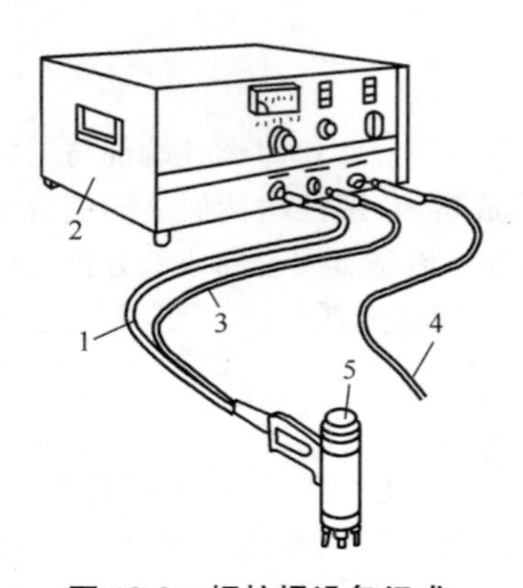

图 12-2 螺柱焊设备组成

1. 控制电缆 2. 电源及控制装置 3. 焊接电缆 4. 地线 5. 焊枪

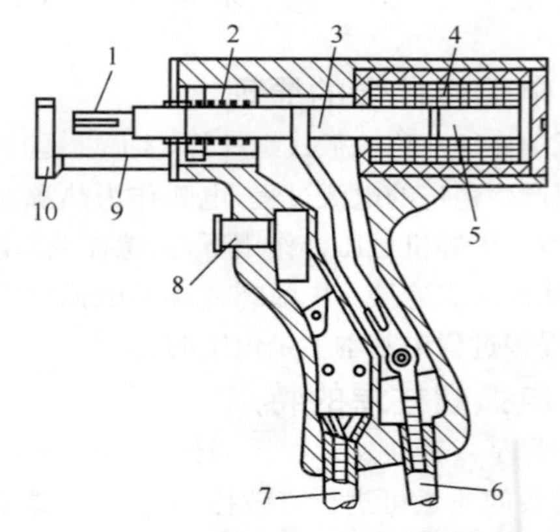

图 12-3 电弧螺柱焊焊枪结构

1. 夹头 2. 拉杆 3. 离合器 4. 电磁线圈 5. 铁心 6. 焊接电缆 7. 控制电缆 8. 扳机 9. 支杆 10. 脚盖

③控制系统。与焊条电弧焊不同，电弧螺柱焊没有空载过程，故短接预顶、提升引弧焊接、螺柱落下顶锻、电流通断与维持等几个动作，必须由控制系统在焊前设定，并由焊枪自动完成。电弧螺柱焊机的控制系统如图 12-4 所示，它由驱动电路、反馈及给定电路、焊枪提升电路、时序控制电路，以及并联于焊接回路的引弧电路组成。驱动电路由三相同步变压器及控制电源组成，提供晶闸管同步电压脉冲信号，调节晶闸管的导通角；反馈及给定电路是从输出回路中取出电压信号及电流信号(由分流器取出)，与给定信号比较后作为输入信号进入触发电路，从而获得焊接电源的下降特性及调节输出功率；焊枪提升电路是给焊枪中的电磁铁线圈提供 70～80V 的直流电，接通时电磁力吸引衔铁从而提升焊枪，引燃电弧进入焊接；时序控制电路是由多个延时电路与继电器组成，作用是控制前述三个电路和引弧电路工作的顺序和延时。电弧螺柱焊机控制时序如图 12-5 所示。

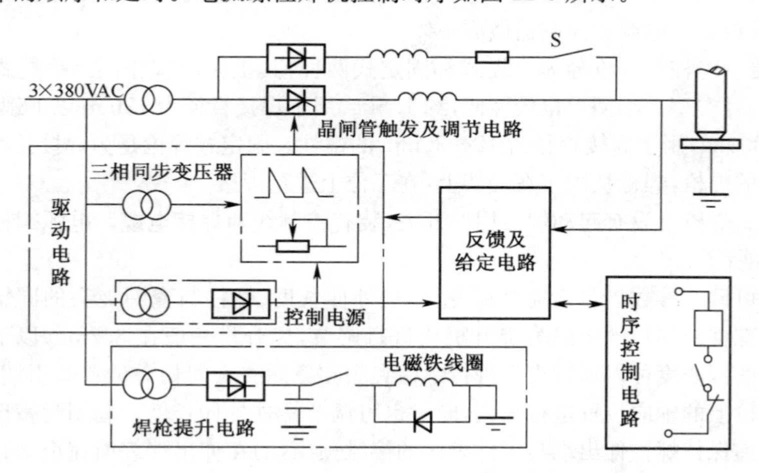

图 12-4 电弧螺柱焊机的控制系统

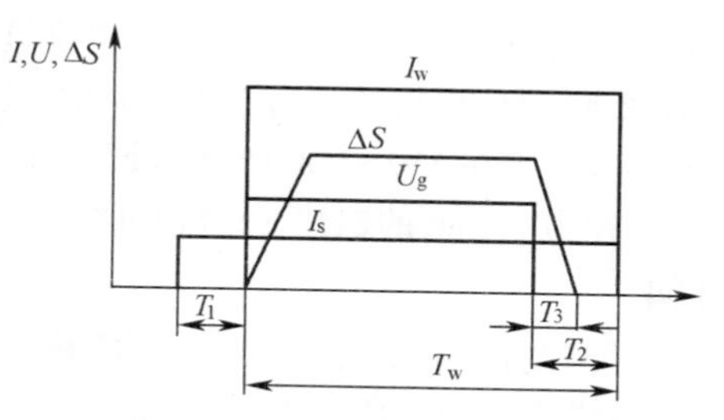

I_w —焊接电流(25~2500A)
I_s —引弧电流(10~50A)
U_g —电弧电压(70~80V)
ΔS —螺柱位移(1~50mm间调节)
T_1 —引弧电流短路时间(5~10ms)
T_2 —焊接电流短路延时时间(20ms±2ms)
T_3 —有电顶锻时间(≤10ms)
T_w —焊接时间(100~5000ms内均匀可调)

图 12-5　电弧螺柱焊机控制时序

(3)电弧螺柱焊机型号及主要技术参数　电弧螺柱焊机型号及主要技术参数见表12-3。

表 12-3　电弧螺柱焊机型号及主要技术参数

型　　号	RSN-800	RSN-1000	RSN-1600	RSN-2000	RSN-2500
电源电压/V	380	380	380	340～420	380
相数/N	3	3	3	3	3
频率/Hz	50	50～60	50	50	50～60
输入容量/(kV·A)	70	10～60	140	170	10～230
空载电压/V	66	26～45	69	75	110(可调)
额定焊接电流/A	800	1000	1600	2000	2500
额定负载持续率(%)	60	60	60	60	60
焊接电流调节范围/A	50～800	400～1000	120～1600	400～2000	200～2000
焊接螺柱直径/mm	3～12	6～12	3～19	6～18	4～25
质量/kg	250	120	350	370	600
用途及说明	该机适用于锅炉、汽车、建筑、电力等行业进行螺柱焊。具有良好的动特性、控制精度高、抗电网波动能力强、焊缝成形好、接头无焊穿和焊塌等特点	适用于钢结构建筑中圆柱头焊钉的焊接、各种紧固件的焊接、火车导轨压板螺柱的焊接等。具有焊接速度快(0.2～1.25s)、高效、低耗、全断面焊接新工艺、焊接质量好等特点	与 RSN—800 相同	适用于建筑及金属结构、船舶、锅炉、汽车、变压器等行业进行螺柱焊。具有快速、高效、质量可靠等特点。焊接时间为0.2～1.5s	与 RSN—1000 相同

现代先进的拉弧螺柱焊机多是采用微机控制，如为适应建筑业在工地施工的特殊情况，国外生产的一种 ARC 2100 M 螺柱焊机就是由微机控制的，能焊接的螺柱直径范围在 6～22mm，焊接电流最大为 2300A，可在 300～2000A 无级调节，焊接时间可在 10～1000ms 调节，焊接生产效率较高，对直径为 16mm 的螺柱，每分钟可焊接 10 件。

四、电弧螺柱焊材料

(1)螺柱 螺柱的外形设计与制备，必须能满足焊枪夹持并顺利地进行焊接的要求，其底端直径受母材厚度的限制，参考表 12-1。螺柱待焊底端多为圆形，也可制成方形或矩形。底端横断面为圆形的螺柱焊接端，一般加工成锥形；横断面为方形的紧固件焊接端，一般加工成楔形。螺柱长度一般应＞20mm（夹持量＋伸出长度＋熔化量的长度），其中熔化量的长度为 3～5mm，底端为矩形的宽度应≤5mm。

螺柱的长度必须考虑焊接过程产生的缩短量（熔化量）。因为焊接时螺柱和母材金属熔化，随后熔化金属从接头处被挤出，所以螺柱总长度要缩短。电弧螺柱焊螺柱缩短量见表 12-4。与电弧螺柱焊相比，电容放电螺柱焊的螺柱熔耗量很小，通常在 0.2～0.4mm 范围，熔化所产生的缩短量几乎可以忽略不计。

表 12-4 电弧螺柱焊螺柱缩短量 (mm)

螺柱直径	5～12	6～22	≥25
长度缩短量	3	5	5～6

钢在螺柱焊时，为了脱氧和稳弧，常在螺柱端部中心处（约在焊接点 2.5mm 范围内）放一定量的焊剂。螺柱焊柱端焊剂固定方法如图 12-6 所示，其中图 12-6c 所示镶嵌固体焊剂法较为常用。对于直径＜6mm 的螺柱，一般不需要焊剂。

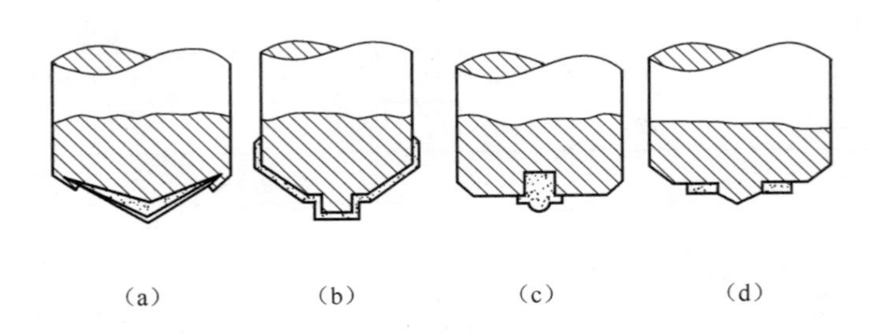

图 12-6 螺柱焊柱端焊剂固定方法

(a)包覆颗粒 (b)涂层 (c)镶嵌固体焊剂 (d)套固体焊剂

铝在螺柱焊时，螺柱端部不需加焊剂，为了便于引弧，端部可做成尖状，焊接时需用惰性气体保护，以防止焊缝金属氧化并稳定电弧。

常用电弧螺柱焊螺柱的设计已经标准化，国际标准化组织 ISO 给出了有螺纹螺柱、无螺纹螺柱和抗剪锚栓的设计标准。国家标准 GB/T 10433—2002《电弧螺柱焊用圆柱头焊钉》也规定了设计标准，所用的材料多为螺纹钢 ML15 和 ML15Al。

①有螺纹螺柱(PD)系列的形状和尺寸见表 12-5。

表 12-5　有螺纹螺柱(PD)系列的形状和尺寸　(mm)

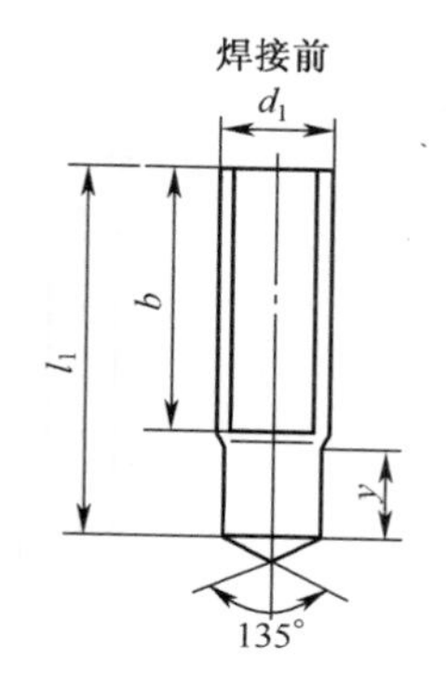

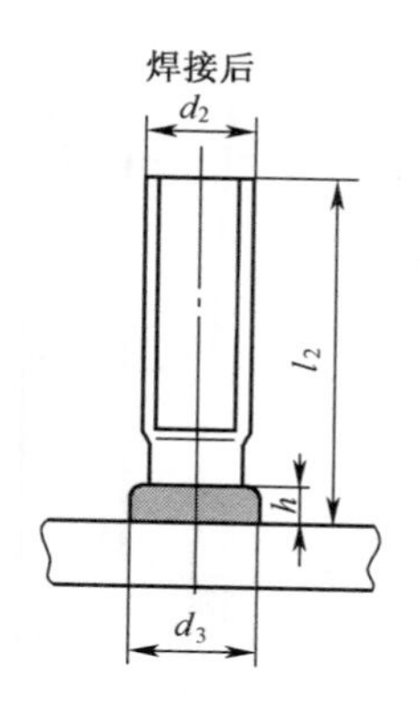

d_1	M6		M8		M10		M12		M16		M20		M24	
d_2	5.35		7.19		9.03		10.86		14.7		18.38		22.05	
d_3	8.5		10		12.5		15.5		19.5		24.5		30	
h	3.5		3.5		4		4.5		6		7		10	
l_2	y_{min}	b	y_{min}	b	y_{min}	b	y_{min}	b	y_{min}	b	y_{min}	b	y_{min}	b
15	9													
20	9		9		9.5									
25	9		9		9.5		11.5							
30	9		9		9.5		11.5		13.5					
35		20			9.5		11.5		13.5		15.5			
40		20			9.5		11.5		13.5		15.5			
45							11.5		13.5		15.5			
50				40		40		40		40		40	30	
55										40		40		
60										40		40		
65										40		40		
70												40		
75														40
100						40		40		40				40
140						80		80		80				
150						80		80		80				
160						80		80		80				

②抗剪锚栓(SD)系列的形状和尺寸见表12-6。

表12-6 抗剪锚栓(SD)系列的形状和尺寸(GB/T 10433—2002) (mm)

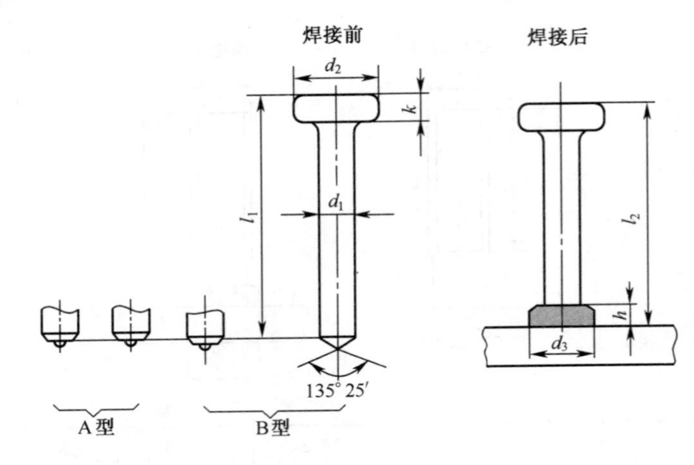

$d_1-0.4$	10	13	16	19	22	25
$d_2\pm0.3$	19	25	32	32	35	40
d_3	13	17	21	23	29	31
h	2.5	3	4.5	6	6	7
$k\pm0.5$	7	8	8	10	10	12
$l_2{}^{+1}_{-2}$	50,75,100,125,150,175	50,75,100,125,150,175,200	50,75,100,125,150,175,200,225,250	50,75,100,125,150,175,200,225,250,275,300,325,350	50,75,100,125,150,175,200,225,250,275,300,325,350	50,75,100,125,150,175,200,225,250,275,300,325,350

(2)保护瓷环 瓷环又称套圈,为圆柱形,底面与母材的待焊端表面相匹配,并做成锯齿形,以便气体从焊接区排出。

①作用。保护瓷环的作用为:防止空气进入焊接区,降低熔化金属的氧化程度;焊接时使电弧热量集中于焊接区内;防止熔化金属的流失,以利于各种位置的焊接;遮挡弧光。

②瓷环类型。可分为消耗型和半永久型两种。消耗型瓷环在工业上应用很广泛,用陶瓷材料制成,易于打破后除去。陶瓷瓷环上设计有排气孔和焊缝成形穴,以便更好地控制焊脚形状和焊缝质量。由于焊后不用从螺柱体上取出瓷环,所以螺柱形状可不受限制,瓷环尺寸与形状可制成最佳状态。半永久型瓷环在工业上很少采用,仅用于特殊场合。如用于自动送进螺柱系统,此时对焊脚控制要求不高。半永久型瓷环一般能使用500次左右。

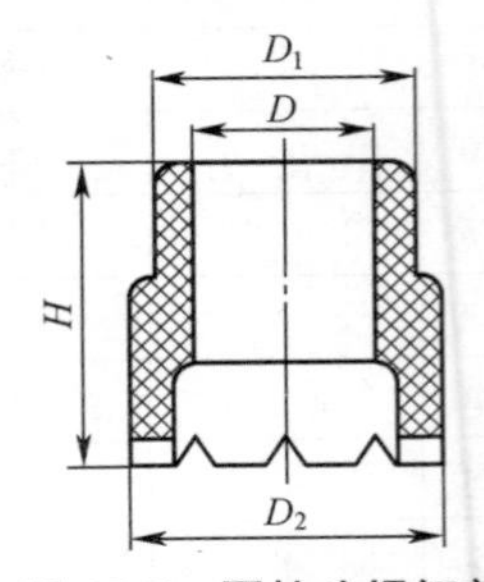

图12-7 圆柱头焊钉普通平焊用的瓷环

③圆柱头焊钉普通平焊用的瓷环,如图12-7所示。其相应的尺寸见表12-7。

表 12-7 圆柱头焊钉普通平焊用的瓷环尺寸 (mm)

焊钉基本直径 d	D		D_1	D_2	H
	最小	最大			
10	10.3	10.8	14	18	11
13	13.4	13.9	18	23	12
16	16.5	17	23.5	27	17
19	19.5	20	27	31.5	18
22	23	23.5	30	36.5	18.5
25	26	26.5	38	41.5	22

④国际标准规定的螺纹螺柱焊用瓷环(PF)的形状和尺寸,见表 12-8。

表 12-8 螺纹螺柱焊用瓷环(PF)的形状和尺寸 (mm)

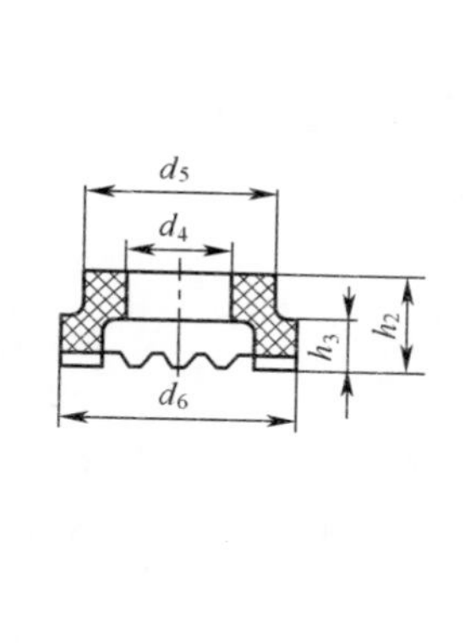

类型	d_4	$d_5 \pm 0.1$	$d_6 \pm 0.1$	h_2	h_3
PF6	5.6	9.5	11.5	6.5	3.3
PF8	$7.4^{+0.5}_{0}$	11.5	15	6.5	4.5
PF10	$9.2^{+0.5}_{0}$	15	17.8	6.5	4.5
PF12	$11.1^{+0.5}_{0}$	16.5	20	9	5.5
PF16	$15^{+0.5}_{0}$	20	26	11	7
PF20	$18.6^{+0.5}_{0}$	30.7	33.8	10	6
PF24	$22.4^{+0.1}_{0}$	30.7	38.5	18.5	14

⑤国际标准规定的无螺纹螺柱和抗剪锚栓焊用瓷环(UF)的形状和尺寸见表 12-9。

表 12-9 无螺纹螺柱和抗剪锚栓焊用瓷环(UF)的形状和尺寸 (mm)

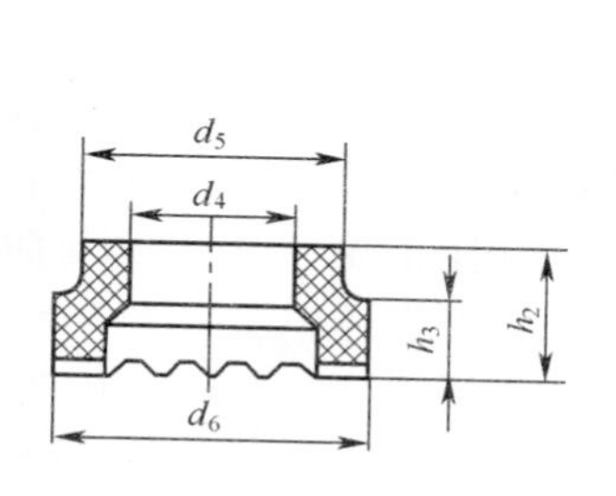

无螺纹螺柱和抗剪锚栓焊的瓷环

类型	$d_4{}^{+0.5}_{0}$	$d_5 \pm 0.1$	$d_6 \pm 0.1$	h_2	h_3
PF6	6.2	9.5	11.5	8.7	4.7
PF8	8.2	11	15	8.7	4.7
PF10	10.2	15	17.8	10	5.2
PF12	12.2	16.5	20	10.7	6
PF13	13.1	20	22.21	11	6.5
PF16	16.3	26	30	13	8.5
PF19	19.4	26	30.8	16.7	12
PF22	22.8	30.7	39	18.6	14
PF25	26.0	35.5	41	21	16.5

五、电弧螺柱焊工艺

(1)焊前准备 螺柱端部和母材待焊处应具有清洁表面,无漆层、轧鳞和油、水污垢等。检查焊接电缆、导电夹头是否正常,导电回路是否牢固连接。将待焊螺柱装入螺柱焊枪夹头中,并将相配合的陶瓷保护瓷环装入夹头中。采用惰性气体保护时,按要求调整好气体流量。检查螺柱对中及调整好螺柱伸出陶瓷的长度和提离高度。调整好焊机电压输出,确认能够进行正常运行,焊前准备即可结束。

(2)操作要点 焊接时将螺柱插入夹头底部,并调整夹持松紧度。长工件焊接时为防止磁偏吹,应采用两根地线,对称与工件相接,焊接过程中可随时调整地线位置。电弧螺柱焊操作顺序如图 12-8 所示。

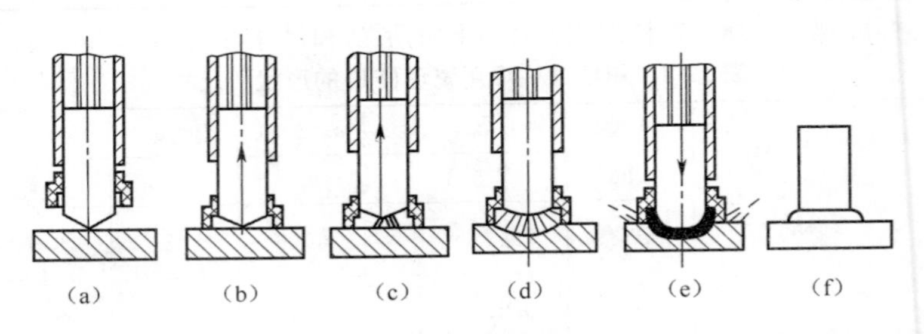

图 12-8 电弧螺柱焊操作顺序

(箭头表示螺柱运动方向)

①将螺柱接触面布置于工件待焊部位,如图 12-8a 所示。

②利用焊枪上的弹簧压下机构使螺柱与瓷环同时紧贴工件表面,如图 12-8b 所示。

③打开焊枪上的开关,接通焊接回路使枪体内的电磁线圈激磁,此时螺柱自动提离工件,即可在螺柱与工件之间引弧,如图 12-8c 所示。

④螺柱处于提离工件位置时,电弧引燃扩展到整个螺柱端面,在电弧热能作用下,使端面少量熔化,同时也使螺柱下方的工件表面熔化而形成熔池,如图 12-8d 所示。

⑤电弧燃烧到预定时间时熄灭,同时焊接回路断开,电磁线圈去磁,靠弹簧快速将螺柱熔化端压入熔池,如图 12-8e 所示。

⑥弹簧压到一定时间后,将焊枪从焊好的螺柱上抽出,打碎并除去保护瓷环,如图 12-8f 所示。

⑦电弧螺柱焊有弧偏吹现象,即电弧周围电磁场不均衡,引起弧柱轴线偏离了螺柱轴线,造成连接面加热不均,对焊接质量产生不利影响。电弧螺柱焊弧偏吹的产生和补救方法如图 12-9 所示。通过改变接线卡或铁磁物质的位置,使电弧周围电磁场均衡,即可防止弧偏吹。

(3)焊接参数的选择 焊接参数的选择主要是焊接电流和焊接时间的确定。当螺柱提离工件的距离确定后,则电弧电压基本上保持不变,因此输入的焊接能量由焊接电流和焊接时间来决定,使用不同的焊接时间与焊接电流的组合,均能得到相同的输入焊接能量。但对应每种尺寸的螺柱,要获得合格焊缝的焊接电流是有一定的范围的,而焊接时间的选择应与此范围相配合。焊接电流和焊接时间的选择是根据螺柱的材质、横断面尺寸大小来确定的。不同直径低碳钢电弧螺柱焊焊接电流与焊接时间范围如图 12-10 所示,对于某一给定的螺柱尺寸，均存在一个参考范围，通常应在此范围内选定最适合的焊接电流和焊接时间。

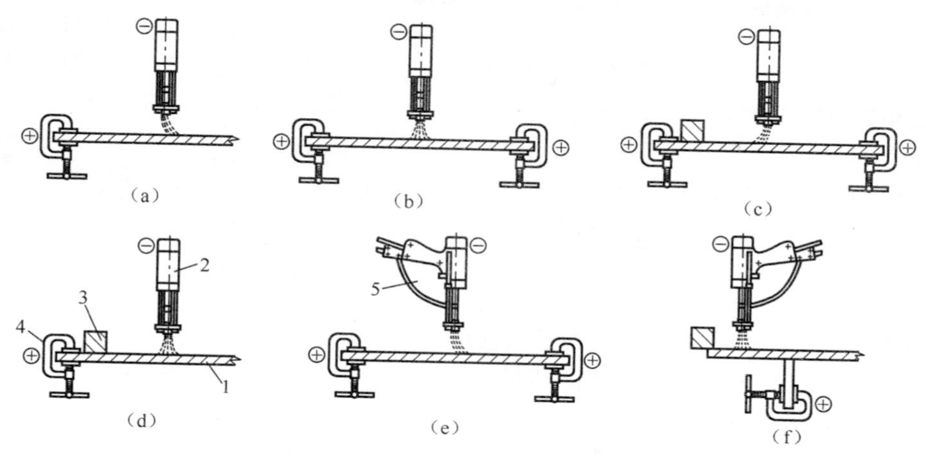

图 12-9　电弧螺柱焊弧偏吹的产生和补救方法

(a)、(c)、(e)电弧两侧磁场强度不相等而偏向较弱一侧，产生磁偏吹

(b)、(d)、(f)通过改变导电线路(接线卡位置)或调整周边铁磁物质，使电弧两侧磁场均衡即可防止磁偏吹

1. 工件　2. 焊枪　3. 铁磁物质　4. 接线卡　5. 电缆

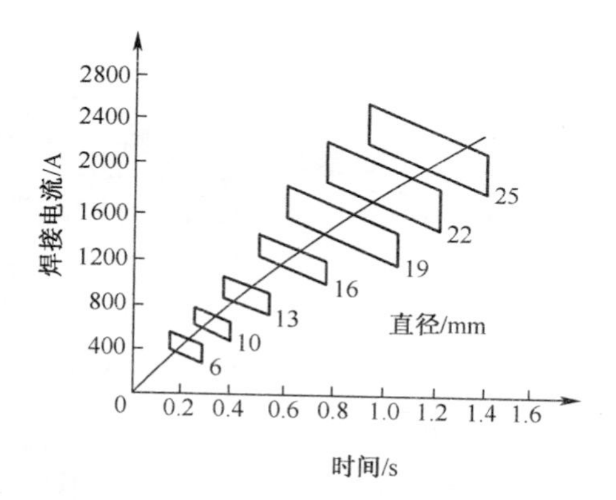

图 12-10　不同直径低碳钢电弧螺柱焊焊接电流与焊接时间范围

第三节　电容放电螺柱焊

一、电容放电螺柱焊的原理

电容放电螺柱焊的原理与电弧螺柱焊基本相同，不同之处是电容放电螺柱焊由电容器存储电能，电弧由所储电能瞬时放电产生。电容器在螺柱端部与工件表面间的放电过程是不稳定的电弧过程，即电弧电压与焊接电流在随时变化着，焊接过程是不可控的。

除与镀锌或电镀表面焊接外，电容放电螺柱焊一般采用直流正接。由于电容放电螺柱焊焊接时间(即电弧燃烧时间)极短，只有 2～3s，空气来不及侵入焊接区，接头就已形成了，所以电容放电螺柱焊一般不用保护措施。

二、电容放电螺柱焊的特点

电容放电螺柱焊除了具有电弧螺柱焊的一些优点外，还具有由于焊接时间极短(仅为几毫秒)，因此焊接时无需加焊剂和瓷环，从而简化了整个焊接工序。与电弧螺柱焊相比较，在电容放电螺柱焊方法中螺柱焊接端的熔化量几乎可以忽略不计，其熔化长度一般只有 0.2～0.3mm。

三、电容放电螺柱焊设备

手提式电容放电螺柱焊全套设备如图 12-11 所示。

拉弧式手持电容放电螺柱焊枪的结构如图 12-12 所示，由夹持螺柱机构和将螺柱压入熔池的弹簧压下机构组成。电容放电螺柱焊枪与电弧螺柱焊的焊枪相似，但不需装瓷环夹持装置。

焊接电源和控制装置制成一体式结构。电源为一个蓄电池组，焊接能量在低电压下储存于大容量的电容器组内，其特点是输入功率较低。

电容放电螺柱焊机型号及主要技术参数见表 12-10。

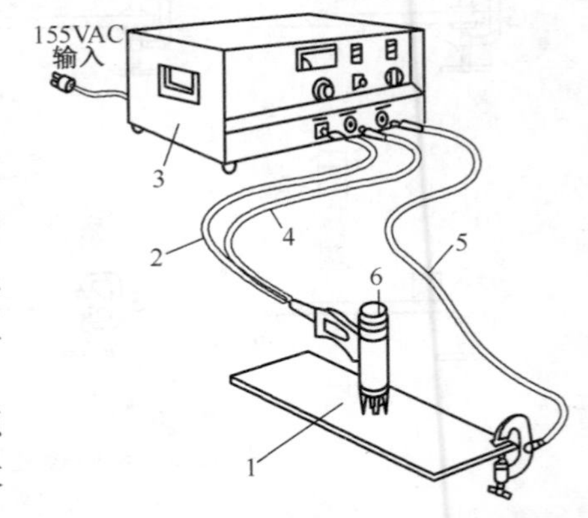

图 12-11 手提式电容放电螺柱焊全套设备

1. 工件 2. 控制电缆 3. 电源及控制装置 4. 焊接电缆 5. 地线 6. 焊枪

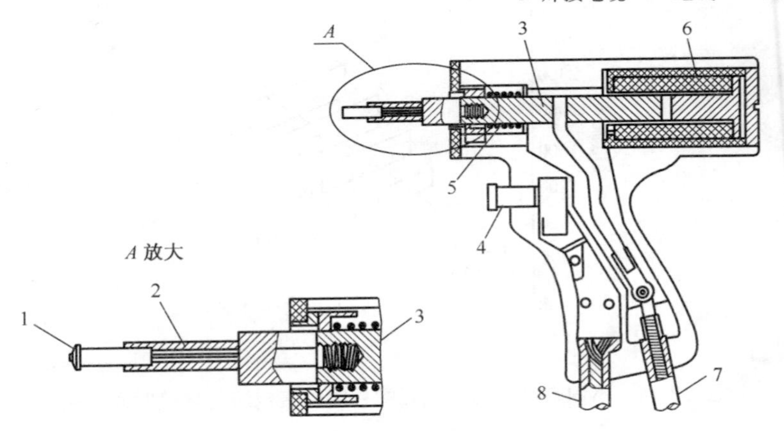

图 12-12 拉弧式手持电容放电螺柱焊焊枪的结构

1. 螺柱 2. 螺柱夹头 3. 铁心 4. 开关 5. 主弹簧 6. 电磁线圈外壳 7. 焊接电缆 8. 控制电缆

表 12-10 电容放电螺柱焊机型号及主要技术参数

型 号	RSR-400	RSR-800	RSR-1250	RSR-1600	RSR-2500	RSR-4000
电源电压/V	220/110	220/110	220/110	220/380	220/380	380
电源容量/kV·A	＜1	＜1.5	＜2	＜2.5	＜3	—
额定储能量/J	400	800	1250	1600	2500	4000
电容器电压调节范围/V	40～160	40～160	40～160	40～160	40～160	＜200

续表 12-10

型　　号		RSR-400	RSR-800	RSR-1250	RSR-1600	RSR-2500	RSR-4000
可焊螺柱直径/mm	碳钢、不锈钢	2～5	3～6	3～8	4～10	4～12	4～12
	铜、铝及其合金	2～3	2～4	3～6	3～8	3～8	4～8
可焊螺柱长度/mm	间隙式焊枪	≤100	≤100	≤100	≤100	≤100	≤100
	接触式焊枪	100～300	100～300	100～300	100～300	100～300	100～300
焊接生产率/(个/min)		20	15	12	10	10	5
焊机质量/kg		20	35	60	80	100	90
用途及说明		适用于碳钢、不锈钢、铜、铝及其合金螺柱焊接；比焊条电弧焊效率提高 4 倍，节电 80%；该类焊机需要电网容量小、生产率高、焊接质量好					适用于特制金属螺柱或条状物焊在薄金属板表面上

四、电容放电螺柱焊用螺柱

低碳钢、不锈钢、铝和黄铜等金属材料均可用电容放电螺柱焊用螺柱，螺柱体可以做成任何形状，如圆形、方形、锥形，带有沟槽等，但螺柱焊接端必须是圆形的。螺柱焊接端一般都带有凸肩，该凸肩的形状和尺寸对于预接触式和预留间隙式电容放电螺柱焊的焊缝质量影响很大，工业中常用圆柱凸肩，它可以在高速冷镦机上制造。

国际标准的螺柱设计，共分为螺纹螺柱(PT)、无螺纹螺柱(UT)和内螺纹螺柱(IT)三种。

①电容放电螺柱焊用带法兰有螺纹螺柱(PT)的形状和尺寸见表 12-11。

表 12-11　电容放电螺柱焊用带法兰有螺纹螺柱(PT)的形状和尺寸　(mm)

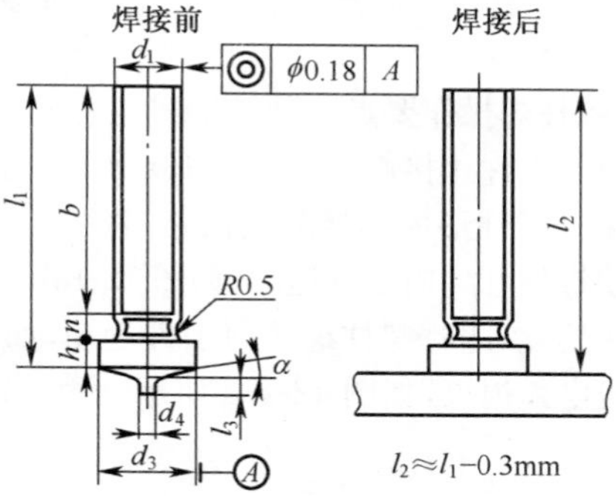

焊接前　　焊接后

$l_2 \approx l_1 - 0.3$mm

d_1	$d_3 \pm 0.2$	$d_4 \pm 0.8$	$l_3 \pm 0.5$	h	n_{max}	$\alpha \pm 1°$	$l_1{}^{+0.6}_{0}$
M3	4.5	0.6	0.55	0.7～1.4	1.5	3°	6,8,10,12,16,20
M4	5.5	0.65					8,10,12,16,20,25
M5	6.5	0.75	0.80	0.8～1.4	2		10,12,16,20,25,30
M6	7.5						
M8	9		0.85		3		12,16,20,25,30

②对于拉弧式电容放电螺柱焊用的螺柱端头则不需设置小凸台，带法兰有螺纹螺柱(FD)的形状和尺寸见表 12-12。

表 12-12 带法兰有螺纹螺柱(FD)的形状和尺寸 (mm)

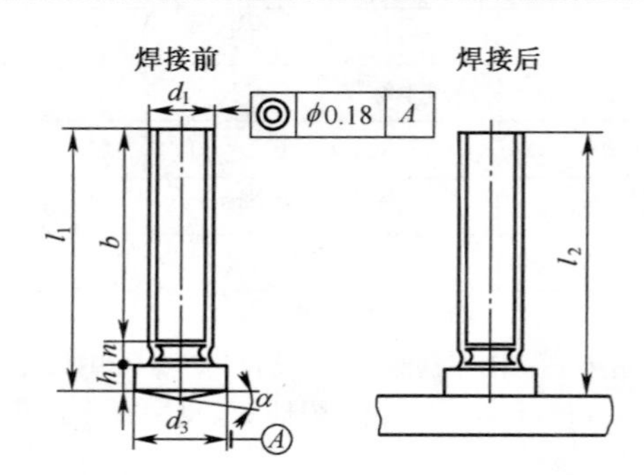

d_1	$d_3 \pm 0.2$	h	n_{max}	$\alpha \pm 1°$	$l_1{}^{+0.6}_{0}$
M3	4	0.7～1.4	1.5	7°	6,8,10,12,16,20
M4	5				8,10,12,16,20,25
M5	6	0.8～1.4	2		10,12,16,20,25,30
M6	7				10,12,16,20,25,30
M8	9				12,16,20,25,30,35,40
M10	11				16,20,25,30,35,40

五、电容放电螺柱焊工艺

电容放电螺柱焊根据引燃电弧的方法不同，可分为预接触式、预留间隙式和拉弧式三种。

(1)预接触式电容放电螺柱焊操作要点 预接触式电容放电螺柱焊过程如图 12-13 所示。将螺柱焊接端凸出部位与工件相接触，如图 12-13a 所示。按下启动开关，使电容器中储存的巨大电能通过小凸端与工件形成焊接放电回路，将小凸端加热熔化后产生电弧，同时在焊枪弹簧力的作用下使螺柱开始向工件运动，如图 12-13b 所示。电弧将整个螺柱焊接端面和相应的工件表面加热熔化，此时螺柱继续向工件运动，如图 12-13c 所示。螺柱向工件运动到使螺柱插入熔池时电弧熄灭，如图 12-13d 所示。稍停留后取出焊枪，焊接过程结束，如图 12-13e 所示。

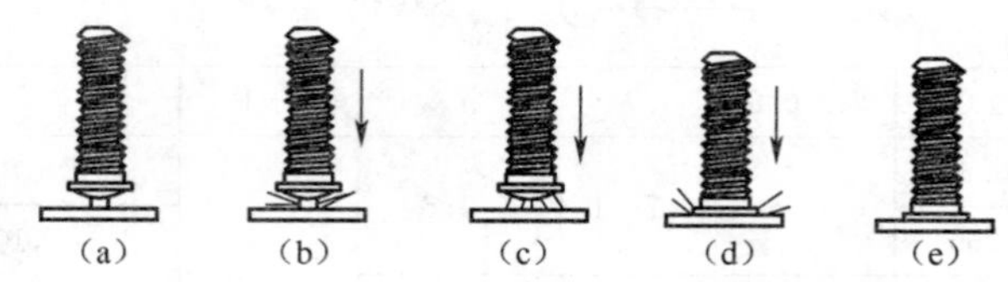

图 12-13 预接触式电容放电螺柱焊过程

(箭头表示螺柱运动方向)

(2)预留间隙式电容放电螺柱焊操作要点 预留间隙式电容放电螺柱焊过程如图 12-

14 所示。将螺柱焊接端离开工件一定的距离，如图 12-14a 所示。按下启动开关，在螺柱与工件之间加上放电电压，在焊枪加压机构作用下螺柱开始向工件运动，如图 12-14b 所示。当螺柱向工件运动到小凸端与工件接触时，电容放电使小凸端加热熔化后产生电弧，此时螺柱继续向工件运动，如图 12-14c 所示。在电弧的作用下将整个螺柱焊接端和相应的工件表面加热熔化，同时螺柱仍在继续向工件运动，如图 12-14d 所示。直到螺柱插入熔池时电弧熄灭，如图 12-14e 所示。稍停后焊接过程结束，如图 12-14f 所示。

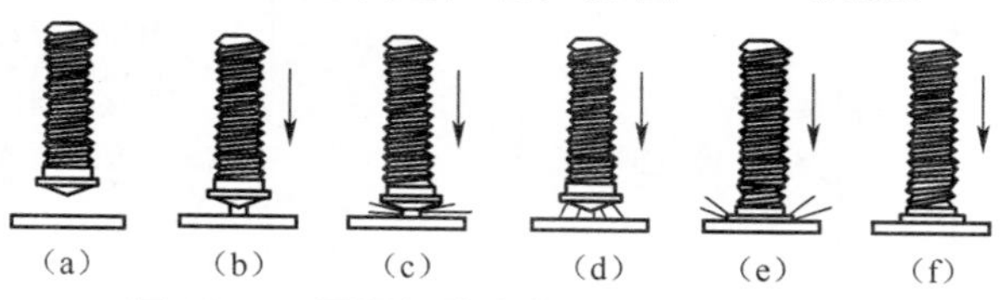

图 12-14　预留间隙式电容放电螺柱焊过程

（箭头表示螺柱运动方向）

(3)拉弧式电容放电螺柱焊操作要点　拉弧式电容放电螺柱焊焊接过程如图 12-15 所示。螺柱待焊端不需小凸端，但需加工成锥形或略呈球面。引弧的方法与电弧螺柱焊相同，需由电子控制器按程序操作，其焊枪与电弧螺柱焊枪相似。

操作时，先将螺柱在工件上定位并使之接触，如图 12-15a 所示。按动焊枪开关，接通焊接回路和焊枪体内的电磁线圈，如图 12-15b 所示。当提升线圈断电时，电容器通过电弧放电，大电流将螺柱和工件待焊面熔化，螺柱在弹簧或气缸压力作用下，返回向工件移动，如图 12-15c 所示。当插入工件时电弧熄灭，完成焊接，如图 12-15d 所示。拉弧式电容放电螺柱焊的特征是接触后拉起引弧，再电容放电完成焊接。

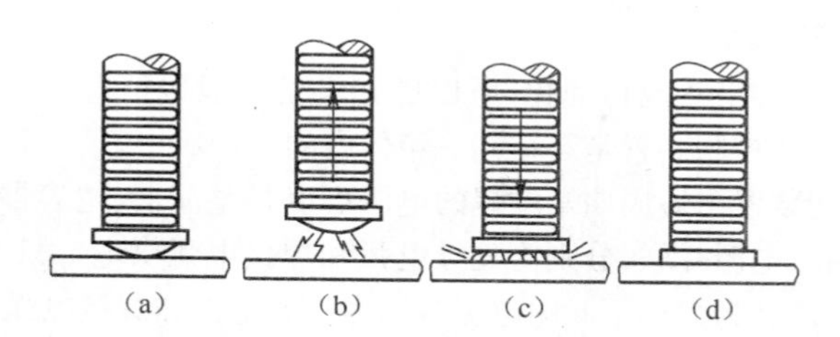

图 12-15　拉弧式电容放电螺柱焊焊接过程

电容放电螺柱焊三种方法相比较，预留间隙式方法焊接时间最短，而拉弧式方法焊接时间略长，为 6～15s。我国常用的是预接触式和预留间隙式放电螺柱焊，而拉弧式用得较少。电容放电螺柱焊时，为了减少熔融金属的氧化及防止螺柱插入熔池前金属发生凝固，必须调整好定时器的时间，保证螺柱在电容器能量尚未全部释放完和电弧仍在燃烧时插入熔池，否则焊接接头的质量就难以保证。

(4)焊接参数的选择　电容放电螺柱焊的焊接能量是由充电电压、放电电流和放电时间来决定的，其中放电时间由设备本身给定，而放电电流则随充电电压变化。

①充电电压。根据被焊螺柱的材质、螺柱直径和选用的焊接方法确定工艺要求，从而确定充电电压值，充电电压值确定后焊接能量即被确定。螺柱直径越大，需要的放电电流也越大，则需调节的充电电压值就越高。当采用预接触式焊接法时，螺柱直径与充电电压的关系如图 12-16 所示。

②放电电流。在电容放电螺柱焊方法确定后，放电电流与螺柱直径有关，即直径大放电电流也大。当螺柱的材质与直径相同的，采用不同的电容放电螺柱焊方法时，所需的放电电流值是不大相同的，将直径6mm螺柱焊到厚度为1.6mm钢板上时，三种电容放电电流及放电时间的差异如图12-17所示。电容放电螺柱焊的焊接电流峰值变化范围为600～20000A，适用的焊接时间范围为3～15s。

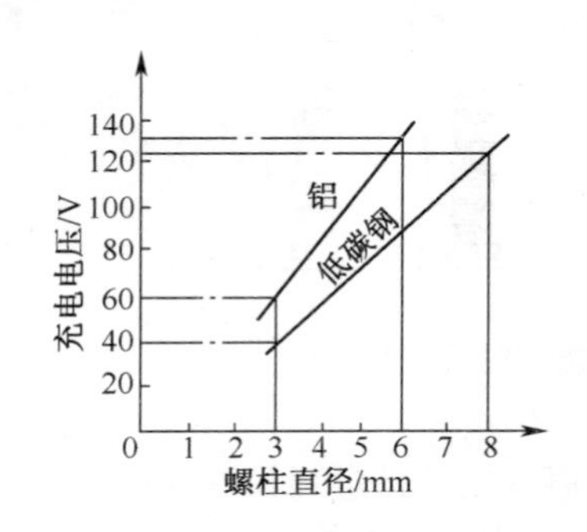

图12-16 螺柱直径与充电电压的关系

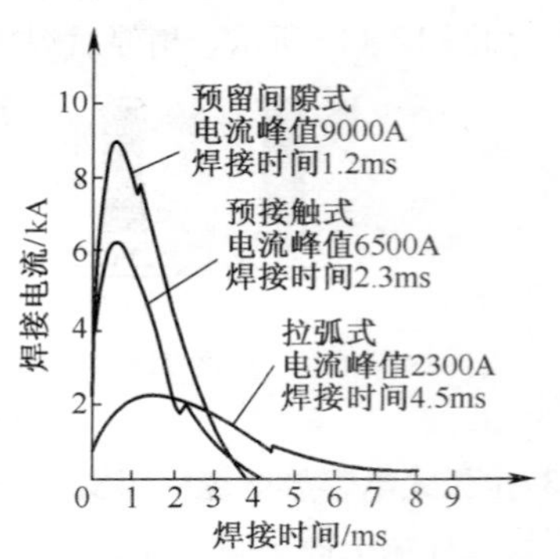

图12-17 将直径6mm螺柱焊到厚度为1.6mm钢板上时，三种电容放电电流及放电时间的差异

第四节 短周期螺柱焊

一、短周期螺柱焊设备

由于短周期螺柱焊容易实现自动化，所以成套设备一般包括电源及其控制装置、送料机和焊枪等，其中电源和控制装置是装在同一箱体内的。

(1)电源及其控制装置 短周期螺柱焊的电源可以是整流器、电容器组，也可以是逆变器。一般情况下是两个电源并联，分别为先导电弧和焊接电弧供电。只有逆变器作为电源时，才可用同一电源，调制为大小不同的电流分别为先导电弧和焊接电弧供电。

①整流式短周期螺柱焊机电气原理如图12-18所示。若用于汽车制造，由两个整流器组成，图12-18中UR1整流器提供焊接电流I_W，UR2为半控桥，其导通角不可调，给螺栓提供先导电流I_P。UR1输入线电压36V，UR2输入线电压为3×32V，当产生大电流后，这个电压差会使UR2自然关断，不再输出I_P。

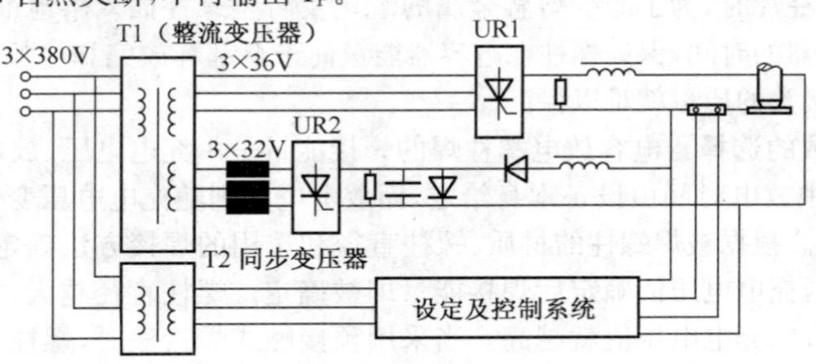

图12-18 整流式短周期螺柱焊机电气原理

此电源的缺点是开环控制，对网络波动无法补偿。由于工频整流，频率响应慢，不具备完整的监控系统，无法在螺柱下落过程中，对未浸入熔池前发生断电所造成的接头质量下降进行补偿。但其控制简单，成本低，基本上能满足如汽车等产品大规模生产的要求。国产这种焊机的主要技术参数：焊接电流 I_W 为 200～1000A；焊接电流时间 T_W 为 5～100ms；先导电流 I_P 为 40A；先导电流时间 T_P 为 5～100ms；可焊螺柱直径 d_3 －8mm。

②逆变式短周期螺柱焊机电气原理如图 12-19 所示。该机采用单端正激逆变器作为电源，IGBT 为其开关元件，由微机控制，液晶显示。先导电流 I_P 和焊接电流 I_W 的转换靠脉宽控制(PWM)技术，采用旁路开关短接电抗器 L 的方法来实现。

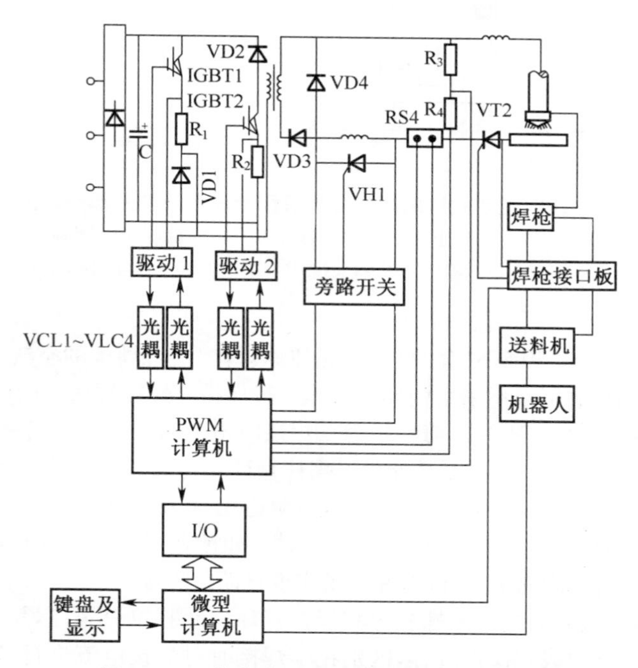

图 12-19 逆变式短周期螺柱焊机电气原理

该机代表了当前国内先进水平的螺柱焊接设备，它动特性好，有完备的监控系统，能可靠地保证“有电顶锻阶段”T_d 的到位，并有焊机故障信息提示。焊机的主要技术参数：主机输入为 3×380V，50Hz；压缩空气为 3～6MPa；输出焊接电流 I_W 为 200～1000A，焊接电流时间 T_W 为 6～100ms，先导电流 I_P 为 30～100A，先导电流时间 T_P 为 30～100ms，可焊螺柱直径 d 为 3～10mm。

(2)焊枪和自动送料器 短周期螺柱焊用的焊枪有手动焊枪和半自动(或自动)焊枪两种。焊枪的基本结构与有瓷环(套圈)保护螺柱焊所用的相似，也是由螺柱夹持机构、提升机构和弹簧压钉机构组成。对于手动焊枪需要装有接近开关，以保证只有当螺柱与工件可靠接触时，才能提取启动电压信号。半自动或自动焊枪是在手动焊枪的基础上多了一个装钉用的气缸。当螺柱在送料机中被压缩空气通过送料软管吹送到焊枪落钉槽中后，气缸活塞衔铁将螺柱推入导电夹中。此外，还有气路、送钉开关和送钉锁定开关等。

在进行半自动和自动焊接时，需配置螺柱自动送料机，其结构通常由滚筒装料器和分选器等组成。焊接时，滚筒旋转将螺柱送入滑动导轨，经分选器，由专供送料用的分离机构逐个送料，实现装载循环。根据螺柱直径的不同应配用不同的送料软管、软管离合器、导轨和分选器。

按主机＋送料机＋半自动焊枪＋手动焊机方式配套，逆变式短周期螺柱焊机配套设备及其外部接线图如图 12-20 所示。

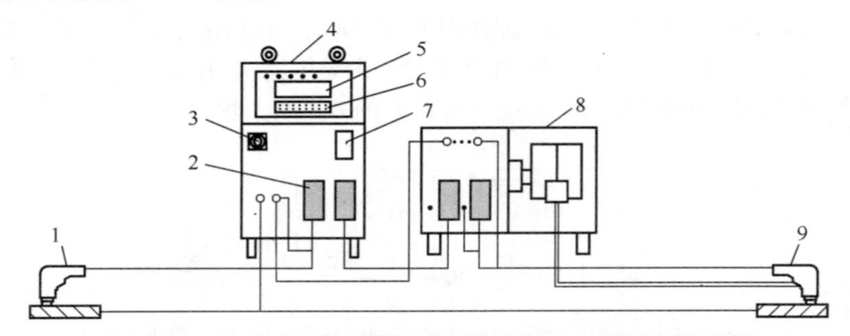

图 12-20 逆变式短周期螺柱焊机配套设备及其外部接线图

1. 手动焊枪 2. 矩形插件 3. 电源开关 4. 主机(电源及控制器)
5. 键盘 6. 显示器 7. 机器人接口 8. 送料机 9. 半自动焊枪

二、短周期螺柱焊工艺

(1)特点 焊接时间比瓷环(套圈)保护螺柱焊短，焊接时周围的空气还来不及侵入焊接区，焊接即已完成，故可以不采用瓷环或气体进行保护。螺柱端面一般设计成外凸锥面，且有比螺柱直径略大的肩(法兰)，前者是为了焊接时电弧易发生在端部中心，后者是为了增加结合面积使接头具有较大的承载能力。螺柱直径 d 与被焊工件壁厚 δ 之比(d/δ)可达 8～10，即比瓷环保护螺柱焊法能焊更薄的板，最薄达 0.6mm。由于焊接开始前有小电流电弧清扫工件待焊表面，故可以焊接有涂层的金属板，如镀锌薄板等。焊接电流经过波形调制，其幅值和时间可调，因而适用性广，并容易实现自动化焊接。

(2)焊接过程 短周期拉弧式螺柱焊和保护瓷环(套圈)拉弧螺柱焊一样，焊接时要有短接→提升→焊接→顶锻等操作过程，区别在于焊接时对焊接电流进行了波形控制，使焊接周期大为缩短(＜100ms)，从而不必再用瓷环或气体保护。短周期螺柱焊焊接工作循环如图 12-21 所示，图的上方是焊接过程的示意图，下方是对应的焊接时序。

①螺柱落下与工件短路。启动焊枪开关，螺柱与工件接触通电，构成短路。

②螺柱提升，引燃小电弧(拉弧)。此时电流很小，称先导电流 I_P。利用小电弧清扫螺柱端面和工件表面，也起到对待焊面预热的作用。

③自动接通大电流，焊接电弧燃烧。此大电流称焊接电流 I_W，使螺柱与工件待接面进一步加热达到熔化温度。

④螺柱落下浸入熔池(落钉)。焊枪电磁铁释放，螺柱落下与工件短路，电弧熄灭。

⑤有电顶锻，形成接头。此时有短路电流，靠焊枪内的弹簧压力使螺柱向工件挤压，完成焊接。

(3)焊接参数 拉弧时螺柱提离高度 ΔS 为 0.8～1.5mm，一般取 1.2mm；先导电流 I_P(小电弧的电流)为 30～100A，一般取 40A 左右；而焊接电流 I_W 比先导电流大很多，取决于螺柱直径，通常按 $I_W=100d$(单位为 A)确定，d 为螺柱焊端直径(单位为 mm)；先导电流时

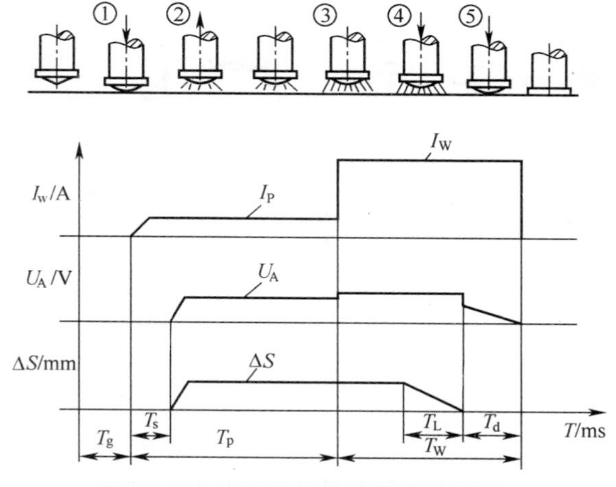

图 12-21　短周期螺柱焊焊接工作循环

I_P—先导电流(A)　I_w—焊接电流(A)　U_A—电弧电压(V)
ΔS—螺柱位移(mm)　T_g—焊枪延时时间(ms)　T_s—短路电流时间(ms)
T_P—先导电流时间(ms)　T_w—焊接电流时间(ms)　T_L—落钉时间(ms)　T_d—有电顶锻时间(ms)

间 T_P(即小电弧燃弧时间)在 40～100ms 调节;焊接时间 T_W(即通大电流时间)为 5～100ms,一般取 20ms,其中包括有电顶锻时间 T_d(5～10ms)。焊接一个周期总时间一般不超过 100ms,比瓷环保护螺柱焊所需总时间(100ms)短,故被称为短周期螺柱焊。

三、螺柱焊质量控制及缺陷预防

(1)质量控制　焊前应对所选的焊接工艺进行评定,按评定合格的焊接工艺进行施焊。

①要采用正确的电源极性。电弧螺柱焊焊接钢铁材料时,应采用直流正接,即工件接电源的正极;而焊接非铁金属时,应采用直流反接,即工件接电源的负极。用电容放电螺柱焊焊接钢铁材料、镀锌或带有涂层的工件时,应采用直流反接,而焊接非铁金属时,应采用直流正接。

②螺柱焊接端表面及焊接处工件表面必须清理干净,如采用电容放电螺柱焊,工件表面的镀层或涂层不用清除。

③正确选择焊接参数,如焊接电流、焊接时间、提离高度、瓷环位置,以及螺柱伸出长度等。

④螺柱轴线应与工件表面始终保持正确的角度,如把螺柱焊到平面上时,螺柱轴线应垂直于平面;如把螺柱焊到曲面上时,螺柱应垂直与该处的切面。

(2)常见缺陷及预防措施

①螺柱悬空、未插入熔池。调整和检查螺柱夹头与套圈夹头的同轴度,并保证在焊接过程中能够移动自如。

②螺柱焊接端与工件间未熔合。增加电流或增大焊接时间给定值,适当调整电弧长度,并检查所有焊接回路,保持良好接触。

③螺柱熔化量过多。热量过高,需降低焊接电流和缩短焊接时间。

④局部熔合。矫正焊枪工作位置,使其垂直于工件表面。电弧偏吹时应改变地线的接法。

第十三章 冷 压 焊

冷压焊的整个过程是在室温下进行的，但冷压焊的变形程度大、施焊压力比气压焊（热压焊）要大。因焊接过程是以产生塑性变形为特征，故又称为变形焊。

第一节 冷压焊基础

一、冷压焊的原理

冷压焊的原理比较简单，待焊工件在所加压力的作用下，通过材料的物理接触使待焊工件产生大的变形，在变形时，表面的氧化膜破裂，并通过材料的塑性变形被挤出连接界面，使纯金属相互接触，并发生金属键结合而形成牢固的连接接头。

对接冷压焊过程如图 13-1 所示。焊接时，首先将清理过的被焊件放入夹具中，使端部伸出一定长度，然后夹紧，如图 13-1a 所示。当活动夹具向前移动时，同时根据被焊材料的性质、工件端面大小施加压力顶锻，于是工件端面产生局部塑性变形，挤出部分金属及杂质，在焊接压力的继续作用下，工件接触面原子形成晶体间的结合，从而使工件紧密地连接在一起，形成焊接接头，完成冷压焊接过程，如图 13-1b 所示。顶锻次数视不同材料而定，一般可取 1～3 次。

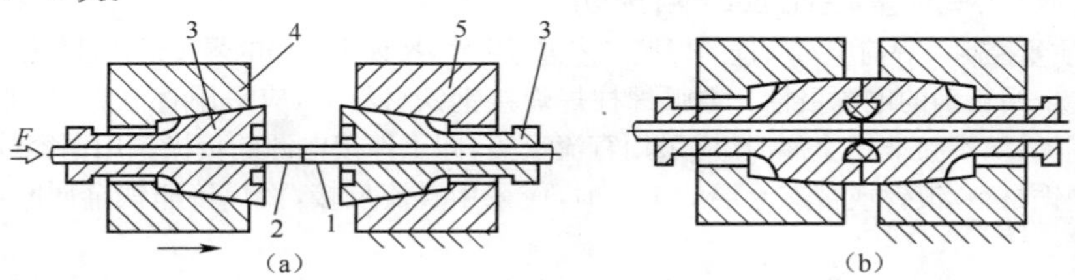

图 13-1 对接冷压焊过程

(a)顶锻前 (b)顶锻后(飞边切掉)

1、2. 工件 3. 钳口 4. 活动夹具 5. 固定夹具

实现冷压焊的两个重要因素：一是施加于工件间一定的压力，这是金属产生局部塑性变形和原子间结合的必要条件；二是在压力作用下，工件端面金属必须具有足够的塑性冷压量，这是实现焊接的充分条件。如果在封闭的模腔内进行冷压焊接，施加的压力再大，因金属不可能有足够的塑性冷压量，也不会实现冷压焊接。

此外，有些情况下仅依靠压力和塑性变形还是不够的，要有压力、足够的塑性变形、塑性变形时间产生的温度和原子扩散 4 个因素。为了能够顺利地进行冷压焊，要求被焊金属在低温下应具有很大的塑性，所以硬度较高的金属材料进行冷压焊是比较困难的。

二、冷压焊的分类

根据冷压焊焊接接头的形式不同，分为搭接冷压焊和对接冷压焊两种。

(1)搭接冷压焊 搭接冷压焊过程如图 13-2 所示。搭接冷压焊时，将工件搭放好后，用钢制压头加压，当压头压入必要深度后，焊接完成。搭接冷压焊又分为搭接点焊和搭接缝焊。用柱状压头形成焊点，称为冷压搭接点焊；用滚轮式压头形成焊缝，称为冷压搭接缝焊。搭接缝焊又分为滚压焊、套压焊和挤压焊。搭接冷压焊主要用于箔材和板材的连接。

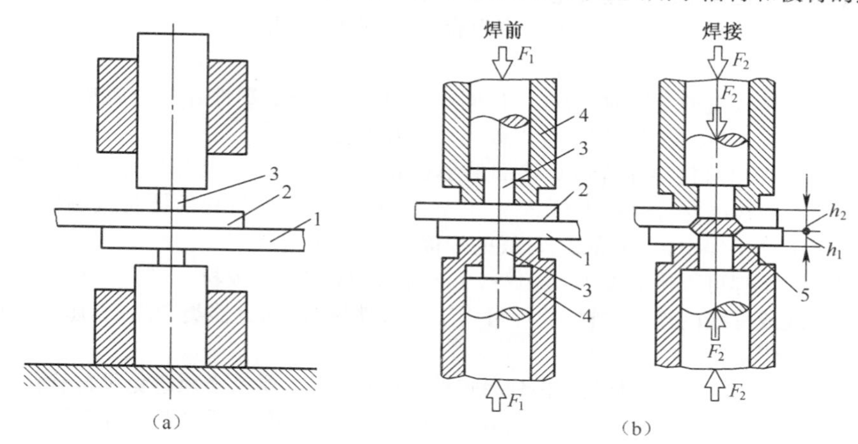

图 13-2　搭接冷压焊过程

(a)带轴肩式　(b)带预压套环式

1、2. 工件　3. 压头　4. 预压套环　5. 焊接接头

h_1、h_2. 工件厚度　F_1. 预压力　F_2. 焊接压力

(2)对接冷压焊　对接冷压焊时，将工件分别夹紧于左、右钳口，并伸出一定长度，施加足够的顶锻压力，使伸出部分产生径向塑性变形，将被焊表面的杂质挤出，形成金属飞边，紧密接触的纯金属形成焊缝，完成焊接过程。对接冷压焊主要用于制造同种或异种金属线材、棒材或管材的对接接头。

三、冷压焊的特点

(1)冷压焊的优点　焊接时不需要添加焊丝、焊剂等焊接材料。由于焊接在室温下进行，不需要加热装置，焊接成本低，结构简单，可以节约大量电能，并节省由于焊接加热需要的辅助时间。不使用焊剂，接头不需要焊后清洗，不存在接头使用中因焊剂引起的腐蚀问题。焊接参数由模具尺寸决定，不需要像电弧焊接那样调节电流、电压、焊接速度等多个参数，易于操作和实现自动化焊接。异种金属无论它们互溶或不互溶，都可以进行冷压焊。接头上不存在焊接热影响区，不会产生软化区和脆性金属中间相。因此，接头的导电性、抗腐蚀性等性能优良。由于焊接过程产生变形硬化而使接头强化，所以同种金属焊接的接头强度不低于母材的强度，而异种金属接头的强度不低于强度较低金属的强度。结合面没有明显的扩散，是一种晶间结合，被连接的金属特性不影响冷压焊过程进行的方式。焊接质量稳定，不受电网电压波动的影响。劳动和卫生条件好。

(2)冷压焊的缺点　冷压焊接局部变形量大，搭接接头有压坑。对某些异种金属，如 Cu 和 Al 焊后形成的焊缝在高温下会因扩散作用而产生脆性的化合物，使其塑性和导电性明显下降，这类金属组合的冷压焊接头只能在较低温度下工作。由于受焊机吨位限制，冷压焊工件的搭接板厚和对接的断面不能过大。工件的硬度也受模具材质的限制而不能过高。

四、冷压焊的应用范围

①特别适于异种金属用热焊法无法实现的焊接。在模具强度允许的前提下，很多不会产生快速加工硬化或未经严重硬化的塑性金属，如Cu、Al、Ag、Au、Ni、Zn、Cd、Ti、Sn、Pb及其合金都适于冷压焊。它们之间的任意组合，包括液相、固相不相溶的非共格金属的组合，也可进行冷压焊。

当焊接塑性较差的金属时，可在工件间放置厚度＞1mm、塑性好的金属垫片，作为过渡材料进行冷压焊，其接头强度等于变形硬化后垫片的强度。

②用手动焊钳对接冷压焊可焊接的最小断面为0.5mm²，用液压机焊接最大断面可达1500mm²。可焊接线材、棒料、板材、管材和异型材，通常用于材料的接长或制造双金属过渡接头。在电气工程中铝、铜导线、母线的焊接应用最为广泛。

③搭接冷压焊可焊接厚度为0.01～20mm的箔材、带材、板材。搭接点焊常用于电气工程中的导线或母线的连接；搭接缝焊可用于气密性接头，如容器类产品；套压焊多用于电器元件的封装焊等。

④适于焊接热敏感性的材料，并且特别适用于在焊接中要求必须避免母材软化、退火和不允许烧坏绝缘的一些材料或产品的焊接。如HLJ型高强度变形时效铝合金导体，当温度超过150℃时，其强度成倍下降；某些铝合金通信电缆或铝壳电力电缆，在焊接铝管之前就已经装入电绝缘材料，其焊接时温度升高不允许超过120℃；石英谐振子及铝质电容器的封盖工序，Nb-Ti超导线的连接也可以采用冷压焊。

第二节 冷压焊设备

一、冷压焊机

冷压焊的主要设备是能够提供足够压力的焊机，除了专用的冷滚压焊设备外（其压力由压轮主轴承担，不需要另外提供压力），其余的冷压焊设备都可以利用常规的压力机改装而成。但是，冷压焊接时，还需要适合各类接头形式的模具，如冷压点焊压头、缝焊压轮、套压焊模具、挤压焊模具和对压焊钳口等。部分冷压焊机的相关技术参数见表13-1。

表13-1 部分冷压焊机的相关技术参数

冷压焊设备	压力/10N	可焊断面积/mm²			参考质量/kg	设备参考尺寸/mm
		铝	铝与铜	铜		
携带式手工焊钳	(1000)①	0.5～20.0	0.5～10.0	0.5～10.0	1.4～2.5	全长310
台式对焊手工焊钳	(1000～3000)	0.5～30.0	0.5～20.0	0.5～20.0	4.6～8	全长320
小车式对焊手工焊钳	(1000～5000)	3～35	3～20	3～20	170	1500×7500×750
气动对接焊机	5000	2.0～200.0	2.0～20.0	2.0～20.0	62	500×300×300
	800	0.5～7.0	0.5～4.0	0.5～4.0	35	400×300×300
油压对接焊机	20000	20～200	20～120	20～120	700	1000×900×1400
	40000	20～400	20～250	20～250	1500	1500×1000×1200
	80000	50～800	50～600	50～600	2700	1500×1300×1700
	120000	100～1500	100～1000	100～1000	2700	1650×1350×1700

续表 13-1

冷压焊设备	压力/10N	可焊断面积/mm²			参考质量/kg	设备参考尺寸/mm
		铝	铝与铜	铜		
携带式搭接手工焊钳	(800)	厚度 1mm 以下			1.0～2.0	全长 200×350
气动搭接焊机	50000	厚度 3.5mm 以下			250	680×400×1400
油压搭接焊机	40000	厚度 3mm 以下			200	1500×800×1000

注:①括号内的压力值为计算值。

二、冷压焊模具

冷压焊是通过模具对工件加压,使待焊部位产生塑性变形完成的。模具的结构和尺寸决定了接头的尺寸和质量。因此,冷压焊模具的合理设计和加工是保证冷压焊接头质量的关键。

根据压出的凹槽形状,搭接冷压焊分为搭接冷压点焊和搭接冷压缝焊两类;按照加压方式,搭接冷压焊分为滚压焊和套焊等形式。搭接点焊模具为压头,搭接滚压焊模具为压轮,对接冷压焊模具为钳口。

1. 搭接冷压焊模具

(1)搭接点焊压头 冷压点焊按压头数目可分单点点焊和多点点焊;单点点焊又可分为双面点焊和单面点焊。搭接点焊用的压头形状有圆形、矩形、菱形和环形等。搭接点焊压头形式及焊点形状如图 13-3 所示。

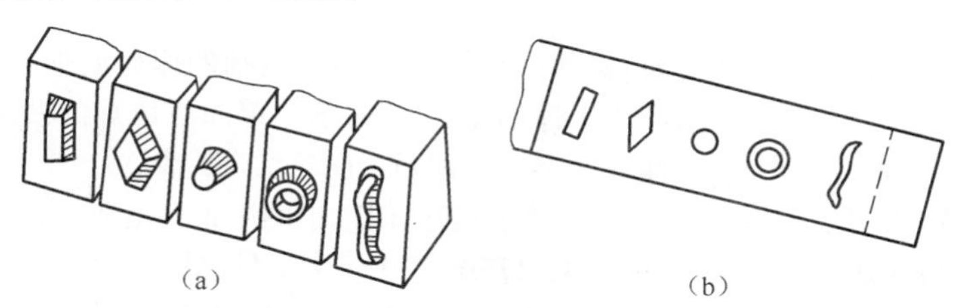

图 13-3 搭接点焊压头形式及焊点形状

(a)压头 (b)焊点

压头尺寸根据工件厚度(h_1)确定。圆形压头直径(d)和矩形压头的宽度(b)不能过大,也不能过小。过大时,变形阻力增加,在焊点中心将产生焊接裂纹,可能将引起焊点四周金属较大的延展变形;过小时,压头将因局部切应力过大而切割母材。典型的压头尺寸为 $d=(1.0\sim1.5)h_1$ 或 $b=(1.0\sim1.5)h_1$;矩形压头的长边取$(5\sim6)b$;不等厚焊接件冷压点焊时,压头尺寸以较薄工件厚度(h_1)确定,$d=2h_1$ 或$b=2h_1$。

冷压点焊时,材料的压缩率由压头压入深度来控制。可以通过设计带轴肩的压头来实现如图 13-2a 所示,从压头端头至轴肩的长度即压入深度,以此控制准确的压缩率,同时还能够起到防止焊接件翘起的作用。通过轴肩的外围加设套环装置如图 13-2b 所示,也可以实现压缩率的控制,套环采用弹簧或橡胶圈对工件施加预压力,其单位预压力控制在 20～40MPa。为了防止压头切割被焊金属,其工作面周边应加工成 $R=0.5$mm 的圆角。

(2)搭接缝焊模具 冷压焊可以焊接直长焊缝或环状焊缝,气密性能够达到很高的要求,而不会出现采用熔化焊方法常见的气孔和未焊透等焊接缺陷。具体的冷压缝焊形式包括冷滚压焊、冷套压焊和冷挤压焊，各使用不同的模具。冷压缝焊的形式及工作原理如图13-4所示。

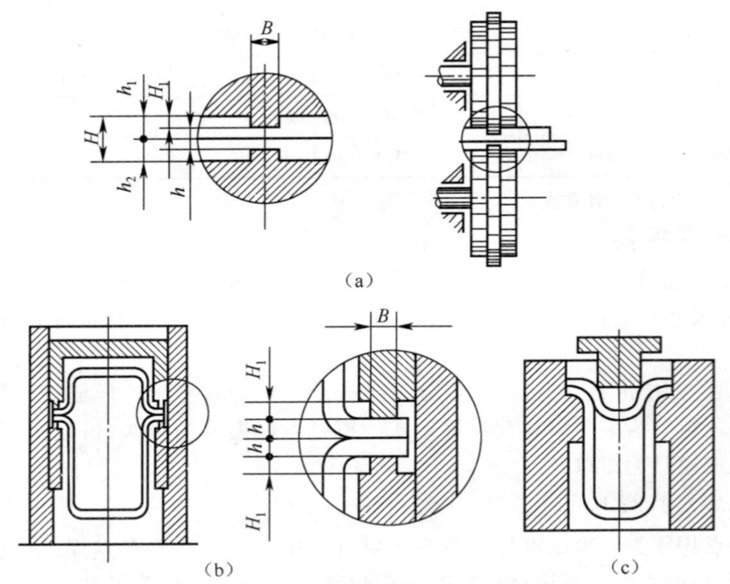

图 13-4 冷压缝焊的形式及工作原理

(a)冷滚压焊 (b)冷套压焊 (c)冷挤压焊

①冷滚压焊压轮。冷滚压焊时，被焊的搭接件在一对滚动的压轮间通过，并同时被加压焊接，即形成一条密闭性焊缝，冷滚压焊如图13-5所示。单面滚压焊的两压轮中一个带工作凸台，另一个不带工作凸台；而双面滚压焊则两个压轮均带凸台。

压轮的直径 D 从减小焊接压力考虑越小越好，但过小的压轮会造成工件不能自然送入焊机。工件能自然送入焊机的条件是 $D \geqslant 175t\varepsilon$，式中 t 为工件总厚度（$t=t_1+t_2$），ε 为最小压缩率。所以，选用压轮直径时，首先应满足工件自然送入焊机条件，然后尽可能选用小的压轮直径。

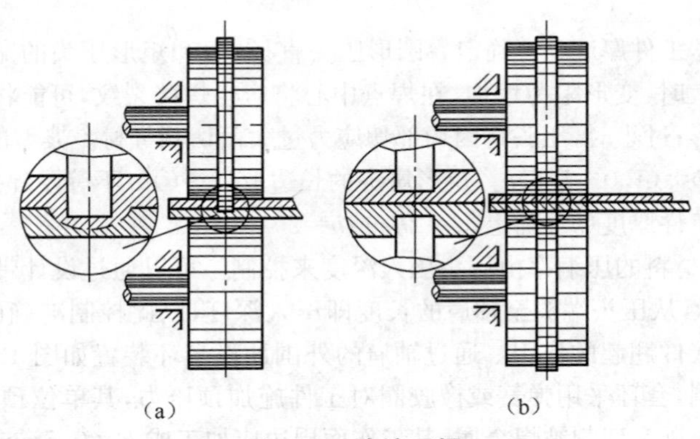

图 13-5 冷滚压焊

(a)单面滚压焊 (b)双面滚压焊

压轮工作凸台的高度与宽度的作用与冷压点焊压头作用相似，工作凸台两侧设轮肩，起控制压缩率和防止工件边缘翘起的作用。合理的凸台高度 h 由下式确定

$$h=\frac{1}{2}(\varepsilon t+C)$$

式中，C 为主轴间弹性偏差量(mm)，通常 $C=0.1\sim0.2$mm；h 为压轮工作凸台高度(mm)；t 为工件总厚度(mm)，$t=t_1+t_2$；ε 为最小压缩率(%)。

合理的凸台宽度 B 取为

$$\frac{1}{2}H<B1.25t$$

式中，H 为焊缝厚度(mm)；B 为压轮工作凸台的宽度(mm)。

②冷套压焊模具。铝罐封盖冷套压焊如图 13-6 所示。根据工件的形状和尺寸设计相应尺寸的上模和下模。下模由模座承托，上模与压力机的上夹头连接，为活动模。上、下模的工作凸台设计与冷滚压焊压轮的工作凸台相同，同样也应设计凸台。由于焊接面积大，所需焊接压力比滚压焊大很多，故此种方法只适用于小件封焊。

③冷挤压焊模具。铝质电容器封头冷挤压焊，如图 13-7 所示。按内外帽形工件的形状尺寸设计相应的阴模(固定模)和阳模(动模)。阳模与压力机的上夹头相连接，阴模的内径与阳模的外径之差与工件总厚度 t 和最小压缩率 ε 的关系为

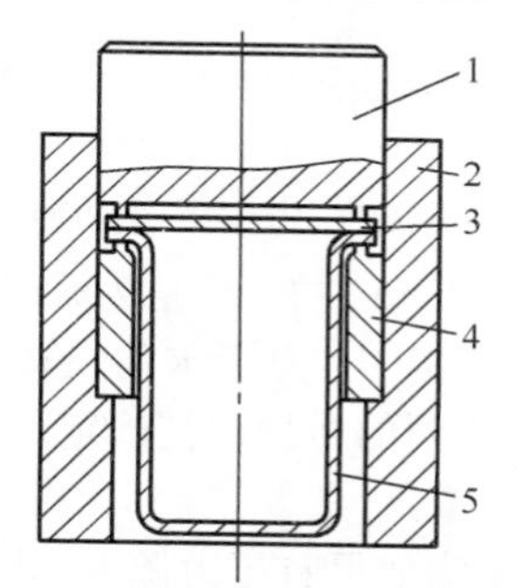

图 13-6 铝罐封盖冷套压焊

1. 上模 2. 模座 3. 工件封头
4. 下模 5. 工件帽套

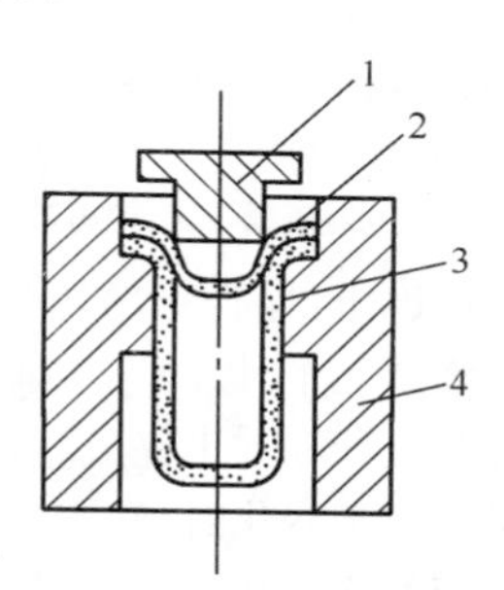

图 13-7 冷挤压焊(铝质电容器封头)

1. 阳模 2. 工件(盖)
3. 工件(壳体) 4. 阴模

$$D_{阴}-D_{阳}=t(1-\varepsilon)$$

式中，$D_{阴}$ 为阴模内径(mm)；$D_{阳}$ 为阳模外径(mm)。

阴模与阳模的工作周缘需制成圆角，以免冷压焊过程中损伤工件。与套压焊相比，挤压焊所需的焊接压力小，常用于铝质电容器封头的冷压焊接。

2. 对接冷压焊焊钳

对接冷压焊焊钳的作用是夹紧工件，传递焊接压力，控制工件塑性变形的大小和切掉飞边，因此需要施加较大的夹紧力和顶锻力，焊钳材料必须用模具钢制造，并且有较高的制造精度。冷压焊钳分为固定和可移动两部分，各部分由相互对称的半模组成，焊接时分别夹持一个工件。

根据钳口端头结构形状的不同，冷压焊钳可以分为槽形钳口、尖形钳口、平形钳口和复合型钳口四种类型。其中尖形钳口具有有利于金属的流动，能挤掉飞边，所需的焊接压力

小等特点，在实际中应用较多。平形钳口与尖形钳口则相反，目前平形钳口已经很少应用。为了克服尖形钳口在焊接过程中容易崩刃的缺点，在刃口外设置了护刃环和溢流槽，尖形复合钳口如图 13-8 所示。

为了避免顶锻过程中焊接件在钳口中打滑，应对钳口内腔表面进行喷丸处理或加工深度不大的螺纹形沟槽，增加钳口内腔与工件之间的摩擦因数。钳口内腔的形状根据被焊工件的断面形状设计，可以是简单断面，也可以是复杂断面。对于断面面积相差不大的不等厚工件，可采用两组不同内腔尺寸的钳口。焊接扁线用组合钳口的结构如图 13-9 所示。对接冷压焊接管材时，管件内应装置相应的心轴。

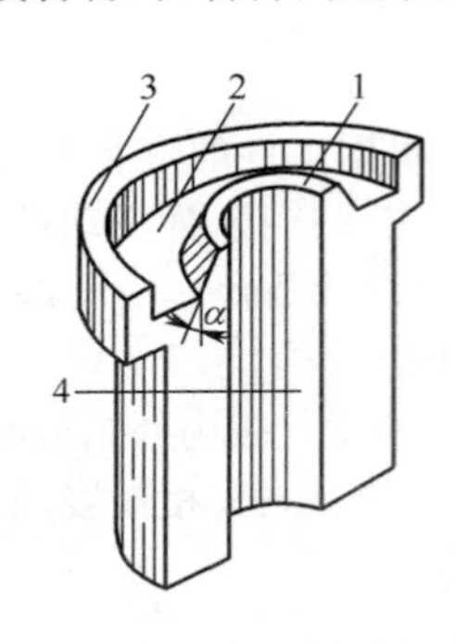

图 13-8　尖形复合钳口

α—刃口倒角（不大于 30°）

1. 刃口　2. 飞边溢流槽　3. 护刃环　4. 内腔

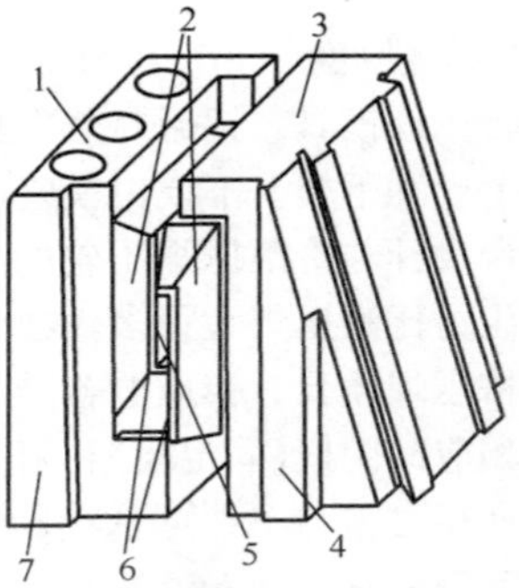

图 13-9　焊接扁线用组合钳口的结构（动模）

1. 固定模座　2. 钳　3. 滑动模座　4. 护刃面　5. 型腔　6. 刃口　7. 扩刃面

对接冷压焊钳口的关键部位是刃口。刃口厚度通常为 2mm 左右，楔角为 50°～60°。此部位应进行磨削加工，以减小冷压焊顶锻时变形金属的流动阻力，避免卡住飞边。冷压焊的模具经合理设计和加工完成后，焊接接头的尺寸和可能达到的质量即被确定。当焊接接头的规格尺寸发生变化时，则需要更换模具。

除了专用的冷滚压焊设备其压力由压轮主轴承担而不需要另有压力源外，其余的冷压焊设备都可以利用常规的压力机改装而成。冷压焊的生产效率比较高，如滚压焊制铝管，焊接速度可以达到 28cm/s 以上，而且在短时间停机的条件下，可以在比较大的范围内调节焊接速度，并不影响焊接质量，这是其他焊接方法无法实现的。

3. 模具材料

冷压焊用的各种模具工作部位应有足够的硬度，一般控制在 45～55HRC。硬度过高韧性差，易崩刃；硬度过低，刃口易变形，影响焊接精度。

第三节　冷压焊工艺

冷压焊由于是在室温下进行的焊接方法，既不需要加热，又不需要添加焊剂。其焊接质量主要取决于工件的清洁程度和工件被焊部位塑性变形的大小，而焊接压力则是冷压焊过程中产生塑性变形的重要条件。

一、材料的焊接性

冷压焊主要适用于硬度不高、塑性好的金属薄板、线材、棒材和管材的连接。特别适用于在焊接中不允许接头升温的产品。但对于铜与铝等异种金属的冷压焊，在高温下会因扩散作用而产生脆性化合物，使其韧性明显下降，这类材料的组合只宜在较低温度下进行冷压焊，工作环境温度也不应太高。不同金属冷压焊的焊接性见表 13-2。

表 13-2　不同金属冷压焊的焊接性

材料	Ti	Cd	Pt	Sn	Pb	W	Zn	Fe	Ni	Au	Ag	Cu	Al
Ti	●							●					
Cd		●		●	●	●							
Pt			●	●	●		●		●	●	●	●	●
Sn		●	●	●	●								
Pb		●	●	●	●		●		●	●	●	●	●
W												●	
Zn			●		●			●	●	●	●	●	●
Fe	●						●	●	●			●	●
Ni			●		●		●	●	●	●	●	●	●
Au			●		●		●		●	●	●	●	●
Ag			●		●		●		●	●	●	●	●
Cu	●		●		●	●	●	●	●	●	●	●	●
Al	●		●		●		●	●	●	●	●	●	●

注：●为焊接性良好；空白为焊接性差或无相关报道。

二、工件待焊表面的要求及处理

冷压焊工艺要求焊接件待焊表面具有良好的状态，包括表面清洁度和粗糙度。

(1)待焊表面的清洁度和清理　待焊表面的油膜、水膜及其他有机杂质是影响冷压焊质量的关键因素。在冷压焊挤压过程中，这些杂质会延展成微小的薄膜，不论焊接件产生多大的塑性变形量都无法将其挤压出焊接结合面，因此必须在焊接前清除，保证焊接件待焊表面的清洁。

工件待焊表面金属氧化膜的存在也会影响冷压焊接头的质量。除了厚度较薄、脆性较大的氧化膜，如铝件表面的 Al_2O_3，在塑性变形量大于 65%的条件下，允许不做清理即可进行施焊外，都应在焊前进行表面清理。

表面金属氧化膜的清理，可以采用化学溶剂或超声波净化法，但采用钢丝刷或钢丝轮进行清理效果会更好。钢丝轮(丝径为 0.2～0.3mm，材料一般选用不锈钢)的旋转线速度以 1000m/min 为宜。有机物的清除通常采用化学溶剂清洗或超声波净化法。

为保证获得质量稳定的冷压焊接头，清理后的焊接件表面不允许遗留残渣或金属氧化膜粉屑。特别是用钢丝轮清理时，通常要辅加负压吸取装置，以去除氧化膜尘屑。清理后的表面也不准用手摸，以免造成工件表面再污染，工件表面一经清理后，应立即进行施焊。

(2)待焊表面的粗糙度　通常条件下，冷压焊对待焊表面的粗糙度没有严格的要求，经过轧制、剪切或车削的表面都可以进行冷压焊。带有微小沟槽不平的待焊表面，在挤压过程中有利于整个结合面切向位移。但当焊接塑性变形量小于 20%和精密真空冷压焊时，就要求待焊件表面具有较低的粗糙度值。特别是精密真空冷压焊时，界面粗糙度值越小，所需的最小变形量也越小，待焊表面与扩散连接时的表面加工要求相同。

此外,焊前必须保证工件具有正确的几何形状,尽可能减小工件本身的直线度和端面对轴线的垂直度误差,以降低附加的横向载荷偏心顶锻的影响。

三、焊接参数的选择

(1)焊接压力 压力是冷压焊过程中唯一的外加能量。压力通过模具传递到待焊部位,使被焊金属产生塑性变形。焊接压力与被焊材料种类、状态、工件的断面面积及冷压焊模具的结构和尺寸有关。焊接压力的计算公式为

$$F=PA$$

式中,F 为焊接总压力(N);P 为单位压力(MPa);A 为工件的横断面积(mm^2)。

在冷压焊过程中,金属材料不只经历了弹性变形和塑性变形,同时还伴随着形变硬化理象,而且焊缝断面不断地增大,再考虑到原材料性能的差异和刃口几何形状等因素的影响,焊接压力的数值将远大于工件材料本身的屈服强度。

在冷压焊过程中,由于塑性变形产生硬化和模具对金属的拘束力,会使单位焊接压力增大。冷压焊的单位压力通常要比被焊材料的单位压力大许多倍;对接冷压焊时,焊接件随变形的进行而被镦粗,使焊接件的名义断面积不断增大。因此,冷压焊后期所需的焊接压力比焊接初始时的焊接压力大得多。所以,选择合适的焊接压力应以焊接末期最大的焊接压力为准 。常用金属冷压焊所需焊接压力见表 13-3。

表 13-3 常用金属冷压焊所需的焊接压力 (MPa)

材料名称	搭接焊	对接焊
铝与铝	750～1000	1800～2000
铝与铜	1500～2000	>2000
铜与铜	2000～2500	2500
铜与镍	2000～2500	2500
HLJ 型铝合金	1500～2000	>2000

冷压焊模具的结构尺寸对焊接压力的影响很大,这对冷压焊机的设计者是至关重要的。但是对冷压焊机的使用者来说,只要冷压焊设备定型生产,其模具结构尺寸也定型,可根据焊机的技术参数选取焊接压力。相关数据参考表 13-1。

在冷压焊生产中,由于形成冷压焊接头所必需的变形程度是由模具决定的,只要焊接压力充分,焊接件表面清洁度和粗糙度满足冷压焊要求,焊接质量就可以保证,而与焊接施工人员的技术无很大关系。

(2)塑性变形量 冷压焊接头获得最大强度所需要的最小塑性变形量称为冷压焊的塑性变形量,它是判断材料冷压焊接性的一个重要参数。材料的塑性变形量越小,冷压焊接性就越好。不同金属材料具有不同的塑性变形量,纯铝的变形量最小,其冷压焊接性最好,其次是钛,冷压焊接性较好。

实现冷压焊的条件之一,是工件的实际塑性变形量要大于该金属的标称“变形程度”值,但不宜过大。过大的变形量会增加冷作硬化现象,使韧性下降。如铝及多数铝合金搭接时,压缩率多控制在 65%～70%。

冷压焊接头形式不同,其变形程度表示方法也不同。搭接的冷压焊塑性变形量用压缩

率 ε 表示，是指被压缩厚度占工件总厚度的百分比，可用下式表示

$$\varepsilon=\frac{(h_1+h_2)-h}{h_1+h_2}\times100\%$$

式中，h_1、h_2 分别为工件的厚度(mm)；ε 为压缩率(%)；h 为压缩后的剩余厚度(mm)。

不同材料搭接点焊的最小压缩率见表 13-4，这些材料的压缩率是在相同厚度、相同冷压点焊条件下得到的。在冷压焊生产中，为了保证得到满意的焊透率，并考虑到各种误差的存在，实际选用的压缩率应比表中的数据大 5%～15%。

对接冷压焊的塑性变形程度，用总压缩量 L 表示，它等于工件每次压缩长度与顶锻次数的乘积，可用下式表示

$$L=n(L_1+L_2)$$

式中，L 为总压缩量(mm)；L_1 为固定钳口一侧工件每次压缩的长度(mm)；L_2 为活动钳口一侧工件每次压缩的长度(mm)；n 为顶锻次数。

表 13-4　不同材料搭接点焊的最小压缩率 ε

材料名称	压缩率(%)	材料名称	压缩率(%)
纯铝	60	铜	86
工业纯铝	63	铝与铁	88
wMg=2%的铝合金	70	锡	88
钛	75	镍	89
硬铝	80	铁	92
铅	84	锌	92
镉	84	银	94
铜与铝	84	铁与镍	94
铜与铅	85	锌与金	95
铜与银	85		

注：①表中的压缩率是在材质相同，厚度相等、冷压点焊条件下测得的。
②生产中为保证满意焊透率，并考虑到各种误差，选用压缩率时常比表中数据大 5%～15%。

对接冷压焊时，总压缩量是获得合格接头的关键因素。对于塑性好、形变硬化不强烈的金属，工件的伸出长度通常小于或等于其直径或厚度，可一次顶锻焊成。对于硬度较大、形变硬化能力强的金属，伸出长度通常大于或等于工件的直径或厚度，需要多次顶锻才能焊成。对于大多数材料，顶锻次数一般不大于 3 次。常用材料对接冷压焊所需的最小总压缩量见表 13-5。

表 13-5　常用材料对接冷压焊所需的最小总压缩量

材料名称	每一工件的最小总压缩量		顶锻次数
	圆形件直径 d	矩形件厚度 h_1	
铝与铝	$(1.6\sim2.0)d$	$(1.6\sim2.0)h_1$	2
铝与铜	铝$(2\sim3)d$，铜$(3\sim4)d$	铝$(2\sim3)h_1$，铜$(2\sim3)h_1$	3
铜与铜	$(3\sim4)d$	$(3\sim4)h_1$	3
铝与银	铝$(2\sim3)d$，银$(3\sim4)d$	铝$(2\sim3)h_1$，银$(3\sim4)h_1$	3～4
铜与镍	铜$(3\sim4)d$，镍$(3\sim4)d$	铜$(3\sim4)h_1$，镍$(3\sim4)h_1$	3～4

在对接冷压焊过程中，为了减少顶锻次数，希望焊接件伸出长度尽可能稍大。但不宜过大，因为焊接件伸出长度过大，顶锻时会使焊接件发生弯曲。特别是对于直径 d(或厚度 h_1)越小的焊接件发生顶锻弯曲的倾向越大。同种材料进行冷压焊时，通常伸出长度取(0.8～1.3)d 或(0.8～1.3)h_1，其中断面较小的焊接件取下限值，断面较大的焊接件取上限值。异种材料进行冷压焊时，各自的伸出长度以弹性模量之比选取，硬度较小焊接件的伸出长度相应减小。

以铝-铜的冷压焊接为例，从满足各自的塑性变形量考虑，由表 13-5 可知，铝的最小总压缩量为(2～3)d，铜为(3～4)d，即铝的塑性变形量是铜的塑性变形量的 0.67～0.75 倍，那么铝、铜每次的伸出长度也应该符合这个比例；再从材料的抗弯刚度考虑，因为相同尺寸和形状的截面惯性矩 J 相等，所以铝与铜的抗弯刚度之比实际是材料的弹性模量之比，即铝的抗弯刚度是等断面铜的 0.63 倍。从以上两方面考虑，铝与铜的冷压焊一般铝、铜的伸出长度比为 0.7∶1。

第四节 冷压焊应用实例

一、铜与铝的冷压焊

(1)对接冷压焊 铜与铝的棒材冷压焊较多采用对接接头。对接冷压焊时铜、铝的表面准备是决定冷压焊质量的重要工艺之一。焊前首先清除铜、铝表面上的油垢和其他杂质；其次将铜、铝的接触端面加工成规整、平直的几何形状，尤其是铜、铝工件的对准轴线，不可有弯曲现象，端面的加工，可采用简单的机械方法；最后，焊前对铜件及铝件进行退火处理使之软化，增加工件的塑性变形能力，这也是提高冷压焊接头质量的一项重要工艺。

铜与铝的对接冷压焊是在室温下，靠顶锻塑性变形(80%)实现连接。铝与铜对接冷压焊时的变形程度(ΔL)一般均取为 $\Delta L_{Al}:\Delta L_{Cu}=0.7:1$。铜与铝对接冷压焊焊接参数见表 13-6。

表 13-6 铜与铝对接冷压焊焊接参数

工件直径/mm	每次伸出长度/mm		顶锻次数	顶锻力/MPa
	L_{Cu}	L_{Al}		
6	6	6	2～3	≥1960
8	8	8	3	3038
10	10	10	3	3332
5×25	6	4	4	≥1960

(2)搭接冷压焊 对于铜与铝的板-板、线-线、线-板、箔-板、箔-线等形式的冷压焊，较多采用搭接接头。首先将待焊部位的表面清理干净，不可有任何污点与杂质。然后将上、下工件装配于夹具之间，并对上、下压头施加压力，使铜件、铝件各自都产生足够大的塑性变形而形成焊点。这种冷压焊的形式有单面的，也有双面的。焊点的接头有圆形的，也有矩形或方形的。圆形的较多，矩形的较少。圆形焊点的直径 $d=(1.0\sim1.5)\delta$(δ 为工件厚度)；矩形焊点尺寸为宽度 $b=(1.0\sim1.5)\delta$，长度$L=(5\sim6)b$。

如果铜、铝两工件的厚度相差较大，可采用单面变形方法进行焊接。此时圆焊点的直径 $d=2\delta$；矩形焊点尺寸为宽度 $b=2\delta$，长度 $L=5b$。如果是多点焊时，应交错分布，其焊点中心距应大于 $2D$（D 为压头直径），对于矩形焊点应倾斜分布。铜-铝搭接冷压点焊焊接参数见表 13-7。

表 13-7　铜-铝搭接冷压点焊焊接参数

工件尺寸/mm	搭接长度/mm	焊点数/个	压点直径/mm		压头总长/mm		压点中心距离/mm	点与边距/mm	压力/kN
			Al	Cu	Al	Cu			
40×4	70	6	7	8	30	55	10	10	235.2
60×6	100	8	9	10	30	55	15	15	382.2
80×8	120	8	12	13	30	55	25	15	431.2

二、高真空金属壳的冷压焊

玻璃壳高精密石英谐振器（晶体）体积大、怕振动，实现晶体振荡器小型化比较困难，而金属壳高精密晶体则可以减小振荡器的体积，其中金属壳晶体的封装是在能够加热烘烤的真空排气台内进行的，当排气台的真空度达到 1.33×10^{-6} Pa 以上时，压力机通过模具把金属壳与壳座封焊在一起，实现金属壳晶体的冷压焊。

(1)金属壳与壳座的表面处理　金属壳与壳座所用材料为无氧铜 TU1。经过除油→酸洗→脱水→烘干工艺，去除金属壳与壳座表面的油膜、水膜、氧化膜、空气尘埃等杂质。

首先使用汽油、丙酮等有机溶液去油，再使用合成洗净剂去油，合成洗净剂与水的比例为 1∶9；然后将金属壳与壳座放入沸腾的溶液中煮沸 10～15min；将金属壳与壳座浸入温度为 60℃～70℃的酸洗液（H_2SO_4 50mL+$FeSO_4$ 饱和溶液 950mL）中，来回摇晃 3～5min，进行酸洗，去除表面氧化膜，获得洁净的金属面；取出后用自来水冲洗；最后用无水乙醇脱水，在 70℃～80℃的烘箱内烘干。处理后工件表面不允许再接触污染物，在超净工作台上进行金属壳与壳座的装配，将装配好的金属壳与壳座放入玻璃器皿内。

(2)冷压焊模具　冷压焊模具材料为 Cr12 或 Cr12MoV，模具硬度为 60～62HRC，其中上模和下模都设计带有凸肩，以控制压缩变形量。

(3)焊接参数　焊接压力与被焊金属的屈服强度、焊接面积及模具结构有关。高真空金属壳晶体冷压焊焊接压力为 1.0～2.5MPa，试验证明使板厚压缩率达到 80%～90%，可以保证缝焊后金属壳的漏气率小于 1.33(Pa·L)/s，封焊合格率达 95%以上。

冷压焊焊缝宽度的选取应保证焊缝的可靠性，减少漏气率，可以选用较大的焊缝宽度。但是由于焊缝宽度的增加，焊缝的断面积增大，势必增大焊接压力，造成畸变应力转换，从而影响其密封性；更为不利的是机械力会转换到金属壳晶体上，因机械负载的变化可能引起频率漂移。所以综合考虑，冷压焊焊缝宽度一般取 0.2～0.5mm，保证金属壳的漏气率小于 1.33(Pa·L)/s。

第十四章　热　压　焊

热压焊的焊接本质与冷压焊完全相同，即在加热条件下对工件施加压力，使被焊界面金属产生足够的塑性变形，形成界面金属原子间的结合，热压焊也属于变形焊。

第一节　气　压　焊

一、热压焊的分类及特点

热压焊按工艺不同，可分为气压焊、锻焊、缝焊和微电子连接热压焊四类。热压焊按加热方式不同，可分为工作台加热、压头加热、工作台和压头同时加热三类。不同加热方式热压焊的优缺点见表 14-1。热压焊按照压头形状不同，又可分为楔形压头、空心压头、带槽压头和带凸缘压头四类，热压焊压头形式及焊点形状如图 14-1 所示。

表 14-1　不同加热方式热压焊的优缺点

加热方法	优　　点	缺　　点
工作台加热	由于加热件的热容量大，加热温度可精确调节，故温度稳定	整个装焊过程中需对工件加热
压头加热	可采用较紧凑的加热器简化设备结构	很难测量加热焊接区内的温度
工作台和压头同时加热	温度调节比较容易，能在较适宜的压头温度下实现焊接，获得牢固焊点所需的时间最短	设备和压头的结构复杂，整个装配过程中均需对工件、压头加热

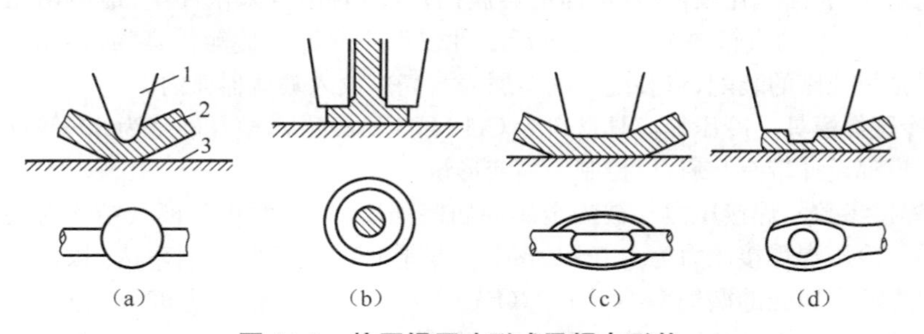

图 14-1　热压焊压头形式及焊点形状

(a)楔形压头(扁平焊点)　(b)空心压头(金丝球焊)　(c)带槽形的压头　(d)带凸缘(轴肩)的压头

1. 劈刀　2. 细丝　3. 衬底

图 14-1a、c、d 所示三种压头都是将金属引线直接搭接在基板导体或芯片的平面上；而图 14-1b 所示则是一种金丝球焊法，即金属丝导线从空心爪头的直孔中送出或拉出，在引线端头用切割火焰将端头熔化，借助液态金属的表面张力，在引线端头形成球状，压焊时利用压头的周壁对球施加压力，形成圆环状焊缝。热压焊在半导体器件的引线连接中得到广泛应用。

二、气压焊的分类、特点及应用范围

气压焊是利用氧-燃料气体火焰(氧-乙炔焰、氧-液化石油气焰)加热工件端头，并施加足够的压力(顶锻力)，不用填充金属丝可形成接头的一种固态焊接方法。

(1)气压焊的分类

①开式气压焊，又称熔化气压焊，如图 14-2 所示。开式气压焊是指工件端部在熔化状态下压合的气压焊。开式气压焊采用多焰焊枪，将工件端部表面加热到母材金属的熔点，随后撤出焊枪，使工件接触并加以顶锻，形成对接接头。

②闭式气压焊，又称塑性气压焊，如图 14-3 所示。闭式气压焊是指工件端部在塑性状态下压合的气压焊。闭式气压焊是将工件对接在一起，用多焰气体火焰在工件接头周围加热到一定温度后，施加一定的压力进行顶锻，形成对接接头。

由于开式气压焊的质量不如闭式气压焊，因而很少采用。

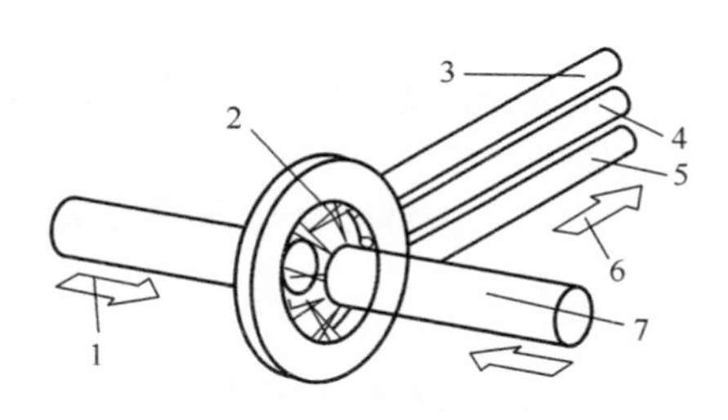

图 14-2　开式气压焊

1. 加热后顶锻　2. 多孔火焰　3. 冷却水出管　4. 燃气进入　5. 冷却水进管　6. 顶锻前焊枪撤出　7. 被焊工件

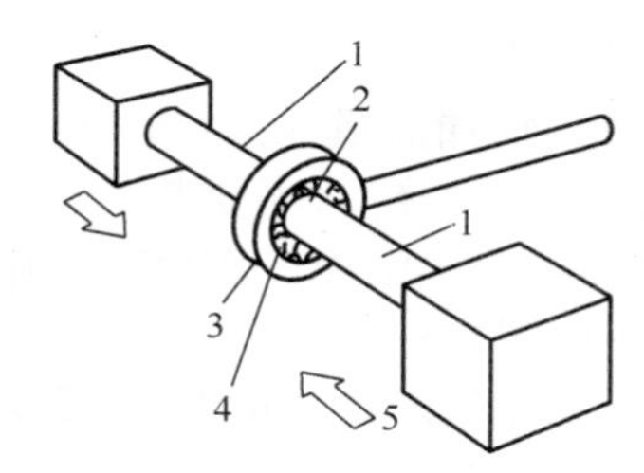

图 14-3　闭式气压焊

1. 工件　2. 接头　3. 氧-乙炔多焰焊枪　4. 火焰　5. 顶锻力

(2)气压焊的特点　气压焊的优点是焊接区没有铸造组织、夹杂物和气孔；焊缝可与母材金属作相同的热处理；焊接时温度梯度不陡，裂纹的敏感性极小；气压焊设备体积小、质量轻、移动方便，因而广泛用于施工现场。

缺点是气压焊对工件端面的准备要求较高；气压焊与闪光焊相比，焊接速度较慢。

(3)气压焊的应用范围　气压焊主要用于对接钢轨、钢筋等棒料和型材。被焊工件的材料多为碳素钢、低合金钢、不锈钢和耐热合金钢等。目前气压焊不能用于铝和镁合金的焊接。

三、气压焊设备

气压焊的设备包括顶锻设备，一般为液压式或气动式；加热焊枪(或加热器)，为待焊工件端部区域提供均匀、可控制的热量；气压、气流量、液压显示、测量和控制装置。

气压焊设备的复杂程度取决于被焊工件的形状、尺寸和焊接自动化程度。大多数情况下，采用专用加热焊枪和夹具。供气必须采用大流量设备，并且气体流量及压力的调节和显示装置，可在焊接所需要的范围内进行稳定调节和显示。气体流量计和压力表要尽量接近焊枪，以便操作者迅速检查焊接用燃气的气压和流量。

为了冷却焊枪，有时也为了冷却夹持工件的钳口和加压部件，还需大容量的冷却水装置。为了对中和固定，夹具应具有足够的夹紧力。

四、闭式气压焊工艺

闭式气压焊又称塑性气压焊，或固态气压焊。将被焊工件端面对接在一起，为保证紧密接触需维持一定的初始压力。然后使用多点燃烧焊枪(或加热器)对端部及附近金属加热，到达塑性状态后(低碳钢约为1200℃)立即加压，在高温和顶锻力促进下，被焊界面的金属相互扩散，晶粒融合和生长，从而完成焊接。

(1)钢轨闭式气压焊工艺流程

①钢轨端面处理，将两根钢轨的端面对接，对正中心后夹紧，加轴向预压力，使两根钢轨的对接端面密贴。

②对接头部分加热(使用弱还原火焰)，接头部分的表面温度达到1200℃～1300℃，逐步增加轴向压力，至预定的顶锻压力后停止加压，并使压力保持不变。在温度、压力同时作用下，被焊的两根钢轨产生相对移动，接头部分被墩粗、凸出。当钢轨的移动量(称顶锻量)及接头的凸出量达到预定数值后，熄灭焊接火焰，停止加热，但继续加压。除去接头凸出部分(称凸瘤或焊瘤)，停止加压。

③打磨钢轨作用边，测量作用边的直线度。接头部分温度降低到450℃以下后，再次点燃加热器，将接头部分加热到850℃～900℃，停止加热。

④在红热中矫正钢轨作用边的直线度，焊接完成。接头部分冷却后，用砂轮机对接头部分进行打磨。

(2)钢轨闭式气压焊工艺要点

①焊接表面处理。焊前必须对工件端部进行表面处理，对待焊工件端部及附近区域进行清理，清除油污、锈、砂粒和其他异物；对待焊工件端面进行机械切削或打磨等，使待焊端部达到焊接所要求的垂直度、平面度和粗糙度。对待焊工件处理的质量要求，取决于钢的类型。

②加热。闭式气压焊的加热特点是金属没有达到熔点。一般而言，是将工件固定在气压焊机上并对正，然后使用多焰焊枪将接缝附近区域加热，在加热的过程中要使焊枪沿工件轴线左右摆动，以便在顶锻时母材金属发生一定范围的塑性变形。

加热使用的气体有氧-乙炔气和氧-液化石油气等。氧-乙炔焰的特点是热量集中，温度高；目前在高层建筑滑升模板整体现浇混凝土的结构施工中，广泛采用氧-液化石油气火焰，其具有携带方便、使用安全、加热范围较宽等特点，但其火焰强度不如氧-乙炔火焰。目前加热火焰也有采用氧-丙烷的。

使用多焰焊枪加热时，要求加热火焰必须稳定，对焊接区的加热要均匀，在顶锻时接缝处金属(碳素钢或低合金钢)应达到黄白色状态，为1200℃左右。

实心或空心圆柱体(如轴或管)的对接焊，通常使用可拆卸的环形焊枪，这样便于焊接前后装卸工件。

③加压。闭式气压焊当工件接缝处加热到一定温度后，即开始加压，也就是顶锻。加压的作用是使工件的端部产生塑性变形，改善和增大工件对接的密切接触的面积，促进再结晶；破碎工件接触处端面上的氧化膜；在与工件轴线垂直的径向产生隆起变形。在接触面的周边因氧化而造成的焊接缺陷，可通过顶锻使其迁移到隆起部分的边缘而被排除。对于钢轨接头，隆起变形部分在焊后切除，钢筋的隆起变形部分可以不必切除。

加压的方式一般有定(恒)压顶锻法、二段顶锻法和三段顶锻法三种。

定压顶锻法顶锻力随加压时间的变化如图 14-4 所示。从开始加压直至焊接完成，压力基本上保持不变，达到一定的顶锻量就完成焊接。

二段顶锻法顶锻力随加压时间的变化如图 14-5 所示。开始为初加压，如图中区间[Ⅰ]；区间[Ⅱ]为第一次顶锻；区间[Ⅲ]表明因塑性变形，使两端面压紧的压力减小；区间[Ⅳ]为最终顶锻。

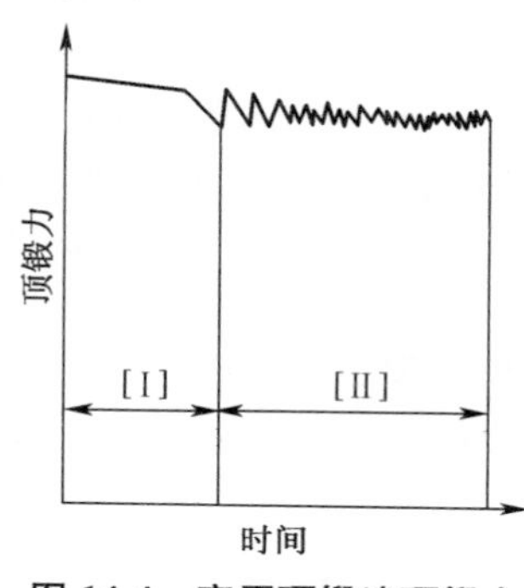

图 14-4　定压顶锻法顶锻力随加压时间的变化

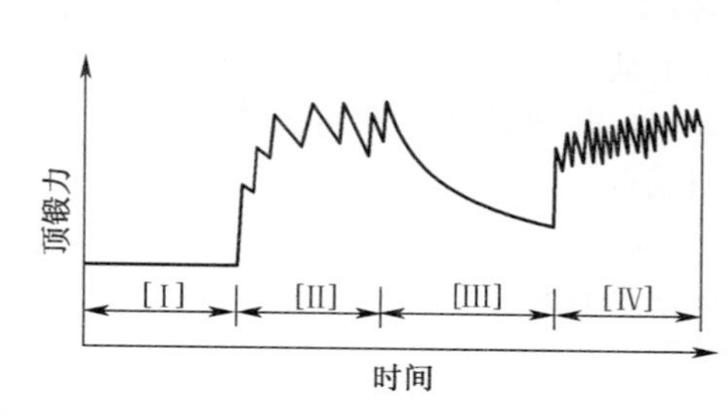

图 14-5　二段顶锻法的顶锻力随加压时间的变化

典型气压焊顶锻方式见表 14-2。不同板厚闭式气压焊接头尺寸及顶锻量见表 14-3。焊接过程中的顶锻量与接头质量有密切关系，顶锻量大，则焊接热影响区缩小，焊瘤厚度增加。推荐的顶锻量可根据表 14-3 选择。

表 14-2　典型气压焊顶锻方式

钢种类型	焊接方法	压力、顶锻力/MPa		
		初　始	中　间	最　终
低碳钢	闭式气压焊	3～10	—	28
高碳钢	闭式气压焊	19	—	19
不锈钢	闭式气压焊	69	34	69
镍合金	闭式气压焊	45	—	45
碳钢及合金钢	开式气压焊	—	—	28～34

表 14-3　不同板厚闭式气压焊接头尺寸及顶锻量

板厚 δ /mm	焊瘤长度 L /mm	焊瘤高度 H /mm	顶锻量 /mm	板厚 δ /mm	焊瘤长度 L /mm	焊瘤高度 H /mm	顶锻量 /mm
3	5～6	2	3	13	19～22	5	10
6	8～13	2	6	19	27～30	6	13
10	14～16	3	8	25	32～38	10	16

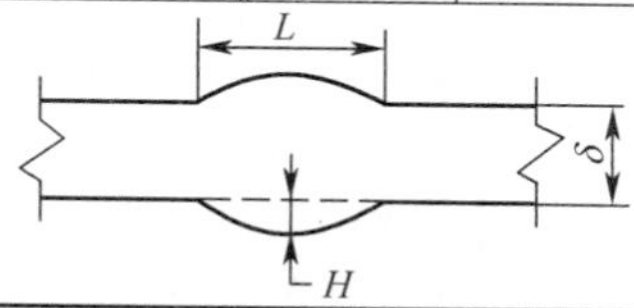

五、气压焊常见缺陷及预防措施

(1)钢轨气压焊外形缺陷及预防措施

①错口或弯曲。错口即焊接后在焊接端面钢轨接头产生上下或左右的错动,产生明显的“台阶”,上下或左右不平度很大;弯曲即接头部分产生上拱、下凹或左右弯曲。这些缺陷一般是因为气压焊机(压接机)活动滑座与机体上的导轨配合不好,间隙太大或钢轨没有对正引起的,焊接工艺不良(如过早加压)或焊接的钢轨轨端有硬弯等也会造成这类缺陷。当设备、工艺良好时,这类缺陷一般不易产生。在闭式气压焊中,由于设备关系,上下错口或弯曲的缺陷不易纠正。当错口或弯曲超过标准时,一般要重焊。当上下弯曲(称拱背)小时,可将弯曲部分的轨头再加热到 850℃ ~ 900℃,冷却后即可调正;左右错口或弯曲,用直轨机调直。

②坍底。坍底即轨底脚凹陷。加热范围太大,产生轨底脚凹陷,如图 14-6 所示。当焊接时加热器摆动量过大时,就会产生这种缺陷。这种缺陷可以通过正确确定工艺规程和严格执行操作工艺来防止。

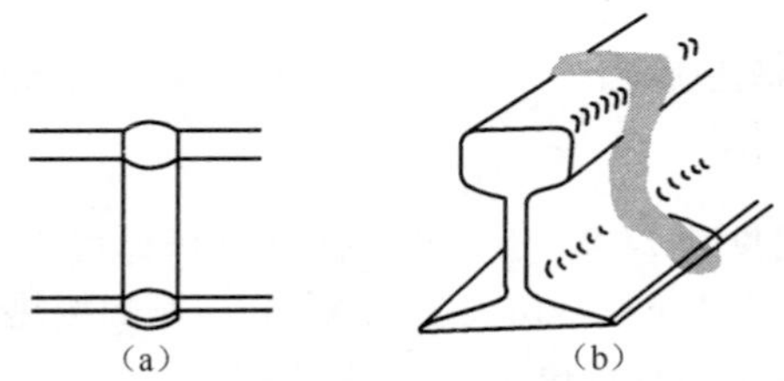

图 14-6 加热范围太大,产生轨底脚凹陷

③表面凹坑。由于切割或打磨时操作不良,钢轨表面产生凹坑。这种缺陷只要操作时细心,严格执行操作工艺,就可以防止。

(2)钢轨气压焊内部缺陷及预防措施

①过烧。焊接时加热温度高到接近熔点时就会产生过烧。过烧使钢轨表面呈现裂纹或蜂窝状,这是不允许的。过烧一般产生在厚度最小的转底部分,产生原因是加热器火孔直径稍大或加热温度稍高。轨底部分在顶锻后,凸出量较小,过烧的部分很难完全挤出,因而在打磨后,钢轨表面仍残留有过烧的部分金属,使接头报废。而轨头部分则因断面较大,顶锻后金属挤出也较多,表面过烧部分一般都被挤出到凸瘤上,切割打磨之后,就不存在过烧了。

防止过烧,除了严格执行焊接工艺之外,还要密切注意加热器火孔,若发现加热轨底脚某一火孔扩大,必须对火孔进行修理,使其符合标准。修理后的加热器必须再经过试验后才允许投入使用。

②光斑。焊接端面未能焊接结合的部分称为光斑。光斑一般呈银灰色。光斑产生的原因很多,如钢轨焊接端面处理不良,平面度、垂直度不符合要求,致使焊接时两根钢轨的焊接面不能很好接触;焊接端面上残留有较厚的氧化膜和油垢等;焊接端面处理后,在焊接以前又被风沙灰尘沾污;焊接初期气体流量调整不当,形成碳化焰,其游离碳形成的烟末沾污焊接表面,或形成氧化焰,使焊接端面被氧化;加热器的个别火孔堵塞变小,使这部分的加热温度降低,达不到要求的焊接温度;开始顶锻的时间过早(焊接温度还不够高时就开始顶锻);顶锻力不足;气体压力和流量太大造成火焰不稳定等。

轨底脚部分比较容易产生光斑。为了防止过烧，轨底脚部分的火焰一般都较小，温升较慢，当轨顶部分的表面温度达到1250℃左右的可焊温度时，轨底脚表面部分尚低于可焊温度，若此时开始顶锻，往往在轨底脚部分出现光斑。为避免这一缺陷产生，要求顶锻的开始时间以轨底脚表面部分达到1200℃～1300℃的焊接温度为准，此时，轨头部分的表面温度已达1350℃以上。

在焊接接头处存在光斑，相当于接头处有一裂缝。轨底脚处光斑的存在，将使钢轨的疲劳强度急剧下降。因此，焊接面不允许有光斑存在。

防止产生光斑的措施是严格执行焊接工艺，保证焊接设备尤其是加热器技术状态良好；焊接表面处理后立即进行焊接；焊接中有个别火孔突然堵塞而又不能停焊时，立即用气割割炬替补加热等。

③半结晶。半结晶指两根钢轨的焊接结合面只产生"粘结"——结合面上只有一些接触点上产生金属键的连接，而没有在整个断面上产生再结晶。属于这种情形的焊接轨在落锤试验时，钢轨会沿结合面平直断开，断面上形成金属键处呈现银白色的细小结晶，其他部分则为灰色。半结晶的产生主要是焊接工艺不良，如在温度还不够高时就开始顶锻，加热时间太短等。半结晶的存在使钢轨的疲劳强度下降，应予防止。防止的办法是严格执行焊接工艺。

④灰斑。在焊接后钢轨的断面上有时会发现灰色的斑块存在，称为灰斑。灰斑一般存在于钢轨内部，原因是钢材本身材质不良、有夹渣等。防止措施是选用合格钢材材质，并严格执行操作工艺规程。按铁道部标准的规定，在钢轨内部允许有灰斑存在，但总面积不得超过$10mm^2$。

⑤氧化。当焊接火焰为氧化焰时，焊接接头往往产生氧化现象。氧化后的接头用肉眼观察时，焊件表面及断面结晶均良好，超声波检查也不会发现有什么问题，但是，接头部分的金属已被氧化，冲击性能变差。预防氧化缺陷，要严格控制气体的混合比，使火焰保持为微还原焰。

(3)钢筋气压焊常见缺陷及预防措施

在钢筋气压焊接生产中，焊工应认真自检，若发现焊接缺陷，应查找原因、采取措施、及时消除。钢筋气压焊接头焊接缺陷及预防措施见表14-4。

表14-4　钢筋气压焊接头焊接缺陷及预防措施

焊接缺陷	产生原因	预防措施
轴线偏移(偏心)	1. 焊接夹具变形，两夹头不同心，或夹具刚度不够； 2. 两钢筋安装不正； 3. 钢筋接合端面倾斜； 4. 钢筋未夹紧进行焊接	1. 检查夹具，及时修理或更换； 2. 重新安装夹紧； 3. 切平钢筋端面； 4. 夹紧钢筋再焊
弯折	1. 焊接夹具变形，两夹头不同心； 2. 焊接夹具拆卸过早	1. 检查夹具，及时修理或更换； 2. 熄火后半分钟再拆夹具
镦粗直径不够	1. 焊接夹具动夹头有效行程不够； 2. 顶压液压缸有效行程不够； 3. 加热温度不够； 4. 压力不够	1. 检查夹具和顶压液压缸，及时更换； 2. 采用适宜的加热温度及压力

续表 14-4

焊接缺陷	产生原因	预防措施
镦粗长度不够	1. 加热幅度不够宽； 2. 顶锻压力过大	1. 增大加热幅度范围； 2. 加压时应平稳
1. 钢筋表面严重烧伤； 2. 接头金属过烧	1. 火焰功率过大； 2. 加热时间过长； 3. 加热器摆动不匀	调整加热火焰，正确掌握操作方法
未焊合	1. 加热温度不够或热量分布不匀； 2. 顶锻压力过小； 3. 结合端面不洁； 4. 端面氧化； 5. 中途灭火或火焰不当	合理选择焊接参数；正确掌握操作方法

六、气压焊应用实例

1. 钢轨的气压焊

(1)钢轨气压焊设备

①气压焊机(压接机)。气压焊机是气压焊的主要设备。它的主要作用是固定被焊接的钢轨，并对焊接接头施加压力(顶锻力)。钢轨气压焊机有风压式、液压式、固定式、移动式等。

移动式气压焊机，依钢轨固定方式不同，可分为压轨式和夹轨腰式两种。目前我国铁路现场应用最多的是移动夹轨腰式气压焊机，具有体积小、质量轻、移动方便的特点。焊接50kg/m、60kg/m钢轨的移动式气压焊机，质量约400kg，用于焊接联合接头。

移动式气压焊机焊接钢轨如图14-7所示。整套设备包括气压焊机、加热器、液压泵、流量控制箱、滚筒等。在气压焊机上有一个固定扣件座和一个活动扣件座，分别将要焊的钢轨两端固定，并通过工作液压缸的活塞头推动活动扣件座，使活动扣件座沿着铸铁滑道滑动，使被焊两钢轨端部相互挤压，实现顶锻。

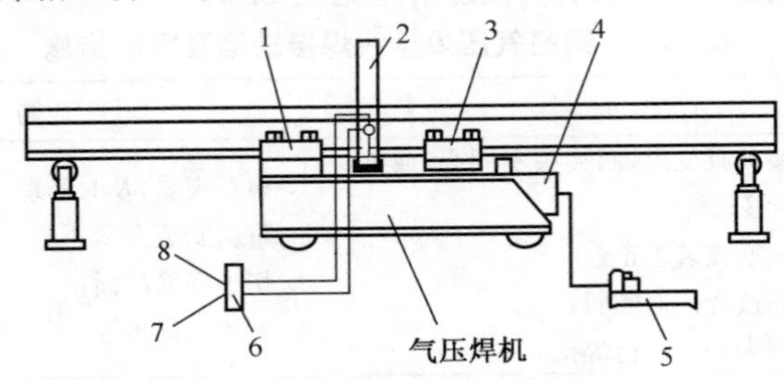

图14-7 移动式气压焊机焊接钢轨

1. 固定扣件座 2. 加热器 3. 活动扣件座 4. 工作液压缸 5. 液压泵 6. 流量控制箱 7. 可燃气(如丙烷) 8. 氧气

在气压焊机上装有加热器座和能使加热器沿钢轨轴线往复运动的摆动装置。这种气压焊机的外形尺寸为200mm×250mm×900mm。焊接50kg/m钢轨时，顶锻力为170～

190kN。工作液压缸是气压焊机的主要部件，它的设计顶锻力可为 300kN，也能用于焊接 60kg/m 的钢轨。若在现场无电源的情况下，也可选用SYB-1型手动液压泵；在有电源的情况下，可采用 DYB-1 型电动液压泵。

②加热器。用于气压焊时对钢轨端部进行加热。钢轨加热器如图 14-8 所示，气压焊接 60kg/m 钢轨的射吸式(也称低压式)加热器。加热器分为上、下两部分，可动活节 4 为轴相互张开。当焊接结束时，将加热器上部抬起，即可移开钢轨。

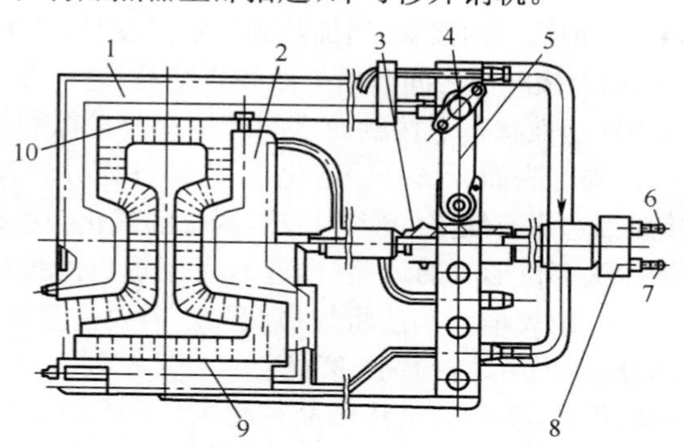

图 14-8　钢轨加热器

1. 加热器上半部　2. 加热器下半部　3. 气体分配阀　4. 活节　5. 连接杆
6. 可燃气入口　7. 氧气入口　8. 喷枪　9. 嘴条　10. 火焰

钢轨加热器由气体喷射系统(喷枪)、气体分配阀、加热器上半部、加热器下半部和冷却系统 5 个基本部分组成。可燃气体和氧气分别从 6 和 7 进入喷枪 8，两种气体在混合室内混合，然后经气体分配阀 3 把混合气体分成两路，一路向上经活节 4 和连接杆 5 到加热器上半部 1；另一路则进入加热器下半部 2，最后分别由焊在上、下两部分气室管道上的嘴条 9 的喷火口喷出，点燃后形成火焰 10。为了使加热器上半部和下半部气体流量满足火焰燃烧需要，可通过气体分配阀 3 调节加热器上、下两部分的气体流量。这种加热器具有结构简单、操作方便、使用安全可靠、加热效率高的优点。

③附属设备。除液压泵、氧气瓶外，若用乙炔作为可燃气体，则需要有 $10m^3/h$ 的乙炔发生器，供气压力一般为 0.13～0.14MPa。如用液化石油气作为可燃气体，就需要有瓶装设备。同时，还要备有去除焊接接头隆起部分的推除机。

(2)钢轨气压焊工艺要点

①焊前准备。焊前对钢轨接头两端面进行修磨。简单的修磨方法是用平锉将钢轨端面锉出金属光泽，有条件的应采用端面打磨机将钢轨端面磨平，使端面的平面度及端面与钢轨纵向轴线的垂直度公差在 0.5mm 以内。将被焊钢轨两端分别固定在固定扣件座和活动扣件座上，一般要求两轨端面上下左右要对正，其偏差不得大于 0.25mm。钢轨端面平面度误差不得大于 0.25mm。焊前去除端面上有碍焊接的附着物，如氧化膜、锈蚀、油污和灰尘等。

②焊接加热。预顶锻后即可进行加热。加热器点火通常采用“爆鸣点火”，燃烧采用微还原焰，即氧气与乙炔的燃烧比值为 0.8～1.1。加热器在加热时必须来回摆动，加热器摆动量和摆动频率见表 14-5。摆动量过大，容易引起轨底角下塌，破坏接头成形；摆动量过小，局部热量集中，钢轨表面与心部温差加大，造成表面过烧而心部未焊透。

表 14-5 加热器摆动量和摆动频率

加热时间/min	摆动量/mm 50kg/m	摆动量/mm 60kg/m	摆动频率/(次/min)	加热时间/min	摆动量/mm 50kg/m	摆动量/mm 60kg/m	摆动频率/(次/min)
0～4.5 4.5～5.0	8～12 15～20	8～12 15～20	60 60	5～5.5	30	30	60

③顶锻。在焊接过程中通常采用三段顶锻法。以 60kg/m 钢轨为例，第一段为预顶，压力控制在 16～18MPa，保持钢轨表面接触，当加热到一定温度时，产生微量的塑性变形使钢轨表面全面接触，并且在局部接触面之间开始扩散和再结晶；进入顶锻的第二段时，将压力降到 10～12MPa，使钢轨在塑性状态下接触面之间产生充分扩散和结晶，形成金属键使钢轨焊合，随着时间的延长，局部表面金属开始熔化，而心部已充分焊合；进入第三段，压力提升到 35～38MPa，将接触面边缘有缺陷的部分挤出，局部的氧化膜被破坏，焊接结束。

④去除焊瘤。焊接接头部位形成的焊瘤（凸起），可用焊机的推瘤装置，在焊后立即进行清除；也可在焊后热态下，用火焰切割法将焊瘤切除。但要注意不要切到钢轨的母材金属。推掉或切除隆起部分后，再用砂轮磨平、磨光。

⑤焊后热处理。钢轨焊后，接头的过热区晶粒粗大，需要进行正火处理，以细化晶粒，提高接头的强度和韧性。淬火钢轨在冷却时，要对钢轨接头进行风冷或雾冷，使硬度恢复。

⑥钢轨气压焊检验。

(3)钢轨气压焊焊接参数的选择

①气体流量。调节氧气和乙炔阀门，即改变这两种气体流量的大小和比例，可使加热器的火焰燃烧强度发生变化，从而可直接影响到钢轨的加热温度、加热速度和加热均匀情况。不同气体流量对钢轨焊接接头质量的影响见表 14-6，表中记录了落锤对钢轨焊接接头的破坏试验。根据落锤试验及其对钢轨接头断面的观察，当气体流量小时，钢轨底部有局部未焊透，呈现明显的光斑现象；而当气体流量过大时，轨底的两端部又有过烧现象。

表 14-6 不同气体流量对钢轨焊接接头质量的影响

试件编号	1组		2组		3组		4组	
	1	2	3	4	5	6	7	8
氧气阀门相对大小	小	小	稍大	稍大	较大	较大	大	大
乙炔阀门相对大小	小	小	稍大	稍大	较大	较大	大	大
落锤次数	2	3	6	5	4	5	1	1
钢轨最大挠度/mm	16	33	70	69	43	52	—	—
断裂情况	断	断	未断	断	断	断	断	断

注：①锤质量为 1000kg，落程 2.6m，跨度 1m，轨头向上。

②挠度是指未断前测量的最大值。

②加热器摆动量。气压焊焊接钢轨时，因为轨底两端较薄，如果加热区过宽，轨底两端面就容易下凹。为了保持轨底焊后平整或减轻接缝处下凹，可以改变加热器摆动量的大小。对于 50kg/m 钢轨，选用 30mm 的摆动量时，产生的下凹较为严重；而采用 26mm 的摆动量时，可以达到轨底焊后平整的要求。但是若摆动量过小，则会影响加热的均匀程度，采用 28mm 的摆动较为适宜。

③顶锻力和顶锻量。气压焊一般以达到一定的顶锻量为基准。如果顶锻力太小，在加热温度一定时，就要延长加热时间才能达到一定的顶锻量，这样就有发生局部过烧的可能。如果顶锻力太大，就会过早地达到顶锻量，这样就有可能出现未焊合，同时也会增加夹具的载荷。顶锻量的大小与加热温度和顶锻力有直接关系，因此，只有将气压焊的焊接参数综合地调整好，才能获得优良的钢轨焊接接头，否则，不是出现未焊透，就是出现过烧现象。钢轨气压焊焊接参数见表 14-7。

表 14-7　钢轨气压焊焊接参数

项目＼轨型	50kg/m	60kg/m
氧气压力/MPa	0.49	0.69
氧气流量/(L/min)	170	180
液化石油气压力/MPa	0.03	0.04
液化石油气流量/(L/min)	150	170
加热器摆动量/mm	28～30	28～30
加热器摆动频率/(次/min)	35～44	35～44
顶锻压力/MPa	19.6	20.6
顶锻量/mm	30	30
焊接时间/min	4～5	5～6

2. 钢筋的气压焊

钢筋气压焊具有设备轻巧、节约钢材，保证焊接质量等优点，在钢筋混凝土结构工程的施工现场得到广泛应用。目前已开发出自动气压焊设备和工艺，可减少人和环境等因素对焊接质量的影响。

(1)钢筋气压焊设备　如图 14-9 所示，钢筋气压焊设备由气压焊机、环形加热器、液压泵(手动或脚踏式)、气源等部分组成。气压焊机由液压缸、夹具(定夹头和动夹头)组成，可根据建筑工程中常用钢筋的粗细和所需的顶锻力来设计。用环形加热器对钢筋加热如图 14-10 所示，焊接钢筋时，不需要大面积加热，但要求加热快、热量集中，故气源应采用瓶装乙炔作为可燃气体，瓶装乙炔具有纯度高和使用携带方便、安全等优点。气压焊焊接钢筋也可采用液化石油气作为可燃气体。

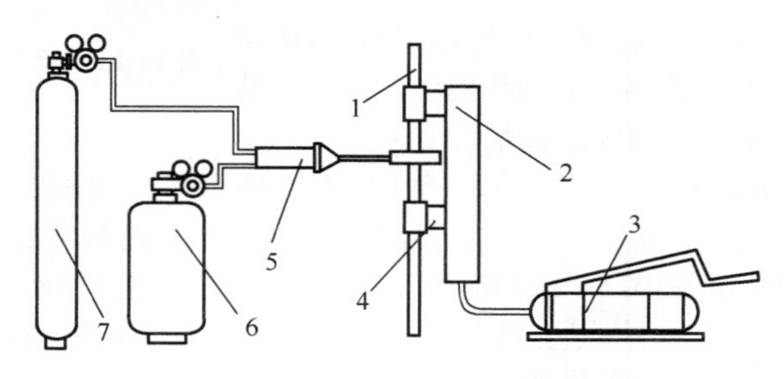

图 14-9　钢筋气压焊设备

1. 钢筋　2. 液压缸　3. 液压泵　4. 动夹头　5. 环形加热器　6. 乙炔　7. 氧气

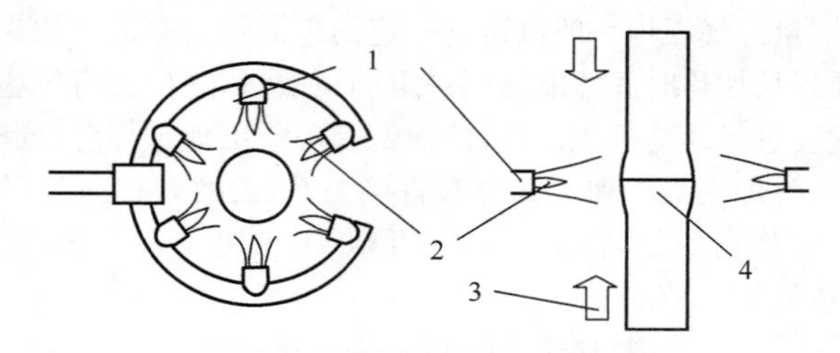

图 14-10 用环形加热器对钢筋加热

1. 加热器 2. 火焰 3. 加压 4. 镦粗

国产钢筋气压焊机型号及环形加热器适用范围见表 14-8。

表 14-8 国产钢筋气压焊机型号及环形加热器适用范围

焊机型号	加热器喷嘴数/个	焊接钢筋直径/mm
CH-32 型	3	8～16
	4	16～20
	6	20～25
	8	25～32
WY20-40 型	6～8	20～28
	10～12	32～36

(2)钢筋闭式气压焊工艺 钢筋闭式气压焊也属于固态焊接。先用气压焊机的夹具将钢筋对正夹紧，然后用环形加热器加热钢筋端部，当钢筋端部呈塑性状态时，即由液压缸活塞杆推动钢筋夹具的动夹头，使两钢筋的端部互相挤压和镦粗，完成焊接。

①焊前准备。钢筋端部必须平整，要求端面与钢筋轴线垂直，如图 14-11a 所示；两端面装夹后，形成的装配间隙严格控制在 3mm 以内，如图 14-11b 所示，若端面间隙过大就会在顶锻时造成钢筋的结合面滑移。在钢筋端部两倍直径长度范围内，若有水泥等附着物，应予以清除。钢筋边角毛刺及端面上铁锈、油污和氧化膜应清除干净，并经打磨，使其露出金属光泽，不得有氧化现象，以免影响焊接质量。安装焊接夹具和钢筋时，应将两根钢筋分别夹紧，并使两钢筋的轴线同轴。钢筋安装后应加压顶紧，两钢筋之间的局部缝隙≤3mm。

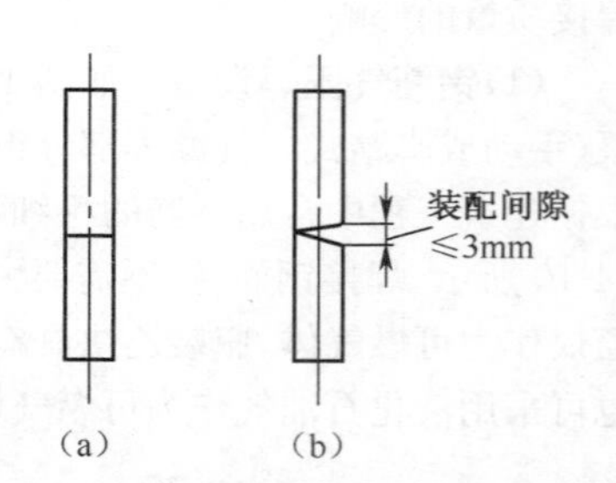

图 14-11 钢筋装配后的端面情况

②焊接火焰和加热方式。火焰的调整如图 14-12 所示，气压焊的开始阶段应采用碳化焰，对准两钢筋接缝处集中加热，并使其内焰包住缝隙，防止钢筋端面产生氧化，如图 14-12a 所示；若采用中性焰，如图 14-12b 所示，内焰还原气氛没有包住缝隙，容易使端面氧化。

火焰功率大小的选择，主要决定于钢筋直径的大小。大直径钢筋焊接时，要选用较大火焰功率，这样方能保证钢筋的焊透性。

在确认两钢筋缝隙完全密合后，应改用中性焰，以压焊面为中心，在两侧各 1 倍钢筋直径长度范围内，火焰往复宽幅加热，如图 14-13 所示。用氧-乙炔加热钢筋接缝处，热量主要

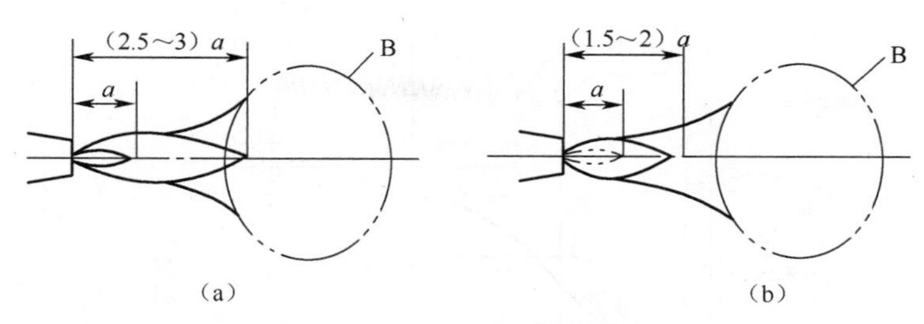

图 14-12 火焰的调整

(a)碳化焰，内焰包住缝隙 (b)中性焰，内焰未包住缝隙

a—焰芯长度 B—钢筋

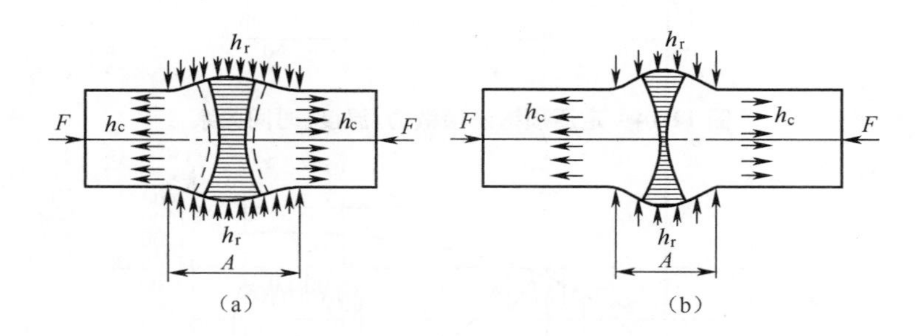

图 14-13 火焰往复宽幅加热

(a)宽幅加热 (b)窄幅加热

h_r—热输入 h_c—热导出 A—加热摆幅宽度 F—压力

靠气体的对流来进行热交换，其次靠辐射进行热交换。

对流热交换的强度，基本上决定于火焰与金属表面的温度差和火焰气流对金属表面的移动速度。为了使焊接部位，即钢筋心部与钢筋表面同时达到焊接温度，就必须对钢筋进行宽幅加热。加热器摆幅的大小直接影响到焊接部位温度曲线的分布。

③焊接温度。要形成良好的钢筋气压焊焊接接头，除了调整好合适的火焰外，还要将钢筋端部加热到足够高的温度，其目的是使金属在固态下不但发生塑性变形，而且能发生原子相互扩散而结合在一起。若温度太低就达不到金属端面的牢固结合，太高将造成过烧。

钢筋端面的合适加热温度应为 1200℃～1250℃；钢筋镦粗区表面的加热温度应稍高于该温度，并随钢筋直径大小而产生的温度梯度而定。

④顶锻。以焊接电炉热轧异形、直径 25mm 的钢筋为例，介绍定压、二段和三段三种顶锻方法。

定压顶锻法顶锻力、温度、时间关系如图 14-14 所示。从端口来看，采用定压顶锻法的接头灰斑较多。

二段顶锻法顶锻力、温度、时间关系如图 14-15 所示。可使钢筋断面附近的温度逐渐上升，达到约 1300℃，能有效地消除灰斑缺陷。

三段顶锻法。定压和二段顶锻法主要适用于焊接高炉钢筋。而电炉钢筋，因原料为废钢，以致钢筋中所含合金元素比较复杂，其中硅(Si)、铬(Cr)、铜(Cu)等元素的含量超过一

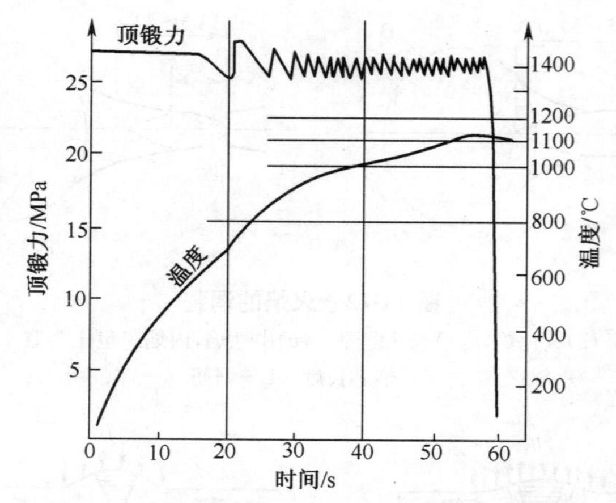

图 14-14 定压顶锻法顶锻力、温度、时间关系

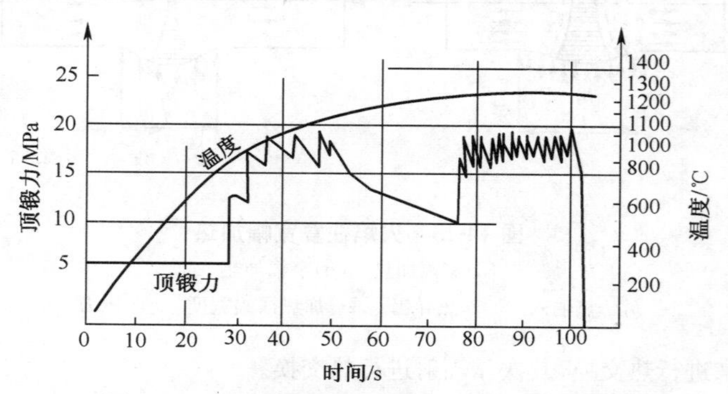

图 14-15 二段顶锻法顶锻力、温度、时间关系

定数量后，气压焊的焊接性就会变差，使焊接接头脆弱，所以宜采用三段顶锻法。

三段顶锻法顶锻力、温度、时间关系如图 14-16 所示。三段顶锻法焊接接头形状如图 14-17 所示。

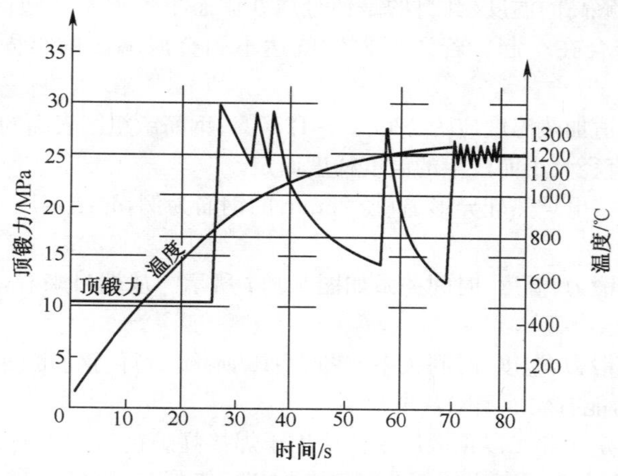

图 14-16 三段顶锻法顶锻力、温度、时间关系

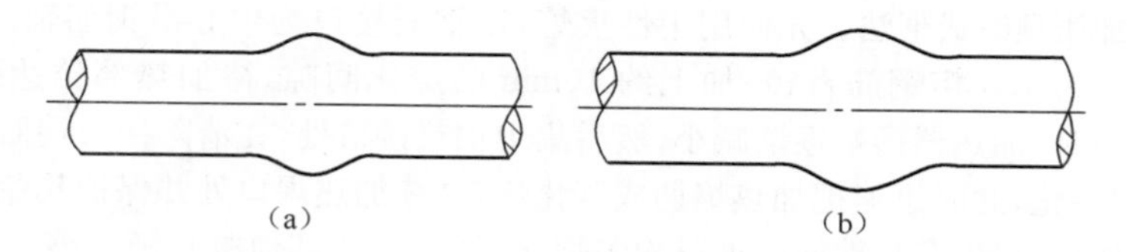

图 14-17 三段顶锻法焊接接头形状

(a)二次顶锻后 (b)三次顶锻后

一般来说，对于直径 28mm 以下的钢筋，利用二段顶锻法，既可减少对夹头的损耗，也能减轻焊工的劳动强度。而对较粗的钢筋，当直径为 32～40mm 时，宜采用三段顶锻法。三段顶锻法气压焊钢筋工艺实例如图 14-18 所示。

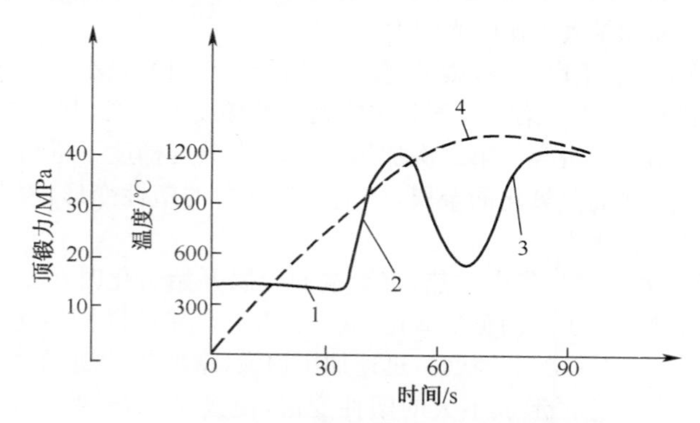

图 14-18 三段顶锻法气压焊钢筋工艺实例

1. 第一次顶锻 2. 第二次顶锻 3. 第三次顶锻 4. 温度

目前我国国家标准中 II 级和 II 级以上的钢筋，由于含硅(Si)较高，钢筋气压焊焊接性及接头的安全性较差。为了确保国产 II 级钢筋气压焊焊接接头的安全性，应采取减小焊前钢筋装配间隙、适当增加接头墩粗的措施。

⑤成形与卸压。气压焊中，通过最终加热加压，应使接头的镦粗区形成合适形状。然后停止加热，略微延时，卸除压力，拆下焊接夹具。卸除压力应在焊缝完全结合之后。过早卸除压力，焊缝区域内的残余内应力，有可能使已焊成的原子间结合重新断开；另外，焊接夹具内的回位弹簧对焊接点施加的是拉力。因此，应该在停止加热稍微延时后，才能卸除压力。

⑥灭火中断。在加热过程中，如果在钢筋端面缝隙完全密合之前发生灭火中断现象，端面必然氧化。这时，应将钢筋取下重新打磨、安装，然后点燃火焰进行焊接。如果发生在钢筋端面缝隙完全密合之后，表示结合面已经焊合，因此，可继续加热加压，完成焊接作业。

钢筋气压焊生产中，钢筋端面要干净；安装时，钢筋夹紧、对准；火焰调整适当，加热温度必须足够，使钢筋表面呈微熔状态，然后加压镦粗成形。

(3) 钢筋开式气压焊工艺 钢筋开式气压焊与闭式气压焊相比，简化了焊前对钢筋端面仔细加工的工序。把焊接夹具固定在钢筋的端头上，端面预留间隙 3～5mm，以利于更快加热到熔化温度；端面不平的钢筋，可将凸部顶紧，不规定间隙，调整焊接夹具的调中螺栓，使对接钢筋同轴后，安装上顶锻液压缸，然后进行加热加压顶锻作业。焊接操作要点如下：

①一次加压顶锻成形法。先使用中性火焰，以钢筋接口为中心沿钢筋轴向宽幅加热，加热幅宽大约为1.5倍钢筋直径，加上约10mm的烧化间隙，待加热部位达到塑化状态(1100℃左右)时，加热器摆幅逐渐减小；然后集中加热接口处，在清除接头端面上附着物的同时，将端面熔化，此时迅速把加热焰调成碳化焰；继续加热焊口处并保护其免受氧化。由于接头预先加热，端头在几秒钟内迅速均匀熔化，氧化物及其他脏物随着液态金属从钢筋端头上流出，待钢筋端面形成均匀的、连续的金属熔化层，端头烧成平滑的弧凸状时，再继续加热，并在还原焰保护下迅速加压顶锻，钢筋断面压力达40MPa以上，挤出接口处液态金属使接口密合，并在近缝区产生塑性变形，形成接头镦粗，焊接结束。

为了在接口区获得足够的塑性变形，一次加压顶锻成形法顶锻时，钢筋端头的温度梯度要适当加大，因而加热区较窄，液态金属在顶锻时被挤出界面形成毛刺，这种接头外观与闪光焊相似，但墩粗面积扩大率比闪光焊大。

一次加压顶锻成形法生产率高，热影响区窄，适于焊接直径较小(ϕ25mm以下)的钢筋。

②二次加压顶锻成形法。第一次顶锻在较大温度梯度下进行，其主要目的是挤出端面的氧化物及脏物，使结合面密合。第二次加压是在较小温度梯度下进行，其主要目的是破坏固态氧化物，挤走过热的及氧化的金属，产生合理分布的塑性变形，以获得结合牢固、表面平滑、过渡平缓的墩粗接头。

先使用中性焰对着接口处集中加热，直至端面金属开始熔化时，迅速地把加热焰调成碳化焰，继续集中加热并保护端面免受氧化，氧化物及其他脏物随同熔化金属流出来，待端头形成均匀连续的液态层并呈弧凸状时，迅速加压顶锻(钢筋横断面压力约40 MPa)，挤出接口处液态金属，并在近缝区形成不大的塑性变形，使接口密合，然后把加热焰调成中性焰，在1.5倍钢筋直径范围内，沿钢筋轴向往复均匀加热至塑化状态时，施加顶锻压力(钢筋横断面压力达35MPa以上)，使其接头镦粗，焊接结束。

二次加压顶锻成形法的接头外观与闭式气压焊接头的枣核状镦粗相似，但在接口界面处也留有挤出金属毛刺的痕迹。二次加压顶锻成形法接头由于有较多的热金属，冷却速度较慢，可减轻淬硬倾向，外观平整，镦粗过渡平缓，减少了应力集中，因而适合焊接直径较大(ϕ25mm以上)的钢筋。

第二节 锻焊和缝焊

一、锻焊工艺

锻焊是先将零件放在炉子中加热，然后将工件叠合在一起，施加足够的压力或锤击以使界面产生永久变形，从而形成金属结合的一种最早的焊接方法，但至今仍在应用，目前主要是用于管子和复合金属的焊接。

锻焊时首先把被焊材料加热到接近熔点的温度，然后加压形成连接。加热的目的仅是为了使金属容易产生塑性变形，因为绝大多数金属的屈服强度是随着温度的升高而迅速降低的。加热时间是影响锻焊质量的主要参数。加热不足就不能使工件表面具有很好的延展性，也就不可能焊接；金属过热又会导致产生强度很低的脆性接头。必须使整个接头界面上的温度均匀，才能获得满意的接头。

对加热好的工件可用较轻的大锤，以重复高速的锤击施加压力。现代自动及半自动锻焊是用重型机动锤，以低速进行锤击实现的。施加压力的锤子可用蒸汽、液压或压缩空气等设备驱动。

低碳钢是最常用的锻焊连接金属。这种材料的薄板、棒材、管材和板材都容易进行锻焊。对焊缝和热影响区显微组织起主要影响作用的是锻压总量和进行锻焊的温度，要获得致密的焊缝一般需要较高的温度。锻焊后退火，可以细化接头的组织，并改善接头韧性。锻焊最常采用的接头形式是斜接接头，其他形式的接头也可以进行锻焊。有时所施加的压力可达 2068MPa。钢的锻焊温度范围一般是1149℃～1288℃。

锻焊某些金属时必须使用焊剂，以防止工件表面生成氧化皮。焊剂与存在的氧化物结合，而在工件表面上形成保护性覆盖层，该覆盖层能阻止形成更多的氧化物，并能降低已有氧化物的熔点。用于钢的两种焊剂是石英砂和硼砂（四硼酸钠）。对于高碳钢锻焊，最常用的焊剂是硼砂。由于硼砂的熔点较低，所以可在金属加热过程中将它撒到工件上。石英砂常作为锻焊低碳钢时的焊剂。

采用自动设备对铝合金挤压型材进行锻焊，使边缘对边缘连接形成整体加筋面板。这种面板用于制作轻型汽车的车身。这种用途的铝锻焊被归类为热压焊，因为是将要连接的铝板材边缘加热到焊接温度，然后予以加压顶锻。

二、缝焊工艺

缝焊是一种固态焊接方法，通过将金属加热到一定温度，然后用滚轮施加压力，使结合表面变形而实现直接。最常用于生产复合钢板。采用缝焊工艺复合轧制形成的复合钢板，要求具有一定的拉伸、弯曲等力学性能。

在制造复合钢板时，将两张薄钢板表面彻底清洗，并与两张清洁的覆层金属按次序夹在一起。用一种不熔合的隔层化合物使两张覆层板隔开。先将中间两张覆层板和外部两张钢板的边缘分别焊合，以隔绝空气，并防止在缝焊过程中发生滑动。

将夹层材料在加热炉中均匀地加热到 1149℃～1288℃。然后将此组件通过缝焊机进行滚压，直到覆层板与基层板焊到一起为止。除了将覆层板焊到基层板上之外，滚压还使复合材料的厚度减小。缝焊之后，将夹层组件再分开成为两张复合薄板。

第三节 微电子连接热压焊

一、微电子连接热压焊设备

微电子连接热压焊主要应用于微电子领域引线的焊接，属于微型精密焊接，要求焊接设备的自动化程度高，如采用微型计算机控制和高精度焊接机械手等。

微电子连接热压焊机机械手，必须能够实现 X、Y 和 Z 三个方向的精确定位。以硅芯片引线与基片导体的焊接为例，要求能在各芯片 XY 平面布局的位置上，确定引线长度和机械运动轨迹，包括运动方向、运动速度和每一点的焊接时间，以及 Z 方向上距离的控制，能够实现每个焊点的送丝、压焊、抽丝和切断等整个焊接过程的自动控制，还要能够实现焊接压力、焊接时间和焊接温度的控制，以及各参数之间的配合等。

二、微电子连接热压焊工艺

热压焊压头形式及焊点形状参考图 14-1。

①卧式搭接热压焊。主要焊接参数为焊接温度、焊接压力和焊接时间，三者之间相互影响。加热温度高时，压力可减小，加压时间也可以相应的缩短。压力还与搭接面积有关，当搭接面积增大时，相应的焊接压力增大；采用的引线材料不同，焊接压力也不同，当用铝丝作为引线时，所施加的焊接压力比金丝引线要小。

②金丝球式热压焊。主要应用于硅半导体芯片引线的连接，如当硅半导体芯片表面蒸镀 1350nm 的铝合金层时，采用直径为 25.4μm 金丝引线，压头材料为玻璃管，典型热压焊焊接参数见表 14-9。与卧式搭接热压焊相比，金丝球式热压焊的焊点面积要小得多，电极压力和焊点拉力都比较小。从微型化角度出发，金丝球式热压焊的接头比较紧凑，占据的面积较小，适用于高密度集成电路或体积小的半导体芯片的连接。

表 14-9 典型热压焊焊接参数

压头形式	压头材料	焊接温度/℃	电极压力/N	时间/s	焊点拉力/N
卧式搭接	碳化钨	310	0.5	6	60.3×10^{-3}
金丝球式	玻璃管	310	0.12	6	4.8×10^{-3}

三、微电子连接热压焊在电子微型焊接领域的应用

金丝球热压焊主要应用于电子微型焊接领域，如芯片引线的搭接热压焊。焊接主要过程是先将极薄的硅芯片表面，用蒸镀法在待焊处镀一层纳米级厚的铝金属膜，用微米级直径的金丝引线(有时也可用铝丝代替)，将硅芯片上的铝膜与基板上的导体相连接，或者几个硅芯片铝膜间互连。金丝球热压焊的压头由硬玻璃制成，内设金属引线孔，构造颇似熔化极气体保护焊的导电嘴。靠端头平整的环状端面对球施加压力，焊点外形虽然为圆形，但真正焊接部分是加压的环状部分。

金丝球压焊过程如图 14-19 所示。其中，图 14-19a 所示为焊完第一点后，抬起压头，用火焰烧断金丝，形成球形端头；图 14-19b 所示是压头平移至第二待焊部位；图 14-19c 所示为压头下送，顶紧被焊部位，加压并进行焊接；图 14-19d 所示为抬起压头，拉长金丝引线，准备进入火焰烧断金丝阶段，以便进行另一焊点的焊接。

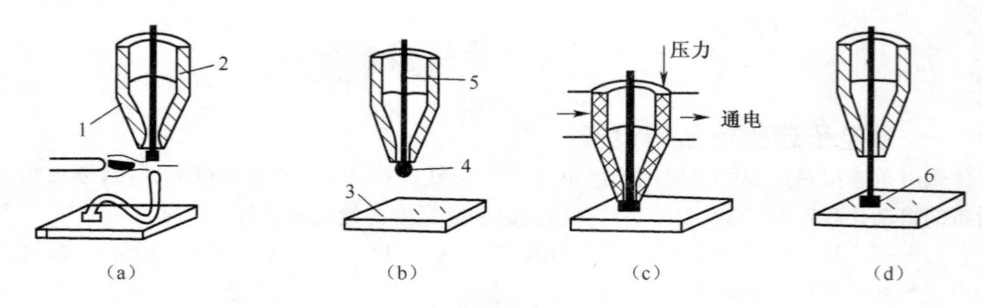

图 14-19 金丝球压焊过程

(a)焊完第一点后 (b)压头平移至第二待焊部位 (c)加压 (d)拉长金丝引线

1. 切断用割炬 2. 细引导管(头部) 3. 薄膜 4. 球 5. 导线 6. 焊上

第十五章　铝热剂焊

铝热剂焊是指利用金属氧化物和还原剂(铝)之间的氧化还原反应(铝热反应)所产生的热量熔融金属母材,并填充接头而实现结合的一种焊接方法。同时又利用反应金属生成物作为填充材料,即填充金属来自过热的液态金属。铝与氧产生的剧烈放热反应,所以,反应一旦开始便能自行持续。

第一节　铝热剂焊基础

一、铝热剂焊的原理

铝热剂焊是利用很细的铝粉,在化学反应中释放出大量的热量,使一些金属氧化物还原,产生的熔融和过热的铁液,被浇注到两工件的接头之间,形成焊缝。铝热剂焊的热化学反应是按下列方式进行的:

金属氧化物+铝(粉末)⟶ 氧化铝+金属+热能

$$3Fe_3O_4 + 8Al \longrightarrow 9Fe + 4Al_2O_3 + \Delta H_{298}$$

只有当还原剂(铝)对氧亲和力比被还原金属对氧亲和力大时,反应才能开始并完成。该放热反应不但放出热量,而且形成由金属和氧化铝所组成的液态产物,如果渣的密度比金属小,像钢和氧化铝那样,它们会立即分离开,渣浮上表面,而钢液就可用于焊接。

可以作为氧化剂的金属氧化物有 Fe_2O_3、CuO、MnO 等,可作为还原剂的有 Al、Mg、Ca、Si、B、C 等。工业上应用最多的氧化剂为 Fe_2O_3、CuO,应用最广泛的还原剂为 Al。

二、铝热剂焊的特点

(1)铝热剂焊的优点　设备简单,投资小,焊接操作简便,无需电源,适于野外作业;热容量大,焊接时大量的过热高温液态金属,在较短时间(10s 左右)注入型腔,使焊缝具有较高热容量,因而可使焊接区得到较小冷却速度,对含碳量较高的钢轨也不会造成淬火倾向;接头平顺性好,铝热剂焊方法没有顶锻过程,焊接接头的平顺性仅取决于焊前工件的调节精度。

(2)铝热剂焊的缺点　焊缝金属为较粗大的铸态组织,焊缝韧性、塑性较差;如果对焊接接头区域进行焊后热处理,可使其组织性能有所改进,从而可以改善焊接接头的力学性能;冷却时间长,制造砂型费时间;砂型里如果存在水分可能引起激烈爆炸。

三、铝热剂焊的应用范围

铝热剂焊常用于焊接铁路钢轨、建筑和筑路构件用的钢筋,也用于焊接电缆、钢铁材料和非铁金属的棒材。

第二节 铝热剂焊设备

一、设备组成

铝热剂焊所用铸型和坩埚如图 15-1 所示。

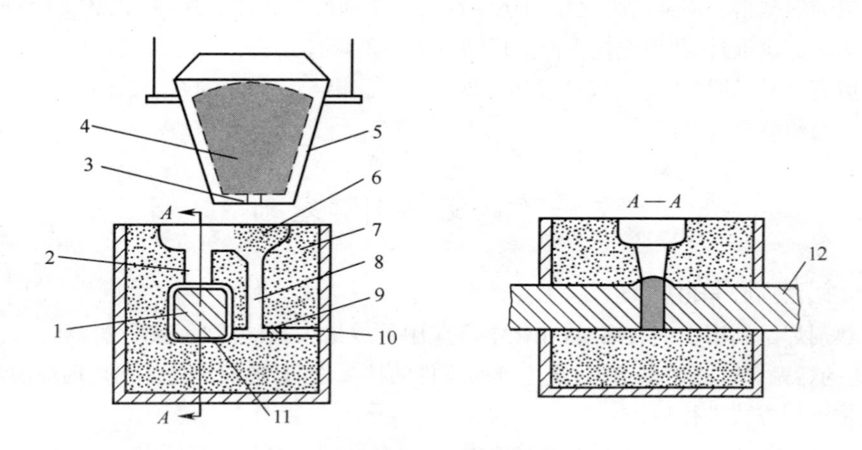

图 15-1 铝热剂焊所用铸型和坩埚

1. 待焊断面 2. 冒口 3. 堵片 4. 焊剂 5. 坩埚 6. 熔渣 7. 铸型 8. 注入孔 9. 钢塞 10. 加热孔 11. 由蜡模形成的型腔 12. 工件

二、铸型(型模)

铸型包括用来形成焊缝、预热和浇注系统等部位的型腔。焊接时液态金属进入铸型焊缝部位的型腔中,冷却时形成一定形状的焊接接头。其他部位型腔通道(浇道、冒口)均为工艺所需要的。对铸型的技术要求是应具有足够的耐高温性,保证在预热时不坍塌;应有足够的强度,在浇注时铸型应不被冲垮、不变形,并且保证要求的尺寸;还应有足够的透气性,这样可以使金属液中溶解的气体和铸型内的气体在浇注过程中及时排出,防止形成气孔等缺陷。

铸焊钢件时,铸型可以是仅用一次的砂型。砂型一般用水玻璃石英砂强制成形,烘干而成。焊接铜导体时,铸型可用机械加工成的半永久性的金属模具,或者可重复使用的石墨模,每个石墨铸型可用 50 次左右。

三、坩埚

坩埚主要用于容纳焊剂进行铝热反应,是铝热剂焊的基本设备之一。要求坩埚材料或内衬材料具有高的耐火度,其与熔渣的化学作用较小,以防止熔渣的侵蚀影响坩埚的使用寿命。

几种坩埚耐火材料的软化温度和熔点见表 15-1。石墨的熔点和软化温度较高,可作为铜导体焊接坩埚的材料。但是在铝热反应时,不能保证铝热焊缝力学性能的要求,因此,目前还不能直接使用石墨坩埚焊接钢轨。

表 15-1　几种坩埚耐火材料的软化温度和熔点

坩埚材料	在 120MPa 压力下的软化点/℃	熔点/℃	坩埚材料	在 120MPa 压力下的软化点/℃	熔点/℃
三氧化二铝(Al_2O_3)	1400～1600	2050	氧化镁(MgO)	1300～1500	2800
二氧化硅(SiO_2)	1600～1650	1710	石墨(C)	约 2000	不熔化而氧化

纯度高的 Al_2O_3 虽具有高的耐火度，但价格昂贵，不适于大量应用；使用氧化铝含量较低的耐火材料制成的坩埚（一般称为高铝坩埚），其耐火度也相应降低，价格也较低廉。一般使用的是预制坩埚衬，成形后经高温烧结后再使用。

纯度高的 MgO 耐火度很高，但价格也较贵，工业上用的坩埚一般是以镁砂作为原料，经高温烧结制成。采用电熔镁砂作为原料，比一般镁砂具有更高的耐火度。镁砂坩埚应在成形后放入焙烧炉内焙烧，烧结温度一般要达到 1800℃。烧结良好的镁砂坩埚才可以提高其使用寿命。

石英砂的主要成分 SiO_2 也具有较好的耐火度，价格较低，在要求不高、一次性使用的坩埚中得到广泛应用。

当坩埚内壁已形成凹陷或已缺损时，应立即停止使用，进行修补或更换新的坩埚，以保障生产安全。

四、浇注孔和堵片

浇注孔与坩埚下口相通，孔的直径和高度由浇注金属量确定。孔的高度越大，金属流速越大，对工件表面的冲刷作用越强。自熔堵片的尺寸应与孔径相配，其作用是当铝热反应达到一定温度时，堵片溶化，实现自动浇注。堵片厚度决定着自动浇注的起始时间。

第三节　铝热剂焊材料和工艺

铝热剂焊的主要材料是铝热焊剂。焊接钢轨的铝热焊剂主要由氧化铁、铝粉、铁粉、合金组成。氧化铁和铝粉是铝热焊剂的基本组分，它们的反应在放出焊接所需热能的同时，产生填充焊缝所用的铝热钢液。反应所形成的 Al_2O_3 因为其密度小于钢液，浮在表面成为熔渣。

焊接铜导体、铜与钢柱的铝热焊剂主要由氧化铜、铝粉、铜粉组成。

一、铝粉

①铝热焊剂一般要求铝粉有较高的纯度，有害杂质如 Fe、Si、Cu 总和要少。

②铝粉的颗粒度太大，反应时间长，而且热量损失大。一般应采用粒度<0.6mm的铝粉，并且要求不同粒度的铝粉按一定比例进行配制。

③要求铝粉不能受潮和氧化，应密封存放。

二、氧化物

氧化物一方面可以供给反应时需要的大量氧，产生热量；另一方面还原的金属还可以作为焊接的填充金属。氧化物主要有氧化铁、氧化铜，分别用来焊接钢铁和铜。

氧化铁颗粒大小与铝热焊剂反应速度是直接相关的，其影响的规律与铝粉粒度相似。

有的铝热焊剂中还有一些添加剂，用于改善焊剂的工艺性能，如钢渣的黏度、流动性等。

三、铁粉

铁粉用于调节铝热剂焊钢液的温度。铁粉中合金的作用是调整焊缝金属成分，如Mn、Cr等用于提高焊缝强度，Ti、V等用于提高硬度，以及细化奥氏体晶粒。

适用于U74、U71Mn钢轨的铝热焊剂为铁III型，主要含Mn、Cr、Ni、Mo、V等合金元素，焊缝硬度为280HBW左右。适用于PD_2、PD_3钢轨的铝热焊剂为铁IV型，主要含Cr、Mn等合金元素，焊缝硬度为300HBW左右。

四、铝热剂焊工艺

铝热剂焊时，将被焊件的两端放入特制的铸型腔内，并保留适当的间隙。这种方法类似于铸造方法，一个装填耐热砂的砂箱放置在工件周围。对待焊件、型腔预热到一定温度，点燃坩埚内的铝热焊剂，即进行化学反应。形成的高温液态金属注入型腔内，使工件端部熔化并填满整个型腔。冷凝后，打开装、夹具及铸型，完成焊接工作。其工艺步骤如下：

①在准备待焊工件时，必须先对正好待焊工件。工件表面必须彻底清理，使接头表面无锈、无污物、无油脂。待焊工件要牢固地、精确地夹紧就位，还要使两表面之间留有适当的间隙，其尺寸根据接头断面大小而定。然后将一个零件模型或与零件外形相对应的预制模型放在待焊接头周围。焊接批量大的小件时，如钢筋等，推荐使用由钢或石墨制作的永久模具。

②把石蜡浇注到接头中去，形成与焊缝的几何尺寸完全一样的形状。然后围绕接头区域制造铸型。其铸型结构的特点是有直浇口、冒口、通气孔、人型口和预热口。

③焊接前，用气体火焰预热铸型。待焊工件要预热到“红热”的温度，使石蜡熔化并从铸型里流出来，同时把铸型和被焊金属烘干，改善接头的质量。

④加入铝粉和氧化铁(可以从轧钢过程产生的氧化皮得到氧化铁)。铝热焊剂混合物约在1300℃引燃，因此常用Mg作为引燃剂。

⑤铝热剂焊的热能，是从金属粉末和金属氧化物粉末化学反应所产生的过热液态金属中得到的。每个焊缝的焊接时间很短，一般小于30s。可以加入些小片金属，以改善焊缝金属的力学性能。铝热焊剂混合物中的铝粉也可用作脱氧剂。

第四节 铝热剂焊应用实例

一、钢轨的铝热剂焊

铝热剂焊最常应用的是焊接钢轨型材，即长钢轨的焊接，这是减少铁路线上螺栓接头数量的一种有效方法。无缝长钢轨铺设是提高铁路运输速度的关键，随着列车速度的提高，出现了跨区间无缝线路，道岔区内由于条件的限制，只能用铝热剂焊进行焊接。铝热剂焊接铁路钢轨如图15-2所示。焊接时要求有合适的浇道和冒口，以便补充凝固时的收缩，消除那些在熔铸中出现的典型缺陷，保持钢液能适当流动和防止金属流入接头时发生紊流。

(1)钢轨铝热剂焊的种类 钢轨铝热剂焊有预热焊接(预热主要靠铝热钢液对钢轨端面的冲刷)和不预热焊接两种。

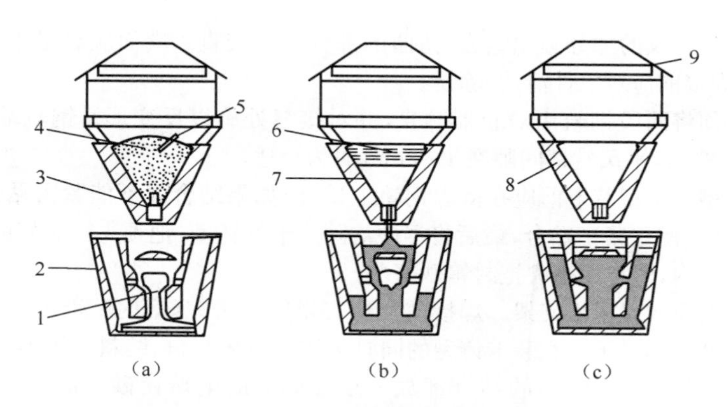

图 15-2　铝热剂焊接铁路钢轨

(a)焊接前　(b)浇注过程中　(c)浇注完毕

1. 钢轨　2. 铸型　3. 堵片　4. 铝热焊剂　5. 高温火柴　6. 熔渣
7. 钢液　8. 坩埚　9. 坩埚盖

①预热焊接。目前国内外广泛采用大焊筋、大焊剂量、短时间预热的新工艺。特点是增加了焊剂总量,即增加了铝热钢液质量。

预热焊接通常使用预制的可分开的铸型来焊接标准尺寸的钢轨。首先应将铸型对准,使其中心与两个钢轨端面之间间隙的中心重合;然后用气焊火焰指向铸型内钢轨端面,使之预热到590℃～980℃。预热后将装填了铝热焊剂的有耐热衬里的坩埚安放在两半铸型的上方。随后引燃铝热焊剂,将钢液注入接头。有些生产工艺是将金属液注入接头间隙中(顶浇法);另一类工艺是将金属液由钢轨底部外端注入铸型底部,并使钢液由铸型中部垂直上升(底浇法)。

在坩埚底部有自行熔化的钢制堵片。铝热焊剂反应完毕之后几秒,液态金属将堵片熔化并从坩埚底部流出而浇入两钢轨之间的间隙内。液态熔渣因密度较小,在坩埚内就已经与钢液分离开了。在全部钢液进入并填满两钢轨之间的空腔和铸型本身的空腔之前,熔渣不会进入型腔。熔渣停留在焊缝顶部并凝固。金属凝固后,将铸型拆下并丢掉,多余的金属用手砂轮、气动和手工剪切装置去除。

预热时间短的铝热剂焊需要装填的铝热焊剂要比预热时间长得多。

②不预热焊接。这是一种设计了自行预热的铝热剂焊方法。钢轨端部利用铝热焊剂反应生成的液态金属的一部分预热,坩埚和铸型是连成一体的。此外,铸型通常称为壳形模型,是用酚醛树脂砂预制的。铝热焊剂反应完成后,钢液自动由坩埚流入接头,而不是像单独坩埚那样要穿过大气。

(2)钢轨铝热剂焊的工艺流程　钢轨铝热剂焊的工艺流程如图 15-3 所示。

准备钢轨→接 头 对 直→安置铸型
安装衬管→倒入铝热焊剂→安放坩埚
→预热→点火浇注→推瘤→打磨

图 15-3　钢轨铝热剂焊的工艺流程

(3)钢轨铝热剂焊工艺要点

①准备工作。焊接前首先将焊接工具、封箱砂、待焊钢轨准备好。待焊钢轨事先应仔

细检查,有损伤、裂纹的部分必须锯去,扭曲的部分必须校直。端面应尽量平直,平面度误差应<2mm,焊接前应对工件清洁、除锈。

焊前还必须将两段钢轨用对轨器顺直,并对接缝处施以反变形。钢轨端部应稍加垫高,用1m平尺测量,平尺端部间隙在1～3mm时为合适。

②装卡铸型。铸型装卡前应在待焊钢轨上试合,如果结合面不能紧密贴合,可轻轻在待焊钢轨上研合,使之紧密贴合,最后将浮砂清除。卡好铸型,把预先配制好的封箱砂填封到铸型封箱沟槽内,注意用指尖把封箱砂塞严。

③坩埚装料及放置坩埚支架。焊接前要检查坩埚是否完好,内腔锥度是否足够,使用前应用预热器把坩埚烘干。在装卡铸型的同时可进行坩埚封口、装料。坩埚出钢口用自熔堵片封口,自熔堵片与出钢口的结合部放一层10mm的电熔镁砂。把铝热焊剂倒入坩埚内。

④预热。铝热剂焊的预热一般采用专用的预热器,以保证足够的火焰强度。近年来,燃料已逐步采用液化石油气和氧气,只有在隧道内仍使用乙炔气。预热温度一般在600℃～800℃。

⑤点火、浇注。预热结束后,移开预热器,放好轨顶砂芯,立即借助预热火焰点燃高温火柴并将其迅速插入坩埚铝热焊剂内。反应开始4～5s进行自动浇注。

⑥整修工件。浇注完毕4～5min开始用推瘤机推瘤。推瘤完毕后,用轨顶打磨机进行轨顶磨修,将焊接接头打磨平整,整个铝热剂焊接过程结束。

如果用于淬火钢轨,则铝热剂焊接头还应在焊后进行热处理,有时需辅以轨顶淬火,以达到与母材相匹配的硬度。

二、金属导体的铝热剂焊

金属导体的铝热剂焊可大体分为间接加热式和直接加热式两种。用于焊接铝导体的铝热剂焊,采用间接加热方式,用于铜与铜、铜与钢的铝热剂焊,采用直接加热方式。

(1)间接加热式导体的铝热剂焊 间接加热式导体铝热剂焊药包焊点燃前的装置如图15-4所示。药包由纸盒、铁管、填块和药粉等部分构成。焊接前,先将清理好的铝线分别从堵头两端插入,顶紧填块,将铝线分别夹紧于左、右钳口中,将高温火柴插入药包中,并剥去高温火柴尖端的高温层(外层),即可准备点燃焊接。

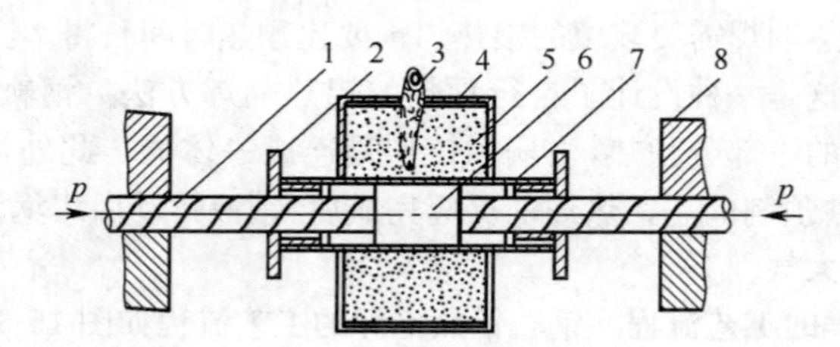

图15-4 药包焊点燃前的装置

1. 铝线 2. 堵头 3. 填块 4. 高温火柴 5. 纸盒 6. 药粉 7. 铁管 8. 焊钳

用普通火柴点燃高温火柴,药粉被点燃并放出热量,形成熔渣,将热量通过铁管传至铝填块,并使之熔化,随后铝导线也被熔化。在焊钳送进的同时,铝线逐渐熔化。当热量停止供给后,熔化的铝液在堵头与铁管形成的型腔中结晶,将两条铝线牢固焊合。在铝液冷凝过程中，应保持一定压力，使接头结合紧密、表面光滑丰满。去掉渣壳，取下堵头（下次再用），剥去铁管，再用钢丝刷打光接头表面，焊接工作完成。

(2)直接加热式导体的铝热剂焊 直接加热式导体铝热剂焊装置如图15-5所示。

直接加热式导体铝热剂焊操作要点如下：

①焊前清理及装配。将被焊铜电缆剥去绝缘护套，先用钢丝刷清理其表面，再装入石墨铸型的型腔中，同时将清除了锈迹和油污的地线柱装入竖向型腔孔内。在装夹导体之前，应将铸型型腔清除油污，通常的方法是用丙烷火焰喷烧。

②装铝热焊剂粉。将预先配制好、经过烘干的铝热焊剂粉按要求放入铸型上方的反应坩埚内，稍稍夯实，并在其表面撒一层引燃粉（或插入高温火柴）。在装铝热焊剂粉之前，将铜圆盘堵片放在反应坩埚的下方，正好能堵住上浇注孔，以防止铝热焊剂粉漏入型腔内。

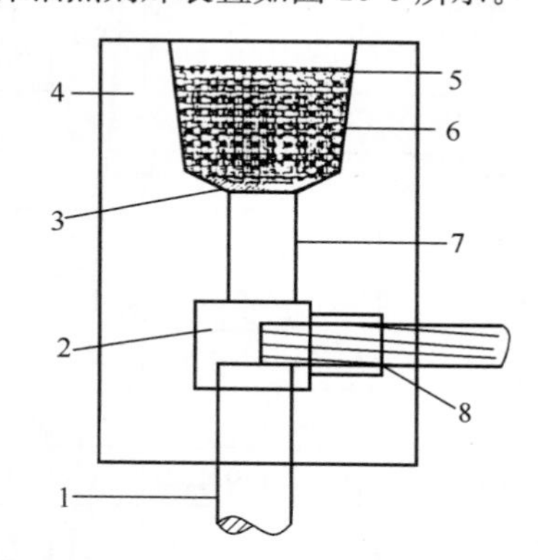

图15-5 直接加热式导体铝热剂焊装置

1. 地线柱 2. 型腔 3. 圆盘堵片 4. 石墨熔模 5. 引燃粉 6. 焊接药粉 7. 浇注孔 8. 铜电缆

③点火引燃。将高温火柴头上的外层（高温层）剥去一部分，先用普通火柴点燃高温火柴，然后立即盖上上盖。上盖的侧面留有通口，以使反应的热气和烟尘排出。用引燃粉引燃。撒一层引燃粉后，即可盖上留有侧向通口的上盖，把电子打火枪伸入侧面通口内引燃引燃粉，操作人员随即离开侧向通口。

④焊接过程。当引燃粉将铝热焊剂粉引燃后，反应即迅速自动进行。反应还原出的高温铜液沉积于金属圆盘之上，并使圆盘熔化，铜液通过浇注孔进入型腔内，与铜电缆和地线柱充分接触，表面被熔化，并熔铸成为一个整体接头。接头的形状、尺寸与模具型腔一样。

⑤卸掉熔模，清理接头。松开夹具，使铸型分离并卸掉，下次再用。清整接头区，包扎绝缘，完成全部焊接工作。

这种方法主要用于铜棒、铜缆、铜丝的焊接，以及铜导线与钢轨的接地焊接。后者应用时要在钢轨接头处装上石墨铸型。用氧化铜和铝的铝热焊剂混合物焊接铜导线的接头时，这两种材料之间的反应会在1～5s产生过热的铜液和渣，可以加入碎屑或粉末状的其他金属以产生用于特定用途的合金。

三、机械零件修补的铝热剂焊

在船舶修理时，常用铝热剂焊修复大断面的钢件，如断裂的尾架、舵、轴及塞柱等；在钢铁工业中可采用铝热剂焊修复钢锭模；对于挖掘机铲刀，可用铝热剂焊将刀刃焊到中心环上等。其修补工艺步如下：

(1)接头准备

①将待焊零件准确定位，使之相互接触并对准，以便焊接。

②要在铸型覆盖区域以外的零件上做好牢固的记号，考虑到冷却时的焊缝收缩，一开始就要用记号作为参考，将零件比原来间隔位置多隔开1.6～6.4mm，并用这些记号将加工坡口后的零件重新定位。随后可用割炬沿断口切割金属，使之形成两侧平行的间隙，间隙宽度由被焊断面尺寸大小而定。铝热剂焊的焊缝尺寸和铸型要求见表15-2。

表 15-2 铝热剂焊的焊缝尺寸和铸型要求

断面尺寸或直径/mm	间隙宽度/mm	加强环断面/mm	冒口		浇道		加热孔		连续孔		所需铝热焊剂质量/kg
			数量	直径/mm	数量	直径/mm	数量	直径/mm	数量	直径/mm	
方形断面											
51×51	11	38×11	1	19	1	19	1	32	—	—	2.7
51×102	14	38×14	1	19	1	25	1	32	—	—	5.4
102×102	17	67×17	1	25	1	25	1	32	—	—	11.3
102×203	22	87×22	1	25	1	25	2	32	—	—	22.7
203×203	29	117×29	1	44	1	32	2	32	—	—	56.7
203×305	32	140×32	1	44	1	32	1	32	1	32	79.4
305×305	37	159×37	1	64	1	38	2	38	1	38	136
305×457	43	197×43	1	64	1	38	2	38	1	38	227
406×406	44	227×44	1	70	2	51	2	38	2	38	318
406×610	51	252×51	1	70	2	51	2	38	2	38	522
610×610	59	300×59	1	64	2	51	2	44	2	44	851
610×914	67	359×67	1	64	2	51	2	51	4	51	1418
圆形断面											
51	11	35×11	1	19	1	19	1	32	—	—	2.3
102	16	60×16	1	25	1	25	1	32	—	—	11.3
203	25	106×25	1	38	1	32	1	32	—	—	34
305	33	149×33	1	44	1	38	1	38	1	38	90
406	41	191×41	1	51	1	38	1	38	1	38	193

注:①所需铝热焊剂包括了单浇道时的10%和双浇道时的20%超量钢,以备留在渣池内。

②包括一个单独的背面加热孔。

③必须清除安放铸型处的所有污物、油脂以及气割造成的氧化物和残渣等。

(2)造铸型 当制造单个大型焊缝时,采用蜡模来形成接头处的型腔。可将石蜡放在间隙内和放在零件表面上以便形成所需的焊缝形状(包括焊缝加强环)。然后用适用的砂箱来装填型砂,并围绕蜡模造好铸型。

浇道、加热孔和冒口的木模在舂实铸型时就放在砂箱内。当焊接两个尺寸相同的零件时,将加热孔直接指向蜡模中心部位;焊接两个尺寸不同的零件时,则将加热孔指向较大的零件,以便较均匀地将两工件加热。当复杂断面接头上有一个或更多个顶点时,所有的顶点上面都应有冒口。铸型顶部要挖空成槽以便容纳由铝热焊剂反应产生的熔渣。应将铸型适当地扎出通气孔,以便预热时水气容易逸出,最后取出木模。

型砂要具有高耐火性、高透气性以及足够的抗剪强度。型砂中应不含低熔点的黏土组分。

(3)预热　预热是通过加热孔将气体火焰吹入型腔来实现的。预热完成后必须封闭加热孔。将一小段适当直径的钢棒推入孔内并抵住棒的肩部，然后用型砂挡住。

预热时要逐渐进行加热，并要频繁地将焊枪从加热孔移开，以使熔化的蜡得以流出。当石蜡全部熔化之后，就要逐渐增加热量以预热母材金属表面，并使铸型彻底干燥，且要不断加热直到待焊零件的端部呈樱红色。

(4)坩埚装料　像有预热的钢轨焊接一样，铝热焊剂反应是在有耐热衬里的锥形坩埚中进行的。坩埚底部有一块硬而耐热的石块(镁砂)支撑着可更换的耐热出钢孔或套管，套管用出钢销堵塞，随后在销的顶端插入一金属圆片。在圆片上盖一层耐火砂，铝热焊剂混合物装入坩埚时要避免造成砂层移动。

有时在铝热焊剂混合物中加入低碳钢碎屑，以增加生成的金属量。接头所需要的铝热焊剂混合物数量可用下述公式计算，即

$$X=E/(0.5+0.1S)$$

式中，X 为需要的铝热焊剂质量(kg)；E 为填满间隙所需要的钢液质量(包括 10%的损耗在内)(kg)；S 为装料中碎钢屑的百分比(%)。

作为初步估算，铸型中每 1kg 的蜡相当于 25kg 的铝热焊剂。

(5)焊接　可以用火柴或气体点火器引燃引燃粉或采用引火棒。

在反应完毕而且钢液作用平静之后，向上猛击出钢销即可放出钢液，使钢液注入铸型并填满接头。焊缝金属凝固后拆除铸型。如有可能应将整个工件退火，以消除应力。如有必要，可用机械加工或砂轮打磨，去除焊缝加强环，冒口和浇道则可用气割炬切除。

第十六章　水下和其他特殊条件下的焊接

目前，水下焊接应用较多的是电弧焊方法，水下电弧焊根据焊接环境的不同，可分为湿法、干法和局部干法水下焊接三种类型。

第一节　水下焊接的特点和分类

一、水下焊接的特点

1. 水下焊接的电弧特点

(1)湿法水下焊接电弧的特点

①湿法焊条电弧焊时，在电弧周围会形成一个电弧气泡的气相区。电弧气泡是水在电弧高温作用下，分解而生成大量的氢气和氧气，其中大部分的氧立即与熔化金属及焊条涂料中的某些元素发生反应，生成 CO、CO_2 等气体。电弧气泡中的主要成分（体积分数）为 H_2（62%～82%）、CO（占 11%～24%）、CO_2（占 4%～6%），其余为 3%左右的 N_2 及金属蒸气等。电弧气泡总是随着焊条的移动而移动，并且处于一种周期性局部破裂和重新形成的动平衡状态。由于电弧气泡周期性破裂后会产生大量的气泡上浮，干扰了电弧气泡的稳定性，从而增加了焊工的操作难度。

②水下电弧焊，电弧被压缩，横断面减少，而且水深压力增加时，电弧电压也增大，因而电弧静特性呈上升趋势。水下电弧的弧柱电流密度约为陆上相同条件下的 5～10 倍。如采用湿法焊条电弧焊时，要达到陆上焊接的电弧条件，压力每增加一个大气压（水深增加约 10m）时，电流必须相应增加 10%左右。水深压力增加时，电弧长度缩短。为了保持正常的电弧长度，压力每增加一个大气压时，电弧电压一般提高 1V 左右。

③由于水对光线的吸收、反射和折射等作用，使光线在水中的传播距离只有大气中的千分之一左右。采用湿法和局部干法水下焊接时，水下电弧的可见度非常低，再加上电弧周围产生气泡的影响，对水下焊工的技术水平要求较高。

④急冷效应显著。水的热传导系数较高（海水的热传导系数约为空气的 20 倍），各种水下焊接方法都会受到急冷效应的影响，特别是湿法焊接时，水对焊缝的急冷效应更加明显，使焊缝热影响区容易出现高硬度的脆硬组织。

(2)干法和局部干法水下焊接的电弧特点　干法和局部干法水下焊接时，电弧虽然没有受到水的直接影响，但受到了环境压力的影响，因此仍具有和湿法焊接电弧基本相同的特点。

①对电弧稳定性的影响。如采用 CO_2 水下焊时，随着水深压力的增加，电弧稳定性变差。当压力为 0.5MPa 时，断弧时间比率可达 40.2%，因此很难对电弧进行控制。

②对熔化速度的影响。熔化极电弧气体保护焊时，随着水深压力的增加，焊丝在 Ar 气体中的熔化速度减小，而在 CO_2 气体中的熔化速度增加，在混合气体中的熔化速度处于上述两者之间。焊条电弧焊时，焊条的熔化速度随水深压力的影响又分为两种情况：当焊条接电源的负极时，焊条的熔化速度随水深压力的增加呈单值地上升；当焊条接电源的正极

时，水深压力开始增加时，焊条熔化速度随之上升并出现峰值，随后压力再增加，熔化速度则随之下降。

2. 水下焊接的冶金特点

由于水下焊接时受到水和压力的影响，其冶金特点与陆上焊接时不同。

(1)水的影响 水在电弧高温作用下分解成氢和氧，使焊缝中的氢含量增加，使金属元素和合金元素烧损加剧。水使焊缝的冷却过程，会因不同的水下焊接方法而出现很大的差异，从而使焊缝的金相组织和力学性能出现很大的差异。

(2)压力的影响 压力对所有水下焊接的冶金过程都会产生影响，其程度随水深压力的增加而增大，其主要影响是压力增大时，焊接冶金反应总是向不利于生成气态物质的方向发展，不利于熔池中气体的析出，加剧熔池及熔滴的氧化作用，而使合金元素烧损程度增加；压力增大时有利于气体在焊缝的溶解，此时气体的分压也随之增大。湿法焊条电弧焊焊缝中扩散氢含量比较高，这是其中的一个主要原因。

二、水下焊接的分类

水下焊接虽然本质上仍是采用陆上焊接的常用方法，但为了克服水下环境给焊接造成的特殊困难，必须在焊接材料或焊接装备等方面发展专门的技术。常用的水下焊接方式很多，而且新的水下焊接工艺仍在不断涌现，常用的水下焊接有以下几种方式：

(1)湿法焊接 不采用任何挡水措施，在水和电弧之间无任何机械屏障，潜水焊工及工件都直接处在水中而进行焊接的方法，称为湿法水下焊接。湿法水下焊的特点是设备简单、成本低、操作灵活和适应性强等。但是湿法水下焊通常难以解决上述水中焊接的有关问题，因此其应用受到了很大的限制。湿法焊条电弧焊一般只能在30～60m水深进行修补、焊接一些不太重要的构件。如采用一些新的涂料及新的焊接工艺，也可焊接一些较为重要的水下结构，这在我国已有成功的经验。据有关资料介绍，湿法水下焊已经在>100m的水深中焊出满意的焊缝。湿法手工焊条电弧焊如图16-1所示。

图16-1 湿法手工焊条电弧焊

1. 工件 2. 电弧气泡 3. 上浮气泡 4. 焊条 5. 焊钳

(2)高压干法焊接 焊接在充气排水的大型工作室（或压力仓）内进行，工作室干法水下焊接如图16-2所示。工作

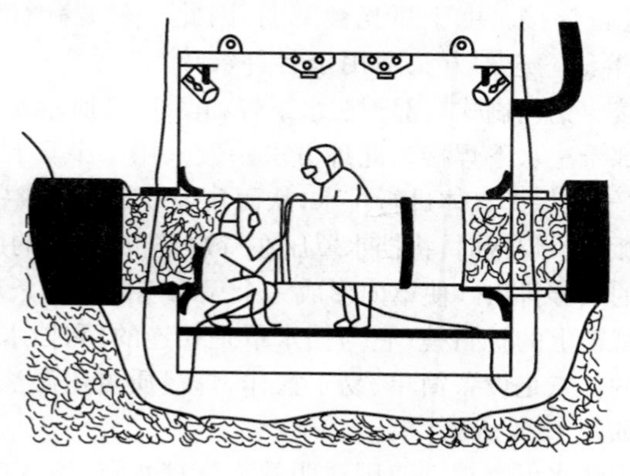
图16-2 工作室干法水下焊接

室内的压力随水深而增加，并始终大于水深压力，使焊接部位的水排出，焊接作业区完全与水隔离，焊工不用穿潜水服；而且工作室有足够的空间和必要的材料及设备，如千斤顶或升降机等。高压干法焊一般采用涂料焊条电弧焊和气体保护电弧焊，这是目前水下焊接中最好的方法。这种方法虽然可以完全消除水对焊接过程的直接影响，但不足之处是设备复杂、施工成本昂贵、对焊接结构的适应性差，以及不能消除水深压力的影响等。高压干法焊可在300m左右的水下进行焊接。

(3)常压干法焊接 由于高压干法焊接的电弧特性、冶金特性和工艺特性会受到水深压力的不利影响，为了克服这些影响，将水下工作室或压力仓的压力保持与陆地上大气压力相等，这样就可得到陆上焊接的同样效果。但这种方法所需设备较高压干法更复杂，施工成本更高，因此其应用范围受到了很大的限制。采用该法可在水深150m以上进行水下电弧焊。

(4)局部干法水下焊接 潜水焊工及工件直接处于水中，而采用特殊结构的挡水罩，罩内通入空气或保护气体，将电弧周围的水排开，使焊接部位形成一个局部的无水空间而进行焊接的方法，称为局部干法水下焊接。在焊接过程中，无水空间的位置可随电弧一起移动，也可分段移动。在这种情况下，电弧的燃烧、熔池周围和熔池凝固等都是处在气相环境中，因此可以获得干法水下焊的效果，其特点是设备较简单，成本较低，同时又具有湿法水下焊的灵活性。根据挡水罩的大小和构造不同，可将挡水罩分为小型、中型和大型三种类型。

①小型排水罩局部干法水下焊接。一般将小型排水罩直接装在气体保护焊枪的端部，保护气体同时起到排水的作用，在罩内形成一个稳定的局部空间，焊接时该局部空间随焊枪一起移动，对电弧进行有效的保护。这种方法可进行半自动化和自动化气体保护焊。小型排水罩的形式有钢丝刷式、水帘式、旋罩式、小型气罩和同轴式小型气罩等，其中钢丝刷式排水罩应用较广泛。焊接时，保护气体通过钢丝间隙以小气泡形式排出，并将罩内的水排出而形成一个局部无水空间，焊接电弧在此空间内燃烧、加热进行焊接。由于弧光被减弱，因此能通过钢丝间隙观察熔池。这种方法适用于各种气体保护焊进行对接和角接。钢丝刷式局部干法水下焊如图16-3所示。

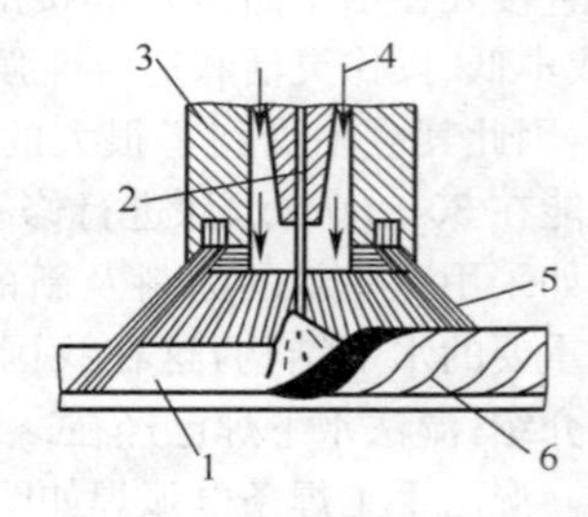

图16-3 钢丝刷式局部干法水下焊

1. 工件 2. 焊丝 3. 喷嘴 4. 保护气体 5. 钢丝刷 6. 焊缝

②中型挡水罩局部干法水下焊接。此种方法一般采用一个具有半密封垫圈的圆筒形气室或挡水罩，通入空气或保护气体进行排水，从而在焊接部位形成一个局部无水空间。

空气排水焊条电弧焊。焊接时，将挡水罩压在待焊部位，罩内的旋转气流将水排出（同时也可将焊接时产生的烟雾排出），使罩内形成一个无水空间。焊条从进口插入该空间内，潜水焊工通过头盔前视窗上的护目镜（它与挡水罩是相连的）和挡水罩内的照明灯来观察焊接过程。此种方法的优点是设备简单、易于操作，焊缝质量比湿法焊条电弧焊好。水下空气排水焊条电弧焊如图16-4所示。

移动气室式局部干法水下焊接。使用透明的充气挡水罩，通入空气或保护气体排气，将焊接区与水局部隔离，形成大小仅够焊条或焊钳活动的无水空间，气罩尺寸不大，一般直径为100～300mm,挡水罩可分段移动,也可连续移动。此种方法一般采用半机械化气体保护焊,焊接时气罩内的压力为环境水压,潜水焊工可借助充气罩内的照明灯观察焊接过程。移动气室式局部干法水下焊如图16-5所示。由于这种方法在焊接部位形成一个局部干燥的干点,所以常称作干点式水下焊接。

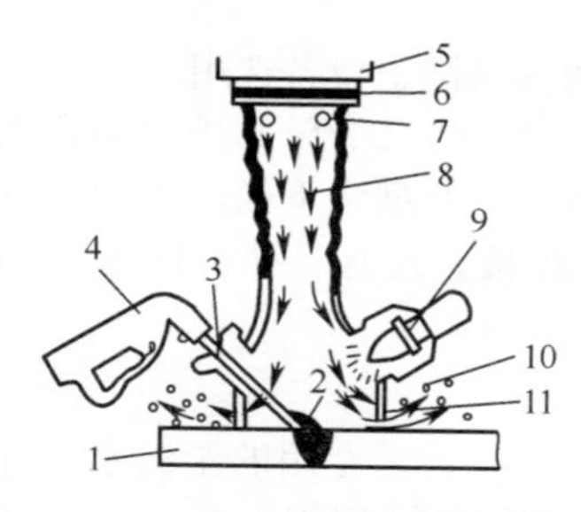

图16-4 水下空气排水焊条电弧焊

1. 工件 2. 电弧 3. 焊条 4. 焊钳
5. 头盔视窗 6. 护目玻璃 7. 旋转气流
8. 气流 9. 照明灯 10. 气泡 11. 厚呢垫

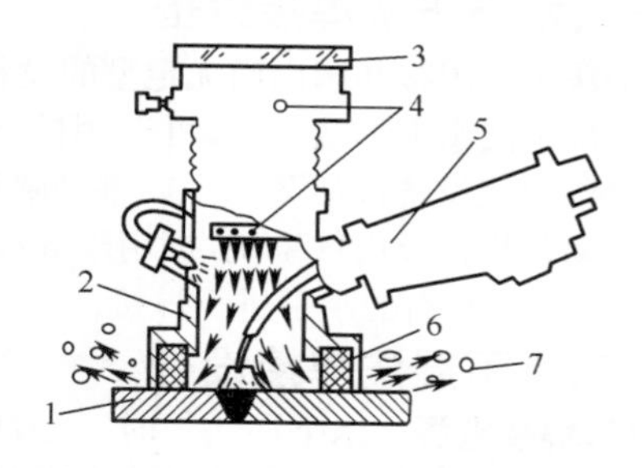

图16-5 移动气室式局部干法水下焊

1. 工件 2. 罩体 3. 连接法兰
4. CO_2 进口 5. 半自动焊枪
6. 弹性泡沫垫 7. 气泡

干箱式水下焊接。焊接在一个简单的无底充气箱中进行。像工作室式干法水下焊接时一样,从箱的顶部通入空气或保护气体,把水从箱底压出,使焊接区和水隔离,在待焊部位形成局部的无水空间,焊接仍在环境水压下进行。但和工作室式干法水下焊接相比,此法的排水空间小得多。箱体的尺寸只要能容纳潜水焊工的头和肩部即可,焊工要穿潜水服,干箱式水下焊接如图16-6所示。

③大型挡水罩局部干法水下焊接。焊接时,将挡水罩立靠在工件表面,从顶部通入气体,将水从底部压出而形成一个局部干燥的空间。由于它是一种大型挡水罩,因此挡水罩内的无水空间较大,潜水焊工的头部、肩部和双手都可以伸入罩内进行活动。采用此种挡水罩可用焊条电弧焊、气体保护电弧焊等方法进行水下焊接,其优点是无水空间大,操作方便,可获得高质量的焊接;不足之处是挡水罩的移动灵活性较差。该法目前适用的深度可达40m左右。大型挡水罩局部干法水下焊如图16-7所示。

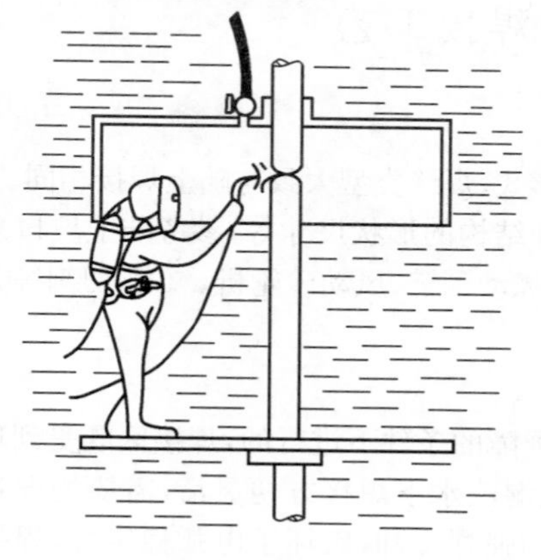

图16-6 干箱式水下焊接

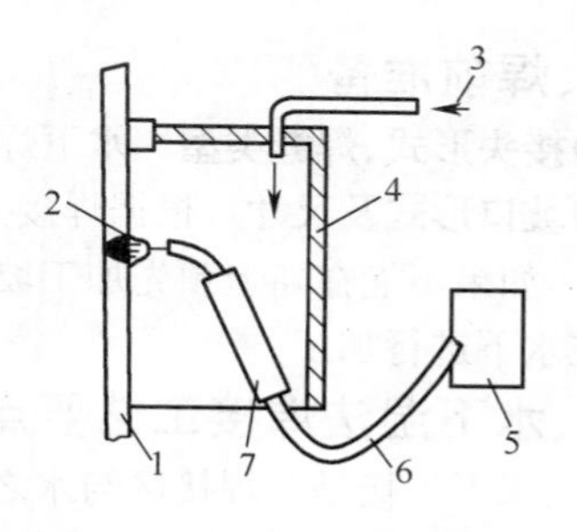

图16-7 大型挡水罩局部干法水下焊

1. 工件 2. 电弧 3. 保护气 4. 挡水罩
5. 送丝装置 6. 软管 7. 焊枪

第二节　水下焊接设备和材料

一、水下干法焊接设备

干法水下焊接在国内尚无定型的设备可供选择，可参考陆上设备选用。

局部干法水下焊接设备，可选用国内生产的 NBS-500 型水下局部排水半自动化 CO_2 焊接设备。该设备包括 ZDS-500 型晶闸管弧焊整流器、SX-Ⅱ型水下送丝机构、SQ-Ⅱ型水下半自动化焊枪及供气系统，可用于 30m 左右的水下焊接。还有一种半自动化 CO_2 焊设备，可在 60m 左右的水下进行焊接。

二、水下湿法焊接设备

(1)焊接电源　水下湿法焊时，一般应采用直流电源。若无专用的湿法水下焊条电弧焊焊接设备，可采用陆上焊接用的直流电源来代替，如 ZXG-300 型等。

(2)水下焊接用电缆　应具有足够的导电面积，绝缘性能良好，并能在高压环境下应用。水面以上部分的电缆断面积的选用与陆上焊时相同，而水下部分可根据电缆长度及许用电流密度来选择，其许用电流密度可按 6～8A/mm^2 选用，电缆较长时取下限。

(3)水下焊钳　水下焊钳对绝缘电阻的要求较严格，一般应≥2.5MΩ，国内有定型的产品供应，如 SH68 型焊钳和 SGⅡ型水下焊、割两用钳，可适用于不同情况。

(4)切断开关　在焊接回路中应装有切断开关。一般可用单刀刀开关，也可选用专用的水下焊接和切割自动切断开关。

三、水下焊接材料

(1)焊条　当采用高压干法和局部干法水下焊接时，可根据母材的特点及要求选择在陆上焊接的焊条(碱性低氢型焊条)，也可使用干法水下专用焊条。当采用湿法水下焊接时应选用专用焊条。有时为了工程应急，也可采用陆上用酸性焊条，如结 442、结 423、结 425 等，使用前先在焊条涂料上涂覆一层防水层(如油漆)后，即可直接用于水下湿法焊接。

(2)焊丝　干法 CO_2 焊所使用的焊丝一般为 H08MN2SiA 等陆上用焊丝。目前国内暂无湿法 CO_2 焊，因此也无专用的焊丝。

第三节　水下焊接工艺

一、焊前准备

(1)接头形式、焊缝类型　水下焊接的接头形式、焊缝类型大致与陆上焊接相同。

(2)坡口形式及尺寸　根据焊接方法、板厚和结构的形状尺寸等，参考陆上坡口来选择和确定。如果不能在陆上预先加工坡口，可采用风动刮铲、风动砂轮机、氧-弧切割等方法和设备，在水下进行加工。

二、水下湿法焊接工艺要点

湿法水下焊接是在焊接区与水之间无机械屏障的条件下进行的，焊接区既受到环境水压的影响，还受到周围水的强烈冷却作用。虽然湿法水下焊接方便灵活，需要的设备和条件简单，但由于水对焊接电弧、熔池和焊接金属的强烈冷却，破坏了电弧稳定性，焊缝成形差，并在焊缝及焊接热影响区形成硬化区，加上焊接过程中弧柱及熔池捕获大量的氢，可能导致焊接裂纹、气孔等冶金缺陷。所以，湿法水下焊接一般应用于海洋条件好的浅水区，以及不要求承受高应力构件的焊接。

(1)工作深度 焊缝位于水下的深度、工作深度，随着水下焊接方法的不同而有所不同。实际工作深度可根据水下焊接方法的试验深度来确定，即等于该水下焊接方法的试验深度再加上 10m(或比试验深度大 20%)，在小于 3m 的深度进行湿法焊接时，可在等于实际工作深度或更浅的深度进行试验来决定。

(2)操作要点 由于水下环境的特殊性，水下焊接操作与陆上焊时有较大的差异。如湿法焊条电弧焊时，一般多采用拖焊法，依靠焊条涂料层触及工件来对准焊缝及控制弧长，其运条的方式与陆上焊时大不相同。

由于水深超过 50m 时，水蒸气的分解反应可能起重要作用，分解生成的 H_2 既参与熔池反应，又降低电弧稳定性。随着焊接水深的增加，环境压力增加，会造成氢的电离势增高，使得电弧燃烧更加困难，可选择的焊接参数范围变窄，因而对焊接参数的选择要更加引起注意。

另外，在湿法水下焊接时，对某些焊接结构很难进行水下预热。这时可考虑采用回火焊道技术，以降低熔合区产生氢致裂纹的可能性。回火焊道的设置必须当心，以使前一焊道对氢致裂纹敏感的熔合区起到回火处理的作用。

三、水下高压干法焊接工艺要点

高压干法水下焊接最常用的方法是焊条电弧焊(SMAW)，同时钨极惰性气体保护焊(GTAW)及药芯焊丝电弧焊(FCAW)也有广泛应用。在环境压力高的条件下，由于 GTAW 的电弧稳定性好，热源与填丝分离，操作方便，常用于焊接打底焊道。其他焊接方法因熔敷率高，常用于坡口填充焊接。此外，还有等离子弧焊和激光焊等正处于发展阶段。常用高压干法水下焊接适用的水深范围如图 16-8 所示。

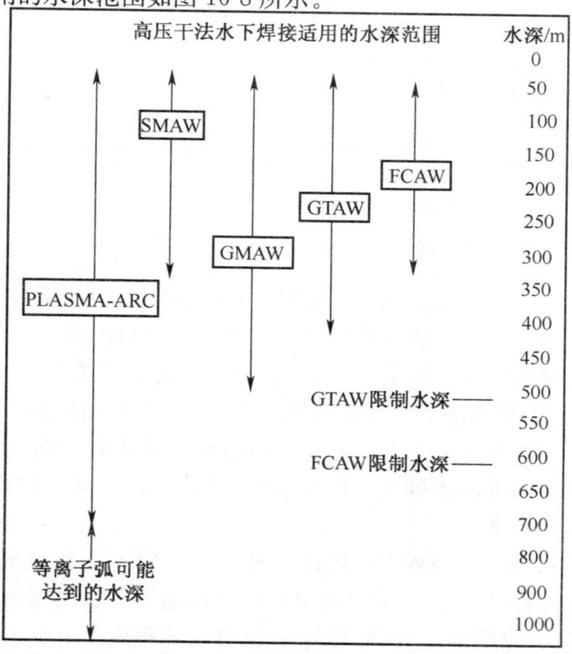

图 16-8 常用高压干法水下焊接适用的水深范围

(1)操作要点 在水下工作室或焊接舱内焊接时，底面的水使舱室内的环境气体湿度增大，烘干的焊条应放在密封的容器内。在焊接高强度钢时，要注意选择合适的预热及层间温度。像陆上焊接一样，预热及层间温度的确定与母材的化学成分、结构板厚和焊缝氢含量等因素有关。

水下焊接时，采用的预热保温方法和设备与陆上焊接时相同。在用电热毯加热时，其上盖有保温材料层，焊工可用便携式测温计检查焊接区的温度，施工检查人员可借助监视器通过布置的热电偶数字测温计监视焊接接头的温度。另外，在施工过程中还要加强通风、排除焊接烟雾，并降低潮气。

(2)钨极的磨损 在高压惰性气体环境下进行焊接时，钨极的冲蚀磨损是影响焊接工艺性能的重要因素。通常陆上焊接时钨极的磨损率是很小的，但在水下高压气体环境下焊接时，钨极尖端的磨损加快，并使电弧稳定性恶化，焊接质量变差。

GTAW 焊接时，焊接电流和环境压力对钨极磨损的影响如图 16-9 所示，钨极磨损量用试验前后钨极的质量差表示。焊接电流>100A 时，磨损量随焊接电流及环境压力的增加而增加，特别是在压力>3.1MPa 时，磨损量的增加尤为显著。另外，在 He 弧中钨极的磨损大大高于 Ar 弧，所以在采用 He+Ar 混合气体进行高压干法焊接时，钨极的磨损要比在 Ar 弧中大得多。

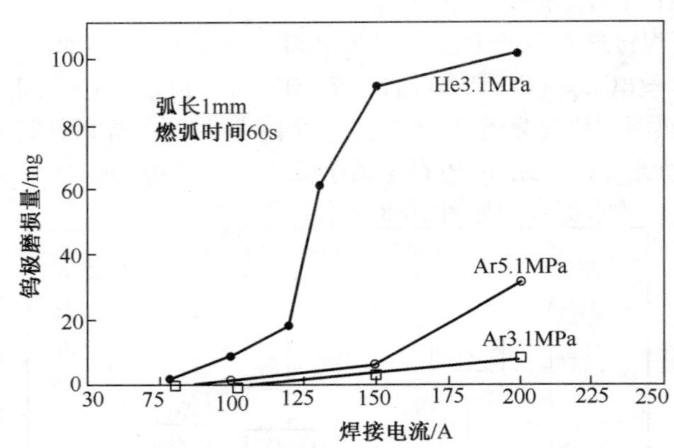

图 16-9 焊接电流和环境压力对钨极磨损的影响

电极材料及电极尖端锥角也对电极磨损有一定影响。研究表明，35°可能是 Th-W 电极最合适的电极锥角；用 La 代替电极中的 Th 有可能降低电极磨损，改善电弧稳定性。

(3)保护气体与呼吸气体 水深 50m 以内，潜水员可在压缩空气中工作。超过这个深度范围，空气中的 N_2 会成为潜水员的麻醉剂，抑制潜水员的身体功能。采用 He+O_2 混合气体，潜水员的工作深度可达水下 500m。另外，潜水医学研究表明，水下焊接高压舱内的 Ar 气分压不得超过 0.4MPa，否则也会使潜水焊工发生 Ar 麻醉。因此在 GTAW 焊接时，大都采用 He 或 He+Ar 混合气体。

针对高压深水下进行 GTAW 焊，某焊接研究所开发了一种旋流式双层气体保护的 GTAW 焊枪。该焊枪有双层喷嘴，内层通 Ar 气，外层通 N_2 气，既保护了电弧在 Ar 气中稳定燃烧，Ar 气消耗量又仅是常规 Ar 弧焊的一半，在一定程度上限制了高压舱中 Ar 气分压的升高速率。

通常在水下工作室或压力舱中把舱用气体、呼吸气体与焊接电弧的保护气体分开。常用呼吸气体为 $He+O_2$ 二元混合气体，或 $He+O_2+N_2$ 三元混合气体。焊接用保护气体为 CO_2 或 $He+O_2$ 混合气体，GTAW 焊接的保护气体通常为 He、Ar 或 He+Ar 混合气体。对于压力舱不载人 GTAW 焊接时，舱用气体和保护气体可都用 Ar。

四、水下焊接焊接参数的选择

实际操作时，焊接参数的选择原则与陆上焊大致相同，一般情况下应进行试焊，以确定最佳焊接条件。

(1)湿法焊条电弧焊焊接参数的选择

①焊条直径。应根据母材厚度、接头形式、焊缝位置和焊接层次等来确定焊条的直径。当板厚<10mm 时，焊条直径一般≤4mm。

②焊接电流。主要取决于焊条直径、母材厚度、焊接位置和现场条件等。使用同种直径的焊条时，水下焊接使用的焊接电流应比陆上焊时高 20%～30%。

③电弧电压。电弧电压主要与弧长有关。湿法焊条电弧焊时，焊条一般靠在工件上运行，做到尽量压低电弧，这样弧长仅取决于焊条涂料层套筒的长度。

④焊接速度。焊接速度对水下焊接的质量影响较大，应根据具体情况来确定。如开坡口对接平焊、船形焊、平角焊时，焊接速度应慢些，一般在 10～20cm/min，而在立焊、横焊、仰焊、管子全位置焊时，焊接速度应快些，一般在 15cm/min 以上。

⑤焊接层次。焊接层次应根据工件的厚度、坡口形式及尺寸等因素来选择。焊接时，每层焊道的厚度等于焊条直径的 0.8～1.2 倍。

(2)局部干法 CO_2 焊焊接参数的选择

①焊丝直径。一般选用直径为 1mm 的焊丝，采用短路过渡的形式进行焊接。当板厚大于 6mm 且工件平放时，可选用直径为 1.2mm 的焊丝，采用短路和滴状混合过渡的形式进行焊接。

②焊接电流及电弧电压。焊接过程中，要求两者之间应相互匹配。当焊丝直径为 1mm 时，焊接电流可在 90～180A 进行选择，电弧电压可在 19～23V 进行调节。当焊丝直径为 1.2mm 时，焊接电流在 110～200A 选择，而电弧电压为 20～24V。

③焊接速度。焊接速度一般应在 100～300cm/min 选择。

④焊丝伸出长度。焊丝伸出长度一般为焊丝直径的 10～12 倍。

⑤电感值。应根据飞溅颗粒的大小、焊接电缆的长度进行调节，调节方法与陆上焊时相同。

⑥气体流量。应根据工作深度及实际的排水效果进行选择。

(3)高压干法焊焊接参数的选择 高压干法水下焊接时，焊接电流与电弧电压等参数的配合与陆上焊接有所不同。由于焊接环境压力增加，要维持恒定的焊接操作弧长，电弧电压将提高。在熔透焊接时，要使焊接热输入保持不变，必然要相应减小焊接电流。在对 3.2mm 厚的低碳钢板开 I 形坡口对接焊时，GTAW 焊接时环境压力对最佳焊接电流的影响如图 16-10 所示。焊接速度 3.33mm/s，弧长 1～1.5mm。结果表明，随着压力的增加，焊接电流需相应减小，在 He 弧中这一关系尤为明显。

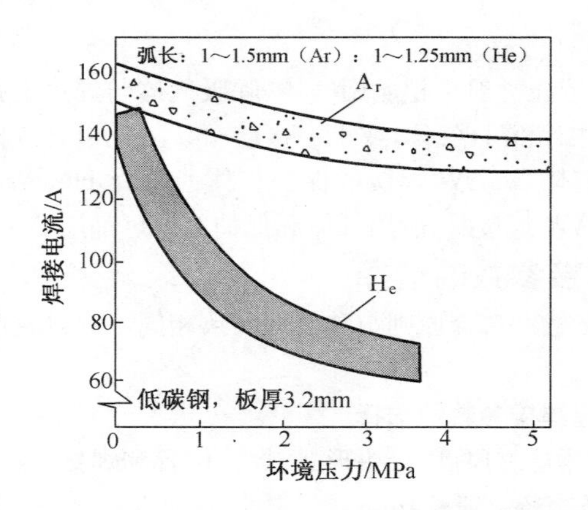

图 16-10 GTAW 焊接时环境压力对最佳焊接电流的影响

采用钨极氩弧焊进行水下干法管线接头打底焊道的焊接试验，管线直径 700mm，壁厚 18mm。试验过程中的焊接热输入用焊接电流除以焊接速度 I/v(A · s/mm)作为评价参数。焊接参数 I/v 与环境压力的关系如图 16-11 所示。

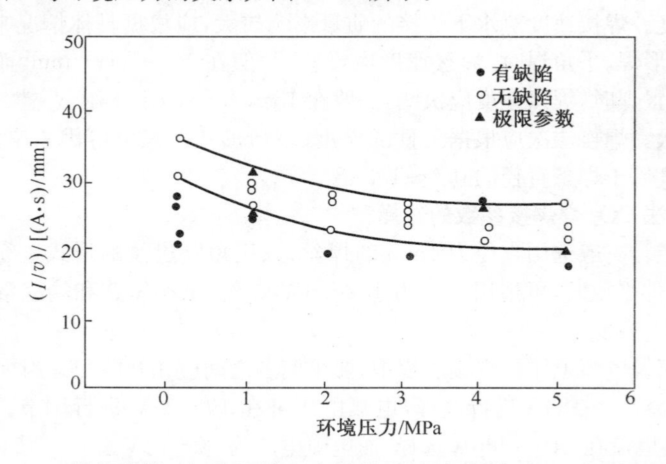

图 16-11 焊接参数 I/v 与环境压力的关系(根部间隙 5mm 立向下焊时)

环境压力对焊接热输入的影响可用以下拟合规律表示

$$I/v=p^{-0.46}$$

式中，I 为焊接电流(A)；v 为焊接速度(mm/s)；p 为环境压力(MPa)。

因此在环境压力增高的情况下，为了避免焊接缺陷，焊接热输入必须相应减小。研究还发现，在根部间隙超过 2mm 时，自动焊机的焊枪应以 3～3.5mm/s 的速度作横向摆动，并在坡口侧面停留 0.5s，以利于根部打底焊道的焊缝成形。

在采用低氢型焊条进行焊条电弧焊时，为了使焊缝成形良好，焊接电流应随着环境压力的升高而升高，因为在低环境压力下，采用较大焊接电流会引起焊接飞溅；在高环境压力下，采用较小焊接电流电弧不稳定，且引弧困难。对于直径 4mm 的低氢型焊条电弧焊，环境压力和焊接电流对焊缝外观的影响如图 16-12 所示。

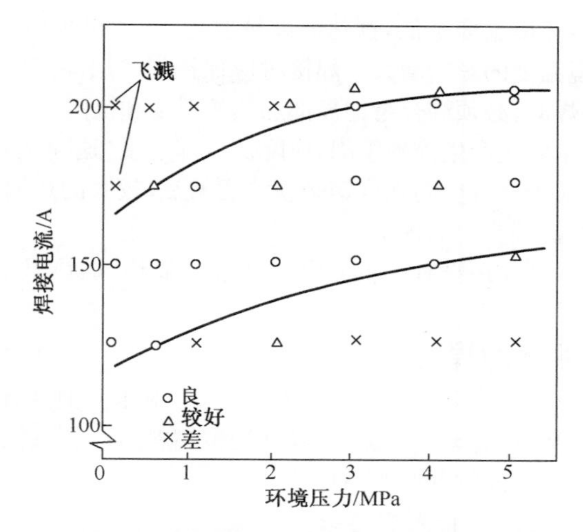

图 16-12　环境压力和焊接电流对焊缝外观的影响

第四节　特殊条件下的焊接

一、寒冷环境的焊接

现行钢结构的焊接标准，一般都规定不能在零下18℃以下焊接。可是在寒冷地区，有时难免要在低温下焊接或进行焊接维修工作，并且没有现成的焊接参数可以参照执行。为了在寒冷条件下顺利地进行焊接或补焊施工，现将寒冷环境对焊接的影响与保障质量的措施介绍如下。

(1)环境温度对焊接的影响　环境温度对焊接的影响包括焊接接头冷却速度增加、冷裂纹敏感性增加、预热效果变差、冷裂纹延迟效应增大、钢的强度增加、钢材可能处于其脆塑转变温度以下、焊接残余应力的作用加剧等。同时环境温度对焊接热源及焊工的操作也带来不利的影响。

(2)寒冷条件下保障焊接质量的措施

①焊接材料的选用。采用低氢或超低氢焊接材料，包括焊条、药芯焊丝、活性气体等，并采取防潮及烘干措施。采用低强度焊接材料焊接根部焊道，有利于降低焊接拘束应力。采用钨极惰性气体保护焊打底焊道，根部焊道成形良好，加上焊接的低氢环境，有利于降低焊根冷裂纹的产生。采用奥氏体焊接材料，如奥氏体钢或Ni基合金焊接材料。

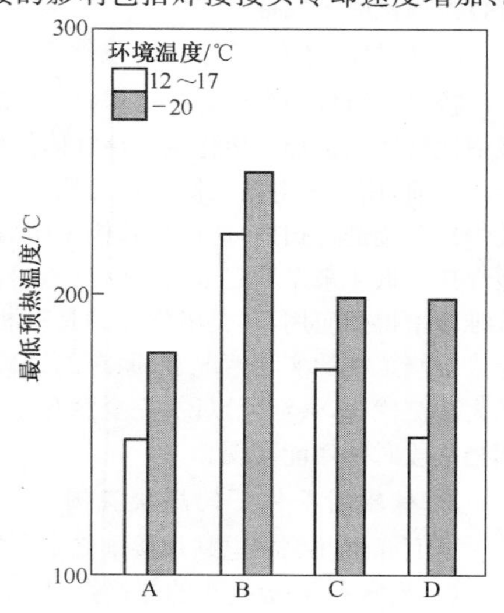

图 16-13　环境温度对最低预热温度的影响

A—SM50A，板厚32mm　B—HT50，板厚50mm
C—HT60，板厚32mm　D—HT80，板厚30mm

②工艺要点。预热与层间温度。通常钢的强度级别增高，预热温度提高，环境温度对最低预热温度的影响如图16-13所示。板增厚预热

温度应相应提高；焊接环境温度越低，预热温度越要提高；如果板厚增大，气温的影响相对降低；薄板焊接时环境温度的影响增大。焊接时应保持焊接层间温度不低于预热温度。大型构件焊接或现场补焊时，必须综合考虑局部加热的温度和范围。

焊接热输入。为了防止产生淬硬组织，应降低冷却速度，这除了采用预热外，还可适当增大焊接热输入。但对于低合金高强度钢必须注意的是，较大的热输入可能引起热影响区奥氏体晶粒粗大，使焊接接头的韧性下降。

紧急后热。如在冷裂纹还没有产生的潜伏期进行加热，加热温度一般低于预热温度，有利于防止冷裂纹的发生。

二、核辐射条件下的焊接

针对核电站在射线辐射及污染条件下的焊接方法，对于其他具有核辐射及污染情况下的焊接，如研究性核反应堆、核动力舰船及核潜艇、核燃料生产厂及核废料处理厂内的设备和结构的焊接修理工作也是适用的。

1. 核辐射条件下的焊接特点和要求

①尽量不用手工焊接方法。如对气冷反应堆容器内部焊接时，一般只通过加料立管等曲折迂回的路径到达修理部位。修理部位可能非常靠近其他构件，使焊接设备或焊枪接近并达到焊接位置，可能受到限制。虽然可用摄像机进行导向，但有时还需要精确测定修理部位构件的位置和几何关系。

②气冷反应堆构件表面常覆盖有氧化物层，这些氧化物焊前并非总能清除掉。辐射剂量对修理人员是至关重要的，有时辐射也影响设备的正常工作，特别是对放在反应堆中的光学设备。除了使用遥控传感器外，在修理焊接时，需要微型摄像系统直接观察熔池。由于焊后遥控无损检测的困难，为了评价修理的可靠性，有时只能在反应堆外做模拟修理，并进行无损检测来代替。

2. 核辐射条件下焊接的操作要点

核电站结构的维修焊接工作，目前主要用的仍是电弧焊方法，其中主要是自动化的钨极惰性气体保护焊和熔化极惰性气体保护焊方法，并与机械手或机器人技术相结合。

目前，用于核电站维修焊接的弧焊机器人基本上仍属于示教式，如用激光测距对焊缝及焊接轨迹进行扫描，通过计算机系统、控制系统和执行系统，转化为焊枪的运动，从而实施焊接。近年来发展起来的、具有一定智能功能的弧焊机器人，也开始在国外的核电站焊接维修中得到应用，其突出优点是具有相当强的视觉功能。但是，从目前世界各国核电站焊接维修工程的实际情况看，原有的维修焊接设备还起着重要的作用，在相当一段时间内还无法被代替，甚至可以说，完全没有焊工直接参与的核电站维修焊接工作，恐怕也还需要相当一段时间才能实现。

3. 核辐射条件下的焊接实例

下面介绍几例核电站焊接维修中可能遇到的一些问题和解决方法，供施工中借鉴。

(1)换管和管-板接头的焊接修理　应根据对缺陷或破损处的检查情况，制订维修方案。

①堵管。即将破损部分的管路用爆炸焊接的方法堵塞住，防止进一步的泄漏；也可以采用熔化焊方法，如电弧焊、激光焊等进行堵管，此时还需要采用一端为不通孔的管栓，但焊前应将原破损处清理掉才能实施焊接。采用熔焊方法进行堵管焊接如图 16-14 所示。

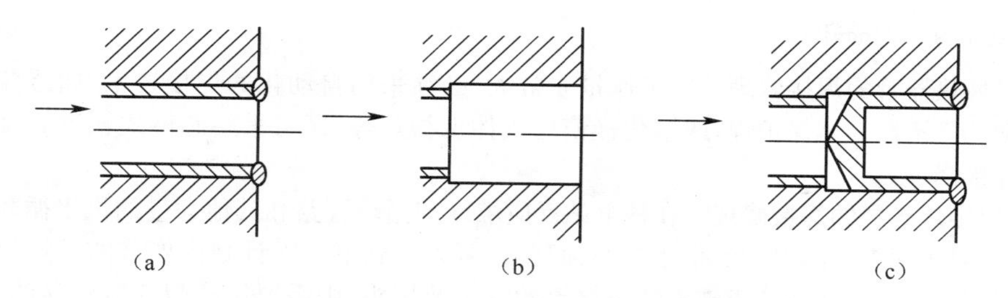

图 16-14　采用熔焊方法进行堵管焊接

(a)管-板接头焊缝产生泄漏　(b)挖去泄漏处焊缝及管壁　(c)不通孔管栓堵塞焊接

爆炸焊方法简单、易行，也很可靠，但对缺陷较长或无法实施爆炸焊的地方不宜采用。另外，整个管路系统中堵管的比例也不能太高，一般不得超过管路总数的 20%。

②只更换破损的管子或接头。修理工作范围较小，也可以在破损管段处安装衬管，将衬管与原来的管子封焊为一体。

③更换部分管路。一般是针对几个或数十个管子或接头的成片破损，或严重缺陷的情况。维修焊接之前，破损管子或接头一般可采用机械切割或热切割等方法去除。

如图 16-14 所示的焊接修理，主要是采用熔焊方法进行。在采用熔焊方法进行堵管、更换管路，以及管-板接头焊接时，需要考虑的一个主要问题是必须满足焊缝尺寸或焊缝熔透的要求，焊接接头必须大于对最小泄漏路径值的要求。堵管焊接以及保证焊接接头最小泄漏路径的焊接接头设计如图 16-15 所示。管-板接头焊接时接头尺寸要求及焊缝熔透控制见表 16-1。

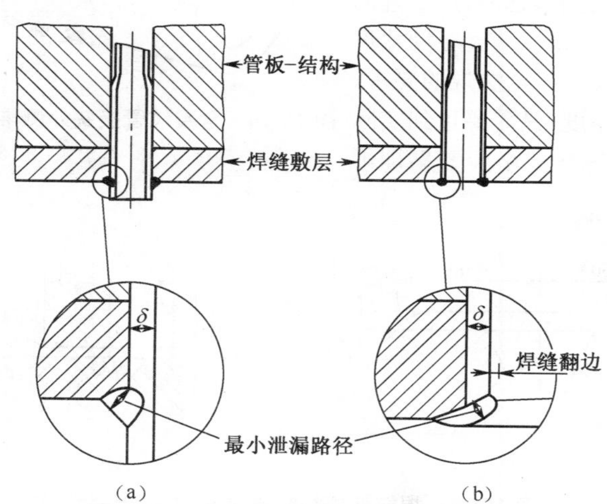

图 16-15　堵管焊接以及保证焊接接头最小泄漏路径的焊接接头设计

(a)角焊缝　(b)端头平焊缝

表 16-1　管板-接头焊接时接头尺寸要求及焊缝熔透控制

焊接接头参数	船形角焊缝	端头平焊缝	焊接接头参数	船形角焊缝	端头平焊缝
最小泄漏路径	1.0δ①	0.80δ①	平均泄漏路径	1.25δ①	0.94δ①
焊缝翻边尺寸	0	0.175～0.350mm			

注：①δ为板厚(mm)。

④换热器管的焊接修理。因工作量非常大，必须采用自动化的焊接技术，如遥控操作的自动钨极惰性气体保护焊，或熔化极惰性气体保护焊等，还可采用芯棒式轨道焊接机头进行焊接修理。

(2)堆焊敷层的焊接修理 在核电站反应堆冷却循环管路和其他大量的汽水循环管路系统中，对于很多已经发现的很小的腐蚀裂纹，可以等到下一次计划内停堆的常规检修时进行修理。而对那些裂纹或破损情况严重的管子及接头，则需要用抗裂性能较强的材料，并采用更换管子甚至管线的方法进行修理。对缺陷或破损程度介于上述两者之间的情况，则可以采用堆焊焊缝敷层的方法进行修理，即采用多层多道堆焊的方法、在管子的外侧，沿环向重新制造一层金属敷层，该敷层一方面对管道受损处起增强及防止泄漏的作用，另一方面在管壁内侧产生压应力，有利于阻止应力腐蚀裂纹及其他形式裂纹的产生及扩展。对于腐蚀缺陷或裂纹较小的区域，并不要求在管道外侧的整个环向均进行堆焊熔敷，可以只在缺陷或破损处进行局部堆焊熔敷修理。

含裂纹管接头外侧堆焊敷层的修理技术如图16-16所示。需要进行焊接修理的裂纹处于不锈钢管接头环焊缝的热影响区，堆焊敷层修理时，焊接修理处焊缝及敷层结构设计如图16-17所示。堆焊敷层的厚度通常在6～12mm，沿轴向的敷层宽度为50～200mm，进行堆焊敷层修理的管子直径可以达到600mm。敷层尺寸设计要符合现行管道设计安全法规的要求。实际上堆焊金属的厚度，只需要达到实际管壁厚度的几分之一，一般小于1/2，即可满足设计目标要求。

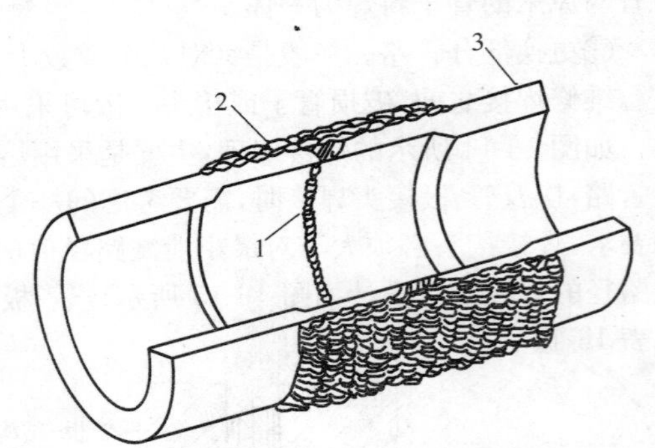

图16-16 含裂纹管接头外侧堆焊敷层的修理技术

1. 对接接头 2. 焊缝敷层 3. 管壁母材基体

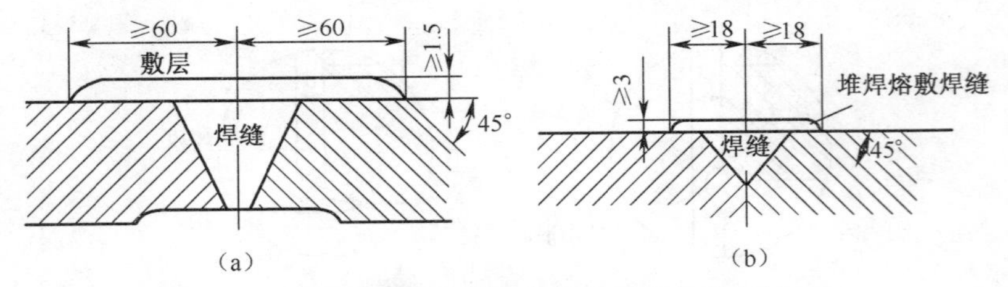

图16-17 焊接修理处焊缝及敷层结构设计

(a)熔透型焊缝的堆焊敷层修理 (b)非熔透型焊缝的堆焊敷层修理

堆焊方法可以采用手工焊，也可以采用遥控操作的脉冲GTAW自动焊，但焊接熔敷效率较低。还可以采用其他焊接方法，如脉冲GMAW等，但必须注意减少焊接飞溅，以免加剧管材的晶间应力腐蚀，以及其他形式的腐蚀缺陷倾向。

(3)回火焊道技术 对于无法进行现场焊后热处理的铁素体钢部件的焊接修理，必须进行焊后热处理。即在冷态或一定预热温度下，采用焊条电弧焊对焊接修理部位实施第一层焊道的焊接后，应采用手工打磨的方法，将该焊道层整体厚度的一半清除掉，然后再采用焊条电弧焊实施后续多层熔敷焊接。通过控制焊接参数，如焊接电流、焊接速度、焊道宽度，以及多层焊时的层间温度等，可以避免在焊接热影响区形成脆性转变相，并确保焊接热影响区的性能可以等同或者优于邻近母材的性能。

回火焊道修理技术已开始在核电站、常规火力发电站Cr-Mo钢结构的修理焊接中得到应用。

回火焊道技术使用得当，能可靠地控制焊接接头的硬度。回火的效果与焊道位置、焊接顺序及采用的热输入有关。回火焊道位置的偏差，可能得不到预期效果或反而增加焊接接头的硬度，为此也可采用小热输入多层焊技术。英国天然气公司采用的套管角焊缝多层焊工艺如图16-18所示，先采用立向下低氢型焊条在管道表面堆焊熔敷层，然后按回火焊道的方案布置盖面焊接，效果较好。

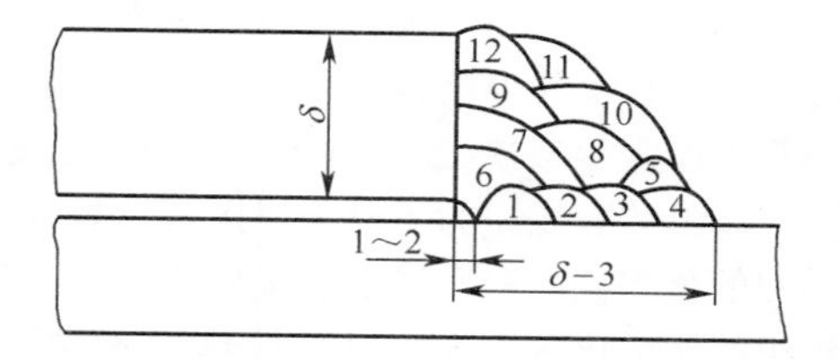

图16-18 套管角焊缝多层焊工艺

(4)镶补的焊接修理 对缺陷范围较大而又不适宜整体更换的部件，可采用挖补焊接修理的方法。将缺陷或破损区域挖去，然后用相应的材料按破损处原有的形状做成镶补焊块，并制备合适的坡口，按一定的工艺将镶补焊块补焊在被挖去的区域。需要注意的是，挖补焊接必须是在原基体材料的焊接性尚可或较好的情况下进行，否则将会引起更严重的焊接问题。

对压力容器、管道和其他构件实施挖补镶块焊接修理时，镶补块及挖口处应尽可能采用圆形或椭圆形，若不得不采用矩形或正方形时，至少4个角应加工成圆弧状，不得呈尖角状，以免在焊缝处引起应力集中。圆角半径应根据挖补镶块的大小及材料的性质确定。挖补镶块焊接时，应尽量采用V形对接、单面焊双面成形焊接技术。

三、输油管线的在线焊接

长输油管维修时，首先停输卸压，然后在要修复或更换部位的两端钻孔，卸油封堵，用压缩空气、氮气或水进行清理，在确保管内残留油气不会燃烧或爆炸时，才可以进行焊接施工。输油管线在线焊接的缺点是油气停输造成明显的经济损失；油气排泄造成浪费并污染环境；施工周期长。

在线不停输焊接技术现已取得了相当的进展。在施工中常采用以下两种技术：

(1)在线焊接操作要点

①套管修理焊接。采用两块半圆弧形板对接套贴在待修的部位，然后在套管和修理管道之间进行角焊缝焊接。

②带压打孔安装支管焊接。在需要安装支管进行分输的部位，焊接带法兰的接管，在不停输的情况下打孔，通过法兰连接支管。

在线焊接技术的关键主要有两个方面：首先管壁不能焊接烧穿，其次是要防止形成冷裂(氢致裂纹)，并尽可能降低在线焊接的残余应力及其他附加应力，以保证焊接质量。

(2)输油管线在线焊接常见缺陷及预防措施

①焊接烧穿。影响烧穿的因素主要是壁厚、焊接参数、钢管内压、焊条药皮类型、管内介质的种类及流动条件等。通常壁厚增加、管内介质流速增加、管内压降低均使焊接烧穿

的危险减小。另外，纤维素型等酸性焊条可能容易引起烧穿，而碱性焊条就不太容易引起烧穿。

在带压管道上施焊时，如焊接熔池下方的金属不能承受熔池重力或内压应力时，就会出现烧穿泄漏现象。因此，焊接前需要用超声波测厚仪检查焊接部位管道的实际厚度，然后根据需要的熔深确定焊接参数或焊接热输入。

焊接试验表明，壁厚 6.4mm 的钢管采用直径 2.5～3.2mm 碱性焊条，在正常焊接工艺规范条件下，钢管内表面很难达到 980℃，可以不考虑烧穿的问题。

现在也有采用计算机模拟计算来判断管壁烧穿危险性的。在计算中可输入焊接参数（焊接电流、电弧电压、焊接速度及预热温度）和介质工作条件（介质类型、压力及流速），以及管壁厚度等参数、预测管道内表面的温度，并进而判断管壁是否会烧穿。

②氢致裂纹。为了避免焊接氢致裂纹的形成，除了预测在线管道焊接时的冷却速度，采用低氢焊接材料和降低焊接应力外，还必须设法降低焊接热影响区的硬度，并减少淬硬组织的构成比例。为此对焊接热输入、焊接预热温度和回火焊道技术的配合使用提出了要求。

目前预测在线管道焊接时的冷却速度，可采用现场测试方法测量管内流动介质带走管壁热量的能力。该方法采用气体火焰，将管道外表面直径 50mm 的区域加热到 300℃～325℃，然后采用数字式接触测温计、秒表，测出该加热区从 250℃降至 100℃的冷却时间，根据沿管长方向 6 个测量的平均值，确定介质对管壁的散热能力。根据在试验室和现场已经建立的经验关系，就可以预测焊缝的冷却速度，按照允许硬度下的临界冷却速度，可确定焊接参数及热输入。

在使用小热输入焊接的情况下，可给出最低预热温度，以防止焊接冷裂纹的发生。